FORTSCHRITTE DER CHEMIE ORGANISCHER NATURSTOFFE

EINE SAMMLUNG VON ZUSAMMENFASSENDEN BERICHTEN

UNTER MITWIRKUNG VON

A. BUTENANDT · F. KÖGL · W. N. HAWORTH · E. SPÅTH
BERLIN UTRECHT BIRMINGHAM WIEN

HERAUSGEGEBEN VON

L. ZECHMEISTER
PÉCS

ERSTER BAND

BEARBEITET VON

H. BREDERECK · H. v. EULER · I. M. HEILBRON · T. P. HILDITCH
O. KRATKY · H. MARK · F. SCHLENK · F. S. SPRING
A. STOLL · E. WIEDEMANN · G. ZEMPLÉN

MIT 41 ABBILDUNGEN IM TEXT

WIEN

VERLAG VON JULIUS SPRINGER

1938

ISBN-13:978-3-7091-7189-9   e-ISBN-13:978-3-7091-7188-2

DOI: 10.1007/978-3-7091-7188-2

Inhaltsverzeichnis.

Neuere Richtungen der Glykosidsynthese.

Von GÉZA ZEMPLÉN, Budapest.

I. Alkylglykosidsynthesen aus freiem Zucker und Alkohol mit chemischen Mitteln.

Sie erfolgen unter katalytischer Wasserabspaltung in Gegenwart von geringen Mengen wasserfreien Chlorwasserstoffs (meist 0,25% oder darunter) in der Lösung des Zuckers, in dem betreffenden wasserfreien Alkohol (1). Die Synthese führt vorwiegend zu *α-Glykosiden*, nebenbei entstehen auch *β-Glykoside*, z. B. mit Methanol:

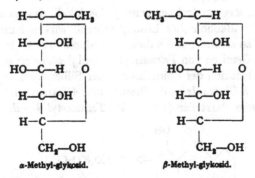

α-Methyl-glykosid.   β-Methyl-glykosid.

Beim Eindampfen der Lösung nach dem Erwärmen im Rohr, oder bei größeren Mengen im Autoklaven, kristallisiert das *α-Methyl-glykosid* aus, während aus den Mutterlaugen die β-Form zu gewinnen ist.

Das Arbeiten im Bombenrohr erwies sich als überflüssig, denn im Fall des α-Methyl-glykosids kann durch einfaches Kochen am Rückflußkühler ein tadelloses Präparat mit hoher Ausbeute gewonnen werden (2). Die Methode ist für die Gewinnung der Oligosaccharid-glykoside wegen ihrer Hydrolyse nicht anwendbar.

II. Biochemische Synthesen.

Sie erfolgen ebenfalls aus den freien Zuckern, in Gegenwart des betreffenden Aglykons, mit Hilfe von Emulsin bzw. Hefeglykosidase (3).

III. Synthesen aus Acetohalogenverbindungen.

Weitaus die meisten Glykosidsynthesen gehen von den *α-Acetohalogen-derivaten* (besonders Bromverbindungen) der einfachen Zucker und Oligosacchariden aus. Sie werden in vielen Fällen in Gegenwart von Silbercarbonat oder Silberoxyd in die *β*-acetylierten Glykoside verwandelt, weil bei der Umsetzung eine WALDENsche Umkehrung eintritt. Durch Abspaltung der Acetylgruppen, am besten durch katalytische Verseifung mit geringen Mengen Natriummethylat (*4*), gewinnt man dann die freien Glykoside. Die Methode ist auf Aglykone von verschiedenstem Typ anwendbar.

Wie wir uns überzeugt haben (*5*), kann man in manchen Fällen statt Silberoxyd Quecksilberoxyd oder Zinkoxyd verwenden.

In anderen Fällen kann man in den Besitz des gewünschten Glykosids gelangen, indem man den Acetohalogenzucker in Äther löst und mit dem Natriumsalz des Aglykons (in Wasser gelöst) schüttelt (z. B. Vanillin-d-glykosid (*6*), Picein (*8*), p-Oxyacetophenonglykosid, Arbutin [Hydrochinon-monoglykosid (*7*)]. Bei in Äther schwer löslichen *Acetobromverbindungen*, wie z. B. *Acetobrom-biosiden*, nimmt man statt Äther als Lösungsmittel Aceton (*9*).

FISCHER und MECHEL (*10*) versuchten, das Alkali, das bei der Synthese in wäßriger oder alkoholischer Lösung störend wirken kann, durch organische Basen zu ersetzen und haben mit Chinolin aus Acetobromglykose und Phenol ein Gemisch von *Tetraacetyl-α-* und *β-phenolglykosid* erhalten.

Durch Kombination der Chinolin- mit der Silberoxydmethode konnte man *acetylierte β-Glykoside* und -*Bioside* des *Alizarins* und verwandter Oxyanthrachinone darstellen (*11*), z. B. *Tetraacetyl-β-2-alizaringlykosid.*

Tetraacetyl-β-2-alizaringlykosid.

IV. Umwandlung von β-Glykosiden in ihre α-Form.

Während die Umwandlung der völlig acetylierten *β*-Zuckerderivate in die *α*-Form in Gegenwart von geringen Mengen Zinkchlorid in Essigsäureanhydridlösung ziemlich allgemein stattfindet (*12*), so war die Überführung eines *β*-Glykosidderivats im Lauf einer chemischen Operation in die *α*-Form längere Zeit völlig unbekannt.

Zuerst teilten HELFERICH und SCHNEIDEMÜLLER (*13*) mit, daß beim Schmelzen des Triacetyl-[triphenylmethyl]-*β*-methyl-d-glykosids mit

1 Mol. Phosphorpentabromid ein unerwartetes Ergebnis eintrat. Statt des β-Methyl-d-glykosid-6-bromhydrins ließ sich neben Zersetzungsprodukten nur das α-Methyl-d-glykosid-6-bromhydrin fassen (Ausbeute nur 12%):

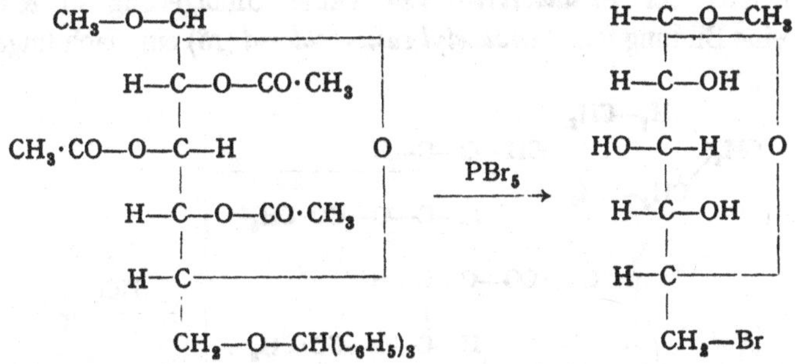

Triacetyl-[triphenylmethyl]-β-methyl-d-glykosid. α-Methyl-d-glucosid-6-bromhydrin.

Bald nachher empfiehl PACSU (14) die Anwendung von Stannichlorid in Chloroformlösung für die Umwandlung der acetylierten β-Glykoside in die α-Formen und zeigte die Anwendbarkeit der Methode am Beispiel des Tetraacetyl-β-methyl-glykosids, das in mäßiger Ausbeute in Tetraacetyl-α-methyl-glykosid überführbar war. Die Dunkelfärbung der Lösungen, verknüpft mit damit begleiteten Zersetzungen, veranlaßte mich zur Suche nach einem geeigneteren Umlagerungskatalysator, und ich schlug Herrn PACSU die Anwendung des ebenfalls chloroformlöslichen *Titantetrachlorids* zu demselben Zweck vor.

Schon bei dem ersten Versuch stellte es sich heraus, daß Titantetrachlorid ein hervorragend kräftiges Mittel darstellt, mit dessen Hilfe man imstande ist, die Umwandlung des acetylierten β-Methyl-glykosids in die entsprechende α-Form in einigen Stunden quantitativ zu bewerkstelligen (15). Das resultierende Tetraacetyl-α-methyl-glykosid ist schneeweiß, die Umwandlung verläuft ohne Zersetzung und ist nach 4- bis 5stündigem Erwärmen unter Rückfluß auf dem Wasserbad beendet.

Als *Beispiel* sei folgender Versuch aufgeführt:

7 g Tetraacetyl-β-methyl-glykosid (Schmelzp. 104—105°, $[\alpha]_D^{20} = -18,5°$ in Chloroform) werden in 83 g absolutem, alkoholfreiem Chloroform gelöst und mit 5,7 g Titantetrachlorid in 56 g Chloroform versetzt. Der sofort ausgefallene, gelbe Niederschlag löst sich auch beim Erwärmen nicht auf. Unbeschadet dieser Unlöslichkeit wird das Reaktionsgemisch 5 Stunden auf dem Wasserbade unter Feuchtigkeitsausschluß erwärmt, dann mit Eiswasser zerlegt, wobei eine farblose Chloroformlösung entsteht. Sie wird mehrmals mit Eiswasser gewaschen, mit Chlorcalcium getrocknet, unter vermindertem Druck zur Trockne verdampft, der Rückstand in Alkohol gelöst, mit etwas Wasser versetzt und stark gekühlt. Beim Reiben beginnt die Kristallisation des reinen Tetraacetyl-α-methyl-glykosids. Ausbeute 6 g, Schmelzp. 100°, $[\alpha]_D^{20} = +131,0°$ in Chloroform.

In Fortsetzung dieser Untersuchungen wurde die Umlagerungs-
fähigkeit des Titantetrachlorids auf weitere Objekte geprüft. Es stellte
sich heraus, daß *Tetraacetyl-β-n-hexyl-glykosid* in die α-Form überführbar
ist (*16*), desgleichen *Tetraacetyl-β-cyklohexyl-glykosid* in die α-Form (*17*).
Dagegen tritt bei *Pentaacetyl-salicin* keine Umlagerung in α-Form,
sondern eine Bildung von *Tetraacetyl-salicinchlorid* (*18*) ein, nach folgenden
Symbolen:

Tetraacetyl-β-cyclohexyl-glykosid.

Tetraacetyl-α-cyclohexyl-glykosid.

Pentaacetyl-β-salicin.   Tetraacetyl-β-salicinchlorid.

Diese Reaktion läßt sich auf die acetylierten Alkylbioside ebenfalls übertragen, wie dies die Umlagerung von Heptaacetyl-β-methyl-cellobiosid in die α-Form zeigt (*19*).

Die Reaktion ist aber, wie wir es später beobachteten, nicht unbegrenzt bei Glykosiden der höheren Oligosaccharide anwendbar. Als wir die Umlagerung der von uns synthetisch nach der Quecksilberacetatmethode dargestellten *Dekaacetyl-1-β-methyl-α-cellobiosido-6-glykose* mit Titantetrachlorid versuchten, erhielten wird statt des erwarteten *Dekaacetyl-1-α-methyl-α-cellobiosido-6-glykose* unter Abspaltung der Methylglykosidacetatgruppe *α-Acetochlor-cellobiose* (*20*):

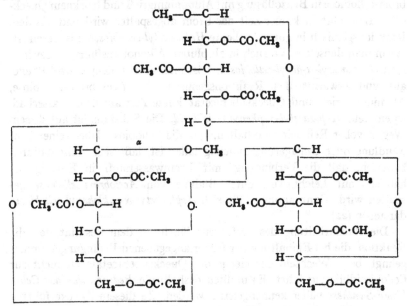

Dekaacetyl-1-β-methyl-α-cellobiosido-6-glykose.

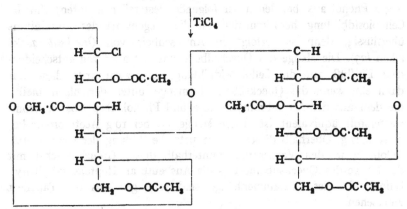

α-Acetochlor-cellobiose.

Dieses Verhalten ist deshalb auffällig, weil die *Hendekaacetyl-ver-bindung der Cellobiosido-6-glykose* mit Titantetrachlorid, ohne aufgespalten zu werden, leicht die *Acetochlorverbindung* dieses Trisaccharids liefert (*21*), die dann auch gegen längere Einwirkung von Titan-tetrachlorid ganz beständig ist.

V. Quecksilbersalz-methode.

Bei Versuchen, über Reduktionen mit Aluminium-amalgam in wasser-freien Medien stellte es sich heraus, daß beim Erwärmen von Aceto-brom-cellobiose in Benzollösung mit Aluminiumgrieß und trocknem Queck-silber(II)-acetat in kurzer Zeit das Brom abgespalten wird und aus dem Reaktionsgemisch in guter Ausbeute *Heptaacetyl-cellobiose* zu isolieren ist. Wenn man denselben Versuch in absolutem Alkohol ausführt, so gewinnt man *Heptaacetyl-α-äthyl-cellobiosid*. Löst man aber in dem Benzol Phenol auf und erwärmt das Reaktionsgemisch von Acetobrom-cellobiose, Aluminiumgrieß und Quecksilberacetat kurze Zeit auf dem Wasserbad, so entsteht *Heptaacetyl-α-phenyl-cellobiosid*. Die Substanz ist auf diesem Weg in voller Reinheit zu erhalten. Daß die Cellobiose dabei keiner Um-wandlung oder Umlagerung anheimgefallen ist, läßt sich leicht dadurch beweisen, daß die Verbindung, mit Bromwasserstoff in Eisessig be-handelt, mit Leichtigkeit unter Bildung von *Acetobrom-cellobiose* ge-spalten wird. Ganz ähnlich läßt sich *Heptaacetyl-α-cyklohexyl-cellobiosid* darstellen (*22*).

Die Nacharbeitung des Verfahrens führte zu dem Resultat, daß die Reaktion, die bei Einhaltung der früher angegebenen Bedingungen immer gelingt, beim Wechseln der Menge des Quecksilberacetats oft nicht zur Cellobiosidbildung führt. Es mußten deshalb die *Bedingungen der Cello-biosid-Synthese* näher kennengelernt werden. Zu diesem Zwecke führten wir eine größere Anzahl von Versuchen mit je 10 g Aceto-bromcellobiose + + 4 g Phenol aus, bei denen wir folgendes feststellen konnten: Um·die Cellobiosidbildung hervorzurufen, ist die Gegenwart des Aluminiums überflüssig, denn sie erfolgt in Anwesenheit von *Quecksilberacetat* allein (*23*). Die Menge des Quecksilberacetats ist aber von entscheiden-dem Einfluß auf die Cellobiosidbildung, und zwar tritt diese nur dann ein, wenn die Quecksilberacetatmenge unter derjenigen bleibt, die dem aus der Aceto-bromcellobiose und Phenol abspaltbaren Brom-wasserstoff äquivalent ist. Diese Menge ist bei 10 g Aceto-bromcello-biose 2,27 g. Oberhalb dieser Grenze tritt die Bildung der Heptaacetyl-cellobiose in den Vordergrund, unterhalb dieser Grenze wächst mit der Menge des Quecksilberacetats die Ausbeute an Heptaacetyl-phenyl-cellobiosid. Diese Zusammenhänge sind sehr gut aus der Tabelle 1 zu ersehen.

Tabelle 1.

Nr.	Acetobrom-cellobiose (g)	Phenol (g)	Quecksilber-acetat (g)	Dauer des Erwärmens (Min.)	Ausbeute an isolierten Produkten (g)	Schmelz-punkt	Reduktions-vermögen (Glykose = = 100)
35	10	4	1,00	60	1,6	214°	0
36	10	4	1,50	60	2,1	207°	0
32a	10	4	2,00	60	3,8	213°	0
40	10	4	2,20	60	4,9	208°	0
41	10	4	2,25	30	5,2	175°	9,3
42	10	4	2,30	30	5,4	167°	12,9
43	10	4	2,40	30	6,1	192°	27,7
33	10	4	2,50	60	6,6	185°	28,3

Die Bildung des Cellobiosids erfolgt demnach am besten, wenn die Menge des Quecksilberacetats nicht ausreicht, um den gebildeten Bromwasserstoff völlig in Quecksilberbromid zu überführen, sondern ein wenig freier Bromwasserstoff vorhanden ist: Eine größere Menge Bromwasserstoff erniedrigt durch seine zersetzende Wirkung die Ausbeute an Cellobiosid. Sobald soviel Quecksilberacetat zugegen ist, daß kein freier Bromwasserstoff anwesend sein kann, wird die Bildung des Phenyl-cellobiosids verhindert.

Nach Aufklärung der Bildungsbedingungen des Heptaacetyl-α-phenylcellobiosids wollten wir dieselbe Reaktion auf weitere Fälle ausdehnen, wobei wir fanden, daß auch die *Heptaacetyl-α-alkylcellobioside* aus dem Reaktionsgemisch in tadelloser Reinheit isolierbar sind, dagegen waren die Versuche oft nicht reproduzierbar. Diese Beobachtung zwang uns, die Bildungsbedingungen des *Heptaacetyl-äthylcellobiosids* näher zu studieren, da gerade beim Heptaacetyl-äthylcellobiosid die Gewinnung der reinen α-Form nicht immer gelang (24). Wir fanden auch, daß die Qualität des isolierbaren Biosids mit der Menge des angewendeten Alkohols stark wechselt. Deshalb stellten wir systematische Versuche an, indem wir die Menge der Acetobrom-cellobiose und des Quecksilberacetats konstant hielten und nur die Menge des angewandten absoluten Äthylalkohols wechselten. Auch die Aufarbeitung des Reaktionsprodukts war bei sämtlichen Versuchen die gleiche:

Nach ¹/₂ stündigem Kochen auf dem Wasserbade in Gegenwart von Benzol (60 ccm) wuschen wir das abgekühlte Reaktionsgemisch 4mal mit Wasser, trockneten die Benzollösung mit Chlorcalcium, verdampften das Filtrat unter vermindertem Druck, dann noch 2mal mit absolutem Alkohol, um das Benzol zu entfernen, und lösten den Rückstand in 50 ccm heißem Alkohol. Nach 6stündigem Stehen bei Zimmertemperatur wurde das Kristallisat abgesaugt, mit Alkohol gewaschen und nochmals aus 50 ccm heißem Alkohol umkristallisiert; dann wurden die Kristalle abgesaugt, mit Alkohol gewaschen und getrocknet.

Die so gewonnenen Heptaacetyl-äthylcellobiosidpräparate wurden
auf Reduktionsvermögen, Drehung in Chloroformlösung und Schmelz-
punkt geprüft. Die Resultate sind in Tabelle 2 zusammengestellt.

Tabelle 2.

Nr.	Menge der Acetobrom-cellobiose (g)	Menge des Quecksilber-acetats (g)	Menge des absoluten Äthylalkohols (g)	Überschuß des Äthyl-alkohols in Prozent der theoretischen Menge	Ausbeute an 2mal umkristallisierten Pro-dukten (g)	Reduktionsvermögen in Prozent (Glykose = 100)	$[\alpha]_D$ in Chloroform	Schmelzpunkt (korr.)
1	10	2,0	0,66	0	3,1	6,08	+ 53,99	182,5—183,5°
2	10	2,0	0,69	5	2,4	5,37	+ 54,30	180,5—181,5°
3	10	2,0	0,73	10	3,0	3,37	+ 54,01	177,5—178,5°
4	10	2,0	0,76	15	2,3	2,93	+ 55,36	176,5—177,5°
5	10	2,0	0,82	25	2,8	2,59	+ 55,94	176,5—177,5°
6	10	2,0	0,99	50	2,3	1,16	+ 56,34	175,5—176,5°
7	10	2,0	1,32	100	2,2	0,28	+ 57,23	174,5—175,5°
8	10	2,0	1,98	200	1,9	0,21	+ 56,20	174,0—174,5°
9	10	2,0	2,64	300	0,9	1,10	+ 50,86	174,0—174,5°
10	10	2,0	3,30	400	2,8	3,74	— 18,26	181,5—182,5°
11	10	2,0	3,96	500	3,2	5,89	— 18,35	182,5—183,5°
12	10	2,0	7,26	1000	5,4	8,62	— 20,72	185,5—186,5°
13	10	2,0	13,86	2000	6,0	5,83	— 22,36	185,5—186,5°
14	10	2,0	33,66	5000	6,7	4,81	— 23,46	185,5—186,5°

Die Tabelle 2 zeigt deutlich, daß bei der Reaktion mit Quecksilberacetat die Isolierbarkeit der α- oder der β-Form einfach durch die richtige
Wahl der Alkoholmenge regulierbar ist. Im Fall des Äthyl-cellobiosids
kann man z. B. die α-Form sicher fassen, wenn man mit einem Überschuß
in der Nähe von 100% an Äthylalkohol arbeitet; selbst bei 200% Überschuß ist das Produkt noch ziemlich rein, doch ist die Ausbeute dann
nicht mehr befriedigend. Das Präparat, das man z. B. bei 100% Überschuß
gewinnt, ist, was Ausbeute und optische Reinheit betrifft, ebenbürtig
mit dem durch Umlagerung des *Heptaacetyl-β-biosids* mit Titantetrachlorid (25) gewonnenen, die Arbeitsmethode ist jedoch in der jetzt
angegebenen Ausführung bedeutend einfacher.

Überraschend ist aber, daß das Reduktionsvermögen der gewonnenen
Präparate nach Erreichung eines Überschusses an Äthylalkohol von etwa
300% wiederum ansteigt, und daß zwischen 300 und 400% ein schroffer
Übergang in der Richtung zur β-Form stattfindet. Bei 10 g Acetobrom-cellobiose genügt eine Differenz von 0,74 g Äthylalkohol, um bei den isolierten
Präparaten das Drehungsvermögen von + 50,86° auf — 18,26° zu
bringen. Es versteht sich so, daß, wenn man zufällig innerhalb dieser

veränderlichen Zone arbeitet und auf die Alkoholmenge keine besondere Rücksicht nimmt, keine reproduzierbaren Resultate erhalten werden können. Vermutlich entstehen bei der Einwirkung von Quecksilberacetat stets beide Formen, aber in wechselnden Mengen. Unterhalb eines Überschusses von 300% überwiegt die α-Form, oberhalb 400% die β-Form. Aus Tabelle 1 ist auch zu ersehen, daß bei unserem Arbeitsgang eigentlich die β-Verbindung in optischer Reinheit schwerer darzustellen ist als die α-Verbindung.

Mit *Isopropyl*alkohol stehen uns ebenfalls genügende Daten zur Verfügung, um den Verlauf der Biosidbildung der α- und β-Form verfolgen zu können. Aus den Versuchsergebnissen ist zu ersehen, daß man die α-Form des Heptaacetyl-isopropyl-cellobiosids leichter als die Äthylverbindung gewinnen kann, denn bei einem Überschuß von 20—200% ist das Präparat in guter Ausbeute und in vorzüglicher optischer Reinheit zu gewinnen. Wieder sehr auffallend und noch deutlicher als bei den Versuchen mit Äthylalkohol zeigt sich mit der weiteren Erhöhung der Isopropylalkoholmenge ein Maximum des Reduktionsvermögens der isolierten Produkte.

Um ein größeres Vergleichsmaterial zu gewinnen und die allgemeine Anwendbarkeit der Methode zu prüfen, stellten wir die α-*Heptaacetylcellobioside* noch folgender Alkohole dar: *n-Propyl, n-Butyl, Isobutyl, sek. Butyl, sek. Amyl, n-Hexyl* und *β-Phenyl-äthyl*. Bei diesen Versuchen zeigte sich ebenfalls, daß in der Nähe eines Überschusses von 100% Alkohol in vielen Fällen auch die höchste optische Drehung der isolierten α-Formen zu beobachten ist.

Bei der Darstellung der Heptaacetyl-β-alkyl-cellobioside mit Quecksilberacetat ist demnach *ein großer Überschuß an dem betreffenden Alkohol* zu verwenden. Bei den niedrigeren Gliedern ist es vorteilhaft, als Reaktionsmedium den betreffenden Alkohol selbst zu verwenden, da hierbei sehr leicht vollkommen reduktionsfreie Produkte zu erhalten sind. Optische Reinheit wird aber erst nach wiederholtem Umkristallisieren erreicht. Als Beispiel ist die Darstellung des Heptaacetyl-β-methylcellobiosids und Heptaacetyl-β-isopropyl-cellobiosids beschrieben. In Gegenwart von Benzol sind die meisten Heptaacetyl-cellobioside ebenfalls mit Quecksilberacetat gewinnbar, falls man einen genügenden Überschuß an den entsprechenden Alkoholen anwendet. Als Beispiel wurde die Darstellung des Heptaacetyl-β-n-butyl-, -β-hexyl- und -β-phenyläthyl-cellobiosids beschrieben (26).

Man gewinnt außerdem die *Heptaacetyl-β-cellobioside* oft leicht durch Umsetzung der Acetobrom-cellobiose in den betreffenden Alkoholen selbst oder in Benzollösung mit Hilfe von Quecksilber*cyanid*. Als Beispiele sind die Darstellungen des Heptaacetyl-β-methyl-, -β-isopropyl-, -β-n-butyl-, -β-isobutyl- und -β-sek -butyl-cellobiosids beschrieben (27).

Auf Grund obiger Resultate wurden noch die in der Tabelle 3 aufgezählten, neuen *α-Cellobiosid-heptaacetate* dargestellt (*28*).

Tabelle 3.

	Mol.-Gewicht	Schmelz-punkt	$[\alpha]_D$ in Chloroform
Heptaacetyl-α-cetyl-cellobiosid	861,14	128°	+ 44,25° (*27*)
„ -α-ricinusöl-cellobiosid	2788,91	99,5°	+ 26,24° (*27*)
„ -α-mandelsäure-äthylester-cello-biosid	798,97	192°	+ 86,93° (*27*)
„ -α-glykolsäure-äthylester-cello-biosid	722,93	156°	+ 47,12° (*27*)
„ -α-guajacol-cellobiosid	742,33	138°	+ 72,80° (*28*)
„ -β-naphthol-α-cellobiosid	762,33	251°	+ 106,6° (*28*)
„ -α-naphthol-α-cellobiosid	762,33	203°	+ 43,07° (*28*)

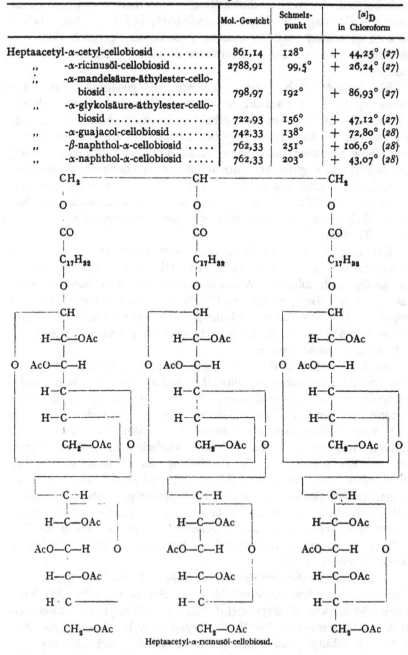

Heptaacetyl-α-ricinusöl-cellobiosid.

Es konnte noch gezeigt werden, daß die Quecksilberacetatmethode bei *Trisacchariden* ebenfalls anwendbar ist, wie dies am Beispiel der Darstellung des *Dekaacetyl-α-1-äthyl-β-cellobiosido-6-glykose* bewiesen wurde (*29*).

Aus Acetobromglykose und Benzylalkohol konnten KLAGES und NIEMAN (*31*) mit Hilfe von Quecksilberacetat *β-Tetraacetyl-benzylglykosid* in einer Ausbeute von 60—80% isolieren.

Um den *Reaktionsmechanismus* aufzuklären, haben wir ausgedehnte Versuchsreihen nach mehreren Richtungen vorgenommen (*30*).

Zunächst wurde bei der Bildung von Heptaacetyl-α-äthyl-cellobiosid geprüft, ob die Variierung der Anionen beim Quecksilbersalz den Reaktionsverlauf ändert. Es stellte sich heraus, daß auch andere organische Quecksilbersalze, z. B. Quecksilbersuccinat, Quecksilberstearat usw., imstande sind, α-Äthylcellobiosid-acetat zu bilden, jedoch sind die Ausbeuten bei Benutzung von Quecksilberacetat die besten.

Dann wurde der Einfluß von 15 verschiedenen Kationen in Bezug auf α-Cellobiosidbildung untersucht. Außer Uranyl und Antimon, die als Oxalate verwendet wurden, waren die übrigen durchwegs essigsaure Salze. Aus diesen Versuchen hofften wir, irgendeinen Zusammenhang des Kations zwischen seiner α-Cellobiosid-bildungsfähigkeit und Stellung im periodischen System finden zu können. Die ersten Versuche wurden mit Zinksalzen ausgeführt, weil Zink in dieselbe Gruppe wie Quecksilber gehört. Zinksalze sind ebenfalls befähigt zur Synthese von α- sowie β-Cellobiosiden. Cadmiumacetat ergab nur geringe Mengen eines Gemisches aus α- und β-Cellobiosid, es zeigte sich aber, so wie nahezu alle übrigen dafür geprüften Kationacetate, als befähigt zur β-Cellobiosidbildung. Magnesium-, Calcium- und Bariumacetat geben keine α-Verbindungen. Silber-, Uranyl-, Antimon-, Mangan-, Chrom-, Nickel-, Natrium- und Lithiumacetat geben ebenfalls keine α-Cellobioside. Demnach scheint die α-Cellobiosidbildung nur auf Quecksilber- sowie auf Zinksalze beschränkt zu sein. Diese Beobachtung gewinnt eine Stütze durch die α-Glykosid-herstellungsmethode von HELFERICH (*32*), der aus den acetylierten Zuckern mit Hilfe von Zinkchlorid zu α-Glykosiden gelangte.

Als Ausgangspunkt weiterer Versuche dienten Überlegungen, die aus den Erfahrungen der Quecksilberacetatmethode ableitbar sind. In dem Reaktionsgemisch bilden sich aus der Acetobromverbindung Mercuribromid und Essigsäure. Außerdem bleibt noch freier Bromwasserstoff in der Benzollösung, denn man verwendet zweckmäßig um 3% weniger Quecksilberacetat als zur Bindung sämtlichen Bromwasserstoffs nötig wäre.

Demnach versuchten wir, *α-Oktaacetyl-cellobiose* in Gegenwart von Mercuribromid und Äthylalkohol in Benzollösung in Gegenwart von

Essigsäure, später Bromwasserstoff enthaltender Essigsäure, in Reaktion zu bringen. Die Cellobiosidbildung blieb jedoch aus.

Ganz andere Resultate wurden erhalten, als wir die *Oktaacetyl-cellobiose* in Gegenwart von Mercuribromid nur mit Bromwasserstoff und Äthylalkohol in Benzollösung in Reaktion brachten. Dabei konnten wir das *α-Heptaacetyl-äthyl-cellobiosid* gewinnen. Um die Menge des Bromwasserstoffs genau dosieren zu können, bereiteten wir eine titrierte Lösung von trocknem Bromwasserstoff in Benzol. Die Versuche wurden ausgeführt, indem wir die Oktaacetyl-cellobiose mit Benzol übergossen, dann die nötige absolute Alkoholmenge und zuletzt den Bromwasserstoff in Benzollösung zusetzten. Nach erfolgter Reaktion durch Kochen im Wasserbad wurde das Reaktionsgemisch mit Wasser mehrmals gewaschen, die Benzollösung mit Chlorcalcium getrocknet, mit Kohle geklärt, unter vermindertem Druck abgedampft, der Rückstand mehrmals mit Alkohol verdampft, dann in Gegenwart von wasserfreiem Natriumacetat acetyliert und in Wasser gegossen. Das ausgeschiedene Produkt wurde isoliert, gewaschen, getrocknet und aus Alkohol umkristallisiert. Aus den Ergebnissen zahlreicher Versuche konnten wir folgende Schlüsse ableiten:

1. *Einfluß der Mercuribromidmenge.* Nimmt man weniger als $1/_2$ Mol. Mercuribromid auf 1 Mol. Oktaacetyl-cellobiose, so ist die Cellobiosidbildung unvollständig. In Gegenwart von $1/_2$ Mol. tritt sie immer und mit guten Ausbeuten ein.

2. *Einfluß der Bromwasserstoffmenge.* Die Cellobiosidbildung ändert sich stark mit der Bromwasserstoffmenge. Die besten Ausbeuten und die reinsten Präparate wurden gewonnen, falls wir auf 1 Mol. Oktaacetyl-cellobiose (100%) 23—34% Bromwasserstoff anwandten. Unter- oder oberhalb dieser Grenze werden stark reduzierende Produkte erhalten. Die optimale Bedingung ist in Benzol- sowie auch in Chloroformlösung: 34% Bromwasserstoff.

3. *Einfluß der Alkoholmenge.* Optimale Ergebnisse werden erhalten, wenn man auf 1 Mol. Oktaacetyl-cellobiose 2 Mol. Alkohol nimmt.

4. *Kochdauer.* Optimum 1 Stunde.

5. Benutzt man als Ausgangsmaterial *β-Oktaacetyl-cellobiose*, so ist das Resultat dasselbe.

Auf Grund obiger Versuche ist folgender *Reaktionsmechanismus* denkbar. Die Acetobrom-cellobiose erleidet unter dem Einfluß von Wasserspuren in dem Reaktionsgemisch eine Hydrolyse, wobei Bromwasserstoff und Heptaacetyl-cellobiose entstehen. Ein Teil des Bromwasserstoffs wird von dem Quecksilberacetat in Form von Quecksilberbromid gebunden, wobei Essigsäure frei wird. Die entstehende Heptaacetyl-cellobiose wird dann unter der gemeinsamen Einwirkung von Quecksilberbromid und Bromwasserstoff unter Wasserabspaltung in Heptaacetylcellobiosid überführt, laut folgendem Schema:

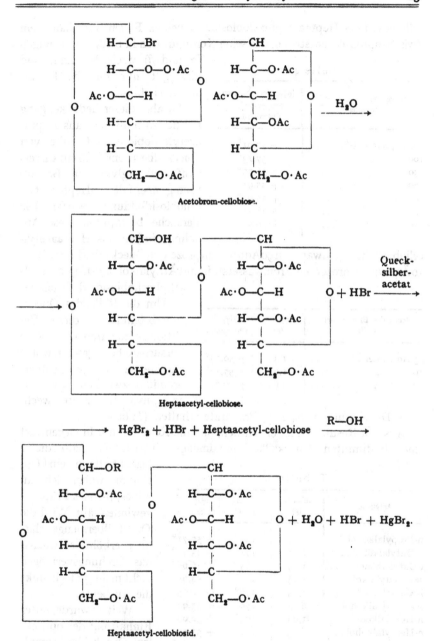

Acetobrom-cellobiose.

Heptaacetyl-cellobiose.

Heptaacetyl-cellobiosid.

Diese Auffassung gewinnt dadurch eine Stütze, daß aus Acetobrom-cellobiose mit Hilfe einer einfachen Umsetzung nur ein β-Cellobiosid entstehen kann, weil bei der Glykosidbildung eine WALDENsche Umkehrung eintritt. Dasselbe gilt für die Überführung von α-Oktaacetyl-cellobiose in α-Heptaacetyl-cellobiosid. In beiden Fällen muß daher ein Zwischenprodukt entstehen, das seine Konfiguration in beiden Richtungen (α und β) wechseln kann, und dies gilt nur für die Hepta-acetylcellobiose.

Ist aber dieser Gedankengang richtig, so muß man aus Hepta-acetylcellobiose, mit Hilfe von Quecksilberbromid, Bromwasser-stoff und Aglykon in Benzol-lösung ebenfalls α-Heptaacetyl-cellobiosidbildung erwarten. Die Versuche bestätigten diese An-nahme, indem aus Heptaacetyl-cellobiose, in Gegenwart von 90 Äquivalentprozenten Quecksilberbromid und 10 Äquivalentprozenten Bromwasserstoff, mit Äthylalkohol α-Heptaacetyl-äthyl-cellobiosid erhältlich ist.

Tabelle 4.

Menge des Quecksilber-bromids	$[\alpha]_D$ der isolierten Präparate in Chloroform
120 Äquivalent-%	+ 57,01°
100 ,, ...	+ 57,13°
90 ,, ...	+ 56,33°
80 ,, ...	+ 55,91°
60 ,, ...	+ 55,01°
40 ,, ...	+ 48,31°
20 ,, ...	+ 40,75°

Um die Rolle des Queck-silberbromids bei dieser Re-aktion aufzuklären, wurde eine Versuchsreihe angesetzt, wobei die Menge des Quecksilber-bromids zwischen 120 bis 20 Äquivalentprozenten wech-selte. Dabei wurden folgende Präparate erhalten (Tabelle 4).

Aus den Resultaten ist ersichtlich, daß die Reaktion nur in Gegenwart einer bestimmten Quecksilberbromidmenge eintritt. Oberhalb dieser besteht dann ein Op-timum, wobei sich ein reines, β-freies Präparat gewinnen läßt. Wird die Quecksilbermenge dar-über erhöht, so wächst das Drehungsvermögen nicht mehr, jedoch sinkt die Ausbeute.

Tabelle 5.

Menge des Bromwasser-stoffs	Ausbeute (g)	$[\alpha]_D$ in Chloroform
5 Äquivalent-%	1,44	+ 50,25°
10 ,, ...	1,03	+ 57,13°
20 ,, ...	0,63	+ 56,31°

Weiters wurde, unter Einhaltung der optima-len Quecksilberbromid-menge von 100 Äqui-valentprozenten, die Menge des Bromwasserstoffs variiert. Die Resultate sind in der Tabelle 5 zusammengestellt.

Tabelle 6.

Aglykone	Ausbeute (g)	Schmelz-punkt	$[\alpha]_D$ in Chloroform
n-Propylalkohol ...	1,07	191°	+ 57,71°
n-Butylalkohol	1,05	174°	+ 43,40°
1-Butylalkohol.....	1,29	185°	+ 46,68°
sek. Butylalkohol ..	1,23	194°	+ 54,95°
i-Amylalkohol.....	1,45	176°	+ 40,95°
sek. Amylalkohol ..	0,93	176°	+ 55,94°
n-Hexylalkohol ...	1,03	193°	+ 52,06°
n-Heptylalkohol ...	1,23	181°	+ 53,75°
n-Oktylalkohol	0,64	167°	+ 52,33°
Phenol	0,90	224°	+ 77,91°

Die Tatsache, daß das Quecksilberbromid und der Bromwasserstoff in genau einzuhaltenden Mengen zur Anwendung gebracht werden müssen, spricht ebenfalls dafür, daß sie ein komplexes System bilden, das zur Katalyse der α-Biosidbildung notwendig ist.

Als Endergebnis sämtlicher Beobachtungen sind die Quecksilber-acetat- sowie die Quecksilberbromid + Bromwasserstoff-Methode eben-bürtig und beruhen auf einer Wasserabspaltung aus den Komponenten, unter der Einwirkung des Bromwasserstoffs. In dieser Beziehung ähnelt das Verfahren der klassischen Glykosidsynthese von EMIL FISCHER, mit Hilfe der katalytischen Wirkung des Chlorwasserstoffs (33).

Ein Unterschied zwischen den beiden Methoden besteht darin, daß die FISCHERsche Methode bei Anwendung nur von Säure Glykosidbildung hervorruft, dagegen bei unserem Verfahren das Quecksilberbromid eben-falls eine entscheidende Rolle neben der Säurewirkung spielt.

Unter Berücksichtigung der oben angegebenen Versuchsbedingungen haben wir die in der Tabelle 6 verzeichneten α-Heptaacetyl-cellobioside dargestellt (unveröffentlicht).

VI. Darstellung der Bioside der α-Reihe ohne Anwendung der Acetohalogenverbindungen.

Mich interessierte es, das Verhalten des sublimierten *Ferrichlorids* gegen die acetylierten Zucker in Chloroformlösung kennenzulernen, und deshalb stellte ich ausgedehnte Untersuchungen in dieser Richtung an (34). Es zeigte sich, daß Eisenchlorid nicht in der Lage ist, einen acetylierten Zucker in das Acetohalogen-derivat überzuführen. Dagegen erhielt ich immer von der Ausgangssubstanz verschiedene Präparate, die ein auf-fallend niedriges Reduktionsvermögen besaßen, jedoch nach Verseifung und Hydrolyse mit Mineralsäuren wiederum in hochreduzierende Sub-stanzen übergingen. Besonders eingehend wurde das Verhalten der α-Oktaacetyl-cellobiose und der β-Oktaacetyl-maltose untersucht. Durch systematische Trennung der Reaktionsprodukte erhielt ich Präparate, deren Reduktionsvermögen zwischen 2 und 3% lag (Glykose = 100). Zunächst dachte ich an irgendeine Kondensation zu hochmolekularen Verbindungen, doch zeigte das niedrige Molekulargewicht der Substanzen, daß es sich nur um einfache Verbindungen handeln konnte. Schließlich brachte dann eine Methoxylbestimmung, die als Blindversuch im Ver-gleich zur vollständig methylierten Substanz ausgeführt wurde, Klarheit. Es stellte sich heraus, daß bei der Einwirkung des von Haus aus alkohol-haltigen Chloroforms die Oktaacetyl-cellobiose und -maltose in Gegenwart von Ferrichlorid *Essigsäure abspalten* und Heptaacetyl-äthyl-cellobiosid bzw. Heptaacetyl-äthyl-maltosid bilden, eine Reaktion, die immerhin ziemlich merkwürdig ist. Daß tatsächlich der im Chloroform vorhanden gewesene Alkohol die Äthylierung herbeiführt, ließ sich leicht dadurch beweisen, daß vollkommen alkoholfreies Chloroform keine Spur der Bioside entstehen läßt, während es, sobald ihm die nötige Alkoholmenge zur Verfügung gestellt wird, wiederum imstande ist, die Bioside zu bilden.

Sehr auffallend war aber, daß die so entstehenden Bioside der α-*Reihe* angehören. Nach dieser Methode ist man demnach imstande, eine Okta-acetylbiose direkt in ein acetyliertes α-Biosid umzuwandeln, was vor meinen Arbeiten nicht möglich war. Überhaupt kannte man meines Wissens damals noch keine Bioside der α-Reihe. Zwar finden sich in der Literatur Angaben über ein Heptaacetyl-α-methyl- bzw. -α-äthyl-maltosid (*35*), doch sind beide Verbindungen vermutlich β-Derivate, denn sie wurden dargestellt durch Einwirkung von Methylalkohol und Silbercarbonat auf Acetochlor-maltose, wobei erfahrungsgemäß, wie bei sämtlichen anderen α-Acetohalogen-derivaten, der Austausch des Halogens gegen Methoxyl mit einer WALDENschen Umkehrung verbunden ist und zu β-Derivaten führt.

Zur Darstellung der α-Phenol-bioside ist die Behandlung mit Eisen-chlorid aus leicht zu verstehenden Gründen unbrauchbar, dagegen gelingt dies nach der Quecksilberacetatmethode.

Nachdem wir später durch zahlreiche Versuche über die L osidbildung aus ˙Acetobrom-cellobiose in Gegenwart von Quecksilberacetat näher orientiert worden waren und den ausschlaggebenden Einfluß der verwendeten Quecksilberacetat- und Alkoholmenge erkannt hatten, untersuchten wir die Biosidbildung in Gegenwart von sublimiertem Eisen-chlorid nochmals näher. Diese Reaktion bietet in manchen Fällen besondere Vorteile, da man sich die Überführung der Acetylverbindungen in die Aceto-halogenverbindungen erspart und dadurch in wenigen Operationen zum Ziel gelangen kann (*36*).

Die Versuche wurden meistens mit 10 g Oktaacetyl-cellobiose ausgeführt, die in 75 ccm alkoholfreiem Chloroform gelöst wurden. Zu dieser Lösung setzten wir die gewogenen Mengen von absolutem Alkohol sowie sublimiertes Eisenchlorid zu und kochten die Lösung in einem mit Chlorcalciumrohr verschlossenen Apparat 1 Stunde am Rückflußkühler. Dann wurde die Lösung 4—5mal mit Wasser gewaschen, getrocknet, mit Kohle geklärt, das Filtrat unter vermindertem Druck verdampft, mit Alkohol wiederum mehrmals abgedampft und der Rückstand schließlich 2mal aus heißem Alkohol umkristallisiert.

Aus den Ergebnissen von vielen Versuchen geht deutlich hervor, daß bei Anwendung von weniger als 1 Mol. Ferrichlorid auf 1 Mol. Okta-acetyl-cellobiose die Biosidbildung in Gegenwart eines 50%igen Über-schusses an Äthylalkohol schlecht verläuft, weil dabei viel Oktaacetyl-cellobiose unverändert bleibt, weshalb die isolierten Produkte ein hohes Reduktionsvermögen aufweisen.

Nach Erreichung der Ferrichloridmenge von 1 Mol. tritt die α-Biosid-bildung sprunghaft in den Vordergrund. Bei Anwendung von 1 Mol.

Ferrichlorid erhält man die besten Ausbeuten (rund 20% d. Th.) an α-Äthyl-heptaacetyl-cellobiosid. Eine Erhöhung dieser Ausbeute war uns bisher nicht möglich, weil bei der Reaktion eine erhebliche Desacetylierung des primär gebildeten Cellobiosids vonstatten geht und viel Substanz in den Mutterlaugen der beiden Kristallisationen, in der alkoholischen Lösung verbleibt. Die desacetylierende Wirkung des Eisenchlorids zeigt sich noch deutlicher bei weiterer Erhöhung der Ferrichloridmenge, wodurch die Ausbeute an α-Heptaacetyl-äthyl-cellobiosid sinkt, ohne daß die Qualität der isolierten Substanz sich verschlechtert. In verschiedenen Versuchen wurden die alkoholischen Mutterlaugen im Vacuum verdampft und re-acetyliert. Dabei wurden große Mengen (33—45% d. Th.) an Heptaacetyl-äthyl-cellobiosid gewonnen, das aber optisch nicht mehr rein war ($[\alpha]_D$ in Chloroform = + 37—46°), ein Zeichen, daß auch die β-Form des Heptaacetyl-äthyl-cellobiosids in den Mutterlaugen vorhanden ist. Die Cellobiosidbildung ist bei der Reaktion erheblich, an Reinprodukt ist jedoch nur wenig isolierbar. Berücksichtigt man aber, daß über die Aceto-bromcellobiose mit Hilfe von Quecksilberacetat im besten Fall 18% d. Th. an α-Heptaacetyl-äthyl-cellobiosid zu gewinnen sind, (falls man die Ausbeute auf die Oktaacetyl-cellobiose umrechnet und die Verluste bei der Darstellung der Acetobrom-cellobiose mitkalkuliert), so ersieht man, daß die Methode eigentlich derzeit doch die bequemste, ergiebigste und kürzeste ist.

Wir versuchten dann, die Desacetylierung durch Abkürzen der Kochzeit bei der Reaktion zu verhindern, aber man erhält, nach ½stündigem Kochen noch sehr stark reduzierende Produkte, die viel unveränderte Oktaacetyl-cellobiose enthalten.

Man kann die Reaktion auch in Benzollösung ausführen, jedoch ist die Ausbeute schlecht (10% d. Th.), weil die Oktaacetyl-cellobiose in Benzol schwer löslich ist, deshalb während des 1stündigen Erwärmens teilweise ungelöst bleibt und eine starke Verharzung erleidet.

Die Menge des Äthylalkohols ist von entscheidendem Einfluß auf die Cellobiosidbildung; sie erreicht das Optimum bei einem Äthylalkoholüberschuß von 20—50%. Große Alkoholmengen verursachen keine Verschiebung der Biosidbildung in der Richtung der β-Form, sondern verhindern einfach die Reaktion.

Nimmt man als Lösungsmittel wasserfreies Aceton, so kann keine Cellobiosidbildung beobachtet werden. Ebenfalls negative Ergebnisse wurden erhalten, als wir, statt Ferrichlorid zuzusetzen, die Reaktion in Gegenwart von Quecksilberchlorid, Zinkchlorid oder Chrom(III)-chlorid ausführen wollten.

Wird statt Äthylalkohol Isopropylalkohol verwendet, so geht die Reaktion mit einer Ausbeute von 24% vonstatten und das gewonnene α-Heptaacetyl-isopropyl-cellobiosid ist rein. Mit Methylalkohol sowie mit tert. Butylalkohol konnte bisher keine Biosidbildung beobachtet werden.

VII. Phenol-glykosid- bzw. Phenol-biosid-synthesen nach HELFERICH, mit Hilfe von Zinkchlorid bzw. p-Toluol-sulfonsäure (37).

Diese Synthese beruht auf der Beobachtung, daß die *Acetate der reduzierenden Zucker* sich mit Phenolen bei mäßiger Temperatur ziemlich rasch, unter der Einwirkung saurer Katalysatoren, zu acetylierten *Phenolglykosiden* und Essigsäure umsetzen.

Die Reaktion ist von sehr allgemeiner Anwendbarkeit. Sterisch verläuft sie am reduzierenden Kohlenstoffatom nicht einheitlich. Es entstehen wohl stets nebeneinander α- und β-Formen, die dann in geeigneter Weise getrennt werden müssen. Häufig überwiegt die eine Form aber so stark, daß diese Trennung keine Schwierigkeiten macht. Deutlich beeinflußt die Natur des Zuckers und des Phenols die sterische Richtung. Bei o-substituierten Phenolen erscheint die Neigung zur Bildung von 1,2-cis-Verbindungen (wie z. B. α-Glykosiden) als besonders gering. Wenig Einfluß, häufig gar keinen, scheint die Wahl zwischen α- und β-Acetaten als Ausgangsmaterial zu haben. Besonders wichtig und erfreulich ist es, daß durch die Bedingungen der Kondensation, vielleicht durch die Menge des Phenols, jedenfalls durch die Art und Menge des Katalysators, die Reaktion vorwiegend in der einen oder anderen Richtung sterisch beeinflußt werden kann. Das ist ein Hinweis dafür, daß bei der Reaktion die Bildung von *Komplexverbindungen* eine entscheidende Rolle spielt. So läßt sich aus Pentaacetyl-d-glucose (α oder β) bei Verwendung von *Chlorzink* vorwiegend das *Acetat des Phenol-α-d-glykosids*, bei Verwendung von *p-Toluol-sulfonsäure* das *Phenol-β-d-glykosid-acetat* ohne Schwierigkeit isolieren, wie dies folgende Beispiele beweisen:

Darstellung von Tetraacetyl-α-phenol-glykosid. 50 g β-Pentaacetyl-d-glykose (1 Mol.) werden mit 46 g Phenol (4 Mol.) und 12,5 g Chlorzink in einem Bad von 125—130° unter dauerndem, kräftigem Rühren 45 Minuten erhitzt. Die dunkle, nach Essigsäure riechende Schmelze wird nach dem Erkalten mit etwa 300 ccm Benzol aufgenommen, die Lösung mit Wasser, dann mehrfach mit Natronlauge und wieder mit Wasser gewaschen, mit Chlorcalcium getrocknet und nach dem Klären mit Kohle zur Trockne verdampft. Der schon meist kristalline Rückstand wird durch 2maliges Umkristallisieren aus 40 ccm absolutem Alkohol rein erhalten. Ausbeute 13,3 g (25% d. Th.); Schmelzp. 114—115°; $[\alpha]_D^{20} = + 168°$ in Chloroform.

Darstellung von Tetraacetyl-β-phenol-d-glykosid. 292 g Phenol (4 Mol.) werden mit 3,9 g p-Toluol-sulfonsäure auf dem Wasserbade zusammengeschmolzen und nach Zugabe von 300 g (1 Mol.) β-Pentaacetyl-d-glykose 1½ Stunden unter kräftigem mechanischem Rühren auf dem siedenden Wasserbade erhitzt. Die Aufarbeitung geschieht, wie bei *Tetraacetyl-α-phenol-d-glykosid* beschrieben. Das Rohprodukt wird aus etwa 1 l Alkohol umkristallisiert. Ausbeute 139 g (42% d. Th.); Schmelzp. 124—125°; $[\alpha]_D^{20} = — 71°$ in Chloroform.

Es wurde eine ganze Reihe von Katalysatoren ausprobiert. Alle erfolgreichen sind Säuren, saure Salze oder Salze, die zu Komplexbildung neigen und mit hydroxylhaltigen Substanzen saure Komplexe liefern. Am bequemsten haben sich bisher wasserfreies *Chlorzink* und *p-Toluol-sulfonsäure* erwiesen.

Die Kondensation kann in der Schmelze oder im geeigneten Lösungsmittel ausgeführt werden. Die besten Bedingungen, besonders auch der Temperatur und Zeitdauer, sind je nach dem Ausgangsmaterial verschieden. Die Ausbeuten wechseln bei den verschiedenen Objekten zwischen 20 und 80%.

Das Verfahren macht eine große Zahl von Phenol-glykosiden einfacher, rascher und billiger zugänglich als nach den bisherigen Methoden. Dies gilt besonders für die α-Derivate, die meist nur mühselig, zum Teil überhaupt nicht herstellbar waren.

Für *Pentosen* seien als Beispiele erwähnt: Die Darstellung von *Triacetyl-phenol-β-d-xylosid (38), Triacetyl-o-kresol-β-d-xylosid (39), Triacetyl-o-kresol-α-l-arabinosid (40).*

Für *Hexosen* seien als Beispiele angeführt: Die Darstellung von *Tetraacetyl-phenol-α-d-glykosid (37), Tetraacetyl-phenol-β-d-glykosid, Tetraacetyl-(β-naphtol)-β-d-glykosid, Tetraacetyl-(α-naphtol)-β-d-glycosid, Tetraacetyl-methyl-arbutin, Tetraacetyl-guajacol-β-d-glycosid (37), Tetraacetyl-o-kresol-α-d-glykosid*, woraus durch Bromierung und Bromabspaltung mit Silbercarbonat in wäßrigem Aceton bzw. Desacetylierung das *α-Salicin* als amorphes, hygroskopisches Pulver zu erhalten war (*41*).

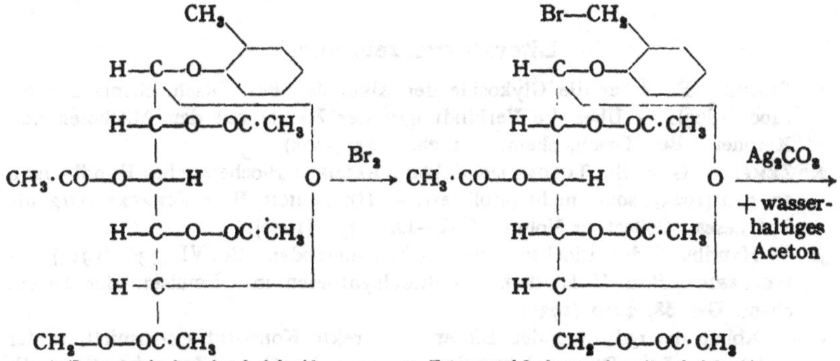

Tetraacetyl-o-kresol-α-d-glykosid.　　　Tetraacetyl-[ω-brom-o-kresol]-α-d-glykosid.

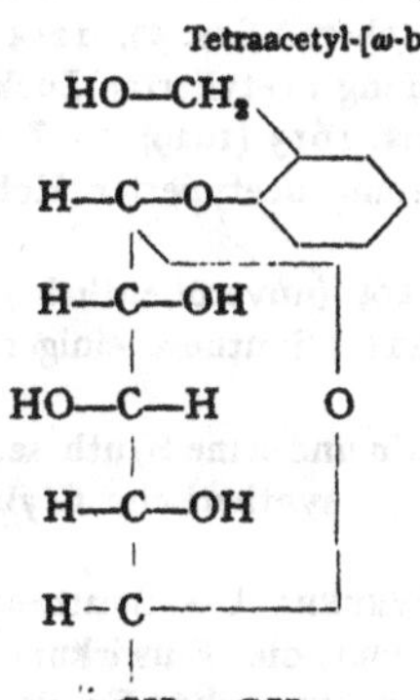

α-Salicin.

2*

Durch Verschmelzen von Brenzcatechin mit Pentaacetylglykose in Gegenwart von p-Toluolsulfonsäure konnte *Tetraacetyl-brenzcatechin-β-d-glykosid* dargestellt werden, daraus durch Verseifung das freie Glykosid. welches infolge seiner freien Phenolgruppe sich mit Diazoverbindungen kuppeln ließ (*43*). Ferner konnte *Tetraacetyl-brenzcatechin-β-d-glykosid* durch Kupplung mit Acetobrom-glykose in *Brenzcatechin-octaacetyl-bis-d-glykopyranosid(β,β)* überführt werden (*44*). Hydrochinon gab durch Verschmelzen mit β-Pentaacetylglykose und p-Toluolsulfonsäure *Hydrochinon-octaacetyl-bis-d-glykopyranosid* (*β,β*) (*44*).

Weitere Beispiele sind *Tetraacetyl-phenol-α-d-galaktosid*, *Tetraacetyl-β-d-galaktosid*, *Tetraacetyl-o-kresol-β-d-galaktosid*.

Aus β-Pentaacetyl-d-mannose, Phenol und Chlorzink entstand vorwiegend *Tetraacetyl-β-phenol-d-mannosid* (*45*).

Weitere Beispiele sind *Tetraacetyl-phenol-β-d-fructosid* (*42*) und *Tetraacetyl-o-kresol-β-d-fructosid* (*46*).

Für Bioside seien folgende Beispiele der Darstellung angeführt: *Heptaacetyl-phenol-α-cellobiosid* (*47*), *Heptaacetyl-phenol-β-gentiobiosid* (*47*), *Heptaacetyl-phenol-α-maltosid*, *Heptaacetyl-o-kresol-α-maltosid*, daraus durch Bromierung und Austausch des Broms durch Hydroxyl: *Heptaacetyl-saligenin-α-maltosid*, *Heptaacetyl-p-kresol-α-maltosid* usw. (*48*).

Literaturverzeichnis.

1. FISCHER, E.: Über die Glykoside der Alkohole. Ber. Dtsch. chem. Ges. **26**, 2400 (1893). — Über die Verbindungen der Zucker mit den Alkoholen und Ketonen. Ber. Dtsch. chem. Ges. **28**, 1145 (1895).

2. ZEMPLÉN, G. u. ST. TULOK: siehe ABDERHALDEN: Biochemisches Handlexikon **10**, 770 (1923); sonst nicht publiziert. — HELFERICH, B. u. SCHÄFER: Organic Syntheses. Collective Volume I (I—IX), 356 (1932).

3. — Handbuch der Biochemischen Arbeitsmethoden, Bd. VI, 736 (1913). — HELFERICH, B. u. U. LAMPERT: Glykosidsynthesen mit Emulsin. Ber. Dtsch. chem. Ges. **68**, 2050 (1935).

4. — Abbau der reduzierenden Biosen I.: Direkte Konstitutions-Ermittlung der Cellobiose. Ber. Dtsch. chem. Ges. **59**, 1254 (1926). — ZEMPLÉN, G. u. E. PACSU: Über die Verseifung acetylierter Zucker und verwandter Substanzen. Ber. Dtsch. chem. Ges. **62**, 1613 (1929). — ZEMPLÉN, G., A. GERECS u. I. HADACSY: Über die Verseifung acetylierter Kohlenhydrate. Ber. Dtsch. chem. Ges. **69**, 1828 (1936).

5. ZEMPLÉN, G. u. Z. CSÜRÖS (unveröffentlicht).

6. FISCHER, E. u. K. RASKE: Synthese einiger Glykoside. Ber. Dtsch. chem. Ges. **42**, 1475 (1909).

7. MANNICH, C.: Über Arbutin und seine Synthese. Arch. Pharmaz. **250**, 547 (1912).

8. MAUTHNER, F.: Über neue synthetische Glykoside. Journ. prakt. Chem. (2), **97**, 217 (1918).

9. HELFERICH, B. u. E. WEBER: Die Synthese von β-d-Cellobiosid und β-d-Maltosid des Vanillins und die Einwirkung von Mandelemulsin auf diese Substanzen. (XXVII. Mitteilung über Emulsin.) Ber. Dtsch. chem. Ges. **69**, 1411 (1936). — ZEMPLÉN, G. μ. Á. GERECS: Synthese des Lusitanicosids

(Chavicol-β-rutinosids), des Glykosids aus Cerasus lusitanica Lois. Ber. Dtsch. chem. Ges. 70, 1098 (1937).

10. FISCHER, E. u. L. v. MECHEL: Zur Synthese der Phenolglykoside. Ber. Dtsch. chem. Ges. 49, 2813 (1916).

11. TAKAHASHI, R.: Über die Synthese von Polyoxy-anthrachinonglykosiden. Journ. pharmac. Soc. Japan 1925, Nr. 525, 4. — ZEMPLÉN, G. u. A. MÜLLER: Über Alizaringlykosid und Alizarin-bioside. Ber. Dtsch. chem. Ges. 62, 2107 (1929). — MÜLLER, A.: Die Glucosyl-Aufnahme der Hydroxyle im Anthrachinon-Kern. Ber. Dtsch. chem. Ges. 64, 1057 (1931).

12. HUDSON, C. S. u. J. M. JOHNSON: Die isomeren Oktaacetate der Lactose. Journ. Amer. chem. Soc. 37, 1270 (1915); 37, 1276 (1915). — HUDSON, C. S. u. J. K. DALE: Die isomeren Pentaacetate der Mannose. Journ. Amer. chem. Soc. 37, 1280 (1915).

13. HELFERICH, B. u. A. SCHNEIDMÜLLER: Umlagerung eines β-Glykosides in ein α-Glykosid. Ber. Dtsch. chem. Ges. 60, 2002 (1927).

14. PACSU, E.: Umlagerung der β-Glykoside und β-Acetylzucker in ihre α-Form. Ber. Dtsch. chem. Ges. 61, 137 (1928).

15. — Über die Einwirkung von Titan(IV)-chlorid auf Zucker-Derivate. I.: Neue Methode zur Darstellung der α-Aceto-chlorzucker und Umlagerung des β-Methyl-glykosids in seine α-Form. Ber. Dtsch. chem. Ges. 61, 1508 (1928).

16. — Action of Titanium Tetrachloride on Derivatives of Sugars. II. Preparation of Tetra-acetyl-beta-normal-hexylglucoside and its Transformation to the alpha-form. Journ. Amer. chem. Soc. 52, 2563 (1930).

17. — Action of Titanium tetrachloride on Derivatives of Sugars. III. Transformation of tetra-acetyl-β-cyklohexylglucoside to the alphaform and the preparation of alphacyklohexylglucosid. Journ. Amer. chem. Soc. 52, 2568 (1930).

18. — Über die Einwirkung von Titan(IV)-chlorid auf Zucker-Derivate. I. Neue Methode zur Darstellung der α-Acetochlorzucker und Umlagerung des β-Methylglykosids in seine α-Form. Ber. Dtsch. chem. Ges. 61, 1508 (1928).

19 — Action of titanium tetrachloride on derivatives of sugars. IV. Transformation of Hepta-acetyl-beta-methylcellobioside to the alphaform and the preparation of alpha-methyl-cellobioside. Journ. Amer. chem. Soc. 52, 2570 (1930).

20. ZEMPLÉN, G., Z. BRUCKNER u. Á. GERECS: Einwirkung von Quecksilbersalzen auf Aceto-halogen-zucker. V. Mitteilung: Synthese der Dekaacetyl-1-β-methyl-α- und -β-cellobiosido-6-glykose. Ber. Dtsch. chem. Ges. 64, 744 (1931).

21. — u. A. GERECS: Einwirkung von Quecksilbersalzen auf Acetohalogenzucker. VI. Mitteilung: Synthese von Gentiobiose und Cellobiosido-6-glykose-Derivaten. Ber. Dtsch. chem. Ges. 64, 1553 (1931).

22. — Einwirkung von Aluminiummetall und Quecksilbersalzen auf Acetohalogen-zucker. I.: Synthese von α-Biosiden. Ber. Dtsch. chem. Ges. 62, 990 (1929).

23. — u. Z. SZOMOLYAI-NAGY: Einwirkung von Quecksilbersalzen auf Acetohalogenzucker. II. Mitteilung: Bildungsbedingungen des α-Phenyl-cellobiosids. Ber. Dtsch. chem. Ges. 63, 368 (1930).

24. — u. A. GERECS: Einwirkung von Quecksilbersalzen auf Aceto-halogenzucker. IV. Mitteilung: Direkte Darstellung der Alkylbioside der α-Reihe. Ber. Dtsch. chem. Ges. 63, 2720 (1930).

25. PACSU, E.: Action of Titanium tetrachloride on Derivatives of Sugars. IV. Transformation of Hepta-acetyl-beta-methylcellobioside to the alphaform and the preparation of alpha-Methyl-cellobioside. Journ. Amer. chem. Soc. 52, 2571 (1930).

26. ZEMPLÉN, G. u. A. GERECS: Einwirkung von Quecksilbersalzen auf Aceto-halogenzucker. IV. Mitteilung: Direkte Darstellung der Alkylbioside der α-Reihe. Ber. Dtsch. chem. Ges. 63, 2720 (1930).

27. SZEBENI, L.: Diss., Budapest 1934, Univ. (ungar.).

28. MANSFELD, A.: Diss., Budapest 1934, Univ. (ungar.).

29. ZEMPLÉN, G., Z. BRUCKNER u. A. GERECS: Einwirkung von Quecksilbersalzen auf Aceto-halogen-Zucker. V. Mitteilung: Synthese der Dekaacetyl-1-β-methyl-α- und -β-cellobiosido-6-glykose. Ber. Dtsch. chem. Ges. 64, 751 (1931).

30. CSÜRÖS, Z.: Neuere Glykosidsynthesen. Magyar Chemiai Folyóirat 39, 19 (1933). — GARA, D.: Diss., Budapest 1934, Univ. (ungar.).

31. KLAGES, F. u. R. NIEMAN: Neue Versuche zur Synthese des Rohrzuckers. Liebigs Ann. 529, 201 (1937).

32. HELFERICH, B. u. E. SCHMITZ-HILLEBRECHT: Eine neue Methode zur Synthese von Glykosiden der Phenole. Ber. Dtsch. chem. Ges. 66, 378 (1933).

33. FISCHER, E.: Über die Glykoside der Alkohole. Ber. Dtsch. chem. Ges. 26, 2400 (1893). — Über die Verbindungen der Zucker mit den Alkoholen und Ketonen. Ber. Dtsch. chem. Ges. 28, 1145 (1895).

34. ZEMPLÉN, G.: Synthesen in der Kohlenhydrat-Gruppe mit Hilfe von sublimiertem Eisenchlorid. I.: Darstellung der Bioside der α-Reihe. Ber. Dtsch. chem. Ges. 62, 985 (1929).

35. FOERG: Chem. Ztrbl. 1902, I, 861.

36. ZEMPLÉN, G. u. Z. CSÜRÖS: Synthesen in der Kohlenhydrat-Gruppe mit Hilfe von sublimiertem Eisenchlorid. II. Mitteilung: Darstellung der Cellobioside der α-Reihe. Ber. Dtsch. chem. Ges. 64, 993 .(1931).

37. HELFERICH, B. u. E. SCHMITZ-HILLEBRECHT: Eine neue Synthese von Glykosiden der Phenole. Ber. Dtsch. chem. Ges. 66, 378 (1933).

38. — — Eine neue Synthese von Glykosiden der Phenole. Ber. Dtsch. chem. Ges. 66, 378 (1933).

39. — u. U. LAMPERT: Emulsin. XVI.: Über die Spaltung von β-d-Xylosiden durch Mandel-Emulsin. Ber. Dtsch. chem. Ges. 67, 1667 (1934).

40. — — Emulsin. XXII.: Über die Spaltung von α-l-Arabinosiden durch Mandelemulsin. Ber. Dtsch. chem. Ges. 68, 1266 (1935).

41. — — u. G. SPARMBERG: Zur Kenntnis der α-Glucosidase aus Hefe. Ber. Dtsch. chem. Ges. 67, 1809 (1934). — Über weitere Darstellungen basischer Glykoside siehe HELFERICH, B., E. GÜNTHER u. S WINKLER: Darstellung und Fermentspaltung basischer Glykoside. Liebigs Ann. 508, 192 (1933). — HELFERICH, B. u. O. PETERS: Die Glykoside von p-Nitrophenol und p-Aminophenol und ihre fermentative Spaltung. Journ. prakt. Chem. (N. F.) 138, 281 (1933). — HELFERICH, B. u. H. SCHEIBER: Über Emulsin. XV.: Die Spaltung von Kresol-glykosiden und die Einheitlichkeit von Glykosidasen verschiedener Herkunft. Ztschr. physiol. Chem. 226, 272 (1934). — HELFERICH, B. u. E. GÜNTHER: Über Emulsin. XVIII.: Die Spaltbarkeit des Phenol-β-d-glykosid-6-methyl-äthers durch Mandelemulsin. Ztschr. physiol. Chem. 231, 62 (1935). — HELFERICH, B., U. LAMPERT u. G. SPAMBERG: Zur Kenntnis der α-Glykosidase aus Hefe. Ber. Dtsch. chem. Ges. 67, 1808 (1934). — HELFERICH, B. u. F. PHILIPP: Liebigs Ann. 514, 228 (1934). — HELFERICH, B. u. F. STRAUSS: Journ. prakt. Chem. (N. F.) 142, 13 (1935). — HELFERICH, B. u. C. P. BURT: Die Beeinflussung der fermentativen Spaltbarkeit von Phenol-β-glucosiden durch Substitution im Benzolkern. Liebigs Ann. 520, 156 (1935). — HELFERICH, B., H. E. SCHEIBER, R. STREECK u. F. VORSATZ: Die Beeinflussung der fermentativen Spaltbarkeit von Phenol-β-d-glucosiden durch Substitution im Benzolkern. Über Emulsin XXI: Liebigs Ann. 518, 211 (1935).

42. HELFERICH, B. u. E. SCHMITZ-HILLEBRECHT: Eine neue Synthese von Glykosiden der Phenole. Ber. Dtsch. chem. Ges. 66, 378 (1933).

43. — O. LANG u. E. SCHMITZ-HILLEBRECHT: Glykosidische Azofarbstoffe. Journ. prakt. Chem. (N. F.) 138, 275 (1933).

44. — u. W. REISCHEL: Die fermentative Spaltung von Mono- und Bis-glykosiden zwertiger Phenole. Über Emulsin. XXXIII. Liebigs Ann. 533, 278 (1938).

45. — u. S. WINKLER: Die Synthese von α- und β-Phenol-d-mannosid. Ber. Dtsch. chem. Ges. 66, 1556 (1933).

46. — u. R. STREECK: β-d-Fructopyranoside von Phenolen. Ber. Dtsch. chem. Ges. 69, 1311 (1936).

47. — u. E. SCHMITZ-HILLEBRECHT: Eine neue Synthese von Glykosiden der Phenole. Ber. Dtsch. chem. Ges. 66, 378 (1933).

48. — u. S. R. PETERSEN: Die Synthese einiger Maltoside und ihr Verhalten gegen Diastase. Ber. Dtsch. chem. Ges. 68, 790 (1935).

The Component Glycerides of Vegetable Fats.

By **T. P. Hilditch**, Liverpool.

With 1 Figure.

Natural fats are mixtures (frequently complex mixtures) of mixed triglycerides. Simple triglycerides, such as triolein or tripalmitin, are rarely present in quantity unless one particular fatty acid happens to form a very large proportion of the total fatty acids of a natural fat. This characteristic feature has been generally appreciated only within comparatively recent years, owing to the practical difficulties of experimental attack by either physical or chemical methods. It is now possible, nevertheless, to indicate the glyceride structure of many fats which have been the object of recent investigation, and in a number of cases to state, at least approximately, the *proportions and nature of the chief mixed glycerides present*. This is especially true of the seed fats of many plants and for this reason, and also because a survey of the glyceride structure of fats from all natural sources forms too wide a subject to be dealt with in a single review, *seed and fruit-coat* (pericarp, etc.) *fats* have been selected for consideration in this communication. Moreover, seed fats display particularly well the marked tendency in nature for the elaboration of triglycerides in which the fatty acids are distributed as widely and evenly as possible amongst the molecules of glycerol.

The natural fats, of course, lend themselves to examination in two ways: not only may we consider the individual mixed triglycerides, but the composition of the whole of the fatty acids in combination in the glycerides may be examined separately. As a matter of fact, considerably more information is available as to the proportions of the component acids of a wide variety of natural fats than with regard to the component glycerides therein present. So far as component fatty acids are concerned, it has been established that, in both vegetable and animal kingdoms, fats from species which have morphological or anatomical relationships very frequently display similarities in the kinds, and even in the proportions, of the different fatty acids which may be present [Hilditch (29)]. It has been pointed out by Hilditch and Lovern (36) that a progressive change in the character of the mixed acids from natural fats follows, to a marked extent, the evolutionary development of plant and animal species. In the seed fats of land plants this parallelism is particularly prominent; in many cases the occurrence of a specific fatty acid as an important component is almost wholly confined to members of the same botanical family (e. g., petroselinic acid in the Umbelliferae), or to those of only a few families (e. g., stearic acid), while in some others only species of a particular genus seem to give rise to a special fatty acid (e. g., ricinoleic acid in *Ricinus* sp.) in their seed fats. It should perhaps be added that, in nearly all fruit fats, oleic, palmitic and usually linoleic acids are to be found, frequently in important proportions. Practically all fruit-coat fats, and many seed fats, contain only these three acids as major components, their individual proportions of course varying within wide limits; but in many other seed fats, as has just been mentioned, another specific acid may also be present in quantity (e. g., lauric, myristic, stearic, arachidic in the saturated series, or petroselinic, linolenic, elaeostearic, erucic, ricinoleic, tariric, chaulmoogric, etc., in the unsaturated series of acids).

As regards the *triglycerides* themselves, however, *this specificity is absent*, and the mode of distribution of the fatty acids amongst the molecules of the latter is almost wholly and strikingly independent of the nature of the individual acids. This statement applies, not only to vegetable seed fats, but throughout nature, so far as our present knowledge takes us; and it appears important to stress this fundamental distinction.

I. Attempts to Isolate Individual Triglycerides from Fats by Crystallisation.

Following these general introductory remarks, it is next proposed to review briefly the earlier, mainly qualitative, investigations which gradually led to the conclusion that *mixed triglycerides are the rule*, rather than the exception, in seed fats, a conclusion which has since been substantiated by the results of studies of a more quantitative character.

Although BERTHELOT (5) pointed out in 1860 the possibility of the existence of mixed triglycerides in natural fats, it is curious that the tacit assumption that they must necessarily be mixtures of simple triglycerides—tripalmitin, triolein, etc.—has persisted so long, and is still occasionally encountered in otherwise well-informed text books on organic chemistry. In 1899 HENRIQUES and KÜNNE (28) repeated the work of HEISE (26) who, two years previously, had stated that he had obtained considerable amounts of an oleodistearin by simple crystallisation of the seed fat of *Allanblackia stuhlmannii* from suitable solvents. HENRIQUES and KÜNNE (28) regarded this as "unusual"; at the present time it would appear very unusual if a seed fat which, like that of *A. stuhlmannii*, contains about 52% of stearic and 45% of oleic as its component acids, did not consist to a large extent of oleodistearin. In 1901 HOLDE and STANGE (*52*) separated a solid glyceride fraction from olive oil by crystallisation from ether-alcohol at −40° and showed that it contained both palmitic and oleic acids in the approximate ratio of 2 : 1. (As we now know that olive oil contains about 2% of tripalmitin, the other components of this fraction must have been largely palmitodiolein with some oleodipalmitin.) This is the first recorded experimental evidence showing that olive oil is not, as is sometimes still stated, substantially triolein.

Fractional crystallisation from simple organic solvents of solid vegetable fats such as cacao butter was attempted by several workers in the early years of the present century. FRITZWEILER (*24*) thus succeeded in isolating about 6% of oleodistearin from cacao butter in 1902, whilst KLIMONT (*53–58*) similarly obtained small yields of oleodistearin, oleodipalmitin and oleopalmitostearin from cacao butter, Borneo tallow and Stillingia tallow. KLIMONT deduced that triolein was not present in appreciable amounts in any of these fats, and ascribed their characteristic texture and other physical properties to the presence of considerable proportions in each case of oleodistearin and oleodipalmitin.

BÖMER, with BAUMANN (*6*) and SCHNEIDER (*7*) studied coconut and palm kernel oils, the acids in which consist largely of lauric (C_{12}) with some capric (C_{10}) and caprylic (C_8) acids. Before proceeding to fractional crystallisation, these oils were partially separated by distillation in the vacuum of the cathode light, which CALDWELL and HURTLEY (*13*) had already shown to lead in this case to a partial separation of the triglycerides of lowest molecular weight. In spite of many hundreds of separate crystallisations, BÖMER did not obtain any trilaurin in either case, the only definite glycerides isolated including dilauromyristin, laurodimyristin and dimyristopalmitin. On the other hand, BÖMER and EBACH (*8*) showed some years later that, when trilaurin or trimyristin is present in appreciable amounts in a fat, isolation by their crystallisation procedure presents no difficulty; for they obtained about 30% of trilaurin from the seed fat of *Laurus nobilis* and about 40% of trimyristin from nutmeg butter.

The evidence obtained from simple fractional crystallisation, up to this point, therefore points clearly to the absence of simple triglycerides from any of the fats mentioned above, with the exception of laurel oil and nutmeg butter.

II. Crystallisation of Hydrogenated or Brominated Fats.

Other workers, however, have similarly attempted the resolution of fats into their components after the fats have been modified by *chemical treatment*. In 1920 AMBERGER (*1*) showed that completely hydrogenated rape oil was a mixture of stearobehenins (from oleo- or linoleo-erucins) and that it contained no detectable quantity of either tristearin or tribehenin; in 1924 he made a similar study (2) of hydrogenated cacao butter and confirmed KLIMONT's conclusion (53–58) that it was made up largely of oleopalmitostearin and oleodistearin. BÖMER and ENGEL (9) carried out a similar examination of hydrogenated chaulmoogra oil.

Some of the more unsaturated seed fats, the components of which are of course mainly liquid at room temperature, have been converted into their bromo-additive products, which have then been submitted to crystallisation from appropriate solvents. Thus, in 1927, EIBNER et al. (22) isolated crystalline bromo-additive products of linoleo-dilinolenin and of oleodilinolenin from linseed oil, while SUZUKI and YOKOYAMA (60) obtained in addition from linseed oil the bromo-additive products of a dilinoleo-linolenin, two dioleolinoleins, and an oleodilinolein. The latter investigators similarly recorded, in the case of soya bean oil, evidence of dilinoleolinolenin, linoleodilinolenin, oleodilinolenin, dioleolinolein and oleolinoleostearin. There was no evidence, in either of these oils, of the formation of the bromo-adduct of a simple tri-unsaturated glyceride such as trilinolein or triolein.

The whole of the investigations referred to above were based essentially upon attempted separation of triglycerides by the physical method of crystallisation; the results obtained were almost wholly qualitative in character, and only in a few instances led to even an approximate statement of the proportion of any individual mixed triglyceride present in a fat. Nevertheless they are in themselves sufficient to demonstrate conclusively the generalisation that seed fats are mixtures of mixed triglycerides, and that the occurrence of simple triglycerides is quite exceptional.

III. Quantitative Studies of the Component Glycerides in Natural Fats.

Since about 1927 more definitely *chemical methods* of attack on the problem of glyceride structure have been devised, and these lend themselves to more quantitative treatment as regards the amount of the different component glycerides present. These methods, which have been developed at the University of Liverpool by the writer and his collaborators, have evolved somewhat as follows:

I. Determination of the proportion of fully-saturated glycerides present in natural fats.

II. Determination of the tri-unsaturated C_{18} glycerides (oleic + linoleic, etc.) in liquid fats:

(a) by estimation of the tristearin content of the completely hydrogenated fat;

(b) by study of the glyceride composition of the fat after hydrogenation to varying extent.

III. More detailed examination of the component glycerides in solid seed fats by separating the latter into fractions varying in solubility in acetone, each fraction being examined separately for its fatty acid composition, fully-saturated glyceride content, content of tri-unsaturated C_{18} acids, etc.

Method I has led to full confirmation of the tendency to mixed glyceride formation revealed by the physical studies of previous investigators (v. supra), and to the generalisation that *the fatty acids are distributed in general remarkably evenly and widely amongst the glycerol molecules*. In the liquid fats in which oleic and other unsaturated acids predominate, the absence of fully-saturated glycerides merely establishes one aspect of this "even distribution", but the application of methods II (a) or (b) to these cases has shown that the proportion of tri-unsaturated C_{18} glycerides is uniformly much closer to the lowest possible than to the highest possible values (calculated from the fatty acid compositions), thus again establishing a maximum degree of association between saturated and unsaturated acids in the form of mixed saturated-unsaturated triglycerides. Finally, the preliminary resolution of some of the simpler solid seed fats by crystallisation from acetone at 0° into fractions in which either the mono-oleo-disaturated or the dioleo-monosaturated glycerides respectively predominate (method III) has permitted detailed quantitative statements to be given for the proportions of at least the major component mixed glycerides present. The compositions thus arrived at experimentally are in fair agreement with those which can be deduced from certain simple arithmetical considerations from the compositions of the total fatty acids in these fats, and it would appear that, so long as a fat containing only three or four major component acids is known to be assembled on the lines of what has been termed *"even distribution"*, the proportions of the chief mixed glycerides present may be capable of prediction within approximate limits without recourse to the lengthy experimental determination of its glyceride structure.

Determination of the Fully-saturated Glyceride Content of a Fat.

In 1927 HILDITCH and LEA (35) showed that when a fat is oxidised in acetone solution with powdered potassium permanganate, all glycerides containing one or more unsaturated acyl radicals are ultimately converted into the corresponding azelao-glycerides (in the case of oleo-, linoleo-, linoleno- or elaeostearo-glycerides), whilst the completely saturated glycerides remain unattacked. If the possible combinations of glycerol with a saturated fatty acid ($"S \cdot CO_2H"$) and an unsaturated (e. g. oleic) acid ($"U \cdot CO_2H"$) be considered, it will be seen that the following products may arise:

	Original glyceride	Glyceride product of oxidation
Fully-saturated	$C_3H_5(O \cdot CO \cdot S)_3$	$C_3H_5(O \cdot CO \cdot S)_3$

Mono-oleo-derivative ... $C_3H_5\big\langle\begin{smallmatrix}(O \cdot CO \cdot S)_2\\(O \cdot CO \cdot U)\end{smallmatrix}$ $C_3H_5\big\langle\begin{smallmatrix}(O \cdot CO \cdot S)_2\\(O \cdot CO \cdot [CH_2]_7 \cdot CO_2H)\end{smallmatrix}$

Dioleo-derivative ...... $C_3H_5\big\langle\begin{smallmatrix}(O \cdot CO \cdot S)\\(O \cdot CO \cdot U)_2\end{smallmatrix}$ $C_3H_5\big\langle\begin{smallmatrix}(O \cdot CO \cdot S)\\(O \cdot CO \cdot [CH_2]_7 \cdot CO_2H)_2\end{smallmatrix}$

| Triolein .... | $C_3H_5(O \cdot CO \cdot U)_3$ | $C_3H_5(O \cdot CO \cdot [CH_2]_7 \cdot CO_2H)_3$ |

The acid azelaic glycerides usually form a complex mixture which is somewhat difficult to separate from the unchanged fully-saturated glycerides, because the alkali salts of the azelao glycerides are very strong emulsifying agents (especially those of the monoazelao-derivatives, which in addition are soluble in ether as well as in water). By taking suitable precautions during the removal of the acid azelao-glycerides by washing with alkali it is, however, quite possible to recover quantitatively the unchanged fully-saturated glycerides.

If the component glycerides of a fat are considered with respect to the two groups of fatty acids, saturated (S) and unsaturated (U), it is evident that the following types of triglyceride (G = glyceryl residue) may be present:

$$GS_3, \quad GS_2U, \quad GSU_2, \quad GU_3.$$

The proportion of fully-saturated glycerides (GS_3) having been ascertained, three possible group components remain to be estimated. If the component acids of the original fat and of the fully-saturated portion are known, the amounts of various saturated acids linked in mixed glycerides with unsaturated acids can be deduced; the molecular proportion (conveniently termed the *"association ratio"*) of saturated to unsaturated acids in the mixed saturated-unsaturated glycerides can therefore be determined. The "association ratio" of saturated to unsaturated acids in this non-fully-saturated portion of the fat permits the proportions of any two of the groups GS_2U, GSU_2, GU_3 to be calculated if one of them is absent or its amount known; or, alternatively, indicates limiting values between which the content of each of these groups must lie.

In the communication referred to, HILDITCH and LEA (35) stated that cottonseed oil, with 25% of saturated acids in its total fatty acides, contained negligible amounts of fully-saturated glycerides; and that the respective fully-saturated glyceride contents of cacao butter and a specimen of mutton tallow were 2% and 26%, although their component fatty acids were very similar, namely, about 25% palmitic, 35% stearic and 40% oleic (including 1–2% of linoleic) acids.

The much higher content of fully-saturated components (relative to the proportion of saturated acids in the total acids of the whole fat) in the case of the sheep

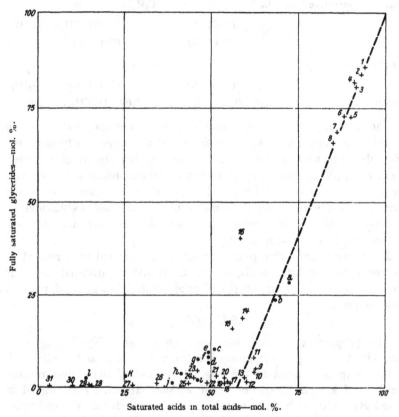

Figure 1. Fully-saturated glycerides in vegetable fats.

depot fat was subsequently found to be characteristic for the *depot fats*, and also for the *milk fats*, of most of the common herbivorous mammals (oxen, buffalo, sheep, pigs, goats). These represent special cases of glyceride structure which form a distinct group by themselves, and cannot be considered within the limits of the present review.[1] It may, however, be pointed out that they represent a particular development of the general lines of glyceride structure illustrated in the

---

[1] References to communications dealing with animal fats of this kind will be found in the bibliography under BANKS and HILDITCH (*3, 4*), HILDITCH and LONGENECKER (*37, 38*), HILDITCH and PAUL (*40*), HILDITCH and SLEIGHTHOLME (*45*), HILDITCH and STAINSBY (*47*), HILDITCH and THOMPSON (*50*).

present communication, and not in any sense a contradiction to the case of vegetable fruit fats. For instance, in spite of the frequently high proportion of fully-saturated glycerides, the latter are almost wholly still of the mixed type, e. g., palmitostearins, and simple triglycerides such as tripalmitin or tristearin are almost completely absent.

Similar studies of coconut and palm kernel oils, and of other seed fats of high total saturated acid content, were next made by COLLIN and HILDITCH (17, 18); out of a total number of eleven seed fats examined, all but two[1] conformed with the "rule of even distribution" in that fully-saturated glycerides did not appear in quantity unless the proportion of saturated acids in the total fatty acids exceeded about 60–65%. Since then, the fully-saturated glyceride contents of many other seed and fruit-coat fats have been determined, and no further marked exceptions to the general rule enunciated have been found. The results of these studies are expressed graphically in Figure 1, and a summary of the quantitative data on which the graph is based is given in Table 1.

Table 1

Number on Fig. 1	Species	Fat	Saturated acids in total fatty acids % (mol.)	Fully-saturated glycerides % (mol.)	"Association ratio"[2] in mixed saturated-unsaturated glycerides
		Seed fats			
1	Cocos nucifera	Coconut oil	93,9	86	1,3—1,4
2	Cocos nucifera	Coconut oil	92,9	84	1,4
3	Irvingia Barteri	Dika fat	91,7	81	1,3
4	Manicaria saccifera	—	91,6	82	1,2
5	Myristica fragrans	Nutmeg butter ...	90,2	73	1,6
6	Astrocaryum Tucuma	Tucuma fat	88,0	73	1,25
7	Acrocomia sclero-carpa	Gru-gru fat	86,3	69	1,3
8	Elaeis guineensis	Palm kernel oil....	85,3	66	1,3—1,4
9	Shorea stenoptera	Borneo tallow	62,9	5,1	1,6
10	Shorea stenoptera	Borneo tallow	62,8	4,5	1,5
11	Madhuca butyracea	Phulwara butter ..	62,4	8	1,4
12	Palaquium oblongi-folium	Taban Merah fat ..	60,2	1,8	1,5

[1] The exceptions were the seed fats of *Laurus nobilis* and *Myristica malabarica*. The latter is also exceptional in its content of resin acids, some of which appear to be in combination with glycerol. In laurel oil, the abnormally high quantity of fully-saturated components is substantially trilaurin, and the remainder of the acids present (chiefly palmitic and oleic) appear to be "evenly distributed" in the usual manner.

[2] *„Association ratio"*: Mols. saturated acid associated with one mol unsaturated acid in mixed saturated-unsaturated glycerides.

Continuation of the table 1.

Number on Fig. 1	Species	Fat	Saturated acids in total fatty acids % (mol.)	Fully-saturated glycerides % (mol.)	"Association ratio"[1] in mixed saturated-unsaturated glycerides.
13	*Theobroma cacao*	Cacao butter	59,8	2,5	1,4
14	*Myristica malabarica*	- -	59,2	19	1,0
15	*Myristica malabarica*	—	56,2	16	1,0
16	*Laurus nobilis*	Laurel kernel	58,5	40,5	0,4
17	*Allanblackia Stuhl-mannii*	Mkanwi fat	55,6	1,5	1,2
18	*Nephelium mutabile*	Pulasan fat	55,3	1,5	1,2
19	See footnote 2	—	53,4	1,8	1,1
20	*Caryocar villosum*	Piqui-a	53,1	2,5	1,1
21	*Pentadesma butyracea*	—	51,6	3	1,0
22	*Nephelium lappaceum*	Rambutan fat	49,0	1,4	0,9
23	*Butyrospermum Parkii*	Shea fat	46,3	4,5	0,8
24	*Butyrospermum Parkii*	Shea fat	45,1	2,5	0,8
25	*Madhuca latifolia*	Mowrah fat	43,4	1,2	0,8
26	*Schleichera trijuga*	Kusum fat	34,6	1—2	0,6
27	*Gossypium hirsutum*	Cottonseed oil	27,3	less than 1	0,3
28	*Arachis hypogaea*	Ground nut oil...	15,5	less than 1	0,2
29	*Sesamum indicum*	Sesame oil	14,9	less than 1	0,2
30	*Thea sinensis*	Teaseed oil	10,0	less than 1	0,1
31	*Brassica campestris*	Rape oil	3,6	less than 1	—
		Fruit-coat fats			
a	*Stillingia sebifera*	Stillingia tallow ...	72,5	28,4	1,6
b	*Stillingia sebifera*	Stillingia tallow ...	68,4	23,9	1,4
c	*Elaeis guineensis*	Palm oil, Belgian Congo	50,9	10,3	0,8
d	*Elaeis guineensis*	Palm oil, Belgian Congo	49,6	6,5	0,8
e	*Elaeis guineensis*	Palm oil, Malay ...	49,2	9,5	0,8
f	*Elaeis guineensis*	Palm oil, Cameroons	49,1	8,3	0,8
g	*Elaeis guineensis*	Palm oil, Drewin ..	46,6	7,4	0,7
h	*Elaeis guineensis*	Palm oil, Cape Palmas	41,5	3,4	0,7
i	*Caryocar villosum*	Piqui-a Pericarp ..	45,9	2,3	0,8
j	See footnote 2	Pericarp	38,7	1	0,6
k	*Laurus nobilis*	Laurel berry......	25,4	3	0,3
l	*Olea europaea*	Olive oil	13,8	2	0,1

[1] „*Association ratio*": Mols. saturated acid associated with one mol. unsaturated acid in mixed saturated-unsaturated glycerides.

[2] Species of uncertain identity, probably belonging to Dipterocarpaceae.

It will be seen from Figure 1 and Table 1 that, until the saturated acids in a seed fat amount to about 60% of the total fatty acids, the proportion of fully-saturated triglycerides is insignificant. It so happens that there are few seed fats in which saturated acids form between 60% and 80% of the total fatty acids, but eight examples have been studied in which these form from 85% to 94% of the total acids. In each of these cases the proportion of fully-saturated glycerides is large, but at the same time it is such that the molar ratio of saturated to unsaturated acids in the mixed saturated-unsaturated part of the fat is approximately constant at about 1,3 or 1,4 to 1. In other words, in the mixed saturated-unsaturated glycerides the saturated acids amount to nearly 60%, or slightly less, of the mixed fatty acids present in this part of the fat. In Figure 1, the broken line represents the relationship between the fully-saturated glyceride content and the proportion of saturated to unsaturated acids in the whole fat which would obtain if the acids were distributed (when the proportion of saturated acids exceeds about 58%) so that as great an amount as possible of the triglycerides contained an average proportion of 1,4 mols. of saturated to 1 mol. of unsaturated acid in combination, the excess above this ratio of saturated acids appearing, of course, in the form of fully-saturated triglycerides. (This ratio corresponds with a mixture of about 3–4 mols. of mono-unsaturated-disaturated glycerides with 1 mol. of di-unsaturated-monosaturated glycerides.)

The general regularity with which the experimental findings approximate to this relationship in the *seed* fats indicates the strikingly uniform manner in which the constituent acids are assembled in these natural triglycerides, and also illustrates very well the operation of what has come to be termed the "rule of even distribution" in glyceride structure.

In the *fruit-coat* (pericarp, etc.) fats the generalisation appears not to hold so completely as in the seed fats. In the fruit-coat or pericarp fats of *Caryocar*, *Stillingia*, and some other species, the data accord exactly with the "even distribution" rule, but in olive, laurel berry, and palm oils there is usually a somewhat higher content of fully-saturated triglycerides (in these cases tripalmitin, since palmitic forms almost the whole of the saturated acids present) than is consistent with the operation of this principle to the extent usually observed in the seed fats. On the other hand, as will be seen later, the remainder (i. e., the mixed saturated-unsaturated part) of these fats appears to be assembled on the usual lines. Relatively few examples of fruit-coat fats have yet been available for study, and it is hardly possible to say, on the evidence at present to hand, whether the strictly "evenly-distributed" type is more common, or not, in this group of vegetable fats.

It has already been said that glyceride structure appears to be quite independent of the particular acids which are present. This is particularly well shown by the seed fats quoted in Table 1 which contain from 43% to 63% of saturated acids in the total fatty acids, and which also, it so happens, include several different saturated acids amongst their major component acids. It is therefore interesting to consider these fats in somewhat greater detail (Table 2).

Table 2.

Seed fat	Component saturated acids % (mol.)				Saturated acids in total acids % (mol.)	Fully-saturated gly-cerides in fat °/₀ (mol.)
	C_{14}	C_{16}	C_{18}	C_{20}		
Borneo tallow	—	19,5	42,4	1,0	62,9	5,1
Borneo tallow	1,8	23,3	37,5	—	62,8	4,5
Phulwara butter	1,6	57,4	3,4	—	62,4	8
Palaquium oblongifolium.	0,2	6,5	53,5	—	60,2	1,8
Cacao butter	—	24,3	35,5	—	59,8	2,5
Allanblackia Stuhlmannii.	—	3,4	52,2	—	55,6	1,5
Nephelium mutabile	—	3,3	31,4	20,6	55,3	1,5
See footnote 2, p. 32	—	11,7	39,8	1,9	53,4	1,8
Caryocar villosum........	1,6	50,7	0,8	—	53,1	2,5
Pentadesma butyracea ...	—	5,9	45,7	—	51,6	3
Nephelium lappaceum ...	—	2,3	14,2	32,5	49,0	1,4
Shea butter............	—	6,3	40,0	—	46,3	4,5
Shea butter............	—	9,3	35,4	—	45,1	2,5
Mowrah fat............	—	24,1	19,3	—	43,4	1,2

In the group of fats illustrated in Table 2, the amount of fully-saturated glycerides is for the most part insignificant, irrespective of whether the 43–63% of saturated acids in the whole fat consist very largely of one acid (either palmitic or stearic), or of a mixture of two saturated acids in quantity (either palmitic and stearic, or stearic and arachidic).

Similarly, of the fats numbered 1–8 in Table 1 (which conform to the same generalisation, since their fully-saturated glycerides represent the saturated fatty acids in excess of the amount necessary to give the approximately constant ratio of about 1,4 mols. of saturated per mol. of unsaturated acids combined together as mixed glycerides), the predominating saturated acids are lauric (45–50%) and myristic (about 20%) in the Palmae seed fats (nos. 1, 2, 4, 6, 7, 8), myristic acid (about 75%) in nutmeg fat, and myristic and palmitic in dika fat.

The Glyceride Structure of Seed Fats in which Oleic and Linoleic Acids are the Chief Component Acids.

There are, of course, a very large number of liquid seed fats in which the amount of saturated acids is relatively small. In these cases (of which the fats numbered 26–31 in Table 1 are typical instances) fully-saturated glycerides are practically absent or, at least, present in exceedingly small proportions. Whilst this indicates the usual tendency towards "even distribution" in so far as the minor amounts of saturated acids in these liquid fats are thereby shown to be almost wholly present in the form of mixed saturated-unsaturated triglycerides, it does not furnish very much direct information as to the composition of the latter. Other methods must therefore be devised for this purpose. The isolation of various crystalline mixed glycerides formed by addition of bromine to unsaturated fats has, as already mentioned, served in the hands of EIBNER (*22, 23*), SUZUKI (*60, 61*) and their collaborators to give a qualitative demonstration of the presence of many mixed glycerides of oleic, linoleic, and linolenic or saturated acids in linseed oil and soya bean oil; but this procedure has so far not proved adaptable to even an approximately quantitative treatment. The writer and his co-workers have been able to put forward a certain amount of general quantitative evidence by investigating the mixture of glycerides produced from liquid seed fats when completely or partly hydrogenated. In all the instances studied the unsaturated acids of the fats belonged practically exclusively to the C_{18} series (oleic, linoleic, linolenic), and of course hydrogenation methods (involving ultimately the determination of stearic glycerides) afford no evidence as to whether the unsaturated glycerides, finally determined in the form of stearic glycerides, were derived from oleic, linoleic or linolenic acids.

Nevertheless, two independent experimental methods have been worked out which lead to an approximate estimate of the triglycerides present in such fats in which all three acyl groups are those of C_{18} acids. Consequently, just as in the more saturated fats it has proved possible to obtain quantitative evidence of the distribution of the saturated acids, as a class, in contradistinction to the unsaturated acids, so it was found feasible to determine, at all events approximately, the content of tri-glycerides wholly made up of C_{18} acids in a number of liquid seed fats. Since the amount of stearic acid in the fats studied was extremely small, the results obtained represent, within near limits, the proportions of triglycerides made up wholly of unsaturated C_{18} acids which are present.

If X is the molar percentage of acids of the C_{18} series (almost entirely oleic and linoleic) in the total acids of a liquid seed fat of this type, and if $2 y$ is the molar percentage of the saturated, non-C_{18} acids,[1] the proportion of mixed saturated-unsaturated glycerides must be either $3 y$ or $6 y$ (or between these limits), according as to whether there are two acyl groups of the non-C_{18} series associated with one of the (unsaturated) C_{18} series, or *vice versa*. The amount of triglycerides wholly made up of C_{18}

---

[1] Determination of the fully-saturated glycerides either shows the latter to be absent, or permits allowance to be made for the small proportion of saturated acids which may be present in this form.

acids ("tri-C_{18} glycerides") must therefore lie between the limits of $X-3\,y$ and $X-6\,y$ (mol. per cent. of the fat). Since, in the fats under consideration, the unsaturated C_{18} acids are greatly in excess of the saturated non-C_{18} acids, the principle of "even distribution" would result in the latter being mainly present as monosaturated-di-unsaturated (C_{18}) glycerides, so that we should expect the amount of unsaturated C_{18} acids present in these mixed glycerides to be much nearer the maximum than the minimum. Correspondingly, the amount of tri-C_{18} glycerides would then be nearer the minimum ($X-6\,y$) than the maximum ($X-3\,y$).

One method of determining the content of tri-C_{18} glycerides in a fat consists [HILDITCH and JONES (33)] in *completely hydrogenating* a specimen of the fat and separating the product into a series of fractions by *systematic crystallisation* from anhydrous ether. Tristearin and palmitodistearin are thus concentrated into the least soluble fractions, and the proportion of tristearin in each can be approximately ascertained from the respective saponification equivalents of the fractions. This procedure has been proved to be fairly reliable for saturated fats containing less than about 40% or more than about 75% of tristearin, but is liable to give erratic results when the tristearin content lies between these limits. It has, however, been applied to the cases of hydrogenated cottonseed, soya bean, and linseed oils with the results shown in Table 3; in the table are included the possible limiting values for tri-C_{18} glycerides, derived from the component acids and the known absence of fully-saturated glycerides, according to whether the non-C_{18} acids are associated with C_{18} acids in the ratio of one of the former to two of the latter, or conversely. It will be seen that, in each of the three oils studied by this method, the observed content of tri-C_{18} glycerides is close to the minimum possible, indicating close conformity with the "rule of even distribution".

Table 3. Proportion of tri-C_{18} (mainly oleic and linoleic) glycerides in certain liquid seed fats.

Seed fat	Component acids (% mol.)			Possible limits for tri-C_{18} glycerides % (mol.)	Tri-C_{18} glycerides (estimated as tristearin) % (mol.)
	Non-C_{18} [1]	Stearic	Unsaturated C_{18}		
Cottonseed oil..........	25,4	1,7	.72,9	24—62	24
Soya bean oil	8,4	5,7	85,9	75—87	75
Linseed oil	6,2	4,0	89,8	81—91	83

An alternative method, probably less liable to experimental error but very tedious in execution, is to prepare a series of *partly hydrogenated*

---

[1] Almost wholly palmitic acid.

fats from the liquid seed fat and to determine the proportion of fully-saturated glycerides, and the component acids present in the latter, in each hydrogenated fat. From the component acids in the whole hydrogenated fat and the data thus obtained, the proportion of each component acid in the non-fully-saturated glycerides of each fat follow by difference. Now, it has been established [HILDITCH and JONES (32); BUSHELL and HILDITCH (10)] that in a fat in which disaturated-mono-unsaturated glycerides are present in relatively small quantities, these reach the state of complete saturation, during hydrogenation, before any originally monosaturated-di-unsaturated or tri-unsaturated glycerides become completely hydrogenated. There follows a period in which the remaining non-fully-saturated glycerides consist of a mixture of glycerides corresponding with monosaturated (non-C_{18}) di-unsaturated (C_{18}) glycerides and tri-unsaturated (C_{18}) glycerides in the original fat; whilst at a later stage, and before all of the former have become completely hydrogenated (mono-non-C_{18}, di-C_{18}-saturated glycerides), tristearin commences also to appear in the fully-saturated portion of the hydrogenated fat. If, therefore, the component acids of the mixed saturated-unsaturated glycerides of each partly-hydrogenated fat are calculated in the form of a mixture of mono-(non-C_{18})-di-C_{18} glycerides with tri-C_{18} glycerides, the values obtained for the latter will be correct only over the second stage of the hydrogenation process referred to above. In the earliest stages, when for example dipalmito-olein may still be present, the result of such a calculation will be to give a lower value than the truth for tri-C_{18} glycerides, since such dipalmito-olein will have been calculated as palmito-di-C_{18} glycerides; in the final stages, some tristearin will already have passed into the fully-saturated glycerides, and the estimated content of C_{18} glycerides will therefore again be low. Over the whole series, therefore, the estimates of tri-C_{18} glyceride content will first rise to a maximum, then remain constant for a time, and finally again fall. The maximum values, which are usually in good agreement, represent the true content of tri-C_{18} (mainly oleic and linoleic) glycerides present in the original fat.

This method has been applied in the cases of cottonseed, groundnut, sesame, and teaseed oils, and of the liquid fruit-coat fat olive oil [HILDITCH with JONES (33), THOMPSON (51), ICHAPORIA and JASPERSON (31)] with the results shown in Table 4. In every case the estimated tri-C_{18} glyceride content is close to the minimum possible value, again indicating the tendency to "even distribution", i. e., maximum production of mixed triglycerides.

It may be added that the results in the case of cottonseed oil confirm those obtained from the tristearin content of the completely hydrogenated fat. In groundnut oil, the presence of saturated acids of higher molecular weight than stearic acid prevented the application of the latter method, whilst difficulties were encountered in the determination of tristearin in hydrogenated olive and teaseed oils. With the exception of olive oil, none of the fatty oils in Table 4 contained appreciable amounts of fully-saturated glycerides; the 2% of fully-saturated glycerides in olive oil has been allowed for before calculating the limiting values possible for the contents of tri-C_{18} glycerides.

Table 4. Estimation of tri-C_{18} glycerides in liquid vegetable fats by progressive hydrogenation.

Hydro-genated fat Iod. val.	Saturated acids in total fatty acids % (mol.)	Fully-saturated glycerides % (mol.)	Mixed saturated-unsaturated glycerides Component acids (mols.)				Tri-C_{18} glycerides in[1] whole fat[1] Estimated % (mol.)
			% (mol.)	C_{16} (+C_{14})	Stearic	Oleic	

(I) *Cottonseed oil*

103,4	(Original oil)	—	100,0	25,3	1,8	72,9[2]	—
63,1	31,6	1,5	98,5	25,3	4,8	68,4	22,5[3]
49,6	44,6	7,1	92,9	22,7	14,8	55,4	24,5
42,8	52,2	15,9	84,1	20,0	16,3	47,8	24,0
29,8	67,1	33,5	66,5	13,8	19,8	32,9	25,0
20,1	78,1	44,0	56,0	11,2	22,9	21,9	22,4[4]
13,2	86,0	65,3	34,7	5,7	15,0	14,0	17,5[1]

% (mol.)

Maximum tri-C_{18} glycerides observed .... 24—25
Estimated by crystallisation of completely-hydrogenated fat........... 24
Possible limits (from content of non-C_{18} acids in mixed acids) .... 24—62

(II) *Groundnut oil*

93,3	(Original oil)	—	100,0	14,8	3,0	82,2[2]	—
71,0	19,6	0,6	99,4	14,3	4,7	80,4	56,5
51,0	40,4	6,1	93,9	12,4	21,9	64,6	56,7
39,5	53,8	15,9	84,1	9,1	28,8	46,2	56,8
30,8	64,0	32,9	67,1	4,8	26,3	36,0	52,7[1]

% (mol.)

Maximum tri-C_{18} glycerides observed .... 56,5—56,8
Possible limits (from content of non-C_{18} acids in mixed acids) .... 55,5—78

[1] Assuming only mono-C_{16} (or C_{14}) glycerides in mixed saturated-unsaturated glycerides.

[2] In the original oils, these figures refer to the total unsaturated acids (oleic + linoleic).

[3] Small amounts of dipalmito-glycerides still present in mixed part.

[4] Some tristearin has commenced to be produced at these points.

Continuation of the table 4

Hydrogenated fat Iod. val.	Saturated acids in total fatty acids % (mol.)	Fully-saturated glycerides % (mol.)	Mixed saturated-unsaturated glycerides Component acids (mols.)				Tri-C$_{18}$ glycerides in whole fat[1] Estimated % (mol.)
			% (mol.)	C$_{16}$ (+ C$_{14}$)	Stearic	Oleic	
(III) *Sesame oil*							
109,6	(Original oil)	—	100,0	10,7	4,2	85,1[2]	—
75,8	17,5	—	100,0	10,9	6,6	82,5	67,3[3]
48,1	45,2	7,0	93,0	7,9	30,3	54,8	69,3
27,7	69,7	32,7	67,3	5,0	32,0	30,3	52,3[4]

% (mol.)
Maximum tri-C$_{18}$ glycerides observed 69,3
Possible limits (from content of non-C$_{18}$ acids in mixed acids) .... 68—84

(IV) *Teaseed oil*							
85,6	(Original oil)	—	100,0	8,5	2,2	89,3[2]	—
39,9	53,6	14,3	85,7	5,7	33,6	46,4	68,6

% (mol.)
Tri-C$_{18}$ glycerides observed...................................... 68,6
Possible limits (from content of non-C$_{18}$ acids in mixed acids)............. 71—86

(V) *Tuscany olive oil*							
83,5	(Original oil)	2,0	98,0	11,0	2,8	84,2[2]	—
61,4	30,7	3,9	96,1	11,2	15,6	69,3	62,5[3]
50,2	43,6	11,2	88,8	8,2	24,2	56,4	64,0
37,6	58,1	25,0	75,0	3,2	29,9	41,9	65,5
31,7	65,1	30,8	61,2	1,4	32,9	34,9	57,0[4]

% (mol.)
Maximum tri-C$_{18}$ glycerides observed· .... 64—65,5
Estimated by crystallisation of completely-hydrogenated fat 57
Possible limits (from content of non-C$_{18}$ acids in mixed acids) .... 65—82

(VI) *Palestine olive oil*							
84,0	(Original oil)	2,0	98,0	10,6	3,3	84,1[2]	—
49,0	45,9	10,8	89,2	6,5	28,6	54,1	69,7

% (mol.)
Tri-C$_{18}$ glycerides observed 69,7
Possible limits (from content of non-C$_{18}$ acids in mixed acids).......... 66—82

---

[1] See footnote 1, p. 38.
[2] See footnote 2, p. 38.
[3] See footnote 3, p. 38.
[4] See footnote 4, p. 38.

It is quite evident, from the data in Tables 3 and 4, that the principle of "even distribution" of fatty acids in the mixed triglyceride molecules is as generally operative in seed fats in which oleic and linoleic acids predominate as in those more saturated fats in which high proportions of palmitic, stearic and other saturated acids are present.

Morrell and Davis (59) have proved that a similar state of affairs holds in tung and oiticica oils, in which large proportions respectively of elaeostearic acid and licanic (keto-elaeostearic) acid occur. These acids contain a trebly conjugated system of ethenoid linkings and, as is well known, the naturally-occurring ("α-") form of each acid or its glycerides is readily isomerised by the action of light or suitable catalysts into a geometrically-isomeric ("β-") form of higher melting point and sparing solubility. Morrell and Davis (59) found that the isomerised, crystalline "β-elaeostearin" from tung oil (in which elaeostearic acid forms 95% of the component acids) is almost pure tri-β-elaeostearin; on the other hand, the component acids of oiticica oil include only about 78% of licanic acid, and, correspondingly, these authors observed that the "β-lica-nin" similarly obtained by isomerisation of the oil contained but little tri-β-ketoelaeostearin, but was chiefly a mixture of glycerides in which two ketoelaeostearic groups were associated with one saturated, or non-conjugated unsaturated, acid group. This is a further example of the fact that glyceride structure is independent of the particular component acids which may be present in a seed fat.

More Detailed Determination of Glyceride Structure in Solid Seed Fats.

The most recent developments in this field are the determination, within approximate limits, of the proportions of each of the most abundant mixed glycerides present in fats derived from comparatively simple mixtures of acids (i. e., palmitic, stearic, oleic and linoleic), together with the discovery of a formula by means of which the proportions of the major component glycerides in an "evenly-distributed" fat can be roughly calcul-ated from the composition of the mixed fatty acids alone. The procedure involved has been applied to cacao butter, mowrah fat, shea butter, phulwara butter, borneo tallow, and kepayang oil and is being employed in several other cases. It depends on the fact that *systematic crystallisation* of such fats from *acetone* at 0°, although usually incapable (as earlier investigators found) of yielding definite individual mixed glycerides, affords with comparative ease a division of the fat into sparingly soluble portions in which mono-unsaturated-disaturated glycerides predominate, and more soluble portions in which the di-unsaturated glycerides (and tri-unsaturated glycerides when present) are concentrated. The fat is thus divided into two, or at the most three, fractions, each of which is investigated as follows:

(a) the component acids are determined, by ester fractionation;

(b) a portion is hydrogenated and the tristearin content of the product determined;

(c) where necessary, the fully-saturated glyceride content (and its component acids) of the fraction is determined.

From (a) and (c), the proportions of mono-unsaturated and of di-unsaturated glycerides (or of di- and tri-unsaturated glycerides) in each portion of the fat follow by simple calculation. From the tri-C_{18} glyceride content [determined as tristearin in (b)], coupled with the component acid analyses (a), there follows also the proportions of mono-C_{18}- and di-C_{18}- mixed glycerides in which the other homologous acid (palmitic) is present. With these data, and knowing the general order of solubility in acetone of, for example, oleodistearin, dioleostearin, oleopalmitostearin, oleodipalmitin and palmitodiolein, it is usually possible to give with some confidence a detailed, approximately quantitative statement of the component glycerides in each portion of the fat, and therefrom to deduce that of the original fat.

The procedure is naturally rather complicated, and it is proposed here to offer only general illustrations of the method; for details of the technique and the interpretation of the data the reader is referred to recent communications by the writer with STAINSBY (48), ICHAPORIA (30), BUSHELL (11) and GREEN (25).

It is of interest, perhaps, in the first place to illustrate the separation achieved by crystallisation from acetone in different cases. Table 5 shows the proportions of each fat obtained in different fractions, and the proportions of the component acids in each fraction and in the whole fat. For simplicity of calculation, all data employed in these investigations are referred to a molar (and not weight) percentage basis.

Table 5. Separation of solid seed fats by crystallisation from acetone.

	Fractions obtained from acetone crystallisation			Whole fat
	Least soluble	Inter-mediate	Most soluble	
Cacao butter:				
Glycerides (mol. %)...............	26,7	48,8	24,5	100
Component acids (mol. %)				
Palmitic	8,6	32,3	32,9	24,3
Stearic	55,1	31,2	18,5	35,4
Oleic	34,8	36,0	42,5	38,2
Linoleic	1,5	0,5	6,1	2,1

Continuation of the table 5.

	Fractions obtained from acetone crystallisation			Whole fat
	Least soluble	Inter- mediate	Most soluble	
Mowrah fat:				
Glycerides (mol. %)...............	21,2	33,3	45,5	100
Component acids (mol. %)				
Palmitic.......................	26,3	24,9	22,5	24,1
Stearic	32,1	20,8	12,1	19,3
Oleic..........................	40,1	39,8	47,7	43,4
Linoleic	1,5	14,5	17,7	13,2
Shea butter:				
Glycerides (mol. %)...............	49,3	—	50,7	100
Component acids (mol. %)				
Palmitic.......................	5,5	—	7,1	6,3
Stearic	57,1	—	23,2	40,0
Oleic..........................	36,5	—	62,8	49,8
Linoleic	0,9	—	6,9	3,9
Phulwara butter:				
Glycerides (mol. %)...............	72,4	—	27,6	100
Component acids (mol. %)				
Palmitic.......................	65,0	—	44,9	59,4
Stearic	2,3	—	2,5	2,4
Oleic..........................	31,7	—	41,6	34,5
Linoleic	1,0.	—	11,0	3,7
Borneo tallow:				
Glycerides (mol. %)...............	54,0	32,5	13,5	100
Component acids (mol. %)				
Palmitic.......................	12,5	30,2	21,8	19,5
Stearic	53,4	31,7	24,1	42,4
Arachidic......................	1,1	1,0	1,1	1,0
Oleic..........................	33,0	37,1	51,4	36,9
Linoleic	—	—	1,6	0,2
Kepayang oil:				
Glycerides (mol. %)...............	44,2	—	55,8	100
Components acids (mol. %)				
Myristic	0,6	—	0,6	0,6
Palmitic.......................	44,8	—	33,0	38,2
Stearic	15,8	—	3,8	9,0
Arachidic......................	0,4	—	0,2	0,3
Hexadecenoic	2,5	—	3,1	2,9
Oleic..........................	17,2	—	32,1	25,5
Linoleic	18,7	—	27,4	23,5

Inspection of Table 5 shows that the glyceride fractions least soluble in acetone contain not more than 40% of unsaturated acids, and therefore the amount of di-unsaturated-monosaturated glycerides present does not exceed about 20% and is usually less. In the most soluble fractions, however, the unsaturated acid content ranges from 50% up to nearly 70%, and it is evident that glycerides containing more than one unsaturated acyl group are concentrated in these portions of the fat.

We will digress here for a moment to comment on the fact that, in the first five fats in Table 5, the greater part of the linoleic acid is also concentrated in the most soluble portions; in other words, the linoleic acid is present almost wholly in glycerides which also contain an oleic acid group. This feature, at first glance somewhat remarkable, is in reality merely the natural consequence of the operation of the "rule of even distribution" coupled with the particular fatty acid composition of the five fats in question. In each case, linoleic is a *minor* component acid, whilst oleic and a saturated acid (palmitic or stearic, or both) are *major* component acids, each of the latter contributing 25% or more to the total fatty acids. Broadly speaking, the "even distribution" generalisation will therefore have the result that almost all the individual triglyceride molecules will contain at least one acyl group of a major component acid—oleic and saturated; on the contrary, in any triglyceride molecules in which the minor component, linoleic acid, is present, the latter will only be present as a single (monolinoleo-) group. But, since an oleic group is present in nearly every molecule of triglyceride, an oleic group will also be present concurrently in those molecules in which there is also a linoleic group. Thus, where linoleic acid is a *minor* component of the whole fat, it is bound to occur in the di- or tri-unsaturated glyceride portions, as a mixed linoleo-oleoglyceride.

The case of kepayang oil (at present under investigation in the Liverpool laboratories) has been included here because it offers the somewhat unusual instance of a fat with approximately equal contents of oleic and linoleic acids, each of which is here a "major" component. Consequently each plays approximately the same part in the development of the mixed glycerides and, as Table 5 indicates, the ratio of oleic and linoleic acids remains much the same in both the mono-unsaturated and the di-unsaturated glycerides present in the fat. This means, of course, that in the mono-unsaturated group the unsaturated radical may be either oleic or linoleic, whilst in the di-unsaturated group there may be oleo-linoleo-, dioleo-, or dilinoleo-glycerides (probably all three, with the mixed type predominating).

The mode of distribution of linoleic acid in the glycerides of the fats in Table 5 thus affords a further and somewhat striking example of the general operation of the "even distribution" principle.

We must now return to the further steps necessary to elucidate the glyceride structure of the various portions of a fat as resolved by crystallisation from acetone. As already stated, the proportions of mono- and di-unsaturated, or di- and tri-unsaturated glycerides, present in each portion can be deduced from the component acid analyses after making allowance for any fully-saturated glycerides present. Further, determination of the tristearin content of the hydrogenated fractions gives an alternative division of each portion into (a) tri-C_{18} glycerides, (b) palmitodi-C_{18} glycerides, and (c) dipalmitomono-C_{18} glycerides. It should be noted here that, of course, the determination of tri-C_{18} glycerides as tristearin prevents any possibility, for the present, of differentiating between oleo- and linoleo-glycerides. (For convenience, the use within inverted commas of the terms "oleo"- or "olein" in the remainder of this paper denotes that in such cases the unsaturated group may originally have been either oleic or linoleic.) The method will be briefly described here with reference only to two of the fats, cacao butter and shea butter.

Cacao butter.–The relevant data are given in Table 6.

Table 6. Composition of fractions A, B and C of the cacao butter (mol. %.)

	Fraction A	Fraction B	Fraction C
Molar proportion of whole fat	26,7	48,8	24,5
(a) *Component acids present:*			
Palmitic	2,3	15,8	8,1
Stearic	14,7	15,2	4,5
Oleic (+ linoleic)	9,7	17,8	11,9
(b) *Component glycerides present:*			
Tri-C_{18} glycerides	19,5	5,9	5,0
Palmito-di-C_{18} glycerides	7,2	38,5	14,9
Dipalmito-mono-C_{18} glycerides	—	4,4	4,6
(c) Mono-"oleo"-disaturated glycerides	24,3	44,2	8,3
Di-"oleo"-monosaturated glycerides.........	2,4	4,6	13,7

(a) From component acid analyses (Table 5).

(b) From tristearin determined in completely hydrogenated fractions, with (a) as above.

(c) From proportions of unsaturated and saturated acids in (a), triolein being taken as absent and fully-saturated components as only in fraction C (v. *infra*).

A fairly close estimate of the individual components of the three fractions can now be reached by taking into account the following considerations:

(a) Oleodistearin is the least soluble in acetone of the mixed glycerides present and would be expected to be concentrated in fraction A, with possibly some in B, while C should not contain it.

(b) Both classes of palmito-"oleins" are comparatively easily soluble in acetone in the concentrations employed, and, as a matter of fact, the crystallisation data show that A contains no dipalmito-C_{18} glycerides. Fractions B and C, however, contain about equal proportions of them. The location of the fully-saturated dipalmitostearin (2,5% of the whole fat) is somewhat uncertain, but it may be taken as wholly in fraction C. The comparatively soluble palmito-di-"oleins" have apparently also all passed into fraction C. On the other hand, stearodi-"oleins" appear in each fraction, but to a smaller extent in A than in B and C.

The final estimate of the cacao butter glycerides is therefore as given in Table 7.

Table 7. Estimated component glycerides of cacao butter (mol. %).

	Fraction A	Fraction B	Fraction C	Whole fat
Fully-saturated (2,5%)				
Dipalmitostearin	—	—	2,5	2,5
Mono-oleo-glycerides (76,8%)				
Oleodipalmitins	—	4,4	2,1	6,5
Oleopalmitostearins	7,2	38,5	6,2	51,9
Oleodistearins	17,1	1,3	—	18,4
Dioleo-glycerides (20,7%)				
Palmitodiolein	—	—	8,7	8,7
Stearodiolein	2,4	4,6	5,0	12,0

Shea butter. The corresponding experimental data for this fat are in Tables 8 and 9 (p. 46).

Table 8. Composition of fractions A and B of the shea butter (mol. %).

	Fraction A	Fraction B	Total
Molar proportion of total glycerides	49,3	50,7	100,0
(a) *Component acids present:*			
Palmitic	2,7	3,6	6,3
Stearic	28,2	11,8	40,0
Oleic	18,0	31,8	49,8
Linoleic	0,4	3,5	3,9
(b) *Component glycerides present:*			
Tri-C_{18} glycerides	44,3	39,9	84,2
Palmitodi-C_{18} glycerides	1,9	10,8	12,7
Dipalmitomono-C_{18} glycerides	3,1	—	3,1
Fully-saturated glycerides..............	4,5	—	4,5
(c) { Mono-"oleo"-disaturated glycerides	34,4	—	34,4
Di-"oleo"-monosaturated glycerides........	10,4	46,2	56,6
Tri-"olein"	—	4,5	4,5

(a) From component acid analyses (Table 5, p. 41).

(b) From tristearin determined in completely hydrogenated fractions, with (a), as above.

(c) From proportions of unsaturated and saturated acids in (a) (see also below).

The following reasoning was applied to the above data:

Fraction A. The fully-saturated components (palmitostearins) will appear in this fraction. From their observed component acids, they consist of about 3% of dipalmitostearin and 1,5% of palmitodistearin, and account for nearly all the palmitic acid in this fraction.

The remaining 44,8% of the total glycerides, represented in fraction A, contains molar proportions of 26,4% saturated and 18,4% unsaturated acids. Tri-"olein" will have passed with the acetone-soluble components into fraction B, and the 44,8% is therefore a mixture of mono-"oleo"-disaturated (34,4%) and di-"oleo"-monosaturated (10,4%) glycerides. The small residue of palmitic acid unaccounted for as fully-saturated glyceride may be present either as oleopalmitostearin or palmitodiolein; in either case the amount is too small to be assessed by the analytical methods available. In accounting quantitatively for the fatty acid components in Table 9, this has been arbitrarily credited as palmitodiolein. The greater part of fraction A, however, consists of oleodistearin and stearodiolein.

Fraction B. The amount of tri-"olein" is an uncertain factor here. The molar proportions of the components of fraction B include 15,4% saturated and 35,3% unsaturated acyl groups, present either as mixed saturated-unsaturated or wholly unsaturated glycerides. The figures correspond with either a mixture of 46,2% of monosaturated-di-"oleo"-glycerides with 4,5% of tri-"oleins" (as in Table 8), or a mixture of 23,1% of mono-"oleo"-disaturated glycerides with 27,6% of tri-"oleins", or any ternary mixture falling within these limits. The possibility of tri-"oleins" approaching the upper limit is ruled out because this would connote a correspondingly high proportion of oleodistearin in fraction B, which is in contradiction to the known sparing solubility of this glyceride in cold acetone. We therefore believe that the assumption that fraction B is a mixture of di- and tri-unsaturated glycerides is not far from the truth. At the same time, it must be made clear that the figure of 4,5% for tri-"olein" is a minimum; it may in fact be somewhat (but probably not much) greater, in which case a small proportion of mono-"oleo"-disaturated glycerides — probably "oleo"-palmitostearin — would also be present in this fraction.

Having regard to the above considerations and limitations, it is believed that Table 9 illustrates the most probable composition of the glycerides present in shea butter and that the proportions of the major components, at all events, are indicated therein with a reasonable degree of accuracy.

Table 9. Estimated component glycerides of shea butter (mol. %).

	Fraction A	Fraction B	Whole fat
Fully-saturated (4,5%):			
Dipalmitostearin	3,0	—	3,0
Palmitodistearin	1,5	—	1,5
Mono-"oleo" glycerides (34,4%):			
"Oleo"-distearins	34,4	—	34,4
"Oleo"-palmitostearins	1	1	1
Di-"oleo" glycerides (56,6%):			
Palmitodi-"oleins"	0,5	10,8	11,3
Stearodi-"oleins"	9,9	35,4	45,3
Tri-"oleins" (4,5%)	—	4,5[2]	4,5

[1] Small proportions of "oleo"-palmitostearins may possibly be present.

[2] Minimum figure; the actual amount of tri-unsaturated glycerides cannot be, however, greatly in excess of this.

The approximate compositions deduced by this procedure for the fats listed in Table 5 (p. 41) are shown in Table 10.

Table 10. Component glycerides present in certain solid seed fats.

	Cacao butter	Mowrah fat	Shea butter	Phulwara butter	Borneo tallow	Kepayang oil
	% (mol.)					
Fully-saturated glycerides:						
Tripalmitin	—	—	—	8	1	2
Dipalmitostearin	2	1	3	—	2	0,5
Palmitodistearin.............	—	—	2	—	1	—
Tristearin	—	—	—	—	1	—
Mono-"oleo"-glycerides:						
Oleodipalmitins	6	1	—	62	8	33
Oleopalmitostearins	52	27	Traces	7	31	27
Oleodistearins	19	—	35	—	40	—
Di-"oleo"-glycerides:						
Palmitodiolein	9	41	10	23	3	24
Stearodiolein................	12	30	45	—	13	Traces
Triolein (or oleolinoleins)	—	—	5	—	—	13

Calculation of Proportions of Chief Component Glycerides of a Fat from its Fatty Acid Composition.

If we consider a fat which, in addition to oleic (with linoleic) acid, contains substantially only one saturated acid (e. g., palmitic acid in phulwara butter, or stearic acid in *Allanblackia Stuhlmannii* or *Garcinia* seed fats), and if in such fats there is known to be no significant amount either of trisaturated or of tri-unsaturated glycerides, it is obvious that they must be mainly a mixture of mono-"oleo"-disaturated and di-"oleo"-monosaturated glycerides, and (only one saturated acid being concerned) the proportions of each type can be calculated by simple arithmetic from those of the fatty acids present. The fats in Table 10, however, for the most part contain substantial amounts of each of the saturated acids, palmitic and stearic, as well as oleic (with linoleic) acid. It was noticed, however, that the observed amounts of palmitodi-"olein" and of stearodi-"olein" in cacao butter (and, subsequently, in the other fats) could be approximately obtained by calculation if the unsaturated acid in the whole fat were divided, in arithmetical proportion to the palmitic and stearic acid contents, and then each portion combined with the latter so as to give mixtures of monopalmitodi-"oleins" and dipalmito-"oleins", monostearodi-"oleins" and distearo-"oleins". Such a calculation, of course, cannot take account of the subsidiary amounts of fully-saturated or of tri-unsaturated glycerides which experimental determination may show to be present; but the results obtained show fairly close agreement for those mixed glycerides which are present in large amounts in the fats.

In the case of cacao butter, for example, the molar proportions of the acids in the whole fat were palmitic 24,3, stearic 35,4, and oleic (with linoleic) 40,3. The increments of "oleic" acid corresponding in these proportions to each saturated acid taken separately are:

$$\text{"Oleic"} \dots \dots 16,4 \qquad \text{"Oleic"} \dots \dots 23,9$$
$$\text{Palmitic} \dots \dots 24,3 \qquad \text{Stearic} \dots \dots 35,4$$

In combination respectively as mono-"oleo"- and di-"oleo"-palmitins or -stearins, these proportions lead to:

	% (mol.)		% (mol.)
Palmitodi-"olein"	9	Stearodi-"olein"	12
"Oleo"-dipalmitin	32	"Oleo"-distearin	47

The proportions thus derived for the di-"oleo"-derivatives are almost exactly those found by analysis; but the experimental data show that the corresponding mono-"oleo"-derivatives are not present wholly as such, but appear to a great extent as the trebly mixed glyceride "oleo"-palmito-stearin (52%). In other instances we find that the "oleo"-dipalmitin and "oleo"-distearin obtained by calculation, if rearranged so as to give the maximum possible amount of "oleo"-palmito-stearin, yield figures which approximate fairly closely to the experimental data.

Table 11 shows the accordance between the experimental and "calculated" values for some of the fats dealt with in Table 10.

Table 11. Comparison of observed and "calculated" proportions of the chief component glycerides in some solid seed fats.

	Cacao butter		Mowrah fat		Shea butter		Borneo tallow	
	Found	"Calc."	Found	"Calc."	Found	"Calc."	Found	"Calc."
"Oleo"-palmitostearins	52	64	27	27	Trace	10	31	55
"Oleo"-distearins	19	15	—	3	35	29	40	34
Palmitodi-"oleins"....	9	9	41	39	10	8	3	3
Stearodi-"oleins"	12	12	30	31	45	53	13	8

Possible Major Component Glycerides of Some Common Liquid Vegetable Fats.

Owing to the difficulty of obtaining oleic or linoleic glycerides, or suitable derivatives thereof, in a crystalline condition, the experimental methods described in this paper have not yet been extended to any but solid fats; but it is hoped to devise processes by which at all events a partial solution of the problem may be attained. In the meantime, since definite proof has been given that such liquid fats are elaborated according to the "rule of even distribution", and since the foregoing calculations seem to accord, at all events roughly, with the observed distribution of the acids in the more saturated seed fats, it is perhaps permissible to glance at the glyceride structures of some common liquid fats—olive, teaseed, groundnut, and cottonseed oils—as suggested by similar calculations in which the oleic acid in these oils is divided *pro rata* amongst the linoleic and the saturated (mainly palmitic) acids which are also present. The approximate fatty acid compositions, and the deduced probable general glyceride structure, of these fats is given in Table 12.

Table 12. Possible chief glyceride components of some common liquid vegetable fats.

	Olive oil % (mol.)	Teaseed oil % (mol.)	Groundnut oil % (mol.)	Cottonseed oil % (mol.)
Component acids (approximate):				
Palmitic acid	10	12	10	25
Arachidic and higher acids	—	—	8	—
Oleic acid	82	81	62	30
Linoleic acid...................	8	7	20	45
Possible component glycerides:				
Triolein	45	45	—	—
Dioleolinoleins.................	25	20	45	—
Oleodilinoleins.................	—	—	—	25
Palmitodioleins.................	30	35	30[1]	—
Palmito-oleolinoleins	—	—	25[1]	60
Palmitodilinoleins..............	—	—	—	15

The chief interest of the figures in Table 12 is the wide variation in the calculated proportions of the component glycerides introduced by simple alterations in the proportions of oleic and linoleic acids in the total fatty acids of the oils. Of the four examples, teaseed and olive oils are the only ones which contain triolein in quantity; the resemblance between the component glycerides is very close throughout, a circumstance which, as is well known, has not escaped the notice of commercial interests from time to time! Except for the presence of a few per cent. of higher saturated acids, groundnut oil differs from olive oil only in its higher proportion of linoleic acid. The change is amply sufficient, however, to result in the virtual disappearance of triolein, if the method of calculation is at all valid; and, although at first sight the replacement of one liquid acid (oleic) by a closely-related acid (linoleic) might appear unlikely to affect appreciably the character of a fatty oil, the data in Table 12 suggest that the well-known differences in appearance and properties between oils such as olive and groundnut (and, still more, cottonseed) may be readily explained by the fundamental differences in

---

[1] In these cases the mono-saturated groups include arachidic, behenic and lignoceric as well as palmitic acid.

the nature of their chief component glycerides. In cottonseed oil, owing to the relatively high proportions of palmitic acid, the amount of tri-unsaturated glycerides, according to these calculated figures, will actually be lower than in either of the other oils. On the other hand, the high content of linoleic acid indicates that practically all the triglyceride molecules will contain one, whilst some 35% of the fat may contain two linoleic groups.

It must again be emphasised that the glyceride figures in Table 12 are solely illustrative and are only backed by experimental findings in so far as the total content of tri-unsaturated (or rather tri-C_{18}) glycerides is concerned. The inclusion of these suggestions in a scientific communication is, however, considered justifiable in view of the weight of experimental evidence as regards mixed glyceride structure now available for the solid seed fats and because there appears little likelihood of obtaining similar experimental proof, at all events for some time to come, with regard to the more unsaturated vegetable fats.

References.

1. AMBERGER, C.: Über die Zusammensetzung des Rüböls. Ztschr. Unters. Nahrungs- u. Genußmittel 40, 192 (1920).
2. — u. J. BAUCH: Die Glyceride des Kakaofettes. Ztschr. Unters. Nahrungs- u. Genußmittel 48, 371 (1924).
3. BANKS, A. and T. P. HILDITCH: The glyceride structure of beef tallows. Biochemical Journ. 25, 1168 (1931).
4. — — The body-fats of the pig. II. Some aspects of the formation of animal depot fats suggested by the composition of their glycerides and fatty acids. Biochemical Journ. 26, 298 (1932).
5. BERTHELOT, M.: Chimie organique fondée sur la synthèse 2, 31 (1860).
6. BÖMER, A. u. J. BAUMANN: Beiträge zur Kenntnis der Glyceride der Fette und Öle. IX. Die Glyceride des Cocosfettes. Ztschr. Unters. Nahrungs- u. Genußmittel 40, 97 (1920).
7. — u. K. SCHNEIDER: Beiträge zur Kenntnis der Glyceride der Fette und Öle. XI. Die Glyceride des Palmkernfettes. Ztschr. Unters. Nahrungs- u. Genußmittel 47, 61 (1924).
8. — u. K. EBACH: Beiträge zur Kenntnis der Glyceride der Fette und Öle. XII. Glyceride der Laurin- und Myristinsäure. Ztschr. Unters. Lebensmittel 55, 501 (1928).
9. — u. H. ENGEL: Beiträge zur Kenntnis der Glyceride der Fette und Öle. XIII. Über die Glyceride des Chaulmugraöles. Ztschr. Unters. Lebensmittel 57, 113 (1929).
10. BUSHELL, W. J. and T. P. HILDITCH: The course of hydrogenation in mixtures of mixed glycerides. Journ. chem. Soc. London 1937, 1767.
11. — — Fatty acids and glycerides of solid seed fats. IV. Phulwara butter. Journ. Soc. chem. Ind. 57, 48 (1938).
12. — — Fatty acids and glycerides of solid seed fats. VI. Borneo tallow. (In preparation.) 1938.
13. CALDWELL, K. S. and W. H. HURTLEY: The distillation of butter fat, coconut oil, and their fatty acids. Journ. chem. Soc. London 95, 853 (1909).
14. COLLIN, G.: Some peculiarities in the glyceride structure of laurel fats. Biochemical Journ. 25, 95 (1931).

15. COLLIN, G.: The fatty acid and glyceride structure of the seed fat of *Myristica malabarica*. Journ. Soc. chem. Ind. **52**, 100 T (1933).

16. — The kernel fats of some members of the Palmae: *Acrocomia sclerocarpa* Mart. (Gru-gru palm), *Manicaria saccifera* Gaertn., *Astrocaryum Tucuma* Mart., *Maximiliana caribaea* Griseb., *Attalea excelsa* Mart. (Pallia palm), and *Cocos nucifera* Linn. (coconut). Biochemical Journ. **27**, 1366 (1933).

17. — and T. P. HILDITCH: The component glycerides of coconut and palm-kernel fats. Journ. Soc. chem. Ind. **47**, 261 T (1928).

18. — — Regularities in the glyceride structure of vegetable seed fats. Biochemical Journ. **23**, 1273 (1929).

19. — — Dika fat (*Irvingia* butter). Journ. Soc. chem. Ind. **49**, 138 T (1930).

20. — — The fatty acids of nutmeg (Mace) butter and of expressed oil of laurel. Journ. Soc. chem. Ind. **49**, 141 T (1930).

21. DHINGRA, D. R., T. P. HILDITCH and J. R. VICKERY: The fatty acids and glycerides of kusum oil. Journ. Soc. chem. Ind. **48**, 281 T (1929).

22. EIBNER, A., L. WIDENMAYER u. E. SCHILD: Zur Frage der anstrichtechnischen Bedeutung der Isomerie der höheren ungesättigten Fettsäuren und Glyceride. Chem. Umschau Fette, Öle, Wachse, Harze **34**, 312 (1927).

23. — u. F. BROSEL: Zur Frage des Bestehens von Verwendungsunterschieden der Leinöle der Weltproduktion. Quantitative Analyse und anstrichtechnische Untersuchungen eines Kalkuttaöles. Chem. Umschau Fette, Öle, Wachse, Harze **35**, 157 (1928).

24. FRITZWEILER, R.: Über das Vorkommen des Oleostearins in dem Fette der Samen von Theobroma Cacao. Arbb. Kais. Ges. A **18**, 371 (1902).

25. GREEN, T. G. and T. P. HILDITCH: Fatty acids and glycerides of solid seed fats. V. Shea butter. Journ. Soc. chem. Ind. **57**, 49 (1938).

26. HEISE, R.: Untersuchung des Fettes von *Allanblackia Stuhlmannii*. Arbb. Kais. Ges. **12**, 540 (1896).

27. — Über den Schmelzpunkt des Oleodistearins. Tropenpflanzer **3**, 203 (1899).

28. HENRIQUES, R. u. H. KÜNNE: Über Oleodistearin und die Jodzahl. Ber. Dtsch. chem. Ges. **32**, 387 (1899).

29. HILDITCH, T. P.: The fats: new lines in an old chapter of organic chemistry Journ. Soc. chem. Ind. **54**, 139, 163, 184 (1935).

30. — and M. B. ICHAPORIA: Fatty acids and glycerides of solid seed fats. III. Mowrah fat. Journ. Soc. chem. Ind. **57**, 44 (1938).

31. — — and H. JASPERSON: Progressive hydrogenation of groundnut and sesamé oils. (In the press.) 1938.

32. — and E. C. JONES: The component glycerides of partially hydrogenated fats. I. The alterations in glyceride structure produced during progressive hydrogenation of olive and cottonseed oils. Journ. chem. Soc. London **1932**, 805.

33. — — Regularities in the glyceride structure of some technically important vegetable fatty oils. Journ. Soc. chem. Ind. **53**, 13 T (1934).

34. — and (Miss) E. E. JONES: The composition of commercial palm oils. I. The fatty acids and component glycerides of some palm oils of low free acidity. Journ. Soc. chem. Ind. **49**, 363 T (1930).

35. — and C. H. LEA: Investigation of the constitution of glycerides in natural fats. Journ. chem. Soc. London **1927**, 3106.

36. — and J. A. LOVERN: The evolution of natural fats: a general survey. Nature **137**, 478 (1936).

37. — and H. E. LONGENECKER: A further study of the component acids of ox depot fat, with special reference to certain minor constituents. Biochemical Journ. **31**, 1805 (1937).

38. Hilditch, T. P. and H. E. Longenecker: Further determination and characterization of the component acids of butter fat. Journ. biol. Chemistry 122, 497 (1938).

39. — M. L. Meara and W. H. Pedelty: The component acids and glycerides of kepayang oil. (In preparation.) 1938.

40. — and H. Paul: The occurrence and possible significance of some of the minor component acids of cow milk fat. Biochemical Journ. 30, 1905 (1936).

41. — and J. Priestman: The component glycerides of Borneo (Illipé) tallow. Journ. Soc. chem. Ind. 49, 197 T (1930).

42. — — The component glycerides of Stillingia (Chinese vegetable) tallow. Journ. Soc. chem. Ind. 49, 397 T (1930).

43. — and S. A. Saletore: Fatty acids and glycerides of solid seed fats. I. Composition of the seed fats of *Allanblackia Stuhlmannii, Pentadesma butyracea, Butyrospermum parkii* (shea), and *Vateria indica* (dhupa). Journ. Soc. chem. Ind. 50, 468 T (1931).

44. — — An examination of certain azelao-glycerides obtained during the oxidation of some simple synthetic and natural glycerides. Journ. Soc. chem. Ind. 52, 101 T (1933).

45. — and J. J. Sleightholme: The glyceride structure of butter fats. Biochemical Journ. 25, 507 (1931).

46. — and W. J. Stainsby: The fatty acids and glycerides of solid seed fats. II. The composition of some Malayan vegetable fats. Journ. Soc. chem. Ind. 53, 197 T (1934).

47. — — The body fats of the pig. IV. Progressive hydrogenation as an aid in the study of glyceride structure. Biochemical Journ. 29, 90 (1935).

48. — — The component glycerides of cacao butter. Journ. Soc. chem. Ind. 55, 95 T (1936).

49. — and J. G. Rigg: The component glycerides of piqui-a fats. Journ. Soc. chem. Ind. 54, 109 T (1935).

50. — and H. M. Thompson: The effect of certain ingested fatty oils upon the composition of cow milk fat. Biochemical Journ. 30, 677 (1936).

51. — — Some further observations on the component glycerides of olive and teaseed oils. Journ. Soc. chem. Ind. 56, 434 T (1937).

52. Holde, D. u. M. Stange: Gemischte Glyceride in natürlichen Fetten. Ber. Dtsch. chem. Ges. 34, 2402 (1901).

53. Klimont, J.: Vorläufige Mitteilung über die Zusammensetzung der Cacaobutter. Ber. Dtsch. chem. Ges. 34, 2636 (1901).

54. — Über die Zusammensetzung von Oleum cacao. Monatsh. Chem. 23, 51 (1902).

55. — Über die Zusammensetzung von Oleum stillingiae. Monatsh. Chem. 24, 408 (1903).

56. — Über die Zusammensetzung des Fettes aus den Früchten der Dipterocarpus-Arten. Monatsh. Chem. 25, 929 (1904).

57. — Über die Zusammensetzung von festen Pflanzenfetten. Monatsh. Chem. 26, 563 (1905).

58. — Über die Zusammensetzung von festen Pflanzenfetten. Ztschr. Unters. Nahrungs- u. Genußmittel 12, 359 (1906).

59. Morrell, R. S. and W. R. Davis: Composition of oiticica oil and its constituent mixed glycerides. Journ. Oil & Col. Chem. Assoc. 19, 264 (1936).

60. Suzuki, B. and Y. Yokoyama: Separation of glycerides. I. Linseed oil. II. Soya-bean oil. Proceed. Imp. Acad., Tokyo 3, 526, 529 (1927).

61. — Separation of glycerides. VI. Linseed oil and soya-bean oil. Proceed. Imp. Acad., Tokyo 5, 265 (1929).

Recent Advances in the Chemistry of the Sterols.

By I. M. HEILBRON and F. S. SPRING, Manchester.

In writing this report, the authors have not attempted to elaborate the historical development of the subject as this aspect has been sufficiently dealt with in several reviews and in the monographs of LETTRÉ and INHOFFEN (*I*) and of FIESER (*2*). This report is concerned mainly with the progress in steroid chemistry during the past three years. It is the hope of the reviewers that the majority of the more important papers that have appeared during this period have been mentioned but space exigencies have necessitated in some cases a selection of material; where this has occurred, preference has been given to structural rather than biological aspects. Furthermore, with the object of clarity an account of work effected before 1935 has been included where this has had a direct bearing upon later researches.

Stereochemistry of the Sterols.

The four isomeric cholestenols which differ in the orientation of the groups attached to $C_{(3)}$ and which are unsaturated at either Δ^4 or Δ^5 are now known. Oxidation of cholesterol dibromide (II) with chromic anhydride gives 5:6-dibromo-3-ketocholestane (III) which on debromination with zinc dust and acetic acid (*3*) or with sodium iodide in alcohol (*4*) gives Δ^4-cholestenone (IV). An alternative method for the preparation of Δ^4-cholestenone has recently been described by OPPENAUER (*5*); this consists in the direct oxidation of cholesterol (I) with aluminium tert. butoxide using acetone as hydrogen acceptor. The absorption spectrum of Δ^4-cholestenone and its oxime has been investigated by MOHLER (*6*). BUTENANDT and SCHMIDT-THOMÉ have shown that if the debromination of dibromocholestanone (III) be effected with zinc and alcohol, migration of the ethylenic linkage is avoided and Δ^5-cholestenone (V) is obtained (*7*); it is converted into the Δ^4-isomer on treatment with acids. The reduction of Δ^5-cholestenone has been studied by RUZICKA and GOLDBERG who found that with hydrogen and the Raney nickel catalyst a mixture of *epi*cholesterol (VII) and cholesterol (VI) is obtained, a separation of these isomers being effected by means of digitonin with which only the latter gives an insoluble complex (8). A similar mixture of cholesterol and its epimer had previously been obtained by MARKER and his collaborators by treatment of cholesteryl magnesium chloride with oxygen (9), the separation again being effected by means of digitonin. In a later publication MARKER (10) effected the separation of cholesterol and its epimer by repeated crystallisation of the mixed acetates from alcohol when a concentration of 80–90% of epicholesteryl acetate was obtained. This mixture was hydrolysed and benzoylated, recrystallisation of the product giving pure epicholesteryl benzoate and the costly digitonin treatment thus avoided.

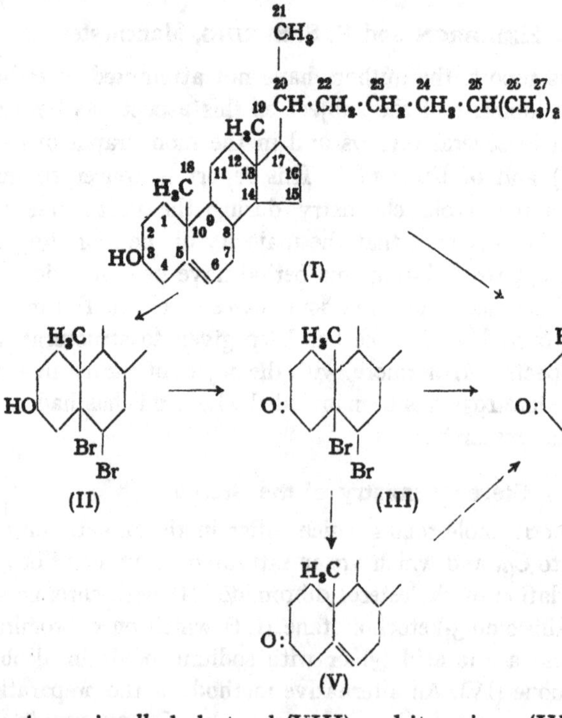

The isomeric allocholesterol (VIII) and its epimer (IX) were prepared by SCHOENHEIMER and EVANS by the reduction of Δ^4-cholestenone with aluminium isopropoxide followed by resolution with digitonin, allocholesterol giving an insoluble digitonide (11). The preparation of allocholesterol by the removal of hydrogen chloride from cholesterol hydrochloride had been previously described by WINDAUS (12). The properties of this material are, however, very different from those of the allocholesterol of SCHOENHEIMER and EVANS. Thus according to WINDAUS, allocholesterol reverts to cholesterol on treatment with dilute mineral acids whereas the American authors found that their preparation suffered dehydration under these conditions giving cholestadiene. The explanation of the discrepancy was forthcoming in the observation that the WINDAUS preparation is a mixture of *allo*cholesterol and cholesterol, and that the supposed isomerisation to cholesterol is caused by the dehydration of the *allo*cholesterol content to cholestadiene, the cholesterol being unaffected and readily isolated from the reaction product by crystallisation. *Allo*cholesteryl p-toluenesulphonate forms an insoluble complex with pyridine by means of which it may be separated from the ester of cholesterol (*13*).

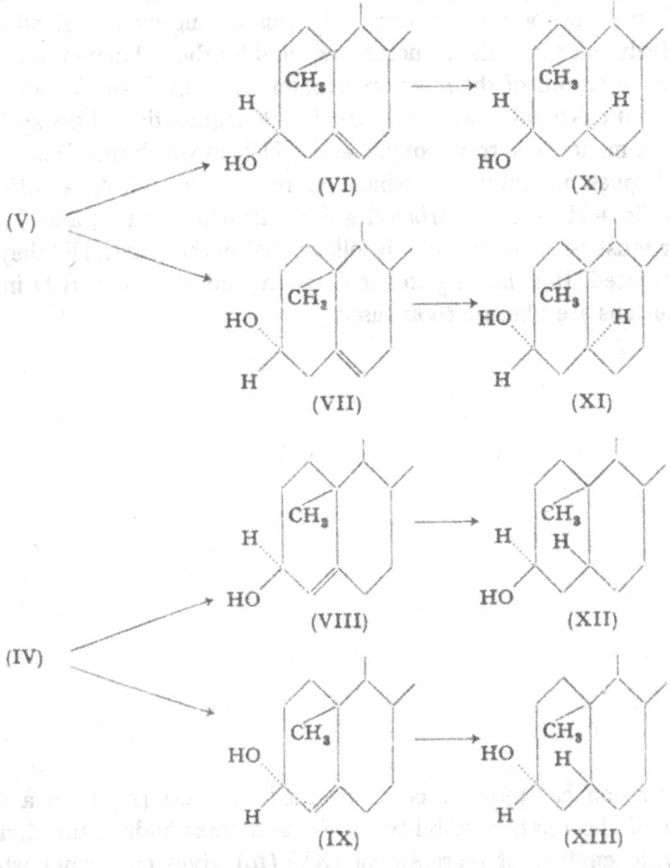

The addition of hydrogen to the four isomers (VI), (VII), (VIII) and (IX) leads to the introduction of a new centre of asymmetry at $C_{(5)}$. It is found, however, that Δ^4-unsaturated steroids hydrogenate preferentially to the coprostane orientation, i. e. rings A and B *cis*-fused, whereas Δ^5-unsaturated steroids give rise to the cholestane orientation in which rings A and B are *trans*-fused. Thus hydrogenation of cholesterol and *epi*cholesterol give cholestanol (X) and *epi*cholestanol (XI) respectively, differing solely in the orientation around $C_{(3)}$, whilst hydrogenation of *allo*cholesterol and *epiallo*cholesterol give mainly coprostanol (XII) and *epi*coprostanol (XIII) respectively, which again differ in the orientation around $C_{(3)}$. Coprostanol and cholestanol on the one hand and *epi*coprostanol and *epi*cholestanol on the other differ only in the orientation around $C_{(5)}$. A comparison of the densities and refractive indices of cholestane and coprostane has established that in the former and all its derivatives rings A and B are *trans*-fused, whereas in the latter they are *cis*-fused (*14*). The crystallographic data of BERNAL (*15*) shows that rings B and C are *trans*-orientated since only this arrangement will allow of the relatively flat molecular structure required by the cell dimensions (*16*). A decision in favour of the *trans*-orientation of rings C and D was first made by WIELAND and DANE (*17*): Oxidative degradation of deoxycholic acid gives a monocyclic tricarboxylic acid (XIV) in which ring D is intact. This acid gives an anhydride which on rehydration yields a different tricarboxylic acid. As the carboxyl groups attached to $C_{(13)}$ and $C_{(14)}$ in the latter must be *cis*-orientated, it follows that in the acid (XIV) they are *trans*-orientated, thus leading to the decision that rings C and D in the steroid nucleus are likewise *trans*-fused.

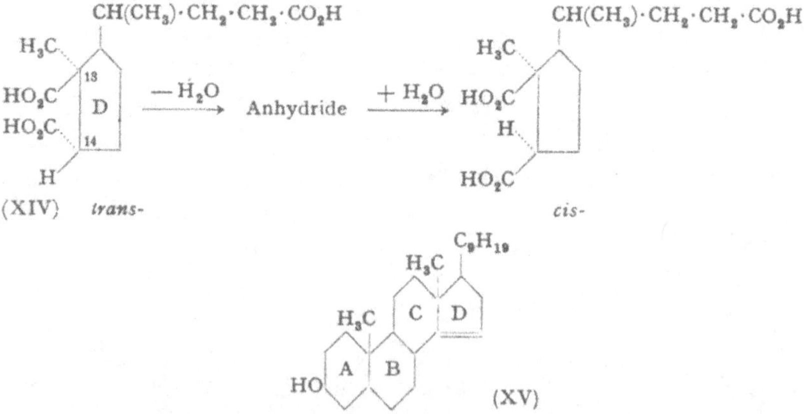

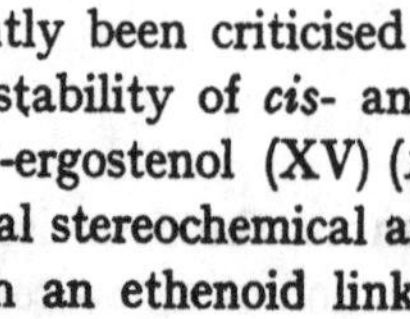

This decision has recently been criticised by PEAK (*18*) from a consideration of the relative stability of *cis*- and *trans*-hydrindane derivatives. Hydrogenation of β-ergostenol (XV) (*19*) gives ergostanol which has in all respects the normal stereochemical arrangements of cholestanol. The hydrogenation of such an ethenoid linkage would be expected to give a *cis*-hydrindane structure which requires that rings C and D of the steroid nucleus are *cis*-orientated.[1] The relative orientation of the hydroxyl group and the hydrogen at $C_{(5)}$ in the fully saturated alcohols indicated in (X), (XI), (XII) and (XIII) was suggested by RUZICKA and co-workers (*20*), from a consideration of the nature of the products obtained by the catalytic hydrogenation of cholestanone (XVI) and coprostanone (XVII) in acid and in neutral media (see diagram below) and by the application of the AUWERS-SKITA rule. The latter states that hydrogenation in acid media which involves the introduction of a new asymmetric centre gives a *cis*-isomer whereas in neutral media the *trans*-form is obtained. Thus the introduced hydroxyl will be *cis* with respect to the hydrogen at $C_{(5)}$ in coprostanol and *epi*cholestanol and *trans* in cholestanol and *epi*coprostanol, thus leading to the stereochemical arrangements indicated at (X)–(XIII). The tentative nature of these decisions were clearly appreciated by the authors and they await confirmation.[1]

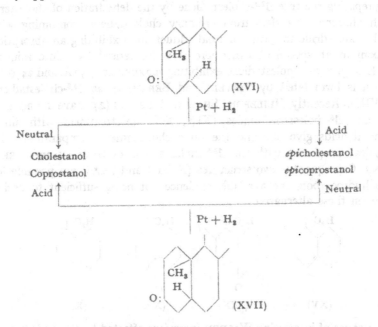

Some interesting observations upon the *stability of the hydroxyl group* in the four isomeric cholesterols (VI), (VII), (VIII), (IX) have been reported. The isolation of *epi*cholesterol offered a route to the hitherto inaccessible epimeride of dehydroandrosterone by oxidation of *epi*cholesteryl acetate dibromide [compare RUZICKA and WETTSTEIN (21)]; it was found, however, that *epi*cholesteryl acetate on treatment with bromine was converted into a tetrabromocholestane [MARKER and co-workers (10)]. Again the same authors observed that on treatment with dilute mineral acids *epi*cholesterol suffers dehydration to a cholestadiene. On the other hand dehydration of cholesterol is effected only with relative difficulty

---

[1] See, however, RUZICKA, FURTER and GOLDBERG: Helv. chim. Acta **21**, 507 (1938).

[Bose and Doran (22); Stavely and Bergmann (23)]. The product, cholestadiene, has a varying melting point and optical rotation according to the method employed; it exhibits selective absorption in the ultra-violet with maxima at 2350 Å. and 2450 Å., thus indicating the presence of a system of conjugated ethylenic linkages. Both *allo*cholesterol and its epimer are dehydrated by treatment with cold dilute mineral acids [Schoenheimer and Evans (11)], and the hydrocarbon thus obtained was formulated by these authors as $\Delta^{2,4}$-cholestadiene. Later, however, Stavely and Bergmann (23) showed that this hydrocarbon is identical with the normal cholestadiene obtained from cholesterol and succeeded in preparing the true $\Delta^{2,4}$-cholestadiene by the dehydration of cholesterol with alumina; it differs from ordinary cholestadiene, combining with maleic anhydride to form a normal adduct and exhibiting an absorption maximum at 2600 Å. Furthermore it is isomerised by dilute mineral acids to give the cholestadiene exhibiting maxima at 2350 Å. and 2450 Å., which is formulated by Stavely and Bergmann as $\Delta^{3,5}$-cholestadiene (XVIII). Recently Heilbron, Shaw and Spring (24) have found that Δ^4- and Δ^5-cholestene oxides (XIX, XX) on treatment with dilute mineral acids give one and the same cholestadiene comparable in its physical properties with the $\Delta^{3,5}$-cholestadiene of Stavely and Bergmann. Consequently two structures (XVIII) and (XXI) are possible for this hydrocarbon, the available evidence not being sufficient to decide between these alternatives.

(XVIII)   (XIX)   (XX)   (XXI)

A series of interesting Walden *inversions* effected by the replacement of the hydroxyl group at $C_{(3)}$ by chlorine have been observed in the steroid group, but the absolute orientation of the various products has still to be established. Treatment of cholesterol with either phosphorus penta-chloride or thionyl chloride gives cholesteryl chloride (25) which on catalytic hydrogenation is converted into α-cholestanyl chloride, m. p. 116°, [Windaus and Hossfeld (26)]. An isomeric β-cholestanyl chloride, m. p. 105°, is obtained by treatment of cholestanol with phosphorus pentachloride [Diels and Linn (27); Ruzicka and coworkers (28)] and *epi*cholestanol is converted by the same reagent into α-cholestanyl chloride (29). It has recently been shown by Marker (30) that cholestanol can be directly converted into α-cholestanyl chloride by treatment with thionyl chloride, whereas, as mentioned above, with phosphorus pentachloride the isomeric β-cholestanyl chloride is obtained. A similar behaviour is exhibited by *epi*cholestanol which gives α-cholestanyl chloride with phosphorus pentachloride and the β-isomer with thionyl chloride. Hydrolysis of cholesteryl chloride with potassium acetate gives cholesterol whereas α-cholestanyl chloride on similar treatment gives *epi*cholestanol and again β-cholestanyl chloride gives cholestanol. Incidentally these reactions offer a simple method for the preparation of the hitherto relatively inaccessible *epi*cholestanol.

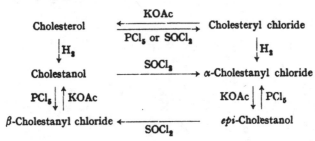

Concerning the absolute orientation of the various chlorides, it has been pointed out by RUZICKA, WIRZ and MEYER (*29*) that since *epi*cholestanol has a higher melting point than cholestanol it is probable that the higher melting α-cholestanyl chloride is *epi*cholestanyl chloride. It must be observed however that the melting points of 3-chloro*allo*cholanic acid (196°) and its methyl ester (135°) [BARR, HEILBRON and SPRING (*31*)] in which the halogen atom has the same orientation as in β-cholestanyl chloride, are higher than those of the isomeric acid (176°) and its methyl ester (134°) derived from α-cholestanyl chloride [WINDAUS and HOSSFELD (*26*); HEILBRON, SAMANT and SIMPSON (*26a*)]. If the melting point characterisation is correct, WALDEN inversion has occurred during the chlorination of cholesterol, in the hydrolysis of cholesteryl chloride and also when the saturated alcohols are treated with thionyl chloride, but not when treated with phosphorus pentachloride. Exactly the opposite configurations are chosen by BERGMANN (*32*).

Although hydrolysis of cholesteryl chloride with potassium acetate gives cholesterol, MARKER and his co-workers (*33*) have shown that 7-keto-cholesteryl chloride (XXIII) obtained by oxidation of cholesteryl chloride (XXII) gives with potassium acetate a mixture of 7-keto-$\Delta^{3,5}$-cholestadiene (XXIV) and the acetate of 7-keto*epi*cholesterol (XXV). Reduction of the latter using the WOLFF-KISCHNER process gives *epi*cholesterol (XXVI). Whereas reduction of 7-ketocholesteryl chloride (XXIII) with platinum oxide catalyst gives a mixture of α-cholestanyl chloride and 7-hydroxy-cholestanyl chloride (XXVII), with aluminium *iso*propoxide it gives 7-hydroxycholesteryl chloride which on catalytic reduction also gives a mixture of 7-hydroxycholestanyl chloride (XXVII) and α-cholestanyl chloride. Reduction of the 7-hydroxycholestanyl chloride with sodium and amyl alcohol gives a 7-hydroxycholestane (XXVIII). The latter compound has also been prepared by HEILBRON, SHAW and SPRING (24) by the reduction of 7-ketocholestane with sodium and amyl alcohol and by the catalytic reduction of 7-keto-$\Delta^{3,5}$-cholestadiene when it is formed in admixture with 7-ketocholestane.

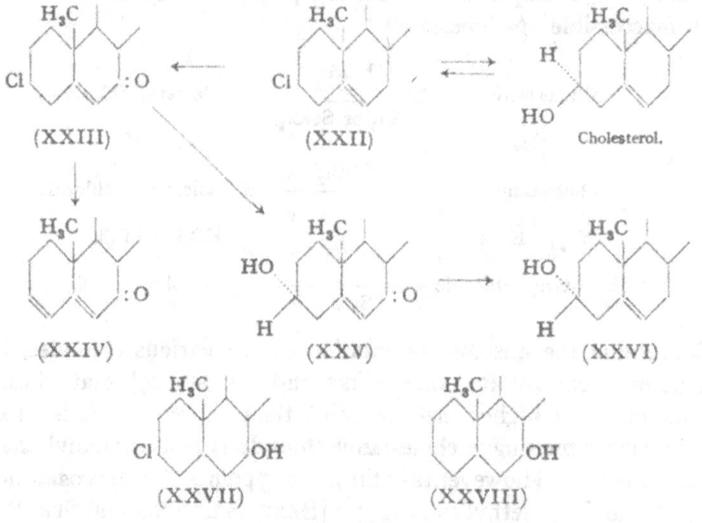

(XXIII)   (XXII)   Cholesterol.

(XXIV)   (XXV)   (XXVI)

(XXVII)   (XXVIII)

An interesting WALDEN inversion has been observed by BEYNON, HEILBRON and SPRING (34) who found that methylation of epicholestanol by means of potassium and methyl iodide gave cholestanyl methyl ether.

MIESCHER and FISCHER (35) have recently shown that whereas cholestanol and coprostanol both readily give glycosides, under the same conditions it was not possible to prepare glycosides of epicholestanol and epicoprostanol.

A collation of the optical rotations of steroids has been effected by CALLOW and YOUNG (36) who point out that inversion of the hydroxyl group at $C_{(3)}$ has but a small optical effect, which is also the case when the hydrogen attached to $C_{(5)}$ is inverted. The introduction of an ethenoid linkage at $C_{(4)}$–$C_{(5)}$ causes a great increase in dextrorotatory power, a $C_{(5)}$–$C_{(6)}$ ethenoid linkage effecting an equally large increase in laevorotation.

i-Cholesterol.

The facile interaction of cholesteryl p-toluenesulphonate with alcohols was observed by STOLL (37) who showed that with methyl alcohol a cholesteryl methyl ether is obtained which like the parent alcohol is laevorotatory; it is identical with the ether previously prepared by

DIELS and BLUMBERG (*25*) by the interaction of cholesteryl chloride, magnesium and methyl alcohol. On the other hand with methyl alcohol in the presence of potassium acetate, the *p*-toluenesulphonate gives an isomeric dextrorotatory ether. WAGNER-JAUREGG and WERNER (*38*) likewise observed that on heating cholesteryl chloride with methyl alcohol at 125° the laevorotatory ether is formed whereas in the presence of potassium acetate the dextrorotatory ether is produced. BEYNON, HEILBRON and SPRING (*39*) have shown that the latter is characterised by an abnormal mobility of the methoxyl group; thus on treatment with dilute halogen acids it is converted into the 'corresponding cholesteryl halide; this reaction made available the hitherto unknown cholesteryl iodide and has since been employed by BUTENANDT and GROSSE (*40*) for the preparation of dehydroandrosteryl chloride from dehydroandrosteryl-*p*-toluenesulphonate. Using the same conditions the laevorotatory cholesteryl methyl ether is unaffected by the halogen acids.

The facile replacement of the methoxyl group in the dextrorotatory ether was likewise observed on treatment with bromine, 3:5:6-tribromocholestane being produced, whereas with the laevorotatory ether the reaction consisted simply in the addition of halogen to the ethenoid linkage with the formation of 5:6-dibromocholestanyl methyl ether. The lability of the methoxyl group in the dextrorotatory ether is further exemplified by its facile conversion into cholesteryl acetate by means of potassium acetate and into cholesteryl chloride by means of acetyl chloride [BEYNON, HEILBRON and SPRING (*41*)]. Catalytic hydrogenation of the ether is accompanied by demethylation, cholestane being obtained in quantitative yield [compare STOLL (*37*); WAGNER-JAUREGG and WERNER (*38*)].

STOLL (*42*) considered that the dextrorotatory ether is a derivative of *allo*cholesterol from the similarity in optical rotation:

	$[\alpha]_D$		$[\alpha]_D$
Cholesterol	— 36°	*allo*cholesterol	+ 43,7
l-Cholesteryl methyl ether	— 42°	*d*-Cholesteryl methyl ether	+ 51,8

a conclusion which was accepted by RUZICKA, GOLDBERG and BOSSHARD (*43*).

WALLIS, FERNHOLZ and GEPHART (*44*) found that treatment of cholesteryl *p*-toluenesulphonate with acetic anhydride and potassium acetate gave the acetate of *i*-cholesterol, which does not react with perbenzoic acid and which gives no coloration with tetranitromethane in chloroform. A bridge-ring structure for *i*-cholesterol was advocated by these authors who also suggested that it is related to the dextrorotatory cholesteryl methyl ether. STOLL (*37*) had previously shown that cholesteryl *p*-toluenesulphonate is hydrolysed by *aqueous* acetone to give normal cholesterol; by analogy it is to be expected that if the hydrolysis be effected in the presence of excess potassium acetate, the parent alcohol of the dextrorotatory ether will be produced. Using these conditions Beynon, Heilbron and Spring (45) isolated *i*-cholesterol in high yield, thus establishing its direct relationship to the dextrorotatory cholesteryl methyl ether. Furthermore these authors found that this ether, like *i*-cholesterol gives no coloration with tetranitromethane, and is not affected either by perbenzoic acid or ozone, thus establishing its saturated nature. Moreover *i*-cholesterol gives cholesteryl halides on treatment with dilute mineral acids and 3:5:6-tribromocholestane on treatment with bromine, whilst on methylation it is converted into the dextro-rotatory cholesteryl methyl ether [compare also Ford and Wallis (46)].

It has been shown by Heilbron, Hodges and Spring (47) that oxidation of either *i*-cholesterol, *i*-cholesteryl acetate or *i*-cholesteryl methyl ether with chromic acid gives "heterocholestenone" previously prepared by Windaus and Dalmer (48) by treatment of α-3-chloro-6-ketocholestane (XXIX) with alcoholic potassium hydroxide. The latter authors considered the ketone to be unsaturated but Heilbron, Hodges and Spring showed that it contains a bridge ring and has the structure (XXX). It follows that *i*-cholesterol is to be formulated as (XXXa) a structure first proposed by Wallis, Fernholz and Gephart (44) [compare Ford, Chakravorty and Wallis (49)].

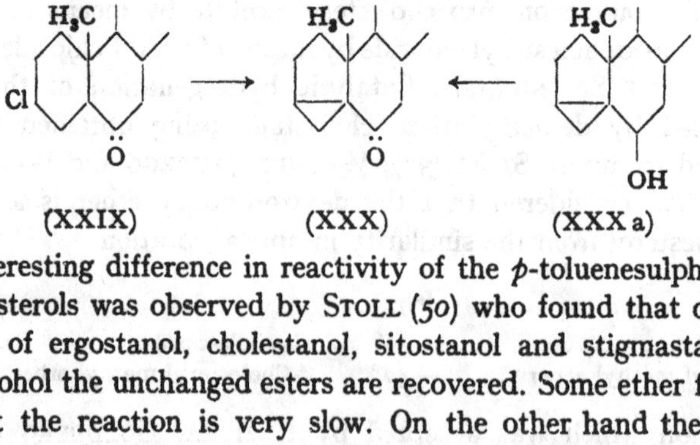

(XXIX)   (XXX)   (XXXa)

An interesting difference in reactivity of the *p*-toluenesulphonates of saturated sterols was observed by Stoll (50) who found that on boiling the esters of ergostanol, cholestanol, sitostanol and stigmastanol with methyl alcohol the unchanged esters are recovered. Some ether formation occurs but the reaction is very slow. On the other hand the esters of *epi*ergostanol and *epi*cholestanol are thereby converted into Δ^2-ergostene and Δ^2-cholestene respectively. The configuration of $C_{(5)}$ has no influence in this reaction since *epi*coprostanol also gives an unsaturated hydrocarbon. Thus the course of the reaction depends upon the relative orientation of the hydroxyl group attached to $C_{(3)}$ and the methyl group attached to $C_{(10)}$ as in the case of digitonide formation.

Oxidation of Cholesterol.

Several interesting oxidations of cholesterol have been effected recently. It was shown by Mauthner and Suida (51) that oxidation of cholesteryl acetate yields 7-ketocholesteryl acetate (XXXI) as main neutral product. Reduction of (XXXI) with aluminium *iso*propoxide followed by benzoylation of the crude reaction product gives 3:7-dibenzoyloxy-Δ^5-cholestene (XXXII; $R = CO \cdot C_6H_5$) which when heated under reduced pressure loses one mole of benzoic acid with the formation of 7-dehydrocholesteryl benzoate[1] (XXXIII; $R = CO \cdot C_6H_5$) [WINDAUS, LETTRÉ and SCHENCK (52); compare BOER, REERINK, VAN WIJK and VAN NIEKERK (53); SCHENCK, BUCHHOLZ and WIESE (54); KOCH and KOCH (55)].

7-Dehydrocholesterol (XXXIII; $R = H$) has been prepared by a different route [BARR, HEILBRON, PARRY and SPRING (56)]. Oxidation of cholesteryl hydrogen phthálate with alkaline potassium permanganate gives the hydrogen phthalate of 3:7-dihydroxy-Δ^5-cholestene (XXXII). The dibenzoate of this diol differs from the 3:7-dibenzoyloxy-Δ^5-cholestene described by WINDAUS, LETTRÉ and SCHENCK, but like the latter, it gives on pyrolysis the benzoate of 7-dehydrocholesterol. Hence the diol obtained by the hydrogen phthalate method differs from the 3:7-dihydroxy-Δ^5-cholestene of WINDAUS *et alia* solely in the orientation of the groups associated with $C_{(7)}$. In addition to the hydrogen phthalate of 3:7-dihydroxy-Δ^5-cholestene, oxidation of cholesteryl hydrogen phthalate gives the 3-hydrogen phthalate of a tetrahydroxycholestane (probably 3:5:6:7- or 3:4:5:6-tetrahydroxycholestane) together with the acid phthalate of the hydroxy-keto-acid $C_{27}H_{40}O_4$ (XXXIV) previously obtained by the oxidation of cholesteryl acetate by means of chromic acid (WINDAUS and RESAU (57)].

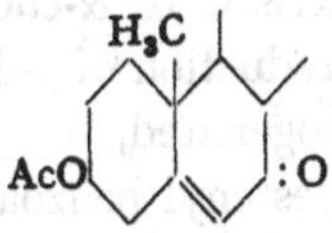

(XXXI) 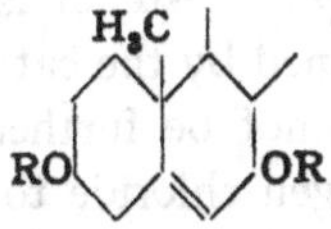 (XXXII) 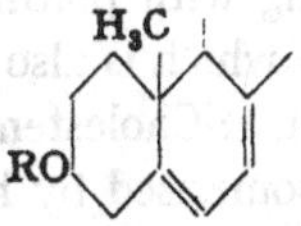 (XXXIII)

7-Dehydrocholesterol shows a complete parallelism in its chemical reactions with ergosterol [SCHENCK, BUCHHOLZ and WIESE (54)]. It exhibits the same typical selective absorption and on irradiation with ultra-violet light is converted into an antirachitic vitamin, a property to which further reference will be made later. Again, 7-dehydrocholesteryl acetate gives an adduct with maleic anhydride and is photochemically converted into a "pinacol" [also obtained by URISHABARA and ANDO (58)] which in its turn is thermally decomposed to give methane and norsterol (XXXV) which exhibits the same ultra-violet absorption spectrum as neoergosterol. 7-Dehydrocholesterol is photo-oxidised to a peroxide,

---

[1] The last stage can also be effected by heating the dibenzoate (XXXII) with dimethylaniline (HASLEWOOD, Journ. chem. Soc. London. 1938, 224).

reduction of which. gives Δ^7-cholestene-3:5:6-triol (XXXVI). On reduction with sodium and alcohol, 7-dehydrocholesterol gives γ-cholestenol (XXXVII) which on treatment with perbenzoic acid gives cholestane-

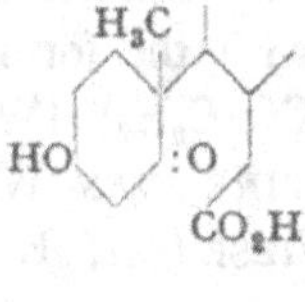

(XXXIV) 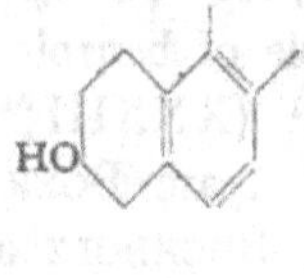   (XXXV) 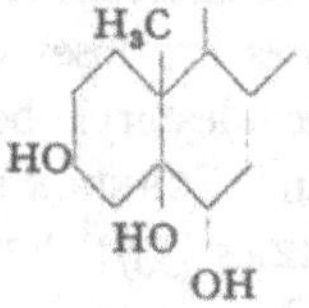   (XXXVI)

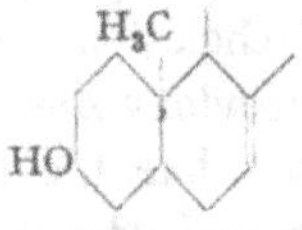

(XXXVII) 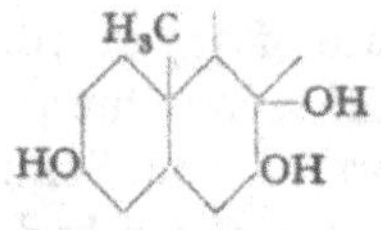   (XXXVIII) 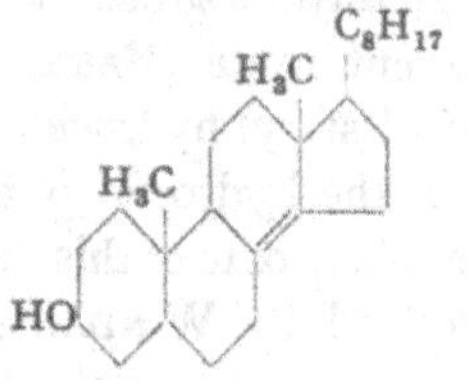   (XXXIX)

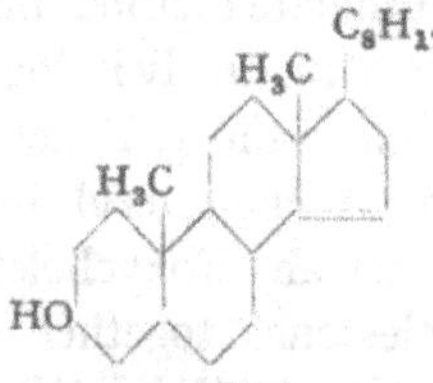

(XL)

3:7:8-triol (XXXVIII), characterised by the formation of a diacetate. On shaking with platinum, γ-cholestenol is isomerised to α-cholestenol (XXXIX) which is also obtained by the catalytic reduction of 7-dehydrocholesterol. α-Cholestenol cannot be further hydrogenated, but its benzoate is isomerised by hydrogen chloride to β-cholestenyl benzoate (XL) which on conversion into the acetate followed by hydrogenation gives cholestanyl acetate.

The thermal degradation of 3:7-dibenzoyloxy-Δ^5-cholestene by the method of WINDAUS, LETTRÉ and SCHENCK gives in addition to 7-dehydrocholesterol an isomer (XLa) which has been studied in detail by WINDAUS, LINSERT and ECKHARDT (59).

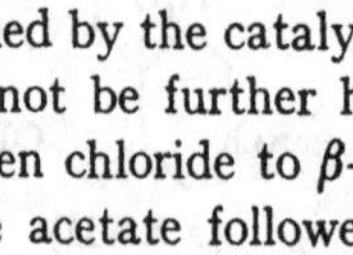

(XLa)

An attempt was made by BANN, HEILBRON and SPRING (60) to prepare 7-methyl-7-dehydrocholesterol (XLI). Treatment of 7-keto-cholesteryl acetate with methyl magnesium iodide gives 7-hydroxy-7-

methylcholesterol (XLII) together with 7-methylenecholesterol (XLIII). The benzoate of the latter is also obtained by dehydration of 7-hydroxy-7-methylcholesteryl benzoate using a variety of conditions, all attempts to dehydrate (XLII) to the required 7-methyl-7-dehydrocholesterol leading to 7-methylenecholesterol. The latter does not exhibit the typical properties of ergosterol; thus the product obtained by irradiation with ultraviolet light is antirachitically inactive [compare KHARASCH and WEINHOUSE (61)].

Reduction of the oxime of 7-ketocholesteryl acetate gives 7-aminocholesterol (XLIV). Distillation of the phosphate, or borate of (XLIV) gives a cholestatriene (XLV) [ECKHARDT (62)] and not 7-dehydrocholesterol.

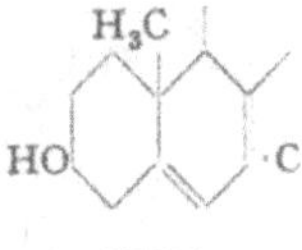

(XLI) 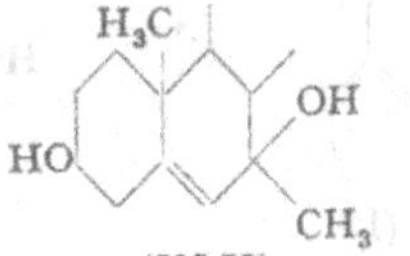   (XLII)

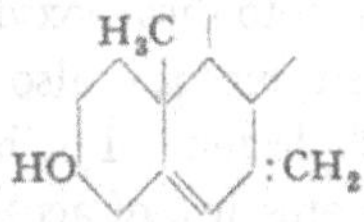

(XLIII) 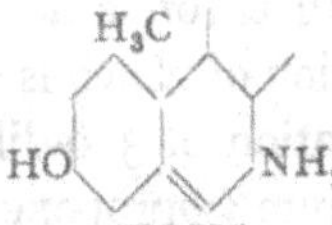   (XLIV) 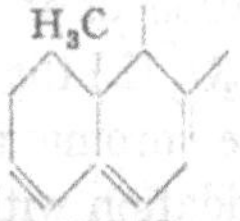   (XLV)

The oxidation of cholesterol by selenium dioxide has been investigated by ROSENHEIM and STARLING (63) who, using acetic acid as solvent obtained cis-3:4-dihydroxy-Δ^5-cholestene (XLVI), characterised as an α-glycol by oxidation with lead tetracetate when a dialdehyde was obtained, which on further oxidation with hydrogen peroxide yielded DIELS acid (XLVII) [DIELS and ABDERHALDEN (64)]. The latter is also formed directly from the diol (XLVI) by oxidation with potassium hypobromite. Catalytic reduction of the diol (XLVI) gave 3:4-dihydroxycholestane which on oxidation with hydrogen peroxide gives dihydro-DIELS acid (XLVIII). cis-3:4-Dihydroxy-Δ^5-cholestene gives an iso-propylidene derivative with acetone, a fact which, in conjunction with the velocity of the oxidation with CRIEGEE's reagent establishes the cis-orientation of the two hydroxyl groups. The diol is very readily dehydrated by dilute mineral acids being thereby converted into Δ^4-cholestenone. Treatment of cholesteryl acetate dibromide with either potassium acetate and alcohol or pyridine and silver nitrate has been shown to give cis-4-hydroxy-3-acetoxy-Δ^5-cholestene [PETROW (65)]. Oxidation of cholesteryl acetate with selenium dioxide followed by hydrolysis gave as main product a higher melting diol which was thought to be the isomeric trans-3:4-dihydroxy-Δ^5-cholestene, since like the cis-3:4-diol it gives Δ^4-cholestenone on treatment with dilute mineral acids [ROSENHEIM and STARLING (63)]. This diol was also isolated by ROSENHEIM and STARLING from the resinous product "oxycholesterol" obtained by LIFSCHÜTZ (66) by the action of sodium acetate upon cholesterol dibromide. BUTENANDT and HAUSMANN (67) showed that in reality the higher melting diol is 3:6-dihydroxy-Δ^4-cholestene (XLIX) by the following series of reactions.

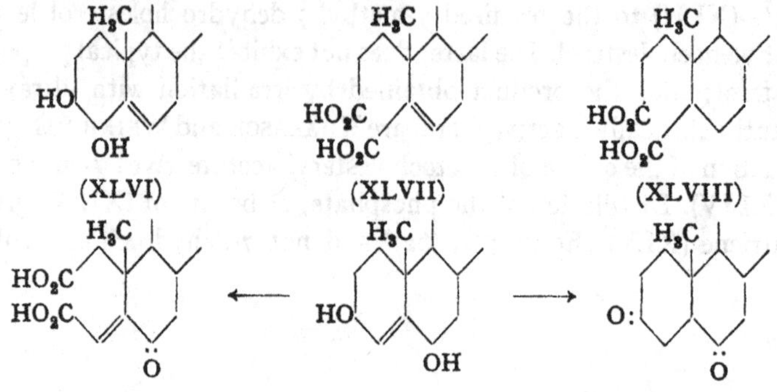

(XLVI)   (XLVII)   (XLVIII)

(L)   ←   (XLIX)   →   (LI)

Oxidation of the diol with chromic acid gives a keto-dicarboxylic acid $C_{27}H_{42}O_5$ (L) the constitution of which is established since it is also formed by the chromic acid oxidation of 3:6-diketo-Δ^4-cholestene. Furthermore on oxidation with aluminium *iso*propoxide in the presence of acetone the diol gives 3:6-diketocholestane (LI). The formation of this 3:6-diol by the action of sodium acetate on cholesterol dibromide is now readily interpreted.

An interesting suggestion was made by ROSENHEIM and STARLING (63) concerning the conversion of cholesterol into coprostanol by the *animal organism*. The unusually easy dehydration of 3:4-dihydroxy-Δ^5-cholestene into Δ^4-cholestenone suggested that cholesterol is first oxidised to the diol, dehydrated to Δ^4-cholestenone, bacterial reduction of which gives coprostanol. A large increase in faecal coprostanol was observed after the administration of Δ^4-cholestenone to rats and a distinct effect was obtained with the *cis*-3:4-diol. Similar results using Δ^4-cholestenone were obtained by SCHOENHEIMER, RITTENBERG and GRAFF (68).

By mild oxidation of either 3-acetoxy- or 3-benzoyloxy-4-hydroxy-Δ^5-cholestene, ROSENHEIM and KING (69) have obtained products which on hydrolysis are converted into 3:4-diketo-Δ^5-cholestene (LII) previously obtained by INHOFFEN (70) and by BUTENANDT and SCHRAMM (71) by a different method.

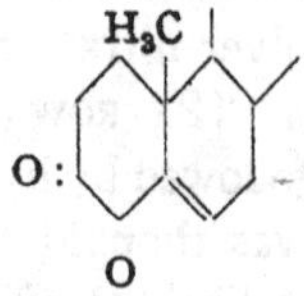

O   (LII)

The dehydration of 3:5:6-trihydrocholestane (LV) has been examined by LETTRÉ and MÜLLER (72). The object of the experiments was to explore the possibility of dehydration of the triol to 7-dehydrocholesterol [compare the dehydration of ergostadientriol to dehydroergosterol, WINDAUS and LINSERT (73)]. The dibenzoate of 3:5:6-trihydroxycholestane loses one mole of benzoic acid on distillation under reduced pressure and gives the benzoate of α-cholesterol oxide. The diacetate of the triol likewise loses one mole of acetic acid when distilled with barium carbonate and gives α-cholesteryl acetate oxide. A similar observation of the tendency of a derivative of an α-glycol to revert to its parent oxide was made by HEILBRON, SHAW and SPRING (24) who in an attempt to convert 6-acetoxy- and 4-acetoxy-5-hydroxycholestane into the corresponding xanthogenate esters, found that loss of acetic acid occurred in each case with the formation of Δ^5- and Δ^4-cholestene oxides respectively. 3:5:6-trihydroxycholestane (LV) gives 5-chloro-3:6-dihydroxycholestane (LIII)

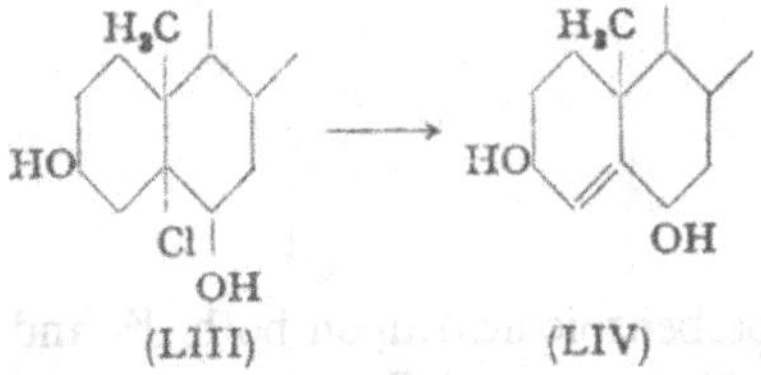

(LIII)   (LIV)

on treatment with hydrogen chloride, the dibenzoate of which on treatment with quinoline gives the dibenzoate of a 3:6-dihydroxy-Δ^4-cholestene (LIV) which is not identical with the diol prepared by WESTPHALEN (74) [compare DUNN, HEILBRON, PHIPERS, SAMANT and SPRING (75)] by the dehydration of the triol with acetic anhydride and sulphuric acid. The constitution of (LIV) was established by its oxidation to 3:6-diketocholestane.[1] The WESTPHALEN diol cannot be stereoisomeric since on oxidation it gives neither 3:6-diketocholestane nor 3:6-diketo-Δ^4-cholestene; a possible structure (LVI) is suggested in which dehydration of 3:5:6-cholestantriol (LV) has been effected by a retropinacolinic change:

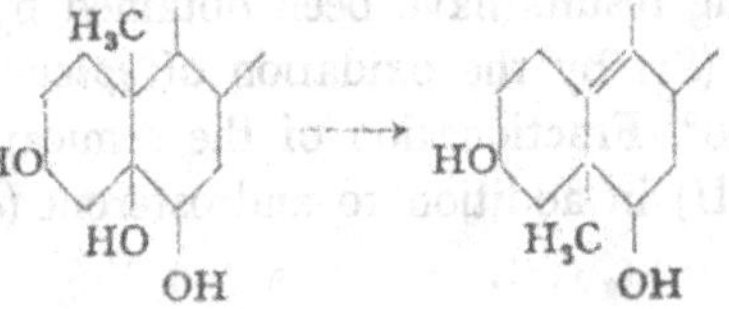

(LV)   (LVI)

Similar experiments with the same object have been described by PETROW (65).

Treatment of cholesterol dibromide with pyridine gives cholesterol [WINDAUS and LÜDERS (76)]; with pyridine and silver nitrate at room temperature, however, $\Delta^{4,6}$-cholestadienol is isolated; it is characterised

---

[1] It has since been shown by PETROW, ROSENHEIM and STARLING (Journ. chem. Soc. London, 1938, 677) that the "diol" described by LETTRÉ and MÜLLER and formulated by these authors as (LIV) is in reality 6-ketocholestanol.

by its absorption spectrum and by the strong blue coloration given with
the antimony trichloride reagent [DANE and WANG (77), compare BARR,
HEILBRON, PARRY and SPRING (56)].

Oxidation of cholesterol with osmic acid has been shown to give *cis*-
cholestane-3:5:6-triol [USHAKOV and LUTENBERG (78)].

The oxidation of sterol oxides has recently been examined by RU-
ZICKA and BOSSHARD (79). Oxidation of α-cholesterol oxide (LVII) with
chromic acid yields 5-hydroxy-3:6-diketocholestane (LVIII) which on
distillation under reduced pressure is converted into 3:6-diketo-Δ^4-
cholestene (LIX). This is a great improvement upon the older method of
preparation of the latter [MAUTHNER and SUIDA; PICKARD and YATES (80)].

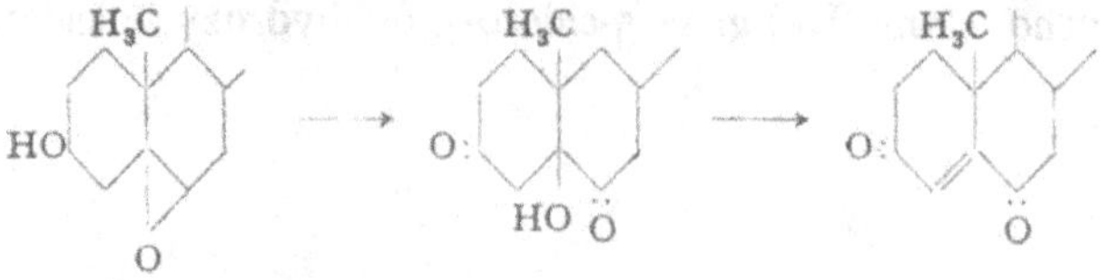

(LVII)   (LVIII)   (LIX)

The action of perbenzoic acid upon both Δ^4- and Δ^5-cholestenone has
been examined by RUZICKA and BOSSHARD (79); whereas the former is
unchanged by this reagent the latter gives two isomeric oxides, the constitution of the lower melting isomer (LX) being established by its conversion into 3:6-diketocholestane (LXI) on treatment with sulphuric acid.

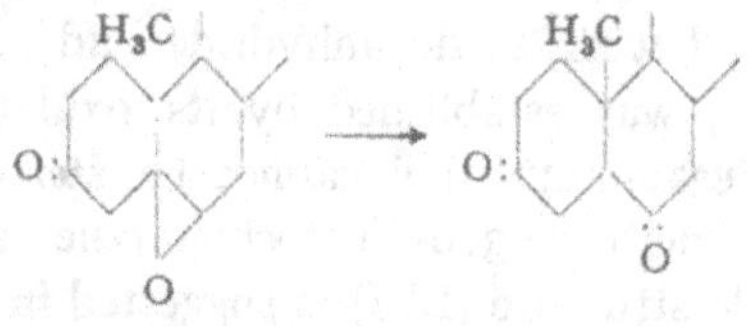

(LX)   (LXI)

Some interesting results have been obtained by RUZICKA, OBERLIN,
WIRZ and MEYER (81) by the oxidation of *epi*cholestanyl acetate with
chromic acid at 90°. Fractionation of the semicarbazone mixture gave
the aldehyde (LXII) in addition to androsterone (82).

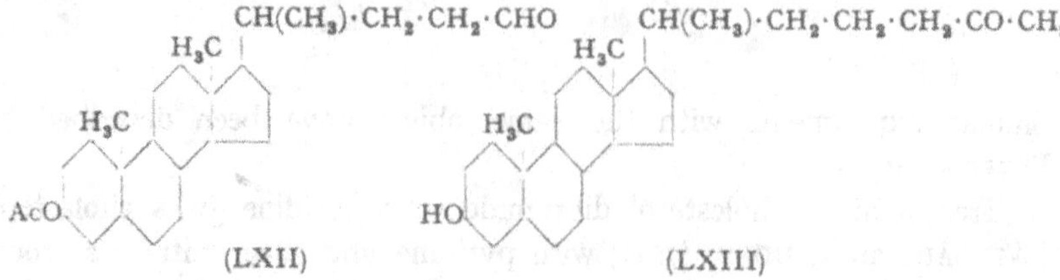

(LXII)   (LXIII)

If the oxidation be effected at 20–30° the hydroxy ketone (LXIII) is
isolated in relatively large yield, the formation of androsterone being
suppressed [cf. OUCHAKOV, EPIFANSKY and TCHINAÉVA (83)].

In a like manner the oxidation of cholesteryl acetate dibromide has been reinvestigated [compare RUZICKA and WETTSTEIN (84); WALLIS and FERNHOLZ (85); BUTENANDT, DANNENBAUM, HANISCH and KUD-SUS (86)]. By effecting the oxidation at 28–30°, RUZICKA and FISCHER (87) have succeeded in isolating and characterising, in addition to dehydro-androsterone (LXIV), the unsaturated keto-alcohol (LXV) and Δ^5-pregne-nolone (LXVI), the latter having also been obtained by FUJII and MATSU-KAWA (88).

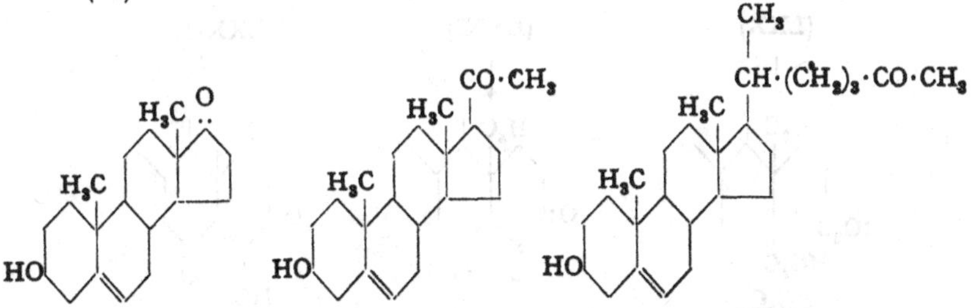

(LXIV)   (LXVI)   (LXV)

It has recently been shown by DISCHERL and HANUSCH (89) that direct oxidation of Δ^4-cholestenone (LXVII) with chromic acid gives androstendione (LXVIII) and progesterone (LXIX) in small yields.

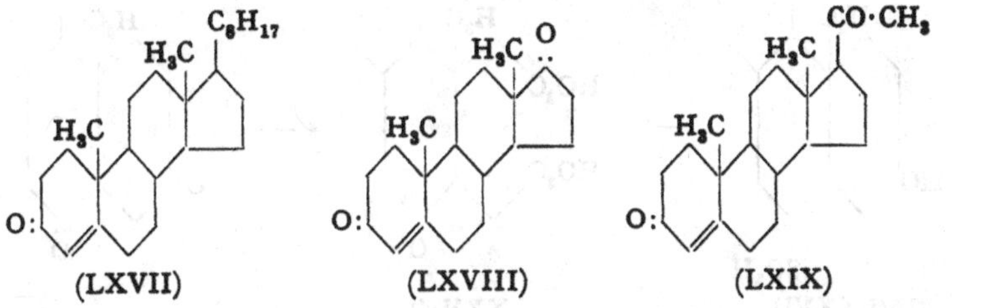

(LXVII)   (LXVIII)   (LXIX)

The sulphonation of various sterol ketones has been investigated by WINDAUS and KUHR (90). Treatment of Δ^4-cholestenone with acetic anhydride and sulphuric acid gives cholestenone sulphonic acid (LXX); it is freely soluble in water and has the property of forming water soluble adducts with cholesterol, cholestene, Δ^4-cholestenone and vitamin D. Similar water soluble derivatives are given by the sodium salt of cho-lestenonesulphonic acid and the carcinogenic hydrocarbons methyl-cholanthrene and benzpyrene. The constitution of the sulphonic acid (LXX) is established by the following reactions: on oxidation with potas-sium permanganate it is converted into the diketo-dihydric alcohol (LXXI) which is also formed by the oxidation of 3:6-diketo-Δ^4-cholestene (LXXII), together with the tricarboxylic acid. (LXXIII). Dehydration of (LXXI), is readily effected with formation of the triketone (LXXIV), which reacts as the enol (LXXV). Furthermore, hydrogenation of the acid (LXX) gives a tetrahydroderivative (LXXVI) which on oxidation gives the well known ketodicarboxylic acid (LXXVII) also obtained by the oxidation of 3:6-diketocholestane.

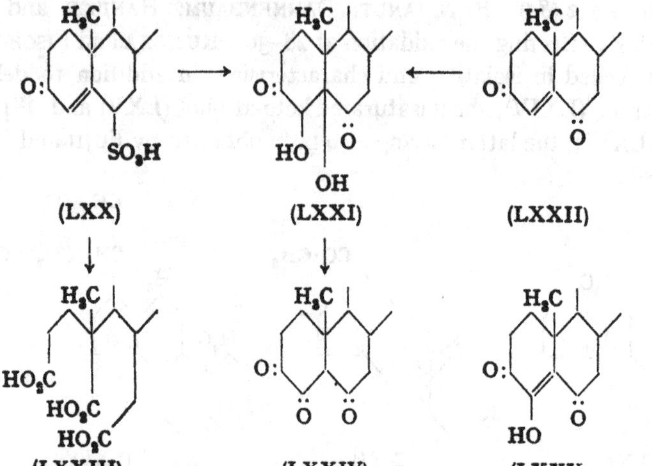

(LXX) (LXXI) (LXXII)

(LXXIII) (LXXIV) (LXXV)

Sulphonation of cholestanone (LXXVIII) gives 3-ketocholestane-2-sulphonic acid (LXXIX), the constitution of which is established by its oxidation to the dicarboxylic acid (LXXX) which is also obtained by the

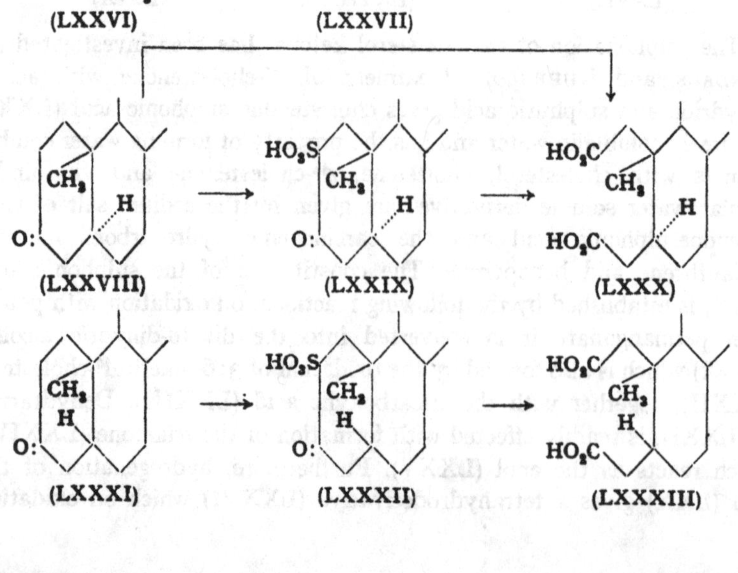

(LXXVI) (LXXVII)

(LXXVIII) (LXXIX) (LXXX)

(LXXXI) (LXXXII) (LXXXIII)

direct oxidation of cholestanone (LXXVIII). Sulphonation of copro-stanone (LXXXI) gives 3-ketocoprostane-2-sulphonic acid (LXXXII), a behaviour in striking contrast to that of the ketone on bromination when the ingoing halogen atom assumes the $C_{(4)}$ position. Oxidation of (LXXXII) gives the hitherto unknown dicarboxylic acid (LXXXIII) differing from the isomeric (LXXX) in the orientation of the groups associated with $C_{(5)}$.

Bromination of Steroid Ketones.

The aromatisation of ring A of the steroid nucleus is of interest both from the theoretical and practical standpoint. Starting from the easily accessible Δ^4-cholestenone, the elimination of one mole of methane should give a phenol and the application of such a reaction to androstenedione should then offer a route for the conversion of cholesterol into oestrone, the female sex hormone.

Apart from the importance of obtaining a partial synthetic method for the preparation of oestrone, such a transformation has a theoretical value in that it would supply a proof that oestrone is stereochemically allied to cholesterol. With the general object of effecting this elimination of methane, many investigations have been made on the stability of polyunsaturated steroid ketones prepared by bromination methods.

An interesting result is recorded by INHOFFEN (91) who reports that removal of hydrogen bromide from the dibromide of androstanedione gives a diethenoid ketone which on heating in an inert atmosphere loses methane and gives a substance which is phenolic in nature and which is formulated as (LXXXIV) a structure in accord with its ultra-violet absorption spectrum.

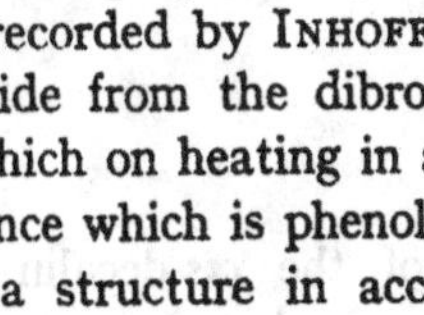

(LXXXIV)

a) **Cholestanone.** Monobromination of the stereoisomeric cholestanone (LXXXV) and coprostanone (LXXXVI) give 2-bromocholestanone (LXXXVII) and 4-bromocoprostanone (LXXXVIII) respectively [BUTE-NANDT and WOLFF (92)]. The constitution of bromocoprostanone was established by treatment with pyridine when it was smoothly converted into $\varDelta^4$-cholestenone (LXXXIX). With the same reagent however, 2-bromo-cholestanone gives only a pyridinium complex but with potassium acetate in a sealed tube $\varDelta^1$-cholestenone (XC) is formed. The position taken up by the entering halogen atom in the case of 3-ketosteroids thus depends upon the relative orientation of rings A and B, a fact amply

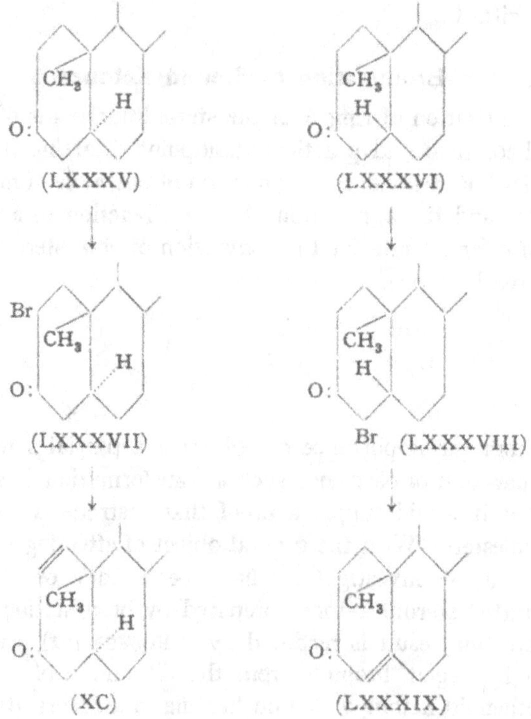

confirmed by a study of the *cis*-decalin derivatives pregnanedione, 3-keto*bisnor*cholanic acid and 3-ketopregnanol, all of which give 4-bromo-substitution products, and of the *trans*-decalin derivatives *allo*pregnane-dione and 3-keto*bisnorallo*cholanic acid which give 2-bromosubstitution products [Butenandt and co-workers (93)]. A dibromide of cholestanone has been described by Ruzicka, Bosshard, Fischer and Wirz (94) [compare Dorée (95)] which on heating with *o*-phenylenediamine gives a quinoxaline derivative. Since the halogen atom in monobromocholesta-none has been shown to be at $C_{(2)}$, Ruzicka and his collaborators formu-lated the dibromide as 2:2'-dibromocholestanone. Likewise the same authors described a dibromocoprostanone formulated as a 4:4'-dibromide since it also gives a quinoxaline derivative. Butenandt, Schramm, Wolff and Kudsus (96) obtained the same dibromocholestanone by the further bromination of 2-bromocholestanone (LXXXVII) and demonstrated that it is a 2:4-dibromide (XCI) since on treatment with potassium acetate in butyl alcohol it yields 3:4-diketocholestane (XCII), the constitution of which is established by its oxidation to dihydro-DIELS acid (XCIII) by hydrogen peroxide. They therefore claim that the quinoxaline formation described by RUZICKA *et alia* must have been accompanied by rearrangement.

The formulation of BUTENANDT and co-workers has been confirmed by INHOFFEN (97) who found that treatment of the dibromide with potassium benzoate gives the two isomeric benzoates (XCIV) and (XCV) which on hydrolysis are converted into 3:4-diketocholestane (XCII) and 2:3-diketocholestane (XCVI) respectively.

$$
\begin{array}{ccccc}
\text{(LXXXVII)} & \longrightarrow & \text{(XCI)} & \longrightarrow & \text{(XCII)} \\[2em]
\text{(XCV)} & & \text{(XCIV)} & & \text{(XCIII)} \\[2em]
\text{(XCVI)} & \longrightarrow & \text{(XCVII)} &
\end{array}
$$

The constitution of 2:3-diketocholestane follows from its facile oxidation to the known dicarboxylic acid (XCVII) [WINDAUS and UIBRIG (98)]. It gives a quinoxaline derivative identical with that prepared by RUZICKA, BOSSHARD, FISCHER and WIRZ (94) from dibromocholestanone. The formation of the two diketones thus confirms the location of the two bromine atoms in dibromocholestanone.

SCHWENK and WHITMAN (99) describe various experiments designed to remove hydrogen bromide from mono- and dibromocholestanones. Dibromocholestanone gives a pyridinium salt with pyridine whilst with dimethylaniline it gives a compound which the authors consider to have the probable formula (XCVIII) methane having been lost during the reaction. Treatment of 2-bromocholestanone with pyridine gives the pyridinium compound[1] described by BUTENANDT and WOLFF (*100*) but with dimethylaniline cholestanone is the chief product.

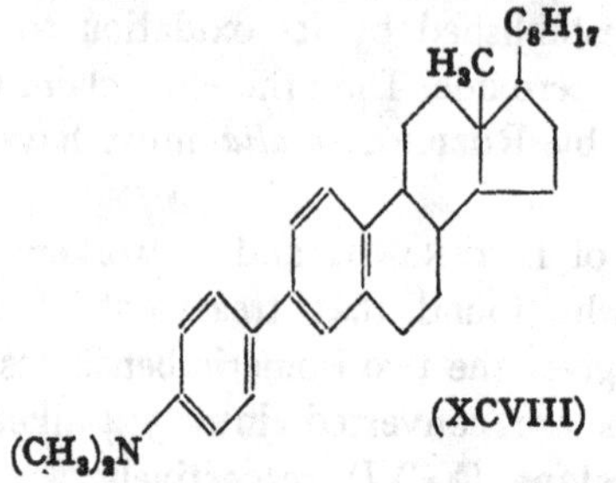

(XCVIII)

b) 5:6-Dibromocholestanone and Δ^4-Cholestenone. If cholesterol dibromide be oxidised with chromic acid it yields 5:6-dibromocholestanone (XCIX) which on further bromination (in the presence of ether) gives 4:5:6-tribromocholestanone (C), m. p. 138° [INHOFFEN (*101*)]. On heating this tribromide with sodium iodide in alcohol-benzene it gives the enol ethyl ether of 3:6-diketo-Δ^4-cholestene previously prepared by WINDAUS (*102*); of the alternative structures (CI) and (CIa) the former is preferred since the compound fails to give an adduct with maleic anhydride.

Treatment of the tribromide (C) with one mole of potassium acetate gives a dibromo-unsaturated ketone (CII) which shows the light absorption

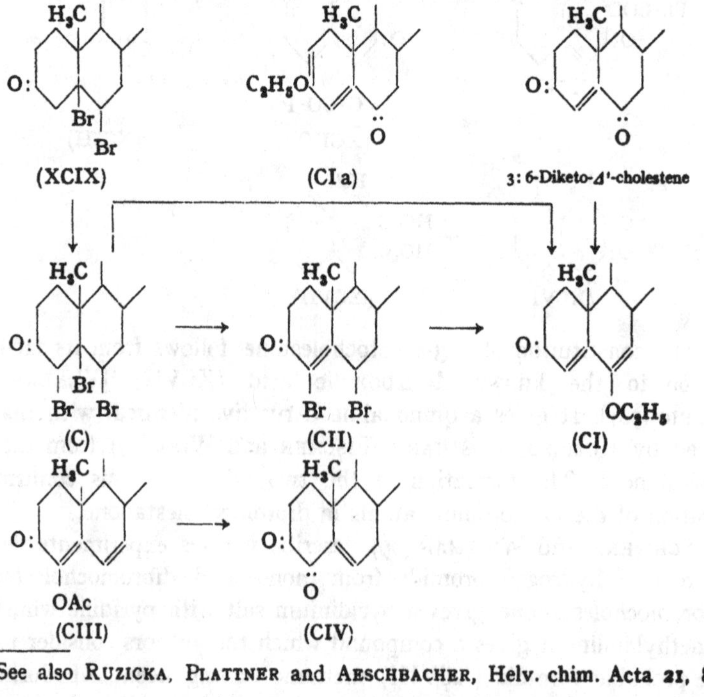

(XCIX)   (CIa)   3:6-Diketo-Δ^4-cholestene

(C)   (CII)   (CI)

(CIII)   (CIV)

[1] See also RUZICKA, PLATTNER and AESCHBACHER, Helv. chim. Acta **21**, 866 (1938).

properties of an α,β-unsaturated ketone and this on treatment with sodium iodide in alcohol gives the enol-ether (CI). On heating either the tribromide or the dibromide (CII) with excess potassium acetate a keto enol acetate (CIII) is formed, hydrolysis of which gives 3:4-diketo-Δ^5-cholestene (CIV) [INHOFFEN (70)]. Thus using acid conditions tribromocholestanone gives a compound oxygenated at $C_{(6)}$ (enol ether of 3:6-diketo-Δ^4-cholestene) whereas using neutral conditions oxygenation at $C_{(4)}$ results. The mechanism of formation of the enol ethyl ether is formulated as follows:

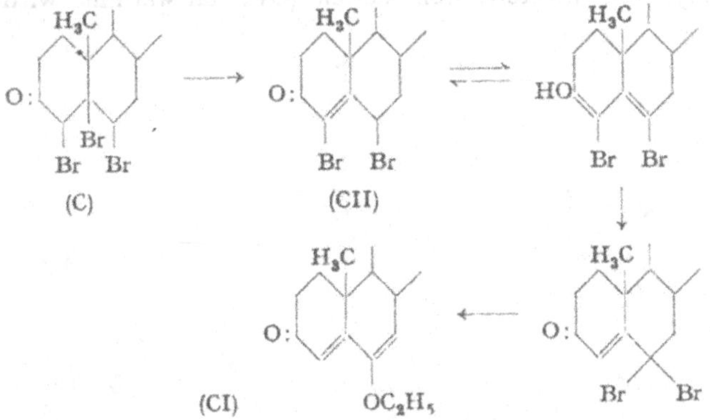

H$_3$C   H$_3$C   H$_3$C

O: $\longrightarrow$ O: $\rightleftarrows$ HO

Br

Br Br   Br Br   Br Br

(C)   (CII)

H$_3$C   H$_3$C

O: $\longleftarrow$ O:

(CI)   OC$_2$H$_5$ Br   Br

The bromination of 5:6-dibromocholestanone has also been studied by BUTENANDT and SCHRAMM (71). Using acetic acid as solvent an isomeric 4:5:6-tribromocholestane (CV), m. p. 106^b is obtained differing from that described by INHOFFEN in the orientation of the $C_{(4)}$-halogen atom. Further bromination of this gives 4:4:5:6-tetrabromocholestanone (CVI). The constitution of the new tribromoketone is established

H$_3$C   H$_3$C   H$_3$C

O: $\longrightarrow$ O: $\longrightarrow$ O:

    Br   Br   O

H Br Br   Br Br Br

(CV)   (CVI)   (CIV)

H$_3$C

HO$_2$C   :O
HO$_2$C

(CVII)

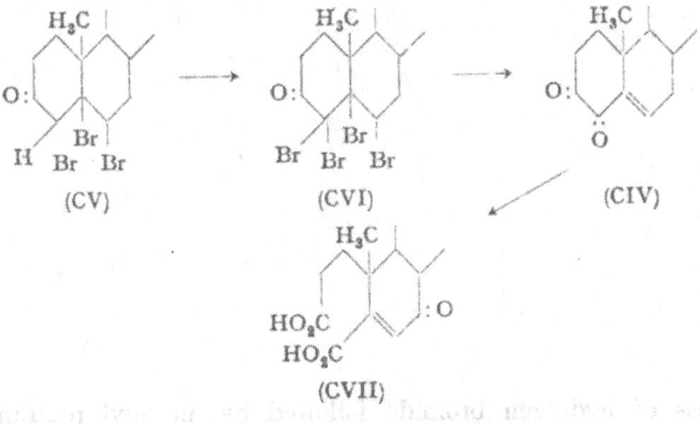

by the observation that on treatment with sodium iodide and alcohol it is converted into the enol ether of 3:6-diketo-Δ^4-cholestene. The constitution of the tetrabromoketone is established by its conversion by potassium acetate into 3:4-diketo-Δ^5-cholestene (CIV) [previously obtained by INHOFFEN (70)], the constitution of which, in its turn, follows from its oxidation by hydrogen peroxide to 7-keto-DIELS acid (CVII) [WINDAUS (103)]. The relationship of the two isomeric tribromoketones and tetrabromocholestanone would be established if the INHOFFEN tribromoketone (m. p. 138°) likewise gave tetrabromocholestanone. This however is not the case for on attempted bromination, the INHOFFEN tribromide gives an α,β-unsaturated tribromoketone (CVIII). This is also obtained from the dibromide (CII) described by INHOFFEN (97) and also remarkably, from the tetrabromoketone (CVI) on warming with alcohol

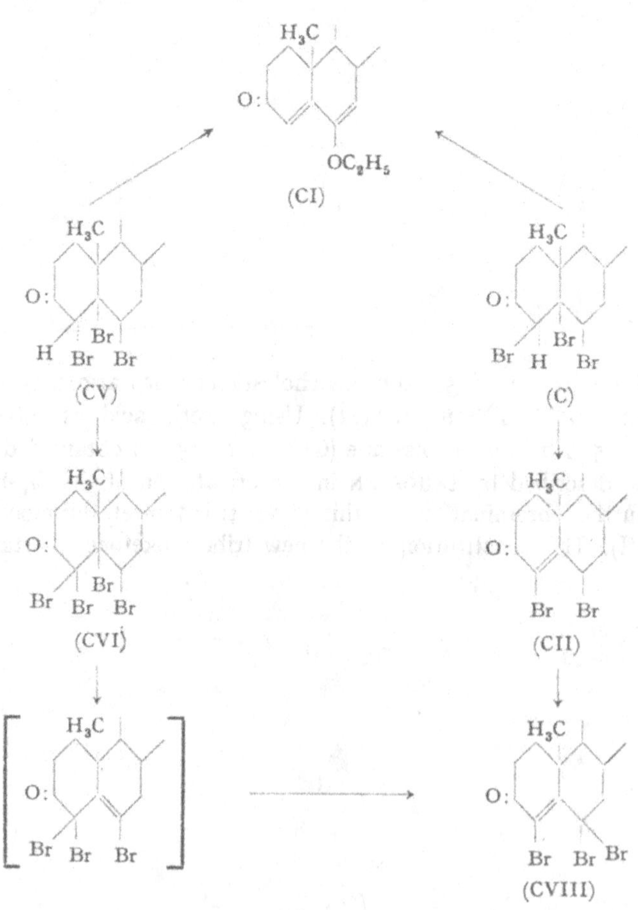

when loss of hydrogen bromide followed by an allyl rearrangement occurs. Since the same α,β-unsaturated ketone is obtained from both isomeric tribromoketones, it follows that they differ only in the orientation around $C_{(4)}$.

The direct bromination of Δ^4-cholestenone has also been studied in detail [INHOFFEN (104)]. Whereas in the presence of potassium acetate this ketone fails to react with bromine, in the presence of hydrogen bromide it gives the two isomeric 4:6-dibromo-Δ^4-cholestenones (CII) and (CIIa). It is consequently concluded that Δ^4-cholestenone reacts as its enol (CIX), the formation of the two dibromides being now represented as:

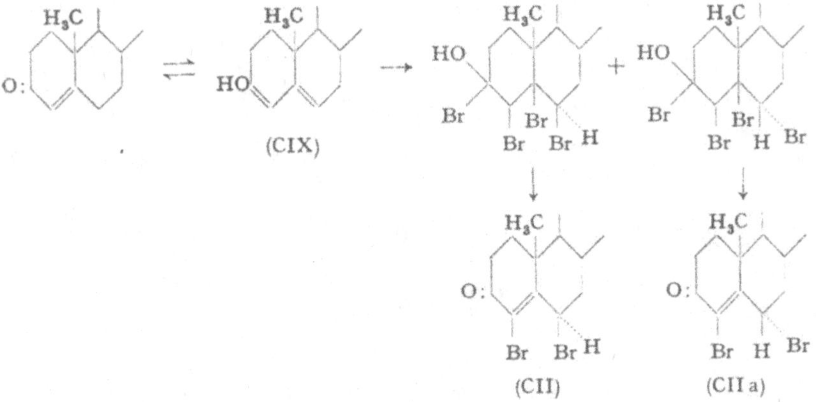

This mechanism is confirmed by the observation that treatment of cholestenone enol acetate (CX) [compare RUZICKA and FISCHER (105)] with bromine in the presence of potassium acetate gives a monobromoketone (CXI) which on further bromination in the presence of hydrogen bromide gives the dibromide (CII).

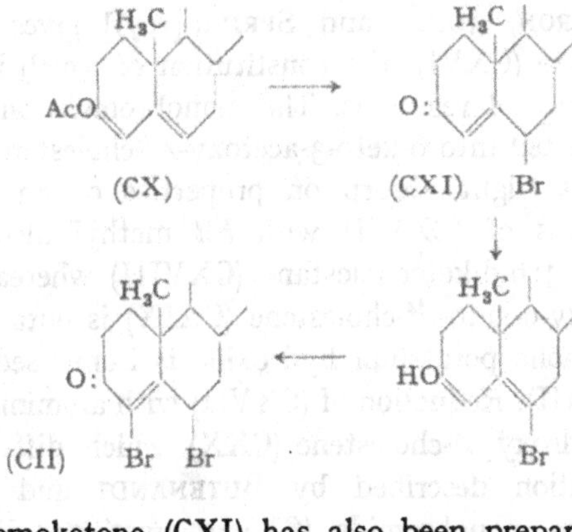

The monobromoketone (CXI) has also been prepared by RUZICKA, BOSSHARD, FISCHER and WIRZ (94) by the partial debromination of 5:6-dibromocholestanone with potassium acetate.

Treatment of Δ^4-cholestenone with four moles of bromine gives a dibromoketone (CXII) characterised by its strong absorption band at

2970 Å. [BUTENANDT, SCHRAMM and KUDSUS (*106*); compare RUZICKA, BOSSHARD, FISCHER and WIRZ (*94*)] which is also formed from 4:4:5:6-tetrabromocholestanone (CVI) by the action of potassium acetate.

By the action of a further mole of bromine on the dibromide (CXII), a diethenoid tribromide (CXIII) is obtained, which can also be obtained by the direct bromination of Δ^4-cholestenone. This on treatment with hydrogen bromide in acetic acid loses one mole of hydrogen bromide

H₃C

O:

Br Br

(CXII)

←

H₃C

O:

Br
Br Br Br

(CVI)

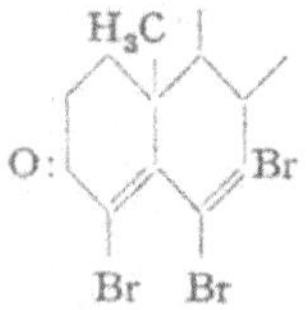

H₃C

O: Br

Br Br

(CXIII)

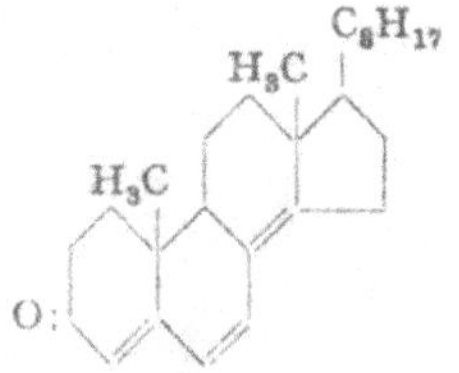

C₈H₁₇
H₃C

H₃C

O:

(CXIVa)

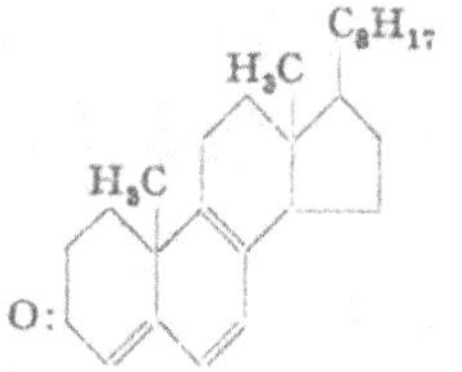

C₈H₁₇
H₃C

H₃C

O:

(CXIVb)

and gives a triethenoid dibromide which is formulated as (CXIVa) or (CXIVb). This compound represents the final phase in the bromination of Δ^4-cholestenone from which it can be prepared directly.

c) **6-Ketocholestanyl acetate.** Bromination of the saturated keto-acetate (CXV) in ether-acetic acid with one molecular proportion of bromine [HEILBRON, JONES and SPRING (*107*)] gives 5-bromo-6-keto-cholestanyl acetate (CXVI), the constitution of which is established by the following series of reactions. The monobromide on treatment with pyridine is converted into 6-keto-3-acetoxy-Δ^4-cholestene (CXVII) which shows the typical light absorption properties of an α,β-unsaturated ketone. Hydrolysis of (CXVII) with *hot* methyl alcoholic potassium hydroxide gives 3:6-diketocholestane (CXVIII) whereas with the cold reagent 3-hydroxy-6-keto-Δ^4-cholestene (CXIX) is obtained which when *heated* with alcoholic potassium hydroxide is isomerised to 3:6-diketocholestane (CXVIII). Reduction of (CXVII) with aluminium isopropoxide gives a 3:6-dihydroxy-Δ^4-cholestene (CXX) which differs from the diol of this constitution described by BUTENANDT and HAUSMANN (*67*). Hydrolysis of the monobromide (CXVI) gives 3:5-dihydroxy-6-keto-cholestane (CXXI) which differs from the previously described dihydr-oxyketone of this constitution [SCHENCK (*108*)].

If the bromination of 6-ketocholestanyl acetate be effected in boiling ether-acetic acid the isomeric 7-bromo-6-ketocholestanyl acetate

(CXXII) is obtained; this compound is also formed from the 5-monobromide (CXVI) on heating in the presence of hydrogen bromide. The constitution of the monobromide (CXXII) is established by the observation that on treatment with pyridine and silver nitrate it gives 6:7-diketocholestanyl acetate (CXXIII) while on hydrolysis 3:7-dihydroxy-6-ketocholestanyl acetate (CXXIV) is formed.

(CXXI) (CXVI) (CXVII) (CXIX) (CXV) (CXX) (CXVIII) (CXXIV) (CXXII) (CXXIII)

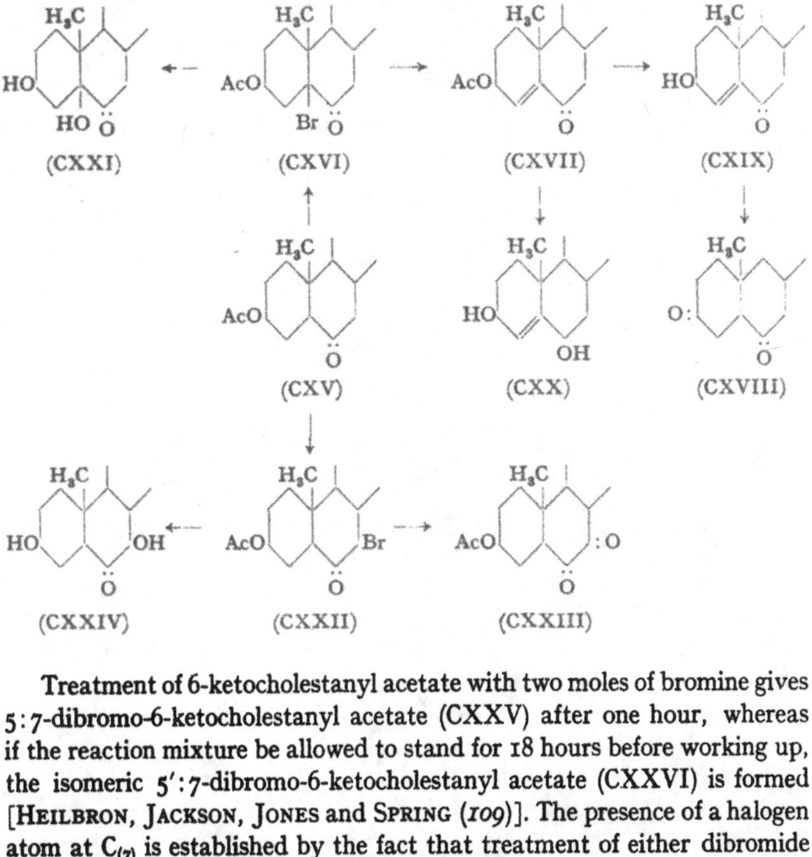

Treatment of 6-ketocholestanyl acetate with two moles of bromine gives 5:7-dibromo-6-ketocholestanyl acetate (CXXV) after one hour, whereas if the reaction mixture be allowed to stand for 18 hours before working up, the isomeric 5':7-dibromo-6-ketocholestanyl acetate (CXXVI) is formed [Heilbron, Jackson, Jones and Spring (*109*)]. The presence of a halogen atom at $C_{(7)}$ is established by the fact that treatment of either dibromide with hydrogen bromide gives 7-bromo-6-ketocholestanyl acetate (CXXII).

Bromination of 5-bromo-6-ketocholestanyl acetate (CXVI) with one mole of bromine in the presence of hydrogen bromide gives either of the dibromides (CXXV) or (CXXVI) according to the experimental conditions, whereas bromination of the isomeric 7-bromo-6-ketocholestanyl acetate (CXXII) gives only the 5:7-dibromide (CXXV).

The action of pyridine upon either dibromide gives 6-keto-3-acetoxy-$\Delta^{2,4}$-cholestadiene (CXXVII) and 7-hydroxy-3-acetoxy-6-keto-Δ^4-cholestene (CXXVIII). The former is characterised by its conversion into 3:6-diketo-Δ^4-cholestene on hydrolysis with sodium methoxide. Treatment of 5':7-dibromo-6-ketocholestanyl acetate (CXXVI) with potassium acetate gives 7-bromo-6-keto-3:5'-diacetoxycholestane (CXXIX) which on debromination with aluminium amalgam gives 6-keto-3:5'-diacetoxy-cholestane (CXXX), identical with that described by SCHENCK (108).

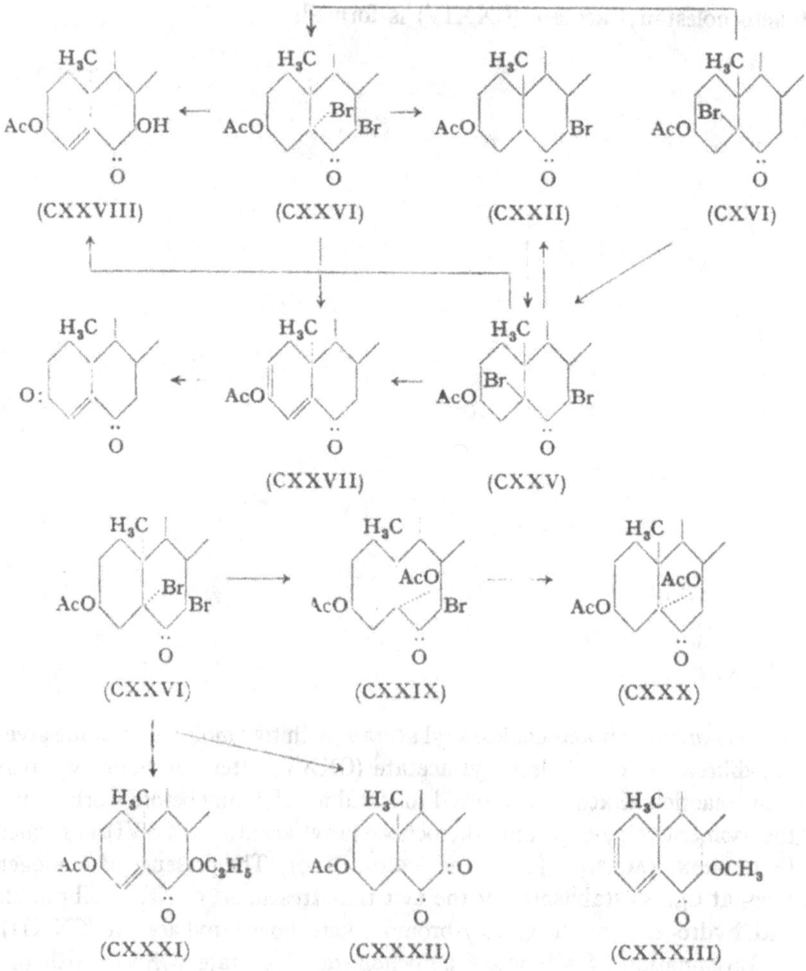

(CXXVIII)   (CXXVI)   (CXXII)   (CXVI)

(CXXVII)   (CXXV)

(CXXVI)   (CXXIX)   (CXXX)

(CXXXI)   (CXXXII)   (CXXXIII)

Hydrolysis of the latter results in the formation of 3:5'-dihydroxy-6-ketocholestane which differs from the isomer (CXXI) in the orientation of the $C_{(5)}$ hydroxyl group. With sodium acetate in alcohol the dibromide (CXXVI) gives 7-bromo-6-keto-3:5'-diacetoxycholestane (CXXIX) together with 6-keto-3-acetoxy-7-ethoxy-Δ^4-cholestene (CXXXI) and 6:7-diketocholestanyl acetate (CXXXII), while with potassium acetate in n-butyl alcohol a product exhibiting an intense ferric chloride coloration

(α-diketone) is formed which on crystallisation from methyl alcohol gives 6-keto-7-methoxy-$\Delta^{2,4,7}$-cholestatriene (CXXXIII) (the enol methyl ether of 6 : 7-diketo-$\Delta^{2,4}$-cholestadiene).

d) **7-Ketocholestanyl acetate.** Monobromination of 7-ketocholestanyl acetate [BARR, HEILBRON, JONES and SPRING (*110*)] gives a mixture of α- and β-6-bromo-7-ketocholestanyl acetates (CXXXIV) which differ in the orientation of the groups associated with $C_{(6)}$, the α-isomer being converted into the β-form on treatment with hydrogen bromide. The constitution of both monobromides follows from their ready conversion into 7-keto-3-acetoxy-Δ^5-cholestene (CXXXV) and 7-keto-$\Delta^{3,5}$-cholesta-diene (CXXXVI) on treatment with pyridine, the elimination of hydrogen bromide, however, being slower in the case of the β-isomer. This difference in reactivity is clearly illustrated by the reactions of the two monobromides with pyridine and silver nitrate; whereas the α-isomer gives 7-keto-3-acetoxy-Δ^5-cholestene (CXXXV) the β-isomer gives 6,7-diketocholestanyl acetate (CXXXVII), a behaviour attributed to the inherent difficulty of removal of hydrogen halide with consequent tendency to hydrolysis and oxidation.

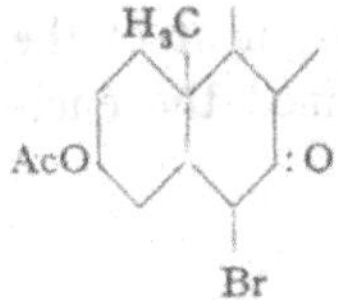

(CXXXIV) 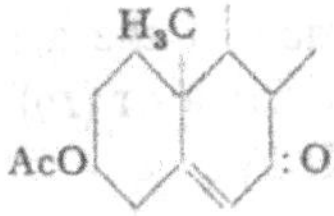   (CXXXV) 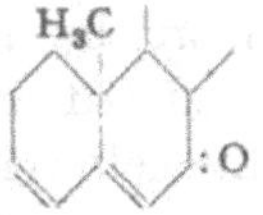   (CXXXVI) 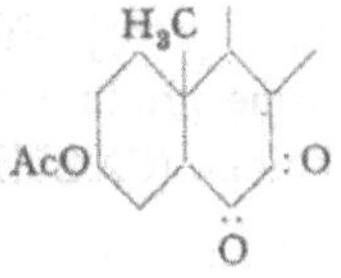   (CXXXVII)

Ergosterol and its Photoisomerides.

a) **Ergosterol.** Hydrogenation of ergosterol with a platinum catalyst gives α-ergostenol (CXXXVIII) which is resistant to further reduction [HEILBRON and SEXTON (*111*)]; it is also obtained by the catalytic reduction of dihydroergosterol which in its turn is obtained by the reduction of ergosterol with sodium and alcohol [WINDAUS and BRUNKEN (*112*)]. Isomeri-sation of α-ergostenyl benzoate with hydrogen chloride gives the benzoate of β-ergostenol (CXXXIX), the acetate of which gives the saturated ergostanyl acetate on further reduction [REINDEL, WALTER and RAUCH (*113*); HEILBRON and WILKINSON (*114*)]. A third isomer, γ-ergostenol (CXL) obtained by the reduction of 22-dihydroergosterol with sodium and alcohol is isomerised to α-ergostenol on shaking with a palladium or platinum catalyst [WINDAUS and LANGER (*98*)].

The location of the ethenoid linkage in β-ergostenol has been unam-biguously established by a study of the products of ozonolysis. After decomposition of the ozonide the product was thermally decomposed whereby an unsaturated aldehyde, $C_{12}H_{22}O$ (CXLI), and a ketoacetate

(CXLII) were isolated. The structure of the latter was established by its dehydrogenation with selenium to 2-methylphenanthrene [ACHTER-

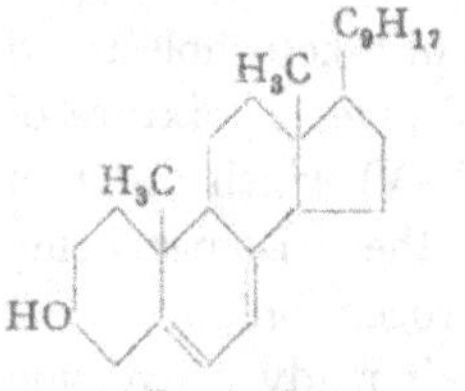

Ergosterol.

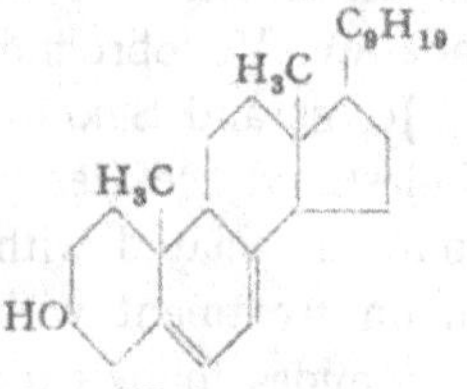

22-Dihydroergosterol.

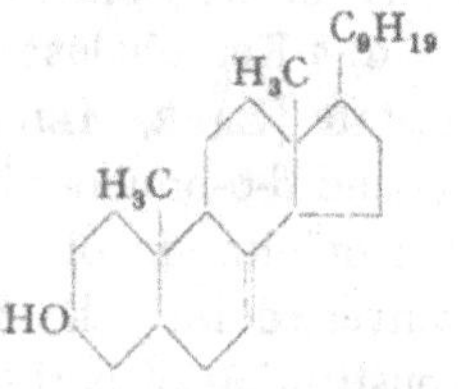

(CXL)

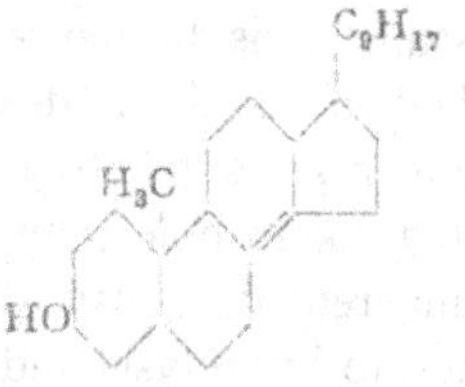

α-Dihydroergosterol.

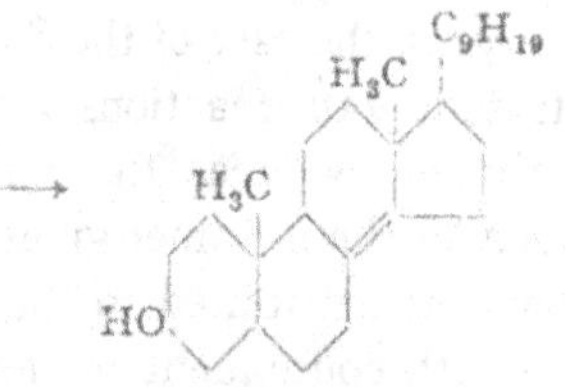

(CXXXVIII)

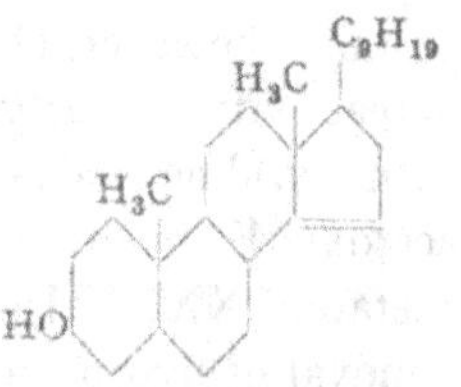

(CXXXIX)

MANN (*116*)]. Furthermore, by distillation of the acidic fragment of the ozone product under reduced pressure LAUCHT (*19*) obtained the enol-lactone (CXLIII) of the keto-acid (CXLIV).

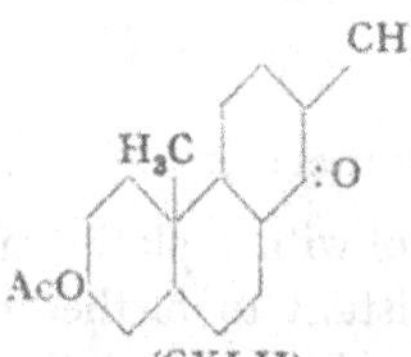

(CXLII)

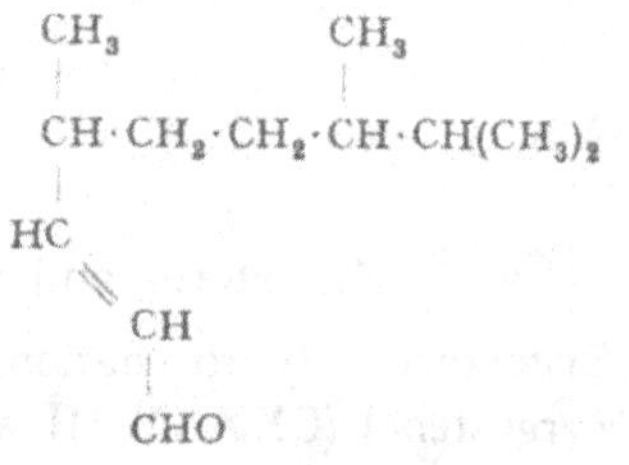

(CXLI)

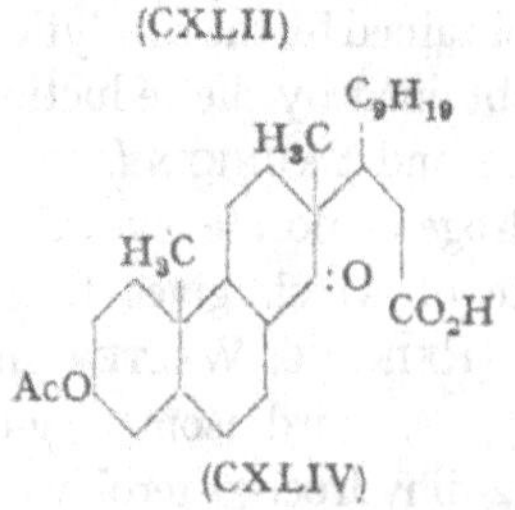

(CXLIV)

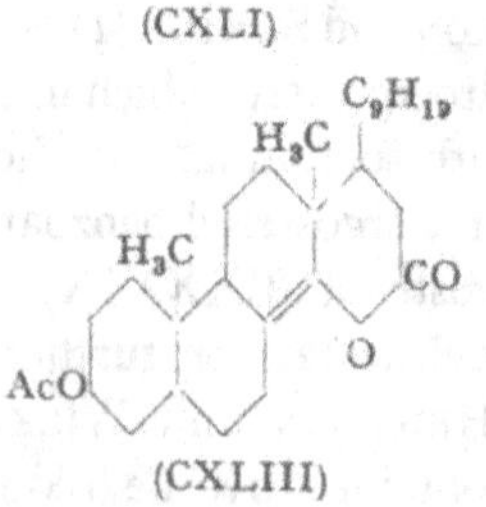

(CXLIII)

Both α- and β-ergostenols give dehydroergostenol on treatment with perbenzoic acid [WINDAUS and LÜTTRINGHAUS (*117*); MORRISON and SIMPSON (*118*)] which compound is also obtained by the action of hydrogen chloride on 22-dihydroergosterol [WINDAUS and LANGER (*115*)] and by the action of selenium dioxide on α-ergostenol [CALLOW (*119*)].

The oxidation of ergosterol, ergosteryl acetate and lumisterylacetate by means of chromic acid has been studied by BURAWOY (*120*). From the former, ergostadiene-3:6-dion-5-ol (CXLV) is obtained in good yield, identical with the product of oxidation of ergostadiene-3:5:6-triols I and II (CXLVI) [DUNN, HEILBRON, PHIPERS, SAMANT and SPRING (*75*)]. Oxidation of ergosteryl and lumisteryl acetates gives 3-acetoxy-ergostadien-6-on-5-ol (CXLVII) and 3-acetoxy-lumistadien-6-on-5-ol respectively.

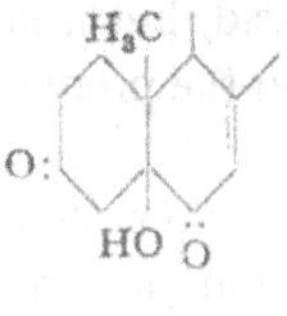

(CXLV) 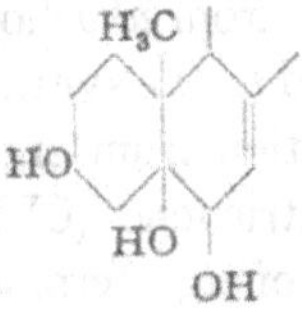   (CXLVI) 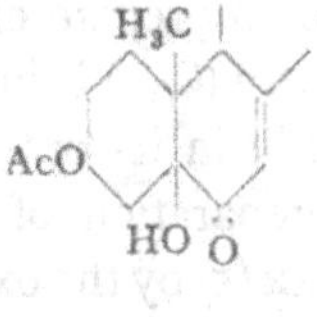   (CXLVII)

An investigation of ergosterol –B$_3$ has been undertaken by CHEN (*121*).

MARKER and his collaborators claimed to have prepared oestrone from ergosterol by the following route: Photodehydrogenation of ergosterol gives a "pinacol" [WINDAUS and BORGEAUD (*122*)] which on thermal degradation loses methane and yields *neo*ergosterol (CXLVIII) [BONSTEDT (*123*); INHOFFEN (*124*)].[1] On heating the latter with platinum, tetradehydro*neo*ergosterol (CXLIX) [HONIGMANN (*125*)] is produced, which with sodium and amyl alcohol was stated by MARKER, KAMM, OAKWOOD and LAUCIUS (*126*) to give a phenol (CL), reduction of ring B having occurred. The acetate of the latter on chromic acid oxidation followed by hydrolysis gave a compound which, it was claimed, was identical with natural oestrone, chemically, physically and physiologically.

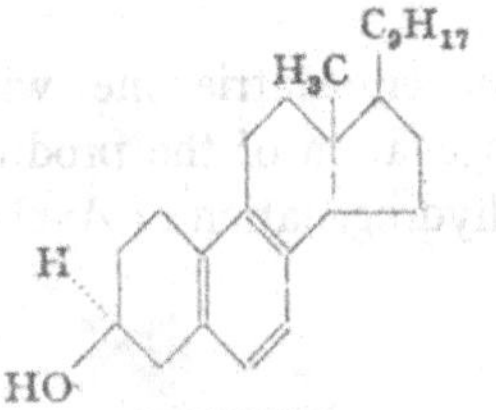

(CXLVIII) 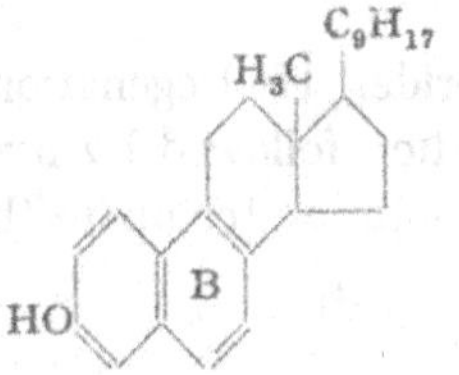   (CXLIX) 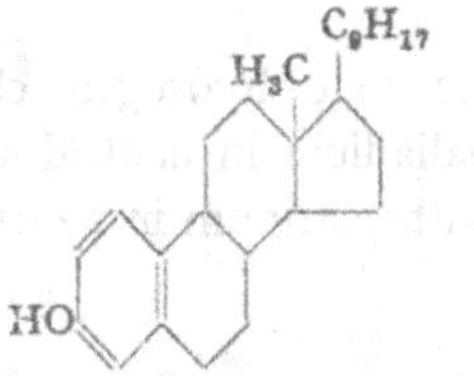   (CL)

Later, however, WINDAUS and DEPPE (*127*) reported that reduction of tetradehydro*neo*ergosterol with sodium and amyl alcohol gives *epineo*-ergosterol (CLI) and not a phenol of the structure (CL). The constitution of the reduction product was established by the observation that it is also formed by the epimerisation of *neo*ergosterol by means of sodium amyloxide, and further by the fact that both *neo*ergosterol and the re-

---

[1] According to URUSHIBARA and ANDO: Bull. chem. Soc. Japan **11**, 757 (1936), an isomeric *isoneo*ergosterol m. p., 138—139°, is formed together with neoergosterol.

duction product give one and the same product "ergopentaene" (CLII) on treatment with sodium ethoxide.[1]

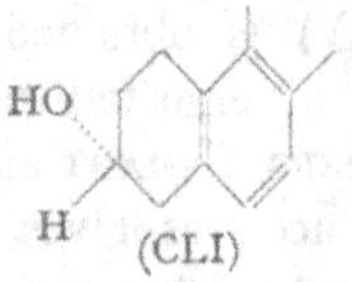

(CLI) 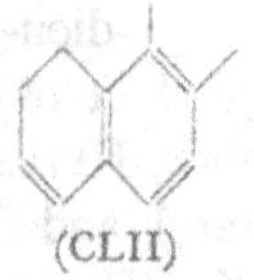   (CLII)

Using the method of WIELAND and JACOBI (*128*), FERNHOLZ (*129*) attempted to prepare ergostane from *allo*cholanic acid, but a new asymmetric centre ($C_{(24)}$) is introduced in the synthesis and the product differed considerably in its optical rotation from ergostane.

The preparation of ergostatrienone (CLIII) has been described by OPPENAUER (*5*) by the oxidation of ergosterol with aluminium *tert*. butoxide using acetone as hydrogen acceptor. It is an α,β-unsaturated ketone, the Δ^5-linkage of ergosterol having migrated to the Δ^4-location. Ergostatrienone has also been prepared by WETTER and DIMROTH (*130*) from the ergosteryl acetate-maleic anhydride adduct. Mild hydrolysis of the latter gives ergosterol maleic anhydride, oxidation of which to the corresponding ketone followed by thermal removal of the maleic anhydride gave ergostatrienone together with an isomeric ketone *iso*ergostatrienone (CLIV) which is also formed by the isomerisation of ergostatrienone with methyl-

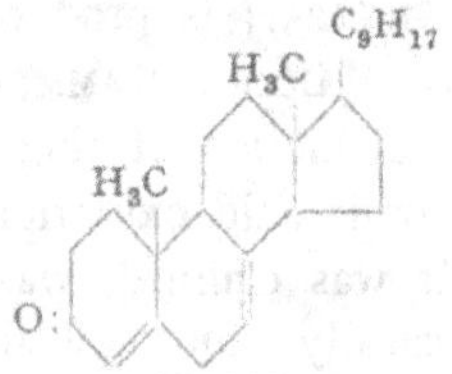

(CLIII) 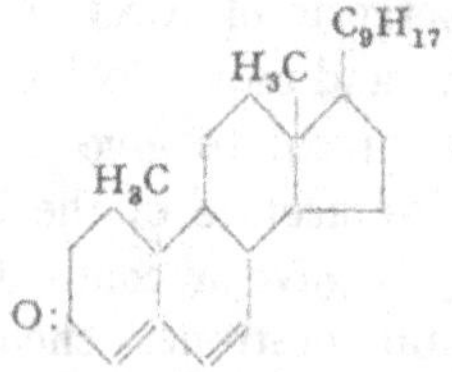   (CLIV)

alcoholic hydrogen chloride. Hydrogenation of ergostatrienone with palladium in neutral solution followed by hydrogenation of the product with platinum in neutral solution [compare the hydrogenation of Δ^4-cho-

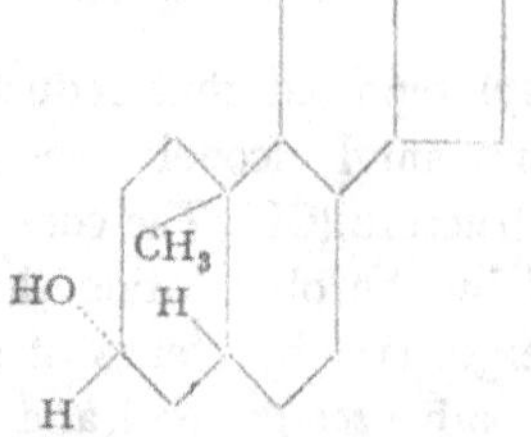

(CLV) 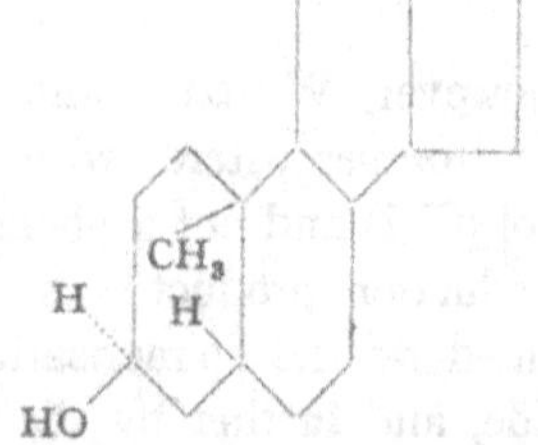   (CLVI)

---

[1] See also CHAKRAVORTY and WALLIS, Journ. Amer. chem. Soc. **60**, 1379 (1938).

lestenone and coprostanone GRASSHOF (*131*); RUZICKA (*20*)] gave a saturated alcohol (CLV) which is not precipitable by digitonin and which is a higher homologue of *epi*coprostanol. It is in part isomerised by sodium ethoxide to a digitonin precipitable alcohol (CLVI) which is a higher homologue of coprostanol. In agreement with the observations of LETTRÉ (*132*) upon the formation of molecular compounds, (CLV) gives a marked elevation in melting point on admixture with ergostanol and a similar behaviour is observed on admixture with lumistanol.

b) Lumisterol and the Pyrocalciferols. The investigations of WINDAUS and his collaborators have established that the photoirradiation of ergosterol leads to the following series of changes:

$$\text{Ergosterol} \rightarrow \text{Lumisterol} \rightarrow \text{Tachysterol} \rightarrow \text{Calciterol} \rightarrow \begin{cases} \text{Toxisterol} \\ \text{Suprasterols I and II} \end{cases}$$

Some evidence existed for the belief that ergosterol can be directly isomerised to tachysterol. It has recently been shown by DIMROTH (*133*), however, that this is not so, and that lumisterol is an invariable intermediate in the photochemical series.

The constitution of calciferol has been shown to be (CLVII) a representation which can now be regarded as correct in every detail (*134*).

An investigation of tachysterol has been undertaken by GRUNDMANN (*135*) who has shown that it does not contain an exocyclic ethylenic linkage and that it is not unsaturated at $C_{(5)}$–$C_{(6)}$ and $C_{(7)}$–$C_{(8)}$. Whilst the evidence is of a purely negative character it is concluded that tachysterol is best represented by the structure (CLVIII).

In contrast to calciferol which is tetraethenoid and consequently tricyclic, lumisterol, like ergosterol is triethenoid and tetracyclic [HEILBRON, SPRING and STEWART (*136*); DIMROTH (*137*)]. Furthermore, like ergosterol, lumisterol contains a side chain ethylenic linkage, for on ozonolysis it gives methyl*iso*propylacetaldehyde [GUITERAS (*138*)]. The characteristic ultra-violet absorption spectrum of lumisterol shows that the nuclear ethylenic linkages are conjugated, and present in the same ring, a conclusion confirmed by the formation of methylbenzenetetracarboxylic acid on oxidation of lumisterol with nitric acid [INHOFFEN (*139*)] and by the formation of an adduct of maleic anhydride and lumisteryl acetate [HEILBRON, MOFFET and SPRING (*140*)]. HEILBRON, SPRING and STEWART (*136*) showed that the nuclear ethenoid linkages of lumisterol are in the same position as those of ergosterol since like the latter, on oxidation with perbenzoic acid it gives a lumistadienetriol monobenzoate. Furthermore the same authors showed that lumisterol is dehydrogenated with mercuric acetate to a dehydrolumisterol.

In addition to lumisterol, two other stereo-isomers, pyrocalciferol and *iso*pyrocalciferol, exhibit the same absorption spectrum as ergosterol [BUSSE (*141*); MÜLLER (*142*)]. The pyrolysis of calciferol has therefore resulted in the reformation of the ergosterol ring system (CLIX) with the appearance of two new asymmetric centres at $C_{(9)}$ and $C_{(10)}$.

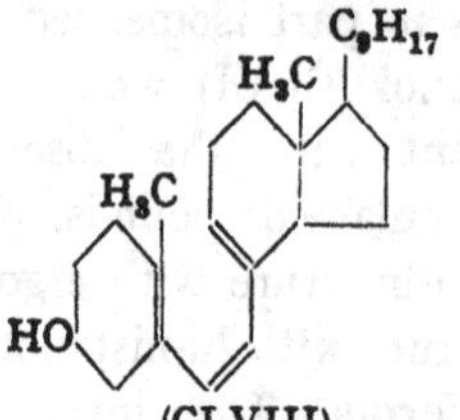

C_9H_{17} H_3C H_3C HO

(CLVIII)

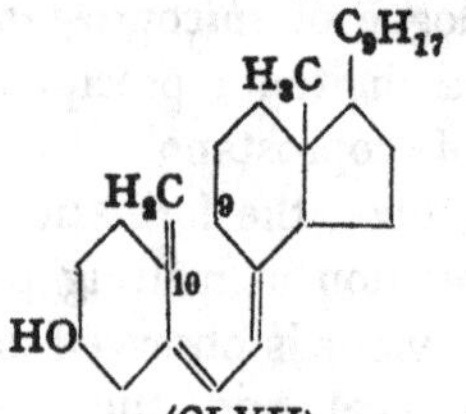

C_9H_{17} H_3C H_3C 9   10   HO

(CLVII)

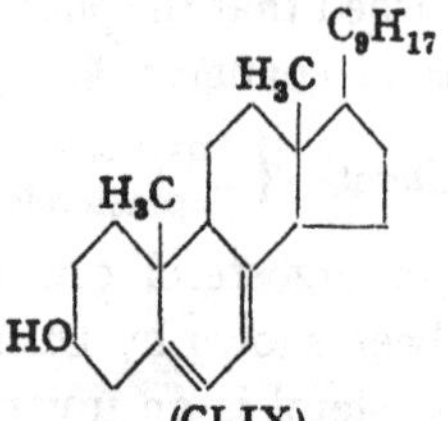

C_9H_{17} H_3C H_3C HO

(CLIX)

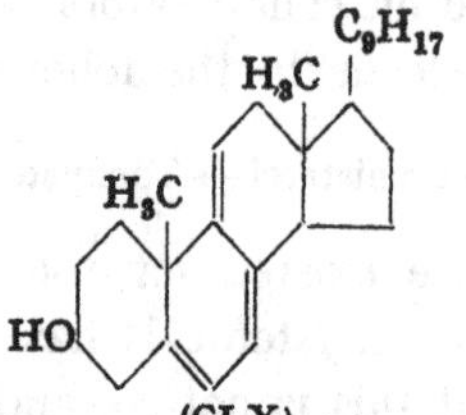

C_9H_{17} H_3C H_3C HO

(CLX)

Four stereoisomers of the structure (CLIX) are possible in which the only variants are $C_{(9)}$ and $C_{(10)}$; WINDAUS and DIMROTH (*143*) assumed that these four isomers are pyrocalciferol, *iso*pyrocalciferol, ergosterol and lumisterol. This hypothesis received support from the observation that dehydrogenation of pyrocalciferol with mercuric acetate gave dehydrolumisterol while similar treatment of *iso*pyrocalciferol gave dehydroergosterol. The formation of dehydroergosterol from ergosterol consists in the introduction of a $\varDelta^9$-ethenoid linkage [MÜLLER (*144*)], dehydroergosterol being (CLX) and since dehydrolumisterol shows the same characteristic absorption spectrum as dehydroergosterol it must be a stereoisomer of the latter. Hence it is clear that *iso*pyrocalciferol and ergosterol can only differ in the orientation around $C_{(9)}$, a statement likewise true in the case of pyrocalciferol and lumisterol. WINDAUS and DIMROTH consequently came to the conclusion that, if the stereo-arrangement of $C_{(9)}$ and $C_{(10)}$ in ergosterol be arbitrarily indicated by $+$, the following arrangement represents the four isomers:

	$C_{(9)}$	$C_{(10)}$			$C_{(10)}$
Ergosterol (CLXI)	$+$	$+$	} →	Dehydroergosterol (CLX).......	$+$
iso-Pyrocalciferol (CLXII) .	$-$	$+$			
Lumisterol (CLXIII)	$+$ (?)	$-$	} →	Dehydrolumisterol (CLXV)	$-$
Pyrocalciferol (CLXIV) ...	$-$ (?)	$-$			

It was not possible to decide whether the orientation around $C_{(9)}$ in lumisterol is the same as or different from that of ergosterol.

The allocation of these structures is based upon the assumption that the hydroxyl group has the same orientation in the four isomers and that only $C_{(9)}$ and $C_{(10)}$ are sterically variable, and that the inability of lumisterol

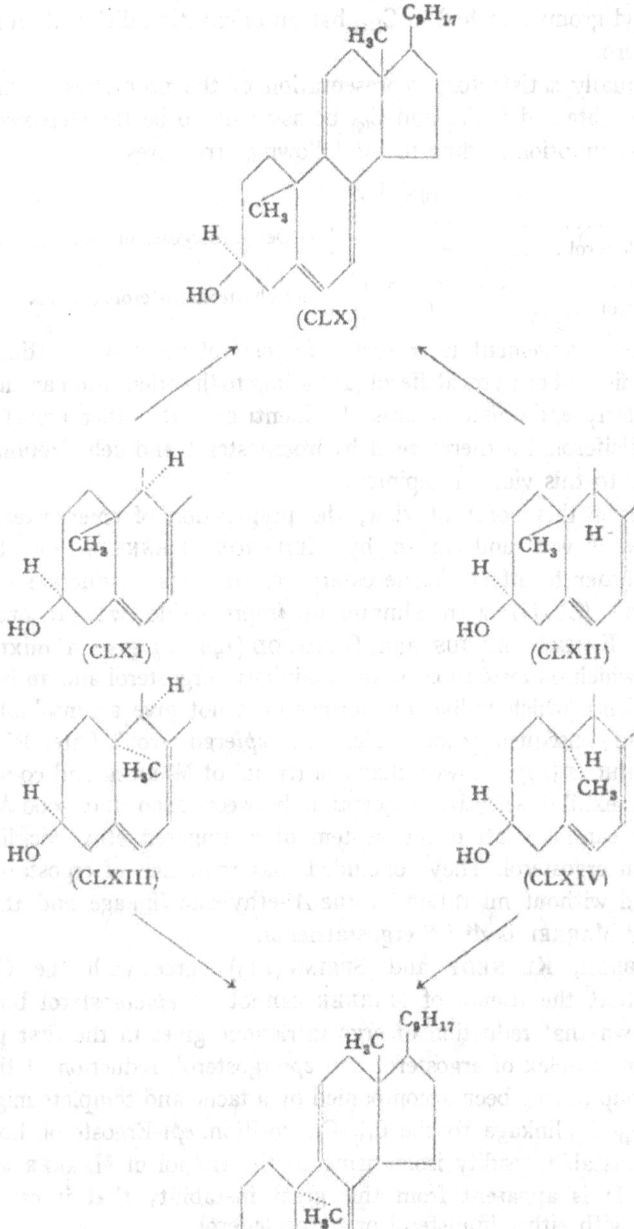

H_3C C_9H_{17}

CH_3

H

HO

(CLX)

H

CH_3

H

HO

(CLXI)

CH_3 H

H

HO

(CLXII)

H

H_3C

H

HO

(CLXIII)

H

CH_3

H

HO

(CLXIV)

H_3C C_9H_{17}

H_3C

H

HO

(CLXV)

and pyrocalciferol to form digitonides is to be ascribed to the fact that the methyl group attached to $C_{(10)}$ has an orientation different from that in ergosterol.

An equally satisfactory representation of the properties of the four isomers is obtained if $C_{(3)}$ and $C_{(9)}$ be assumed to be the stereovariants, such an assumption leading to the following structures:

	$C_{(3)}$	$C_{(9)}$		$C_{(3)}$
Ergosterol	+	+	$\left.\right\} \to$ Dehydroergosterol	+
iso-Pyrocalciferol	+	−		
Lumisterol	−	+ (?)	$\left.\right\} \to$ Dehydrolumisterol	−
Pyrocalciferol	−	− (?)		

If this arrangement is correct *epi*ergosterol must be identical with either lumisterol or pyrocalciferol (according to the orientation around $C_{(9)}$) and similarly *epi*lumisterol must be identical with either ergosterol or *iso*pyrocalciferol. Furthermore dehydroergosterol and dehydrolumisterol according to this view are epimers.

Adopting this point of view, the preparation of *epi*ergosterol and *epi*lumisterol was undertaken by HEILBRON, KENNEDY and SPRING (*145*) in order to effect the necessary comparisons. Reduction of ergostatrienone (CLIII) with aluminium *iso*propoxide was reported by MARKER, KAMM, LAUCIUS and OAKWOOD (*146*) to give a mixture of alcohols which on resolution by digitonin gave ergosterol and an isomeric ergostatrienol which unlike the former does not give an insoluble digitonide and consequently was designated "*epi*ergosterol". Later WINDAUS and BUCHHOLZ (*147*) showed that the trienol of MARKER and co-workers does not exhibit selective absorption between 2400 and 3000 Å., and therefore cannot contain the system of conjugated ethylenic linkages present in ergosterol. They concluded that reduction of ergostatrienone is effected without migration of the Δ^4-ethylenic linkage and that the trienol of MARKER is $\Delta^{4,7,22}$ ergostatrienol.

HEILBRON, KENNEDY and SPRING (*145*) agree with the German authors that the trienol of MARKER cannot be *epi*ergosterol but they have shown that reduction of ergostatrienone gives in the first place a molecular complex of ergosterol and *epi*ergosterol, reduction of the carbonyl group having been accompanied by a facile and complete migration of the $C_{(4)}$–$C_{(5)}$ linkage to the $C_{(5)}$–$C_{(6)}$ position. *epi*-Ergosterol, however, is very unstable, readily isomerising to the trienol of MARKER and co-workers. It is apparent from this great instability that it cannot be identical with either lumisterol or pyrocalciferol.

Lumisterol has been oxidised to lumistatrienone (CLIII) by HEILBRON, KENNEDY and SPRING. It is an α,β-unsaturated ketone and therefore it is isomeric with ergostatrienone. On reduction with aluminium *iso*propoxide it gives a molecular complex of lumisterol and *epi*lumisterol which is readily resolved into its components by means of digitonin, only the latter giving an insoluble digitonide. Thus once again reduction of the carbonyl group of a ketone of type (CLIII) is accompanied by migration of the Δ^4-linkage into the conjugated Δ^5-location. *epi*-Lumisterol differs from both ergosterol and *iso*pyrocalciferol; furthermore it differs from *epi*ergosterol in that it is relatively stable, and it does not exhibit antirachitic activity after irradiation with ultra-violet light. A consideration of these results shows that the hydroxyl group in ergosterol, lumisterol and the pyrocalciferols has the same absolute configuration and that the structures assumed by WINDAUS and DIMROTH are correct.

c) **Vitamin D.** The isolation of calciferol in a crystalline form and the establishment of its constitution would appear at first sight to be the culmination of the vitamin D problem. Impressive biological evidence, however, gradually accumulated which pointed to the conclusion that natural vitamin D of fish liver oils cannot be identical with calciferol and moreover, the provitamin D of the sterol fraction of such oils appeared equally to differ from ergosterol (CLXVI). Thus, if a cod liver oil is standardised against calciferol using the rat for biological control, and an equivalent rat-unit dosage of the two vitamin D sources fed to chickens, the curative effects are markedly different (*148*). In the second place WADDELL (*149*) has shown that cod liver oil cholesterol on irradiation produces a vitamin which is comparable with cod liver oil vitamin D in its biological activity when tested against the rat and the chicken, but the cholesterol preparation was much more potent in preventing rachitic manifestations in chicks than an equivalent number of rat units of irradiated ergosterol.

A possible explanation of these differences was found in the suggestion that natural vitamin D is related to 7-dehydrocholesterol and not to ergosterol, an assumption all the more attractive in view of the previous observation of WINDAUS and LANGER (*150*) that 22-dihydroergosterol (CLXVII) is an antirachitic provitamin. The preparation of 7-dehydrocholesterol (CLXVIII) has already been described (p. 63); it has been established that irradiated 7-dehydrocholesterol is biologically identical with the vitamin D of fish liver oils [GRAB (*151*)].

The preparation of 7-dehydrositosterol (CLXIX) was effected by a method analogous to that employed for 7-dehydrocholesterol [WUNDER-LICH (*152*)] and on irradiation it gave a substance of high antirachitic activity. Thus it appears that the structural features necessary for a sterol to be a provitamin D is that it shall contain a $\Delta^{5,7}$-system of conjugated ethylenic linkages.[1]

The isolation of the vitamin D of tunny liver oil has been effected by BROCKMANN (*154*) by chromatographic and partition methods. The

---

[1] 7-Dehydrostigmasterol, however, [LINSERT (*153*)] is stated to be antirachitically inactive after irradiation.

vitamin was obtained as its $3:5$-dinitrobenzoate which was shown to be identical with the dinitrobenzoate of the vitamin (vitamin D_3) prepared by WINDAUS, SCHENCK and WERDER (*155*) by the irradiation of 7-dehydrocholesterol and esterification of the product. Later BROCKMANN (*156*) isolated the vitamin of halibut liver oil as its dinitrobenzoate and this again proved to be identical with the ester of vitamin D_3. By hydrolysis of the dinitrobenzoate described by WINDAUS, SCHENCK and WERDER, SCHENCK (*157*) succeeded in isolating crystalline vitamin D_3. Vitamin D_3 shows a close correspondence to calciferol (vitamin D_2) and hence an analogous constitution (CLXX) is assumed. This structure has been confirmed by WINDAUS, DEPPE and WUNDERLICH (*158*) who obtained the ketone (CLXXI) from the neutral product obtained after the ozonolysis of vitamin D_3.

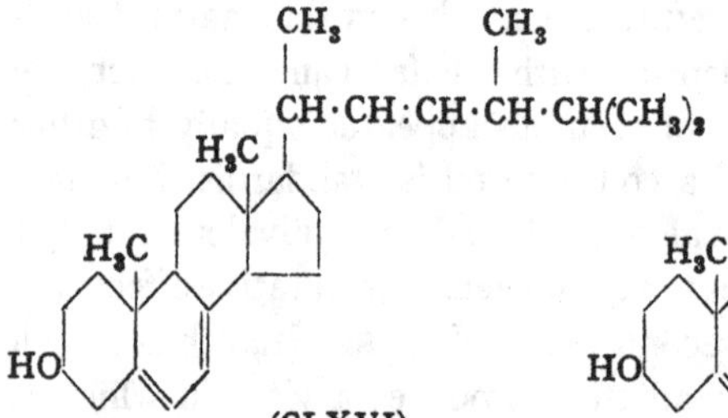

(CLXVI) 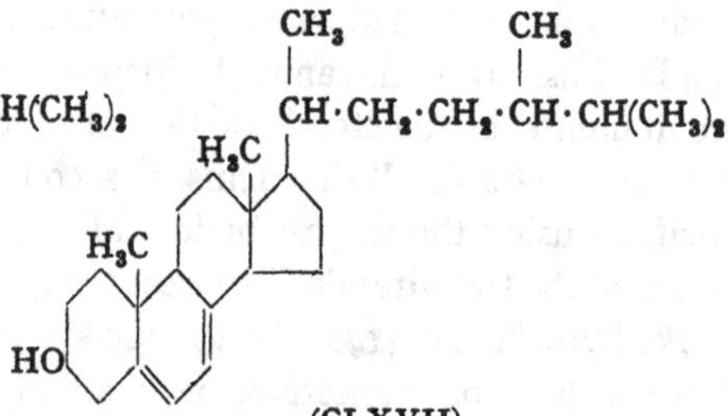   (CLXVII)

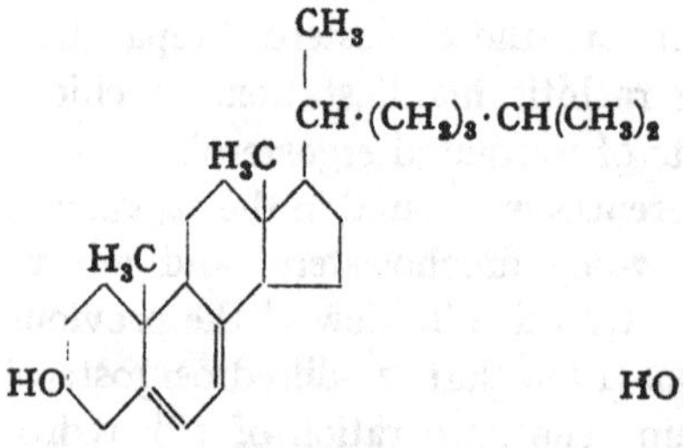

(CLXVIII) 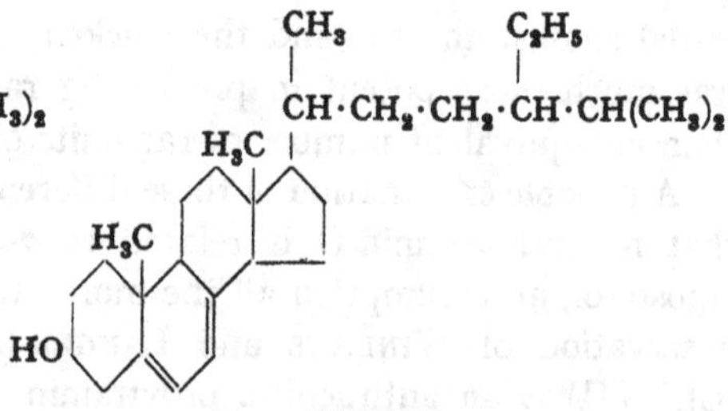   (CLXIX)

WINDAUS, DEPPE and WUNDERLICH (*158*) have also isolated lumisterol$_3$ and tachysterol$_3$ from the irradiation products of 7-dehydrocholesterol. The presence of an antirachitic provitamin in crude sterols of animal and plant origin has long been recognised; in 1925 HESS and WEINSTOCK (*159*) showed that ultra-violet irradiation of phytosterol gave an antirachitically active product. The provitamin of the sterol obtained from mammals, birds and molluscs has been shown to be 7-dehydrocholesterol, but many lower animals have surprisingly been found to contain ergosterol [WINDAUS (*160*)]. The presence of either 7-dehydrositosterol or 7-dehydrostigmasterol in higher plants has not as yet been detected. POLLARD (*161*) has demonstrated the presence of ergosterol in the phytosterol of cocksfoot (*Dactylis glomerata*). The nature of the

provitamin present in a number of phytosterols was examined by WIND-
AUS and BOCK (*162*). The phytosterol of cottonseed-oil and turnip were
examined particularly because they contain a relatively high percentage
of provitamin D (5 and 1,4% respectively) and in each case this was shown
to be ergosterol and not 7-dehydrositosterol.

Thus four antirachitic provitamins are known, *ergosterol, 7-dehydro-
cholesterol, 22-dihydroergosterol and 7-dehydrositosterol.* Of these only
two have been detected in natural sources, ergosterol occurring widely
in the plant and animal kingdoms and 7-dehydrocholesterol solely in the
animal kingdom. The vitamin corresponding to 22-dihydroergosterol
(vitamin D$_4$) has been prepared by WINDAUS and TRAUTMANN (*163*). It is
akin to calciferol (vitamin D$_2$) and vitamin D$_3$ in all its properties and
hence an analogous constitution is presumed.

(CLXX)   (CLXXI)

Phytosterols and Sterols of Lower Animals.

The sitosterol obtained from various sources has been found by
ANDERSON and his co-workers to be heterogeneous. These investigators
showed that various preparations of "sitosterol" contained appreciable
amounts of dihydrositosterol and that the residual phytosterol consisted
of at least three different entities to which the names α-, β- and γ-sito-
sterol were given (*164*). The phytosterol mixture from calabar bean
(*Physostigma venenosium*) contains "sitosterol" and a well defined diethenoid sterol stigmasterol [WINDAUS and HAUTH (*165*)] which is more
conveniently obtained from soya bean oil. The structure of stigmasterol
C$_{29}$H$_{48}$O (CLXXII) has been completely established by FERNHOLZ (*166*).

The sterol of cottonseed oil is particularly rich in β-sitosterol (WALLIS
and CHAKRAVORTY (*167*)]. Hydrogenation of β-sitosterol gives β-sitostanol
(identical with natural dihydrositosterol) and comparison of corresponding
derivatives of β-sitostanol and stigmastanol led BENGTSSON to the view
that the two are identical (*168*) and hence the complete carbon skeleton
of β-sitosterol is established. The ethenoid linkage of β-sitosterol has been
shown to be at C$_{(5)}$–C$_{(6)}$ hence β-sitosterol is 22-dihydrostigmasterol. This
conclusion has been definitely proven by BERNSTEIN and WALLIS (*169*)
who have selectively hydrogenated stigmasterol to 22-dihydrostigma-
sterol, which proved to be identical with β-sitosterol.

γ-Sitosterol has been closely investigated by BONSTEDT (*170*) who has shown that γ-sitostane is not identical with stigmastane. OPPEN-AUER (*171*) has described the conversion of a specimen of sitosterol rich in the γ-isomer into dehydroandrosterone from which it becomes probable that γ-sitosterol differs from the β-isomer in the nature and orientation of the asymmetric centres in the side chain. The oxidation of a dihydro-sitosterol probably rich in dihydro-γ-sitosterol to *iso*androsterone has been described by RUZICKA (*172*).

The most soluble fraction of the sterol of wheat germ oil (α-sitosterol of ANDERSON) has been recently investigated by WALLIS and FERN-HOLZ (*173*) who succeeded in isolating two new sterols, α_1-sitosterol ($C_{29}H_{48}O$) and α_2-sitosterol (probably $C_{30}H_{50}O$), both of which are diethe-noid. Several papers have appeared during the period under review describing the fractionation of natural phytosterol mixtures; of these mention may be made of the characterisation of δ-sitosterol by ICHIBA (*174*) of ε-sitosterol by SIMPSON and WILLIAMS (*175*), of the triti-sterols by KARRER and SALOMON (*176*) and of the orysterols by TODD, BERGEL, WALDMANN and WORK (*177*). It must, however, be emphasised that the difficulties of separating phytosterol mixtures are extremely great and the homogeneity of many so-called isomeric sitosterols must be accepted with reserve.

A series of papers on various derivatives of phytosterols has been published by MARKER and his collaborators. MARKER and WHITTLE (*178*) have confirmed the identity of β-sitosterol (from pine oil) and 22-dihydro-stigmasterol. The conversion of stigmasterol (CLXXII) into 5-dihydro-stigmasterol (CLXXIV) has been effected by these authors by the oxida-tion of the former to stigmastadienone (CLXXIII) and reduction of this with sodium and amyl alcohol [compare DIELS and ABDERHALDEN (*179*)] to 5-dihydrostigmasterol. Reduction of sitostenone with sodium and amyl alcohol has likewise been shown to give sitostanol (stigmastanol).

The preparation of *allo*sitosterol (Δ^4-sitosterol) and *allo*stigmasterol ($\Delta^{4,22}$-sitostadienol) and their epimers has been described by MARKER and OAKWOOD (*180*) using the method adopted by EVANS and SCHOEN-*HEIMER (*11*) for the preparation of *allo*cholesterol and its epimer. The chlorides of sitosterol and stigmasterol have been described by MARKER and LAWSON (*181*) and their reactions studied. By the action of oxygen on the GRIGNARD derivatives of β-sitosteryl chloride and stigmasteryl chloride, *epi*-β-sitosterol and *epi*stigmasterol have been prepared [MARKER et alia (*182*)].

The occurrence of a steroid ketone in the Indian fruit *Artocarpus integrifolia* has been reported by NATH (*183*).

The diethenoid sterol fucosterol, $C_{29}H_{48}O$, was isolated by HEILBRON, PHIPERS and WRIGHT (*184*) from the non-saponifiable matter of various algae, e. g. from *Fucus vesiculosus* (bladder wrack) and *Pelvetia canalicu-lata*. It is diethenoid, both ethenoid linkages being in the nucleus and on hydrogenation it gives stigmastanol. By partial hydrogenation it was possible to isolate two isomeric dihydrofucosterols [COFFEY, HEILBRON, SPRING and WRIGHT (*185*)]. The higher melting α-dihydrofucosterol is a Δ^5-stigmastenol [COFFEY, HEILBRON and SPRING (*186*)] and is almost certainly identical with β-sitosterol. The location of the second ethenoid linkage of fucosterol has not as yet been determined.

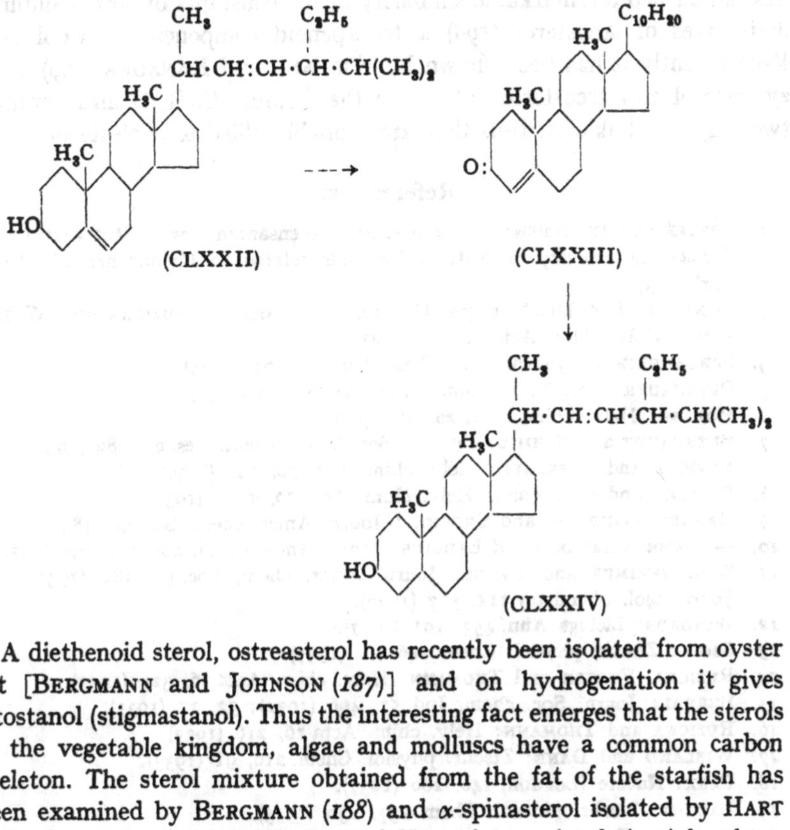

(CLXXII)   (CLXXIII)

(CLXXIV)

A diethenoid sterol, ostreasterol has recently been isolated from oyster fat [BERGMANN and JOHNSON (*187*)] and on hydrogenation it gives sitostanol (stigmastanol). Thus the interesting fact emerges that the sterols of the vegetable kingdom, algae and molluscs have a common carbon skeleton. The sterol mixture obtained from the fat of the starfish has been examined by BERGMANN (*188*) and α-spinasterol isolated by HART and HEYL (*189*) and by LARSEN and HEYL from spinach (*190*) has been examined by SIMPSON (*191*).

Sterols from Yeast. The nature of the sterol fraction remaining after the removal of ergosterol from yeast fat has been examined by several investigators. SMEDLEY-MACLEAN (*192*) first isolated a sterol from this fraction to which the name zymosterol was given; zymosterol was later isolated from the same source by HEILBRON and SEXTON (*193*). WIELAND and ASANO (*194*) by fractionation of the mixed benzoates of a yeast sterol mixture succeeded in isolating four new sterols to which the names neosterol, faecosterol, ascosterol and zymosterol were given. In a later publication, working with a different sterol preparation, WIELAND and GOUGH (*195*) failed to isolate ascosterol, faecosterol or neosterol but succeeded in separating two new sterols, episterol (diethenoid) and anasterol. By distillation of a yeast sterol mixture *in vacuo* WIELAND and STANLEY (*196*) isolated kryptosterol, which has recently been examined in detail by WIELAND, PASEDACH and BALLAUF (*197*). It is a diethenoid sterol of formula $C_{30}H_{50}O$, and the preparation of several derivatives of the "sterol" has established a remarkable similarity in the constants of corresponding derivatives of lanosterol (*198*) a triterpenoid component of wool fat. More recently it has been shown by WIELAND and KANAOKA (*199*) that zymosterol and ascosterol both have the formula $C_{27}H_{44}O$ and contain two ethylenic linkages; thus they are probably allied to cholesterol.

References.

1. LETTRÉ and INHOFFEN: „Über Sterine, Gallensäuren usw." Stuttgart 1936.
2. FIESER: „Chemistry of Natural Products related to Phenanthrene." New York 1937.
3. WINDAUS: Ber. Dtsch. chem. Ges. **39**, 518 (1906). — RUZICKA and WETTSTEIN: Helv. chim. Acta **18**, 991 (1935).
4. SCHOENHEIMER: Journ. biol. Chemistry **110**, 461 (1935).
5. OPPENAUER: Rec. Trav. chim. Pays-Bas **56**, 289 (1937).
6. MOHLER: Helv. chim. Acta **20**, 289 (1937).
7. BUTENANDT and SCHMIDT-THOMÉ: Ber. Dtsch. chem. Ges. **69**, 882 (1936). — RUZICKA and BOSSHARD: Helv. chim. Acta **20**, 248 (1937).
8. RUZICKA and GOLDBERG: Helv. chim. Acta **19**, 1407 (1936).
9. MARKER, OAKWOOD and CROOKES: Journ. Amer. chem. Soc. **58**, 481 (1936).
10. — KAMM, OAKWOOD and LAUCIUS: Journ. Amer. chem. Soc. **58**, 1948 (1936).
11. SCHOENHEIMER and EVANS: Journ. Amer. chem. Soc. **58**, 182 (1936). — Journ. biol. Chemistry **114**, 567 (1936).
12. WINDAUS: Liebigs Ann. **453**, 101 (1927).
13. STOLL: Ztschr. physiol. Chem. **246**, 10 (1937).
14. RUZICKA, FURTER and THOMANN: Helv. chim. Acta **16**, 327 (1933).
15. BERNAL: Journ. Soc. chem. Ind. **51**, 466 (1932); **52**, 11 (1933).
16. RUZICKA and THOMANN: Helv. chim. Acta **16**, 216 (1933).
17. WIELAND and DANE: Ztschr. physiol. Chem. **216**, 91 (1933).
18. PEAK: Nature (London) **140**, 280 (1937).
19. LAUCHT: Ztschr. physiol. Chem. **237**, 236 (1935).
20. RUZICKA, BRÜNGGER, EICHENBERGER and MEYER: Helv. chim. Acta **17**, 1407 (1934).
21. — and WETTSTEIN: Helv. chim. Acta **18**, 986 (1935).
22. BOSE and DORAN: Journ. chem. Soc. London **1929**, 2244.
23. STAVELY and BERGMANN: Journ. org. Chem. **1**, 567, 575 (1937).
24. HEILBRON, SHAW and SPRING: Rec. Trav. chim. Pays-Bas **57**, 529 (1938).
25. MAUTHNER: Monatsh. Chem. **15**, 87 (1894). — DIELS and BLUMBERG: Ber. Dtsch. chem. Ges. **44**, 2848 (1911).
26. WINDAUS and HOSSFELD: Ztschr. physiol. Chem. **145**, 177 (1925).
26a. HEILBRON, SAMANT and SIMPSON: Journ. chem. Soc. London **1933**, 1410.
27. DIELS and LINN: Ber. Dtsch. chem. Ges. **41**, 548 (1908).

28. RUZICKA, GOLDBERG and BRÜNGGER: Helv. chim. Acta 17, 1389 (1934).
29. — WIRZ and MEYER: Helv. chim. Acta 18, 998 (1935)
30. MARKER, WHITMORE and KAMM: Journ. Amer. chem. Soc. 57, 1755, 2358 (1935).
31. BARR, HEILBRON and SPRING: Journ. chem. Soc. London 1936, 737.
32. BERGMANN: Helv. chim. Acta 20, 590 (1937).
33. MARKER, KAMM, FLEMING, POPKIN and WITTLE: Journ. Amer. chem. Soc. 59, 619 (1937).
34. BEYNON, HEILBRON and SPRING: Journ. chem. Soc. London 1937, 406.
35. MIESCHER and FISCHER: Helv. chim. Acta 21, 336 (1938).
36. CALLOW and YOUNG: Proceed. Roy. Soc., London, A 157, 194 (1936).
37. STOLL: Ztschr. physiol. Chem. 207, 147 (1932).
38. WAGNER-JAUREGG and WERNER: Ztschr. physiol. Chem. 213, 119 (1932).
39. BEYNON, HEILBRON and SPRING: Journ. chem. Soc. London 1936, 907.
40. BUTENANDT and GROSSE: Ber. Dtsch. chem. Ges. 69, 2776 (1936).
41. BEYNON, HEILBRON and SPRING: Journ. chem. Soc. London 1937, 406.
42. STOLL: Ztschr. physiol. Chem. 246, 13 (1937).
43. RUZICKA, GOLDBERG and BOSSHARD: Helv. chim. Acta 20, 541 (1937).
44. WALLIS, FERNHOLZ and GEPHART: Journ. Amer. chem. Soc. 59, 137 (1937).
45. BEYNON, HEILBRON and SPRING: Journ. chem. Soc. London 1937, 1459.
46. FORD and WALLIS: Journ. Amer. chem. Soc. 59, 1415 (1937).
47. HEILBRON, HODGES and SPRING: Journ. chem. Soc. London 1938, 759.
48. WINDAUS and DALMER: Ber. Dtsch. chem. Ges. 52, 168 (1919).
49. FORD, CHAKRAVORTY and WALLIS: Journ. Amer. chem. Soc. 60, 413 (1938).
50. STOLL: Ztschr. physiol. Chem. 246, 1 (1937).
51. MAUTHNER and SUIDA: Monatsh. Chem. 17, 593 (1896).
52. WINDAUS, LETTRÉ and SCHENCK: Liebigs Ann. 520, 98 (1935).
53. BOER, REERINK, VAN WIJK and VAN NIEKERK: Koninkl. Akad. Wetensch. Amsterdam, wisk. natk. Afd. 39, 5 (1936).
54. SCHENCK, BUCHHOLZ and WIESE: Ber. Dtsch. chem. Ges. 69, 2696 (1936).
55. KOCH and KOCH: Journ. biol. Chemistry 116, 757 (1936).
56. BARR, HEILBRON, PARRY and SPRING: Journ. chem. Soc. London 1936, 1437.
57. WINDAUS and RESAU: Ber. Dtsch. chem. Ges. 48, 851 (1915).
58. URUSHIBARA and ANDO: Bull. chem. Soc. Japan 11, 802 (1936).
59. WINDAUS, LINSERT and ECKHARDT: Liebigs Ann. 534, 22 (1938).
60. BARR, HEILBRON and SPRING: Journ. chem. Soc. London 1936, 1274.
61. WEINHOUSE and KHARASCH: Journ. org. Chem. 1, 490 (1937).
62. ECKHARDT: Ber. Dtsch. chem. Ges. 71, 461 (1938).
63. ROSENHEIM and STARLING: Journ. Soc. chem. Ind. 52, 1056 (1933). — Journ. chem. Soc. London 1937, 377.
64. DIELS and ABDERHALDEN: Ber. Dtsch. chem. Ges. 36, 3179 (1903).
65 PETROW: Journ. chem. Soc. London 1937, 1077.
66. LIFSCHÜTZ: Ztschr. physiol. Chem. 106, 279 (1919).
67. BUTENANDT and HAUSMANN: Ber. Dtsch. chem. Ges. 70, 1154 (1937).
68. SCHOENHEIMER, RITTENBERG and GRAFF: Journ. biol. Chemistry 111, 183 (1935).
69. ROSENHEIM and KING: Nature (London) 139, 1015 (1937).
70. INHOFFEN: Ber. Dtsch. chem. Ges. 69, 1702 (1936).
71. BUTENANDT and SCHRAMM: Ber. Dtsch. chem. Ges. 69, 2289 (1936).
72. LETTRÉ and MÜLLER: Ber. Dtsch. chem. Ges. 70, 1947 (1937).
73. WINDAUS and LINSERT: Liebigs Ann. 465, 148 (1928)
74. WESTPHALEN: Ber. Dtsch. chem. Ges. 48, 1064 (1915).

75. DUNN, HEILBRON, PHIPERS, SAMANT and SPRING: Journ. chem. Soc. London 1934, 1580.
76. WINDAUS and LÜDERS: Ztschr. physiol. Chem. 109, 183 (1920).
77. DANE and WANG: Ztschr. physiol. Chem. 248 I, 1937.
78. USHAKOV and LUTENBERG: Nature (London) 140, 466 (1937).
79. RUZICKA and BOSSHARD: Helv. chim. Acta 20, 244 (1937).
80. MAUTHNER and SUIDA: Monatsh. Chem. 17, 579 (1896). — PICKARD and YATES: Journ. chem. Soc. London 93, 1678 (1908).
81. RUZICKA, OBERLIN, WIRZ and MEYER: Helv. chim. Acta 20, 1283 (1937).
82. — GOLDBERG, MEYER, BRÜNGGER and EICHENBERGER: Helv. chim. Acta 17, 1395 (1934).
83. OUCHAKOV, EPIFANSKY and TCHINABVA: Bull. Soc. chim. France 4, 1390 (1937).
84. RUZICKA and WETTSTEIN: Helv. chim. Acta 18, 986 (1935).
85. WALLIS and FERNHOLZ: Journ. Amer. chem. Soc. 57, 1379, 1504 (1935).
86. BUTENANDT, DANNENBAUM, HANISCH and KUDSUS: Ztschr. physiol. Chem. 237, 57 (1935).
87. RUZICKA and FISCHER: Helv. chim. Acta 20, 1291 (1937).
88. FUJII and MATSUKAWA: Journ. pharmac. Soc. Japan 56, 24 (1936).
89. DISCHERL and HANUSCH: Ztschr. physiol. Chem. 252, 49 (1938).
90. WINDAUS and KUHR: Liebigs Ann. 532, 52 (1937).
91. INHOFFEN: Naturwiss. 25, 125 (1937).
92. BUTENANDT and WOLFF: Ber. Dtsch. chem. Ges. 68, 2091 (1935).
93. — and SCHMIDT: Ber. Dtsch. chem. Ges. 67, 1901 (1934). — BUTENANDT and MAMOLI: Ber. Dtsch. chem. Ges. 68, 1850, 1854 (1935). — BUTENANDT and DANNENBERG: Ber. Dtsch. chem. Ges. 69, 1158 (1936).
94. RUZICKA, BOSSHARD, FISCHER and WIRZ: Helv. chim. Acta 19, 1147 (1936).
95. DOREÉ: Journ. chem. Soc. London 95, 638 (1909).
96. BUTENANDT, SCHRAMM, WOLFF and KUDSZUS: Ber. Dtsch. chem. Ges. 69, 2779 (1936).
97. INHOFFEN: Ber. Dtsch. chem. Ges. 70, 1695 (1937).
98. WINDAUS and UIBRIG: Ber. Dtsch. chem. Ges. 47, 2384 (1914).
99. SCHWENK and WHITMAN: Journ. Amer. chem. Soc. 59, 949 (1937).
100. BUTENANDT and WOLFF: Ber. Dtsch. chem. Ges. 68, 2091 (1935).
101. INHOFFEN: Ber. Dtsch. chem. Ges. 69, 1134 (1936).
102. WINDAUS: Ber. Dtsch. chem. Ges. 40, 261 (1907).
103. — Ber. Dtsch. chem. Ges. 41, 611 (1908).
104. INHOFFEN: Ber. Dtsch. chem. Ges. 69, 2141 (1936).
105. RUZICKA and FISCHER: Helv. chim. Acta 19, 806 (1936).
106. BUTENANDT, SCHRAMM and KUDSZUS: Liebigs Ann. 531, 176 (1937).
107. HEILBRON, JONES and SPRING: Journ. chem. Soc. London 1937, 801.
108. SCHENCK: Ztschr. physiol. Chem. 243, 119 (1936).
109. HEILBRON, JACKSON, JONES and SPRING: Journ. chem. Soc. London 1938, 102.
110. BARR, HEILBRON, JONES and SPRING: Journ. chem. Soc. London 1938, 334.
111. HEILBRON and SEXTON: Journ. chem. Soc. London 1929, 924.
112. WINDAUS and BRUNKEN: Liebigs Ann. 460, 225 (1928).
113. REINDEL, WALTER and RAUCH: Liebigs Ann. 452, 34 (1927).
114. HEILBRON and WILKINSON: Journ. chem. Soc. London 1932, 1708.
115. WINDAUS and LANGER: Liebigs Ann. 508, 105 (1933).
116. ACHTERMANN: Ztschr. physiol. Chem. 225, 141 (1934).
117. WINDAUS and LÜTTRINGHAUS: Liebigs Ann. 481, 119 (1930).
118. MORRISON and SIMPSON: Journ. chem. Soc. London 1932, 1710.

119. CALLOW: Journ. chem. Soc. London 1936, 462.

120. BURAWOY: Journ. chem. Soc. London 1937, 409.

121. CHEN: Ber. Dtsch. chem. Ges. 70, 1432 (1937).

122. WINDAUS and BORGEAUD: Liebigs Ann. 460, 235 (1928).

123. BONSTEDT: Ztschr. physiol. Chem. 185, 165 (1929).

124. INHOFFEN: Liebigs Ann. 497, 130 (1932).

125. HONIGMANN: Liebigs Ann. 511, 292 (1934).

126. MARKER, KAMM, OAKWOOD and LAUCIUS: Journ. Amer. chem. Soc. 58, 1503 (1936).

127. WINDAUS and DEPPE: Ber. Dtsch. chem. Ges. 70, 76 (1937).

128. WIELAND and JACOBI: Ber. Dtsch. chem. Ges. 59, 2064 (1926).

129. FERNHOLZ: Ber. Dtsch. chem. Ges. 69, 1792 (1936).

130. WETTER and DIMROTH: Ber. Dtsch. chem. Ges. 70, 1665 (1937).

131. GRASSHOF: Ztschr. physiol. Chem. 223, 249 (1934).

132. LETTRÉ: Liebigs Ann. 495, 41 (1932).

133. DIMROTH: Ber. Dtsch. chem. Ges. 70, 1631 (1937).

134. HEILBRON, SAMANT and SPRING: Nature (London) 135, 1072 (1935). — HEILBRON and SPRING: Journ. Soc. chem. Ind. 54, 795 (1935). — WINDAUS and THIELE: Liebigs Ann. 521, 160 (1935). — HEILBRON, JONES, SAMANT and SPRING: Journ. chem. Soc. London 1936, 905. — WINDAUS and GRUNDMANN: Liebigs Ann. 524, 295 (1936).

135. GRUNDMANN: Ztschr. physiol. Chem. 252, 151 (1938).

136. HEILBRON, SPRING and STEWART: Journ. chem. Soc. London 1935, 1221.

137. DIMROTH: Ber. Dtsch. chem. Ges. 68, 539 (1935).

138. GUITERAS: Liebigs Ann. 494, 117 (1932).

139. INHOFFEN: Liebigs Ann. 494, 122 (1932).

140. HEILBRON, MOFFET and SPRING: Journ. chem. Soc. London 1937, 411.

141. BUSSE: Ztschr. physiol. Chem. 214, 211 (1933).

142. MÜLLER: Ztschr. physiol. Chem. 233, 223 (1935).

143. WINDAUS and DIMROTH: Ber. Dtsch. chem. Ges. 70, 376 (1937).

144. MÜLLER: Ztschr. physiol. Chem. 231, 75 (1935).

145. HEILBRON, KENNEDY and SPRING: Journ. chem. Soc. London 1938, 869.

146. MARKER, KAMM, LAUCIUS and OAKWOOD: Journ. Amer. chem. Soc. 59, 1840 (1937).

147. WINDAUS and BUCHHOLZ: Ber. Dtsch. chem. Ges. 71, 576 (1938).

148. STEENBOCK: Journ. biol. Chemistry 97, 249 (1932). — ENDER: Ztschr. Vitaminforsch. 2, 241 (1933). — RHYG: Nature (London) 136, 396 (1935).

149. WADDELL: Journ. biol. Chemistry 105, 711 (1934).

150. WINDAUS and LANGER: Liebigs Ann. 508, 105 (1933).

151. GRAB: Ztschr. physiol. Chem. 243, 63 (1936).

152. WUNDERLICH: Ztschr. physiol. Chem. 241, 116 (1936).

153. LINSERT: Ztschr. physiol. Chem. 241, 128 (1936).

154. BROCKMANN: Ztschr. physiol. Chem. 241, 104 (1936).

155. WINDAUS, SCHENCK and WERDER: Ztschr. physiol. Chem. 241, 100 (1936).

156. BROCKMANN: Ztschr. physiol. Chem. 245, 96 (1937).

157. SCHENCK: Naturwiss. 25, 159 (1937).

158. WINDAUS, DEPPE and WUNDERLICH: Liebigs Ann. 533, 118 (1937).

159. HESS and WEINSTOCK: Journ. biol. Chemistry 63, 297, 305 (1925).

160. WINDAUS: Nachr. Ges. Wiss., Göttingen 18, 1 (1936).

161. POLLARD: Biochemical Journ. 38, 382 (1936).

162. WINDAUS and BOCK: Ztschr. physiol. Chem. 250, 258 (1937).

163. — and TRAUTMANN: Ztschr. physiol. Chem. 247, 185 (1937).

164. ANDERSON and collaborators: Journ. Amer. chem. Soc. **46**, 1450 (1924); **48**, 2972, 2987 (1926). — Journ. biol. Chemistry **71**, 389, 401 (1927).

165. WINDAUS and HAUTH: Ber. Dtsch. chem. Ges. **39**, 4378 (1906).

166. FERNHOLZ: Liebigs Ann. **507**, 128 (1933); **508**, 215 (1934). — FERNHOLZ and CHAKRAVORTY: Ber. Dtsch. chem. Ges. **67**, 2021 (1934).

167. WALLIS and CHAKRAVORTY: Journ. org. Chem. **1**, 335 (1937).

168. BENGTSSON: Ztschr. physiol. Chem. **237**, 46 (1935).

169. BERNSTEIN and WALLIS: Journ. org. Chem. **2**, 341 (1937).

170. BONSTEDT: Ztschr. physiol. Chem. **176**, 269 (1928); **205**, 137 (1932).

171. OPPENAUER: Nature (London) **135**, 1039 (1935).

172. RUZICKA and EICHENBERGER: Helv. chim. Acta **18**, 430 (1935).

173. WALLIS and FERNHOLZ: Journ. Amer. chem. Soc. **58**, 2446 (1936).

174. ICHIBA: Chem. Zentrbl. **1936**, I, 1027.

175. SIMPSON and WILLIAMS: Journ. chem. Soc. London **1937**, 733.

176. KARRER and SALOMON: Helv. chim. Acta **20**, 424 (1937). — KARRER, SALOMON and FRITZSCHE: Helv. chim. Acta **20**, 1422 (1937).

177. TODD, BERGEL, WALDMANN and WORK: Biochemical Journ. **31**, 2247 (1937).

178. MARKER and WHITTLE: Journ. Amer. chem. Soc. **59**, 2704 (1937).

179. DIELS and ABDERHALDEN: Ber. Dtsch. chem. Ges. **39**, 884 (1906).

180. MARKER and OAKWOOD: Journ. Amer. chem. Soc. **59**, 2708 (1937).

181. — and LAWSON: Journ. Amer. chem. Soc. **59**, 2711 (1937).

182. — — WITTLE and OAKWOOD: Journ. Amer. chem. Soc. **59**, 2714 (1937).

183. NATH: Ztschr. physiol. Chem. **247**, 9 (1937); **249**, 71 (1937).

184. HEILBRON, PHIPERS and WRIGHT: Journ. chem. Soc. London **1934**, 1572.

185. COFFEY, HEILBRON, SPRING and WRIGHT: Journ. chem. Soc. London **1935**, 1205.

186. — — — Journ. chem. Soc. London **1936**, 738.

187. BERGMANN: Journ. biol. Chemistry **104**, 317, 552 (1934).

188. — Journ. biol. Chemistry **117**, 777 (1937).

189. HART and HEYL: Journ. biol. Chemistry **95**, 311 (1932).

190. LARSEN and HEYL: Journ. Amer. chem. Soc. **56**, 942 (1934).

191. SIMPSON: Journ. chem. Soc. London **1937**, 730.

192. SMEDLEY-MACLEAN: Biochemical Journ. **22**, 22 (1928). — Chem. and Ind. **48**, 295 (1929).

193. HEILBRON and SEXTON: Journ. chem. Soc. London **1929**, 2255.

194. WIELAND and ASANO: Liebigs Ann. **473**, 300 (1929).

195. — and GOUGH: Liebigs Ann. **482**, 36 (1930).

196. — and STANLEY: Liebigs Ann. **489**, 31 (1931).

197. — PASEDACH and BALLAUF: Liebigs Ann. **529**, 68 (1937).

198. WINDAUS and TSCHESCHE: Ztschr. physiol. Chem. **190**, 51 (1930). — DORÉE and GARRETT: Journ. Soc. chem. Ind. **52**, 355 (1933). — SCHULTZE: Ztschr. physiol. Chem. **238**, 35 (1936). — DORÉE and PETROW: Journ. chem. Soc. London **1936**, 1562. — MARKER, WITTLE and MIXON: Journ. Amer. chem. Soc. **59**, 1368 (1937). — MARKER and WITTLE: Journ. Amer. chem. Soc. **59**, 2289 (1937).

199. WIELAND and KANAOKA: Liebigs Ann. **530**, 146 (1937).

Cozymase.

Von F. SCHLENK und H. v. EULER, Stockholm.

Mit 4 Abbildungen.

Die Cozymase war das erste Coenzym, das aus dem zur Gärung notwendigen Enzymkomplex abgetrennt werden konnte. Dies geschah durch HARDEN und YOUNG in dem bekannten Versuch, wobei gärfähiger Hefepreßsaft der Dialyse oder Ultrafiltration unterworfen wurde und gezeigt wurde, daß das Dialysat einen zur Gärung unentbehrlichen, verhältnismäßig thermostabilen Aktivator enthielt (1), für den später von EULER und MYRBÄCK (2) der Name *Cozymase* vorgeschlagen wurde.

I. Biologische Bedeutung der Cozymase.

A. Die Cozymase als Codehydrase.

Nicht nur in der Hefe kommt Cozymase vor. O. MEYERHOF (3) hat sie in einigen tierischen Organextrakten und in keimenden Erbsen gefunden, und die Untersuchungen der späteren Jahre (4) zeigten, daß die Cozymase ein Bestandteil. aller Zellen ist und daß ihr eine dementsprechend allgemeinere physiologische Bedeutung zukommen muß. Ihre Notwendigkeit für den Organismus wurde verständlich, als man die biologisch wichtigen Vorgänge im Tierkörper feststellte, für welche die Cozymase unentbehrlich ist (4, 5, 58). Da sich diese Übersicht auf die Chemie der Cozymase beschränken soll, so sei über ihre biologische Rolle hier nur einleitend das Wichtigste erwähnt.

EULER und NILSSON hatten gefunden, daß die Cozymase als notwendiger Aktivator enzymatischer Dehydrierungen fungiert (6). Ihre Funktion als Co-Enzym (Wirkungsgruppe) von Dehydrasen wurde 1935 von EULER und ADLER (66) aufgeklärt. Durch die Versuche von ADLER und HELLSTRÖM (33) konnte im gleichen Jahr gezeigt werden, daß Cozymase als *Wasserstoff-überträger* wirkt. Dieser Nachweis wurde zunächst im System Alkohol-Alkoholdehydrase erbracht, in welchem die Cozymase („Co"), indem sie den Alkohol dehydriert, nach der Gleichung

$$Co + Alkohol = CoH_2 + Aldehyd$$

2 Wasserstoffatome aufnimmt und in *Dihydro-cozymase* übergeht, die dann ihrerseits den Wasserstoff unter Rückbildung von Cozymase wieder abgibt.

Diese Überträgerwirkung übt die Cozymase nur in Verbindung mit einem spezifischen Protein, einem Apo-enzym aus, das die Verbindung mit dem Substrat herstellt und mit dem sie im Gleichgewicht steht:

Co-dehydrase + Apo-dehydrase = Holo-dehydrase.

Bei anaeroben Vorgängen erfolgt die Nachlieferung des Wasserstoffs durch ein Donatorsystem (*6c*), und zwar bei der alkoholischen Gärung und der Glykolyse durch das der Triosephosphorsäure, welche dabei zu Phosphoglycerinsäure dehydriert wird. Hierbei pendelt, wie sich gezeigt hat, die Cozymase zwischen 2 Apo-dehydrasen.

Auch am aeroben, oxydativen Stoffwechsel ist die Cozymase beteiligt; dabei muß der Wasserstoff der Dihydro-cozymase dem Sauerstoff zugeführt werden, und zwar ist hierzu — da Dihydro-cozymase nicht direkt der Sauerstoffoxydation unterliegt — die Zwischenschaltung eines Katalysatorsystems notwendig.

Als Akzeptor für den Wasserstoff war bis vor kurzem nur das Flavinenzym („F"), bekannt, welches durch Dihydrocozymase zu Leuko-Flavinenzym, FH_2, reduziert wird und in dieser Weise den Wasserstoff der Oxydation zuführen kann.

Im Tierkörper ist aber der Flavinenzymgehalt zu gering, als daß dieses Enzym die Zellatmung allein vermitteln könnte. Dagegen enthält der Muskel, wie zuerst in diesem Institut gefunden wurde (*8*), ein anderes Enzym, welches den Wasserstoff der Dihydrocozymase mit sehr großer Geschwindigkeit auf den Oxydationskatalysator der Atmung, das Cytochrom, überträgt. Wir haben dieses Enzym *Diaphorase* genannt (Adler, Euler und Günther), es kann — im Gegensatz zu Flavinenzym — den Wasserstoff nicht direkt an den molekularen Sauerstoff abgeben, sondern braucht hierzu noch als Aktivator das Cytochrom. Mittels der Diaphorase können *alle bis jetzt bekannten cozymase-bedingten Dehydrasesysteme* mit dem sauerstoff-aktivierenden System Cytochrom-Cytochromoxydase verknüpft werden.

Die wasserstoffübertragende Wirkung ist bedingt durch das im Cozymasemolekül enthaltene Nicotinsäureamid, das beim Wirkungsvorgang reversibel in sein Dihydroderivat übergeht (vgl. S. 107).

B. Cozymase als Vitamin.

Die obigen Darlegungen lassen es verständlich erscheinen, warum die Cozymase für den Säugetierorganismus unentbehrlich ist.

Cozymase ist in so gut wie allen tierischen Organen enthalten, und ist in allen Zellen notwendig, in denen ein Kohlehydratabbau vor sich geht.

Über die Mengen, welche sich im Organismus finden, liegen Messungen aus diesem Institut vor. Nach einer wiederholten Durcharbeitung der Extraktionsmethodik [F. SCHLENK, H. HEIWINKEL, J. ROBESZNIEKS (24)] hat sich ergeben: 150 γ Cozymase per Gramm Rattenmuskel. Wenn der Rattenkörper etwa 15 g Muskelfleisch enthält, so ist die in der Muskulatur einer geschlechtsreifen Ratte enthaltene Cozymasemenge rund 2,25 mg Cozymase. (Per Gramm des ohne Fell zerkleinerten Rattenkörpers fanden wir 60 γ Cozymase). Im ganzen würde eine 75 g schwere Ratte 4,5 mg enthalten. Sofern die Extrapolation auf einen Menschen gestattet ist, würde sich der Mittelwert von rund 4 g Cozymase ergeben, und ein etwas geringerer Wert für Codehydrase II.

Neuere Untersuchungen haben gezeigt, daß der Körper den Pyridin-ring nicht selbst bilden kann, es muß also mit der Nahrung entweder Cozymase selbst (9) oder wenigstens ihre Vorstufe bei der biologischen Synthese, das *Nicotinsäureamid*, zugeführt werden [ELVEHJEM (10)]. Auch für eine Reihe niederer Organismen (Bakterien) ist Nicotinsäureamid als Wachstumsfaktor erforderlich (11).

Nach ELVEHJEM und FROST (10) ist Nicotinsäureamid eine Komponente des Antipellagra-Komplexes.

Die Cozymase kann also als Vitamin betrachtet werden, dessen Zufuhr besonders für den Kohlehydrat-stoffwechsel und dadurch (neben Vitamin B_1, B_2, B_6, B_v und ELVEHJEMS Faktor W) auch für das Wachstum (von Ratten) wichtig ist. Dieser Befund stellt sie in Analogie zum Riboflavin und Aneurin, die in phosphorylierter Form ebenfalls als Coenzyme wirken.

Wir halten es für eine wichtige Aufgabe der Nahrungsmittelforschung, den Einfluß aufzuklären, welchen die verschiedenen Nahrungsmittelbestandteile auf die *Bildung* von Wirkstoffen, besonders auf die Bildung von solchen Hormonen haben, welche als Coenzyme fungieren.

Man darf nicht vergessen, daß die klassischen Vitamine ihren deutlichsten Einfluß etwa bei Testreaktionen, an besonders vorbehandelten Versuchstieren und in Zusammenhang mit einer besonders bereiteten Grundkost ausüben. Wir erinnern z. B. an das Vitamin D_2, dessen Wirkung ganz ausbleibt, wenn nicht das Gleichgewicht Ca/PO_4 auf einen bestimmten Betrag eingestellt wird. Auch für viele andere Nahrungsbestandteile können solche spezifischen Mangel-, bzw. Ergänzungserscheinungen herausgearbeitet werden, wodurch ihre spezifischen Wirkungen deutlich hervortreten.

C. Verwandtschaft mit Codehydrase II (Warburgs Coferment) und mit den Adenosin-5-phosphorsäuren.

1931 wurde von WARBURG und CHRISTIAN ein Coenzym in roten Pferdeblutzellen entdeckt (12), das ebenfalls eine Codehydrase ist und zum Unterschied von Cozymase (Codehydrase I) als *Codehydrase II* (Triphospho-pyridin-nucleotid) bezeichnet wurde. Die Codehydrase II ergänzt andere substrat-spezifische Apodehydrasen zu dehydrierenden Enzymen (Tabelle 1).

Tabelle 1. Spezifität der Codehydrasen.

Dehydrase für	Herkunft	Co-dehydrase
Alkohol	Hefe, Erbsensamen, Leber	Cozymase
		,,
Milchsäure	Herzmuskel	,,
Äpfelsäure	Herzmuskel	,,
Triosephosphorsäure	Hefe	,,
Glycerinphosphorsäure ...	Muskel, Gurkensamen	,,
Ameisensäure.............	Erbsensamen	,,
l (+) Glutaminsäure	Höhere Pflanzen	,,
l (+) Glutaminsäure	Tierische Organe, Leber	Cozymase u. Codehydrase II
Glukose.................	Leber	Cozymase u. Codehydrase II
Robisonester	Rote Blutzellen u. Hefe	Codehydrase II
Gluconsäure - 6 - phosphorsäure	Hefe	Codehydrase II
Glutaminsäure	Hefe, Colibakterien	Codehydrase II

Zwischen den beiden Codehydrasen besteht nahe chemische Verwandtschaft: der einzige jetzt bekannte Unterschied in der Zusammensetzung ist der Mehrgehalt der Codehydrase II an 1 Mol. Phosphorsäure. Viele chemische Tatsachen, die für das eine Coenzym festgestellt wurden, gelten auch für das andere, so insbesondere die Resultate der Untersuchungen von P. Karrer und Mitarbeitern (vgl. S. 109) über die Bindungsart des Nicotinsäureamids in den Coenzymen. Wegen der nahen Verwandtschaft der beiden Coenzyme erschien eine *gegenseitige Umwandlung* möglich: Durch Dephosphorylierung entsteht aus Codehydrase II die Cozymase (*13*), andererseits konnte Cozymase enzymatisch und chemisch — wenn auch mit sehr geringer Ausbeute — in Codehydrase II übergeführt werden (*14*).

Auch zu den Adenosin-5-phosphorsäuren steht die Cozymase in naher Beziehung, die Adenosin-diphosphorsäure ist im Molekül der Cozymase enthalten und kann durch Alkali sehr leicht abgespalten werden. Die Kenntnisse über die Konstitution dieser Verbindung haben die Konstitutionsermittlung der Cozymase sehr erleichtert.

II. Darstellung und Eigenschaften der Cozymase.

Das günstigste Ausgangsmaterial zur Reindarstellung der Cozymase ist *Hefe*, deren Cozymasegehalt bei günstigen Sorten einige hundert Milligramme pro Kilogramm betragen kann. Die Darstellung kann z. B. nach *Schema 1* erfolgen (*15–18*).

Schema 1. Reindarstellung von Cozymase aus Hefe.

Heißwasserextraktion von Hefe   Reinheitsgrad

Hefehochsaft 0,05%

    ↓ + Bleiacetat

Lösung (Fällung verworfen)

    ↓ + $Hg(NO_3)_2$ + NaOH ($p_H = 7$)

Hg-Fällung (Lösung verworfen)

    ↓ + H_2O + H_2S, belüften............................   1,5%

       Filtrat + Phosphorwolframsäure

Phosphorwolframsäure-Fällung (Lösung verworfen)

       in verdünnter H_2SO_4 mit Amylalkohol + Äther zerlegt, mit
       Baryt den Überschuß an H_2SO_4 entfernt..............   5—8%

    ↓ + $AgNO_3$ + NH_4OH ($p_H = 7$)

Ag-Fällung (Lösung verworfen)

    ↓ + H_2O + H_2S, belüftet, filtriert......................   15—30%
    ↓ + Cu_2Cl_2 + KCl

Cu-Fällung (Lösung verworfen)

    ↓ + H_2O + H_2S, belüftet, filtriert, Filtrat + H_2S, filtriert, belüftet

       Eindampfen, Alkoholfällung

Cozymase ....   60—80%

    ↓ in H_2O + $Ba(OH)_2$ ($p_H = 7$—8), wenig Alkohol

Ba-Lösung (Fällung verworfen)

       Entfernen von Ba^{++} mit H_2SO_4

    ↓ + Pb-acetat

Pb-Lösung (Fällung verworfen)

       Alkoholfraktionierung

1. Pb-Fraktion	2. Pb-Fraktion	3. Pb-Fraktion	
H_2O, H_2S, filtr.	H_2O, H_2S, filtr.	H_2O, H_2S, filtr.	
Alkoholfällung	Alkoholfällung	Alkoholfällung	
Cozymase (60—80%)	*Cozymase* (90—100%)	*Cozymase* (100%)	≦ 100%

Die Verluste während des Reinigungsganges sind beträchtlich, aus 20 kg Hefe erhält man zirka 1,5 g eines 80—90%igen Präparats, bei der Endreinigung 500—700 mg reines Präparat.

Im Darstellungsgang verdienen hauptsächlich folgende Punkte Beachtung. *Stabilität* der Cozymase: Die Halbwertszeit in n/10-NaOH bei Zimmertemperatur beträgt 17 Minuten, in n/10-H_2SO_4 bei 100° etwa 7—8 Minuten; Dihydrocozymase verhält sich umgekehrt: bei Zimmertemperatur wird sie in saurer Lösung ($p_H < 3$) sehr rasch zerstört, in n/10-NaOH bei 100° ist die Zerstörung nach 10 Minuten kaum merkbar. Unter den Bedingungen der Heißwasserextraktion aus Hefe sind beide Formen etwa gleich stabil. Bei der Extraktion, die durch allmähliches

Einrühren des Ausgangsmaterials in 85° warmes Wasser erfolgt, werden die Zellhäute gesprengt und die Enzyme der Zelle, die einen Abbau des Cozymasemoleküls bewirken würden, zerstört. Da die weitere Reinigung durch Schwermetallfällungen und vorwiegend in saurem Medium erfolgt, geht die im ursprünglichen Extrakt vorhandene Dihydro-cozymase verloren, da sie säureempfindlich ist.

Durch Oxydation mit Ferricyankalium oder Jod in schwach alkalischer Lösung kann man die Dihydrocozymase zu Cozymase oxydieren. Durch eine entsprechende Behandlung der Rohlösung vor der ersten Schwermetallfällung kann die Ausbeute durch Vermeidung des oben genannten Verlustes gesteigert werden.

Für den Erfolg bei der *Reindarstellung* waren folgende Punkte von Wichtigkeit: Die Ausarbeitung einer Testmethode, die es gestattet, sich über den Erfolg jedes Reinigungsschrittes rasch zu orientieren (Halbmikro-gärmethodik von Myrbäck, vgl. S. 105); die Erkenntnis der Leichtlöslichkeit des Blei- und Bariumsalzes der Cozymase, wodurch die Abtrennung der Codehydrase II und der Adenosin-5-phosphorsäuren sowie der Zerfallsprodukte der Cozymase möglich ist; die Ausarbeitung einer neuartigen, besonders wirksamen Fällungsmethode mittels Cu_2Cl_2, welches in konz. KCl-Lösung (Albers, Schlenk) gelöst ist; das Vermeiden von Verlusten durch Adsorption an Schwermetallsulfide beim Zersetzen der Salze mittels H_2S, in der Weise, daß eine Desorption durch langdauerndes Belüften der Sulfidniederschläge in wäßriger Suspension vorgenommen wird.

Die Darstellungsmethode dieses Instituts ist bisweilen auch in etwas anderer Form verwendet worden (20, 56).

Die ersten analysenreinen Cozymasepräparate (19) wurden aus hochaktiven Präparaten durch Reinigung mittels chromatographischer Säulenadsorption erhalten (Adsorbens: Al_2O_3 nach Brockmann), Fraktionieren des Filtrats und Bestimmung der Cozymase in den einzelnen Fraktionen mit Hilfe des Gärtestes. Später wurde dies Verfahren durch die Alkoholfraktionierung des Bleisalzes der Cozymase ersetzt (18). — Auch rote Blutzellen (21) und Muskulatur (22) dienten als Ausgangsmaterial, doch kann keines dieser Verfahren an Einfachheit, Billigkeit und Ausbeute mit dem oben beschriebenen konkurrieren.

Der Beweis für die Reinheit der Cozymase lag zunächst darin, daß die Aktivität auch nach Wiederholung einzelner Fällungen, Variation ihrer Reihenfolge, nach mehrfacher Adsorption und Elution und wiederholten Fraktionierungen eine gewisse Grenze nicht überstieg (19). Die auf verschiedenen Wegen erhaltenen Präparate hatten analytisch die gleiche Zusammensetzung und ließen auf eine Summenformel schließen, die im Einklang stand mit den Resultaten der zum Teil schon vor Abschluß der Reindarstellung begonnenen konstitutionschemischen Untersuchungen, die sich dann an den reinen Präparaten fast durchwegs bestätigen ließen.

Die Summenformel ist $C_{21}H_{27}O_{14}N_7P_2$. Die Bestimmung des Stickstoffs bietet Schwierigkeiten. Nach DUMAS werden stets zu niedrige Werte gefunden, bessere Resultate erhält man nach der Methode von KJELDAHL, in der Modifikation von FRIEDRICH.

Bei der Titration mit Alkali gegen Indikator oder elektrometrisch (vgl. Abb. 1) erwies sich die Cozymase als einbasische Säure. Das Bariumsalz hat dementsprechend die Zusammensetzung $C_{21}H_{26}O_{14}N_7P_2Ba_{1/2}$. Die Cozymase enthält in exsikkator-trockenem Zustand etwa 5—7% Wasser; zur Elementaranalyse wird im Hochvakuum bei 60—80° getrocknet. Sie ist hygroskopisch, äußerst leicht in Wasser löslich und wird aus nicht allzu verdünnten Lösungen durch organische

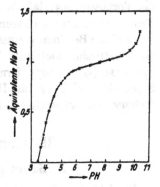

Abb. 1. Elektrometrische Titration der Cozymase.

Lösungsmittel (Alkohol, Aceton, Dioxan) gefällt. Die Stabilität wurde schon auf S. 103 besprochen. Aus wäßriger Lösung wird Cozymase bei ihrem Eigen-p_H an Adsorptionskohle, Fullererde, Al_2O_3 adsorbiert, wenig dagegen an Frankonit. Gegen Oxydationsmittel ist sie in saurer Lösung beständig, insbesondere gegen Br_2, H_2O_2 und $KMnO_4$ (15).

Quantitative Bestimmung. Die Testreaktion, die es ermöglichte, die Cozymase rein darzustellen, war die *alkoholische Gärung*. Sie wird zweckmäßig in der von MYRBÄCK (15) angegebenen Halbmikromethodik oder im WARBURG-Apparat durchgeführt. Das Prinzip ist folgendes: Aus Trockenunterhefe wird unter bestimmten Bedingungen die Cozymase durch Auswaschen entfernt, die durch Trocknen erhaltene Apozymase wird zum Gäransatz in schwachem Phosphatpuffer ($p_H = 6,4$) suspendiert und Glukose sowie etwas Hexosediphosphat zugesetzt (letzteres dient dazu, die Gärung rascher in Gang zu bringen). Ohne Zusatz von Cozymase findet keine oder nur sehr geringe Gärung statt (Nullprobe). Bei Zusatz von einer

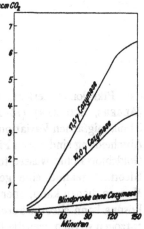

Abb. 2. Beispiel für eine Gärung.

geeigneten Menge Cozymase (im MYRBÄCKschen Apparat 10—25 γ per Gäransatz) erfolgt eine allmählich steigende CO_2-Entwicklung, die dann längere Zeit hindurch proportional der Zeit geht und schließlich wieder abnimmt (Enzymschädigung). Abb. 2 veranschaulicht einen solchen Versuch.

Aus der, innerhalb eines Zeitraumes während der linearen CO_2-Entwicklung (vgl. Kurven Abb. 2) gefundenen Gasmenge kann man durch

Vergleich mit einem Standardpräparat und unter Berücksichtigung der Nullprobe, ein Cozymasepräparat unbekannter Aktivität testen, unter der Voraussetzung, daß die Cozymase der geschwindigkeits-bestimmende Reaktionspartner ist (Unterschuß an Cozymase).

Zu dieser Bestimmungsmethodik kommen noch einige andere, besonders die spektrophotometrische Bestimmung nach Reduktion zur Dihydrocozymase (vgl. S. 107), ferner der Nachweis der Abwesenheit typischer Begleitstoffe (Codehydrase II, Adenylsäuren) sowie die chemische Untersuchung der Präparate (17–18).

III. Konstitutionsermittlung.

A. Saure und alkalische Hydrolyse.

Die früheren diesbezüglichen Untersuchungen dieses Instituts (15a) hatten die nahe Verwandtschaft mit der Adenylsäure aufgedeckt; die saure Hydrolyse lieferte Adenin, das aus dem Hydrolysengemisch mit Ag_2SO_4 gefällt und zur Identifizierung in das Pikrat übergeführt wurde (15–16). Aus der Mutterlauge der Silberfällung konnte *Nicotinsäureamid* als Pikrolonat isoliert werden. Zur Identifizierung wurde

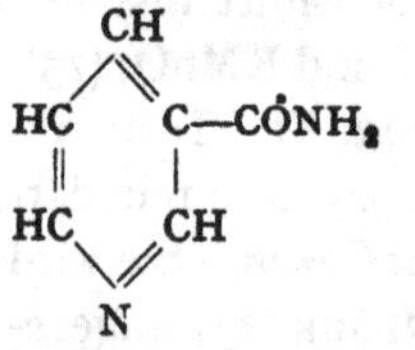

Nicotinsäureamid.

das Pikrolonat zerlegt, Chlorhydrat und die freie Base dargestellt (Albers, Schlenk) (16–23). Der Isolierungsgang für Nicotinsäureamid ist mannigfachen Variationen unterworfen worden. Besonders geeignet zur Abscheidung sind neben Pikrolonsäure z. B. Pikrinsäure, Flaviansäure und Goldchlorid-chlorwasserstoffsäure. Mit BrCN und β-Naphthylamin gibt Nicotinsäureamid eine gelbe Farbreaktion, die zum Nachweis kleiner Mengen dienen kann, aber nicht spezifisch ist (24). Der wäßrig-alkalischen Lösung kann Nicotinsäureamid mit Amylalkohol, Chloroform oder Benzol entzogen werden, was die Isolierung in reinem Zustand sehr erleichtert (16, 25, 26). Nach Entfernen des Adenins aus dem Hydrolysengemisch konnte ferner durch geeignete Aufarbeitung Pentose-phosphorsäure als Bariumsalz durch Alkoholfällung erhalten werden (27). Die Stellung der Phosphorsäure am C-Atom 5 konnte durch P. Karrer erwiesen werden (28). Bei Bestimmung der primären Alkoholgruppen mittels der Perjodsäuremethode (29) wurde kein Formaldehyd gebildet. Bei der aus Cozymase erhaltenen Pentose-phosphorsäure muß demnach die primäre Alkoholgruppe mit der Phosphorsäure verestert sein.

Aus der Isolierung der Grundkörper und der Elementaranalyse ergab sich (23), daß die Cozymase ein *Dinukleotid* ist, bestehend aus 1 Mol. Adenin, 1 Mol. Nicotinsäureamid, 2 Mol. Pentose und 2 Mol. Phosphorsäure. Diese Grundkörper sind unter Abspaltung von 5 Mol. H_2O miteinander vereinigt.

Es galt nun, die Frage zu lösen, in welcher Weise diese Bausteine miteinander verknüpft sind. Hierfür war vor allem die Alkalihydrolyse wichtig. Besonders leicht wird durch Alkali aus Cozymase das Nicotinsäureamid abgespalten. Ferner wurde Adenosin-diphosphorsäure (vgl. Formel S. 114) erhalten (30), deren Konstitution als Derivat der Adenosin-5-monophosphorsäure und hinsichtlich der Veresterung des leicht hydrolysierbaren Phosphorsäuremoleküls durch LOHMANN geklärt ist (31). Die Konstitution der von EMBDEN und Mitarbeiter entdeckten Adenylsäure ergab sich daraus, daß die Desaminierung mittels HNO_2 zu Inosinsäure führt, die ihrerseits durch die Untersuchungen von LEVENE und Mitarbeitern als Hypoxanthin-furanoribosid-5-phosphorsäure erkannt wurde (32). Auch das Entstehen eines Abbauprodukts Pentosephosphorsäure-Adenylsäure konnte wahrscheinlich gemacht werden. Seine genaue Untersuchung steht jedoch noch aus.

B. Dihydro-cozymase.

Die erste Darstellung von Dihydro-cozymase geschah enzymatisch in dem System (7, 33):

Alkohol + [Apodehydrase-Cozymase] $\rightleftarrows$ Acetaldehyd + [Apodehydrase-Dihydrocozymase]

Die Reaktion ist umkehrbar, die Gleichgewichtskonstante ist stark p_H-abhängig. Die oben formulierte Bildung von Dihydro-cozymase stellt die Umkehrung der zweiten Phase des biologischen Wirkungsvorganges bei der alkoholischen Gärung dar. Um den Vorgang zur präparativen Gewinnung der Dihydro-cozymase nutzbar zu machen und in der gewünschten Richtung zu leiten, entfernt man den gebildeten Acetaldehyd mittels Dimethyl-cyclohexandion (Dimedon) und zerstört und fällt die Apodehydrase durch kurzes Erhitzen (34). Aus dem Filtrat wird Dihydrocozymase als Bariumsalz durch Alkoholfällung gewonnen. Auch andere enzymatische Hydrierungen sind präparativ benutzt worden.

Neuerdings hat OHLMEYER das Natriumsalz der Dihydrocozymase analysenrein dargestellt. Cozymase wurde mittels Natriumhydrosulfits hydriert und die Dihydrocozymase durch Ausfrieren der anorganischen Salze in alkoholisch-wäßriger Lösung und Umfällung erhalten (56). Die Zusammensetzung ist $C_{21}H_{27}O_{14}N_7P_2Na_2$.

Dihydro-cozymase wird durch Flavinenzym, nicht aber durch O_2 oder Methylenblau oxydiert, was in Übereinstimmung steht mit dem entsprechenden Befund für Codehydrase II von Warburg, Christian und Griese (*35*). Auch die von Warburg und Mitarbeiter an Codehydrase II gefundene Reduzierbarkeit durch Natriumhydrosulfit in neutralem oder schwach alkalischem Medium läßt sich an Cozymase durchführen (*7*). Beide Coenzyme haben die sehr charakteristische Änderung des Absorptionsspektrums bei der Reduktion gemeinsam. Abb. 3 zeigt das Absorptionsspektrum von Cozymase und Dihydrocozymase: Dihydro-cozymase unterscheidet sich von Cozymase durch ein charakteristisches Absorptionsmaximum bei 340 mμ. Im Gegensatz zu Cozymase ist Dihydro-cozymase sehr alkalistabil und säurelabil. Wegen der Säurelabilität kann sie nicht über ihre Schwermetallsalze isoliert werden, da beim Zersetzen derselben mit H_2O die Acidität des Mediums zur Zerstörung führt.

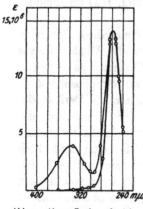

Abb. 3. (Aus: Ztschr. physiol. Chem. **241**, 244 (1936).

Die saure Inaktivierung der Dihydro-cozymase ist nach Karrer auf eine Anlagerung der Mineralsäure an die Doppelbindungen des Pyridinringes zurückzuführen (*57*).

Die Reduktion der Cozymase mit Hydrosulfit läßt sich durch folgende Gleichung wiedergeben:

$$\text{(linke Struktur)} + Na_2S_2O_4 + 2\,H_2O = \text{(rechte Struktur)} + 2\,NaHSO_3$$

Reduktion der Cozymase durch Hydrosulfit.

Dihydrocozymase ist im Gegensatz zur Cozymase zweibasisch.

Zur quantitativen Bestimmung der Dihydro-cozymase eignet sich neben dem Gärversuch besonders die quantitative Auswertung des Absorptionsspektrums (Intensität der Bande bei 340 mμ).

„Gelbe Stufe". Monohydro-cozymase.

Die Reduktion mit Hydrosulfit in Bicarbonat verläuft über ein intensiv gelb gefärbtes, semichinonartiges *Radikal*, das in stärker alkalischem Medium stabilisiert werden kann (*37*). Es handelt sich um ein

Monohydroderivat der Cozymase (*38*). Diese Verbindung ist durch ein Absorptionsmaximum bei etwa 360 mμ ausgezeichnet. Das Radikal ist alkalistabil, beim Ansäuern verschwindet die gelbe·Farbe und es findet Disproportionierung zu Cozymase und Dihydro-cozymase statt (*37, 38*).

Die in diesem Abschnitt geschilderten Eigenschaften der Dihydro-cozymase haben durchwegs ihre Analogie bei den hydrierten KARRERschen Modellsubstanzen (s. unten) und bei der Dihydro-codehydrase II.

C. Die Bindungsart des Nicotinsäureamids in den Codehydrasen.

Das Übereinstimmen der Absorptionsspektren der beiden Codehydrasen, ihr gleiches Verhalten hinsichtlich Reduzierbarkeit und der dabei erfolgenden Veränderung des Spektrums, die Analogie im Wirkungs-mechanismus und viele andere typische Eigenschaften haben gezeigt, daß in der Bindung der Wirkungsgruppe der beiden Codehydrasen keinerlei Unterschied bestehen kann. So hatten die Modellversuche, welche die Klärung der Frage erstrebten, wie das Nicotinsäureamid im Molekül gebunden sei, für beide Codehydrasen Gültigkeit. Die einschlägigen Untersuchungen verdankt man KARRER und seinen Mitarbeitern (*39, 36*).

Als Haftstellen kamen in erster Linie drei funktionelle Gruppen im Nicotinsäureamid in Frage: die beiden N-Atome und der Amid-sauerstoff. Es würden daher *Modellsubstanzen* dargestellt, die an den genannten Stellen mit einfachen Gruppen substituiert sind. Von den ersten derartigen Substanzen seien hier Nicotinsäureamid-jodmethylat (I), Nicotinsäure-imido-äthyläther (II) und Nicotinsäure-methylamid (III) als typische Vertreter genannt. Von diesen Verbindungen zeigte nur Nicotinsäureamid-jodmethylat (I) ein den Coenzymen entsprechendes Verhalten: Reduzierbarkeit und Auftreten einer Absorptionsbande mit dem Maximum 360 mμ (340—345 mμ bei den Coenzymen), Verschwinden der Bande beim Ansäuern der Lösung und Erscheinen einer anderen bei 295 mμ.

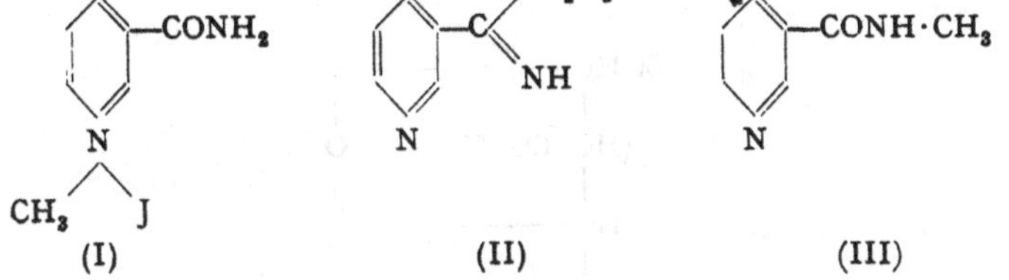

Die Grundtypen der Modellsubstanzen von P. KARRER.

Es wurde also wahrscheinlich, daß auch in den Codehydrasen das Nicotinsäureamid als quaternäre *Pyridiniumbase* gebunden vorliegt. Das in Verfolg dieser Arbeitshypothese erbrachte Tatsachenmaterial ließ diese Aussage bald mit völliger Sicherheit zu.

Schon früher war bekannt, daß quaternäre Pyridiniumbasen besonders leicht Reduktionsprozessen zugänglich sind.

Für die Stelle der Reduktion in den Codehydrasen und Modellsubstazen gab es folgende Möglichkeiten:

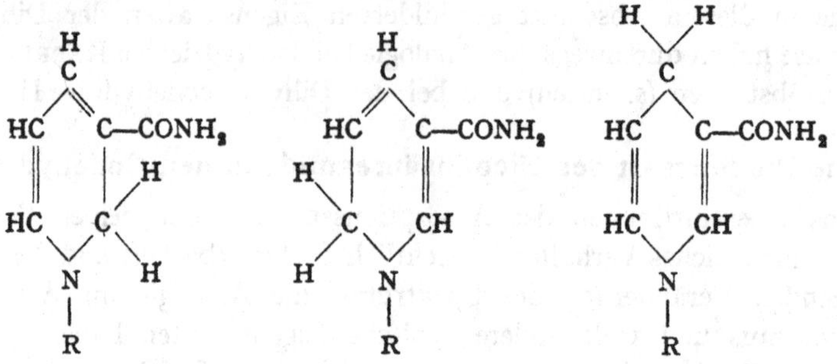

o-Dihydroverbindungen.   p-Dihydroverbindung.

Der Vergleich mit den bisher bekannten Vertretern dieser Körperklasse zeigte beträchtliche Differenzen zwischen den p-Dihydroverbindungen und den reduzierten Coenzymen und Modellsubstanzen, aber gute Übereinstimmung mit den o-Dihydroverbindungen. Ob die Hydrierung entsprechend Formulierung 1a oder 1b erfolgt, ließ sich nicht entscheiden.

Der nächste Schritt war die Darstellung von Nicotinsäureamidderivaten, die Kohlehydratreste am Pyridinium-stickstoff tragen. Die Einführung von Pentoseresten stieß dabei auf Schwierigkeiten, aber im 3-Carbonsäureamid des Tetraacetyl-glucosido-pyridiniumbromids (vgl. die Formel) wurde eine Verbindung erhalten, die besonders gut mit

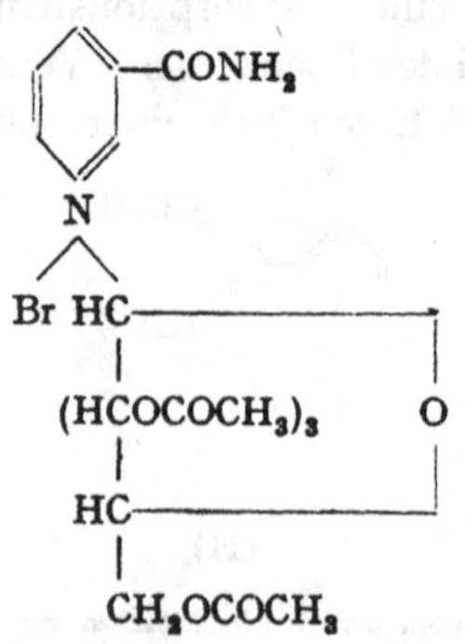

3-Carbonsäureamid des Tetraacetyl-glucosido-pyridiniumbromids.

den Codehydrasen übereinstimmte. Die Absorptionsspektren der oxydierten und der Dihydroform gehen aus Abb. 4 hervor, sie stehen in Analogie zu dem der Cozymase (Abb. 3, S. 108).

Die Modellsubstanzen sind als quaternäre Pyridiniumverbindungen sehr alkaliempfindlich (Abspaltung des Zuckerrestes), in der Dihydroform hingegen stabil. Durch Flavinenzym werden auch die Modell-dihydroverbindungen reoxydiert, sie können aber nicht als Coenzyme wirken, da hierzu neben anderen Voraussetzungen die Phosphorsäure und der Adeninnukleotid-teil, welche die Bindung an das Apoenzym vermitteln, fehlen.

Wird Nicotinsäureamid-jodmethylat reduziert, entsprechend der folgenden Gleichung, so ist die entstandene Verbindung jodfrei. Dem Säurerest in den Modellverbindungen entspricht bei den Coenzymen ein Phosphorsäurerest, die Codehydrasen sind also Pyridiniumphosphate. Das Entstehen eines Säureäquivalents bei der Hydrosulfitreaktion (abgesehen vom Bisulfit) läßt sich nach WARBURG und CHRISTIAN (*21*) sowie HAAS (*40*) bei den Coenzymen und den

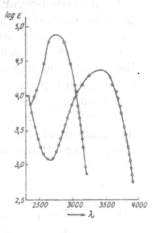

Abb. 4. [KARRER und Mitarbeiter, Helv. chim. Acta **20**, 58 (1937)].

Modellen manometrisch nachweisen, wenn die Reduktion im WARBURG-Gefäß in Bicarbonatmedium vorgenommen wird. Wie die Gleichung es fordert, werden (innerhalb der Genauigkeit der Methode) 3 Mole CO_2 entwickelt.

$$\text{—CONH}_2 + Na_2S_2O_4 + 2 H_2O = \text{—CONH}_2\text{—H}_2 + 2 NaHSO_3 + HJ$$

Reduktion des Nicotinsäureamid-jodmethylats durch Natriumhydrosulfit.

D. Hypojoditreaktion.

Schon vor Reindarstellung der Cozymase wurden von MYRBÄCK und ÖRTENBLAD (*41*) verschiedene Eigenschaften des an Adenylsäure gebundenen Restes *R*, der später als Nicotinsäureamid-nukleotid erkannt wurde, angegeben. So wurde festgestellt, daß die Cozymase mit Hypojodit reagiert und daß das Jodbindungsvermögen durch gelinde alkalische Hydrolyse stark herabgesetzt wird (*42*). Ferner reagiert die Cozymase mit Kaliumferricyanid unter den Bedingungen der Blutzuckerbestimmung nach HAGEDORN-JENSEN. Die fortschreitenden Erkenntnisse von der Natur des Cozymasemoleküls gaben die Erklärung für diese Beobachtungen:

Das Jodbindungsvermögen in alkalischer Lösung (etwa 7—8 Atome Jod pro Mol. Cozymase, in Abhängigkeit von den Konzentrationsbedin-

gungen) ist ein allgemeines Phänomen der N-substituierten Pyridiniumbasen. Wie Cozymase verhalten sich die Karrerschen Modellsubstanzen,
z. B. Glucosido-1-pyridiniumbromid, Nicotinsäureamid-jodmethylat (43),
Glucosido-dihydro-nicotinsäureamid,   Acetobrom-glucosido-nicotinsäure-
amid, Tetra-acetyl-glucosido-dihydronicotinsäureamid, desgleichen das
aus Cozymase dargestellte Nicotinsäureamid-nucleosid (44). Der genaue
Reaktionsverlauf ist noch nicht bekannt. Bei den Dihydro-pyridinver-
bindungen erfolgt zunächst Reoxydation zur entsprechenden Pyridinium-
verbindung (45). Die nächste Phase ist vermutlich die Oxydation zu den
Pyridonen. Der über diese Reaktionsfolge hinausgehende Jodbetrag
dürfte auf irgend eine Additionsreaktion zurückzuführen sein, wie sie bei
Heterocyclen oft beobachtet wird.

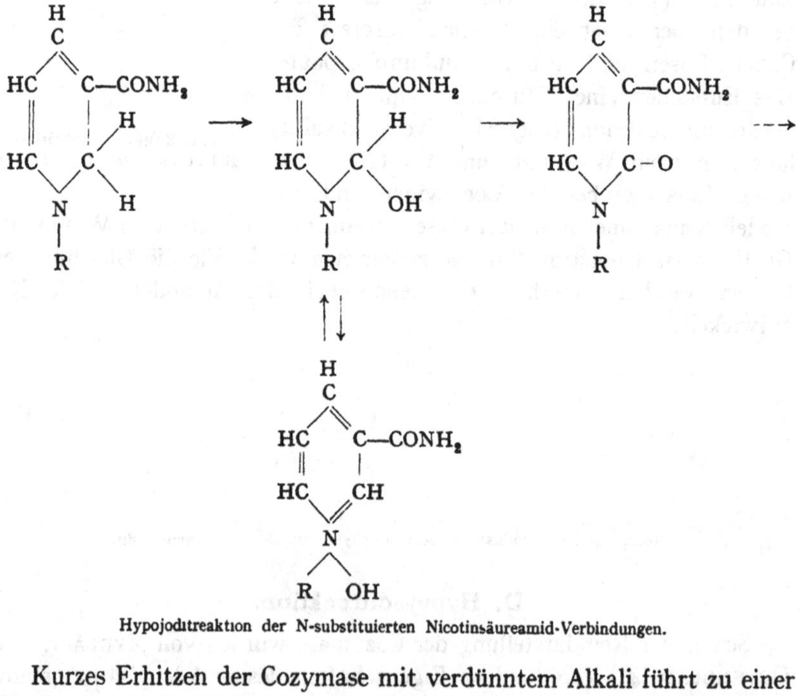

Hypojoditreaktion der N-substituierten Nicotinsäureamid-Verbindungen.

Kurzes Erhitzen der Cozymase mit verdünntem Alkali führt zu einer
Herabsetzung des Jodverbrauchs auf 2 oder weniger Atome Jod pro
Molekül. Die Ursache hierfür ist die Abspaltung des Nicotinsäureamids,
das selbst kein Jod bindet. Die freiwerdende Aldehydgruppe des Kohlehydrats bedingt nun in normaler Willstätter-Schudel-Reaktion den
restlichen Jodverbrauch.

Die leichte Abspaltbarkeit des Nicotinsäureamids erklärt auch die
Hagedorn-Jensen-Reaktion bei Cozymase, welche also in Wirklichkeit
eine Reaktion der freigelegten Kohlehydratkomponente ist. Da die
Hagedorn-Jensen-Reaktion nicht stöchiometrisch verläuft, wurde zum

Vergleich die aus Cozymase isolierte Pentose-5-phosphorsäure heran-gezogen und gute Übereinstimmung mit dem, unter den Reaktionsbedingungen entstehenden Abbauprodukt aus Cozymase erzielt (26).

E. Enzymatische Hydrolyse. Die beiden Nucleoside aus Cozymase.

Von den beiden Nucleosiden, die im Cozymasemolekül enthalten sind, erschien in erster Linie dasjenige mit Nicotinsäureamid als Base interessant. Die Isolierung dieser Verbindung mittels Alkalihydrolyse war jedoch nicht möglich, da hierbei der primäre Angriff am Cozymasemolekül stets die Abspaltung des Nicotinsäureamids ist, bzw. das entstandene Nucleosid sofort in Nicotinsäureamid und Kohlehydrat zerfällt, wie es auch bei den KARRERschen Modellkörpern der Fall ist. So blieb die enzymatische Spaltung, wie sie von THANNHAUSER und LEVENE bereits zur Darstellung anderer Nucleoside angewendet worden war. Das von diesen Autoren empfohlene Enzympräparat aus Pankreas oder Leber ist zwar frei von Nucleosidase (d. h. dem Enzym, das die Basen vom Kohlehydrat abspaltet), hat aber ein p_H-Optimum im schwach alkalischen Bereich und ist deshalb nicht geeignet zur Spaltung der Cozymase, die unter diesen Bedingungen an der Pyridiniumbindung unstabil ist. Die Entdeckung einer Nucleotidase in Süßmandel-Preßkuchen [BREDERECK (46)], die frei von Nucleosidase ist und ein breites p_H-Optimum zwischen 3,5 und 5,5 hat, bedeutete deshalb nicht nur für die Darstellung der bisher bekannten Nucleoside eine erhebliche Verbesserung (47), sondern bot auch die Möglichkeit zur Darstellung des bisher unbekannten Nicotinsäureamid-nucleosides (44), wodurch weiterhin die Voraussetzung zur Identifizierung der zweiten Pentose des Cozymasemoleküls gegeben ist.

Zur Isolierung wurde das enzymatische Hydrolysengemisch enteiweißt, von Phosphorsäure befreit, mittels Silberfällung das Adenosin isoliert; die Mutterlauge enthält das Nicotinsäureamid-nucleosid, das aus sehr konzentrierter Lösung durch Aceton und Äther gefällt wird. Es zeigt die typische Eigenschaft der Pyridiniumverbindungen, wie Cozymase, Codehydrase II, und auch der KARRERschen Modellsubstanzen: Reduzierbarkeit mit Hydrosulfit, wobei intermediär die Monohydroverbindung auftritt. Die Dihydroverbindung zeigt das typische Absorptionsmaximum der N-substituierten o-Dihydro-nicotinsäureamidderivate bei 340 mμ, das beim Ansäuern verschwindet. Auch hinsichtlich der Hypojoditreaktion und Stabilität entspricht das Produkt den Erwartungen. Es ist bemerkenswert, daß das Nucleosid keine Coenzymwirkung an Alkohol-apodehydrase ausüben kann und im Gärtest somit unwirksam ist, auch wenn man Adenosin-5-phosphorsäuren zugibt.

Die Untersuchungen über das Nucleosid und vor allem seine Kohlehydratkomponente sind noch nicht abgeschlossen.

F. Bau der Cozymase.

Das Resultat der im vorausgehenden beschriebenen Untersuchungen läßt sich durch die untenstehende Strukturformel wiedergeben (*17, 48*); der Verlauf der verschiedenen Spaltungsreaktionen und die dabei entstehenden Bruchstücke sind der Übersichtlichkeit halber darunter aufgezeichnet. Noch nicht bewiesen ist, daß die Pentose des Nicotinsäure-

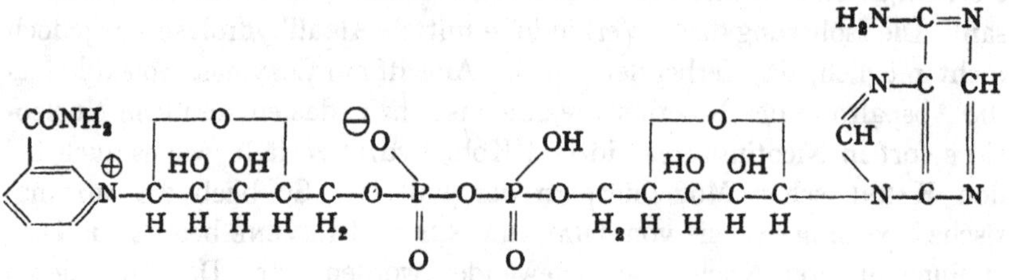

$$
\begin{array}{c}
H_2N-C=N \\
| \quad | \\
N-C \quad CH \\
\end{array}
$$

CONH$_2$ ⊕ HO OH | O ⊖ | OH | HO OH | CH

N—C—C—C—C—C—O—P—O—P—O—C—C—C—C—C N—C—N
H H H H H$_2$ ‖ ‖ H$_2$ H H H H
O   O

Cozymase.

Saure Hydrolyse:

CONH$_2$ ... N

Nicotinsäureamid.

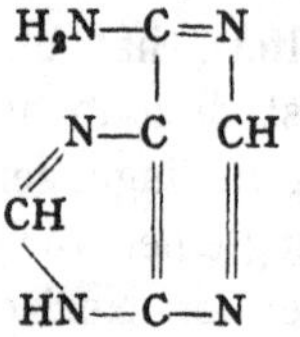

$$
\begin{array}{c}
H_2N-C=N \\
N-C \quad CH \\
CH \\
HN-C-N
\end{array}
$$

Adenin.

OH OH OH   OH   HO   OH OH OH
OHC—C–C—C—C—O—P=O   O–P—O—C—C—C—C—CHO
H H H H$_2$ OH   HO   H$_2$ H H H

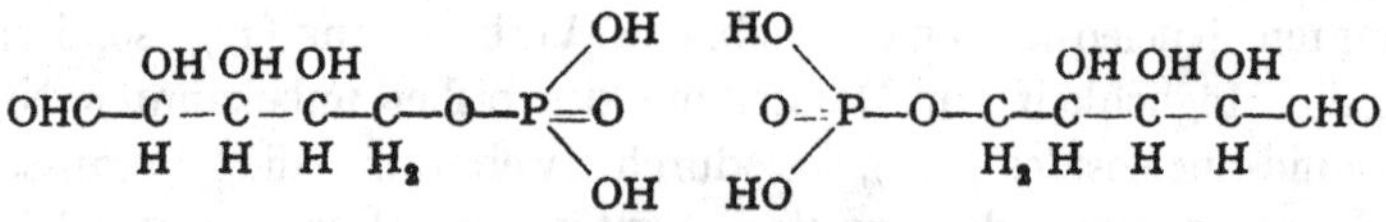

2 Mol. Pentosephosphorsäure.

Alkalische Hydrolyse:

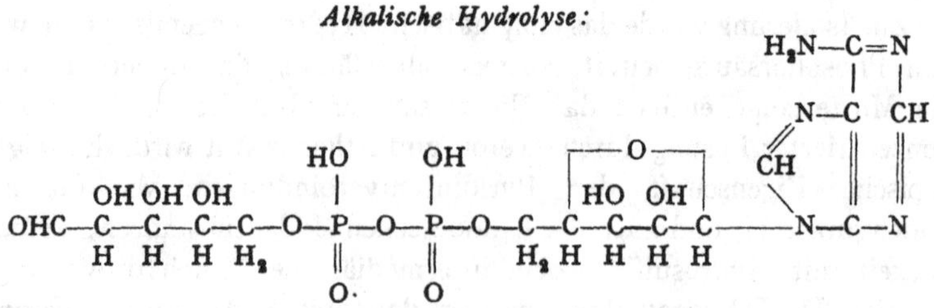

$$
\begin{array}{c}
H_2N-C=N \\
N-C \quad CH \\
CH \\
N-C-N
\end{array}
$$

HO   OH   O   HO OH   CH
OH OH OH | | | |
OHC—C—C—C—C—O—P—O—P—O—C—C—C—C—C —N—C—N
H H H H$_2$ ‖   ‖   H$_2$ H H H H
O·   O

„1. Abbauprodukt" (?).

$$
\begin{array}{c}
H_2N-C=N \\
N-C \quad CH \\
CH \\
N-C-N
\end{array}
$$

CONH$_2$ HO   OH   O   HO OH
N   O–P—O—P—O—C—C—C—C—C —N—C—N
HO   O   H$_2$ H H H H

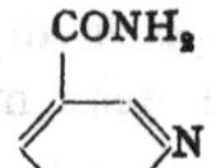

Nicotinsäureamid. 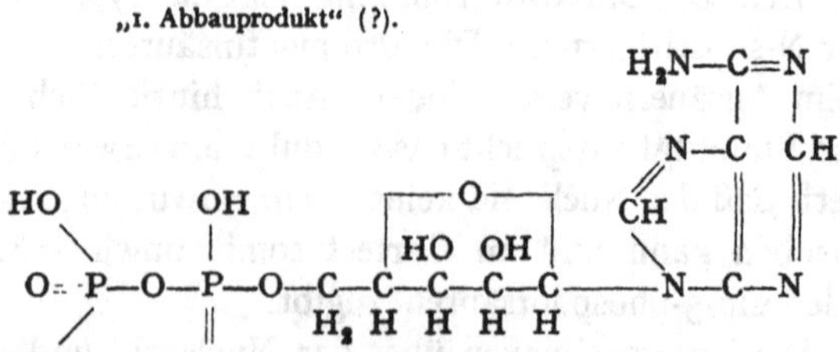   **Adenosin-diphosphorsäure.**

Enzymatische Hydrolyse:

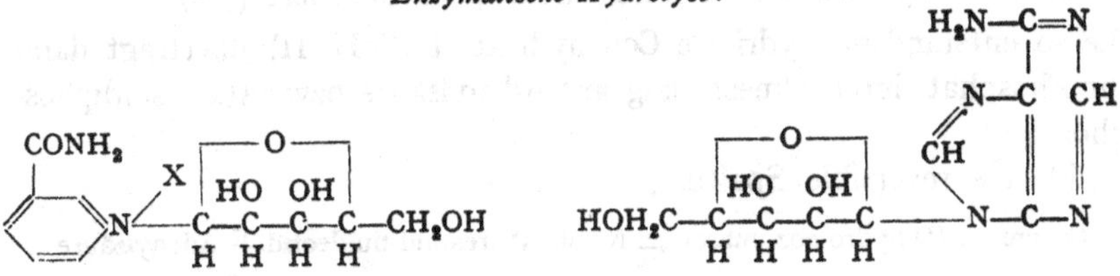

Nicotinsäureamid-nucleosid.   Adenosin.

amid-nucleotides d-Ribose ist. Auch läßt sich nicht entscheiden, welches Phosphorsäuremolekül Partner der betainartigen Bindung mit dem Nicotinsäureamid ist. Als Haftstelle der Ribose des Adenin-nukleotids am Purinkern wurde auf Grund der diesbezüglichen Untersuchungen von GULLAND und HOLIDAY (49) das N-Atom 9 angenommen.

IV. Ist Cozymase ein phosphat-übertragendes Coenzym?

Mit einigen Ausnahmen (z. B. Embryonalgewebe, gewisse Sarkome) vollzieht sich der Kohlenhydratabbau in Tier und Pflanze über die Zucker-phosphorsäureester. Die Bildung dieser Zymophosphate kann erfolgen: 1. Durch *direkte Veresterung* mit Phosphorsäure. Unter welchen Umständen nach PARNAS, OSTERN und MANN (61) die Hydrolyse des Glykogens unter Bildung von Hexosemonophosphat erfolgt und welche Aktivatoren (Cozymase, Adenylsäure, Adenosin-triphosphorsäure) dabei mitwirken, steht noch nicht fest und wird noch untersucht [BAUER und v. EULER (60)]. Direkte Veresterung kann auch an der Dihydrocozymase eintreten.

2. Durch *Umphosphorylierung*. Dieselbe wird skizziert durch die Reaktionsfolge: Phosphobrenztraubensäure—Adenylsäure (Adenosindiphosphorsäure)—Adenosintriphosphorsäure—Hexosemonophosphat. Letztere Reaktionsphase wird durch das von EULER und ADLER (59) beschriebene Enzym Phosphorylase (Heterophosphatase) vermittelt.

Als man noch keine Reinigungsmethoden für Cozymase hatte, die mit Sicherheit die Abtrennung der Adenylsäuren gestatteten, wurde an solchen Präparaten regelmäßig eine Wirkfähigkeit als Cophosphorylase in typischen Umphosphorylierungssystemen beobachtet und sogar ein vermeintliches Cozymase-pyrophosphat beschrieben (50). Heute kann gesagt werden, daß bei zahlreichen untersuchten Reaktionen die Cozymase die Adenosin-5-phosphorsäuren als umphosphorylierendes Coenzym nicht ersetzen kann. Wenn überhaupt die Cozymase als Phosphatüberträger wirken kann, so steht sie den Adenylsäuren an Bedeutung nach (51, 52).

Über den eventuellen Wirkungsmechanismus gibt es im wesentlichen zwei Annahmen:

a) die Dihydrocozymase wird direkt phosphoryliert (*54c*);

die so entstandene hydrierte Codehydrase II (CoH$_2$ II) überträgt dann ihr Phosphat durch Umesterung auf Adenylsäure bzw. Adenosindiphosphorsäure.

b) eine reversible Spaltung

Cozymase (Dihydro-cozymase) $\rightleftharpoons$ Nicotinsäureamid-nukleotid.+ Adenylsäure

ist der primäre Vorgang, die freigelegte Adenylsäure (oder eines ihrer Homologen) übt dann die Cophosphorylase-wirkung aus (*26, 52, 53, 54*).

Die Frage der phosphat-übertragenden Wirkung der Cozymase und ihrer Anteilnahme an der Koppelung von Oxydoreduktion und Phosphorylierung ist derzeit ein Hauptgegenstand der physiologisch-chemischen Untersuchungen an diesem Coenzym.

V. Derivate der Cozymase.

Die Derivate der Cozymase, die man durch milde chemische Eingriffe erhält und die noch Dinucleotid-Charakter haben, besitzen aus verschiedenen Gründen Interesse: Das Eliminieren einer bestimmten Gruppe aus dem Molekül gibt Aufschluß über deren Bedeutung und Funktion bei der biologischen Wirkung als Coenzym. So geht die Fähigkeit zur Wasserstoffübertragung durch alle Eingriffe am Nicotinsäureamidkern (z. B. völlige Hydrierung oder Hypojoditreaktion) verloren.

Bisher sind zwei Derivate der Cozymase eingehender untersucht worden. Sie werden im folgenden beschrieben.

Desamino-cozymase.

Läßt man Nitrit in essigsaurer Lösung bei Zimmertemperatur auf Cozymase einwirken, so wird die Aminogruppe des Adenins gegen Hydroxyl ausgetauscht (*55*).

Durch saure Hydrolyse der so erhaltenen Desamino-cozymase wurde die Richtigkeit obiger Formulierung erwiesen: Anstatt des in der Cozymase enthaltenen Adenins wurde dabei Hypoxanthin, dagegen Nicotinsäureamid wie aus Cozymase isoliert. Die Desamino-cozymase verhält sich, abgesehen von der biologischen Wirkungsintensität, sehr ähnlich der Cozymase: Zusammensetzung C$_{21}$H$_{26}$O$_{15}$N$_6$P$_2$, einbasisch, kein leicht hydrolysierbares Phosphat, gleiche Stabilität, Reduzierbarkeit durch Hydrosulfit u. dgl.

Ihre Darstellung und eingehende Untersuchung hatte den folgenden Zweck: Es sollte geprüft werden, ob die Aminogruppe des Adenins bei der Bindung an das Apoenzym wesentlichen Anteil hat. Dies trifft z. B. im System der alkoholischen Gärung zu, indem Desamino-cozymase nur ein Drittel der Aktivität der Cozymase zeigt. Im vorausgehenden Abschnitt wurde die Frage der Cophosphorylase-wirkung der Cozymase besprochen. Die dort beschriebene Alternative b, daß dabei (insbesondere bei der alkoholischen Gärung) intermediär eine Abspaltung von Adenylsäure erfolge,

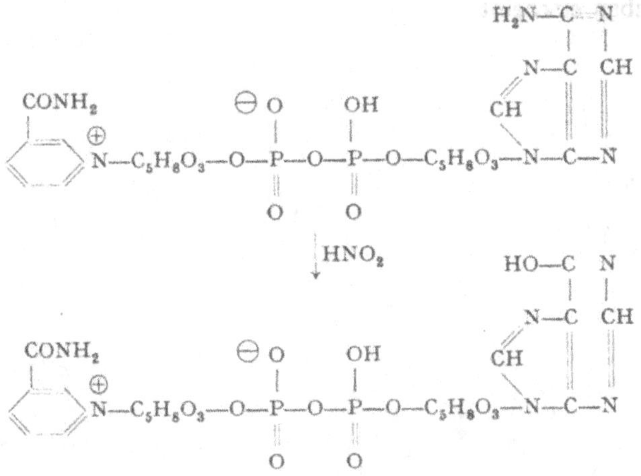

$$
\begin{array}{c}
\text{H}_2\text{N—C} \quad \text{N} \\
| \quad | \\
\text{N—C} \quad \text{CH} \\
\end{array}
$$

CONH₂ ⊖O OH   CH
⊕
N—C₅H₈O₃—O—P—O—P—O—C₅H₈O₃—N—C—N
            O   O

$\downarrow$ HNO₂

$$
\begin{array}{c}
\text{HO—C} \quad \text{N} \\
| \quad | \\
\text{N—C} \quad \text{CH} \\
\end{array}
$$

CONH₂ ⊖O OH   CH
⊕
N—C₅H₈O₃—O—P—O—P—O—C₅H₈O₃—N—C—N
            O   O

Einwirkung von HNO₂ auf Cozymase.

die dann als Cophosphorylase wirken würde, wird unwahrscheinlich, was aus Experimenten mit Desamino-cozymase statt Cozymase hervorgeht. Durch eine entsprechende Spaltung der Desamino-cozymase könnte nämlich Inosinsäure statt Adenylsäure entstehen:

Desamino-cozymase ⇌ Nicotinsäureamid-nukleotid + Inosinsäure.

Die Inosinsäure und ihre Derivate können aber kaum als Cophosphorylase wirken. Der Umstand allein, daß Desamino-cozymase im Gärsystem Coenzymwirkung hat, spricht gegen diese Theorie. Setzt man der Gärmischung außer Desamino-cozymase noch Adenylsäure (oder ihre Homologen) zu, so wäre zu erwarten, daß aus dem, nach obiger Gleichung entstandenen Pyridin-mononukleotid durch Vereinigung mit der anwesenden Adenylsäure einer natürlichen Tendenz zufolge Cozymase gebildet werden würde, die an der 3mal größeren Gärungsaktivierung leicht zu erkennen sein müßte. Das Experiment ergab aber, daß Zusätze von Adenosin, Adenylsäure, Adenosin-di- und -triphosphorsäure zum Gärsystem mit Apozymase und Desamino-cozymase keinerlei Einfluß haben. So erscheint es eher möglich, daß die Phosphatübertragung durch die Cozymase selbst erfolgt, ohne daß eine Spaltung für diese Wirkung Bedingung ist.

Um den Vorgang der Phosphatübertragung unabhängig von der Wasserstoffübertragung studieren zu können, war die Blockierung der Oxydoreduktionsgruppe der Cozymase notwendig, was einfach und schonend durch die völlige Hydrierung des Pyridinkernes zur entsprechenden Piperidinverbindung erreichbar ist (52). Die so erhaltene

Hexahydro-cozymase

hat außerdem den Vorzug zweibasisch, wie die Dihydrocozymase zu sein, wodurch die Möglichkeit zur Aufnahme und Wiederabgabe von Phosphat eher gegeben erscheint.

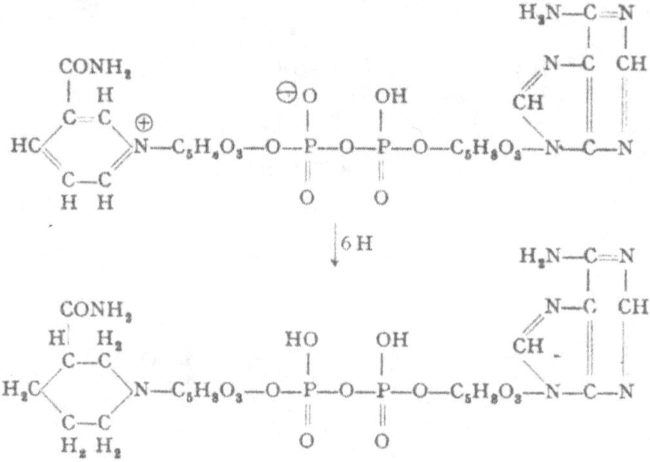

Katalytische Hydrierung der Cozymase.

Die Hydrierung erfolgt katalytisch. Um eine Hydrierung der Purinbase, die in saurer Lösung langsam erfolgt, zu vermeiden, erwies es sich als vorteilhaft, in schwach alkalischem Medium zu hydrieren. Da aber gerade durch Alkali aus Cozymase so leicht Adenosindiphosphorsäure bzw. Adenylsäure entsteht, mußte der erstgenannte Nachteil in Kauf genommen werden und in wäßriger Lösung bei der Eigenazidität der Cozymase hydriert werden.

An der Hexahydro-cozymase wurde unter gewissen Bedingungen eine Cophosphorylasewirkung festgestellt, doch bedürfen die diesbezüglichen Resultate noch der Nachprüfung, da die Einheitlichkeit der Präparate nicht hinreichend gesichert ist.

Literaturverzeichnis.

1. HARDEN u. YOUNG: Journ. physiol. Proceed., Nov. 1904; Proceed. chem. Soc. **21**, 189 (1905).

2. v. EULER u. MYRBÄCK: Ztschr. physiol. Chem. **131**, 180 (1923).

3. MEYERHOF: Ztschr. physiol. Chem. **101**, 165; **102**, 1 (1918).

4a. v. EULER u. RUNEHJELM: Ztschr. physiol. Chem. **165**, 306 (1927). — SYM. NILSSON u. v. EULER: Zeitschr. physiol. Chem. 190228 (1930).

4b. Zusammenfassungen: v. EULER, Ang. Chem. **50**, 831 (1937). — Ergebnisse d. Vitamin- u. Hormonforsch. **1**, 159 (1938). — Siehe auch MYRBÄCK: Tab. Biol. XIV, **2**, 110 (1937).

5. v. EULER, ADLER, GÜNTHER u. HELLSTRÖM: Ztschr. physiol. Chem. **245**, 217 (1937).

6a. v. EULER u. NILSSON: Ztschr. physiol. Chem. **162**, 264 (1926).

6b. — u. ADLER: Ztschr. physiol. Chem. 238, 233 (1936).

6c. — — u. GÜNTHER: Ztschr. physiol. Chem. 249, 1 (1937).

7. — — u. HELLSTRÖM: Ztschr. physiol. Chem. **241**, 239 (1936).

8. — — — Sv. Vet. Akad. Arkiv f. Kemi 12 B Nr. 38 (1937). — Siehe auch
DEWAN u. GREEN: Nature (Lond.) 140, 1097 (1937). — GREEN, NEEDHAM u,
DEWAN: Biochem. J. 31, 2327 (1937). — v. EULER u. HELLSTRÖM: Ztschr.
physiol. Chem. 252, 31 (1938). — ADLER, v. EULER u. GÜNTHER: Sv. Vet.
Akad. Arkiv f. Kemi, 12 B, Nr. 54 (1938). — v. EULER u. HASSE: Natur-
wiss. 26, 187 (1938).

9. — MALMBERG, ROBEZNIEKS u. SCHLENK: Naturwiss. **26**, 45 (1938).

10. FROST u. ELVEHJEM: Journ. biol. Chemistry **121**, 255 (1937). — CHICK,
MACRAE, MARTIN u. MARTIN: Biochemical Journ. **32**, 10 (1938). — FOUTS,
HELMER, LEPKOVSKI u. JUKES: Proceed. Soc. exp. Biol. Med. **37**, 405
(1937).

11. LWOFF: Proceed. Roy. Soc., London, B **122**, 352 (1937). — KNIGHT: Biochemical
Journ. **31**, 371 (1937).

12. WARBURG u. CHRISTIAN: Biochem. Ztschr. **242**, 206 (1931).

13. v. EULER, ADLER u. STEENHOFF ERIKSEN: Ztschr. physiol. Chem. **248**, 227
(1937). — v. EULER u. ADLER: Ztschr. physiol. Chem. **252**, 41 (1938).

14. VESTIN: Naturwiss. **25**, 668 (1937). — SCHLENK: Naturwiss. **25**, 668 (1937). —
v. EULER u. BAUER: Ber. Dtsch. chem. Ges. **71**, 411 (1938).

15a. MYRBÄCK u. v. EULER: Ztschr. physiol. Chem. **198**, 236 (1931).

15b. v. EULER: Cozymase. Ergebn. d. Physiol. **38**, 1 (1936).

16. — ALBERS u. SCHLENK: Ztschr. physiol. Chem. **240**, 113 (1936).

17. — u. SCHLENK: Ztschr. physiol. Chem. **246**, 64 (1937).

18. SCHLENK: Sv. Vet. Akad. Arkiv Kemi **12** A, 21 (1937).

19. v. EULER u. SCHLENK: Svensk Kem. Tidskr. **48**, 135 (1936).

20. MEYERHOF u. OHLMEYER: Biochem. Ztschr. **290**, 334 (1937).

21. WARBURG u. CHRISTIAN: Biochem. Ztschr. **287**, 212 (1936).

22. v. EULER u. GARD: Svensk Kem. Tidskr. **40**, 99 (1928). — v. EULER u. GÜN-
THER: Svensk Vet. Akad. Arkiv Kemi **11** B, 50 (1935). — OCHOA: Biochem.
Ztschr. **292**, 68 (1937).

23. — ALBERS u. SCHLENK: Ztschr. physiol. Chem. **237**, 1 (1935).

24. — HEIWINKEL, MALMBERG, ROBEZNIEKS u. SCHLENK: Svensk Vet. Akad.
Arkiv Kem. **12** A, 25 (1937).

25. WARBURG u. CHRISTIAN: Biochem. Ztschr. **282**, 157 (1935).

26. SCHLENK, v. EULER, HEIWINKEL, GLEIM u. NYSTRÖM: Ztschr. physiol. Chem.
247, 23 (1937).

27. — Svensk Vet. Akad. Arkiv Kemi **12** B, 20 (1936).

28. v. EULER, KARRER u. BECKER: Helv. chim. Acta 19, 1060 (1936).

29. FLEURY u. LANGE: Journ. Pharmac. Chim. **17**, 1 (1933). — KARRER u. PFAEH-
LER: Helv. chim. Acta 17, 766 (1934).

30. VESTIN, SCHLENK u. v. EULER: Ber. Dtsch. chem. Ges. **70**, 1369 (1937).

31. LOHMANN: Biochem. Ztschr. **282**, 120 (1935).

32. EMBDEN u. ZIMMERMANN: Ztschr. physiol. Chem. **167**, 114. 137 (1927). —
LEVENE u. JACOBS: Ber. Dtsch. chem. Ges. **44**, 746 (1911). — LEVENE u.
TIPSON: Journ. biol. Chemistry 94, 809 (1932). — LEVENE u HARRIS: Journ
biol. Chemistry 95, 755 (1932).

33. v. EULER, ADLER u. HELLSTRÖM: Svensk Kem. Tidskr. **47**, 290 (1935).

34. ADLER u. v. EULER: Svensk Vet. Akad. Arkiv Kemi **12** B, 36 (1937).

35. WARBURG, CHRISTIAN u. GRIESE: Biochem. Ztschr. **282**, 157 (1935).

36. Karrer, Ringier, Büchi, Fritzsche u. Solmssen: Helv. chim. Acta **20**, 55 (1937).

37. Adler, Hellström u. v. Euler: Ztschr. physiol. Chem. **242**, 225 (1936). Siehe auch Karrer, Schwarzenbach, Benz u. Solmssen: Helv. chim. Acta **19**, 811 (1936).

38. Hellström: Ztschr. physiol. Chem. **246**, 155 (1937).

39. Karrer, Schwarzenbach, Benz u. Solmssen: Helv. chim. Acta **19**, 811 (1936). — Karrer, Schwarzenbach u. Utzinger: Helv. chim. Acta **20**, 72 (1937). — Karrer u. Stare: Helv. chim. Acta **20**, 418 (1937).

40. Haas: Biochem. Ztschr. **285**, 368 (1936).

41. Myrbäck u. Örtenblad: Ztschr. physiol. Chem. **241**, 148 (1936).

42. — Ztschr. physiol. Chem. **225**, 199 (1934). — Myrbäck u. Örtenblad: Ztschr. physiol. Chem. **233**, 87 (1935).

43. Karrer, Schlenk u. v. Euler: Svensk Vet. Akad. Arkiv Kemi **12** B, 26 (1936).

44. Schlenk, Günther u. v. Euler: Svensk Vet. Akad. Arkiv Kemi **12** B, 56 (1938).

45. Karrer u. Ringier: Helv. chim. Acta **20**, 622 (1937).

46. Bredereck, Beuchelt u. Richter: Ztschr. physiol. Chem. **244**, 102 (1936).

47. — Ber. Dtsch. chem. Ges. **71**, 408 (1938).

48. Schlenk u. v. Euler: Naturwiss. **24**, 794 (1936).

49. Gulland u. Holiday: Journ. chem. Soc. London **1936**, 765.

50. Meyerhof u. Kiessling: Naturwiss. **24**, 361, 557 (1936); **26**, 13 (1938).

51. v. Euler u. Adler: Ztschr. physiol. Chem. **246**, 83 (1937). — v. Euler, Adler, Günther u. Vestin: Ztschr. physiol. Chem. **247**, 127 (1937).

52. Ohlmeyer u. Ochoa: Biochem. Ztschr. **293**, 338 (1937).

53. Ostern, Baranowski u. Terszakoweć: Ztschr. physiol. Chem. **251**, 258 (1938).

54. v. Euler, Adler: Svensk Vet. Akad. Arkiv Kemi **12** B, 12 (1935). — v. Euler, Adler, Günther, Heiwinkel u. Vestin: Svensk Vet. Akad. Arkiv Kemi **12** B, 24 (1936). — v. Euler u. Adler: Ztschr. physiol. Chem. **252**, 41 (1938).

55. Schlenk, v. Euler u. Günther: Svensk Vet. Akad. Arkiv Kemi **12** B, 53 (1938). — v. Euler u. Hellström: Svensk Vet. Akad. Arkiv Kemi **12** B, 55 (1938). — Schlenk, Hellström u. v. Euler: Ber. Dtsch. chem. Ges. **71**, 1471 (1938).

56. Ohlmeyer: Biochem. Ztschr. **297**, 66 (1938).

57. Karrer, Kahnt, Epstein, Jaffé u. Ishii: Helv. chim. Acta **21**, 223 (1938).

58. v. Euler, Adler, Günther u. Das: Ztschr. physiol. Chem. **254** (1938).

59. — — — u. Hellström: Ztschr. physiol. Chem. **245**, 217 (1937).

60. Bauer u. v. Euler: Naturwiss. **26** 431 (1938).

61. Parnas, Ostern u. Mann: Nature (London) **134**, 1007 (1934).

Nucleinsäuren.

Von H. BREDERECK, Leipzig.

I. Einleitung.

Unsere Kenntnis über die Nucleinsäuren hat in den letzten Jahren sowohl in biologischer als auch in chemischer Hinsicht eine weitgehende Förderung erfahren. Das Vitamin B_2 (Lactoflavin) sowie eine Reihe von Cofermenten sind als Nucleinsäurederivate erkannt worden. Damit ist zum erstenmal die stets vermutete große biologische Bedeutung dieser Substanzklasse offensichtlich geworden. Darüber hinaus sind neue Ansichten über die Funktionen der Nucleinsäuren als Bestandteile der Zellkerne geäußert worden, die in weiteren Punkten die große Bedeutung der Kernsubstanzen enthüllen. Allerdings bedürfen gerade diese letzteren Ansichten noch einer eingehenden Bestätigung.

Nachdem durch die Arbeiten der früheren Jahrzehnte ein ungefähres Bild über den Aufbau der Nucleinsäuren geschaffen war, sind in den letzten Jahren die Nucleoside und Nucleotide weitgehendst aufgeklärt und wichtige Beiträge über den Aufbau der Polynucleotide, insbesondere der Thymo- und Hefenucleinsäure, erbracht worden. Gerade die Frage nach der Konstitution der Polynucleotide hat im Zusammenhang damit auch das Fermentsystem der die Nucleinsäuren spaltenden Fermente, der „Nucleasen", einer eingehenden Bearbeitung erschlossen. Diese Erkenntnisse über die Nucleasen haben dann erstmals zur Isolierung der Desoxyribo-nucleoside und Desoxyribo-nucleotide aus Thymonucleinsäure geführt sowie zu einer präparativ sehr ergiebigen Darstellung der Nucleoside aus Hefenucleinsäure. Diese bequeme Zugänglichkeit der Nucleoside machte sie wiederum zu Ausgangssubstanzen für weitere synthetische Versuche sowie auch für die Gewinnung der biologisch wichtigen d-Ribose.

II. Allgemeine Bedeutung.

Das von KUHN sowie von KARRER eingehend untersuchte Vitamin B_2 *(Lactoflavin)* (I) kann als ein Nucleinsäurederivat angesprochen werden. Von einem natürlichen Nucleosid (Definition siehe S. 125) unterscheidet es sich lediglich durch das Fehlen der Glykosidbindung und damit der Zuckersauerstoffbrücke. Es ist aber sehr wahrscheinlich, daß die Vorstufe des Lactoflavins in der Natur ein echtes Nucleosid darstellt. Die Zuckerseitenkette im Lactoflavin besitzt die Konfiguration der d-Ribose und aus dem Isoalloxazinring läßt sich unschwer ein Purinskelett herausschälen. Im Darm findet die Veresterung des Lactoflavins an der primären Hydroxylgruppe zur Lactoflavinphosphorsäure statt, ein Vorgang, der auch synthetisch nach folgendem Reaktionsschema durchgeführt werden konnte [KUHN (58a)]:

Lactoflavin (I) → Trityl-lactoflavin (II) → Trityl-triacetyl-lactoflavin (III) → Triacetyl-lactoflavin (IV) → Lactoflavinphosphorsäure (V).

Lactoflavinphosphorsäure stellt eine Art Nucleotid dar. (Definition siehe S. 133) und ist als das Coferment des von WARBURG entdeckten „gelben Ferments" erkannt worden. Zusammen mit dem spezifischen Eiweiß konnte Lactoflavinphosphorsäure zu diesem gelben Ferment synthetisiert werden [KUHN (58b)]. Das gelbe Ferment ist in das

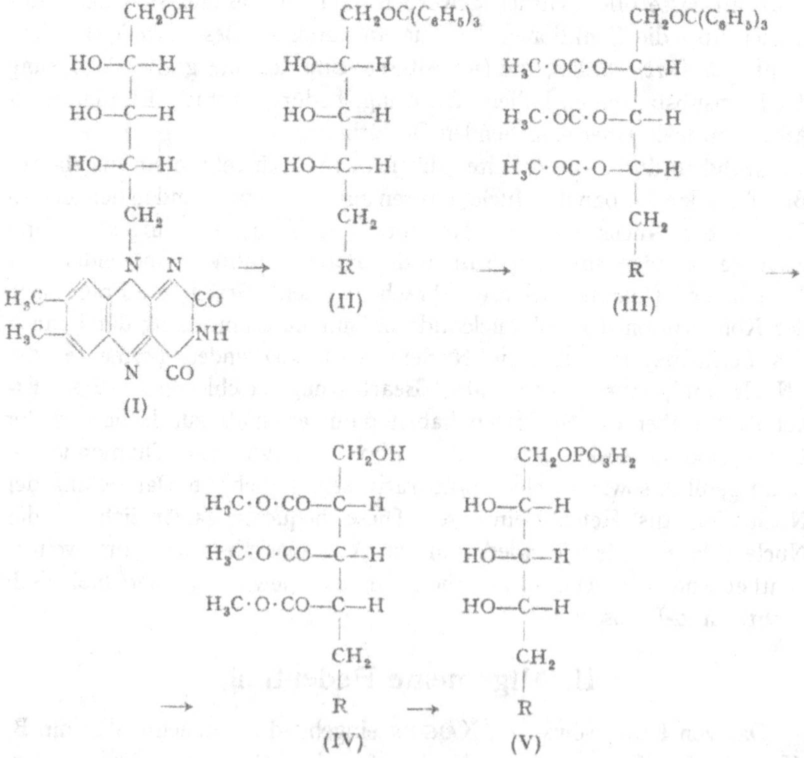

$(R = C_{12}H_8O_2N_4 = \text{Isoalloxazinring.})$

Atmungssystem eingebaut und ist dadurch mit der Cozymase verknüpft: Nicht nur bei enzymatischen anaeroben Oxydoreduktionen nimmt die Cozymase (= Codehydrase I) den Wasserstoff von einem Donatorsystem (z. B. Triosephosphorsäure → Phosphoglycerinsäure) auf und gibt ihn an ein Akzeptorsystem (z. B. Acetaldehyd → Alkohol) ab, sondern auch bei reinen Dehydrierungen (Oxydationen) nimmt die Cozymase den Wasserstoff auf. Die dabei entstehende Dihydro-cozymase wird reoxydiert durch Vermittlung des „gelben Ferments", dessen Leukoverbindung wiederum auf verschiedenen Wegen reoxydiert werden kann, entweder durch Sauerstoff oder einen Oxydationskatalysator, wie Cytochrom c, oder aber durch gewisse Äthylenverbindungen. Für die Hydrierung letzterer ist die Mitwirkung einer besonderen Hydrase anzunehmen.

Durch die eingehenden Untersuchungen von v. EULER konnte die *Cozymase* (VI) als ein Nucleinsäurederivat (Dinucleotid) erkannt werden. Einen ähnlichen Bau besitzt die von WARBURG(*115a*) aus roten Pferdeblutzellen isolierte *Codehydrase II* (VII).

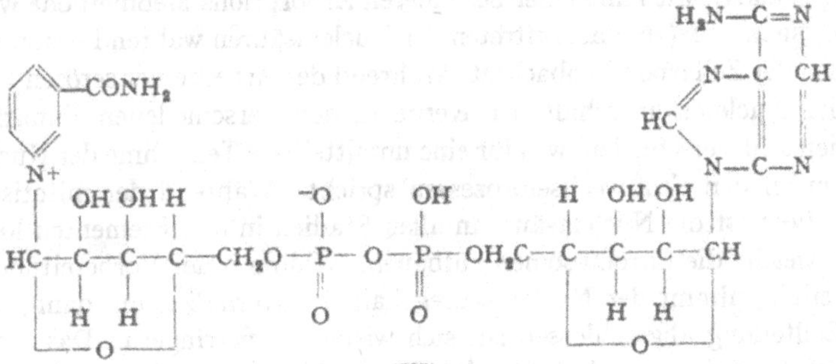

$$
\begin{array}{c}
\text{H}_2\text{N—C=N} \\[2pt]
\text{N—C} \quad \text{CH} \\
\text{HC} \\
\text{N—C—N} \\[4pt]
\end{array}
$$

$$\underset{\text{(VI)}}{\text{CONH}_2 \;\;\; N^+ \;\;\; HC\!-\!\overset{OH}{C}\!-\!\overset{OH}{C}\!-\!\overset{H}{C}\!-\!CH_2O\!-\!P\!-\!O\!-\!P\!-\!OH_2C\!-\!\overset{H}{C}\!-\!\overset{OH}{C}\!-\!\overset{OH}{C}\!-\!CH}$$

$$
\begin{array}{c}
\text{H}_2\text{N—C=N} \\[2pt]
\text{N—C} \quad \text{CH} \\
\text{HC} \\
\text{N—C—N} \\[4pt]
\end{array}
$$

$$\underset{\text{(VII)}}{\text{CONH}_2 \;\;\; N^+ \;\;\; HC\!-\!\overset{OH}{C}\!-\!\overset{OH}{C}\!-\!\overset{H}{C}\!-\!CH_2O\!-\!P\!-\!O\!-\!P\!-\!O\!-\!P\!-\!OH_2C\!-\!\overset{H}{C}\!-\!\overset{OH}{C}\!-\!\overset{OH}{C}\!-\!CH}$$

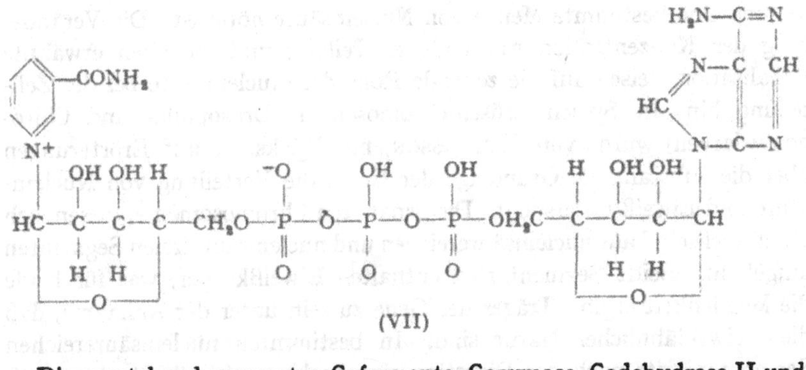

Die vorstehend genannten Cofermente, Cozymase, Codehydrase II und Lactoflavinphosphorsäure stellen reine Wasserstoffüberträger dar. In den biologischen Vorgängen der Gärung und der Glykolyse ist die Wasserstoffübertragung mit Phosphatübertragungen verknüpft. Als Cophosphorylase fungiert die Adenosintriphosphorsäure (= Adenylpyrophosphorsäure)

(S. 137), die gleichfalls ein Nucleinsäurederivat darstellt. Auf dem Zerfall und der Resynthese dieser Substanz beruhen zum Teil die chemischen Vorgänge bei der Muskelkontraktion [LOHMANN (94a)].

Fragen wir uns nach der *biologischen Synthese* der genannten Cofermente, so scheint es im Falle der Cozymase, Codehydrase II und der Cophosphorylase denkbar, daß sie aus den Nucleinsäuren des Zellkerns bzw. Protoplasmas (S. 146), z. B. der Hefenucleinsäure, entstehen. Die Hefenucleinsäure wird fermentativ in die einzelnen Nucleotide zerlegt, u. a. auch in die Hefeadenylsäure (S. 133). Durch eine Phosphatase (= Nucleotidase) erfolgt deren Dephosphorylierung zum Adenosin. Adenosin läßt sich nun durch ein in der Hefe vorhandenes Ferment zu Adenosintriphosphorsäure, d. h. Cophosphorylase, phosphorylieren, anderseits dürfte sie auch die Grundsubstanz für die fermentative Synthese der Cozymase bzw. Codehydrase II darstellen [OSTERN u. TERSZAKOWEÉ (98)].

Die *Funktionen* der Nucleinsäuren in den Zellkernen sind noch nicht völlig geklärt. Mit Hilfe einer besonderen Absorptions-Meßmethode wurde von CASPERSSON (26) das Auftreten der Nucleinsäuren während bestimmter Phasen der Zellarbeit beobachtet: Während der Arbeit einer serösen Drüse ist der Nucleinsäuregehalt der Kerne in den verschiedenen Funktionsstadien sehr verschieden, was für eine unmittelbare Teilnahme der Nucleinsäuren an den Stoffwechselprozessen spricht. Während der mitotischen *Zellteilung* ist die Nucleinsäure in allen Stadien in den Elementen lokalisiert, welche die Chromosomen aufbauen. Während der Vorbereitung zur Zellteilung nimmt der Nucleinsäuregehalt der Kerne zu, um dann, wenn die Zellteilung abgeschlossen ist, sich wieder zu verringern. Das scheint darauf hinzudeuten, daß für das Zustandekommen einer mitotischen Teilung eine bestimmte Menge von Nucleinsäure nötig ist. Die Veränderung der Konzentration während der Teilung und die oben erwähnte Lokalisation weisen auf die zentrale Rolle der Nucleinsäure bei der Zellteilung hin. In Speicheldrüsen-chromosomen (Drosophila- und Chironomuslarven) wurde von CASPERSSON, mit Rücksicht auf Erörterungen über die substantielle Grundlage der Gene, die Verteilung von Nucleinsäure und Eiweiß untersucht. Die genannten Chromosomen erwiesen sich als abwechselnd aus nucleinsäurereichen und nucleinsäurefreien Segmenten aufgebaut. Beide Segmentarten enthalten Eiweißkörper, was für beide die Möglichkeit ergibt, Träger der Gene zu sein unter der Annahme, daß diese eiweißähnlicher Natur sind. In bestimmten nucleinsäurereichen Segmenten tritt nach der Digestion eine hochorganisierte Struktur auf, welche man vorher nicht beobachten konnte. Der höchst komplizierte Aufbau der nucleinsäurereichen Segmente kann bedeuten, daß sie die größere Voraussetzung haben, Träger der Gene zu sein, als die strukturlosen nucleinsäurefreien Teile.

III. Konstitution der Nucleinsäuren.

Die neueren Ergebnisse der Konstitutionsaufklärung der Nucleinsäuren sollen in der Weise behandelt werden, daß zunächst die Konstitution der kleinsten Bausteine, der *Nucleoside,* dann die der *Nucleotide* und schließlich die der *Polynucleotide* besprochen wird. Da einige Darstellungsmethoden der Nucleoside und Nucleotide auf einer fermentativen Methode beruhen, da weiterhin die Konstitutionsaufklärung der Polynucleotide aufs engste mit der Spezifität und Charakterisierung der die Polynucleotide bis zur Stufe der Nucleotide spaltenden Fermente, der ,,Polynucleotidasen", verknüpft ist, wird es notwendig sein, jeweils auch auf die in Frage stehenden Fermente kurz einzugehen.

A. Nucleoside.

Unter Nucleosiden versteht man Verbindungen, die als Spaltstücke der Nucleinsäuren aus einem *Kohlehydrat* (Ribose bzw. 2-Desoxyribose) und einer *Base* (Purin bzw. Pyrimidin) bestehen. Je nach der Natur des Kohlehydrats spricht man von Ribo-nucleosiden und Desoxyribo-nucleosiden.

1. Ribo-nucleoside.

a) Darstellung. Ribonucleoside wurden als Spaltstücke der Hefenucleinsäure erstmals von LEVENE und JACOBS (*72, 76*) in kristallisiertem Zustand gewonnen. Die Darstellung beruhte auf der ammoniakalischen Hydrolyse der Hefenucleinsäure im Autoklaven bei 175° Außentemperatur. Infolge der robusten Methode und eines komplizierten Aufarbeitungsganges waren die Ausbeuten an den einzelnen Nucleosiden nur gering.

Mit geeignet hergestellten Fermentpräparaten, z. B. aus Süßmandeln, Luzernensamen, gekeimten Erbsen usw., gelang BREDERECK(*13*) eine glatte Aufspaltung der Hefenucleinsäure bis zur Stufe der Nucleoside. Die genannten Fermentpräparate besaßen eine polynucleotidatische und nucleotidatische, jedoch keine nucleosidatische und amidatische Wirksamkeit [BREDERECK, BEUCHELT u. RICHTER (*15*)]. Gerade das Fehlen der beiden letztgenannten Fermente führte zur Darstellung der in der Hefenucleinsäure vorgebildeten Nucleoside, während mit tierischen Fermentpräparaten wegen des gleichzeitigen Gehaltes an Amidasen auch die Desaminierungsprodukte der ursprünglich vorliegenden Nucleoside erhalten wurden [BIELSCHOWSKI (*6*); BIELSCHOWSKI u. KLEMPERER (*8*)]. Eine Beschleunigung der Aufspaltung läßt sich dadurch erreichen, daß man die Hefenucleinsäure zunächst mit Alkali zu den Nucleotiden aufspaltet und dann das Nucleotid-Gemisch der Fermentspaltung unterwirft. Durch diese fermentative Methode gelingt es, in einfachster Weise aus 1 kg Hefenucleinsäure 180—200 g kristallisiertes Guanosin und 350—450 g Adenosin als Pikrat zu erhalten. Die weitere Aufarbeitung zu den Nucleosiden Cytidin und Uridin wurde nach der Methode von LEVENE (72, 76) durchgeführt und ist hinsichtlich ihrer Verbesserung und Vereinfachung gegenwärtig noch Gegenstand von Untersuchungen. Während die Zerlegung des Adenosinpikrats bisher nach der Methode von LEVENE (72, 76) mit Schwefelsäure durchgeführt wurde, gelang eine wesentliche Vereinfachung und eine Verbesserung der Ausbeute von etwa 25% auf 60—85% d. Th., durch Zerlegung mit basischen Substanzen wie Kalilauge oder Ammoniak [BREDERECK (14)].

Durch die bequeme Zugänglichkeit von Guanosin und Adenosin ist nunmehr auch die d-Ribose, die bisher im wesentlichen auf synthetischem Wege dargestellt wurde, ein einfach herzustellender Zucker geworden. Guanosin und Adenosin lassen sich durch Kochen mit 0,1 n-Schwefelsäure [LEVENE (65)] oder auch wäßriger Ameisen- oder Essigsäure [BREDERECK (13)] glatt in Ribose und die Purinbase zerlegen. Gleichzeitig ist es nunmehr auch möglich, in größerem Maßstab Synthesen zur Darstellung von Phosphorsäureestern dieser Nucleoside durchzuführen (S. 143).

Darstellung der Ribo-nucleoside [BREDERECK (13, 14)]: 100 g Hefenucleinsäure werden in 200 ccm Wasser aufgeschlämmt und auf dem Wasserbad mit 2 n-Natronlauge gegen Lackmus neutralisiert. Zur klaren Lösung werden 11,7 g NaOH, gelöst in wenig Wasser, gegeben und die gesamte Lösung 2 Stunden auf dem Wasserbad erwärmt. Zur auf 40° abgekühlten Lösung werden 524 ccm 40° warme, verdünnte Essigsäure (24 ccm Eisessig und 500 ccm Wasser) und sodann 500 ccm filtrierte Fermentlösung (10 g Ferment in 500 ccm Wasser) zugefügt und der Ansatz, mit einigen Tropfen Toluol versetzt, bei 37° unter täglichem Umschütteln aufbewahrt. Nach 6—12 Tagen, je nach Reinheit des Ferments, ist die Abscheidung des Guanosins beendet. Ausbeute: zirka 20 g. Zur Reinigung wird das Guanosin aus Wasser mit etwas Tierkohle umkristallisiert. Das Filtrat des Guanosins wird kurz aufgekocht und das ausgeflockte Eiweiß abgesaugt. Zur etwa 50° warmen Lösung werden unter Schütteln 60 g Pikrinsäure gegeben, die sich beim Umschütteln in kurzer Zeit lösen. Beim Erkalten und Aufbewahren im Eisschrank scheidet sich das Adenosinpikrat ab. Ausbeute: zirka 40 g. Zur Gewinnung des freien Adenosins werden 75 g Pikrat (umkristallisiert) in 250 ccm Wasser aufgeschlämmt, 8 g KOH in 50 ccm Wasser zugegeben und zur Abscheidung des Kaliumpikrats kurz erwärmt. Durch Abkühlen auf Raumtemperatur und kurzes Stehen bei 0° wird die Abscheidung vervollständigt. Das Filtrat des Kaliumpikrats erstarrt nach Animpfen und Aufbewahren über Nacht im Eisschrank zu einem Kristallbrei von Adenosin. Nach Absaugen wird mit wenig Eiswasser und anschließend mit Aceton nachgewaschen. Ausbeute: 30 g. — Die Gewinnung des Cytidins und Uridins folgt den alten bekannten Angaben von LEVENE (72, 76).

b) Konstitution. Was die Konstitution der Ribonucleoside anbetrifft, so war die glykosidische Verknüpfung zwischen Ribose und Base schon länger bekannt. In neueren Arbeiten wurde einmal die Furanosestruktur der Nucleoside, zum weiteren die Haftstelle zwischen Base und Zucker ermittelt:

BREDERECK (9, 10, 11) konnte für Uridin, Cytidin, Adenosin und Inosin die Furanosestruktur beweisen: Die genannten Nucleoside gaben mit Tritylchlorid in Pyridin kristallisierte Monotritylverbindungen. Daß im

Falle des Cytidins und Adenosins Tritylchlorid nicht mit der gleichfalls vorhandenen Aminogruppe in Reaktion getreten war, konnte dadurch ausgeschlossen werden, daß die Tritylverbindungen sich als unspaltbar gegenüber alkoholischer Kalilauge erwiesen. Daß die Tritylgruppe an der primären Hydroxylgruppe (C-Atom 5 der Ribose) sitzt — in der Regel reagiert Tritylchlorid nur mit der primären Hydroxylgruppe eines Zuckers, jedoch sind auch Ausnahmen von dieser Regel bekannt —, konnte dadurch gezeigt werden, daß α-Methylribosid, welches als Pyranosederivat keine primäre Hydroxylgruppe trägt, nicht mit Tritylchlorid reagierte. Einen weiteren Beweis für die 5-Stellung des Trityls im Trityluridin konnten LEVENE und TIPSON (84) dadurch erbringen, daß sie Trityluridin (VIII) zum Dimethyl-trityl-methyl-uridin (IX) methylierten, nach Abspaltung eines Methyls und des Trityls Dimethyluridin (X) erhielten und daraus mit p-Toluolsulfochlorid Tosyl-dimethyluridin (XI). Der Tosylrest, der an der gleichen Stelle sitzt wie vordem der Tritylrest, ließ sich mit Jodnatrium in Aceton gegen Jod austauschen unter Erhalt von 5-Jod-dimethyluridin (XII). Da dieser Austausch in der Regel nur mit der an der primären Hydroxylgruppe sitzenden Tosylgruppe vor sich geht, war damit die *5-Stellung* des Tosyl- und somit auch des Trityl-restes bewiesen.

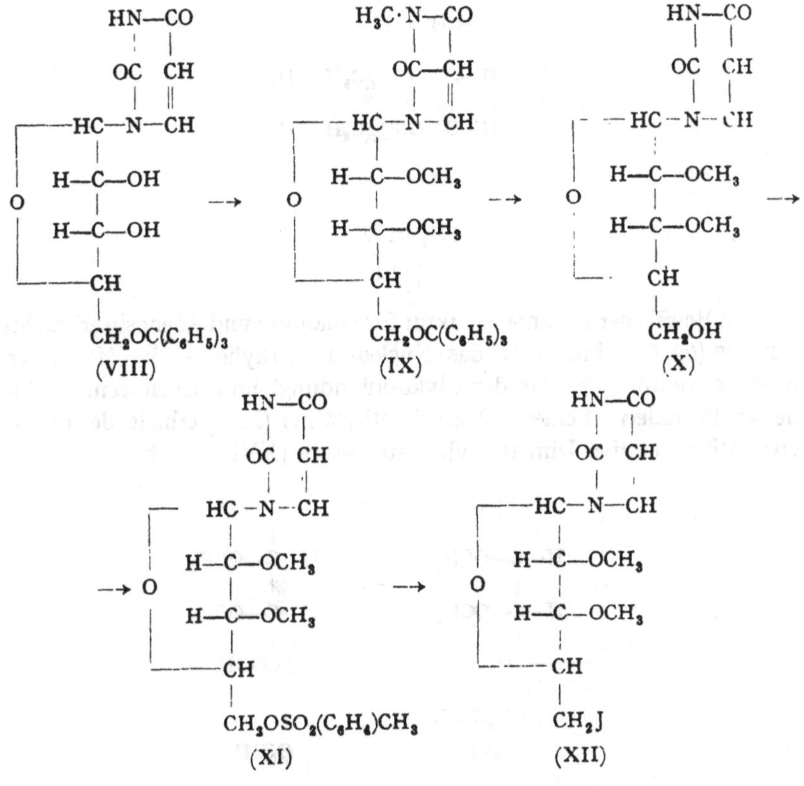

Ein weiterer Beweis für die 5-Stellung des Tritylrestes im Trityl-adenosin (XIII) wurde durch die Überführung dieser Substanz in Tritosyl-trityladenosin (XIV) und weiter, nach Abspaltung des Trityls, in Tritosyl-adenosin (XV) erbracht. In dieser Verbindung ließ sich keiner der Tosyl-reste gegen Jod austauschen, womit gezeigt ist, daß die 5-Stellung frei ist und daß ursprünglich der Tritylrest dort gesessen haben muß [Levene und Tipson (88)].

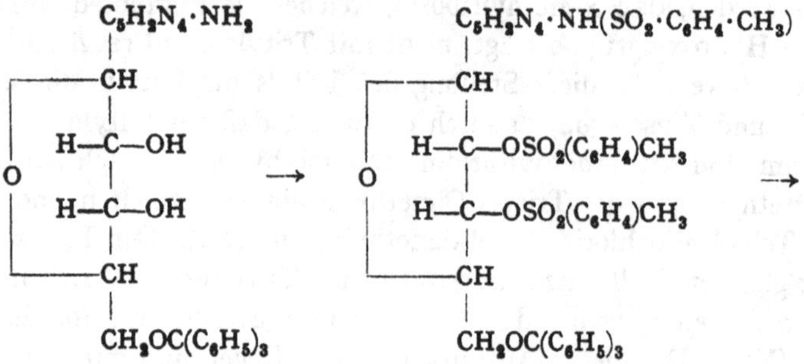

$$C_5H_3N_4 \cdot NH_2$$

$$\begin{array}{c}
\quad\ \text{—CH} \\
\quad\ | \\
\text{H—C—OH} \\
\text{O} \quad | \\
\text{H—C—OH} \\
\quad\ | \\
\quad\ \text{—CH} \\
\quad\ | \\
\text{CH}_2\text{OC}(\text{C}_6\text{H}_5)_3
\end{array}$$

(XIII)

$\rightarrow$

$$C_5H_3N_4 \cdot NH(SO_2 \cdot C_6H_4 \cdot CH_3)$$

$$\begin{array}{c}
\quad\ \text{—CH} \\
\quad\ | \\
\text{H—C—OSO}_2(\text{C}_6\text{H}_4)\text{CH}_3 \\
\text{O} \quad | \\
\text{H—C—OSO}_2(\text{C}_6\text{H}_4)\text{CH}_3 \\
\quad\ | \\
\quad\ \text{—CH} \\
\quad\ | \\
\text{CH}_2\text{OC}(\text{C}_6\text{H}_5)_3
\end{array}$$

(XIV)

$\rightarrow$

$\rightarrow$

$$C_5H_3N_4 \cdot NH(SO_2 \cdot C_6H_4 \cdot CH_3)$$

$$\begin{array}{c}
\quad\ \text{—CH} \\
\quad\ | \\
\text{H—C—OSO}_2(\text{C}_6\text{H}_4)\text{CH}_3 \\
\text{O} \quad | \\
\text{H—C—OSO}_2(\text{C}_6\text{H}_4)\text{CH}_3 \\
\quad\ | \\
\quad\ \text{—CH} \\
\quad\ | \\
\text{CH}_2\text{OH}
\end{array}$$

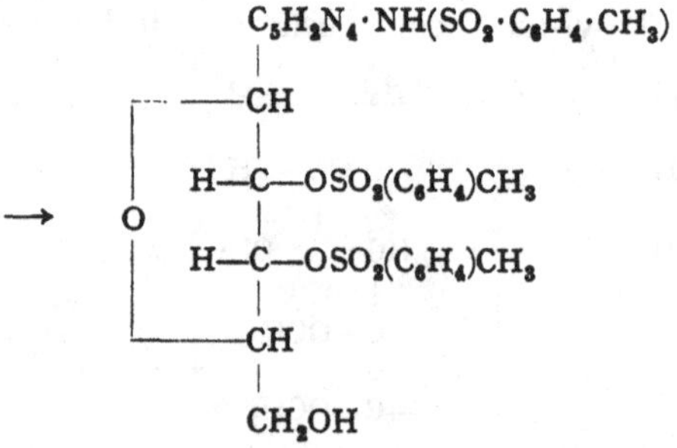

(XV)

Den Beweis der Furanosestruktur für Guanosin und Adenosin erbrachte Levene (63, 64), indem er das Nucleosid methylierte, die Methylver-bindung hydrolysierte (an der Glykosidbindung) und neben dem methy-lierten Purinderivat einen Ribosetrimethyläther (XVI) erhielt, der bei der Oxydation inaktive Dimethoxybernsteinsäure (XVII) ergab:

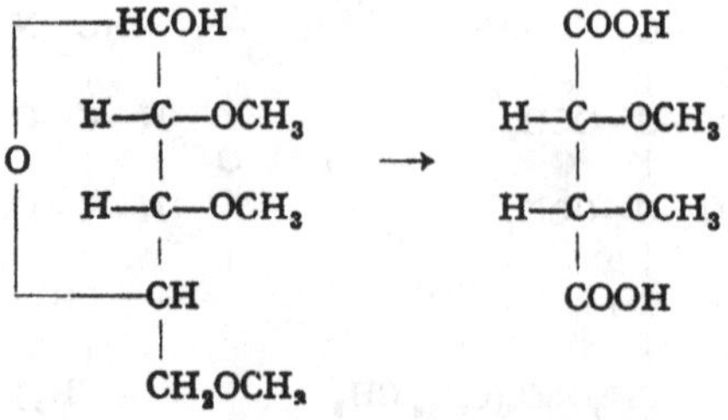

$$\begin{array}{c}
\quad\ \text{—HCOH} \\
\quad\ | \\
\text{H—C—OCH}_3 \\
\text{O} \quad | \\
\text{H—C—OCH}_3 \\
\quad\ | \\
\quad\ \text{—CH} \\
\quad\ | \\
\text{CH}_2\text{OCH}_3
\end{array}$$

(XVI)

$\rightarrow$

$$\begin{array}{c}
\text{COOH} \\
| \\
\text{H—C—OCH}_3 \\
| \\
\text{H—C—OCH}_3 \\
| \\
\text{COOH}
\end{array}$$

(XVII)

Somit war *für sämtliche Nucleoside die Furanose-struktur* bewiesen. Da aber bei der Darstellung der einzelnen Nucleoside aus der Hefenucleinsäure oder den entsprechenden Nucleotiden eine Änderung der Ringstruktur — zumal aus einem Pyran- in den labileren Furanring — ausgeschlossen war, so folgte aus obigen Versuchen, daß auch in den Nucleotiden und schließlich in der Hefenucleinsäure selbst eine Furanose-struktur der Ribose vorliegt.

Auf Grund länger zurückliegender Versuche von LEVENE (62) war als Haftstelle der Ribose am Purinkern Stellung 7 angenommen worden, ohne jedoch die 9-Stellung damit ausschließen zu können. GULLAND (39, 40, 40b) konnte nunmehr zeigen, daß das Absorptionsspektrum des Guanosins mit dem des 9-Methylguanins, das des Xanthosins, des Desaminierungsproduktes des Guanosins, mit dem des 9-Methylxanthins, das des Adenosins mit dem des 9-Methyladenins übereinstimmt. Er schließt daraus auf eine Verknüpfung in Stellung 9 bei den Purinnucleosiden. Die Haftstelle bei den Pyrimidinnucleosiden konnte wie folgt bewiesen werden: LEVENE und TIPSON (83) erhielten durch Acetylierung des Trityluridins (XVIII) das Diacetyl-trityluridin (XIX), daraus durch Methylierung Methyl-diacetyl-trityluridin (XX) und durch anschließende Hydrolyse über Trityl-methyluridin und Methyluridin das 1-Methyl-

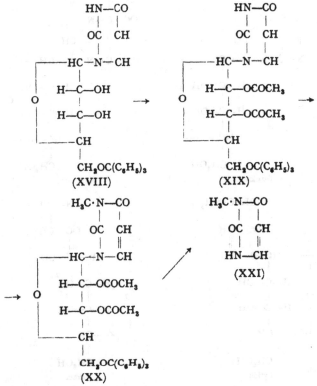

uracil (XXI), das sich mit dem bereits von Johnson und Heyl (45) erhaltenen Produkt als identisch erwies. Damit ist die Stellung 3 als
Haftstelle bei den Pyrimidinnucleosiden erwiesen.

Für die Ribonucleoside Adenosin, Inosin, Guanosin, Xanthosin, Cytidin
und Uridin ergeben sich somit die folgenden Konstitutionsformeln:

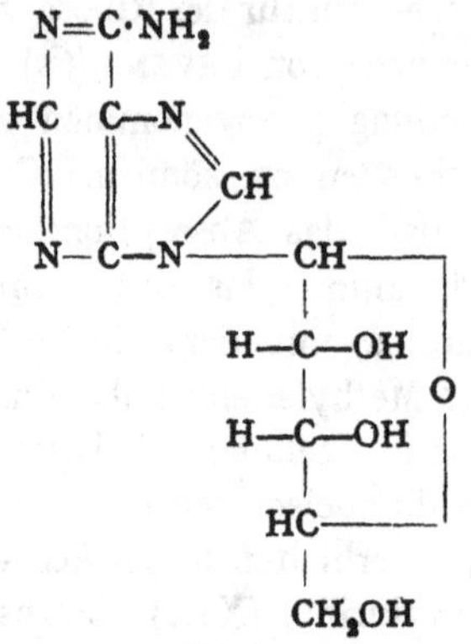

Adenosin.

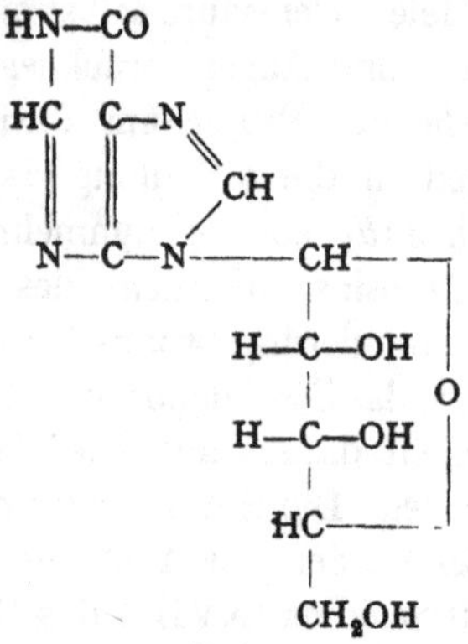

Inosin.

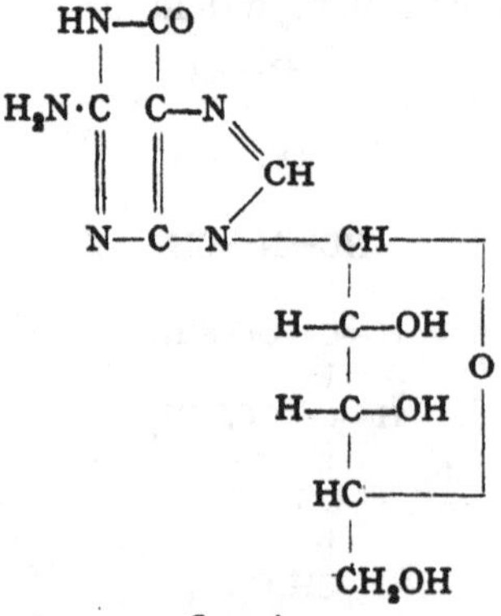

Guanosin.

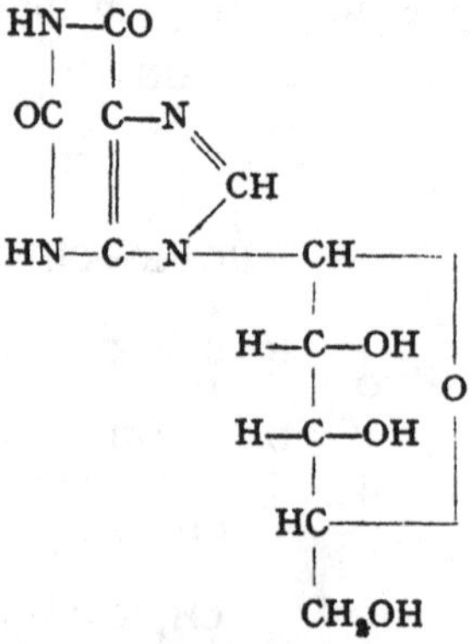

Xanthosin.

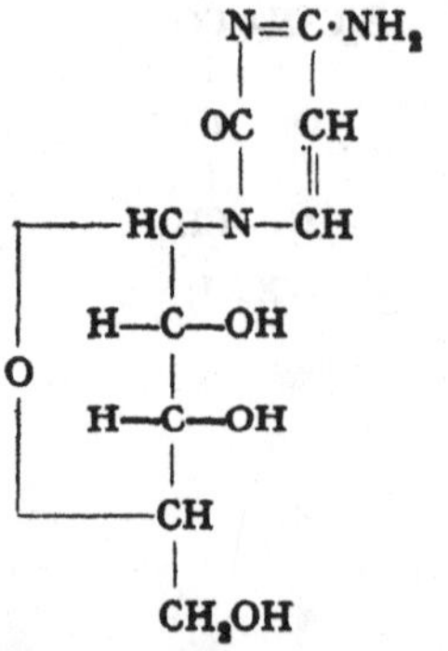

Cytidin.

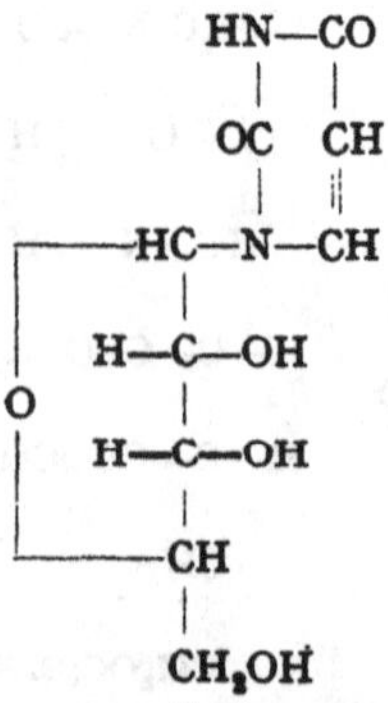

Uridin.

Offen bleibt nach wie vor, ob eine α- oder β-glykosidische Bindung vorliegt. Die Tatsache jedoch, daß fast sämtliche in der Natur aufgefundenen Glykoside der β-Reihe angehören, spricht auch bei den Nucleosiden für eine β-glykosidische Bindung.

2. Desoxyribo-nucleoside.

a) Darstellung. Zum Unterschied von den vorstehend besprochenen Ribonucleosiden enthalten die Desoxyribonucleoside als Spaltstücke der Thymonucleinsäure als Kohlehydrat die *2-Desoxyribose*. Dieser Zucker konnte durch Hydrolyse des Guanin-desoxyribosids erhalten und als identisch mit der synthetisch dargestellten 2-Desoxyribose erkannt werden [LEVENE, MORI und MIKESKA (79, 80)]. Die Isolierung der Desoxyribo-nucleoside gelang durch fermentative Hydrolyse der Thymonucleinsäure: THANNHAUSER und seine Mitarbeiter (108, 109, 7) erhielten sie durch Einwirkung eines Fermentpräparates aus der Mucosa des Dünndarms. Von LEVENE (77, 78, 67, 68) wurden die Nucleoside so gewonnen, daß er eine Lösung der Thymonucleinsäure durch ein Segment des gastrointestinalen Traktes eines Hundes passieren ließ und sie aus einer Intestinalfistel sammelte. Auch das durch Aceton gefällte Fermentpräparat konnte verwendet werden. Erhalten wurden nach diesen Methoden, in allerdings nur sehr geringen Mengen: Guanin-desoxyribosid, Hypoxanthin-desoxyribosid, Cytidin-desoxyribosid und Thymin-desoxyribosid. Hypoxanthin-desoxyribosid liegt als solches in der Thymonucleinsäure nicht vor, vielmehr ist es durch fermentative Desaminierung aus dem Adenin-desoxyribosid hervorgegangen. Durch Zufügen von Ag-Ion konnte die Wirkung der Amidase ausgeschaltet und so auch Adenin-desoxyribosid erhalten werden [KLEIN (52)].

Darstellung der Desoxyribo-nucleoside: 100 g thymonucleinsaures Natrium werden in 500 ccm warmem Wasser gelöst und mit Natronlauge schwach alkalisch gemacht. Es werden 50 g Magnesiumacetat in wäßriger Lösung sowie 1 l 1 n-Ammoniak-Ammoniumacetat-Puffer (pH 8,9) hinzugefügt. Zu diesem Gemisch wird die Enzymlösung, entsprechend 500 ccm Glycerinextrakt aus Darmschleimhaut, hinzugegeben und die Lösung auf ein Volumen von 5 l gebracht. Das Gemisch wird 6—8 Stunden bei 37° gehalten, darnach zur Enteiweißung mit Eisessig auf pH 4,7 gebracht. Nach kurzem Stehen flockt das Eiweiß aus, so daß ein klares Filtrat erhalten wird. Die Lösung wird mit Ammoniak neutralisiert, wobei sich die Lösung durch ausfallendes Ammoniummagnesiumphosphat trübt. Sie wird im Vakuum bei 35° auf 1000 bis 1200 ccm eingeengt und mit 200 ccm Magnesiumacetatlösung versetzt. Nach mehrstündigem Stehen wird vom Ammoniummagnesiumphosphat abgesaugt (zirka 37 g) und das Filtrat auf ein Volumen von 400 ccm gebracht. Von der beim Erkalten entstehenden Gallerte wird unter Kühlung abzentrifugiert und der Niederschlag erst mit kaltem 50proz. Alkohol, dann mit 96proz. Alkohol gewaschen. Er wird in warmem Wasser gelöst und bei neutraler Reaktion mit basischem Bleiacetat versetzt. Von einem geringen Niederschlag wird abgesaugt und das Filtrat mit konzentriertem Ammoniak stark alkalisch gemacht, die Lösung rasch zum Sieden erhitzt und heiß filtriert. Nach mehrstündigem Stehen im Eisschrank wird der entstandene Niederschlag abgesaugt, gewaschen und mit Schwefelwasserstoff zerlegt. Das Filtrat des Bleisulfids wird bei 30° im Vakuum eingeengt. Dabei scheidet sich das *Guanin-desoxyribosid* aus, das 2mal aus Wasser umkristallisiert wird. Ausbeute: 1 g. Sintern bei 200° und Zersetzen bei weiterem Erhitzen.

Das Filtrat der Gallerte wird auf 300 ccm gebracht und mit Bleiacetat versetzt; die Lösung bleibt klar. Beim Zugeben von Ammoniak im Überschuß entsteht ein voluminöser Niederschlag. Das Filtrat dieser Fällung wird vom überschüssigen Ammoniak befreit und Schwefelwasserstoff eingeleitet. Das Bleisulfid wird entfernt, die Ammonsalze mit Hilfe von Baryt im Vakuum zersetzt und die Lösung mit verdünnter Schwefelsäure angesäuert, bis Kongopapier schwach blau gefärbt wird. Das Bariumsulfat wird abzentrifugiert und die Essigsäure durch Ausäthern entfernt. Dann wird mit Barytwasser wieder neutralisiert und nach Entfernen des Bariumsulfats die Lösung zu einem halbfesten Sirup im Vakuum eingeengt. Dieser wird mit absolutem Alkohol gehärtet, bis ein fast weißes Pulver entsteht. Der verwandte Alkohol wird mit der doppelten Menge Äther versetzt. Die alkoholisch-ätherische Lösung scheidet beim Einengen im Vakuum manchmal eine schlecht in Drusen kristallisierende Substanz ab, die als Inosin identifiziert werden konnte. Manchmal bleibt die Lösung klar, und es hinterbleibt nach dem Verdampfen ein gelbes Öl, aus dem beim Stehen sich 2—2,5 g einer in Nadeln kristallisierenden Substanz abscheiden, die aus *Thymin-desoxyribosid* bestehen. Das Rohprodukt wird durch Behandeln mit absolutem Alkohol in der Kälte vom anhaftenden Öl befreit. Nach Umkristallisieren aus Wasser schmilzt die Substanz bei 185°. Aus dem Filtrat können beim Stehen noch geringe Mengen *Hypoxanthin-desoxyribosid* (bis zu 0,1 g) auskristallisieren. Darnach restiert ein gelbes Öl, das keinerlei Tendenz zur Kristallisation zeigt. Es wird mit alkoholischer Pikrinsäurelösung versetzt. Es kristallisiert ein Pikrat aus, das nach Umkristallisieren aus Wasser oder 96proz. Alkohol in makroskopischen Nadeln erhalten wird. Ausbeute: zirka 3 g Pikrat des *Cytosin-desoxyribosids*. Sintern bei 190°. Die Zerlegung des Pikrats erfolgt wie üblich: Versetzen mit Schwefelsäure, Ausäthern der Pikrinsäure, Entfernen der Schwefelsäure mit Baryt. Das Filtrat des Bariumsulfats wird im Vakuumexsikkator eingeengt. Es restiert ein schwach gelbes Öl, das mit 96proz. Alkohol verrieben wird. Beim Verdunsten des Alkohols scheidet sich Cytosin-desoxyribosid in Nadeln ab, die mit Alkohol von anhaftendem Öl befreit werden. Schmelzp. 193°.

Das mit Alkohol getrocknete Endfiltrat wird mit siedendem absolutem Alkohol so lange extrahiert, bis die Orcinreaktion nur noch schwach positiv ist. Die alkoholische Lösung wird mit gleichen Teilen Äther versetzt und das Filtrat der Ätherfällung im Vakuum eingeengt. Hierbei scheidet sich *Hypoxanthin-desoxyribosid* ab. Es wird aus Wasser umkristallisiert. Sintern zwischen 202—210°. Ausbeute: 2—3 g.

b) Konstitution. Was die Konstitution der Desoxyribo-nucleoside anbetrifft, so ist bisher lediglich die Furanosestruktur des Thymin-desoxyribosids bewiesen worden. Diese Verbindung lieferte eine krist. Tritylverbindung [Levene und Tipson (86)]. Es ist als sehr wahrscheinlich anzunehmen, daß auch die übrigen Desoxyribo-nucleoside *Furanose*struktur besitzen. Ebenso dürften die Haftstellen des Kohlehydrats an der Base die gleichen sein wie bei den entsprechenden Ribonucleosiden. Für Adenin-desoxyribosid und Guanin-desoxyribosid ist auf Grund der Übereinstimmung des Absorptionsspektrums mit dem des 9-Methyladenins bzw. 9-Methylguanins als Haftstelle die 9-Stellung bewiesen worden [Gulland (40a, 40b)].

B. Nucleotide.

Nucleotide, die man zur Unterscheidung von den Polynucleotiden (Hefe-, Thymonucleinsäure) genauer als Mononucleotide (oder „einfache Nucleinsäuren") bezeichnet, setzen sich zusammen aus *Base, Zucker und Phosphorsäure*. Analog wie bei den Nucleosiden spricht man auch hier von Ribo-nucleotiden und Desoxyribo-nucleotiden.

1. Ribo-nucleotide.

a) Darstellung. Die Darstellung der Ribonucleotide beruht im wesentlichen auf länger zurückliegenden Methoden. Die Darstellung der Guanyl- und Hefeadenylsäure geschieht am vorteilhaftesten nach der Methode von STEUDEL und PEISER (*105*). Es hat sich jedoch dazu als notwendig herausgestellt, die alkalische Hydrolyse der Hefenucleinsäure nicht bei Zimmertemperatur, sondern durch 2stündiges Erwärmen auf dem Wasserbad vorzunehmen [STEUDEL (*103*)]. Unter diesen Bedingungen wird die Hefenucleinsäure in die vier Nucleotide gespalten. Die Gewinnung der Pyrimidinnucleotide geschieht vorteilhaft durch saure Hydrolyse der Hefenucleinsäure mit 2proz. Schwefelsäure, wobei die beiden Purinnucleotide zerstört werden. Während bisher die Trennung der Cytidyl- und Uridylsäure durch 9malige fraktionierte Kristallisation ihrer Brucinsalze vorgenommen wurde, konnte jetzt eine einfache Trennung dadurch erreicht werden, daß Uridylsäure in Pyridin leicht, Cytidylsäure jedoch praktisch unlöslich ist [BREDERECK und G. RICHTER (*23*)]. Über die Darstellung der Muskeladenylsäure siehe S. 136.

b) Konstitution. Nachdem durch die oben geschilderten Untersuchungen die Konstitution der Ribonucleoside geklärt war, ergab sich für die Konstitution der Nucleotide · die Beantwortung der Frage nach der Stellung der Phosphorsäure. In der Inosinsäure war schon seit längerer Zeit die Stellung der Phosphorsäure bekannt: Die Oxydation der durch saure Hydrolyse erhaltenen Ribosephosphorsäure hatte zum 5-Phosphorsäureester der d-Ribonsäure geführt [LEVENE (*59, 60*)]. Damit war die 5-Stellung der Phosphorsäure bewiesen, da bei einer Stellung an einem sekundären Hydroxyl ein Ester der Trioxyglutarsäure hätte entstehen müssen.

Die *Stellung der Phosphorsäure* in der Xanthylsäure, dem Desaminierungsprodukt der Guanylsäure, sowie in der Hefeadenylsäure bzw. ihrem Desaminierungsprodukt wurde durch LEVENE (*69, 70, 71*) bewiesen: durch Erhitzen einer wäßrigen Lösung des Nucleotids ließ sich die Glykosidbindung spalten und die Ribosephosphorsäure (XXII) erhalten. Die katalytische Hydrierung dieser Ribosephosphorsäure mit Platinoxyd führte zur inaktiven Säure (XXIII). Nur diese Säure, mit der Phosphorsäure am Kohlenstoffatom 3, konnte als Mesoform inaktiv sein, nicht eine Säure mit der Phosphorsäure am C-Atom 2 oder 5.

$$
\begin{array}{cc}
\begin{array}{c}
\text{H} \quad \text{O} \\
\diagdown \diagup \\
\text{C} \\
| \\
\text{H—C—OH} \\
| \\
\text{H—C—O-PO}_3\text{H}_2 \\
| \\
\text{H—C—OH} \\
| \\
\text{CH}_2\text{OH} \\
\text{(XXII)}
\end{array}
&
\begin{array}{c}
\text{CH}_2\text{OH} \\
| \\
\text{H—C—OH} \\
| \\
\text{H—C—O-PO}_3\text{H}_2 \\
| \\
\text{H—C—OH} \\
| \\
\text{CH}_2\text{OH} \\
\text{(XXIII)}
\end{array}
\end{array}
$$

Cytidylsäure gleicht hinsichtlich der Geschwindigkeit der Phosphor-
säureabspaltung bei saurer Hydrolyse der Inosinsäure und Muskeladenylsäure. YAMAGAWA (116) hatte daraus den Schluß gezogen, daß in der
Cytidylsäure die Phosphorsäure an der gleichen Stelle wie in der Inosinsäure, d. h. am C-Atom 5 sitzt. Spätcr stellten LEVENE und JORPES (75)
fest. daß die Dihydrocytidylsäure in der Spaltungsgeschwindigkeit nicht
der Inosinsäure, sondern der Guanylsäure und der Hefeadenylsäure gleicht,
woraus sie auf die gleiche Stellung der Phosphorsäure in der Cytidylsäure
wie in der Guanyl- und Hefeadenylsäure schließen. Den Beweis für die
Stellung der Phosphorsäure in der Cytidyl- und Uridylsäure erbrachte
BREDERECK (12): Durch Desaminierung mit salpetriger Säure ließ sich
Cytidylsäure in Uridylsäure überführen. Daraus folgte, daß in beiden
Nucleotiden die Stellung der Phosphorsäure die gleiche sein muß. Das
Brucinsalz der Uridylsäure (XXIV) ließ sich mit Tritylchlorid unter Abspaltung eines Brucinrestes umsetzen zum Monobrucinsalz der Trityluridylsäure (XXV), woraus ein Dinatriumsalz der Trityluridylsäure
(XXVI) erhalten werden konnte. Damit ist gezeigt, daß in der Cytidyl-
und Uridylsäure die Phosphorsäure nicht am primären, sondern an einem
sekundären Hydroxyl der Ribose sitzt. In Analogie zur Guanyl- und Hefeadenylsäure ist die Stellung 3 anzunehmen. In Übereinstimmung mit
diesem Ergebnis führte auch Zusatz von Borsäure zu einer mit Natronlauge

$$
\begin{array}{ccc}
\begin{array}{c}
\text{HN—CO} \\
| \quad | \\
\text{OC} \quad \text{CH} \\
| \quad \| \\
\text{HC—N—CH} \\
| \\
\text{H—C—OH} \\
| \\
\text{H—C—O—P=O} \\
| \\
\text{CH} \\
| \\
\text{CH}_2\text{OH} \\
\text{(XXIV)}
\end{array}
&
\begin{array}{c}
\text{HN—CO} \\
| \quad | \\
\text{OC} \quad \text{CH} \\
| \quad | \\
\text{HC—N—CH} \\
| \\
\text{H—C—OH} \\
| \\
\text{H—C—O—P=O} \\
| \\
\text{CH} \\
| \\
\text{CH}_2\text{OC(C}_6\text{H}_5)_3 \\
\text{(XXV)}
\end{array}
&
\begin{array}{c}
\text{HN—CO} \\
| \quad | \\
\text{OC} \quad \text{CH} \\
| \quad | \\
\text{HC—N—CH} \\
| \\
\text{H—C—OH} \\
| \\
\text{H—C—O—P=O} \\
| \\
\text{CH} \\
| \\
\text{CH}_2\text{OC(C}_6\text{H}_5)_3 \\
\text{(XXVI)}
\end{array}
\end{array}
$$

neutralisierten Lösung von Cytidyl- und Uridylsäure nicht zu einem sauren Komplex von größerer Dissoziationskonstante als die der Borsäure [BREDERECK (*12*)].

Durch die vorstehend besprochenen Untersuchungen ist festgestellt, daß die als Bestandteile der Hefenucleinsäure vorkommenden Ribonucleotide Guanylsäure (ebenso Xanthylsäure), Hefeadenylsäure, Cytidylsäure und Uridylsäure die *Psosphorsäure am Kohlenstoffatom 3* der Ribose tragen.

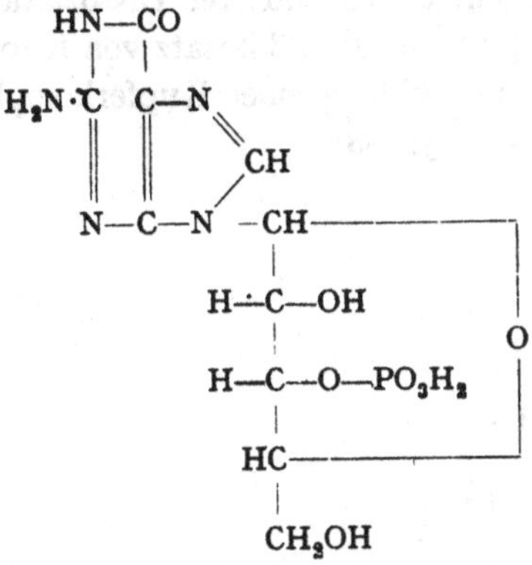

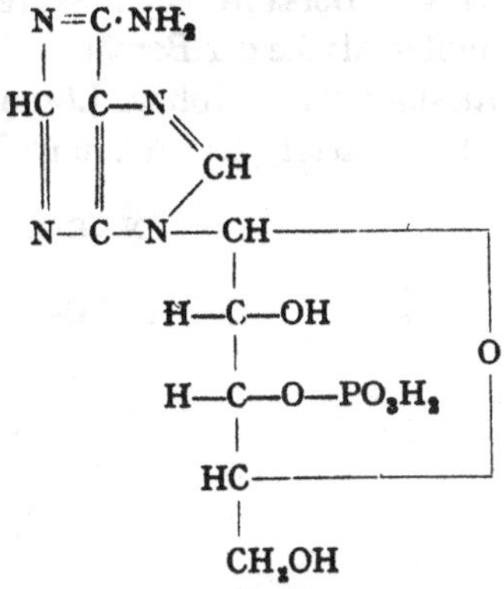

$$HN—CO$$
$$H_2N·C \quad C—N$$
$$\quad\quad\quad\quad CH$$
$$N—C—N —CH$$
$$H—C—OH$$
$$H—C—O—PO_3H_2 \quad O$$
$$HC$$
$$CH_2OH$$
Guanylsäure.

$$N=C·NH_2$$
$$HC \quad C—N$$
$$\quad\quad\quad\quad CH$$
$$N—C—N—CH$$
$$H—C—OH$$
$$H—C—O—PO_3H_2 \quad O$$
$$HC$$
$$CH_2OH$$
Hefeadenylsäure.

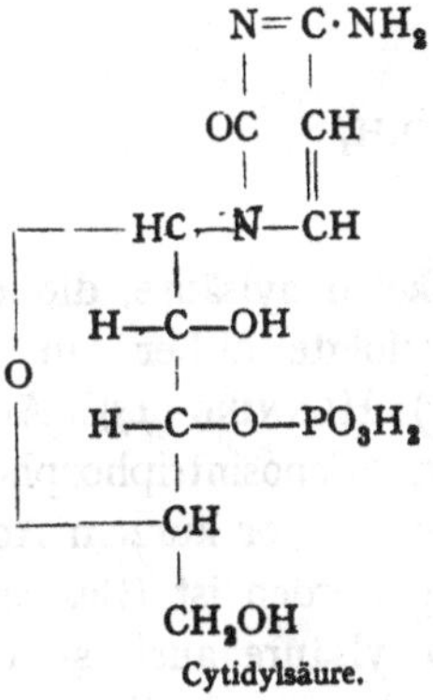

$$N=C·NH_2$$
$$OC \quad CH$$
$$HC—N—CH$$
$$H—C—OH$$
$$O$$
$$H—C—O—PO_3H_2$$
$$CH$$
$$CH_2OH$$
Cytidylsäure.

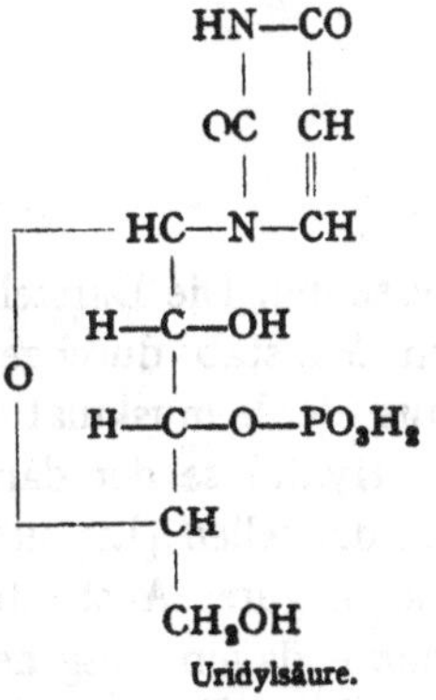

$$HN—CO$$
$$OC \quad CH$$
$$HC—N—CH$$
$$H—C—OH$$
$$O$$
$$H—C—O—PO_3H_2$$
$$CH$$
$$CH_2OH$$
Uridylsäure.

α) Muskel-adenylsäure.

a) Konstitution. Aus Kaninchenmuskulatur wurde 1927 von EMBDEN und ZIMMERMANN (*29*) eine Adenylsäure, die Muskeladenylsäure, isoliert, die sie ursprünglich für identisch mit der Hefeadenylsäure hielten. Bald darauf konnte SCHMIDT (*102*) zeigen, daß Muskeladenylsäure, im Gegensatz zur Hefeadenylsäure, von Fermentpräparaten aus Muskel zerlegt wird. EMBDEN und SCHMIDT (*28*) stellten dann einen wenn auch nur kleinen Unterschied in den physikalischen Konstanten der beiden Säuren fest. Die genaue Konstitution der Muskeladenylsäure ließ sich dadurch ermitteln, daß es gelang, die Säure zu der schon lange bekannten Inosinsäure zu desaminieren. Nachdem bereits früher [LEVENE (*59*, *60*)] für Inosɪnsäure die Stellung der Phosphorsäure am Kohlenstoffatom 5 der Ribose bewiesen war, folgte aus dem Ergebnis der Desaminierung, daß die Muskeladenylsäure die Phosphorsäure am gleichen C-Atom trägt, mithin *Adenosin-5-phosphorsäure* ist. Ein weiterer Beweis für diese Konstitution ist darin zu sehen, daß Muskeladenylsäure mit zwei benachbarten stereochemisch gleichgerichteten Hydroxylgruppen (am C-Atom 2 und 3) bei Zusatz von Borsäure einen sauren Komplex von höherer Dissoziationskonstanten als die der Borsäure allein gibt, weiter daß Zusatz von Kupfersulfatlösung eine tiefblaue Lösung unter Bildung einer Kupferkomplexverbindung zeigt [KLIMEK und PARNAS (*57*, *58*)].

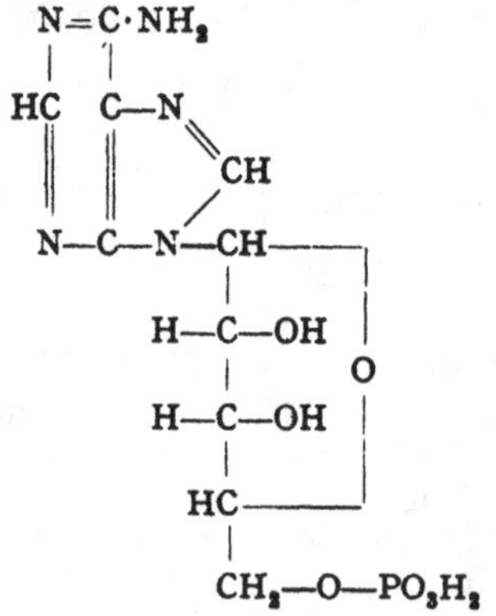

$$
\begin{array}{l}
N{=}C{\cdot}NH_2 \\
\quad| \quad | \\
HC \quad C{-}N \\
\quad|| \quad || \quad\diagdown \\
\quad\quad\quad\quad CH \\
N{-}C{-}N{-}CH{-}\!-\!-\!-\! \\
\quad\quad\quad\quad | \quad\quad\quad | \\
\quad\quad H{-}C{-}OH \quad | \\
\quad\quad\quad\quad | \quad\quad\quad\quad O \\
\quad\quad H{-}C{-}OH \quad | \\
\quad\quad\quad\quad | \\
\quad\quad HC{-}\!-\!-\!-\!-\!-\!-\! \\
\quad\quad\quad\quad | \\
\quad\quad CH_2{-}O{-}PO_3H_2
\end{array}
$$

Muskel-adenylsäure.

b) Darstellung. Die Darstellung der Muskeladenylsäure, die auch in technischem Maßstab durchgeführt wird, erfolgte bisher am vorteilhaftesten aus Pferde-muskulatur [OSTERN (*97*); HENNING (*44*)]. Auch aus Hefe durch Hydrolyse der darin enthaltenen Adenosintriphosphorsäure läßt sie sich darstellen [LINDNER (*89*)]. Nachdem vor kurzem Adenosin bequem und in guter Ausbeute zugänglich geworden ist (Beschreibung S. 126), konnte davon ausgehend Muskeladenylsäure auch synthetisch erhalten werden. Die synthetische Methode (Beschreibung S. 144) dürfte gegenüber der Darstellung aus Pferdefleisch vorzuziehen sein.

Physiologische Bedeutung. Muskeladenylsäure besitzt nach verschiedenen Richtungen hin sehr große Bedeutung (*1*). Über ihre Beziehung zu Cofermenten sowie ihre Rolle bei der Muskelkontraktion wurde in dem Kapitel „Allgemeine Bedeutung" schon kurz gesprochen. Von DRURY und SZENT-GYÖRGYI wurde 1929 ihre pharmakologische Wirksamkeit aufgefunden. Adenylsäure, ebenso auch Adenosin wirken herzverlangsamend. Noch 2 γ Adenylsäure lassen sich am isolierten Froschherzen durch Brachycardie erkennen. Wichtig ist die Wirkung auf die Überleitung der Er regungen vom Vorhof zur Kammer; es kann bei Mensch und Tier bis zum vollständigen Herzblock kommen. Weiter wirkt Adenylsäure, ebenso Adenosin stark coronargefäß-erweiternd. Der therapeutische Wert der Fleischbrühe dürfte mit auf ihrem Gehalt an Adenylsäure beruhen, die bei der Zubereitung in die Brühe übergeht. Auch die Gefäße des großen Kreislaufs werden durch Adenylsäure bzw. Adenosin erweitert; diese Erweiterung ist wohl auch die hauptsächlichste Ursache für die Blutdrucksenkung, die nach intravenöser Injektion auftritt. Zur Herztherapie kommt Adenylsäure unter der Bezeichnung „Map" *(Muskeladenosin-phosphorsäure)* sowie zusammen mit Strophantin und Traubenzucker als „Glucoadenose" in den Handel. Als kreislaufwirksame Präparate sind Extrakte aus Warmblütermuskel unter dem Namen „Lacarnol" bzw. „Myoston" im Handel.

β) Adenosin-triphosphorsäure.

Aus Muskelextrakt von Wirbeltieren und Wirbellosen, insbesondere aus Frosch-muskulatur, konnte von LOHMANN (90), ebenso von FISKE und SUBBAROW (38) ein weiteres Nucleotid, Adenosintriphosphorsäure (= Adenylpyrophosphorsäure) isoliert werden. Sie ist außerdem in der Hefe, ebenso im Blut von Menschen und Hunden entdeckt worden.

a) **Darstellung.** Die Darstellung der Adenosintriphosphorsäure erfolgt aus dem durch Trichloressigsäure enteiweißten Muskelextrakt durch Fällen als Barium- oder Silbersalz. Die oben geschilderte Darstellung der Muskeladenylsäure auf synthetischem Wege führt primär zur Adenosintriphosphorsäure, aus der die Gewinnung der Muskeladenylsäure durch Abspaltung von Phosphorsäure erfolgt. Die einfachste Darstellungsmethode für Adenosintriphosphorsäure dürfte die synthetische Methode sein (S. 144).

b) **Konstitution.** Bei der sauren Hydrolyse der Adenosintriphosphorsäure (10—15 Min. langes Erwärmen in n-HCl auf 100°) entstehen 1 Mol Adenin, 1 Mol Pentosephosphorsäure und 2 Mole anorganische Phosphorsäure, bei der neutralen Hydrolyse des Bariumsalzes Muskeladenylsäure und Pyrophosphorsäure [LOHMANN (91, 92)]. Zur Beantwortung der Konstitution blieb somit noch die Stellung der beiden Phosphorsäurereste zu erforschen. BARRENSCHEEN (3) schrieb zunächst der Verbindung die Konstitution (XXVII) zu.

Einen wesentlichen Beweis für die umstehende Formulierung sieht BARRENSCHEEN darin, daß er bei der Desaminierung mittels salpetriger Säure (Eisessig + Nitrit) keine Inosinpyrophosphorsäure erhielt, sondern anorganische Phosphorsäure und Inosinsäure; außerdem erhielt er eine Adenosintriphosphorsäure, die zum Unterschied vom Ausgangsmaterial 4 Moleküle Silber aufnahm und bei der potentiometrischen Titration 6 OH-Gruppen ergab im Gegensatz zu 5 bei der ursprünglichen Säure. In der

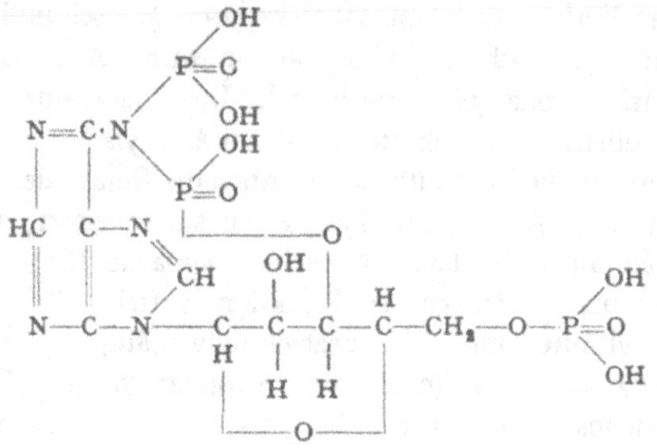

$$
\begin{array}{c}
\text{OH} \\
| \\
\text{P}{=}\text{O} \\
\text{N}{=}\text{C·N} \quad \overset{|}{\text{OH}} \\
\quad \text{OH} \\
| \\
\text{P}{=}\text{O}
\end{array}
$$

(XXVII)

neuen Adenosintriphosphorsäure nimmt er eine eventuelle Aufspaltung zwischen einer an der Aminogruppe haftenden Phosphorsäure und dem 3-OH an der Ribose an. LOHMANN (*92*) glaubt indessen die Inosinpyrophosphorsäure erhalten zu haben, von der BARRENSCHEEN (*2*) wiederum annimmt, daß sie ein Gemisch darstellt von anorganischem Phosphat, Inosinsäure, Adenosinpyrophosphorsäure und Pyrophosphat. Eine Nachprüfung der isomeren Adenosintriphosphorsäure, deren Silbersalz 4 Atome Silber im Molekül enthalten soll, durch WAGNER-JAUREGG (*115*) macht es wahrscheinlich, daß sie aus einem Gemisch von 2 Mol Inosintriphosphorsäure und 1 Mol Inosin-diphosphorsäure besteht. Diese Versuche bestätigen die Angabe von LOHMANN, daß bei Einwirkung von salpetriger Säure auf Adenosintriphosphorsäure die NH_2- durch die OH-Gruppe ersetzt wird. LOHMANN (*94*) kommt zu folgender Konstitution der Adenosintriphosphorsäure:

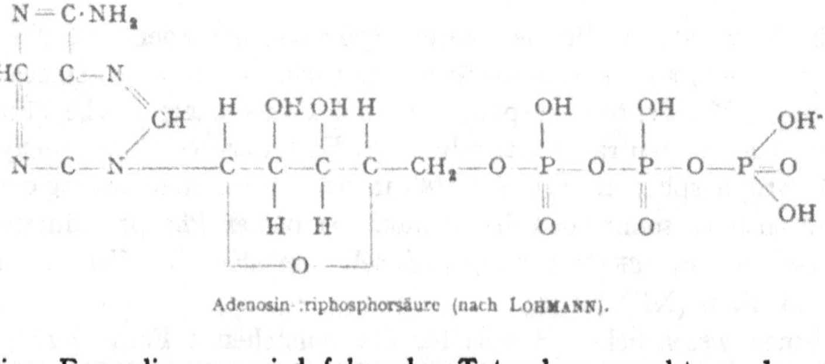

Adenosintriphosphorsäure (nach LOHMANN).

Diese Formulierung wird folgenden Tatsachen gerecht: 1. der oben erwähnten sauren und alkalischen Hydrolyse; 2. dem Austausch der NH_2-Gruppe gegen die OH-Gruppe bei Einwirkung von salpetriger Säure; 3. der Bildung eines komplexen Cu-Salzes und der positive Ausfall der Borsäurereaktion, Reaktionen, die auf zwei freie benachbarte und gleichgerichtete OH-Gruppen hinweisen, jedoch bei der Häufung von OH-

Gruppen nicht allzu eindeutig zu werten sind; 4. dem Verlauf der Elektro-titrationskurven in der ungespaltenen Verbindung sowie nach der Hy-drolyse.

Gegen diese Annahme spricht der Befund von BARRENSCHEEN und JACHIMOWICZ (4), daß durch Knochenphosphatase rund ein Drittel der Phosphorsäure der Adenosintriphosphorsäure als anorganisches Phosphat abgespalten wird. Dieses Drittel gehört dem schwer hydrolysierbaren Anteil der Gesamtphosphorsäure an, während die beiden leicht hydroly-sierbaren Phosphorsäurereste nicht abgespalten werden. Man könnte daher zu folgender Konstitution (XXVIII) kommen, wogegen dann die Ergebnisse der Elektrotitration sowie die BOESEKEN-Titration sprechen würden. Diese Formulierung würde der von SATOH (101) befürworteten entsprechen, der durch Einwirkung von Pyrophosphatase Adenosin-diphosphorsäure, durch Einwirkung von Phosphoesterase eine, zwei leicht abspaltbare Phosphorsäuregruppen enthaltende, von der vorigen verschiedene Adenosindiphosphorsäure erhielt.

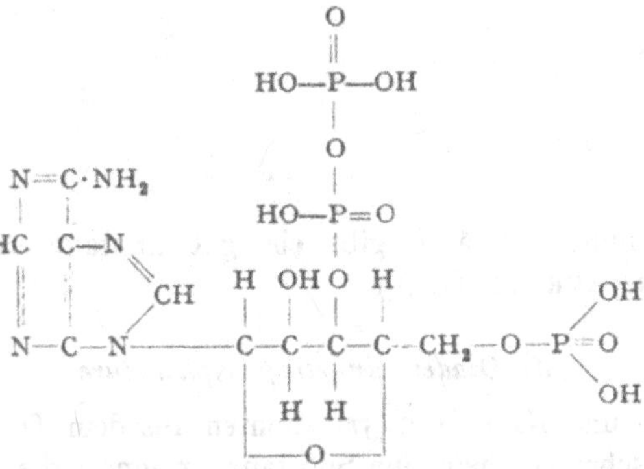

Adenosin-triphosphorsäure (nach SATOH).

(XXVIII)

Eine endgültige Klärung der Konstitution der Adenosintriphosphor-säure ist um so mehr erwünscht, als sie ja der Cozymase und dem WAR-BURGschen Coferment (Codehydrase II) zugrunde liegt. Für die bisherigen Formulierungen der beiden Cofermente ist als wahrscheinlichste die LOHMANNsche Konstitutionsannahme übernommen worden.

Adenosintriphosphorsäure liefert ein Acridinsalz als einzige gut kristallisierende Verbindung [WAGNER-JAUREGG (115)].

γ) Adenosin-diphosphorsäure.

Von LOHMANN (93) wurde aus Adenosintriphosphorsäure durch Einwir-kung von gewaschenem Krebsmuskelbrei Adenosindiphosphorsäure gewonnen. Dabei wird von den beiden leicht hydrolysierbaren

Phosphorsäureresten der Adenosintriphosphorsäure nur einer abgespalten. Diese Adenosindiphosphorsäure vermag ebenso wie Adenosintriphosphorsäure als Coferment der Kreatin- bzw. Arginin-phosphorsäurespaltung zu wirken, wobei sie zu Adenosintriphosphorsäure phosphoryliert wird. Adenosindiphosphorsäure wurde ebenfalls durch Aufspaltung der Cozymase gewonnen [Vestin, Schlenk und v. Euler (*113*)].

Adenosindiphosphorsäure zerfällt bei kurzer Säurehydrolyse in je 1 Molekül Adenin, Ribosephosphorsäure und anorganische Phosphorsäure. Sie selbst enthält drei, die hydrolysierte Verbindung vier Säurevalenzen. Lohmann (*94*) kommt zu folgender Formulierung der Adenosindiphosphorsäure:

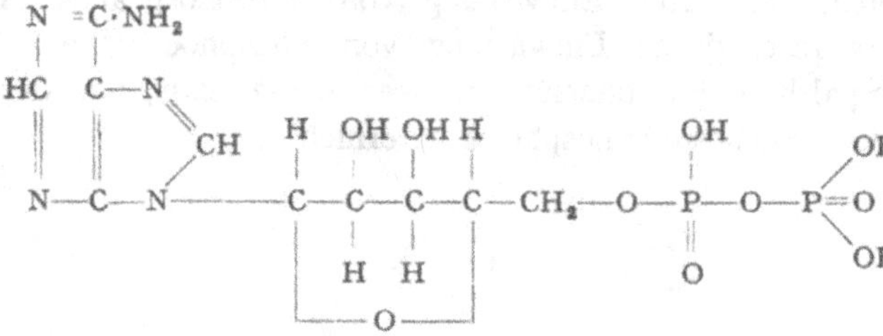

Adenosin-diphosphorsäure.

Adenosin-diphosphorsäure gibt ein gut kristallisierendes Acridinsalz [Wagner-Jauregg, (115)].

δ) *Diadenosin-tetraphosphorsäure.*

Meyerhof und Kiessling (*51*) konnten aus dem Trichloressigsäurefiltrat von frischer Bierhefe eine Substanz gewinnen, die beim Umestern mit Phosphobrenztraubensäure durch Kaninchen-muskelextrakt die Pyrophosphorsäureverbindung einer Diadenosin-diphosphorsäure ergab. Als phosphorylierendes Coferment verhält sich die Verbindung ähnlich wie Adenosintriphosphorsäure. Wahrscheinlich liegt der größte Teil der in der frischen Hefe enthaltenen Adenosin-5-phosphorsäure (= Muskeladenylsäure) in dieser Verbindung vor.

Diadenosin-tetraphosphorsäure enthält wie die Adenosin-triphosphorsäure zwei leicht hydrolysierbare Phosphorsäurereste, zum Unterschied von ihr jedoch zwei weitere, schwer hydrolysierbare. Durch schwach alkalische Verseifung entstehen 1 Mol Adenosintriphosphorsäure und 1 Mol Muskeladenylsäure. Die Elektrotitrationskurve zeigt in der ersten Dissoziationsstufe der Phosphorsäure vier saure Gruppen, in der zweiten Stufe eine; bei alkalischer Hydrolyse kommt noch eine Gruppe in der zweiten Stufe hinzu. Als wahrscheinliche Formel wird die folgende angenommen:

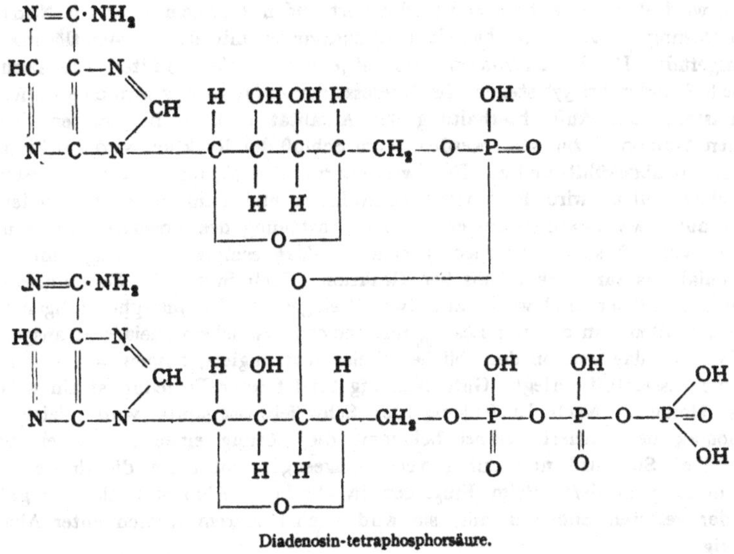

Diadenosin-tetraphosphorsäure.

2. Desoxyribo-nucleotide.

Desoxyribonucleotide sind bisher lediglich als Spaltstücke der Thymonucleinsäure isoliert worden, in freiem Zustand hat man sie noch nicht aufgefunden. KLEIN und THANNHAUSER (*54, 55, 56*) gelang es, mit einem Fermentpräparat aus Darmschleimhaut die Thymonucleinsäure zu den vier Nucleotiden aufzuspalten. Eine weitere fermentative Aufspaltung der durch die Wirkung einer „Polynucleotidase" gebildeten Nucleotide wurde durch Zusatz von Arsenat verhindert. Arsenat hemmt die Wirkung des gleichfalls in der Darmschleimhaut vorhandenen nucleotidspaltenden Ferments, der „Nucleotidase".

a) **Darstellung.** Zunächst gelang die Isolierung der Desoxyriboguanylsäure. Die freie Säure ist äußerst zersetzlich wegen der leichten Spaltbarkeit der Glykosidbindung. In freiem Zustand konnte sie aus dem Barium- über das Ammonsalz und Bleisalz nur bei tiefer Temperatur gewonnen werden. Auch die Desoxyribo-adenylsäure wurde wegen ihrer leichten Zersetzlichkeit nur als Brucinsalz und sek. Calciumsalz erhalten. Beide Purinnucleotide sind durch Nucleotidase leicht spaltbar. Aus den Hydrolysaten der Purinnucleotide konnten auf dem Wege über die Brucinsalze die freien Pyrimidinnucleotide, Desoxyribo-cytidylsäure und Desoxyribo-thymidylsäure dargestellt werden. Beide sind gegenüber Säure relativ beständig. Die Ausbeuten an den einzelnen Nucleotiden sind bisher nur gering.

Darstellung: 100 g thymonucleinsaures Natrium werden in Wasser gelöst und auf $p_H = 8,5$ gebracht. Die aus 600 ccm Glycerinextrakt hergestellte Enzymlösung wird ebenfalls auf $p_H = 8,5$ adjustiert und mit 10 ccm einer 1 m-Natrium-arsenatlösung versetzt, geschüttelt und zusammen mit der Substratlösung auf 5 l aufgefüllt. Die Arsenatkonzentration ist jetzt 0,002 Mol pro Liter. Die Mischung bleibt 8 Stunden bei 37° stehen. Im Interesse der Aufarbeitung wird eine Pufferung unterlassen. Zur Aufrechterhaltung der Alkalität muß in bestimmten Zeitab-ständen Ammoniak zugesetzt werden. Zum Schluß der Reaktion wird auf Zimmer-temperatur abgekühlt und zur Enteiweißung mit Eisessig bis $p_H = 5,0$ angesäuert. Das klare Filtrat wird fortlaufend neutralisiert und dann unter vermindertem Druck auf etwa 1500 ccm eingeengt. Zur Ausfällung des Arsenats und geringer Mengen von Phosphat kommen 50 ccm 1 m-Magnesiumacetatlösung hinzu und Ammoniak bis zur stark alkalischen Reaktion. Nach Stehen im Eisschrank über Nacht wird filtriert und weiter auf etwa 1 l eingeengt. Die phosphorhaltigen Sub-stanzen werden nun aus der Lösung mit 500 ccm basischem Bleiacetat ausgefällt. Der Niederschlag wird in der üblichen Weise zentrifugiert, ausgewaschen und mit Schwefelwasserstoff zerlegt. Gute Kühlung bei letzterer Prozedur ist ein wesent-liches Moment. Nach Entfernung des Schwefelwasserstoffs wird gleich mit Ammoniak neutralisiert. Dabei bekommt die Lösung einen schwachen Stich ins Gelbe. Sie wird nun auf 100 ccm eingeengt, wobei sie dickflüssig wird, aber nicht gelatiniert. Beim Eingießen in absoluten Alkohol flockt der größte Teil der gelösten Substanz aus, sie wird nach längerem Kneten unter Alkohol pulverig.

Die Trennung und Isolierung der Desoxyribo-nucleotide sei nur kurz wieder-gegeben: In der vorstehend beschriebenen alkoholischen Fällung befinden sich unveränderte Thymonucleinsäure und Desoxyribo-guanylsäure, während die drei übrigen Nucleotide in Lösung bleiben. Desoxyribo-guanylsäure kann aus der alko-holischen Fällung als einheitliches Brucinsalz isoliert und daraus als kristallinisches sekundäres Bariumsalz erhalten werden. Die in Alkohol gelösten Nucleotide werden zur Vorreinigung ebenfalls in Brucinsalz übergeführt. Sie werden umkristallisiert, bis ihre Lösung farblos bleibt. Desoxyribo-adenylsäure läßt sich aus den zuerst kristallisierenden Anteilen der Brucinsalze leicht rein darstellen durch Umwandlung in das sekundäre Calciumsalz. Die Brucinsalze der Pyrimidinnucleotide kommen erst nach starkem Einengen und längerem Stehen heraus. Nach Reinigung über Brucinsalz und Bariumsalz werden die Säuren in Freiheit gesetzt und durch Alkohol-zusatz getrennt. Aus 50—80proz. Alkohol fällt Desoxyribo-cytidylsäure in kristalli-sierter Form aus. Die in Lösung bleibende Desoxyribo-thymidylsäure wird am ein-fachsten durch Darstellung des sekundären Bariumsalzes in kristallisierten Zustand übergeführt.

b) Konstitution. Untersuchungen über die Konstitution der einzelnen Desoxyribo-nucleotide liegen bisher noch nicht vor. Es ist aber als sehr wahrscheinlich anzunehmen, daß die Konstitution die analoge wie bei den Ribonucleotiden ist, d. h. die Phosphorsäure sitzt wahrscheinlich am Kohlenstoffatom 3.

Im Hinblick auf die später zu besprechenden Polynucleotide seien kurz die Ribo-nucleotide mit den Desoxyribo-nucleotiden verglichen: Beide Reihen zeigen große Ähnlichkeiten. Beide Adenin-nucleotide sind im Gegensatz zur Muskeladenylsäure schwer desaminierbar. Gegen Alkali sind beide Reihen verhältnismäßig beständig, gegen Säuren unbeständig (vor allem die Purinverbindungen). Löslichkeiten und Drehungen laufen parallel.

3. Synthese von Nucleotiden.

Die bisher durchgeführten Synthesen sind durchweg *Partial*synthesen, indem als Ausgangsmaterial das entsprechende, aus natürlichem Material gewonnene Nucleosid diente, das dann durch geeignete Phosphorylierung in das Nucleotid übergeführt wurde.

Von den bisher durchgeführten Synthesen beansprucht die der Muskeladenylsäure bzw. Adenosintriphosphorsäure das größte Interesse. Die direkte Phosphorylierung des Adenosins mittels Phosphoroxychlorid in Pyridin, die eine bevorzugte Phosphorylierung an der primären Hydroxylgruppe, aber eventuell auch an der NH_2-Gruppe erwarten ließ, führte nur zu einem Gemisch verschiedener Phosphorsäureester des Adenosins, das u. a. auch Muskeladenylsäure enthielt [BREDERECK u. CARO (*16*); BARRENSCHEEN u. JACHIMOWICZ (*5*)]. Eine chemisch übersichtliche Synthese gelang nach folgendem Reaktionsschema [BREDERECK u. EHRENBERG (*18*)]: Adenosin (XXIX) → (Trityladenosin) → Triacetyl-trityladenosin (XXX) → → Diacetyl-adenosin (XXXI) → (Diacetyl-adenosin-5-phosphorsäure) → → Muskeladenylsäure (XXXII). Dabei wurden die in Klammern gesetzten Zwischenstufen nicht isoliert. Die Ausbeute der letzten Stufe ist nur sehr gering, da gleichzeitig eine Phosphorylierung an der Aminogruppe eintritt. Dennoch konnte die krist. Muskeladenylsäure erhalten werden. LEVENE und TIPSON (*88*) die die gleiche Synthese bereits veröffentlichten, konnten die Muskeladenylsäure nur als nicht ganz reines Bariumsalz isolieren.

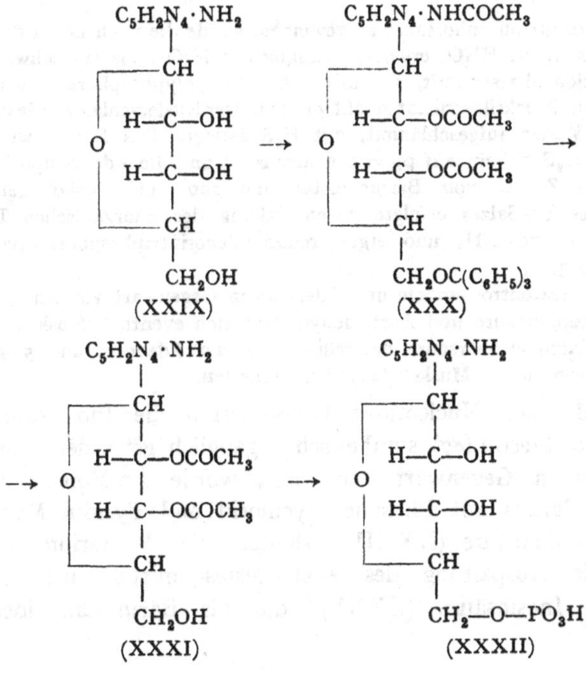

$$C_5H_2N_4 \cdot NH_2 \qquad\qquad C_5H_2N_4 \cdot NHCOCH_3$$

$$
\begin{array}{c}
\text{---CH} \\
|\\
\text{H---C---OH} \\
|\\
\text{H---C---OH} \\
|\\
\text{---CH} \\
|\\
CH_2OH \\
\text{(XXIX)}
\end{array}
\qquad \rightarrow \qquad
\begin{array}{c}
\text{---CH} \\
|\\
\text{H---C---OCOCH}_3 \\
|\\
\text{H---C---OCOCH}_3 \\
|\\
\text{---CH} \\
|\\
CH_2OC(C_6H_5)_3 \\
\text{(XXX)}
\end{array}
\qquad \rightarrow
$$

$$C_5H_2N_4 \cdot NH_2 \qquad\qquad C_5H_2N_4 \cdot NH_2$$

$$
\rightarrow
\begin{array}{c}
\text{---CH} \\
|\\
\text{H---C---OCOCH}_3 \\
|\\
\text{H---C---OCOCH}_3 \\
|\\
\text{---CH} \\
|\\
CH_2OH \\
\text{(XXXI)}
\end{array}
\qquad \rightarrow \qquad
\begin{array}{c}
\text{---CH} \\
|\\
\text{H---C---OH} \\
|\\
\text{H---C---OH} \\
|\\
\text{---CH} \\
|\\
CH_2\text{---O---PO}_3H_2 \\
\text{(XXXII)}
\end{array}
$$

Eine glatte und ergiebige Synthese auf fermentativem Wege gelang
Ostern (98, 99): Ausgehend von Adenosin, wurde in Gegenwart von
Phosphat und untergäriger Hefe (eventuell auch Fructosediphosphorsäure und Acetaldehyd) eine Phosphorylierung erzielt, unter überwiegender
Bildung von Adenosintriphosphorsäure, aus der durch schwach alkalische
Hydrolyse Muskeladenylsäure leicht dargestellt werden konnte. Die Ausbeute beträgt 35% des angewandten Adenosins. Da anderseits Adenosin
bequem und in guter Ausbeute zugänglich ist, dürfte die synthetische Herstellung der Muskeladenylsäure bzw. Adenosintriphosphorsäure der Gewinnung aus natürlichem Material vorzuziehen sein.

Darstellung der Muskeladenylsäure und Adenosin-triphosphorsäure: 50 g Acetontrockenhefe und 2 g Adenosin in 370 ccm Wasser, 80 ccm Fructosediphosphorsäure
(= 0,4 g P), 10 ccm Acetaldehyd (10%), 40 ccm m/3-Phosphat (pH = 7), 15 ccm
Toluol wurden 30 Minuten bei Zimmertemperatur auf der Schüttelmaschine geschüttelt und dann noch 75 Minuten bei 37° inkubiert. Enteiweißt wurde mit 500 ccm
10proz. Trichloressigsäure. Das Filtrat wurde bei pH = 9 mit Ba-acetat gefällt.
Der Bariumniederschlag wurde in 300 ccm n/2-HNO$_3$ aufgelöst und rasch filtriert.
Die Lösung wurde mit NaOH und etwas Baryt auf pH = 9 gebracht, 15 Minuten
im siedenden Wasserbad erhitzt, der Niederschlag abzentrifugiert und noch 2mal
mit je 250 ccm Wasser ausgekocht. Die vereinigten Filtrate werden auf pH = 6
neutralisiert und die Adenylsäure als Bleisalz gefällt. Der Niederschlag wurde mit
Wasser Ba-frei gewaschen, in 400 ccm Wasser aufgeschlämmt und mit H$_2$S zerlegt.
Das Filtrat wurde von H$_2$S befreit, bei 45° im Vakuum auf 30 ccm eingeengt und
die bereits entstandene kristalline Fällung durch Zugabe von 70 ccm Alkohol vervollständigt. Die Kristalle wurden aus Wasser + Alkohol umkristallisiert. Ausbeute: 0,8 g.

Um Adenosintriphosphorsäure zu gewinnen, wurde die nach Lösen des Barium-
niederschlages in n/2-HNO$_3$ erhaltene Lösung mit NaOH bis zur schwach kongo-
sauren Reaktion abgestumpft, worauf die Adenosinpolyphosphorsäuren mit einem
Überschuß von Quecksilbernitrat gefällt wurden. Der Niederschlag wurde gewaschen,
in 200 ccm Wasser aufgeschlämmt, mit H$_2$S zerlegt. Das Filtrat wurde durch
Lüftung von H$_2$S befreit, auf pH = 6 neutralisiert und die Adenosinpolyphosphorsäuren durch Zusatz von Bariumacetat und 200 ccm Alkohol gefällt. Die
Reinigung des Ba-Salzes erfolgte durch Fällung des anorganischen Phosphats
mit Mg-Acetat und NH$_3$ und ergab reines adenosintriphosphorsaures Barium.
Ausbeute: 2,4 g.

Auch aus Acetontrockenhefe und Adenosin in Gegenwart von Phosphat (ohne
Fructosediphosphorsäure und Acetaldehyd) läßt sich eventuell Muskeladenylsäure
bzw. Adenosintriphosphorsäure darstellen. Aus 2 g Adenosin und 50 g Acetontrockenhefe werden 1 g Muskeladenylsäure erhalten.

An natürlichen Nucleotiden ist weiterhin die Inosinsäure durch
Levene und Tipson (87) synthetisch zugänglich geworden. Aus Inosin
und Aceton in Gegenwart von ZnCl$_2$ wurde 2,3-Monoaceton-inosin
(XXXIII), daraus mit Phosphoroxychlorid und Pyridin Monoaceton-
inosin-5-phosphorsäure (XXXIV) erhalten, die als Bariumsalz isoliert
wurde. Die Abspaltung des Acetonrestes mittels 0,1 n-Salzsäure
führte zur Inosinsäure (XXXV), die als Bariumsalz identifiziert
wurde.

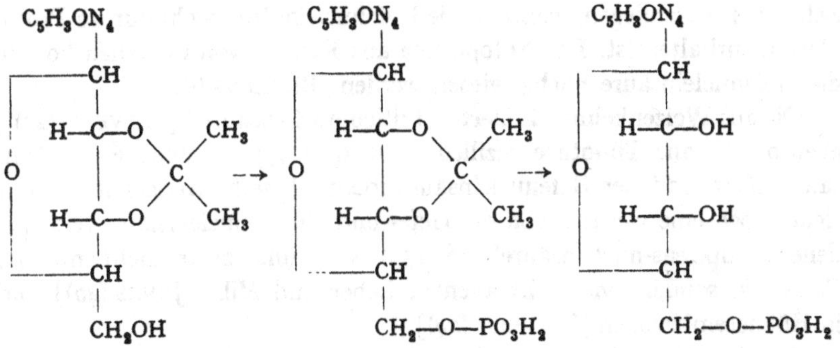

$$
\begin{array}{ccc}
\text{C}_5\text{H}_3\text{ON}_4 & \text{C}_5\text{H}_3\text{ON}_4 & \text{C}_5\text{H}_3\text{ON}_4 \\
| & | & | \\
\text{CH} & \text{CH} & \text{CH} \\
\end{array}
$$

(XXXIII)   (XXXIV)   (XXXV)

Auf dem analogen Wege wurde von LEVENE und TIPSON (*85*) die Synthese der natürlich nicht vorkommenden Uridin-5-phosphorsäure durchgeführt. Die Synthese ist durch die folgenden Reaktionsstufen gekennzeichnet: Uridin → 2,3 Monoaceton-uridin → Monoaceton-uridin-5-phosphorsäure → Uridin-5-phosphorsäure.

C. Polynucleotide.

Seit Beginn der Entwicklung der Kernchemie teilt man die höheren Nucleinsäuren (= Polynucleotide, auch „echte Nucleinsäuren" genannt) ein in die „pflanzliche" Hefenucleinsäure und die „tierische" Thymonucleinsäure. Die erstere sollte in den pflanzlichen, die letztere in tierischen Zellkernen vorkommen. Während tierische Zellkerne, wenigstens aus mehreren bevorzugten Objekten (Eiterzellen bzw. Lymphocyten, kernhaltige rote Blutkörperchen, Fischspermien) schon frühzeitig dargestellt worden waren und in ihnen das Vorliegen der Thymonucleinsäure erkannt worden war, war ein Beweis für das Vorliegen der „pflanzlichen" Hefenucleinsäure in den pflanzlichen Zellkernen noch nicht erbracht, zumal pflanzliche Zellkerne noch nicht isoliert worden waren. Aus sehr kernreichen Geweben, z. B. den Keimen der Zerealien, ebenso aus Hefe hatte man Hefenucleinsäure isoliert und sie daraufhin als „pflanzliche" Nucleinsäure bezeichnet.

Zweifel an dem angeblichen Vorkommen der Hefenucleinsäure in den Kernen tauchten auf, als man fand, daß die für die Thymonucleinsäure charakteristische Nuclealreaktion (Hefenucleinsäure gibt die Reaktion nicht) auch von den pflanzlichen Zellkernen gegeben wird [FEULGEN und ROSSENBECK (*37*); KIESEL und BELOZERSKY (*50*)]. Auch der nucleale Charakter der Bakterien [VOIT (*114*)] und der echten Hefen [ROCHLIN (*100*)] ließ sich feststellen. Von FEULGEN (*35*) konnten kürzlich aus Keimen der Zerealien (Roggenkeime) die Zellkerne isoliert werden. Aus ihnen ließ sich die Thymonucleinsäure gewinnen. Somit scheint die Thymonucleinsäure ganz allgemein sowohl in den tierischen als auch in den pflanzlichen

Zellkernen vorzuliegen, während die Hefenucleinsäure wohl nur im Protoplasma enthalten ist. Im Protoplasma aus Keimen von Cerealien konnte
die Hefenucleinsäure nachgewiesen werden [Behrens (5a)].

Die aus Weizenkeimen isolierte „Tritico-nucleinsäure" [Calvery (25)],
ebenso die aus Timothee-bazillen [Coghill (27)] gewonnene Nucleinsäure dürfte mit der Hefenucleinsäure identisch sein. Anderseits kommt
sicher noch eine weitere, von der Hefe- und Thymonucleinsäure verschiedene „Pankreas-nucleinsäure" (S. 155) vor, und zwar nicht nur im
Pankreas, sondern vielleicht auch in Leber und Milz [Jones (46)] und
in Hühnerembryonen [Calvery (24)].

Aus dem Vorstehenden dürfte ersichtlich sein, daß man eine einwandfreie Einteilung der Nucleinsäuren nach ihrem Vorkommen nicht durchführen kann. Ganz generell wird man Nucleinsäuren, die *mehr als 1 Nucleotid* in ihrem Molekül enthalten, als *Polynucleotide* bezeichnen. Dabei kann
man, je nach der Zahl der im Molekül enthaltenen Nucleotide eine genauere
Bezeichnung vornehmen, z. B. Tetranucleotid, Pentanucleotid usw. Der
bisher charakteristischeste Unterschied der Polynucleotide beruht auf der
Verschiedenheit der Kohlehydratkomponente. Entsprechend der Unterscheidung zwischen Ribo- und Desoxyribonucleotiden wird man auch
unterscheiden zwischen *Ribo-polynucleotiden* und *Desoxyribo-polynucleo-
tiden.* Mit dieser Bezeichnung ist nur eine rein chemische Unterscheidung
gegeben, jedoch keine hinsichtlich ihres Vorkommens, bzw. ihrer Herkunft.
Ein Ribo-polynucleotid ist die Hefe- und die Pankreasnucleinsäure, der
einzige bisher bekannte Vertreter der Desoxyribo-polynucleotide die
Thymonucleinsäure.

Die *Konstitutionsaufklärung der Polynucleotide* hat auszugehen von
der Erforschung der Anzahl und der Natur der im Molekül enthaltenen
Nucleotide. Sie hat weiter darnach zu fragen, durch welche Art der Bindung und in welcher Reihenfolge die einzelnen Nucleotide zum Gesamt-
molekül des Polynucleotids zusammengefügt sind.

1. Thymonucleinsäure.

Durch Isolierung der vier Desoxyribo-nucleoside (S. 131) Guanin-
desoxyribosid, Adenin-desoxyribosid, Cytosin-desoxyribosid, Thymin-
desoxyribosid sowie der entsprechenden vier Desoxyribo-nucleotide
(S. 141) Desoxyribo-guanylsäure, Desoxyribo-adenylsäure, Desoxyribo-
cytidylsäure, Desoxyribo-thymidylsäure war die *tetranucleotidische*
Struktur der Thymonucleinsäure sichergestellt. Wenn auch der
exakte Beweis für die Konstitution der Desoxyribonucleotide, insbesondere was die Stellung der Phosphorsäure anbetrifft, noch nicht
erbracht ist, so darf doch die 3-Stellung der Phosphorsäure als sehr
wahrscheinlich angesehen werden und damit auch einer vorläufigen
Konstitutionsformel der Thymonucleinsäure zugrunde gelegt werden.

Somit bleiben für die Aufstellung der Konstitution der Thymonucleinsäure die Fragen nach der Art der Bindung zwischen den einzelnen Nucleotiden sowie nach ihrer Reihenfolge zu beantworten. Eine experimentelle
Grundlage zur Beantwortung dieser Fragen bildeten die schon länger
zurückliegenden Versuche von LEVENE (74, 61) sowie von THANNHAUSER
(110, 111). Die genannten Autoren hatten bei Hydrolyse der Thymonucleinsäure mit 2proz. Schwefelsäure, Pikrinsäure, bzw. Salzsäure + Methanol neben den Monophosphorsäureestern die Diphosphorsäureester der
Pyrimidin-desoxyribonucleoside in Form von Brucin- und Bariumsalzen
erhalten. Da zur Zeit dieser Untersuchungen als Kohlehydratkomponente
eine Hexose angenommen wurde, wurden die Verbindungen als „Hexo-
thymidin-diphosphorsäure" bzw. „Hexocytidin-diphosphorsäure" bezeichnet. Entsprechend waren die Analysenwerte unter der Annahme einer
Hexose berechnet.

Auf die Konstitution der Thymonucleinsäure hatte dieser Befund
folgenden Einfluß: Die Bindung zwischen den einzelnen Nucleotiden mußte
eine esterartige sein zwischen der Phosphorsäure eines Nucleotids und
einem Hydroxyl des Zuckers des Nachbar-Nucleotids. Gleichzeitig war
eine Reihenfolge unter Abwechselung zwischen einem Purin- und Pyrimi-
dinderivat dadurch wahrscheinlich geworden [LEVENE und BASS (66)].
Die von LEVENE (86) aufgestellte Formulierung trägt diesen Schlußfolgerungen Rechnung. Eine solche Anordnung gibt eine zwanglose Erklärung
für die Entstehung der Diphosphorsäureester, zumal die Phosphorsäure-
abspaltung bei den Purinderivaten wesentlich leichter als bei den Pyrimi-
dinderivaten erfolgt. Auch stimmen die Ergebnisse der elektrometrischen Titration· mit dieser Anordnung überein [LEVENE und
SIMMS (81, 82).]. Eine genauere Angabe der Reihenfolge ist naturgemäß
nicht möglich.

Thymonucleinsäure (nach LEVENE).

Unter Beibehaltung der esterartigen Verknüpfung kommt MAKINO
(95, 96) zu einer ringförmigen Anordnung der einzelnen Nucleotide
(das analoge Bauschema für Hefenucleinsäure s. S. 153). Die Titration
mit Alkali und Phenolphthalein als Indikator zeigt das Vorliegen einer

4-basischen Säure. Die Titration nach fermentativer Hydrolyse zeigt einen Zuwachs von vier Säuregruppen.

Thymonucleinsäure ist im Gegensatz zur Hefenucleinsäure gegenüber Alkali stabil. Wenn auch die Annahme einer Verknüpfung von der Phosphorsäure am C 3·zum C 5 der Thymonucleinsäure gegenüber der Hefenucleinsäure mit einer Verknüpfung zum C 2 eine größere Stabilität gegenüber Alkali verleiht, so ist doch die so große Stabilität der Thymonucleinsäure bei Annahme der LEVENEschen Formulierung nicht ohne weiteres zu erwarten. Erwähnt sei nur, daß die Diadenosin-tetraphosphorsäure (S. 140), in der eine analoge Verknüpfung angenommen wird (zwischen Phosphorsäure am C 5 und C 3) bereits durch n/400-NaOH (15 Min. bei 100°) gespalten wird.

Einwände gegen die LEVENEsche Formulierung der Thymonucleinsäure, insbesondere auch gegen die Existenz der Diphosphorsäureester kamen auf Grund fermentchemischer Untersuchungen: Die Aufspaltung der Thymonucleinsäure zu den Nucleotiden war von THANNHAUSER und seinen Mitarbeitern (S. 141) mit Hilfe eines Fermentpräparates aus Darmschleimhaut in Gegenwart von Arsenat durchgeführt worden. Dabei ist allein die „Polynucleotidase" wirksam, während durch den Zusatz des Arsenats die Wirkung der gleichfalls in dem Fermentpräparat vorhandenen „Nucleotidase" gehemmt wird. Durch diesen Versuch war die *Verschiedenheit* der Polynucleotidase und Nucleotidase gezeigt. Die Verschiedenheit ergibt sich auch aus Versuchen von LEVENE und DILLON (*68*), die die Polynucleotidase- und Nucleotidasewirkung verschiedener Fermentpräparate miteinander verglichen und keine Parallelität der Wirkungen feststellen konnten. Legt man der Thymonucleinsäure die LEVENEsche Formulierung zugrunde, so hätten beide Fermente die Aufgabe, Phosphorsäureester-Bindungen zu spalten. Polynucleotidasen und Nucleotidasen wären demnach beide Phosphatasen, die ersteren zur Spaltung der an den primären Hydroxylen sitzenden Phosphorsäureresten, letztere zur Abspaltung der an den C-Atomen 3 sitzenden Phosphorsäuregruppen. Eine solche Spezifität der Phosphatasen ist nicht anzunehmen, da gerade das von THANNHAUSER benutzte Fermentpräparat aus Darmschleimhaut mit gleicher Geschwindigkeit Hefeadenylsäure (mit der Phosphorsäure am C 3) und Muskeladenylsäure (mit der Phosphorsäure am C 5) zu spalten vermag. Beide Spaltungen werden durch Arsenat gehemmt. Es wäre daher·auch unverständlich, warum die eine Phosphatase (= Nucleotidase) durch Arsenat gehemmt wird, die andere (= Polynucleotidase) jedoch nicht. Aus diesen Überlegungen heraus lehnen THANNHAUSER (*107*) und KLEIN (*53*) die LEVENEsche Formulierung ab und ziehen eine Anhydridbindung jeweils zwischen den Phosphorsäuregruppen in Erwägung, wobei sie die Reihenfolge der einzelnen Nucleotide willkürlich wählen.

$$\begin{array}{l} \text{HO} \\ \quad\diagdown \\ \text{O}\!=\!\text{P}\!-\!\text{O}\!-\!\text{C}_5\text{H}_8\text{O}_2\!-\!\text{Guanin} \\ \quad\diagup \\ \text{O} \\ \quad\diagdown \\ \text{O}\!=\!\text{P}\!-\!\text{O}\!-\!\text{C}_5\text{H}_8\text{O}_2\!-\!\text{Adenin} \\ \quad\diagup \\ \text{O} \\ \quad\diagdown \\ \text{O}\!=\!\text{P}\!-\!\text{O}\!-\!\text{C}_5\text{H}_8\text{O}_2\!-\!\text{Cytosin} \\ \quad\diagup \\ \text{O} \\ \quad\diagdown \\ \text{O}\!=\!\text{P}\!-\!\text{O}\!-\!\text{C}_5\text{H}_8\text{O}_2\!-\!\text{Thymin} \\ \quad\diagup \\ \text{HO} \end{array}$$

Thymonucleinsäure (nach THANNHAUSER).

Die vorstehende Formulierung mit nur zwei sauren Gruppen würde allerdings im Gegensatz zu den Ergebnissen der Titration von LEVENE sowie von MAKINO stehen. THANNHAUSER und KLEIN legen jedoch der Titration wegen eventueller Unreinheit des Materials keine allzu große Beweiskraft zu. In der Ablehnung der LEVENEschen Formulierung werden THANNHAUSER und KLEIN noch dadurch bestärkt, daß es ihnen niemals gelungen ist, bei der fermentativen Hydrolyse Diphosphorsäureester der Pyrimidin-nucleotide zu isolieren. Die von THANNHAUSER und KLEIN in Erwägung gezogene Formulierung würde betreffend der Klassifikation der Polynucleotidase bedeuten, daß dieses Ferment eine Pyrophosphatase darstellt. Eine Verschiedenheit der Pyrophosphatase (= Polynucleotidase) von der Phosphatase (= Nucleotidase) ist durchaus zu erwarten, zumal im Falle der Adenylpyrophosphatase eine solche Verschiedenheit festgestellt worden ist.

Unter Beibehaltung des LEVENEschen Konstitutionsschemas ließe sich die Verschiedenheit der Polynucleotidase und Nucleotidase erklären, wenn man die Polynucleotidase als eine spezifische Phospho-diesterase ansieht, im Gegensatz zur Nucleotidase als Phospho-monoesterase. Eine Diesterase frei von Monoesterase soll nun nach UZAWA (*112*) im Gift der Habu-Schlange vorliegen und diese Diesterase soll nach den Untersuchungen von TAKAHASHI (*106*) die Polynucleotidase darstellen. TAKAHASHI hat daraufhin für Hefenucleinsäure eine neue Konstitutionsformel aufgestellt (Näheres S. 152). KLEIN konnte jedoch diese Angaben nicht bestätigen: „Habu"-Enzym zerlegte mit gleicher Geschwindigkeit Phenylphosphat wie Diphenylphosphat, enthielt also Mono- und Diesterase, wenn man nicht überhaupt Mono- und Diesterase als *ein* Ferment ansehen muß. Die Charakterisierung der Polynucleotidase als Phosphodiesterase, wie sie nach der LEVENEschen Formulierung der Thymonucleinsäure zu fordern wäre, scheint somit noch nicht bewiesen. Die Widersprüche zwischen den Ergebnissen der Fermentuntersuchungen und denen der rein chemischen Untersuchungen, die auf der Isolierung der Diphosphorsäureester der Pyrimidinnucleotide basieren, bleiben somit nach wie vor bestehen.

Unter diesen Umständen war eine Nachprüfung der experimentellen Angaben über die Diphosphorsäureester sehr erwünscht und das um so mehr, als die Diphosphorester unter Annahme einer Hexose als Kohlehydratkomponente isoliert und analysiert worden waren. Nachdem nun die 2-Desoxyribose als Kohlehydratkomponente feststeht, stimmen die von Thannhauser und Ottenstein (111) sowie Thannhauser und Blanco (110) gefundenen Analysenzahlen nicht mehr auf Di-ester. Von Bredereck und Caro (17) wurde nach der Methode von Thannhauser und Blanco nur ein Brucinsalz eines Monoesters erhalten. Die gleichen Autoren erhielten bei Nachprüfung der Methode von Levene (74, 61) in der Hauptsache Salze der Monoester (insbesondere der Thymin-desoxyribose-monophosphorsäure). In zwei Fällen erhielten sie in geringer Menge ein Brucinsalz der Zusammensetzung der Thymin-desoxyribose-diphosphorsäure. Beide Salze zeigten jedoch verschiedene Drehungen, womit trotz gleicher Zusammensetzung ihre Verschiedenheit bewiesen ist. Zumindest bei einem der Salze wird durch fremde Beimengungen ein Brucinsalz des Diesters vorgetäuscht. Darnach ist es nicht einmal sicher, ob das andere Salz das der wahren Thymin-desoxyribose-diphosphorsäure ist. Eine Entscheidung vermag erst die genaue Untersuchung der aus den Brucinsalzen hergestellten Bariumsalze zu bringen. Bredereck und Caro (17) sehen auf Grund ihrer bisherigen Untersuchungen keinen klaren Beweis für das Vorliegen von Diphosphorsäureestern, wenn sie auch die Möglichkeit nicht mit Sicherheit ausschließen können. Sie halten es jedoch vorerst nicht mehr für zulässig, bei der Konstitutionsaufklärung der Thymonucleinsäure und darüber hinaus der anderen Polynucleotide die Existenz der Diphosphorsäureester als Grundlage weiterer Untersuchungen anzusehen.

Als gesichert für die Konstitution der Thymonucleinsäure dürfen wir heute lediglich annehmen, daß die *Bindungen zwischen den Nucleotiden über die Phosphorsäuregruppen* verlaufen. Ausgeschlossen werden kann eine Verknüpfung der Phosphorsäure eines Nucleotids mit einer Aminogruppe der Base des Nachbarnucleotids: Bredereck und Köthnig (19) unterwarfen Thymonucleinsäure der Desaminierung und isolierten aus dem Desaminierungsprodukt nach Hydrolyse die Basen Xanthin, Hypoxanthin, Thymin und Uracil. Da sie gleichfalls zeigen konnten, daß während der Desaminierung eine Aufspaltung des Tetranucleotids nicht erfolgt war, sind somit die einzelnen NH_2-Gruppen in der Thymonucleinsäure frei und nicht mit den Phosphorsäureresten verknüpft.

Für die Verknüpfung der Nucleotide bleiben somit noch die folgenden Möglichkeiten: 1. Die von Levene angenommene Verknüpfung zwischen Phosphorsäure und dem Zuckerhydroxyl am $C_{(5)}$ des Nachbar-Nucleotids; 2. Anhydridbindungen zwischen den Phosphorsäureresten im Sinne von

THANNHAUSER; 3. Bindungen zwischen Phosphorsäure und Base, jedoch nicht mit den NH_2-Gruppen der Basen, eine Annahme, die allerdings zu früheren Arbeiten [z. B. FEULGEN (*30, 36*)] über den Aufbau der ,,Thyminsäure" zum Teil im Widerspruch stehen würde; 4. Kombinationen zwischen den unter 1—3 erörterten Möglichkeiten. Von diesen Möglichkeiten besitzt die unter 1 genannte die größte Wahrscheinlichkeit.

Eine weitere Frage ist, ob die genuine Thymonucleinsäure nicht ein *hochpolymeres* Gebilde ist, das erst durch die Methoden der Isolierung zu einem Molekül von der Größe eines Tetranucleotids aufgespalten wird. Dafür spricht, daß Thymonucleinsäure in zwei Formen (a und b) erthalten werden kann, die sich darin unterscheiden, daß das Natriumsalz der a-Form in etwa 5proz. Lösung gelatiniert, das der b-Form nicht. Die a-Form enthält wahrscheinlich auch b-Form und läßt sich durch Kochen in Wasser oder Alkali, durch trockenes Erhitzen, vor allem unter der Einwirkung eines im Pankreatin vorhandenen Ferments, der *Nucleogelase*, in die b-Form überführen [FEULGEN (*33, 34*)]. Die b-Form dürfte wohl das wahre Tetranucleotid darstellen, während die a-Form ein Polymeres der b-Form ist. Für den hochmolekularen Charakter der Thymonucleinsäure sprechen Untersuchungen an möglichst schonend hergestellter Thymonucleinsäure [SIGNER, CASPERSSON und HAMMARSTEN (*102 a*), CASPERSSON (*26 a*)]. Unter Heranziehung von Strömungsdoppelbrechungs- und Viskositätsmessungen wurde gefunden, daß Thymonucleinsäure in wäßriger Lösung zu gestreckten Fadenmolekülen dispergiert wird. Ihr Gewicht ist größenordnungsmäßig 500 000—1 000 000, entsprechend einigen tausend Mononucleotidgruppen.

2. Hefenucleinsäure.

Hefenucleinsäure ist ebenso wie Thymonucleinsäure ein *Tetranucleotid*. Der Beweis dafür war durch Isolierung der vier Nucleoside Guanosin, Adenosin, Cytidin, Uridin sowie der entsprechenden Nucleotide Guanylsäure, Hefeadenylsäure, Cytidylsäure und Uridylsäure schon vor längerer Zeit erbracht. Nachdem durch die Untersuchungen der letzten Jahre die Konstitution der Nucleoside und Nucleotide in allen Einzelheiten aufgeklärt ist, bleiben für die Konstitution der Hefenucleinsäure die Fragen nach der Art der Bindung zwischen den einzelnen Nucleotiden sowie nach ihrer Reihenfolge zu beantworten.

Zur Beantwortung dieser Fragen lagen experimentelle Ergebnisse bis vor kurzem kaum vor. Alle früheren Angaben über Gewinnung von Tri-, bzw. Dinucleotiden, die etwas über die Reihenfolge hätten aussagen können, hatten sich als unrichtig erwiesen. Stets handelte es sich um Gemische von Mononucleotiden. LEVENE (*66, 86*) hatte für Hefenucleinsäure die umstehende Konstitutionsformel aufgestellt, die eine esterartige Bindung zwischen den einzelnen Nucleotiden vorsieht.

Die nachstehende Formel stimmt mit den Ergebnissen der elektrometrischen Titration überein, die außer vier primären Phosphorsäuregruppen noch eine sekundäre Gruppe (2. Dissoziationsstufe) anzeigt [Levene und Simms (*81, 82*)]. Die Beweiskraft der empfindlichen elektrometrischen Titration ist bei der amorphen und unreinen Beschaffenheit der Hefenucleinsäure nach Ansicht von Makino (*95, 96*) sowie von Takahashi (*106*) nicht allzu hoch zu werten..Mit der nachstehenden Formulierung nimmt Levene die gleiche Art der Verknüpfung und die gleiche Reihenfolge wie bei der Thymonucleinsäure an. Während in der Thymonucleinsäure die Bindung von der in Stellung 3 der Desoxyribose angenommenen Phosphorsäure zum C 5, d. h. zur primären Hydroxylgruppe verlaufen soll, soll in der Hefenucleinsäure die Bindung von der Phosphorsäure am C 3 der Ribose zum C 2 der Ribose des Nachbarnucleotids gehen. Mit dieser Annahme trägt Levene der verschiedenartigen Resistenz beider Polynucleotide gegenüber Alkali Rechnung. Die gegenüber Alkali sehr labile Hefenucleinsäure wird bei der Instabilität der Bindung am C 2 durch Alkali leicht zwischen C 2 und Phosphorsäure gespalten. Hingegen besitzt die Thymonucleinsäure mit der Bindung von der Phosphorsäure zum C 5 eine gegenüber Alkali stabilere Bindung. So einleuchtend in vieler Hinsicht die Überlegungen von Levene sind, so muß doch nochmals darauf hingewiesen werden, daß sie, zumindest für die Hefenucleinsäure, abgesehen von den Titrationen, keinerlei experimentelle Grundlage besitzen.

$$
\begin{array}{l}
\mathrm{HO} \\
\mathrm{O}\!\!=\!\!\mathrm{P}\!\!-\!\!\mathrm{O}\!\!-\!\!\mathrm{C_5H_7O_2}\!\!-\!\!\mathrm{C_4H_3N_2O_2} \qquad\qquad \text{Uridylsäure.} \\
\mathrm{HO} \qquad\quad \mathrm{O} \\
\qquad\qquad\quad \mathrm{O}\!\!=\!\!\mathrm{P}\!\!-\!\!\mathrm{O}\!\!-\!\!\mathrm{C_5H_7O_2}\!\!-\!\!\mathrm{C_5H_4N_5} \qquad \text{Hefeadenylsäure.} \\
\qquad\qquad\quad \mathrm{HO} \qquad\quad \mathrm{O} \\
\qquad\qquad\qquad\qquad \mathrm{O}\!\!=\!\!\mathrm{P}\!\!-\!\!\mathrm{O}\!\!-\!\!\mathrm{C_5H_7O_2}\!\!-\!\!\mathrm{C_4H_4N_3O} \qquad \text{Cytidylsäure} \\
\qquad\qquad\qquad\qquad \mathrm{HO} \qquad\quad \mathrm{O} \\
\qquad\qquad\qquad\qquad\qquad\quad \mathrm{O}\!\!=\!\!\mathrm{P}\!\!-\!\!\mathrm{O}\!\!-\!\!\mathrm{C_5H_6O_2}\!\!-\!\!\mathrm{C_5H_4N_5O} \quad \text{Guanylsäure.} \\
\qquad\qquad\qquad\qquad\qquad\quad \mathrm{HO}
\end{array}
$$

Hefenucleinsäure (nach Levene).

Nehmen wir die Levenesche Formulierung der Hefenucleinsäure (ebenso der Thymonucleinsäure) als richtig an, so wäre die Polynucleotidase in beiden Fällen einer Phosphodiesterase gleichzusetzen (S. 149). Takahashi (*106*) hat geglaubt, den Beweis für die Identität von Polynucleotidase und Phosphodiesterase erbracht zu haben. Im Verfolg dieser Untersuchungen ist er zu einer neuen Formel für Hefenucleinsäure gekommen: Eine reine Phosphomonoesterase vermochte aus Hefenucleinsäure keine Phosphorsäure abzuspalten, ebenso nicht reine Pyrophosphatase sowie ein Gemisch von Phosphomonoesterase + Pyrophosphatase. Hingegen spaltete ein Gemisch von Phosphomonoesterase und Phosphodiesterase den gesamten P ab. Auf Grund der LEVENEschen Formel sollte die eine endständige Phosphorsäure durch Phosphomonoesterase abgespalten werden, was aber nicht der Fall ist. TAKAHASHI kommt daher zu folgender ringförmigen Anordnung der Hefenucleinsäure:

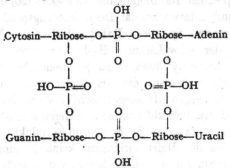

Hefenucleinsäure (nach TAKAHASHI und MAKINO).

KLEIN (53) konnte jedoch die Angaben von TAKAHASHI nicht bestätigen: Die angeblich reine Phosphomonoesterase spaltete in gleicher Weise Mono- und Diphenylphosphat. Ebenso spaltete „Habu"-Enzym, das die reine Diesterase darstellen soll, Mono- und Diphenylphosphat sowie Hefenucleinsäure.

Zur gleichen ringförmigen Anordnung wie TAKAHASHI kommt auch MAKINO (95, 96) auf Grund von Titrationsversuchen mit Hefenucleinsäure. Die Titration besonders gereinigter Hefenucleinsäure mit Alkali und Phenophthalein als Indikator zeigt das Vorliegen einer vierbasischen Säure. Ebenso zeigt die Titration nach totaler Hydrolyse der Hefenucleinsäure einen Zuwachs von 4 Säuregruppen. Da nach totaler Hydrolyse insgesamt 8 Säuregruppen vorliegen müssen, ergibt sich aus dem Zuwachs von 4 Säuregruppen, daß die ursprüngliche Hefenucleinsäure eine vierbasische Säure darstellt. Die widersprechenden Befunde der Titration durch LEVENE bzw. MAKINO dürften im wesentlichen auf die verschiedene Reinheit der verwandten Hefenucleinsäure zurückzuführen sein. Die käufliche Hefenucleinsäure enthält nicht unbeträchtliche Mengen Natrium.

Durch Kochen von Hefenucleinsäure in Wasser gelang BREDERECK und RICHTER (22) die Isolierung einer Substanz, die sie auf Grund der Analysen als Guanin-uridylsäure ansahen. Durch saure und alkalische Hydrolyse erhielten sie Guanin und Uridylsäure. Den Beweis, daß es sich um eine Verbindung und kein Gemisch handelt, sehen sie 1. in der Löslichkeit in Wasser, 2. in der Titration, die eine einbasische Säure anzeigt, 3. im Ausbleiben einer Brucinsalzfällung (urydilsaures Brucin), 4. im Ausbleiben einer Pikratfällung (Guaninpikrat). Die von den Autoren durchgeführte Desaminierung führte zur Rückgewinnung von Guanin-uridylsäure bzw. Guanin- und Uridylsäure nach der Hydrolyse. Daraus würde sich eine N-P-Bindung von der Phosphorsäure zur NH_2-Gruppe des Guanins ergeben. Nach den neuesten Untersuchungen dürfte die N-P-Bindung zwischen der Guanyl- und Uridylsäure wohl doch nicht den Tatsachen entsprechen. BREDERECK und LEHMANN (20) desaminierten Hefenucleinsäure und unterwarfen das Desaminierungsprodukt zunächst der Salzsäure + Methanol-Spaltung. Dabei erhielten sie Xanthin und Hypoxanthin. Bei der schwefelsauren Hydrolyse vermochten sie nur Uridylsäure, jedoch keine Cytidylsäure zu gewinnen. Das deutet darauf hin, daß in der Hefenucleinsäure die NH_2-Gruppen frei sind; bei der Desaminierung sind sie gegen OH ausgetauscht worden. Ist nun bei der Desaminierung die Tetranucleotidstruktur der Hefenucleinsäure erhalten geblieben? Im Gegensatz zum Desaminierungsprodukt der Thymo-nucleinsäure gibt das der Hefenucleinsäure keine Fällung mehr mit Salzsäure, im Gegensatz zur ursprünglichen Hefenucleinsäure. Dennoch dürfte keine Aufspaltung der Tetranucleotidstruktur eingetreten sein: Die desaminierte Säure ist auf Grund der Titration mit Alkali gegen Phenolphthalein etwa eine vierbasische Säure, nach totaler Hydrolyse zeigt sie einen Zuwachs von etwa 4 Säuregruppen. Das Ergebnis der Desaminierung der Hefenucleinsäure spricht gegen eine N-P-Bindung in der Hefenucleinsäure. Daß in der Guanin-uridylsäure keine Desaminierung eingetreten ist, dürfte daran liegen, daß die Einwirkung bei zu tiefer Temperatur und zu kurzer Zeit vorgenommen wurde. Für die Guanin-uridylsäure müßte man eine Bindung von der Phosphorsäure zur OH-Gruppe im Guanin annehmen. Darüber hinaus scheint es sehr unsicher, ob die Guanin-uridylsäure ein Spaltstück der Hefenucleinsäure darstellt; es dürfte sich vielmehr um ein Sekundärprodukt handeln.

Unter der unwahrscheinlichen Annahme, daß es sich bei der Guanin-uridylsäure nicht um ein Sekundärprodukt handelt, würde dieser Befund hinsichtlich der Reihenfolge bedeuten, daß in der Hefenucleinsäure Guanyl- und Uridylsäure benachbart stehen. Einen weiteren Einblick in die Reihen-folge gewährten in schwach alkalischem Milieu durchgeführte Hydrolysen [BREDERECK und F. RICHTER (21)]. Durch Kochen in wäßrigem Pyridin ließ sich aus der Hefenucleinsäure Guanylsäure abspalten und nach Ent-fernung derselben das Trinucleotid Uridyl-cytidyl-adenylsäure in prak-tisch reiner Form isolieren. Dafür, daß es sich nicht um ein Gemisch, sondern um eine Verbindung handelt, spricht die Titration, die auf eine vierbasische Säure hindeutet, sowie das Ausbleiben einer Brucinsalz-fällung bei Zugabe alkoholischer Brucinlösung. Die schwefelsaure Hydrolyse führte erwartungsgemäß zu Cytidylsäure und Uridylsäure. Dieser Befund bedeutet, daß in der Hefenucleinsäure Guanylsäure endständig steht, an nächster Stelle folgt die Uridylsäure, so daß für die Hefenuclein-säure folgende Anordnungen in Frage kommen:

1. Guanyl-Uridyl-Cytidyl-Adenylsäure,
2. Guanyl-Uridyl-Adenyl-Cytidylsäure.

Die von BREDERECK und RICHTER (21) durchgeführte Hydrolyse des Trinucleotids in wäßrigem Pyridin führte in den ersten Stunden der Hydrolyse zur Abspaltung von Adenylsäure, die als Brucinsalz identifiziert werden konnte. Bevor jedoch bei weiterer Hydrolyse die Adenylsäure restlos abgespalten ist, beginnt auch die Freilegung der Cytidyl- und Uridylsäure. Dennoch dürfte daraus hervorgehen, daß im Trinucleotid Adenylsäure endständig steht. Immer unter der Annahme, daß Guanin-uridylsäure kein Sekundärprodukt darstellt, würde sich folgende Reihen-folge in der Hefenucleinsäure ergeben:

Guanylsäure-Uridylsäure-Cytidylsäure-Adenylsäure.

Da die Guanin-uridylsäure vermutlich ein Sekundärprodukt darstellt, so ergeben sich die folgenden möglichen Reihenfolgen:

1. Guanyl-cytidyl-uridyl-adenylsäure,
2. Guanyl-adenyl-uridyl-cytidylsäure,
3. Guanyl-adenyl-cytidyl-uridylsäure.

Durch die zuletzt geschilderten Hydrolysen ist es zum ersten Male ge-lungen, Einblick in die *Reihenfolge der Nucleotide* zu gewinnen. Es sei jedoch darauf hingewiesen, daß diese partielle Hydrolyse sich nicht mit allen Hefenucleinsäure-Präparaten hat durchführen lassen. Das unterschiedliche Verhalten der einzelnen Präparate ist noch ungeklärt.

Was die Art der Bindungen in der Hefenucleinsäure anbetrifft, so ist durch die Untersuchung des Desaminierungsproduktes der Hefenuclein-säure die Möglichkeit einer Bindung von der Phosphorsäure zur NH_2-Gruppe auszuschalten. Teilweise möglich, wenn auch nicht wahrschein-lich, sind Bindungen von Phosphorsäure zu OH-Gruppen der Basen. Schließlich bleibt als sehr wahrscheinlich die Möglichkeit der von LEVENE vertretenen Auffassung der Esterbindung bestehen. Es ist zu hoffen, daß die eingehende Untersuchung der Spaltprodukte eine Aufklärung sowohl hinsichtlich der Bindung als auch der Reihenfolge bringen wird. Die Möglichkeit einer ringförmigen Anordnung im Sinne von TAKAHASHI bzw. MAKINO bleibt nach wie vor bestehen.

3. Pankreas-nucleinsäure.

Diese zuerst von HAMMARSTEN (1894) aus dem Pankreas als Nucleo-protein isolierte Nucleinsäure kommt auch in anderen Organen (Leber,

Milz) vor (S. 146). Nachdem bereits früher [Jorpes (*47*, *48*), Jones und Perkins (*46*), Calvery (*24*)] Guanylsäure, Hefeadenylsäure, Cytidylsäure und Uridylsäure als Spaltstücke isoliert werden konnten, gelang Jorpes (*49*) der Nachweis, daß die Pankreasnucleinsäure ein *Penta-nucleotid* darstellt. Er fand ein Verhältnis von Guanin : Adenin wie 2 : 1. Pankreasnucleinsäure enthält demnach zwei Guanylsäuren und je eine Adenyl-. Cytidyl- und Uridylsäure. Die Titrationskurve verläuft analog der der Thymonucleinsäure.

Literaturverzeichnis.

1. Ammon u. Dirscherl: Fermente, Hormone, Vitamine. Leipzig 1938.
2. Barrenscheen: Biochem. Ztschr. **265**, 141 (1933).
3. — u. Filz: Biochem. Ztschr. **250**, 281 (1932).
4. — u. Jachimowicz: Biochem. Ztschr. **292**, 350 (1937).
5. — — Biochem. Ztschr. **292**, 356 (1937).
5a. Behrens: Ztschr. physiol. Chem. **253**, 185 (1938).
6. Bielschowski: Ztschr. physiol. Chem. **190**, 15 (1930).
7. — u. Klein: Ztschr. physiol. Chem. **207**, 202 (1932).
8. — u. Klemperer: Ztschr. physiol. Chem. **211**, 69 (1932).
9. Bredereck: Ber. Dtsch. chem. Ges. **65**, 1830 (1932).
10. — Ber. Dtsch. chem. Ges. **66**, 198 (1933).
11. — Ztschr. physiol. Chem. **223**, 61 (1934).
12. — Ztschr. physiol. Chem. **224**, 79 (1934).
13. — Ber. Dtsch. chem. Ges. **71**, 408 (1938).
14. — Ber. Dtsch. chem. Ges. **71**, 1013 (1938).
15. — Beuchelt u. Richter: Ztschr. physiol. Chem. **244**, 102 (1936).
16. — u. Caro: D. R. P. 653258 (1936).
17. — — Ztschr. physiol. Chem. **253**, 170 (1938).
18. — u. Ehrenberg: (noch nicht veröffentlicht).
19. — u. Köthnig: (noch nicht veröffentlicht).
20. — u. Lehmann: (noch nicht veröffentlicht).
21. — u. F. Richter: (noch nicht veröffentlicht).
22. — u. G. Richter: Ber. Dtsch. chem. Ges. **69**, 1129 (1936).
23. — — Ber. Dtsch. chem. Ges. **71**, 718 (1938).
24. Calvery: Journ. biol. Chemistry **77**, 489 (1928).
25. — u. Remsen: Journ. biol. Chemistry **73**, 593 (1927).
26. Caspersson: Skand. Arch. Physiol. **73**, Suppl. 8 (1936).
26a. — Biochem. Ztschr. **270**, 161 (1934).
27. Coghill: Journ. biol. Chemistry **90**, 57 (1931).
28. Embden u. Schmidt: Ztschr. physiol. Chem. **181**, 130 (1929).
29. — u. Zimmermann: Ztschr. physiol. Chem. **167**, 137 (1927).
30. Feulgen: Ztschr. physiol. Chem. **101**, 296· (1918).
31. — Ztschr. physiol. Chem. **106**, 249 (1920).
32. — Ztschr. physiol. Chem. **108**, 147 (1920).
33. — Ztschr. physiol. Chem. **237**, 261 (1935).
34. — Ztschr. physiol. Chem. **238**, 105 (1936).
35. — Behrens u. Mahdihassan: Ztschr. physiol. Chem. **246**, 203 (1937).
36. — u. Landmann: Ztschr. physiol. Chem. **102**, 262 (1918).
37. — u. Rossenbeck: Ztschr. physiol. Chem. **135**, 203 (1924).
38. Fiske u. Subbarow: Science **70**, 381 (1929).

39. GULLAND u. HOLIDAY: Journ. chem. Soc. London **1936**, 765.
40. — — u. MACRAE: Journ. chem. Soc. London **1934**, 1639.
40a. — u. STORY: Journ. chem. Soc. London **1938**, 259.
40b. — — Journ. chem. Soc. London **1938**, 692.
41. HAMMARSTEN: Ztschr. physiol. Chem. **109**, 141 (1920).
42. — Acta med. scand. **68**, 215 (1928).
43. — u. JORPES: Ztschr. physiol. Chem. **118**, 224 (1922).
44. HENNING (Chem. pharm. Werk Dr. Georg Henning): D. R. P. 583303.
45. JOHNSON u. HEYL: Journ. Amer. chem. Soc. **37**, 628 (1907).
46. JONES u. PERKINS: Journ. biol. Chemistry **62**, 291 (1925).
47. JORPES: Biochem. Ztschr. **151**, 227 (1924).
48. — Acta med scand. **68**, 503 (1928).
49. — Biochemical Journ. **28**, 2102 (1934).
50. KIESEL u. BELOZERSKY: Ztschr. physiol. Chem. **229**, 160 (1934).
51. KIESSLING u. MEYERHOF: Naturwiss. **26**, 13 (1938); Biochem. Ztschr. **296**, 410 (1938).
52. KLEIN: Ztschr. physiol. Chem. **210**, 134 (1932).
53. — u. ROSSI: Ztschr. physiol. Chem. **231**, 104 (1935).
54. — u. THANNHAUSER: Ztschr. physiol. Chem. **218**, 173 (1933).
55. — — Ztschr. physiol. Chem. **224**, 252 (1934).
56. — — Ztschr. physiol. Chem. **231**, 96 (1935).
57. KLIMEK u. PARNAS: Biochem. Ztschr. **252**, 392 (1932).
58. — — Ztschr. physiol. Chem. **217**, 75 (1933).
58a. KUHN, RUDY u. WEYGAND: Ber. Dtsch. chem. Ges. **69**, 1543 (1936).
58b. — — Ber. Dtsch. chem. Ges. **69**, 1974 (1936).
59. LEVENE: Ber. Dtsch. chem. Ges. **41**, 2703 (1908).
60. — Ber. Dtsch. chem. Ges. **42**, 335 (1909).
61. — Journ. biol. Chemistry **48**, 119 (1921).
62. — Journ. biol. Chemistry **55**, 437 (1923).
63. — Journ. biol. Chemistry **94**, 809 (1932).
64. — Journ. biol. Chemistry **97**, 491 (1932).
65. — Journ. biol. Chemistry **108**, 420 (1935).
66. — u. BASS: Nucleic acids. New York 1931.
67. — u. DILLON: Journ. biol. Chemistry **88**, 753 (1930).
68. — — Journ. biol. Chemistry **96**, 461 (1932).
69. — u. HARRIS: Journ. biol. Chemistry **95**, 755 (1932).
70. — — Journ. biol. Chemistry **98**, 9 (1932).
71. — — Journ. biol. Chemistry **101**, 419 (1933).
72. — u. JACOBS: Ber. Dtsch. chem. Ges. **43**, 3154 (1910).
73. — — Ber. Dtsch. chem. Ges. **44**, 1027 (1911).
74. — — Journ. biol. Chemistry **12**, 415 (1912).
75. — u. JORPES: Journ. biol. Chemistry **81**, 575 (1929).
76. — u. LA FORGE: Ber. Dtsch. chem. Ges. **45**, 608 (1912).
77. — u. LONDON: Journ. biol. Chemistry **81**, 711 (1929).
78. — — Journ. biol. Chemistry **83**, 793 (1929).
79. — u. MIKESKA: Journ. biol. Chemistry **85**, 785 (1929).
80. — u. MORI: Journ. biol. Chemistry **83**, 803 (1929).
81. — u. SIMMS: Journ. biol. Chemistry **65**, 519 (1925).
82. — — Journ. biol. Chemistry **70**, 327 (1926).
83. — u. TIPSON: Journ. biol. Chemistry **104**, 385 (1934).
84. — — Journ. biol. Chemistry **105**, 419 (1934).
85. — — Journ. biol. Chemistry **106**, 113 (1934).

86. LEVENE u. TIPSON: Journ. biol. Chemistry **109**, 623 (1935).

87. — — Journ. biol. Chemistry **111**, 313 (1935).

88. — — Journ. biol. Chemistry **121**, 131 (1937).

89. LINDNER: Ztschr. physiol. Chem. **218**, 12 (1933).

90. LOHMANN: Naturwiss. **17**, 624 (1929).

91. — Biochem. Ztschr. **233**, 460 (1931).

92. — Biochem. Ztschr. **254**, 381 (1932).

93. — Biochem. Ztschr. **282**, 109 (1935).

94. — Biochem. Ztschr. **282**, 120 (1935).

94a. — Angew. Chem. **1937**, 97.

95. MAKINO: Ztschr. physiol. Chem. **232**, 229 (1935).

96. — Ztschr. physiol. Chem. **236**, 201 (1935).

97. OSTERN: Biochem. Ztschr. **221**, 64 (1930).

98. — u. TERSZAKOWEĆ: Ztschr. physiol. Chem. **250**, 155 (1937).

99. — BARANOWSKI u. TERSZAKOWEC: Ztschr. physiol. Chem. **251**, 258 (1938).

100. ROCHLIN: Ztrbl. Bakteriol. (II) **88**, 304 (1933).

101. SATOH: Journ. Biochemistry **21**, 19 (1936).

102. SCHMIDT: Ztschr. physiol. Chem. **179**, 243 (1928).

102a. SIGNER, CASPERSSON u. HAMMARSTEN: Nature (London) **141**, 122 (1938).

103. STEUDEL: Ztschr. physiol. Chem. **188**, 203 (1930).

104. — Ztschr. physiol. Chem. **231**, 273 (1935).

105. — u. PEISER: Ztschr. physiol. Chem. **120**, 292 (1922).

106. TAKAHASHI: Journ. Biochemistry **16**, 463 (1932).

107. THANNHAUSER: Stoffwechselprobleme. Berlin 1934.

108. — u. ANGERMANN: Ztschr. physiol. Chem. **186**, 13 (1929).

109. — — Ztschr. physiol. Chem. **189**, 174 (1930).

110. — u. BLANCO: Ztschr. physiol. Chem. **161**, 116 (1926).

111. — u. OTTENSTEIN: Ztschr. physiol. Chem. **114**, 39 (1921).

112. UZAWA: Journ. Biochemistry **15**, 19 (1932).

113. VESTIN, SCHLENK u. v. EULER: Ber. Dtsch. chem. Ges. **70**, 1369 (1937).

114. VOIT: Ztschr. ges. exp. Medizin **55**, 564 (1929).

115. WAGNER-JAUREGG: Ztschr. physiol. Chem. **239**, 188 (1936).

115a. WARBURG: Ergebn. d. Enzymforsch. **7** (1938).

116. YAMAGAWA: Journ. biol. Chemistry **43**, 339 (1920).

(Dieser Beitrag ist im März 1938 abgeschlossen worden.)

Chlorophyll.

Von **A. Stoll** und **E. Wiedemann**, Basel.

Einleitung.

Die fundamentale Bedeutung des Chlorophylls für den Haushalt der Natur ist altbekannt; die Pflanzenwelt bietet das Blattgrün in unerschöpflicher Fülle dar und doch haben sich von jeher verhältnismäßig wenige Forscher in die chemische Untersuchung des Blattfarbstoffs vertieft. Kaum auf einem anderen Gebiete der organischen Chemie war eine so weitgehende Spezialisierung erforderlich, wie bei der Erforschung des Chlorophylls und des mit ihm verwandten Hämins. Dieser Umstand und die Kompliziertheit des Gebietes gaben Veranlassung zu dem vorliegenden Referat, das auch dem Außenstehenden eine Übersicht gewähren will. Das Verständnis wird erleichtert, wenn sich die Berichterstattung möglichst auf Ergebnisse von Bestand beschränkt und Irrtümer und Umwege nur erwähnt, wo sie für den Gang der Untersuchung entscheidend waren. Wir sind dieser Regel bei der Abfassung des vorliegenden Aufsatzes tunlichst gefolgt.

In der Monographie „Untersuchungen über Chlorophyll, Methoden und Ergebnisse" haben R. Willstätter und A. Stoll (*305*) 1913 über den damaligen Stand der chemischen Erforschung des Blattgrüns berichtet. Sie ließen 1918 in den „Untersuchungen über die Assimilation der Kohlensäure" (*307*) eine Zusammenfassung ihrer Arbeiten über die Funktion des Chlorophylls in der Pflanze folgen. Einzelne Kapitel dieses zweiten Buches enthalten Ergänzungen zur präparativen und analytischen Bearbeitung des Blattfarbstoffs. Die neueren Arbeiten bis zum Beginn des laufenden Jahrzehnts hat A. Treibs im „Handbuch der Pflanzenanalyse" von G. Klein zusammengefaßt (*270*). Wir beschränken daher die ausführlichere Berichterstattung auf die Veröffentlichungen der letzten 6—7 Jahre. Die Experimentalarbeiten dieser Zeit sind hauptsächlich dem Studium der Feinstruktur des Chlorophylls und seiner Derivate gewidmet. Sie basieren auf den grundlegenden früheren Untersuchungen, deren wichtigste Ergebnisse daher eingangs kurz zusammengefaßt werden sollen.

I. Die früheren Arbeiten (1904—1913).

Die Kenntnisse über Chlorophyll vor Beginn der WILLSTÄTTERschen Untersuchungen sind mit folgenden Worten charakterisiert worden (*305*, dort S. 7):

„Noch vor wenigen Jahren war also das Chlorophyll in Substanz unbekannt und es gab noch keine Methode, um eine für die chemische Untersuchung brauchbare Lösung des Pigments aus den Blättern zu bereiten. Die ersten Fragen der Analyse harrten der Lösung; es war unentschieden, welche Elemente dem Molekül des Chlorophylls angehören. Nicht viel mehr war festgestellt als die Tatsache, daß Abbauprodukte des Chlorophylls zu den Pyrrolderivaten gehören."

Im folgenden soll in groben Zügen zunächst das Bild gezeigt werden, wie es sich nach Abschluß der Chlorophyll- und Assimilationsuntersuchungen[1] von R. WILLSTÄTTER und seinen Mitarbeitern bot: Das Pigment der Chloroplasten in grünen Pflanzenteilen setzt sich im wesentlichen aus 4 Farbstoffen zusammen:

$$2 \text{ grünen: } \begin{array}{ll} \text{Chlorophyll a} & (C_{55}H_{72}O_5N_4Mg), \\ \text{Chlorophyll b} & (C_{55}H_{70}O_6N_4Mg); \end{array}$$
$$2 \text{ gelben: } \begin{array}{ll} \text{Carotin} & (C_{40}H_{56}), \\ \text{Xanthophyll} & (C_{40}H_{56}O_2). \end{array}$$

Diese 4 Farbstoffe sind allen grünen Pflanzen, von den einzelligen Grünalgen bis zu den hochentwickelten Phanerogamen eigen, und zwar in der Regel im Verhältnis des blaugrünen Chlorophylls a zu dem gelbgrünen Chlorophyll b wie 3 : 1 und von Xanthophyll zu Carotin wie 2 : 1. Ausnahmen wurden festgestellt bei Braunalgen, bei denen Chlorophyll b zurücktritt (*305*, dort S. 122, 208—210). Im normal grünen Blatt beträgt das molekulare Komponentenverhältnis von Chlorophyll a + Chlorophyll b zu Xanthophyll + Carotin etwa 3 : 1, es verschiebt sich indessen bei Blättern der Aurea-Varietäten oder im herbstlich vergilbenden Laub erheblich zugunsten der gelben Pigmente.

Die schon früh von R. WILLSTÄTTER ermittelten Bruttoformeln von Carotin und Xanthophyll sowie deren exakte Beschreibung sind später in zahlreichen Untersuchungen bestätigt worden und haben der heute so wichtig gewordenen Chemie der Carotinoide als Grundlage gedient.

Die Zusammensetzung des Chlorophylls war im wesentlichen ermittelt, bevor die Isolierung von intaktem Blattgrün und seine Auflösung in die Komponenten durchgeführt waren, und zwar durch Rückschlüsse aus dem systematisch und schonend durchgeführten Abbau: bei der Behandlung mit Säuren wurden die alkaliempfindlichen und beim alkalischen Abbau die säureempfindlichen Gruppen des Chlorophyllmoleküls geschont. An

---

[1] Erstere begonnen 1904 in München, fortgesetzt von 1905—1912 in Zürich, dann von 1912—1916 in Berlin; die letzteren abgeschlossen 1917 in München.

den durch alkalische Verseifung gewonnenen Chlorophyllderivaten gelang der wichtige erste Nachweis des *komplex gebundenen Magnesiums*, dessen Bindung höchst resistent gegen Alkali ist, jedoch schon von schwachen Säuren leicht aufgespalten wird. An dem durch Säure von Magnesium befreiten Chlorophyllderivat, dem in Lösung olivbraun gefärbten *Phäophytin*, wurde der einfach ungesättigte, primäre Alkohol *Phytol* ($C_{20}H_{40}O$) entdeckt, der mit einer der Carboxylgruppen des Chlorophylls verestert ist; diese Esterbindung widersteht verdünnten Säuren, wird indessen durch Alkali leicht gelöst. Die von R. WILLSTÄTTER vermuteten konstitutionellen Beziehungen des Phytols zum Isopren sind später bestätigt worden (vgl. S. 212).

Magnesium und Phytol gehören zu den eigenartigsten Bestandteilen des Chlorophylls und unterscheiden es charakteristisch von dem sich ebenfalls aus Pyrrolderivaten aufbauenden Blutfarbstoff, der keinen Fettalkohol und an Stelle des komplex gebundenen Magnesiums komplex gebundenes 3wertiges Eisen enthält. Das Phytol verleiht dem Chlorophyll die Lipoidnatur und macht es in seinen physikalischen Eigenschaften, z. B. in der Löslichkeit, den Carotinoiden ähnlich, mit denen es, wie wir heute wissen (siehe S. 231), in den Chloroplasten vergesellschaftet ist.

An durch Säure aus Chlorophyllextrakten zahlreicher Pflanzen abgeschiedenen Phäophytinpräparaten wurde der Phytolgehalt stets zu einem Drittel des Gewichtes ermittelt, wenn die Extrakte rasch bereitet waren. Damit ist eine wichtige Stütze für die Identität des Chlorophylls in allen grünen Pflanzen geschaffen worden. Längeres Stehen von Chlorophyllextrakten in Berührung mit Blattsubstanz bewirkt eine mehr oder weniger vollständige Abspaltung des Phytols durch ein im Zellmaterial vorhandenes Enzym, die *Chlorophyllase*. In alkoholischen Medien bewirkt dieses Enzym eine Alkoholyse, in anderen organischen Lösungsmitteln, z. B. Aceton, eine Hydrolyse zur freien Chlorophyll-monocarbonsäure, dem *Chlorophyllid*. Das seit langem bekannte *kristallisierte Chlorophyll*, die BORODINschen *Kristalle* (10), die R. WILLSTÄTTER erstmals in größeren Mengen präparativ herstellte, sind unter der Einwirkung der Chlorophyllase bei Gegenwart von Äthylalkohol durch Äthanolyse entstanden und mit *Äthylchlorophyllid* bezeichnet worden. Analog entsteht *Methylchlorophyllid* enzymatisch bei Gegenwart von Methylalkohol.

Die Chlorophyllase scheint in allen grünen Pflanzen vorzukommen, jedoch in sehr verschiedener Menge, so daß sich nur gewisse Pflanzen, wie z. B. Heracleum spondylium (Bärenklau), Galeopsis tetrahit (Hohlzahn), Stachys silvatica (Waldziest), Lamium maculatum (Taubnessel), für die Herstellung von kristallisiertem Chlorophyll eignen, weil sie chlorophyllasereich sind. In anderen Blättern, wie z. B. in denen der Urtica dioica (Brennessel), tritt die Chlorophyllasewirkung so zurück, daß das

Chlorophyll ohne besondere Vorsichtsmaßnahmen bei der Extraktion mit dem natürlichen Phytolgehalt gewonnen werden kann.

Die Voraussetzung zur Gewinnung intakten Chlorophylls war die Verwendung von sorgfältig getrocknetem oder frischem Ausgangsmaterial, wobei im Hinblick auf die Empfindlichkeit des Chlorophylls schädliche Einflüsse durch Licht, Wärme, chemische Agenzien und Enzyme zu vermeiden waren. In vielen Blattmaterialien sind es vor allem die Pflanzensäuren, die aus dem Chlorophyll das Magnesium abspalten. Trotzdem reines Chlorophyll in allen organischen Lösungsmitteln, mit Ausnahme von Petroläther, leicht löslich ist, so eignen sich infolge der besonderen Bindungsform des Chlorophylls im Blatt doch nur mit Wasser mischbare Lösungsmittel, wie die Alkohole und Aceton, für die Extraktion des Chlorophylls aus dem Blatt. Das grüne Pigment wird stets mit mehr oder weniger großen Mengen von Begleitstoffen (Carotinoide, Phytosterine, Lipoide) extrahiert, die seine Löslichkeit so stark beeinflussen können, daß auch ein 90proz. Chlorophyll noch nicht aus Petroläther ausfallen muß. Stark wasserhaltige Extraktionsmittel, z. B. 70—80% Aceton, lösen das Blattgrün rasch aus gepulverter Blattsubstanz und sind geeignet, das Chlorophyll von nahe verwandten Begleitstoffen soweit abzutrennen, daß nach dem Überführen in Petroläther und mehrfacher Ausschüttelung dieser Lösung mit wasserhaltigem Holzgeist eine Ausflockung des Chlorophylls aus dem Petroläther in hochprozentiger Reinheit erfolgt. Wiederholtes Umfällen aus konzentrierter ätherischer Lösung mit Petroläther führt dann zu reinem Chlorophyll.

Die Aufteilung von Chlorophyll und seinen Derivaten in einheitliche Stoffe einer *a*- und einer *b-Reihe* ist zuerst an Abbauprodukten des Chlorophylls gelungen. Die *Trennungsmethode von* R. WILLSTÄTTER *und* W. MIEG (*279*) beruht auf der verschiedenen Verteilung der Chlorophyllderivate zwischen Äther und verdünnten Salzsäuren. Ein Chlorophyllderivat wird gekennzeichnet durch die „*Salzsäurezahl*", d. i. die Konzentration der Säure in Prozenten, die erforderlich ist, um bei gleichen Mengen Äther und Säure zwei Drittel der Substanz aus dem Äther auszuziehen. Bei gegebener Salzsäurekonzentration ergibt die Bestimmung des Verhältnisses von in Äther und in Salzsäure gelöster Substanz die „*Verteilungszahl*". K. ZEILE und B. RAU haben später die solchen Verteilungen zugrunde liegenden Gesetzmäßigkeiten beschrieben (*314*). *Chlorin* e_6,[1] die durch alkalische Verseifung aus Phäophytin a entstehende Tricarbonsäure, wird beispielsweise aus verdünnter, schön olivgrüner ätherischer Lösung von einem gleichen Volumen 3proz. Salzsäure mit blauer Farbe zu zwei Drittel aufgenommen und besitzt die Salzsäurezahl 3, während das in ätherischer Lösung weinrote *Rhodin* g_7,[1] das analog dem Chlorin e_6

---

[1] Heutige Benennung der im Chlorophyllbuch von R. WILLSTÄTTER und A. STOLL mit Phytochlorin e bzw. Phytorhodin g bezeichneten Verbindungen.

aus Phäophytin b entsteht, die Salzsäurezahl 9 aufweist und in salzsaurer Lösung grün erscheint. Chlorin e₆ und Rhodin g₇ können auf Grund ihrer verschiedenen Salzsäurezahlen leicht voneinander getrennt werden und lagen in reiner Form vor, lange bevor die unverseiften Komponenten einzeln zugänglich waren. Auf der Bildung und quantitativen Trennung von Chlorin e_6 und Rhodin g_7, der *Spaltungsprobe*, ist die analytische Bestimmung der Komponenten a und b im Gesamtchlorophyll und in seinen nächsten Derivaten aufgebaut worden.

Die relativ hohe Säureresistenz der magnesiumfreien Derivate des natürlichen Chlorophylls, des Phäophytins und der kristallisierten *Phäophorbide* (freies Phäophorbid, Methyl- und Äthylphäophorbid) ermöglichte, die Fraktionierung mit Salzsäure verschiedener Konzentration aus ätherischer Lösung auf Chlorophyllderivate anzuwenden, die noch nicht mit Alkali gespalten worden waren. Freilich sind dazu höhere Säurekonzentrationen (von 15 bis über 30%) erforderlich. Die Verwendung der konzentrierten Salzsäure zur Trennung des Phäophytins in seine Komponenten a und b setzt Kühlung auf niedere Temperatur voraus, falls die Phytolestergruppe vor saurer Hydrolyse geschützt werden soll; sonst tritt Verseifung zu Monocarbonsäuren, den Phäophorbiden a und b, ein, die ihrerseits mit Salzsäuren mittlerer Konzentration sauber getrennt werden können. Phäophorbid a und b sind als prächtig kristallisierende Verbindungen die „leichtest zugänglichen und schönsten Ausgangsmaterialien für künftige Untersuchungen" (*305*, dort S. 282) des Chlorophylls geworden.

Die Zerlegung des Chlorophylls in die Komponenten a und b zu präparativen Zwecken ist unter Vermeidung von chemischen Agenzien auf physikalischem Wege durch die Verteilung zwischen nicht mischbaren organischen Lösungsmitteln durchzuführen und gelang zuerst R. WILLSTÄTTER und A. STOLL (*297, 234*) beim Methylchlorophyllid. Wird eine Lösung desselben in Äther-Petroläther 1 : 1 mit wasserhaltigem Methylalkohol (60proz.) durchgeschüttelt, so geht vorzugsweise die Komponente b in die wasserhaltige Schicht über. Während die Ausgangslösung etwa $2^1/_2$mal soviel a wie b enthielt, findet man in dem wasserhaltigen Alkoholauszug dann etwa $2^1/_2$mal soviel b wie a. Auf diesem Unterschied der Verteilungskoeffizienten basierend, waren durch eine systematische, vielfache Wiederholung der Ausschüttelung schließlich die Komponenten einheitlich zu gewinnen. Analog, jedoch unter Verwendung von methanolhaltigem Petroläther und wäßrigem Holzgeist gelang R. WILLSTÄTTER und M. ISLER (*298*) die systematische Trennung der Phytylchlorophyllide aus dem Gemisch natürlichen Chlorophylls. Die Analysen der reinen magnesiumhaltigen Komponenten bestätigten die aus den Abbauprodukten im voraus ermittelten Bruttoformeln der Chlorophylle a und b.

Die Zusammenhänge des natürlichen Chlorophylls und der Chlorophyllide einerseits und des Phäophytins und der Phäophorbide andererseits

sind durch diese Untersuchungen abgeklärt worden; die Überführungs-
reaktionen sind übersichtlich und im wesentlichen reversibel. So gelang
es, in Phäophytin a das Magnesium mit Hilfe GRIGNARDscher Verbindungen wieder einzuführen und zu Chlorophyll a zu gelangen. Anderseits
war es möglich, ausgehend von der Monocarbonsäure Chlorophyllid und
einem Überschuß von Phytol mit Hilfe der Chlorophyllase die partielle
Re-synthese des Phytylesters, also des natürlichen Chlorophylls, enzymatisch durchzuführen.

Weniger übersichtlich und nicht reversibel verliefen die Reaktionen
unter der Einwirkung von *Alkali*. Die Chlorophylle und die Phäophorbide
enthalten außer dem phytoltragenden Carboxyl noch eine Methylestergruppe, die mit starken Alkalien zu einer zweiten Carboxylgruppe verseif-
bar ist. Ein drittes Carboxyl entsteht dann immer gleichzeitig durch hydrolytische Öffnung eines Ringsystems, von dem später die Rede sein wird.

Alle intakten Chlorophylle und Phäophorbide verlieren bei der Einwirkung von starkem Alkali, z. B. methylalkoholischer Kalilauge, vorübergehend ihre grüne bzw. olivgrüne Farbe und werden in der a-Reihe gelb,
in der b-Reihe intensiv rot gefärbt. Gemische von a- und b-Derivaten
zeigen eine braune Farbe, die diesem temporären Farbumschlag die Bezeichnung *„braune Phase"* (*194*) eingetragen hat. Nach einigen Minuten
kehrt nämlich die ursprüngliche grüne bzw. olivgrüne Farbe wieder
zurück. Es sind die Alkalisalze von Tricarbonsäuren gebildet worden, die
in Wasser spielend löslich sind, als freie Säuren jedoch von Äther aufgenommen werden. Ist man von Chlorophyll ausgegangen, so sind die
magnesiumhaltigen *Chlorophylline* entstanden. An solchen Präparaten,
die nach der Verseifung durch schonende Überführung in Äther (unter
Verwendung von Mononatriumphosphat zum Ansäuern) gewonnen worden
waren, ist das Magnesium als Bestandteil des Chlorophylls entdeckt
worden. Erfolgte die energische alkalische Verseifung an Phäophorbiden,
so führte sie bei Verbindungen der a-Reihe zu Chlorin e_6 und bei solchen
der b-Reihe zu Rhodin g_7, wie bereits ausgeführt wurde.

Die alkalische Verseifung von Chlorophyll und seinen nächsten Derivaten verläuft nicht immer glatt und selten ohne Nebenreaktionen. Besonders die magnesiumhaltigen Verbindungen unterliegen schon beim
Stehen in manchen Lösungsmitteln leicht einer Umwandlung, der *Allomerisation*, zu Produkten, welche die braune Phase nicht mehr zeigen.
Die *„Phasenprobe"* hat sich demnach als eine der empfindlichsten Reaktionen auf Intaktheit des Chlorophylls und seiner nächsten Abkömmlinge erwiesen. Die Allomerisation tritt auch ein, wenn Chlorophyll einer
langsamen Verseifung unterworfen wird. Aus so gewonnenen Chloro-
phyllinen entstehen durch Entfernung des Magnesiums nicht Chlorin e_6
bzw. Rhodin g_7, sondern Gemische von zersetzlichen und schwer definier-
baren Produkten, die aus ätherischer Lösung erst in viel stärkere Salz-

säure übergehen, sogenannte *schwach basische Chlorine* bzw. *Rhodine*.
Die schwerer allomerisierbaren magnesiumfreien Chlorophyllderivate, das
Phäophytin und die Phäophorbide liefern auch bei langsamer, kalter Verseifung schon zum großen Teil Chlorin e_6 und Rhodin g_7. Diese beiden
wichtigen Tricarbonsäuren sind denn auch durch kalte Verseifung von
Phäophorbid mit konzentrierter methylalkoholischer Kalilauge erstmals
hergestellt worden. Die Divergenz in den Spaltprodukten bei kalter Verseifung, ob man von magnesiumfreien oder magnesiumhaltigen Verbindungen
ausgeht, ist in der leichteren Allomerisierbarkeit der letzteren begründet.
Wie R. WILLSTÄTTER und M. UTZINGER (*294*) fanden, verläuft die alkalische Verseifung gleichartig und unter Ausschluß der Allomerisation,
wenn die Chlorophyllide und die Phäophorbide mit konzentrierter methylalkoholischer Kalilauge kurz bei Siedehitze verseift werden. Aus den
Chlorophylliden a und b entstehen dann die *Isochlorophylline a* und *b*,
die nichts anderes als die komplexen Magnesiumverbindungen von
Chlorin e_6 bzw. Rhodin g_7 sind.

In der umstehenden Tabelle 1 sind die Zusammenhänge von Chlorophyll
und seinen ersten Derivaten und die bisher erwähnten Umwandlungs-
reaktionen dargestellt.

Die entsprechende Zusammenstellung für die Komponente *b* würde
zum Endprodukt Rhodin g_7 führen und in den Formeln an Stelle zweier
Wasserstoffatome ein Sauerstoffatom aufweisen. R. WILLSTÄTTER und
A. STOLL haben angenommen, daß dieser Sauerstoff bei Chlorophyll b
und seinen Derivaten in der Form eines Carbonyls vorhanden sei (*305*,
dort S. 327), was seither bestätigt wurde.

Sowohl die Allomerisation des Chlorophylls und seiner Derivate wie
auch die Entstehung der dritten Carboxylgruppe, die in natürlichem
Chlorophyll nicht vorhanden ist, werden uns im Hauptteil beschäftigen.

Ein wesentliches, frühzeitig erkanntes Merkmal des Chlorophylls und
seiner magnesiumhaltigen Derivate ist die große Alkalibeständigkeit der
komplexen Magnesiumbindung, die gegenüber sauren Agenzien, selbst
so schwachen Säuren wie Kohlensäure, empfindlich ist. Dank dieser
Alkaliresistenz konnten R. WILLSTÄTTER und seine Mitarbeiter [A. PFAN-
NENSTIEL (*283*), H. FRITZSCHE (*286*), M. FISCHER (*301*)] die stufenweise
Abspaltung der Carboxyle mit Alkalien in der Hitze durchführen, um zu
magnesiumhaltigen Di- und Monocarbonsäuren und schließlich sogar
zur carboxyl- und sauerstofffreien Stammsubstanz des Chlorophylls, zur
Magnesiumverbindung *Aetiophyllin* zu gelangen. Auf diese wichtigen,
inzwischen zum größten Teil synthetisierten Chlorophyllderivate werden
wir noch eingehen. Aus den WILLSTÄTTERschen Versuchen folgte zunächst,
daß im Chlorophyll das Magnesiumatom substituierend und komplex
an 4 Stickstoffatome gebunden sein muß, die ihrerseits als Ringbestand-
teile substituierter *Pyrrolkerne* anzusehen sind.

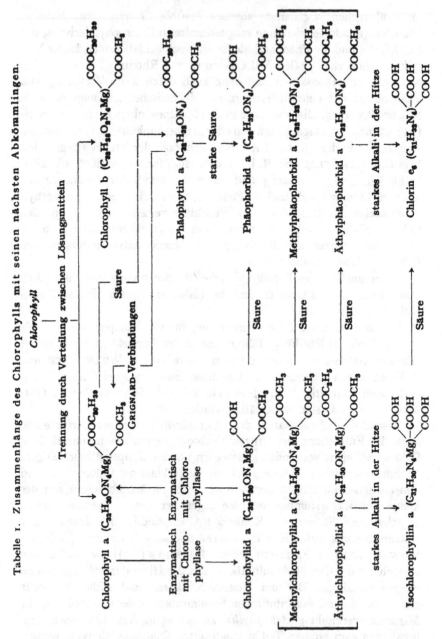

Tabelle 1. Zusammenhänge des Chlorophylls mit seinen nächsten Abkömmlingen.

Über die Konstitution dieser Pyrrolkerne des Chlorophylls hat eine Untersuchung von R. WILLSTÄTTER und Y. ASAHINA (*287, 296*) nähere Kenntnisse vermittelt. Die Totaloxydation verschiedener Chlorophyll-derivate, so auch der Porphyrin-Monocarbonsäuren, führte in Bestätigung von Befunden L. MARCHLEWSKIS (*177*, *183*) bei der Oxydation von Phylloporphyrin zu Hämatinsäure bzw. zu ihrem Imid und außerdem zu Methyl-äthyl-maleinimid.

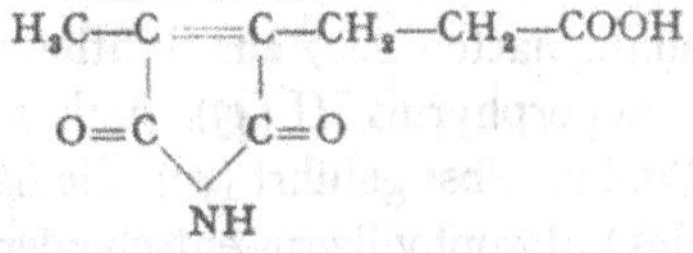

H₃C—C ═══ C—CH₂—CH₂—COOH

O═C   C═O

NH

Hämatinsäure (-imid).

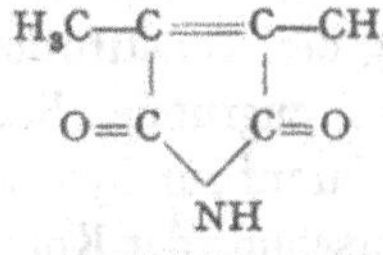

H₃C—C ═══ C—CH₂—CH₃

O═C   C═O

NH

Methyl-äthyl-maleinimid.

Die Totalreduktion ließ ein Basengemisch entstehen, aus dem' durch fraktionierte Salzbildung mit Pikrinsäure *Hämopyrrol*[1] und erstmals *Phyllopyrrol* in reinem Zustand abgetrennt werden konnten. Daneben wurden *Kryptopyrrol* (*38*) und *Opsopyrrol* (*3,4-Methyl-äthyl-pyrrol*) (*196*, *197*) als Bestandteile des durch reduktive Aufspaltung erhaltenen Pyrrolbasen-Gemisches erkannt.

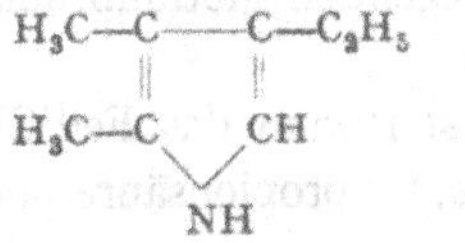

H₃C—C———C—C₂H₅

H₃C—C   CH

NH

Hämopyrrol (═ Isohämopyrrol).

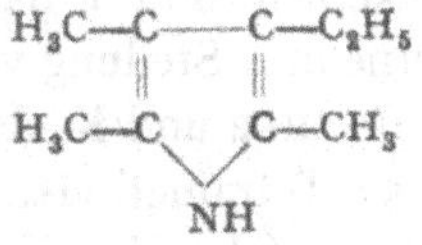

H₃C—C———C—C₂H₅

H₃C—C   C—CH₃

NH

Phyllopyrrol.

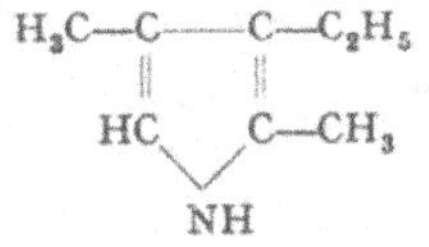

H₃C—C———C—C₂H₅

HC   C—CH₃

NH

Kryptopyrrol.

H₃C—C———C—C₂H₅

HC   CH

NH

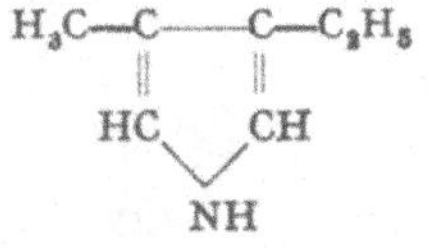

Opsopyrrol.

Diese Spaltstücke des Chlorophyllmoleküls sind inzwischen durch Synthese zugänglich geworden, womit ihre Formeln bewiesen sind

So haben die Arbeiten R. WILLSTÄTTERS und seiner Mitarbeiter durch die Isolierung, die Analyse und die exakte Kennzeichnung des Chlorophylls, seiner einheitlichen Komponenten und der nächsten Derivate, durch das Studium der charakteristischen Empfindlichkeiten natürlichen Chlorophylls und durch die übersichtlichen Umwandlungen unter Erhaltung seiner eigentümlichen Merkmale die Voraussetzung geschaffen für die Erforschung der Konstitution. Diese ist von R. WILLSTÄTTER durch die stufenweise Decarboxylierung mit Alkalien sowie durch die oxydative und reduktive Spaltung des Kerngerüsts eingeleitet und etwa 15 Jahre später im Laboratorium von HANS FISCHER in München und von J. B. CONANT in Cambridge (Mass.) aufgenommen und erfolgreich fortgesetzt worden.

---

[1] Heutige Bezeichnung; die Verbindung wurde früher als Isohämopyrrol beschrieben (vgl. *305*, dort S. 381).

II. Die neueren Arbeiten (1927—1932).

A. Die Kernstruktur.

Die berühmten Arbeiten Hans Fischers und seiner Mitarbeiter zur Erforschung der Konstitution des Hämins hatten 1927 zur Synthese des dem Hämin zugrunde liegenden Aetioporphyrins III (43) und schon zwei Jahre darauf zur Synthese des Hämins selbst geführt (47). Sie haben auf die Erforschung der Konstitution des Chlorophyllkerns entscheidenden Einfluß gewonnen, um so mehr, als die große Ähnlichkeit der Porphyrine aus Hämin und aus Chlorophyll schon frühzeitig erkannt und die Identität der aus Blut- und aus Blattfarbstoff durch totale oxydative und reduktive Spaltung erhaltenen Bruchstücke erwiesen war.

Es zeigte sich, daß W. Küsters (174) alte Annahme eines 16gliedrigen heterozyklischen Ringes richtig war. Das Ringsystem des Hämins und des Chlorophylls, das nun mit „*Porphinring*" bezeichnet wurde, besteht aus 4 Pyrrolkernen und 4 dazwischenliegenden Methinbrücken, welche die Pyrrolkerne in α-Stellung verknüpfen.

Nach H. Fischer und K. Zeile (47) ist Hämin das $Fe^{III}Cl$-Komplexsalz des 1,3,5,8-Tetramethyl-2,4-divinyl-6,7-dipropionsäure-porphins, des Protoporphyrins, folgender Konstitution:

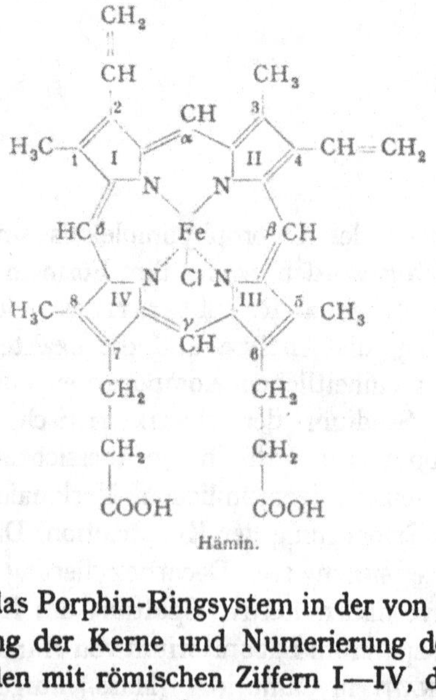

Hämin.

Die Formel zeigt das Porphin-Ringsystem in der von H. Fischer (154) gewählten Bezeichnung der Kerne und Numerierung der Substituenten. Die Pyrrolkerne werden mit römischen Ziffern I—IV, die auf die Kerne folgenden Methinbrücken mit α bis δ und die β-Substituenten der Pyrrolkerne im gleichen Sinne fortlaufend mit den arabischen Zahlen 1—8 bezeichnet. Diese Bezeichnungsweise ist ohne Änderung für die Verbindungen der Chlorophyllreihe übernommen worden.

Charakteristisch für den Bau des heterozyklischen 16gliedrigen Ringes ist sein schon von W. KÜSTER angenommener „aromatischer" Charakter. Wie bei der Schreibweise des Benzols nach KEKULÉ folgen sich, unter Einbeziehung aller dafür in Betracht kommender Bindungen des Moleküls, Einfach- und Doppelbindungen in regelmäßigem Wechsel.

Die Chlorophyllarbeiten im Institut H. FISCHERS wurden mit Untersuchungen von H. FISCHER und A. TREIBS (45) sowie A. TREIBS und E. WIEDEMANN (252) eingeleitet. Der bereits von R. WILLSTÄTTER mit den magnesiumhaltigen Substanzen (Phyllinen) vollzogene Alkaliabbau des Chlorophylls wurde nun mit den leichter zugänglichen magnesiumfreien Verbindungen durchgeführt. Auf der Verschiedenheit des Ausgangsmaterials mögen die auch heute noch bestehenden Unterschiede in den Ergebnissen des Alkaliabbaues in den Laboratorien R. WILLSTÄTTERS und H. FISCHERS zum Teil beruhen.

Der Abbau magnesiumfreier Chlorophyllderivate führte direkt zu Porphyrinen, die sich ebenfalls bis zu den Grundsubstanzen, den entsprechenden Ätioporphyrinen, decarboxylieren ließen. Es wurden aus beiden Chlorophyllkomponenten die gleichen vier Porphyrine rein und einheitlich isoliert. Zwei davon, die Dicarbonsäure *Rhodoporphyrin* und die Monocarbonsäure *Pyrroporphyrin*, stimmten mit den früher beschriebenen Präparaten[1] überein und das reine *Phylloporphyrin* neuer Darstellung entsprach dem von L. MARCHLEWSKI und J. ROBEL (186) isolierten β-Phylloporphyrin. Phylloporphyrin ließ sich in Pyrroporphyrin überführen. Die Dicarbonsäure *Verdoporphyrin*[2] wurde neu aufgefunden. Die Decarboxylierung der beiden Monocarbonsäuren Phyllo- und Pyrroporphyrin lieferte *Phyllo-* bzw. *Pyrro-ätioporphyrin*; auch die carboxylfreie Phylloverbindung war in die Pyrroverbindung überführbar.

Die Tabelle 2 (S. 170) gewährt einen Überblick über den alkalischen Abbau von Chlorophyllderivaten von den Tricarbonsäuren bis zu den carboxylfreien Verbindungen Phyllo- und Pyrroätioporphyrin.

An Phyllo- und Pyrroporphyrin wie an den beiden Ätioporphyrinen wurde die Beobachtung gemacht, daß sie je ein Atom Brom aufnehmen können; daraus war auf eine freie β-Stellung zu schließen. Rhodoporphyrin, das sich analytisch von Pyrroporphyrin nur durch ein Mehr von

---

[1] Das Rhodoporphyrin von heute ist identisch mit dem *Erythro*-porphyrin R. WILLSTÄTTERS (vgl. *305*, dort S. 358), das besonders reinem Rhodoporphyrin entspricht.

[2] Die salzsaure Lösung dieses Porphyrins hat grüne Farbe, daher der Name. Später ist noch ein „Pseudoverdoporphyrin" aufgefunden worden, das sich als besonders reines Verdoporphyrin erwies und zur Ermittlung seiner Konstitution als *2-Vinyl-rhodoporphyrin* gedient hat; vgl. H. FISCHER und G. KRAUSS (117). Das von H. FISCHER und K. KAHR (124) aus Phäoporphyrin a₅ dargestellte „Verdoporphyrin" erwies sich indessen als ein Gemisch von Rhodoporphyrin und Chloroporphyrin e₅.

CO_2 unterscheidet, reagierte nicht mit Brom. H. FISCHER, G. HUMMEL und A. TREIBS (48) schlossen hieraus, daß Rhodoporphyrin sein zweites Carboxyl an der Stelle trage, wo Pyrroporphyrin ein Atom Brom aufnimmt, nämlich an einer β-Stellung.

Tabelle 2. Der alkalische Abbau des Phäophytins.

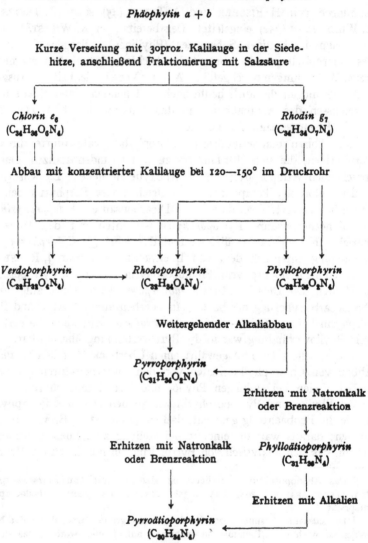

Phäophytin a + b

Kurze Verseifung mit 30proz. Kalilauge in der Siedehitze, anschließend Fraktionierung mit Salzsäure

Chlorin e_6
($C_{34}H_{36}O_6N_4$)

Rhodin g_7
($C_{34}H_{34}O_7N_4$)

Abbau mit konzentrierter Kalilauge bei 120—150° im Druckrohr

Verdoporphyrin
($C_{32}H_{32}O_4N_4$)

Rhodoporphyrin
($C_{32}H_{34}O_4N_4$)·

Phylloporphyrin
($C_{32}H_{36}O_2N_4$)

Weitergehender Alkaliabbau

Pyrroporphyrin
($C_{31}H_{34}O_2N_4$)

Erhitzen mit Natronkalk
oder Brenzreaktion

Erhitzen mit Natronkalk
oder Brenzreaktion

Phylloätioporphyrin
($C_{31}H_{36}N_4$)

Erhitzen mit Alkalien

Pyrroätioporphyrin
($C_{30}H_{34}N_4$)

In weiteren Untersuchungen haben H. FISCHER, A. TREIBS, H. HELBERGER und E. WIEDEMANN (46, 49, 252, 253; vgl. auch 55, 60) zwei interessante Reaktionen aufgefunden: 1. Die Porphyrine und ihre Eisenkomplexsalze lassen sich ganz allgemein mit starken reduzierenden Agenzien, insbesondere mit Alkalialkoholaten in „synthetische Chlorine" überführen, die in ihrer grünen Farbe und ihrem Spektrum den natürlichen Chlorinen, z. B. dem Chlorin e_6, sehr nahestehen. Es wird heute angenommen, daß die künstlich erzeugten Chlorine den natürlichen grünen Verbindungen konstitutionell entsprechen und wie diese als 5,6-Dihydroporphyrine zu formulieren sind. 2. Die Umsetzung mit Schwefelsäure oder Acetylchlorid ließ „synthetische Rhodine" (siehe auch *132*) entstehen, Verbindungen von weinroter Farbe, im Spektrum und in anderen Eigenschaften ähnlich natürlichem Rhodin g_7. Sie waren aber konstitutionell verschieden und unter Wasseraustritt zwischen einem β-ständigen Propionsäure-carboxyl und einer benachbarten Methinbrücke unter Ringschluß gebildet worden. Porphyrine ohne eine derartige Atomgruppierung gaben die „Rhodin-Reaktion" nicht.

Eine Beobachtung von beachtenswerter Tragweite machten H. FISCHER und R. BÄUMLER (*51*, *137*). Sie betrifft die Überführung der *grünen* Chlorophyllderivate in die *roten* Porphyrine mit Jodwasserstoff in Eisessig. Wird irgendein höheres Chlorophyllderivat, beispielsweise ein Phorbid, ein Chlorin, ein Rhodin oder dergleichen, mit in Eisessig gelöster Jodwasserstoffsäure gelinde erwärmt, so tritt Reduktion zu einer Leukoverbindung ein, die dann durch den Sauerstoff der Luft dehydriert wird und in Porphyrin übergeht. So erhaltene Porphyrine sind von den durch Alkaliabbau entstandenen deutlich verschieden. Sie wurden zuerst allgemein „Phäoporphyrine" genannt, später aber nach ihrer Herkunft genauer bezeichnet als „*Phäoporphyrine a*" bzw. „*b*" (aus Phäophorbiden a bzw. b), „*Chloroporphyrine e*" (aus Chlorin e_6 und dessen Derivaten) und „*Rhodinporphyrine g*" (aus Rhodin g_7 und dessen Derivaten). Der Index zeigt die Zahl der Sauerstoffatome an; „Rhodinporphyrin g_7" z. B. ist ein aus Rhodin g_7 durch Umsetzung mit Jodwasserstoff in Eisessig hervorgegangenes Porphyrin, das 7 Sauerstoffatome enthält. Derartige Porphyrine sind für die Konstitutionsermittlung des Chlorophylls wichtig geworden, als sich in späteren Untersuchungen zeigte, daß sie aus den grünen Verbindungen bei zweckmäßiger Ausführung der Versuche ohne Verlust von C, O und N entstehen.[1] Überdies sind diese Porphyrine ausgezeichnet durch eine gute Differenzierung der Spektren, günstige Löslichkeitseigenschaften und leichte Kristallisierbarkeit. Sie lassen sich auf einfache und übersichtliche Weise in die bekannten Porphyrine des Alkaliabbaues überführen. Die zahlreichen Versuche, auch mit Brom- und Chlorwasserstoffsäure, Ameisensäure u. dgl. Umwandlungen und Abbaureaktionen bei Chlorophyllderivaten zu erzielen, haben sich bisher als wenig fruchtbar erwiesen (vgl. *54*).

---

[1] Das besondere Verhalten der Vinylgruppe und die Änderung im Hydrierungszustand des Kerns werden später besprochen.

Die ersten Ergebnisse der Umsetzung von Phäophorbid a und von Chlorin e_6 mit Jodwasserstoffsäure in Eisessig waren freilich nicht eindeutig. Es wurden Phäoporphyrine a und Chloroporphyrine e mit verschiedenem Sauerstoffgehalt aufgefunden. Das erschwerte die Schluß-folgerung, daß sich die Porphyrine von Phäophorbid a bzw. Chlorin e_6 direkt ableiten. Verwirrend wirkte ferner, daß H. Fischer und R. Bäumler (51) bei der Analyse des Phäophorbids a nicht wie R. Willstäiter und ·A. Stoll Werte für 5, sondern für 6 Sauerstoffatome erhalten hatten. Schon vorher hatten A. Treibs und E. Wiedemann (252) Analysenwerte für Chlorin e_6 und Rhodin g_7 mitgeteilt, die einem Gehalt von 7 bzw. 8 Sauerstoffatomen entsprachen, also ebenfalls je 1 O-Atom mehr erforderten, als R. Willstätter und seine Mitarbeiter gefunden hatten. Diese bis zum Herbst 1932 bestehende Diskrepanz erschwerte es, die einfachen Beziehungen zwischen den grünen Substanzen und den daraus durch Jodwasserstoff in Eisessig erhaltenen roten Porphyrinen zu erkennen.

Durch die Arbeiten von H. Fischer mit O. Moldenhauer, O. Süs und G. Klebs (59, 62, 64, 65, 68) war nämlich festgestellt worden, daß aus Phäophorbid a als Hauptprodukt das *Phäoporphyrin a_5*, also ein Porphyrin mit 5 Sauerstoffatomen, gebildet wird, das sich durch De-carboxylierung in das bereits bekannte *Phylloerythrin (138, 139)*[1] überführen läßt. Aus Chlorin-e_6-trimethylester entsteht überwiegend *Chloro-porphyrin e_6 (53)*. Aus freiem Chlorin e_6 wird ohne besondere Maßnahmen ein *Chloroporphyrin e_5* erhalten, für das eine Aldehydgruppe in γ-Stellung charakteristisch ist. Porphyrine mit höherem Sauerstoffgehalt waren vermutlich aus Allomerisationsprodukten hervorgegangen, Porphyrine niedereren Sauerstoffgehalts durch Abbau (Decarboxylierung usw.) gebildet worden.

Die analytische und synthetische Aufklärung der bis dahin bekannten Chlorophyll-porphyrine durch H. Fischer und seine Mitarbeiter ergab zunächst, daß das *Phäoporphyrin a_5* $(C_{35}H_{36}O_5N_4)$ der Monomethylester einer Dicarbonsäure ist, deren fünftes Sauerstoffatom ein Oxim bildet und demnach einer Carbonylgruppe angehört. Die in ihrem Spektrum dem Phäoporphyrin a_5 sehr ähnliche Monocarbonsäure *Phylloerythrin* $(C_{33}H_{34}O_3N_4)$ ist ebenfalls oximierbar, wodurch die enge Verwandtschaft der beiden Verbindungen auch chemisch bestätigt wird.

Verseift man Phäoporphyrin a_5 unter den Bedingungen der Darstellung von Chlorin e_6 aus Phäophorbid a in Pyridin mit starker alkoholi-scher Lauge, so wird *Chloroporphyrin e_6* $(C_{34}H_{36}O_6N_4)$ erhalten. Aus der Dicarbonsäure entsteht durch Hydrolyse an der Carbonylgruppe eine

---

[1] Vgl. W. F. Loebisch und M. Fischler (176), ferner L. Marchlewski (178 bis 182, 188, 191, 192). Von H. Fischer ist auch ein „Pseudo-phylloerythrin" be-schrieben worden, das später mit Phylloerythrin identifiziert wurde [vgl. H. Fischer, O. Moldenhauer und O. Süs (64)].

Tricarbonsäure. Diese ist, je nach den Bedingungen, zu zwei verschiedenen Dicarbonsäuren decarboxylierbar, entweder zu einem neuen *Chloroporphyrin* e_4 ($C_{33}H_{36}O_4N_4$), das, wie später nachgewiesen werden konnte, in Rhodo- und in Phylloporphyrin überführbar ist, oder zu dem schon lange bekannten Rhodoporphyrin.

Für die später zu besprechende Ermittlung der Strukturformeln dieser Porphyrine sind noch die folgenden Umsetzungen von Bedeutung. Erhitzt man die Tricarbonsäure Chloroporphyrin e_6 in Pyridin mit Soda, so erhält man Phäoporphyrin a_5. Unter Wasserabspaltung ist aus einer Carboxylgruppe das charakteristische Carbonyl zurückgebildet worden. Im Phylloerythrin läßt sich das Carbonyl nach WOLFF-KISHNER reduzieren unter Bildung von *Desoxo-phylloerythrin* ($C_{33}H_{36}O_2N_4$). In konzentrierter Schwefelsäure wird daraus Phylloerythrin zurückgebildet. Phylloerythrin ist sowohl in Rhodoporphyrin als auch in Phylloporphyrin überführbar.

Die nachstehende Tabelle 3 gibt einen Überblick über die eben besprochenen Abbaureaktionen in der Reihe des Chlorophylls a:

Tabelle 3. Abbau von Phäophorbid a und Chlorin e_6 zu Porphyrinen.

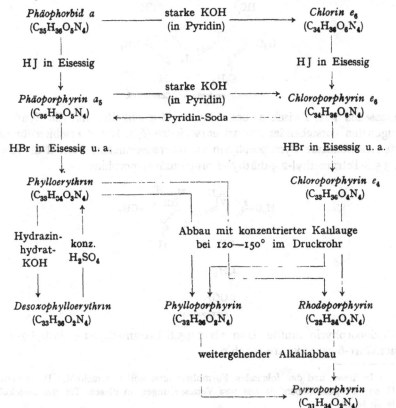

Die experimentellen Ergebnisse regten an zu theoretischen Betrachtungen über die Konstitution der Chlorophyllporphyrine, insbesondere der neuen Phäo- und Chloroporphyrine aus der Reihe des Chlorophylls a, und schließlich über die Konstitution des Chlorophylls a selbst. Die Überlegungen waren im richtigen Sinn beeinflußt durch die seit 1929 durch Synthese bewiesene Konstitution des Hämins. Der Schluß lag nahe, daß sich Chlorophyll wie Hämin vom Ätioporphyrin III ableite und demnach dem Hämin in der Anordnung der β-Substituenten entspräche.

Kombinierte man diese wahrscheinlichste Annahme mit den anderen bisher bekannten Befunden, so ergab sich, daß das Pyrro-ätioporphyrin aus Chlorophyll entweder als 1,3,5,8-Tetramethyl-2,4,6-triäthyl-porphin oder als 1,3,5,8-Tetramethyl-2,4,7-triäthyl-porphin

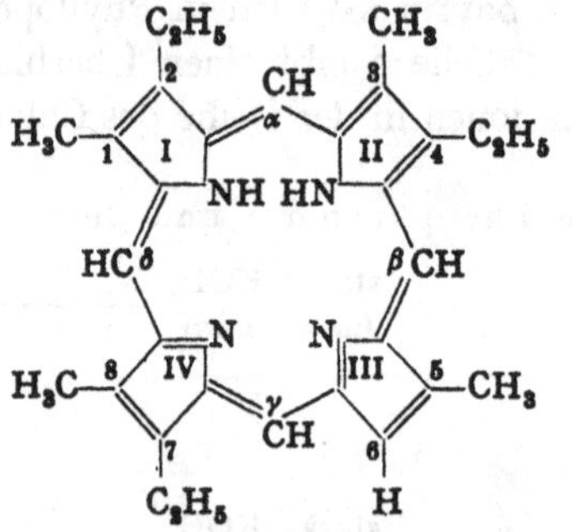

Pyrro-ätioporphyrin aus Chlorophyll.

anzusehen war. Zwischen diesen beiden Möglichkeiten hat die Synthese zugunsten vorstehender Formel entschieden (63). Damit erschien für die Monocarbonsäure Pyrroporphyrin als wahrscheinlichste Formel die eines 1,3,5,8-Tetramethyl-2,4-diäthyl-7-propionsäure-porphins:

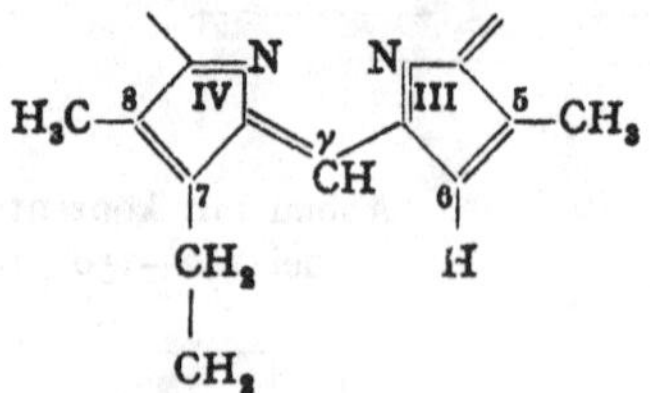

Pyrroporphyrin.[1]

Rhodoporphyrin mußte dann als 1,3,5,8-Tetramethyl-2,4-diäthyl-7-propionsäure-6-carbonsäure-porphin

---

[1] In dieser und den folgenden Formulierungen sind nur mehr die Pyrrolkerne III und IV geschrieben, da nur von Veränderungen an diesem Teil des Moleküls die Rede ist.

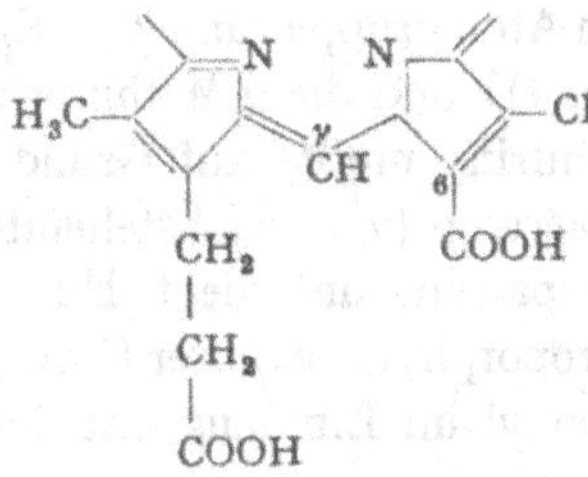

$$H_3C-\ \begin{array}{c} N \quad N \\ \gamma \\ CH \end{array}\ -CH_3$$

CH$_2$ COOH

CH$_2$

COOH

Rhodoporphyrin.

aufgefaßt werden.

Schwieriger gestaltete sich die Einreihung des Phyllo-ätio- und des Phyllo-porph'yrins, die anfänglich für Isomere der entsprechenden Pyrroverbindungen gehalten wurden. Aus Gründen, auf die wir an dieser Stelle nicht eingehen können, mußte für die Phylloverbindungen eine Methylgruppe in γ-Stellung angenommen werden, so daß für Phylloporphyrin die nachstehende Formel eines 1,3,5,8-Tetramethyl-2,4-diäthyl-7-propionsäure-γ-methyl-porphins

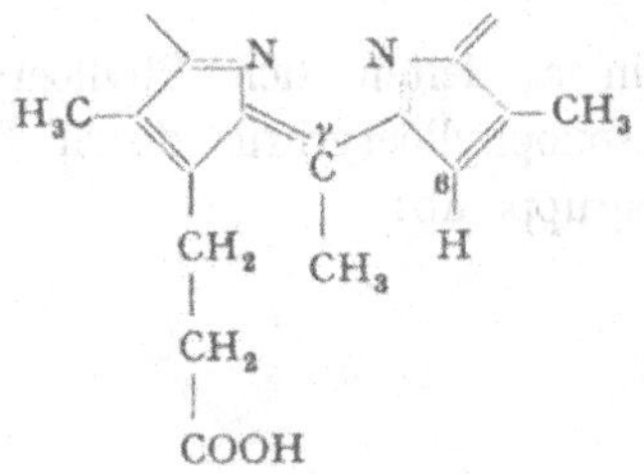

$$H_3C-\ \begin{array}{c} N \quad N \\ \gamma \\ C \end{array}\ -CH_3$$

CH$_2$ CH$_3$ H

CH$_2$

COOH

Phylloporphyrin.

vorgeschlagen wurde (278). Die Strukturformeln von Pyrroporphyrin, Rhodoporphyrin und Phylloporphyrin sind durch Totalsynthesen, die im nächsten Kapitel besprochen werden, bewiesen worden.

Für die von H. FISCHER und R. BÄUMLER (51) entdeckten Phäoporphyrine a waren von diesen Autoren noch keine Konstitutionsformeln angegeben worden. Es war dafür ein gründliches Studium der Eigenschaften der neuen Porphyrine Voraussetzung, wie es von H. FISCHER, O. MOLDENHAUER und O. SÜS (65) später durchgeführt wurde; hauptsächlich daraus konnten dann Strukturformeln hergeleitet werden (vgl. auch 67, 68).

Phäoporphyrin a$_5$ (C$_{35}$H$_{36}$O$_5$N$_4$), das Hauptporphyrin der Umsetzung des Phäophorbids a mit Jodwasserstoff in Eisessig, ist der Monomethylester einer Dicarbonsäure. Es ist oximierbar, bildet bei der Behandlung mit starken Alkalien Chloroporphyrin e$_6$ (C$_{34}$H$_{36}$O$_6$N$_4$) und kann in Rhodoporphyrin übergeführt werden (vgl. S. 172). Aus diesen Reaktionen wurde für das Phäoporphyrin a$_5$ die Struktur eines 1,3,5,8-Tetramethyl-2,4-diäthyl-6,γ-cyclopentanon-carbonsäure-methylester-7-propionsäure-porphins abgeleitet. Wesentlich und neu war darin die Annahme eines substituierten isozyklischen Fünfrings, der durch die Eingliederung einer aus 3 C-Atomen gebildeten Atomgruppierung ($C_{(9)}$, $C_{(10)}$, $C_{(11)}$) zwischen die 6-Stellung des Pyrrolkerns III und die γ-Methinbrücke des Porphinrings entstanden ist. Dieser Fünfring müßte auf Grund seiner Eigenschaften eine Acetessigester-Gruppierung (vgl. nachstehende Formel) enthalten, die mit Alkalien der Säurespaltung unterliegt. Nur so war der Übergang: Phäoporphyrin a_5 → Chloroporphyrin e_6 unter Umwandlung der Carbonylgruppe in ein neues Carboxyl im Einklang mit den anderen bekannten Tatsachen zu erklären:

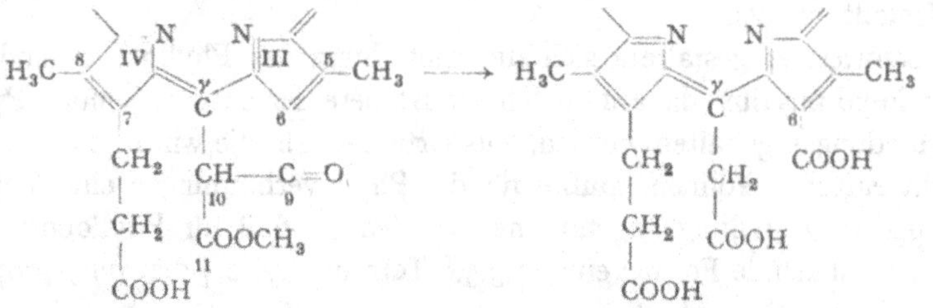

Phäoporphyrin a_5.   Chloroporphyrin e_6.

Von Phäoporphyrin a_5 leiten sich Phylloerythrin durch Decarboxylierung und Desoxophylloerythrin durch Decarboxylierung und Reduktion der 9-Ketogruppe ab:

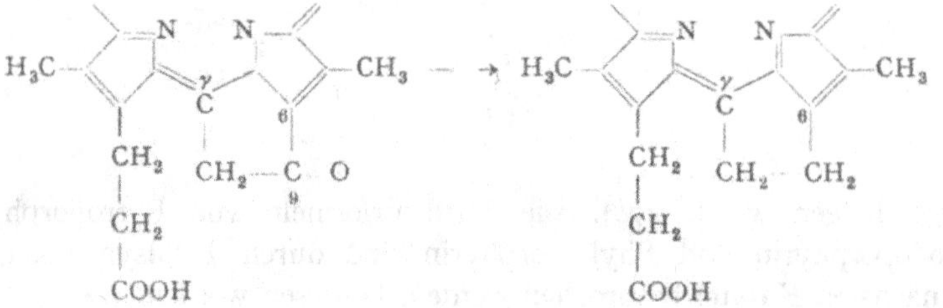

Phylloerythrin.   Desoxo-phylloerythrin.

Anderseits war Chloroporphyrin e_6 als 1,3,5,8-Tetramethyl-2,4-diäthyl-6-carbonsäure-7-propionsäure-γ-essigsäure-porphin zu bezeichnen, von dem sich Chloroporphyrin e_4 durch Decarboxylierung des γ-Essigsäurerestes ableitet, da Chloroporphyrin e_4 sowohl in Rhodo- als auch in Phylloporphyrin übergehen kann:

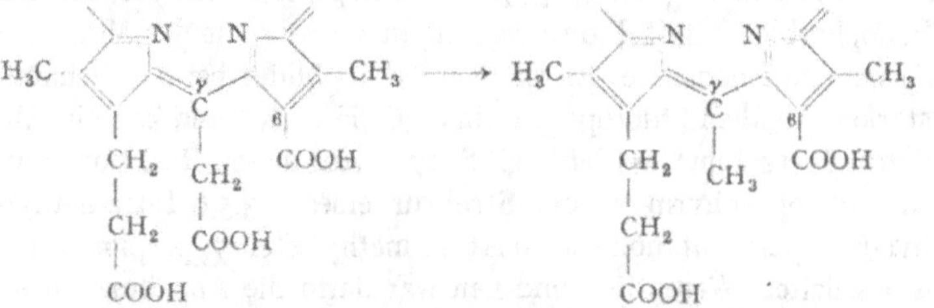

Chloroporphyrin e_6.   Chloroporphyrin e_4.

Der Übergang von Rhodo- und Phylloporphyrin in Pyrroporphyrin, der unter Abspaltung des Carboxyls in 6-Stellung bzw. der γ-Methylgruppe erfolgt, sowie die Möglichkeit der Decarboxylierung des Phyllound Pyrroporphyrins zu Phyllo- bzw. Pyrro-ätioporphyrin ist bereits besprochen worden.

Die reichen Erfahrungen auf dem Gebiete der Porphyrinsynthesen ermöglichten es H. FISCHER und seinen Mitarbeitern, gleichzeitig mit analytischen Untersuchungen das Chlorophyllgebiet auch *synthetisch* anzugehen. Diese Aufgabe war dadurch vorbereitet, daß eine Anzahl in Betracht kommender Pyrrole und Dipyrrylmethene bereits synthetisch zugänglich waren, indessen erschwert durch den unsymmetrischen Bau auch der einfachsten Chlorophyll-porphyrine, während die Hämin-porphyrine halbsymmetrisch sind. Waren für das dem Hämin zugrunde liegende Ätioporphyrin nur 4 Isomere möglich, so waren es für Pyrroporphyrin schon deren 24 und für Phylloporphyrin sogar 96 (*50*). Glücklicherweise waren Anhaltspunkte dafür vorhanden, daß von den vielen möglichen Isomeren nur wenige als die wahrscheinlichsten in Betracht kommen konnten. So ist die Synthese der Chlorophyll-porphyrine fast mit der analytischen Konstitutionsermittlung einhergegangen.

Für die Auswahl der möglichen Isomeren war vor allem wegleitend, daß es mit geschickten Substitutionsreaktionen gelang, Pyrroporphyrin in die bereits bekannte Porphin-monopropionsäure III (*52*) sowie in Mesoporphyrin III (*66*) aus Hämin überzuführen. Dadurch war die weitgehend gleichartige Anordnung der β-Substituenten der Pyrrolkerne im Hämin und im Chlorophyll auch experimentell gestützt.

In der Reihe der Totalsynthesen identifizierten H. FISCHER, A. SCHORMÜLLER und H. BERG (*56*) die synthetischen Abkömmlinge des Ätioporphyrins III mit natürlichem Pyrroätioporphyrin, Pyrroporphyrin und Rhodoporphyrin und H. FISCHER und H. HELBERGER (*58*) das ring-synthetisch gewonnene γ-Methyl-pyrroporphyrin mit natürlichem Phylloporphyrin sowie dessen synthetische carboxylfreie Stammsubstanz mit Phyllo-ätioporphyrin. In der Folge führten H. FISCHER und J. RIEDMAIR (*69*) die Synthese des Desoxo-phylloerythrins durch. H. FISCHER, W. SIEDEL und L. LE THIERRY D'ENNEQUIN (*80*) vervollständigten die Identifizierung des natürlichen Phylloporphyrins durch die Synthese und den Vergleich aller vier Isomeren, die in bezug auf die Stellung der charakteristischen γ-Methylgruppe möglich sind. Es würde im Rahmen dieses Aufsatzes zu weit führen, diese interessanten und schönen Synthesen alle im einzelnen zu beschreiben (vgl. ferner *61, 70*). Es sei indessen am Beispiel der *Synthese des Desoxophylloerythrins* der künstliche Aufbau eines Porphyrins kurz erläutert.

Porphyrinsynthesen werden nach den von H. FISCHER und Mitarbeitern (vgl. *159*) geschaffenen Methoden ungefähr wie folgt durchgeführt: Man gewinnt zuerst, gewöhnlich ring-synthetisch, substituierte Pyrrole und verwandelt sie zumeist in substituierte Pyrrol-α-aldehyde oder Pyrrol-α-brommethylverbindungen. Mit einem anderen substituierten Pyrrol, das mindestens eine freie α-Stellung aufweisen muß, wird in der Regel unter der Einwirkung von Bromwasserstoffsäure in Eisessig zu einem Dipyrrylmethen-bromhydrat, mitunter aber auch zu einem Dipyrrylmethan kondensiert. Dipyrrylmethane lassen sich in Dipyrrylmethene überführen. Dipyrrylmethene, die in α'-Stellung eine CH_3-Gruppe oder eine $COOC_2H_5$-Gruppe usw. tragen, sind dann ihrerseits unter dem Einfluß von konzentrierter Schwefelsäure, Bernsteinsäure, Brenzweinsäure und anderen Säuren oder auch schon durch bloßes Erhitzen befähigt, mit anderen Dipyrrylmethenen, die in α'-Stellung Br oder die Gruppe —CH_2Br besitzen, zu reagieren und HBr bzw. HBr und Alkohol abzuspalten. Wählt man die beiden Dipyrrylmethene so, daß ihre beiden α'-Stellungen unter Bildung je einer Methinbrücke (—CH =) zu reagieren vermögen, so entstehen Porphyrine.

II. I. III.

IV. III.

Desoxo-phylloerythrin.

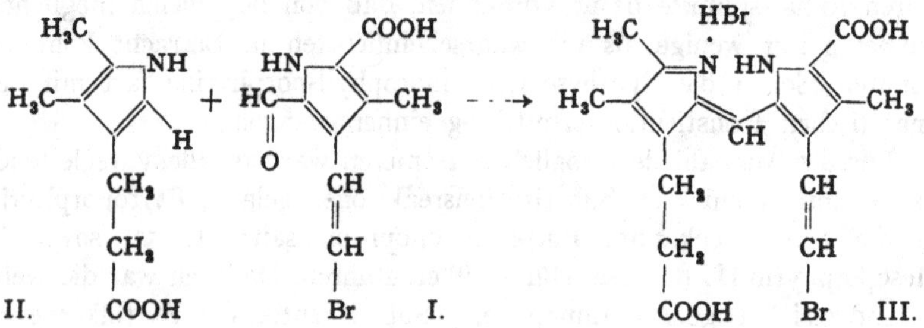

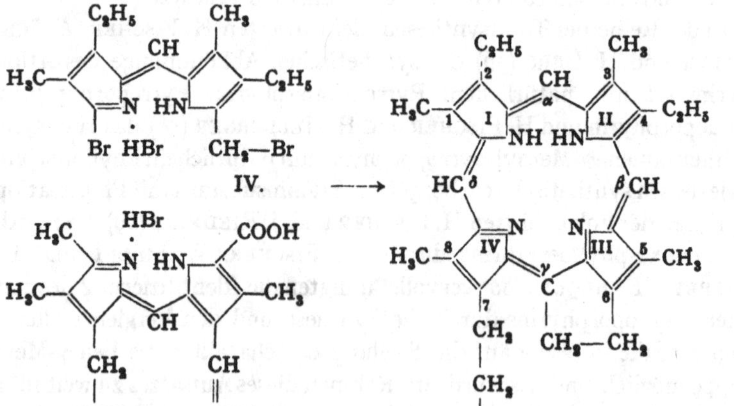

Im Falle des Desoxo-phylloerythrins (*69, 79*) diente zur Synthese als Ausgangsmaterial einerseits 2-Formyl-3-bromvinyl-4-methyl-5-carbonsäurepyrrol (Formel I), das mit Hämopyrrol-carbonsäure (II) zu

3-Bromvinyl-3'-propionsäure-4,4',5'-trimethyl-5-carbonsäure-pyrrome-
then-bromhydrat (III) kondensiert wurde und anderseits das aus Kryptopyrrol mit $2^1/_2$ Mol Brom in Eisessig direkt entstehende „bromierte
Kryptopyrrolmethen I" (IV), dessen rationelle Bezeichnung 5-Brom-
4,3'-dimethyl-5'-brom-methyl-3,4'-diäthyl-pyrromethen-bromhydrat ist.

Die beiden Methene (Formeln III und IV) geben, vermischt und kurz
erhitzt, unter Dehydrierung und Kondensation zum Porphin, das gewünschte Desoxo-phylloerythrin, und dieses hat sich in allen Einzelheiten
als identisch erwiesen mit Präparaten, die durch Abbau natürlichen Ausgangsmaterials gewonnen waren.

Die Identitätsbestimmung der höheren Chlorophyllderivate, der Porphyrine, Chlorine, Rhodine, Phorbide usw., zieht zum Vergleich außer
den physikalischen Daten wie Löslichkeit, Kristallform, Farbe, Spektrum
und Fluoreszenz auch die Salzsäurezahl, die p_H-Zahl (253) und insbesondere
die Bestimmung der Ester-Mischschmelzpunkte heran. Letztere hat sich
als zuverlässiges Kriterium besonders bei isomeren Verbindungen, die auf
andere Weise nicht voneinander zu unterscheiden waren, bewährt.

B. Die Allomerisation und die Purpurine.

Die im folgenden referierten Arbeiten betreffen weniger die Konstitutionsermittlung des Chlorophylls als die Erklärung der *Allomerisation
als Oxydationsvorgang* und damit die Feststellung eines sehr beweglichen
Wasserstoffatoms am Kohlenstoffatom $C_{(10)}$.

Aus den Untersuchungen von R. WILLSTÄTTER und seinen Mitarbeitern
war bekannt, daß besonders äthylalkoholische Lösungen des Chlorophylls
und seiner nächsten Abkömmlinge leicht einer Umwandlung unterliegen,
durch welche die „braune Phase" verlorengeht. Diese Veränderung des
Chlorophylls ist als „Allomerisation" bezeichnet worden. Allomerisierte
Produkte sind leichter löslich und lassen sich nur mit größter Mühe rein
erhalten und kristallisieren; sie liefern bei der alkalischen Verseifung un-
einheitliche Spaltprodukte, in denen schwächer basische und unstabile
Chlorine und Rhodine überwiegen. Ein Farbumschlag der schwach
basischen Chlorine in rote Verbindungen ist schon von R. WILLSTÄTTER
beobachtet, aber nicht näher untersucht worden.

Allomerisationsvorgänge haben die Untersuchungen des natürlichen
Chlorophylls oftmals kompliziert und gehemmt. Man lernte zwar, diese
anfangs rätselhafte Erscheinung durch Zusätze kleinster Mengen Säure
(305, dort S. 149) oder durch Reduktionsmittel (244) hintanzuhalten, wodurch die Darstellung der normalen Chlorophyllderivate an Sicherheit
gewann. Aber erst die absichtliche, rasche und vollständige Herbeiführung der Allomerisation durch Oxydationsmittel, wie Chinon, Jod
u. dgl., zeigte, daß es sich bei den Allomerisationsvorgängen um Oxydationen handeln mußte.

H. FISCHER und seine Mitarbeiter haben nun auch allomerisierte Chlorophyllderivate der Behandlung mit Jodwasserstoff in Eisessig unterworfen und eine Reihe neuer Porphyrine dargestellt. Sowohl die durch langes Stehenlassen in alkoholischer Lösung wie die durch Chinon oder Jod in diesem Medium allomerisierten Präparate von Chlorophyll a oder die durch Behandlung mit Luftsauerstoff, Chinon oder Jod in Eisessig allomerisierten Phäophorbide a lieferten bei der Umsetzung mit Jodwasserstoffsäure in Eisessig je nach den spezielleren Versuchsbedingungen ein *Phäoporphyrin a_6*, ein *Neo-phäoporphyrin a_6* oder ein *Phäoporphyrin a_7* (73, 74, 82, 83, 85).

Es stellte sich heraus, daß aus allen Ausgangsmaterialien in saurem Medium zunächst Neo-phäoporphyrin a_6 gebildet wird, das durch Hydrolyse in Phäoporphyrin a_7 übergehen kann. Wird das letztere verestert und der Ester verseift, so entsteht nicht wieder Phäoporphyrin a_7, sondern ein neues *Allo-phäoporphyrin a_7*, das anderseits aus Neo-phäoporphyrin a_6 unter der Einwirkung von Alkalien direkt entstehen·kann.

Licht in diese komplizierten Verhältnisse brachten Versuche, in denen es gelang, Phäoporphyrin a_7 aus Chloroporphyrin e_6 über ein *Chloroporphyrin e_7-lacton* darzustellen (86) und ein Sauerstoffatom an $C_{(10)}$ durch Überführung in Chloroporphyrin e_5 zu beweisen. Das Phäoporphyrin a_6 konnte anderseits direkt aus dem inzwischen kristallisierten allomerisierten Phäophorbid a (88) dargestellt werden, und schließlich gelang es, Phäoporphyrin a_5 unmittelbar in Phäoporphyrin a_6 wie auch in Neo-phäoporphyrin a_6 überzuführen (92).

Damit waren die Bildungsweisen und Zusammenhänge der neuen Verbindungen geklärt und es ließen sich unter Einbeziehung der im einzelnen hier nicht besprochenen Eigenschaften der neuen Porphyrine die in der Tabelle 4 stehenden Formelbilder geben (92, 97).

Aus ihnen folgt, daß die Allomerisation und der damit verbundene Verlust der braunen Phase stets gebunden ist an eine Oxydation, nämlich an den Ersatz des im Phäoporphyrin a_5 an $C_{(10)}$ befindlichen Wasserstoffatoms durch eine Hydroxyl- oder Alkoxylgruppe. Auf die daraus zu ziehenden Schlüsse kommen wir noch zurück.

Schon vor Beginn der Untersuchungen H. FISCHERS über die Allomerisation und die braune Phase haben sich J. B. CONANT und seine Mitarbeiter mit diesen und anderen Fragen auf dem Chlorophyllgebiet beschäftigt (11 bis 19, spätere Arbeiten bis 27). Ihre Versuche über den Verlauf der Phasenprobe (13) ergaben folgendes: Wurden Methylphäophorbid a, Phäophorbid a oder auch Chlorin e_6-trimethylester der kurzen Verseifung mit konzentrierter methylalkoholischer Lauge in der Hitze unterworfen, so entstand in allen Fällen Chlorin e_6. Wurde unter sonst gleichen Versuchsbedingungen das Methanol durch Äthanol ersetzt oder die Versuchstemperatur erniedrigt, so bildete sich ein Gemisch schwachbasischer

Tabelle 4. Zusammenhänge zwischen Porphyrinen aus allomerisiertem
Chlorophyll a und Chloroporphyrinen.

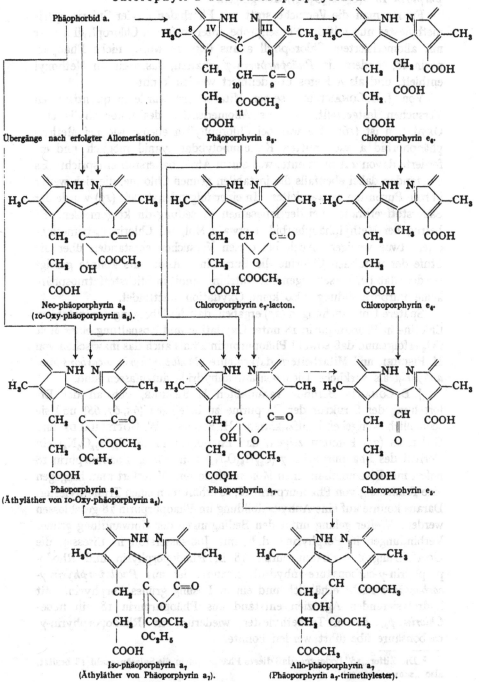

Chlorine, die spontan in eine neue, methoxylfreie Verbindung, *Phäopurpurin 18*[1] ($C_{33}H_{32}O_5N_4$), übergingen.

Führte man die Versuche statt mit Phorbiden a oder Chlorin e_6-trimethylester nun mit der Phasenprobe unterworfenem Chlorophyll a oder mit allomerisiertem Chlorophyll a aus (*14*), so wurde nicht Phäopurpurin 18, sondern ein *Phäopurpurin 7* erhalten, das noch ein Methoxyl enthielt, und als α-Ketosäure definiert werden konnte.

Von J. B. Conant und seinen Mitarbeitern wurde in quantitativen Versuchen festgestellt, daß die Allomerisation des Chlorophylls eine Oxydation ist (*16*). Sie war bei Chlorophyll a ebenso wie bei Methylphäophorbid a auch mittels Kaliummolybdän-cyanid möglich und erforderte davon 2 Äquivalente, was einem Atom Sauerstoff entspricht. Es entstanden dabei ebenfalls die instabilen grünen Chlorine, die sich weiter in rote Purpurine verwandelten. In einer folgenden Arbeit (*17*) wurde der Sauerstoffverbrauch bei der langsamen Verseifung direkt gemessen. Er betrug bei Methylphäophorbid a etwa 1 Mol, bei Chlorin e_6-trimethylester etwas weniger. Auch bei diesen Versuchen entstanden über die Stufe der instabilen Chlorine die Purpurine. Anderseits konnte gezeigt werden, daß bei Verseifungen mit Natriumstannit in Stickstoffatmosphäre keine Purpurinbildung, also keine Oxydation stattfindet.

Spätere Untersuchungen (*25*) ergaben, daß der Übergang der instabilen Chlorine in Phäopurpurin 18 unter Oxydation und Abspaltung eines Mols CO_2 erfolgt und daß sowohl Phäopurpurin 18 als auch das inzwischen von H. Fischer und Mitarbeitern dargestellte *Rhodoporphyrin-γ-carbonsäureanhydrid* als wirkliche Dicarbonsäureanhydride aufzufassen sind.

J. B. Conants Befunde veranlaßten H. Fischer, sich an der Erforschung der Struktur der Purpurine zu beteiligen (*65, 67, 68*) und sie schließlich weitgehend aufzuklären. H. Fischer, W. Gottschaldt und G. Klebs (*75*) konnten zeigen, daß Phäopurpurin 18 ($C_{33}H_{32}O_5N_4$) ein Derivat des Phäopurpurins 7 ($C_{35}H_{36}O_7N_4$) sein müsse. Phäopurpurin 18 liefert mit Diazomethan einen Monomethylester. Verestert man hingegen eine Rohlösung von Phäopurpurin 18, so erhält man einen Trimethylester. Daraus konnte auf eine Anhydridbildung im Phäopurpurin 18 geschlossen werden. Weiter gelang unter den Bedingungen der Umwandlung grüner Verbindungen in Porphyrine, d. h. mit Jodwasserstoff in Eisessig, die Überführung des Phäopurpurins 18 in Rhodoporphyrin und Rhodoporphyrin-γ-carbonsäure-anhydrid; letzteres ist aus *Rhodoporphyrin-γ-carbonsäure* leicht erhältlich und ein in Lösung grünes Porphyrin. Mit hydrolysierenden Agenzien entstand aus Phäopurpurin 18 ein neues *Chlorin p_6*, dessen Trimethylester wiederum in Rhodoporphyrin-γ-carbonsäure überführt werden konnte.

---

[1] Die Ziffer „18" bedeutet, daß dieses Phäopurpurin die Salzsäurezahl 18 besitzt, also „schwachbasisch" ist.

Aus diesen und weiteren Versuchen, auf deren Schilderung hier verzichtet werden muß, konnte geschlossen werden, daß Phäopurpurin 18 und Chlorin p₆ die Struktur des Rhodoporphyrin-γ-carbonsäure-anhydrids hinsichtlich ihrer reaktionsfähigen Seitenketten besitzen müssen. Ihr C-, O- und N-Gehalt war derselbe, ihr Verhalten bei der Hydrolyse und der Esterbildung gleichartig. Aus den genetischen Zusammenhängen war zu folgern, daß Phäopurpurin 18 der Reihe der grünen Verbindungen, Rhodoporphyrin-γ-carbonsäure-anhydrid aber der Reihe der Porphyrine

Tabelle 5. Die Phäopurpurine und ihre Derivate.

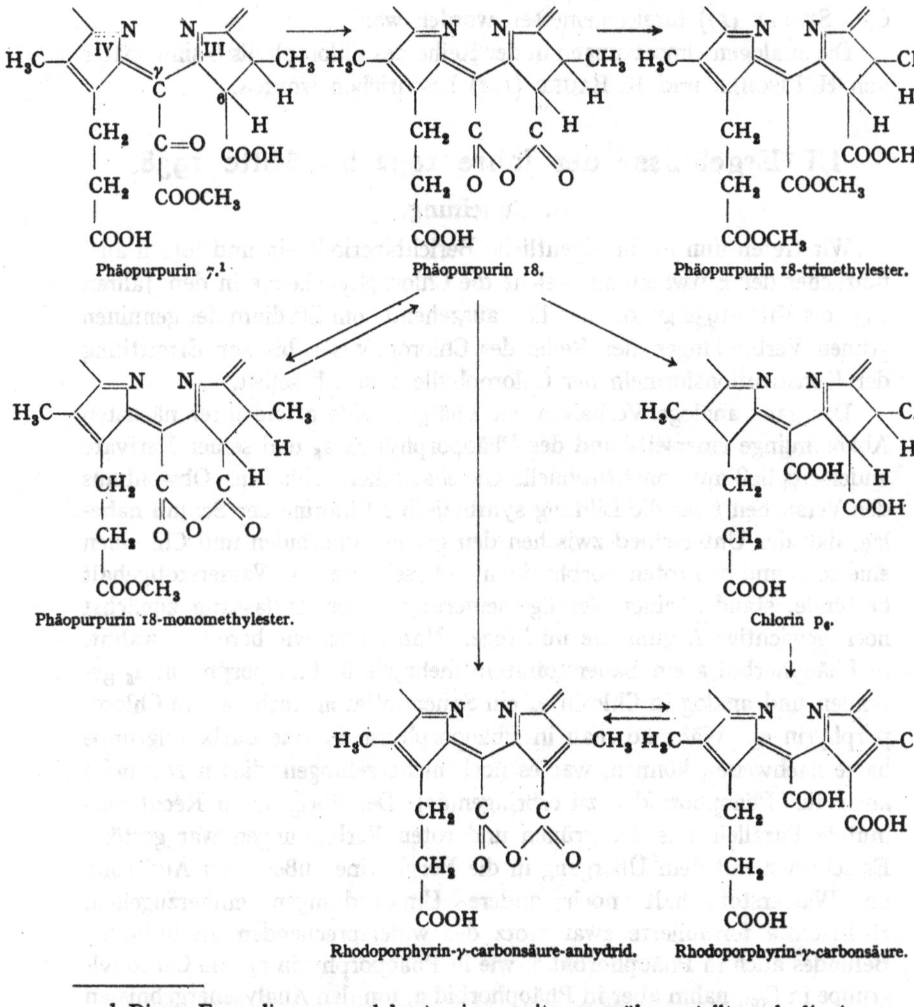

Phäopurpurin 7.[1]

Phäopurpurin 18.

Phäopurpurin 18-trimethylester.

Phäopurpurin 18-monomethylester.

Chlorin p₆.

Rhodoporphyrin-γ-carbonsäure-anhydrid.

Rhodoporphyrin-γ-carbonsäure.

[1] Dieser Formulierung wird heute eine zweite gegenübergestellt; vgl. die Ausführungen auf S. 209 dieses Aufsatzes sowie die Originalliteratur: H. FISCHER und W. LAUTSCH (129) sowie H. FISCHER und K. KAHR (133).

angehören muß. Die Zwischenstellung des neuen Chlorins p_6 blieb zunächst ungeklärt. Dagegen war schon von J. B. CONANT ermittelt worden, daß Phäopurpurin 7 ein Monomethylester ist, der durch Hydrolyse in Phäopurpurin 18 übergehen kann. So ergeben sich dann hinsichtlich der Purpurine die Formelbilder und Zusammenhänge der Tabelle 5.

Die nahen Beziehungen der in den Tabellen 4 (S. 181) und 5 (S. 183) mit Strukturformeln wiedergegebenen neuen Chlorophyllderivate treten deutlich hervor. Beide Reihen leiten sich von allomerisiertem Chlorophyll a ab und enthalten an $C_{(10)}$ als wesentlichen Bestandteil Sauerstoff, dessen Aufnahme bei der Bildung der unstabilen Chlorine bzw. Purpurine von C. C. STEELE (17) direkt gemessen worden war.

Die analogen Umsetzungen in der Reihe des Chlorophylls b sind später von H. FISCHER und K. BAUER (121) beschrieben worden.

III. Ergebnisse der Jahre 1932 bis Mitte 1938.

A. Einleitung.

Wir treten nun in die eigentliche Berichtsperiode ein und folgen ausführlicher der Entwicklung, welche die Chlorophyllchemie in den Jahren 1932 bis Mitte 1938 genommen hat, ausgehend vom Studium der genuinen grünen Verbindungen der Reihe des Chlorophylls a bis zur Ermittlung der Konstitutionsformeln der Chlorophylle a und b selbst.

Das ganz analoge Verhalten der Phäophorbide a und ihrer nächsten Abkömmlinge einerseits und des Phäoporphyrins a_5 und seiner Derivate anderseits ließ auf konstitutionelle Gleichartigkeit schließen. Obwohl aus den Versuchen über die Bildung synthetischer Chlorine der Schluß nahelag, daß der Unterschied zwischen den grünen Phorbiden und Chlorinen einerseits und den roten Porphyrinen anderseits nur im Wasserstoffgehalt bestünde, standen einer Verallgemeinerung dieser Auffassung zunächst noch gewichtige Argumente im Wege. Man hatte, wie bereits erwähnt, in Phäophorbid a ein Sauerstoffatom mehr als in Phäoporphyrin a_5 gefunden und analog in Chlorin e_6 ein Sauerstoffatom mehr als in Chloroporphyrin e_6. Während man in Phäoporphyrin a_5 eine Carbonylgruppe hatte nachweisen können, war es noch nicht gelungen, diesen Nachweis auch für Phäophorbid a zu erbringen(67). Der übrigens zu Recht vermutete Parallelismus der grünen und roten Verbindungen war gestört. Es schienen mit dem Übergang in die Porphyrine außer einer Änderung im Wasserstoffgehalt noch andere Umwandlungen einherzugehen. H. FISCHER formulierte zwar trotz des widersprechenden analytischen Befundes auch in Phäophorbid a, wie in Phäoporphyrin a_5, die Carbonylgruppe in $C_{(9)}$, nahm aber in Phäophorbid a, um den Analysenergebnissen gerecht zu werden, an $C_{(10)}$ eine Hydroxylgruppe an (65). Auch J. B. CONANT schrieb in seinen Chlorophyllformeln eine sekundäre Hydroxylgruppe an $C_{(10)}$ (*16, 19, 20*). Die Annahme einer alkoholischen Hydroxylgruppe in Chlorophyll a mußte auf Grund der nun folgenden analytischen Überprüfung fallen gelassen werden.

B. Erneute Prüfung der Bruttoformeln von Chlorophyll a und b und ihren ersten Derivaten.

Orientierende Versuche über die braune Phase gaben A. STOLL und E. WIEDEMANN Veranlassung, die oben erwähnte *Diskrepanz im Sauerstoffgehalt* einer Prüfung zu unterziehen. Chlorophyll a und b, Phäophorbid a und b, Chlorin e und Rhodin g und einige andere Derivate wurden zumeist nach den Vorschriften des Chlorophyllbuches (*305*) so sorgfältig als möglich isoliert und analysiert. Diese Untersuchung (*235, 242*) ergab die ausnahmslose Bestätigung der von R. WILLSTÄTTER und A. STOLL aufgestellten, um ein Atom Sauerstoff ärmeren Bruttoformeln. Damit war bewiesen, daß Chlorophyll a und die Phäophorbide a nicht 6, sondern nur 5 Sauerstoffatome enthalten und daß dem Chlorin e_6 nicht 7, sondern nur 6 Sauerstoffatome zukommen. Analog konnte für die Reihe des Chlorophylls b bestätigt werden, daß Chlorophyll b und die Phäophorbide b 6 Sauerstoffatome enthalten und daß Rhodin g_7 deren 7 besitzt. Auch die Verbindungen der b-Reihe waren nämlich von H. FISCHER und von J. B. CONANT inzwischen mit je 1 Sauerstoffatom zuviel geschrieben worden (*76, 19, 20*).

Die neuerliche Reindarstellung der Chlorophylle a und b bot Gelegenheit, auch die Beschreibung der physikalischen Eigenschaften, insbesondere der Lichtabsorption, gegenüber den 20 Jahre älteren Angaben des Chlorophyllbuches zu ergänzen, womit zugleich gezeigt werden konnte, daß das Verfahren der Komponententrennung nach R. WILLSTÄTTER und A. STOLL bei zweckentsprechender Ausübung zur Darstellung auch der *spektroskopisch reinen* Komponenten *a* und *b* geeignet ist.

A. WINTERSTEIN und G. STEIN (*309*) haben demgegenüber in einer im Laboratorium von R. KUHN in Heidelberg ausgeführten Arbeit angegeben, daß die Chlorophyll b-Präparate von R. WILLSTÄTTER und A. STOLL noch mindestens 10% der a-Komponente enthalten und daß es nur vermittels der von M. TSWETT angegebenen Methode der chromatographischen Adsorption möglich sei, ganz reine Chlorophyllkomponenten herzustellen. Die Autoren verwiesen dabei auf die Messungen und Bildwiedergaben der Spektren im Chlorophyllbuch. Dazu ist zu bemerken, daß die Einheitlichkeit der im Chlorophyllbuch beschriebenen Substanzen durch die empfindliche Spaltungsprobe (siehe S. 163) überprüft war. Die in den Spektren des Chlorophylls b dargestellte Absorptionsbande im äußeren Rot, die von Spuren beigemischten Chlorophylls a herrührt, ist sowohl in der Zeichnung, wie in der photographischen Tafel absichtlich übertrieben stark dargestellt, um sie deutlich sichtbar zu machen. Man darf daraus nicht auf den prozentualen Gehalt der Präparate an Chlorophyll a schließen, wie es A. Winterstein und G. Stein getan haben. Die Kritik dieser Autoren war bei ihrem Erscheinen übrigens bereits gegenstandslos geworden, da A. Stoll die Ungenauigkeit der im Chlorophyllbuch dargestellten Spektren des Chlorophylls b schon korrigiert hatte (249, dort Tafel V gegenüber S. 38; 244).

H. Fischer und G. Spielberger haben die einheitlichen Äthylphäophorbide durch Einführung von Magnesium in die Äthylchlorophyllide a und b übergeführt (vgl. S. 213) und diese erstmals dargestellt (95, 96, 102). Indem sie sich auf die erwähnten Angaben von A. Winterstein und G. Stein (309) beriefen, äußerten sie die Ansicht, daß die reinen Chlorophyll- und Chlorophyllidkomponenten nur über die Adsorptionsanalyse oder über die Partialsynthese durch Einführung des Magnesiums in einheitliche Phäophorbide zugänglich seien.

Wir haben Gelegenheit gehabt, alte Originalpräparate der Chlorophyll- und Methylchlorophyllidkomponenten a und b von R. Willstätter und A. Stoll mit neuen, sowohl nach Willstätter und Stoll als auch mit der Methode von M. Tswett dargestellten Substanzen durch Spaltungsprobe und Chromatogramm zu vergleichen und festzustellen, daß auch die alten Präparate *durchaus rein und einheitlich* waren, so daß die Priorität der ersten Reindarstellung der natürlichen Chlorophylle a und b und der Methylchlorophyllide a und b, mit denen auch die ersten und richtigen Bruttoformeln ermittelt wurden, R. Willstätter und seinen Schülern zukommt.

Die vielseitige Anwendung der Adsorptionsanalyse nach M. Tswett zur Trennung nahe verwandter Naturstoffe und zu deren Reinigung (313) rechtfertigt an dieser Stelle die Erwähnung noch unveröffentlichter eigener Versuche zur vereinfachten Darstellung ganz reiner Chlorophyll- und Chlorophyllidkomponenten: Wir bereiten zunächst nach den bekannten Methoden des Chlorophyllbuches das Gemisch der reinen Komponenten $a + b$ und zerlegen dieses nach R. Willstätter und A. Stoll (297) unter Mitverarbeitung der Mittelfraktion in 80—90proz. Komponenten. Die noch 10—20% von der anderen Komponente enthaltenden Präparate werden dann der Adsorptionsanalyse unterworfen und man erhält so in zwei einfachen Arbeitsgängen und unter Vermeidung von Verlusten Präparate von so hoher Reinheit der Komponenten, wie sie zur Bestimmung physikalischer Konstanten nötig waren.[1] Die annähernde Trennung in die Komponenten gelingt einfacher und schneller nach R. Willstätter und A. Stoll, die Abtrennung der letzten Reste der anderen Komponente leichter durch die Adsorptionsanalyse.

---

[1] Z. B. (161); vgl. auch Ch. Dhéré und Mitarbeiter (29—35).

C. Ermittlung der Struktur des isozyklischen Seitenringes in Chlorophyll a.

Durch die erneute Feststellung von nur 5 Sauerstoffatomen in Chlorophyll a und Phäophorbid a war das zeitweise am Kohlenstoffatom $C_{(10)}$ angenommene Sauerstoffatom zu streichen. Die Beziehungen zwischen Phäophorbid a und Phäoporphyrin a_5 erschienen sehr eng, bis durch Befunde von A. STOLL und E. WIEDEMANN eine neue Verschiedenheit zwischen den grünen und den roten Verbindungen aufzutreten schien. Diese Autoren konnten Phäophorbid a und Methylphäophorbid a in Benzoylderivate überführen und haben deshalb an Stelle der Carbonylgruppe des Phäoporphyrins a_5 in den Phäophorbiden vorübergehend eine sekundäre Alkoholgruppe angenommen (244). Sie hatten diese Auffassung zu berichtigen, als sie bald darauf zeigen konnten, daß die Phäophorbide a nicht nur Benzoylverbindungen, sondern auch genau definierte Oxime zu bilden vermögen (245). Damit war festgestellt, daß in den Phäophorbiden a und in Chlorophyll a, und zwar im isozyklischen Seitenring, die tautomer reagierende Acetessigester-Gruppierung

$$CH-C \cdot \overset{\diagup}{\underset{O}{\big|}} \quad \underset{\longleftarrow}{\rightleftarrows} \quad C=C \overset{\diagup}{\underset{OH}{\big|}}$$
$$COOCH_3 \qquad\qquad\quad COOCH_3$$

vorhanden ist. Mit dieser Formulierung stehen alle experimentellen Befunde im Einklang, und komplizierte Erscheinungen, wie z. B. der Ablauf der „braunen Phase" (vgl. S. 164ff., 201f.), lassen sich damit erklären.

H. FISCHER hatte die Formulierung eines *Carbonyls* im isozyklischen Seitenring schon vor ihrer experimentellen Sicherstellung als die wahrscheinlichste vorgeschlagen (155) und er bestätigte sie experimentell. Für ihn war die Beobachtung wegleitend geblieben, daß die Phäophorbide a bei länger dauernder Einwirkung von Diazomethan in den Trimethylester des Chlorins e_6 übergehen (88). Dieser Vorgang war als Methanolyse des isozyklischen Seitenringes aufgefaßt worden und hatte die Annahme eines Carbonyls in diesem zur Voraussetzung. Die für Phäoporphyrin a_5 charakteristische und gut bewiesene Struktur des isozyklischen Seitenringes ist somit auch dem Chlorophyll a eigen und die nahe Verwandtschaft der beiden Verbindungen bewiesen. Offen blieb indessen die Frage, wodurch sich die grünen von den roten Verbindungen dennoch unterscheiden.

D. Die Substituenten von Chlorophyll b.

Sobald erwiesen war, daß das natürliche Chlorophyll aus 2 Komponenten bestehe, war auf Grund der Gleichartigkeit ihrer Eigenschaften zu erwarten, daß Chlorophyll a und b konstitutionell nur wenig voneinander verschieden sein können. Der Alkaliabbau hat denn auch bei beiden Komponenten die gleichen Porphyrine ergeben (vgl. S. 169) und eine weitgehende Analogie in ihrem Kohlenstoffgerüst erkennen lassen. Schon R. WILLSTÄTTER erblickte den Unterschied allein darin, daß er im Chlorophyll b 1 Sauerstoffatom mit Carbonylfunktion an der Stelle von 2 Wasserstoffatomen des Chlorophylls a annahm und behielt damit recht. Der augenfällige Gegensatz im Farbumschlag bei der „braunen Phase", in Gelb bei Chlorophyll a, Tiefrot bei der Komponente b, hätte immerhin auf Verschiedenheiten im isozyklischen Seitenring, wo sich die Vorgänge der „braunen Phase" abspielen, hinweisen können. Die beiden Komponenten sind aber gerade in diesem dem labilsten Teil des Moleküls *gleich gebaut*, wie im folgenden gezeigt wird.

1. Der isozyklische Seitenring.

Nachdem sich die Überführung der Chlorophyllderivate in Porphyrine mit Jodwasserstoff in Eisessig für die Aufklärung der Feinstruktur des Chlorophylls a so erfolgreich erwiesen hatte, lag es auf der Hand, diese Reaktion auf Chlorophyll b und seine nächsten Abkömmlinge zu übertragen.

Tabelle 6. Öffnung und Schließung des isozyklischen Seitenringes.

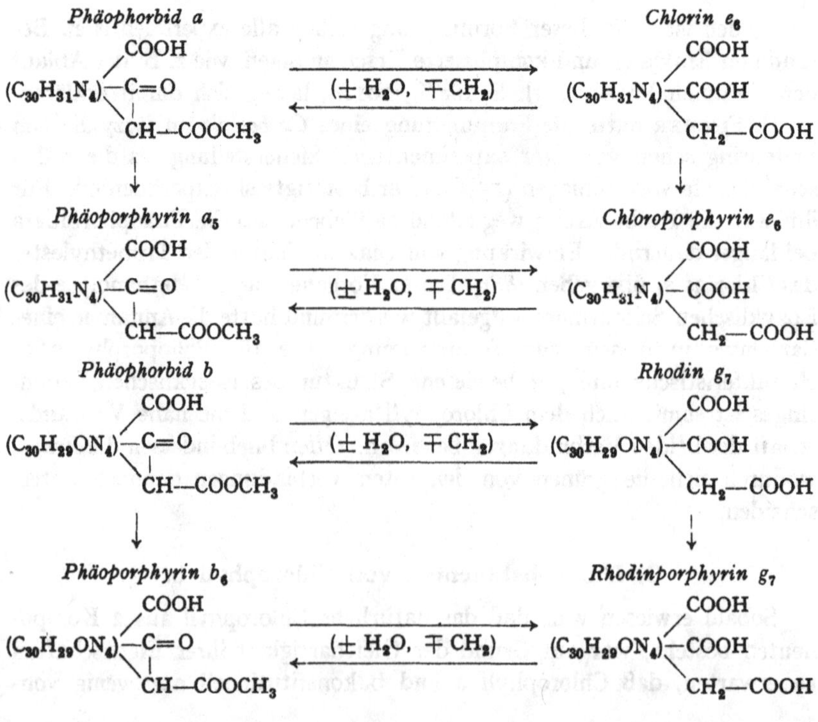

Phäophorbid a

$$(C_{30}H_{31}N_4) \begin{array}{l} \text{COOH} \\ -C=O \\ | \\ CH-COOCH_3 \end{array}$$

$(\pm H_2O, \mp CH_2)$

Chlorin e_6

$$(C_{30}H_{31}N_4) \begin{array}{l} \text{COOH} \\ -COOH \\ | \\ CH_2-COOH \end{array}$$

Phäoporphyrin a_5

$$(C_{30}H_{31}N_4) \begin{array}{l} \text{COOH} \\ -C=O \\ | \\ CH-COOCH_3 \end{array}$$

$(\pm H_2O, \mp CH_2)$

Chloroporphyrin e_6

$$(C_{30}H_{31}N_4) \begin{array}{l} \text{COOH} \\ -COOH \\ | \\ CH_2-COOH \end{array}$$

Phäophorbid b

$$(C_{30}H_{29}ON_4) \begin{array}{l} \text{COOH} \\ -C=O \\ | \\ CH-COOCH_3 \end{array}$$

$(\pm H_2O, \mp CH_2)$

Rhodin g_7

$$(C_{30}H_{29}ON_4) \begin{array}{l} \text{COOH} \\ -COOH \\ | \\ CH_2-COOH \end{array}$$

Phäoporphyrin b_6

$$(C_{30}H_{29}ON_4) \begin{array}{l} \text{COOH} \\ -C=O \\ | \\ CH-COOCH_3 \end{array}$$

$(\pm H_2O, \mp CH_2)$

Rhodinporphyrin g_7

$$(C_{30}H_{29}ON_4) \begin{array}{l} \text{COOH} \\ -COOH \\ | \\ CH_2-COOH \end{array}$$

O. WARBURG und W. CHRISTIAN haben als erste (274) diese Methode der Porphyrinbildung auf Phäophorbid b angewendet und so ein Porphyrin erhalten, das 6 Sauerstoffatome besitzt und nach O. WARBURG und E. NEGELEIN (275) zwei Carboxylgruppen sowie eine Ketogruppe aufweist. H. FISCHER und Mitarbeiter haben dieses Porphyrin mit *Phäoporphyrin b₆* bezeichnet (84). In Analogie zu dem Übergang von Phäoporphyrin a₅ in Chloroporphyrin e₆ haben sodann A. STOLL und E. WIEDEMANN gefunden, daß sich dieses Phäoporphyrin b₆ in ein *Rhodinporphyrin g₇* überführen läßt (237, 241), eine Beobachtung, die von H. FISCHER, A. HENDSCHEL und L. NÜSSLER (87) zuerst eingehend experimentell gestützt wurde. In weiterer Analogie zur Reihe des Chlorophylls a konnten diese Autoren sodann Rhodinporphyrin g₇ aus Rhodin g₇ darstellen und schließlich die Rückverwandlung des Rhodinporphyrins g₇ in Phäoporphyrin b₆ vollziehen.

Die Gleichartigkeit dieser Umsetzungen in beiden Reihen des Chlorophylls veranschaulicht die nebenstehende Tabelle 6.

Für die a-Reihe des Chlorophylls sind die durch horizontale Pfeile bezeichneten Umsetzungen als Umwandlungen am isozyklischen Seitenring erkannt und als reversible hydrolytische Spaltung desselben definiert worden:

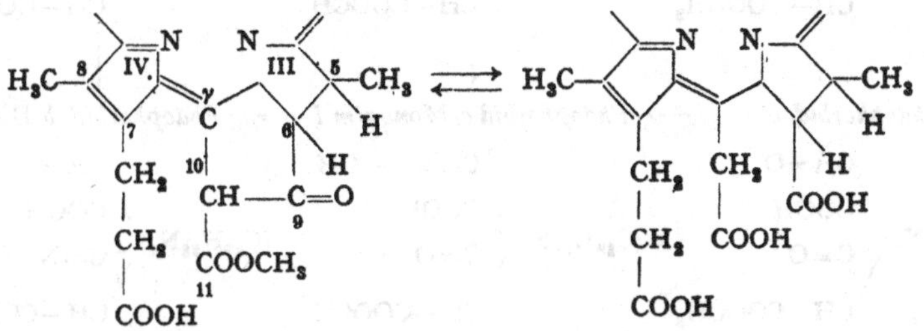

Die Gleichartigkeit im Verhalten der entsprechenden Verbindungen der b-Reihe des Chlorophylls stützte die Annahme, daß der isozyklische Seitenring auch dem Chlorophyll b eigen ist (87).

2. Das dem Chlorophyll b eigentümliche Carbonyl.

Die Annahme des isozyklischen Seitenringes in Chlorophyll b hatte zur Voraussetzung, daß Chlorophyll b *zwei* Carbonyle besitzen müsse: eines im isozyklischen Seitenring, und ein zweites, durch das sich Chlorophyll b von Chlorophyll a unterscheidet.

Dieses letztere, dem Chlorophyll b eigentümliche Carbonyl konnte durch Oximbildung leicht nachgewiesen werden: A. STOLL und E. WIEDEMANN fanden, daß nicht nur die rotstichig braunen Phäophorbide b, sondern auch das bordeauxrote Rhodin g₇, das den isozyklischen Seitenring nicht mehr enthält, schon unter milden Bedingungen grüne

Monoxime zu bilden vermögen (*237, 240*). Dieser Befund ist von H. FISCHER, ST. BREITNER, A. HENDSCHEL und L. NÜSSLER bestätigt worden (*84*).

Für den direkten Nachweis der Gleichartigkeit des isozyklischen Seitenrings in Chlorophyll b wie in Chlorophyll a sowie zur näheren Charakterisierung der reaktionsfähigen Gruppen im Chlorophyll b haben A. STOLL und E. WIEDEMANN (*246*) *Dioxime* der Phäophorbide b dargestellt und gezeigt, daß bei den Phäophorbiden b zunächst das der b-Reihe eigentümliche Carbonyl (I) und erst dann das Carbonyl (II) des isozyklischen Seitenrings in Reaktion tritt. Diese Ergebnisse, sowie die der partiellen und totalen Verseifung, sind in der nachstehenden Tabelle 7 aufgeführt:

Tabelle 7. Die Oxime der Phäophorbide b und des Rhodins g_7.

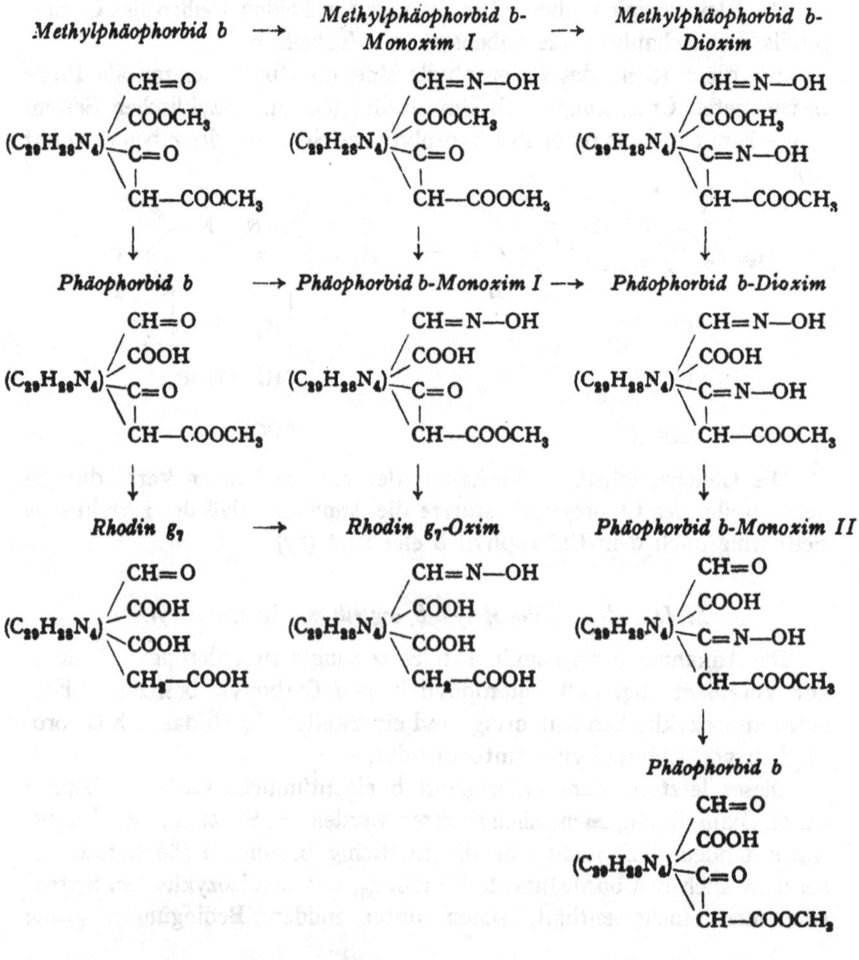

Methylphäophorbid b $\longrightarrow$ Methylphäophorbid b-Monoxim I $\longrightarrow$ Methylphäophorbid b-Dioxim

$$(C_{29}H_{28}N_4)\!\!<\!\!\begin{array}{l} CH=O \\ COOCH_3 \\ C=O \\ | \\ CH-COOCH_3 \end{array}$$

$$(C_{29}H_{28}N_4)\!\!<\!\!\begin{array}{l} CH=N-OH \\ COOCH_3 \\ C=O \\ | \\ CH-COOCH_3 \end{array}$$

$$(C_{29}H_{28}N_4)\!\!<\!\!\begin{array}{l} CH=N-OH \\ COOCH_3 \\ C=N-OH \\ | \\ CH-COOCH_3 \end{array}$$

Phäophorbid b $\longrightarrow$ Phäophorbid b-Monoxim I $\longrightarrow$ Phäophorbid b-Dioxim

$$(C_{29}H_{28}N_4)\!\!<\!\!\begin{array}{l} CH=O \\ COOH \\ C=O \\ | \\ CH-COOCH_3 \end{array}$$

$$(C_{29}H_{28}N_4)\!\!<\!\!\begin{array}{l} CH=N-OH \\ COOH \\ C=O \\ | \\ CH-COOCH_3 \end{array}$$

$$(C_{29}H_{28}N_4)\!\!<\!\!\begin{array}{l} CH=N-OH \\ COOH \\ C=N-OH \\ | \\ CH-COOCH_3 \end{array}$$

Rhodin g_7 $\longrightarrow$ Rhodin g_7-Oxim $\qquad$ Phäophorbid b-Monoxim II

$$(C_{29}H_{28}N_4)\!\!<\!\!\begin{array}{l} CH=O \\ COOH \\ COOH \\ CH_2-COOH \end{array}$$

$$(C_{29}H_{28}N_4)\!\!<\!\!\begin{array}{l} CH=N-OH \\ COOH \\ COOH \\ CH_2-COOH \end{array}$$

$$(C_{29}H_{28}N_4)\!\!<\!\!\begin{array}{l} CH=O \\ COOH \\ C=N-OH \\ | \\ CH-COOCH_3 \end{array}$$

Phäophorbid b

$$(C_{29}H_{28}N_4)\!\!<\!\!\begin{array}{l} CH=O \\ COOH \\ C=O \\ | \\ CH-COOCH_3 \end{array}$$

Damit war in Chlorophyll b die Anwesenheit *zweier Carbonyle* bewiesen: eines (I) ist der b-Reihe des Chlorophylls eigentümlich, das zweite (II) liegt, wie bei Chlorophyll a, in Form einer enolisierbaren Ketogruppe vor und ist Bestandteil des isozyklischen Seitenrings. Die weitere Untersuchung betraf das Carbonyl I, wobei entschieden werden sollte, ob es Keto- oder Aldehydnatur besitzt und an welchem Ort es sich im Chlorophyll b befindet.

H. FISCHER und seine Mitarbeiter haben in ihren ersten drei Mitteilungen über Chlorophyll b (*76*, *84*, *87*) das Carbonyl I als Ketogruppe in der Propionsäure-Seitenkette formuliert. Diese Auffassung mußte, ebenso wie die früheren Annahmen von J. B. CONANT (*19*) (Ketogruppe im Porphyrinring) und von A. STOLL und E. WIEDEMANN (*240*) (Ketogruppe in der γ-Seitenkette) wieder fallen gelassen werden, als die nun folgenden Experimentalbefunde erhoben werden konnten.

Der naheliegende Versuch, Phäophorbid b-oxim I durch Überführung in das Nitril und dessen Verseifung näher zu charakterisieren, ist an der Unverseifbarkeit des Nitrils gescheitert (*106*). Dagegen gelang H. FISCHER und ST. BREITNER (*98*) die Überführung des in Frage stehenden Carbonyls in ein Carboxyl und damit seine Identifizierung. Die Autoren unterwarfen das Eisenkomplexsalz des Rhodinporphyrins g_7 der von H. FISCHER, J. RIEDMAIR und J. HASENKAMP (*91*) entdeckten sogenannten „Oxo-Reaktion", die in der Einwirkung von Luftsauerstoff auf die in Eisessig und (mit Jodphosphonium entfärbter) Jodwasserstoffsäure gelöste Substanzen besteht. Die dabei gebildete neue Verbindung ist im Gegensatz zu Rhodinporphyrin g_7 nicht mehr oximierbar; sie erwies sich als Tetracarbonsäure und erhielt entsprechend der Zahl ihrer Sauerstoffatome den Namen *Rhodinporphyrin* g_8.

Die Bildung des neuen, vierten Carboxyls des Rhodinporphyrins g_8 im Laufe der „Oxo-Reaktion" zeigte, daß das dem Chlorophyll b eigentümliche Carbonyl I einer *Aldehyd*gruppe angehört; denn eine Ketogruppe hätte bei ihrer oxydativen Umwandlung zum Carboxyl den Verlust von Kohlenstoff zur Folge gehabt, was nicht eingetreten ist.

Die Aldehydnatur des für Chlorophyll b charakteristischen Carbonyls I wird auch durch die Überführung von Phäoporphyrin b_6 in Phäoporphyrin a_5 belegt. H. FISCHER und J. GRASSL (*106*) haben Phäoporphyrin b_6 mit Palladium als Katalysator in Ameisensäure reduziert und erhielten so direkt Phäoporphyrin a_5, das einwandfrei identifiziert worden ist. Ein zweites, gleichzeitig entstandenes Porphyrin ließ sich mit 9-Oxy-desoxo-phäoporphyrin a_5, das aus Phäoporphyrin a_5 durch katalytische Hydrierung dargestellt war, identifizieren.

Über die Stellung der somit in Chlorophyll b nachgewiesenen Aldehydgruppe war zunächst noch nichts auszusagen, jedoch war auf Grund von Überlegungen, auf die wir hier nicht eingehen können, ihr Ort in 1-, 3-,

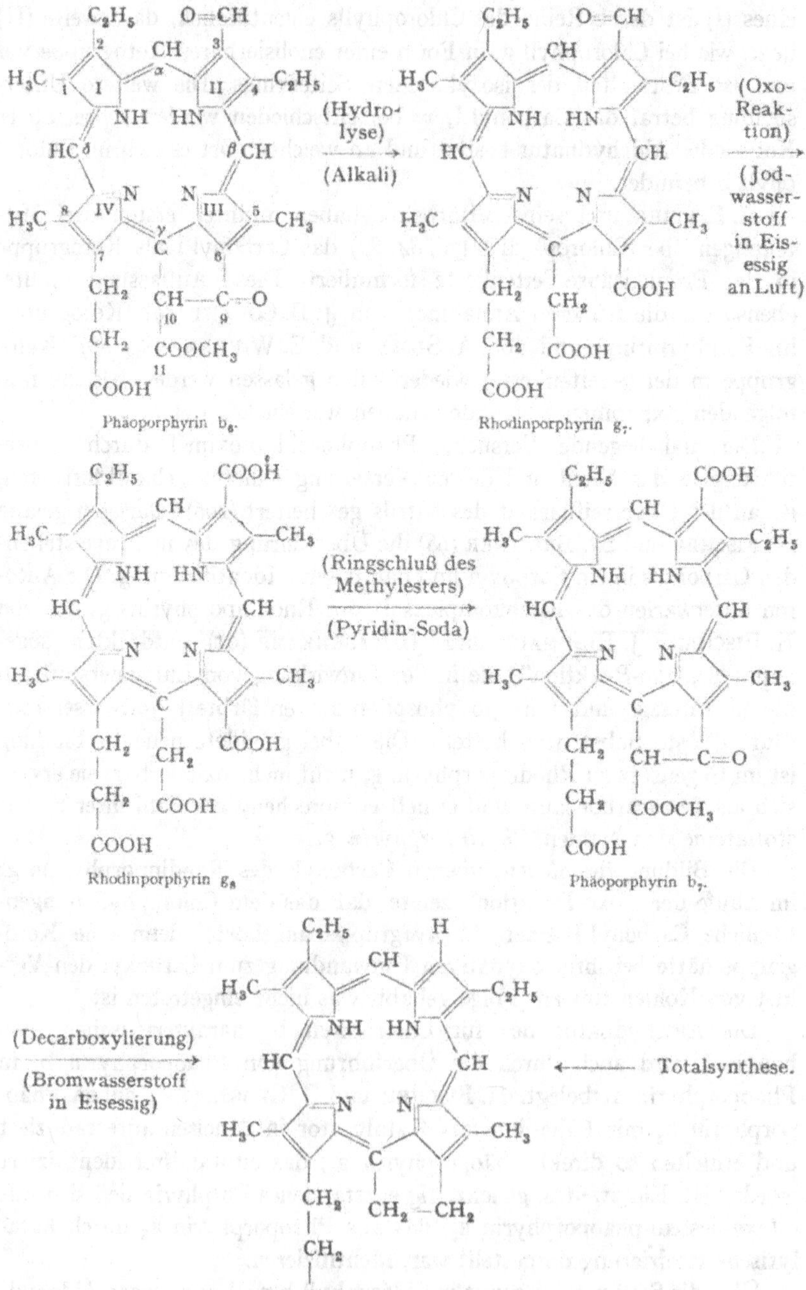

C_2H_5　　$O=CH$

CH

H_3C — I II — C_2H_5

NH HN

HC δ　β CH

H_3C — IV III — CH_3

C

CH_2　CH—C=O

CH_2　COOCH₃

COOH

Phäoporphyrin b₆.

(Hydrolyse) (Alkali) →

C_2H_5　　$O=CH$

CH

H_3C — — C_2H_5

NH HN

HC CH

H_3C — CH_3

C

CH_2 CH_2 COOH

CH_2 COOH

COOH

Rhodinporphyrin g₇.

(Oxo-Reaktion)
(Jodwasserstoff in Eisessig an Luft) →

C_2H_5　　COOH

CH

H_3C — CH_3

NH HN

HC CH

H_3C — CH_3

C

CH_2 CH_2 COOH

CH_2 COOH

COOH

Rhodinporphyrin g₈.

(Ringschluß des Methylesters)
(Pyridin-Soda) →

C_2H_5　　COOH

CH

H_3C — C_2H_5

NH HN

HC CH

H_3C — CH_3

C

CH_2 CH—C=O

CH_2 COOCH₃

COOH

Phäoporphyrin b₇.

(Decarboxylierung)
(Bromwasserstoff in Eisessig) →

C_2H_5　　H

CH

H_3C — C_2H_5

NH HN

HC CH

H_3C — CH_3

C

CH_2 CH_2—CH_2

CH_2

COOH

3-Desmethyl-desoxo-phylloerythrin.

← Totalsynthese.

5- oder 8-Stellung wahrscheinlicher als eine Bindung in Form einer —CH_2-CHO-Gruppe in 2- oder 4-Stellung.

H. FISCHER und ST. BREITNER (*104*) haben in sehr sinnvoller Weise die *Stellung der Aldehydgruppe* im Chlorophyll b festgestellt und gleichzeitig bewiesen, daß sie ohne Zwischenglied, direkt an einem Pyrrolkern sitzt. Die Forscher gingen von der Arbeitshypothese aus, das im Rhodinporphyrin g_8 aus der Aldehydgruppe neu gebildete Carboxyl sei ein Kern-carboxyl. Da im übrigen für Rhodinporphyrin g_8 und Rhodinporphyrin g_7 dieselben Substituenten anzunehmen waren, so mußte es gelingen, analog wie Rhodinporphyrin g_7 in Phäoporphyrin b_6, das Rhodinporphyrin g_8 in ein neues Phäoporphyrin b_7 umzuwandeln, dessen Charakteristikum wiederum eine Kern-carboxylgruppe ist. Die Entfernung dieser Kern-carboxylgruppe unter Reduktion des Carbonyls II ($C_{(9)}$) und Abspaltung des Carbomethoxyrestes ($C_{(11)}$) führt dann zu einem neuen Porphyrin mit freier β-Stellung im Pyrrolkern, dem entsprechenden Desoxo-phylloerythrin. Die Identifizierung dieses Porphyrins mit einem der durch Synthese zugänglichen Desmethyl-desoxo-phylloerythrine ergibt einen schlüssigen Beweis für die Stellung der Aldehydgruppe in Chlorophyll b.

Es gelang den Autoren, die ganze geschilderte Reaktionsfolge durchzuführen, die Zwischenprodukte zu charakterisieren und schließlich das zuletzt gebildete Desmethyl-desoxo-phylloerythrin mit dem von H. FISCHER und W. ROSE (*109*) synthetisierten 3-Desmethyl-desoxo-phylloerythrin in allen Einzelheiten, auch vermittels des Mischschmelzpunkts der Methylester zu identifizieren.

Diese Umsetzungen, welche die 3-Stellung der Aldehydgruppe im Chlorophyll b beweisen, seien durch nebenstehende Formelbilder illustriert.

Der Vollständigkeit halber sei erwähnt, daß ein Teil der entsprechenden Umsetzungen in der Reihe der Phäophorbide, nämlich die Überführung von Phäophorbid b in ein Phäophorbid b_7 und dessen Aufspaltung zu einem Rhodin g_8 von H. FISCHER und W. LAUTENSCHLAGER (*128*) durchgeführt worden ist. Dagegen hat sich die Umwandlung von Phäophorbid b in Phäophorbid a nach A. STOLL und E. WIEDEMANN (*239, 242*) seither nicht reproduzieren lassen.

E. Gemeinsame Merkmale der Struktur von Chlorophyll a und von Chlorophyll b.

1. Die leicht hydrierbare Doppelbindung.

Wie A. STOLL und E. WIEDEMANN (*412, 238*) zuerst fanden, besitzen die Chlorophylle a und b sowie die Phäophorbide a und b eine leicht hydrierbare Doppelbindung. Sie gehen bei der katalytischen Hydrierung unter

Aufnahme von 2 Wasserstoffatomen in wohldefinierte, durch Verschiebung der Absorptionsbanden nach dem kurzwelligeren Ende des Spektrums ausgezeichnete Dihydroverbindungen über. Daraus ging hervor, daß dem natürlichen Chlorophyll und seinen nächsten Abkömmlingen außer den konjugierten Doppelbindungen des Porphin-Ringes, die seinen „aromatischen" Charakter bedingen und die schwer hydrierbar sind, eine besonders hervortretende „überzählige" Doppelbindung eigen sein müsse. Sie wurde von A. STOLL und E. WIEDEMANN zunächst als Bestandteil eines der basischen Pyrrolkerne angenommen, da in diesen Kernen durch Absättigung einer Doppelbindung die für Farbe und Spektrum wesentliche fortlaufende Konjugation der Doppelbindungen nicht unterbrochen werden muß.

H. FISCHER und E. LAKATOS bestätigten die Hydrierbarkeit von Phäophorbid a zu Dihydrophäophorbid a und zeigten außerdem, daß Chlorin e_6 ganz analog in ein Dihydro-chlorin e_6 übergeführt werden kann (89; Hydrierung von Phäophorbid b: 94). Sie brachten den Experimentalbefund dadurch formelmäßig zum Ausdruck, daß sie unter Verzicht auf die fortlaufende Konjugation der Doppelbindungen zwischen Pyrrolkern III und IV und unter Annahme von 4 —NH—Gruppen (an Stelle von 2 —NH— und 2 =N—Gruppen) in 1-Stellung des Pyrrolkerns·I eine Kern-Methylengruppe schrieben. Diese Formulierung erwies sich später als unrichtig, ebenso wie die Annahme von A. STOLL und E. WIEDEMANN. Die heutige Chlorophyllformel enthält zwar immer noch eine „überzählige" Doppelbindung im Kern, die leicht hydrierbare Doppelbindung liegt indessen außerhalb desselben.

Von J. B. CONANT und J. F. HYDE (12) ist wohl zuerst angegeben worden, daß Chlorin e_6 durch katalytische Hydrierung unter Aufnahme von etwa 4 Mol Wasserstoff in eine *Leuko*verbindung überführbar ist, die sich bereits an der Luft zu Porphyrin dehydriert. H. FISCHER und E. LAKATOS haben diesen Befund bestätigt (erwähnt in 89) und ihm beigefügt, daß auch Phäophorbid a nach Aufnahme von etwa 3 Mol Wasserstoff dasselbe Verhalten zeigt. A. STOLL und E. WIEDEMANN haben sodann festgestellt, daß das über die Dihydrostufe hinaus hydrierte Phäophorbid a durch Dehydrierung an der Luft in ein Porphyrin übergeht, das sie zunächst für eine neue Substanz hielten und vorübergehend „Proto-phäoporphyrin a" (237) nannten, bis sie fanden, daß es besonders reines Phäoporphyrin a_5 ist (245). Die uns bereits geläufigen nahen Beziehungen zwischen Phäophorbid a und Phäoporphyrin a_5 sind damit aufs neue bestätigt worden.

Der stufenweise Übergang von Phäophorbid a in Phäoporphyrin a_5 vollzieht sich demnach über das grüne Dihydro-phäophorbid a und eine Leukoverbindung, woraus hervorgeht, daß sich Phäoporphyrin a_5 nicht von Phäophorbid a, sondern von Dihydro-phäophorbid a ableitet. Für den Zusammenhang der grünen Verbindungen und der Porphyrine, die sich nur durch den Wasserstoffgehalt unterscheiden können, war dieser Befund nicht entscheidend. Quantitative Messungen der Hydrierung zu Leukoverbindungen und der darauf folgenden Dehydrierung zu Porphyrinen führten infolge von Nebenreaktionen nicht zu eindeutigen Resultaten, trotzdem beispielsweise die Umsetzung von Phäophorbid a zu Phäoporphyrin a_5 eine Ausbeute von bis 70% d. Th. ergab (*244*). Dagegen gelang H. FISCHER und K. BUB (*131*) die Kristallisation einer Leukoverbindung $C_{35}H_{42}O_5N_4$, welche an der Luft quantitativ in Phäoporphyrin a_5 übergeht und von den Autoren als *Phäoporphyrinogen a_5* bezeichnet wurde. Die besprochene Reaktionsfolge kann durch das nachstehende Schema veranschaulicht werden.

$$\text{Phäophorbid a} \xrightarrow{(+\,H_2)} \text{Dihydro-phäophorbid a} \xrightarrow{(+\,2\,H_2)}$$
$$C_{35}H_{36}O_5N_4 \qquad\qquad C_{35}H_{38}O_5N_4$$

$$\text{Phäoporphyrinogen } a_5 \xrightarrow{(-\,3\,H_2)} \text{Phäoporphyrin } a_5$$
$$C_{35}H_{42}O_5N_4 \qquad\qquad C_{35}H_{36}O_5N_4$$

In der Folge erwies sich der Energieinhalt bei calorimetrischen Bestimmungen (*213—215*) von Phäophorbid a und Phäoporphyrin a_5, oder von Chlorin e_6 und Chloroporphyrin e_6, also der grünen und der entsprechenden roten Verbindung, gleich, was sehr für die gleiche Anzahl Wasserstoffatome, also für *Isomerie* spricht, nachdem der gleiche C-, O- und N-Gehalt bereits seit längerer Zeit erwiesen war.

Die Erklärung für diese Isomerie wird uns durch zwei von H. FISCHER und seinen Mitarbeitern entwickelte und ausgebaute Umsetzungen gegeben, die „Oxo-Reaktion" und die Behandlung mit Diazoessigester.

a) **Die Oxo-Reaktion.** Diese Umsetzung ist so bezeichnet (*91*), weil durch sie eine Oxo-Gruppe gebildet wird und besteht im wesentlichen in einer Behandlung grüner Chlorophyllabkömmlinge mit in Eisessig gelöster, durch Zusatz von Jodphosphonium entfärbter Jodwasserstoffsäure unter gleichzeitigem Durchleiten von Luft oder Sauerstoff bei Zimmertemperatur. Sie bewirkt neben der Umwandlung der grünen Verbindungen in Leukoderivate, die sich an Luft von selbst zu Porphyrin dehydrieren, die Bildung einer mit Carbonylreagenzien leicht nachweisbaren Oxogruppe. Bemerkenswerterweise bilden Porphyrine im allgemeinen unter diesen Bedingungen keine weiteren Carbonylgruppen; die vorher erwähnten Dihydroverbindungen der grünen Substanzen verhalten sich ebenfalls negativ (*110*).

Die erste Deutung der Oxo-Reaktion als Übergang einer Methylgruppe in 1-, 3-, 5- oder 8-Stellung in eine Aldehydgruppe (*91*) erwies sich schon deshalb als unwahrscheinlich, weil der Vergleich der neuen Oxoporphyrine mit synthetisch erhaltenen Formyl-porphyrinen prinzipielle Unterschiede erkennen ließ (*101*). Aufschlußreicher war die Beobachtung, daß Protoporphyrin aus Hämin, in dem zwei Vinylgruppen bewiesen waren, durch die Oxo-Reaktion verändert wird; Mesoporphyrin III, in dem die beiden Vinylreste des Protoporphyrins durch Äthylreste ersetzt sind, reagiert unter den gleichen Bedingungen nicht (*91*). Dieser Befund und die gleichzeitige Untersuchung der noch zu besprechenden Umsetzung mit Diazoessigester machten es wahrscheinlich, daß sich die Oxo-Reaktion an Vinyl- oder Äthylidengruppen abspielt. H. Fischer und J. Hasenkamp (*101*) haben die Annahme, daß bei der Oxo-Reaktion Acetylgruppen gebildet werden, auf Grund der folgenden Überlegungen experimentell gestützt.

Durch Abspaltung der Carbomethoxygruppe ($C_{(11)}$) entsteht aus Phäophorbid a *Pyro-phäophorbid a*, das bei der üblichen Umwandlung in Porphyrin mit Jodwasserstoffsäure in Eisessig (ohne Jodphosphoniumzusatz) Phylloerythrin ergibt. Bei der Oxo-Reaktion geht Pyro-phäophorbid a in ein neues *Oxo-phylloerythrin* über, das, wenn eine Abspaltung der „Oxo-Seitenkette" überhaupt möglich war, ein oder zwei Kohlenstoffatome verlieren mußte, je nachdem ein Formyl- oder ein Acetylrest gebildet war. Sieht man von dem unwahrscheinlichen Übergang einer Methylgruppe in einen Formylrest ab, so konnte der —CH_2—CHO bzw. —CO—CH_3-Rest nur in 2- oder 4-Stellung stehen. War es, entsprechend der wahrscheinlichsten Vermutung, ein Acetylrest, so mußte mit seiner Entfernung ein Porphyrin mit der entsprechenden freien β-Stellung gebildet werden. Solche Porphyrine waren bereits synthetisch zugänglich und daher ihre Substituentenanordnung bestimmbar, so daß eine Identifizierung mit bekannten Substanzen erfolgen konnte. Gelang dies, so war die Lage der in den Oxoporphyrinen angenommenen Acetylgruppe bestimmt und in Verbindung mit den Ergebnissen der Hydrierungsversuche und der Energieinhaltsbestimmungen die Annahme einer Vinyl- oder Äthylidengruppe am gleichen Ort in den Chlorophyllen gestützt.

Diesen Überlegungen folgend, erhielten H. Fischer und J. Hasenkamp (*101*) aus Oxo-phylloerythrin, bei Einwirkung konzentrierter Salzsäure unter Druck, zwei neue Porphyrine. Das eine davon erwies sich bei näherer Untersuchung als dem Pyrroporphyrin sehr ähnlich und besaß *zwei* freie β-Stellungen, wie durch die Bildung eines Di-brom-Derivats nachgewiesen wurde; das andere entsprach dem Typ des Phylloerythrins und besaß, entsprechend seiner Fähigkeit, nur ein Bromatom aufzunehmen, *eine* freie β-Stellung.

Auf gleiche Weise, wie Phylloerythrin durch Bromwasserstoff in Eisessig in Desoxo-phylloerythrin überführt wird, konnte auch Oxo-phylloerythrin oder das eben erwähnte neue Porphyrin vom Typ des Phylloerythrins mit freier β-Stellung in ein neues Desäthyl-desoxo-phylloerythrin mit freier β-Stellung überführt werden.

Das neue Porphyrin vom Typ des Pyrroporphyrins, mit zwei freien

β-Stellungen, wurde verglichen mit dem von H. FISCHER und S. BÖCKH (*105*) synthetisch erhaltenen 1,3,5,8-Tetramethyl-4-äthyl-7-propionsäure-porphin: Es war damit in allen Eigenschaften identisch; auch der Schmelz-punkt der gemischten Methylester zeigte gegenüber den reinen Individuen keine Depression.

Das neue Desäthyl-desoxo-phylloerythrin mit einer freien β-Stellung konnte mit dem von H. FISCHER und W. ROSE (*109*) synthetisch dar-gestellten   1,3,5,8-Tetramethyl-4-äthyl-6,γ-cyclopentan-7-propionsäure-porphin verglichen werden. Auch in diesem Falle konnte völlige Identität der Vergleichssubstanzen und unveränderte Schmelzpunkte in der Misch-probe der Methylester festgestellt werden.

Die beiden zum Vergleich herangezogenen synthetischen Porphyrine sind in 2·Stellung nicht substituiert. Daraus folgt, daß die neuen Oxo-porphyrine·2-Acetyl-porphine sein müssen. Die Acetylgruppe in 2-Stellung ist aber ihrerseits herzuleiten von einer Vinyl- (—CH=CH$_2$) oder einer Äthyliden- (=CH—CH$_3$) Gruppe in 2-Stellung des Chlorophylls. H. FISCHER und J. HASENKAMP bevorzugten von diesen beiden Möglich-keiten in Abweichung von der bisherigen FISCHERschen Chlorophyll-formel mit einer Methylengruppe in 1-Stellung (*91*) zunächst die Formu-lierung mit einer Äthylidengruppe in 2-Stellung (*101*), wobei die Schreib-weise des Porphinkerns im Chlorophyll mit 3 Iminogruppen noch bei-behalten wurde. Wie im nächsten Abschnitt gezeigt wird, war diese Auffassung nochmals zu revidieren.

b) **Die Umsetzung mit Diazoessigester.** Von H. FISCHER und CH. E. STAFF (*146*) war gefunden worden, daß Pyrrole mit ungesättigten Seiten-ketten Diazoessigester anzulagern vermögen. Diese Reaktion wurde von H. FISCHER und J. GRASSL (*106*) sowie von H. FISCHER und H. ME-DICK (*107*) auf Pyrrolfarbstoffe, wie Hämin, Bilirubin und Chlorophyll übertragen. Dabei zeigte sich zunächst, daß das Protoporphyrin aus Hämin, in dem zwei Vinylgruppen durch Synthese bewiesen sind, ebenfalls mit Diazoessigester reagiert. Wird das neue Diazoessigester-Anlagerungs-produkt des Protoporphyrins der Totaloxydation unterworfen, so resul-tiert neben Hämatinsäureester-imid eine neuartige Verbindung, für die folgende Konstitution wahrscheinlich ist:

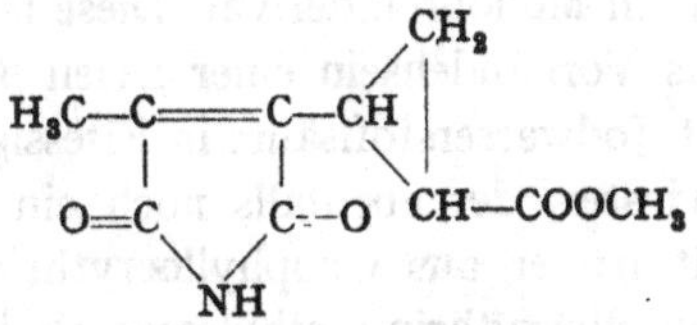

$$H_3C—C=\!\!=\!\!=C—CH \begin{matrix} CH_2 \\ | \\ CH—COOCH_3 \end{matrix}$$

$$O=\!C \quad\quad C-\!\!-O$$

$$NH$$

Die Umsetzung mit Diazoessigester wurde sodann mit den Phäophor-biden a und b durchgeführt, bei denen sie, im Gegensatz zu den ent-sprechenden Dihydrophäophorbiden, positiv verläuft (*106*, *107*). Die schwer kristallisierbaren Reaktionsprodukte der Phäophorbide a und b mit Diazoessigester waren den Phäophorbiden selbst noch recht ähnlich; jedenfalls war weder am isozyklischen Seitenring der Komponenten a oder b, noch an der 3-Formylgruppe des Phäophorbids b eine Veränderung erfolgt.

Das *Diazoessigester-methylphäophorbid a*, wie das Anlagerungsprodukt von Diazoessigester an Methylphäophorbid a bezeichnet wurde, ließ sich in ein Diazoessigester-pyrophäophorbid a überführen, das auch aus Pyrophäophorbid a direkt erhalten werden kann. Dessen katalytische Reduktion in Eisessig mit anschließender Re-oxydation an der Luft führte zu einem neuen Diazoessigester-phylloerythrinester.

Sowohl Diazoessigester-pyrophäophorbid a als auch der daraus gewonnene Diazoessigester-phylloerythrinester gaben bei der Totaloxydation neben den bereits bekannten Spaltstücken jene umstehend aufgezeichnete neue Säure, die erstmals aus Diazoessigester-protoporphyrin (aus Hämin) erhalten worden war. Schmelz- und Mischschmelzpunkt waren identisch, ebenso die Werte der Elementaranalyse. Daraus war zu folgern, daß im Chlorophyll a·höchstwahrscheinlich eine gleiche, ungesättigte Seitenkette, wie Hämin deren zwei besitzt, vorhanden sein müsse und daß demnach im Chlorophyll eher eine 2-Vinylgruppe als eine 2-Äthylidengruppe anzunehmen sei (*107*).

Diazoessigester-phäophorbid b konnte mit Jodwasserstoffsäure in Eisessig und anschließender Reoxydation der Leukoverbindung an der Luft direkt in ein neues Diazoessigester-phäoporphyrin b_6 umgewandelt werden, das bei der Totaloxydation neben anderen Spaltstücken ebenfalls die oben erwähnte neue Säure entstehen ließ. Daraus war zu folgern, daß im Chlorophyll b die gleiche ungesättigte Seitenkette wie in Chlorophyll a, also ebenfalls eine 2-Vinylgruppe vorhanden sein müsse.

Schließlich gelang es H. FISCHER und A. WUNDERER (*134*), die 2-Vinylgruppe sowohl bei Derivaten des Chlorophylls a als auch des Chlorophylls b abzuspalten. Pyrophäophorbid a-methylester-hämin geht durch eine Resorcinschmelze bei 180—190° und anschließende Enteisenung in 2-Desvinyl-pyrophäophorbid a-methylester über, dieser zeigt keine Reaktion mehr mit Diazoessigester, ist aber noch oximierbar und bildet außerdem ein Monobromderivat. Diese letztere Reaktion wird als beweisend für das Vorhandensein einer freien β-Stellung angesehen. Die Umwandlung mit Jodwasserstoffsäure in Eisessig führte zu Desäthyl-phylloerythrin-methylester, der ebenfalls noch ein Bromatom anlagern konnte und sich mit früher aus Oxophylloerythrin-methylester dargestelltem 2-Desäthyl-phylloerythrin-methylester als identisch erwies.

Während aus Methylphäophorbid a-hämin bei der gleichen Umsetzung infolge der dabei unvermeidlichen Abspaltung des 10-Carbomethoxyrests auch nur der oben erwähnte 2-Desvinyl-pyrophäophorbid a-methylester zu erhalten war, gelang es weiter, aus Chlorin e_6-tri-methylester-hämin das 2-Desvinyl-chlorin e_6 darzustellen.

In der ·Reihe des Chlorophylls b gelang die Abspaltung der 2-Vinyl-gruppe bisher nur unter gleichzeitiger Entfernung der 3-Aldehydgruppe; so ist aus Pyrophäophorbid b-methylester-hämin der 2-Desvinyl-3-desformyl-pyrophäophorbid b-methylester erhalten worden, der, infolge Fehlens der Aldehydgruppe in 3-Stellung, Farbe und Spektrum eines Chlorophyll a-Derivats besitzt und dessen Konstitutionsauffassung hauptsächlich durch die Bildung eines Dibromderivats gestützt werden konnte.

Anderseits sind die dem Protoporphyrin aus Hämin entsprechenden „Proto-phäoporphyrine a" und „b" des Chlorophylls, also die Ver-bindungen, die noch eine 2-Vinylgruppe besitzen, bisher weder analytisch erhalten noch synthetisiert worden und Versuche von H. FISCHER und W. LAUTSCH (*126*) zur Darstellung des 2-Vinyl-phäoporphyrins a_5 schlugen insofern fehl, als beim Versuch der Dehydrierung von Phäophorbid a mit Silberoxyd bzw. Silberacetat in Eisessig das 10-Acetoxy-Derivat des 2-Vinyl-phäoporphyrins a_5 entstand; allerdings war die Auffassung, daß die Vinylgruppe erhalten geblieben war, gut zu belegen.

Somit erscheint die Annahme der *2-Vinylgruppe* in den Chlorophyllen als die wahrscheinlichste von allen Möglichkeiten, um die leicht hydrier-bare Doppelbindung, die vor allen anderen Doppelbindungen ausgezeichnet ist, zu formulieren, zumal sich mit ihr alle bisher bekannten Reaktionen, auch die sogenannte Oxo-Reaktion, erklären lassen. Der Vorstellung von H. FISCHER und J. GRASSL (*106*) bzw. H. FISCHER und H. MEDICK (*107*) entsprechend sind die Pyrrolkerne I und II der Phäophorbide a und b wie folgt zu schreiben:

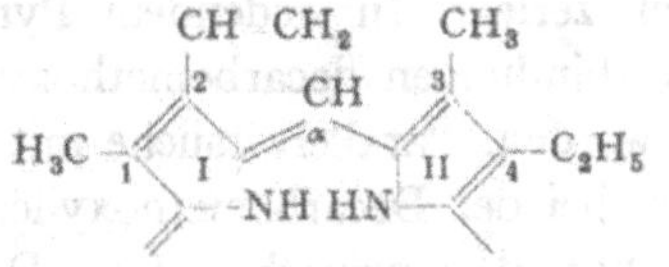

Phäophorbid a. 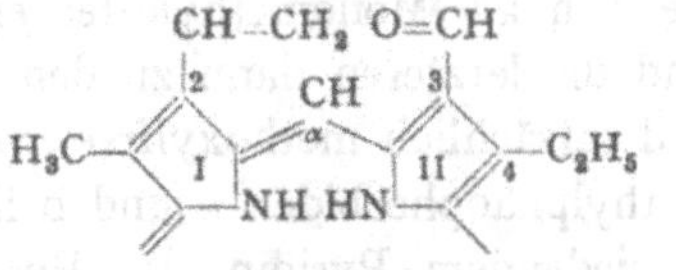   Phäophorbid b.

Nach diesen Formelbildern ist, wie R. WILLSTÄTTER bereits ange-nommen hatte (*305*), der Unterschied der beiden Chlorophyllkomponenten a und b beschränkt auf den *Ersatz zweier Wasserstoffatome des Chloro-phylls a durch ein Sauerstoffatom* mit Carbonylfunktion bei Chlorophyll b. Genauer kann jetzt gesagt werden, daß die 3-Methylgruppe des Chloro-phylls a im Chlorophyll b durch eine 3-Formylgruppe ersetzt ist. Alle anderen Substituenten sind beiden Chlorophyllkomponenten gemeinsam, denn beide enthalten den gleichen isozyklischen Seitenring, beide besitzen die charakteristische Vinylgruppe in 2-Stellung und beide stimmen schließlich in der Anordnung aller übrigen Substituenten überein, wie schon frühzeitig aus der Bildung identischer Derivate beim tiefer greifenden Abbau zu folgern war.

2. Die Haftstelle des Phytols.

Chlorophyll a und b sind bekanntlich Phytyl-methyl-ester von Dicarbonsäuren. Eine Estergruppe sitzt an $C_{(10)}$, die andere haftet als Propionsäureester in 7-Stellung.

R. WILLSTÄTTER und seine Mitarbeiter haben die Stellung des Phytols bzw. des Methanols nicht besprochen, während H. FISCHER und seine Mitarbeiter zuerst für die Bindung des Phytols mit dem Carboxyl an $C_{(10)}$ (65), dann aber bald dafür eintraten, daß das Phytol mit der Propionsäureseitenkette (68) verestert sei. In einer Untersuchung über die *Pyrophäophorbine*,[1] welche Decarboxylierungsprodukte der Phäophorbide sind, haben A. STOLL und E. WIEDEMANN die Haftstelle des Phytols nicht ermitteln können, da gleichzeitig mit der Decarboxylierung auch Abspaltung der beiden veresterten Alkoholreste eintrat. Wie aus der Schreibweise der Strukturformeln dieser Autoren ersichtlich ist, haben sie die Haftung des Phytols am Propionsäurerest (in Stellung 7) als die wahrscheinlichste erachtet. Für die Annahme des Phytols am Propionsäure-carboxyl spricht auch die Reaktionsfähigkeit dieser Gruppe beim Verestern und Verseifen, gegen die Lage an $C_{(11)}$ die Unwahrscheinlichkeit des Auftretens von freien Acetessigsäuren in den Phäophorbiden a und b.

H. FISCHER und ST. BREITNER (118) suchten diese Frage durch folgende Versuche zu entscheiden: Es wurde Phäophytin zur Vermeidung etwaiger Umesterungen unter Ausschluß von Alkohol dargestellt, in Phäophorbid übergeführt und dieses in die Komponenten a und b, die sich als Monomethylester erwiesen, zerlegt. In siedendem Pyridin sind die letzteren dann zu den Pyroverbindungen decarbomethoxyliert und tatsächlich methoxylfrei erhalten worden. Parallelversuche mit den Methylphäophorbiden a und b lieferten bei der Decarbomethoxlierung in siedendem Pyridin die Pyrophäophorbid-monomethylester. Da in diesen Verbindungen die Propionsäureseitenkette an $C_{(7)}$ erhalten geblieben war, so mußte das Methoxyl und ursprünglich auch das Phytol, das durch dieses Methoxyl bei der Methanolyse ersetzt worden war, am Propionylcarboxyl sitzen. Für die Methylestergruppe der Phäophorbide blieb nur $C_{(11)}$ übrig. Besäßen die Phäophorbide in $C_{(11)}$ ein freies Carboxyl, so wäre bei einem Decarboxylierungsversuch nicht die Abspaltung einer Carbomethoxygruppe, sondern die des Carboxyls $C_{(11)}$, das der Acetessigsäure-Gruppierung angehört, zu erwarten.

---

[1] In den neueren Arbeiten H. FISCHERs auch als „Pyrophäophorbide" bezeichnet.

3. Die braune Phase.

Lösungen der reinen Chlorophylle oder der Phäophorbide zeigen mit starken Alkalien einen vorübergehenden Farbumschlag, der bei der Komponente a nach gelb, bei der Komponente b nach rot und bei Gemischen nach braun erfolgt. Diese merkwürdige Erscheinung der „braunen Phase" hat im Laufe der neueren Chlorophyll-Untersuchungen ebenfalls eine Erklärung gefunden. Wir kommen hier darauf zurück, da die Annahme der Acetessigester-Gruppierung die Voraussetzung für die Interpretation der braunen Phase bildet.

Im Laufe der bisher besprochenen Untersuchungen hatte sich ergeben, daß der positive Ausfall der Phasenprobe an das Vorhandensein des unveränderten isozyklischen Seitenrings gebunden ist, und daß beim Ablauf der Phase dessen hydrolytische Aufspaltung erfolgt. Wir betrachten die in den Chlorophyllen an $C_{(\gamma)}$ und $C_{(6)}$ angegliederte Atomgruppierung als einen substituierten Acetessigester, wozu wir seit dem Nachweis der Enolisierbarkeit des Carbonyls in $C_{(9)}$ (245) und seit der Sicherstellung der Carbomethoxygruppe in $C_{(11)}$ (118) berechtigt sind. Bei der Einwirkung starken Alkalis auf diese Gruppierung entsteht zunächst das Enol. Damit tritt bei den Chlorophyllen bzw. Phäophorbiden im isozyklischen Seitenring eine weitere Doppelbindung zu den konjugierten Doppelbindungen des Porphinrings in Konjugation. Aber erst die Bildung des Alkalienolats dürfte die Ursache für die Verschiebung und Änderung des Absorptionsspektrums und der Farbe[1] sein, welche die „braune

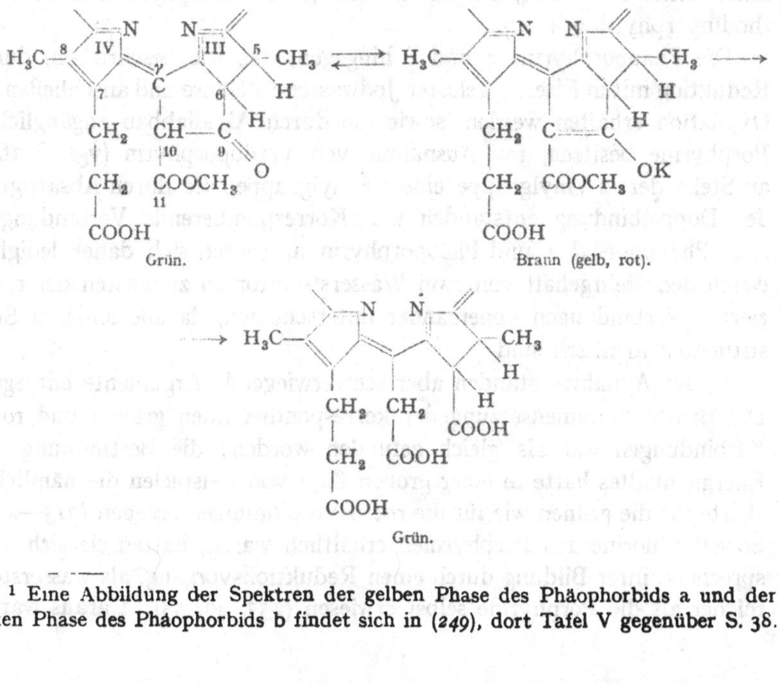

Grün.   Braun (gelb, rot).

Grün.

---

[1] Eine Abbildung der Spektren der gelben Phase des Phäophorbids a und der roten Phase des Phäophorbids b findet sich in (249), dort Tafel V gegenüber S. 38.

Phase" bedingen. Macht man frühzeitig, z. B. durch Verdünnen mit Wasser, die Enolatbildung rückgängig, so wird, wie schon R. WILLSTÄTTER und A. STOLL beschrieben (305), unversehrtes Chlorophyll bzw. Phäophorbid zurückgewonnen. Ähnliche Vorgänge haben R. KUHN und Mitarbeiter bei enolisierbaren Polyenfarbstoffen beobachtet (171). Läßt man das starke Alkali weiter einwirken, so tritt die Säurespaltung des Acetessigesters ein: unter Aufnahme von Wasser entsteht aus dem Carbonyl $C_{(9)}$ ein Carboxyl und wird die Essigsäureseitenkette an $C_{(\gamma)}$ frei. Mit der Aufspaltung des isozyklischen 5-Rings werden die farbgebenden Elemente denjenigen des Chlorophylls wieder gleichwertig, die grüne Farbe kehrt zurück, die „braune Phase" ist abgelaufen und es haben sich die Tricarbonsäuren, die Chlorophylline bzw. Chlorin e_6 und Rhodin g_7 gebildet. Die Spaltung der Acetessigester-Gruppierung erfolgt nach vorstehenden Formeln (S. 201).

Die mitgeteilte Erklärung der braunen Phase entspricht den heutigen Formelbildern und ist, wie. diese selbst, noch nicht über jeden Zweifel erhaben (vgl S. 222).

4. Der Dihydro-porphin-Kern („Phorbin"-Kern (123)).

Wie bereits gezeigt wurde, besitzen die Chlorophylle a und b und alle ihre Derivate, die sich von den natürlichen Farbstoffen unter Ausschaltung einer Reduktion ableiten, eine Vinylgruppe in 2-Stellung, so die Phäophorbide a und b und deren direkte Abkömmlinge, z. B. die Pyro-phäophorbine, ferner Chlorin e_6, Rhodin g_7 und gewisse Porphyrine, z. B. Neorhodinporphyrin g_3 (104).

Die Phäoporphyrine a und b hingegen, die, wie beschrieben, durch Reduktion mit in Eisessig gelöster Jodwasserstoffsäure und anschließender Oxydation erhalten werden, sowie die durch Alkaliabbau zugänglichen Porphyrine besitzen, mit Ausnahme von Verdoporphyrin (vgl. S. 169), an Stelle der 2-Vinylgruppe eine 2-Äthylgruppe, die durch Absättigung der Doppelbindung entstanden ist. Korrespondierende Verbindungen, z. B. Phäophorbid a und Phäoporphyrin a_5 sollten sich daher lediglich durch den Mehrgehalt von zwei Wasserstoffatomen zugunsten der reduzierten Verbindungen voneinander unterscheiden, da alle anderen Substituenten identisch sind.

Dieser Annahme standen aber schwerwiegende Argumente entgegen: Die Bruttozusammensetzung der korrespondierenden grünen und roten Verbindungen war als gleich gefunden worden; die Bestimmung des Energieinhaltes hatte in einer großen Zahl von Beispielen die nämlichen Werte für die grünen wie für die roten Verbindungen ergeben (213—215). Soweit Chlorine aus Porphyrinen erhältlich waren, hatten sie sich, entsprechend ihrer Bildung durch einen Reduktionsvorgang, als wasserstoffreicher als die Porphyrine selbst erwiesen (253, 49, 55). Daraus war zu folgern, daß die grünen Verbindungen keinesfalls weniger Wasserstoff enthalten konnten als die korrespondierenden Porphyrine. Der Mindergehalt an Wasserstoff der Seitenkette in 2-Stellung bedingt daher ein Plus von mindestens zwei Wasserstoffatomen im Kern der grünen Verbindungen. Bei der Annahme, die grünen Verbindungen enthalten zwei Wasserstoffatome mehr als die Porphyrine, müßte der Unterschied im Wasserstoffgehalt des Kerns sogar vier Atome Wasserstoff zugunsten der ersteren betragen.

Beide Auffassungen wurden in der Literatur zur Erklärung des augenfälligen Unterschiedes in der Farbe und im Spektrum der grünen bis braunen Phorbide, Chlorine, Rhodine und Purpurine einerseits und der korrespondierenden Porphyrine anderseits herangezogen.

H. FISCHER und seine Mitarbeiter vertraten zumeist die Meinung, die grünen Verbindungen seien mit den roten Porphyrinen isomer und blieben im Recht. A. STOLL und E. WIEDEMANN vertraten zunächst die zweite Auffassung (240), bis sie sich überzeugt hatten, daß ein Unterschied im Wasserstoffgehalt am isozyklischen Seitenring der Phäophorbide und Phäoporphyrine nicht besteht (245).

Der Nachweis der 2-Vinylgruppe in den natürlichen grünen Körpern und der aus den Energieinhaltsbestimmungen sich ergebende gleiche Wasserstoffgehalt mit den 2-Äthyl-porphyrinen führt zu der Auffassung, daß sich die grünen Körper von den Porphyrinen durch einen Mehrgehalt von zwei Wasserstoffatomen im Kern unterscheiden, also als *Dihydro*-porphyrine zu bezeichnen sind.

Die Bildung der Phäoporphyrine, Chloroporphyrine und Rhodinporphyrine aus den grünen Verbindungen durch Reduktion mit Jodwasserstoff in Eisessig oder durch katalytische Hydrierung in saurem Medium, mit nachfolgender Reoxydation der Leukoverbindungen, muß daher heute wie folgt erklärt werden: Es wird zunächst stets die 2-Vinylgruppe hydriert. Dann addiert sich Wasserstoff auch an die Doppelbindungen des Porphinkerns. Unter Aufhebung der für Farbe und Spektrum verantwortlichen Konjugation der Kerndoppelbindungen erfolgt die Bildung kristallisierbarer Leukokörper, der Phäoporphyrinogene (131). Bereits unter der Einwirkung von Luftsauerstoff gehen die Leukoverbindungen durch Dehydrierung, bei welcher sie im Kern zwei Wasserstoffatome mehr abgeben, als sie aufgenommen hatten, in die Stufe der Porphyrine über, wobei die in 2-Stellung zuerst gebildete Äthylgruppe natürlich erhalten bleibt.

Es entspricht dieser Auffassung, daß bei der Behandlung mit Jodwasserstoff oder durch katalytische Hydrierung aus den Dihydroverbindungen der grünen Substanzen ausnahmslos die gleichen Porphyrine erhalten werden, wie aus den grünen Verbindungen selbst.

Die Vorstellung über den Zusammenhang der grünen und der roten

Verbindungen mußte sich auch noch an Hand der durch Reduktion aus Porphyrinen erhältlichen „synthetischen" Chlorine bestätigen lassen, die, entsprechend ihrer Bildung aus 2-äthyl-substituierten Porphyrinen, nur der Reihe der Dihydroverbindungen natürlicher Chlorine angehören konnten und deren charakteristische Eigenschaften aufweisen mußten. Analysen und Energieinhaltsbestimmungen sprachen in der Tat für ein Plus von zwei Wasserstoffatomen gegenüber ihrem Ausgangsmaterial. Anderseits war es H. Fischer und seinen Mitarbeitern gelungen, durch stufenweisen Abbau zu den Dihydro-chlorinen (*Meso-chlorinen*) zu gelangen (*118, 123*), die den synthetischen Chlorinen entsprachen. Durch Abbau gewonnenes *Dihydro-(Meso-)phyllochlorin* war mit dem von A. Treibs und E. Wiedemann (*253*) früher dargestellten synthetischen (Dihydro-)Phyllochlorin identisch.

H. Fischer und K. Herrle (*127*) stützten die Dihydro-porphyrin-Struktur des Kernes von grünen Verbindungen experimentell, als sie Chlorin-Kupfer-Komplexe mit nur wenig mehr als 0,5 Mol O_2 zu den entsprechenden Porphyrin-Kupfer-Komplexen quantitativ dehydrieren konnten.

Die Annahme, daß die Chlorophylle, die Phäophorbide, die Chlorine, Rhodine und Purpurine einen *Dihydro-porphin-Kern* (= *Phorbinkern*) besitzen, entspricht unseren heutigen Kenntnissen am besten; es bleibt aber die Frage offen, wie dieser Kern zu formulieren ist.

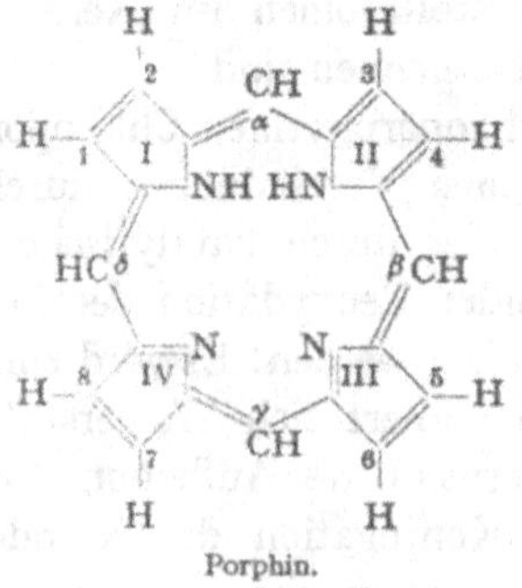

Porphin.

Die Struktur des Porphinkerns, die durch viele Synthesen, auch die des Porphins selbst (*116*), sichergestellt ist, weist keine Atomgruppierung auf, an der die Addition zweier Wasserstoffatome vorzugsweise hätte angenommen werden können. Es sind darüber in der Literatur viele Ansichten geäußert worden, auf die wir im Abschnitt F, „Die Strukturformeln der Chlorophylle", eingehen werden (S. 206).

5. Die optische Aktivität des Chlorophylls.

Es lag nahe, bei so kompliziert gebauten Naturstoffen wie den Chlorophyllen optische Aktivität von vornherein anzunehmen. Der stark ungesättigte bzw. „aromatische" Charakter des Porphinsystems bedingt jedoch, daß asymmetrische Kohlenstoffatome im Porphinring nur an jenen Stellen vorkommen, wo die gegenüber den Porphyrinen überzähligen Wasserstoffatome der grünen Verbindungen sitzen. Ferner ist die Möglichkeit für Asymmetriezentren an den Substituenten des Porphinkerns gegeben, also beispielsweise im isozyklischen Seitenring.

Die große Zahl von zueinander in Konjugation stehenden Doppelbindungen (z. B. 11 im Porphin, vgl. S. 204) bedingt die intensive Färbung der Chlorophyllsubstanzen. Der Bereich ihrer Lichtabsorption erstreckt sich vom äußersten sichtbaren Rot bis weit in das Ultraviolett hinein. Die optische Aktivität des Chlorophylls war daher nicht auf herkömmliche Weise bestimmbar. Ausgehend von der bekannten Beobachtung, daß mäßig konzentrierte Lösungen von Chlorophyllsubstanzen langwelliges rotes Licht wenig absorbieren, gelang A. STOLL und E. WIEDEMANN (243) vermittels einer speziellen Apparatur und der Anwendung starken infraroten Lichtes erstmals der objektive Nachweis,[1] daß die Chlorophylle und Phäophorbide optisch aktiv, und zwar linksdrehend sind.

Ein Asymmetriezentrum konnte im Kohlenstoffatom $C_{(10)}$ des isozyklischen Seitenrings erblickt werden. Für Chlorophyll b und seine entsprechenden Derivate war die gleiche Atomgruppierung noch nicht erwiesen. So haben A. STOLL und E. WIEDEMANN für beide Chlorophyllkomponenten durch Unterbringung der beiden, den grünen Verbindungen eigentümlichen Kern-Wasserstoffatome in β- und β'-Stellung an einem der in Pyrrolenform zu schreibenden Pyrrolkerne Asymmetrie angenommen; die fortlaufende Konjugation der Porphinring-Doppelbindungen war damit beibehalten.

Mit dieser Formulierung war die Annahme von mehr als zwei Iminogruppen (27, 111) in den Chlorophyllen, wie auch irgendeine andere Schreibweise, die eine Unterbrechung der für die Farbstoffnatur erforderlichen Konjugation der Kerndoppelbindungen bedingt hätte (101), sowie anderseits eine Endo-Methylengruppe (84, 91) zu umgehen. Sie erlaubte auch, die optische Aktivität einfacherer Derivate ohne isozyklischen Seitenring zu erklären. Diese im folgenden zu besprechende Formulierung wird bis heute als der beste Ausdruck für die Struktur des Phorbinkerns angesehen.

A. STOLL und E. WIEDEMANN haben bei optisch aktiven Chlorophyllpräparaten eine leichte Racemisierbarkeit beobachtet. H. FISCHER und A. STERN, die sich einige Zeit später ausführlicher mit der Untersuchung der optischen Aktivität von Chlorophyllverbindungen beschäftigt haben (111, 115), konnten daran die optische Aktivität durchwegs bestätigen, indessen nicht die von A. STOLL und E. WIEDEMANN angegebene leichte Racemisierbarkeit der Präparate.

Auf neuere Befunde von H. FISCHER und A. STERN, z. B. die Beob-

---

[1] Photogr. Tafeln (243), dort gegenüber S. 312.

achtung von Rechtsdrehungen bei Purpurinen sowie den Nachweis optischer Aktivität bei Verbindungen, die nur noch ein Asymmetrie-zentrum in β-Stellung enthalten, wie z. B. Phyllochlorin, werden wir im folgenden Abschnitt eingehen. Alle bisher untersuchten Porphyrine, auch Phäoporphyrin a_5, sind dagegen optisch inaktiv (*115, 131*).

F. Die Strukturformeln der Chlorophylle.

1. Aufstellung und Diskussion der Chlorophyllformeln.

Die umfangreichen und vielseitigen Experimentalarbeiten der letzten Jahre, die wir fast ausschließlich H. FISCHER und seinen Mitarbeitern verdanken, haben nach wechselnden Annahmen schließlich zu Struktur-formeln der Chlorophylle a und b geführt, die den experimentellen Befunden entsprechen und im besonderen der für die Farbe notwendigen ununterbrochenen Konjugation der Doppelbindungen des Porphinringes Rechnung tragen. Unsicher blieb dabei im wesentlichen nur noch die Lage der beiden „überzähligen" Wasserstoffatome im Kern und die Stellung des Phytols. Gestützt auf das experimentelle Material der Literatur und auf eigene Versuche mit E. WIEDEMANN sowie auf Grund von Erwägungen über die funktionelle Bedeutung des Chlorophylls bei der Photosynthese, hat A. STOLL[1] die beiden Kern-Wasserstoff-Atome, welche die grünen Verbindungen vor den Porphyrinen auszeichnen, im Pyrrólkern III an $C_{(5)}$ und $C_{(6)}$ angenommen, sie also von der β-β'-Stellung des Pyrrolkerns IV in die β-β'-Stellung des Pyrrolkerns III verlegt. Damit gelangte er zu den nachstehenden Formelbildern für Chlorophyll a und Chlorophyll b:

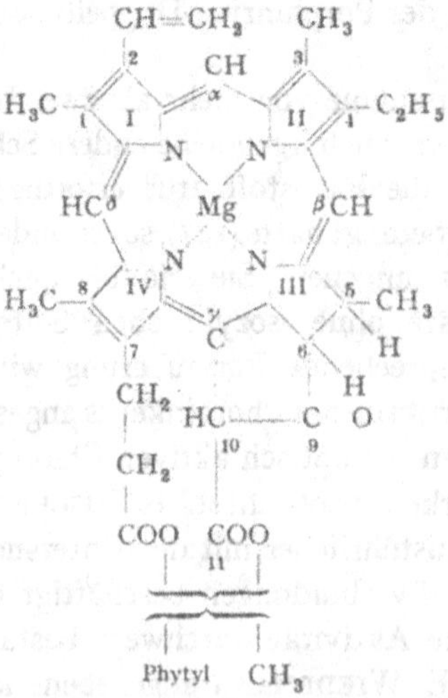

Chlorophyll a. 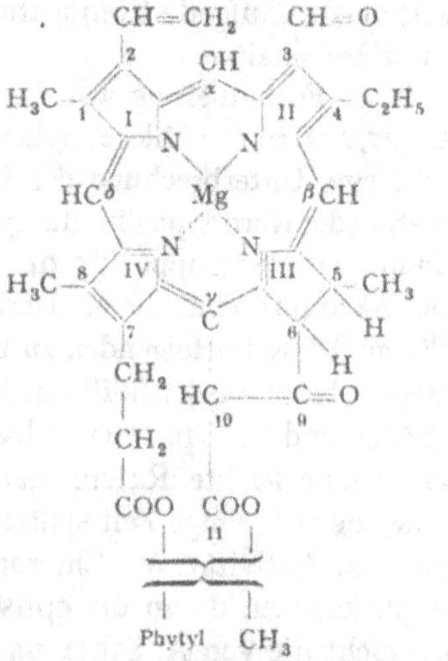　　　　　　　　Chlorophyll b.

---

[1] (*413*). Vortrag, gehalten am 2. September 1935 auf dem VI. internat. Botaniker-kongreß in Amsterdam.

Gleichzeitig und unabhängig haben H. FISCHER und H. KELLERMANN für Phäophorbid a (*112*) und H. FISCHER und A. STERN (*115*) für Chlorophyll a dieselben .Formelbilder entwickelt.

H. FISCHER und H. MEDICK hatten ursprünglich für Phäophorbid a zwei Formeln (*107*) zur Diskussion gestellt, die beide durch nur ein einziges asymmetrisches C-Atom ($C_{(10)}$), die eine Formel ferner durch vier Iminogruppen, die andere durch deren drei und dazu durch eine α-CH$_2$-Brücke gekennzeichnet waren. Wie bemerkt, war indessen von A. STOLL und E. WIEDEMANN schon früher auf die Notwendigkeit der fortlaufenden Konjugation der Kerndoppelbindungen hingewiesen worden (*238*).

H. FISCHER und A. STERN (*111*) haben dann festgestellt, daß Pyrophäophorbid a optisch aktiv ist, obschon in ihm das Kohlenstoffatom $C_{(10)}$ symmetrisch substituiert vorliegt. Die Autoren änderten deshalb die Formel mit der α-CH$_2$-Brücke in eine solche mit einer γ-CH-Brücke ab, womit sie zunächst auch Pyro-phäophorbid a mit einem asymmetrischen Kohlenstoffatom schreiben und damit seiner optischen Aktivität Rechnung tragen konnten. Für Chlorophyll a ergaben sich daraus *zwei Asymmetriezentren.*

In der nun folgenden Mitteilung gaben H. FISCHER und H. KELLERMANN (*112*) die Formel für Phäophorbid a, die der oben angeführten Formel von Chlorophyll a entspricht. H. FISCHER und A. STERN haben sie weiter wie folgt begründet (*115*):

Phäopurpurin 7-triester (vgl. S. 183 und 209) war stark rechtsdrehend und konnte in *Chlorin f*, das Chlorin des Rhodoporphyrins (mit Vinylgruppe in 2-Stellung), das nun die Ebene des polarisierten Lichtes nach links drehte, übergeführt werden. Diese optische Aktivität von Chlorin f, in welchem sowohl $C_{(10)}$ wie $C_{(\gamma)}$ nicht mehr asymmetrisch sind, veranlaßte H. FISCHER und A. STERN, im Chlorin f ein weiteres Asymmetriezentrum zu formulieren. Wie die nachstehende Formel zeigt, werden unter Aufrechterhaltung der fortlaufenden Konjugation der Kerndoppelbindungen die beiden Kernwasserstoffatome, die den grünen Verbindungen eigentümlich sind, in 5,6-Stellung angeordnet, so daß diese zwei Kohlenstoffatome auch im Chlorin f asymmetrisch bleiben.

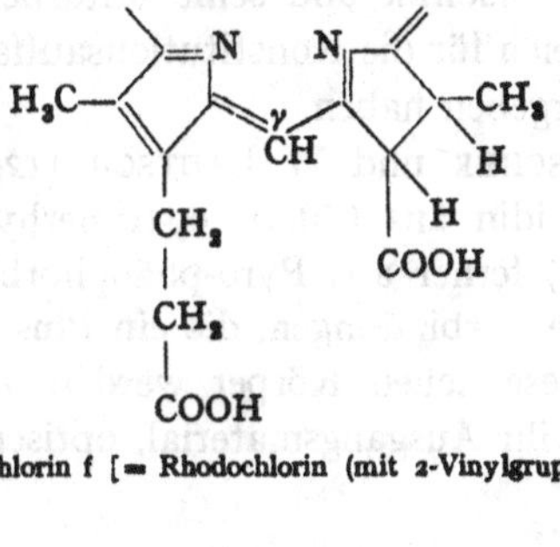

Chlorin f [= Rhodochlorin (mit 2-Vinylgruppe)].

H. FISCHER und A. STERN stützten diese Anordnung weiter durch die Beobachtung, daß auch Phyllochlorin, das dem Phylloporphyrin entsprechende Chlorin (mit 2-Vinylgruppe)

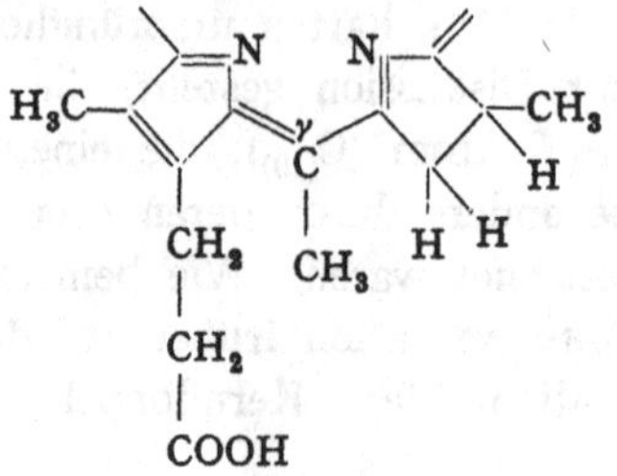

Phyllochlorin.

noch optisch aktiv und stark linksdrehend ist. Auch das später von H. FISCHER, K. HERRLE und H. KELLERMANN (123) dargestellte Pyrrochlorin (mit 2-Vinylgruppe) hat sich als stark linksdrehend erwiesen.

Ergänzend sei erwähnt, daß das ebenfalls optisch aktive, und zwar linksdrehende Analogon des Phyllochlorins mit der 3-Formylgruppe in der Reihe des Chlorophylls b, das *Rhodin g₃*, wahrscheinlich schon J. B. CONANT und Mitarbeitern (19) bekannt war. Die Konstitution der von diesen Autoren als Rhodin k bezeichneten Verbindung ist indessen erst von H. FISCHER und K. BAUER (121) ermittelt worden.

Zusammenfassend kann aus diesen Untersuchungen der Schluß gezogen werden, daß *die grünen Blattpigmente drei Asymmetriezentren enthalten*, eines in $C_{(10)}$, die beiden anderen im Porphinkern. Bisher fehlt jedoch ein Beweis für die Zuordnung dieser gegenüber den Porphyrinen überzähligen Wasserstoffatome zu zwei bestimmten von den acht vorhandenen β-Stellungen. Immerhin ist die im September 1935 vorgeschlagene, auf Seite 206 wiedergegebene Formulierung der Chlorophylle, die den überzähligen Wasserstoff in 5,6-Stellung annimmt, seither unbestritten geblieben.

2. *Weitere Beiträge zur Überprüfung der Chlorophyll-Formeln.*

In dem Bestreben, Genaueres über die Bindungsart und die Stellung der beiden, den grünen Verbindungen eigentümlichen Wasserstoffatome zu erfahren, haben H. FISCHER und seine Mitarbeiter Untersuchungen durchgeführt, die zugleich für die Konstitutionsauffassung der Purpurine neue Gesichtspunkte ergeben haben.

So erhielten H. FISCHER und W. LAUTSCH (129) durch Oxydation mit Silberoxyd in Pyridin aus Chlorin e_6-trimethylester sowie dessen Diazoessigester-Derivat, ferner aus Pyro-phäophorbid a und Chlorin p_6 (vgl. S. 182) neue grüne Verbindungen, die ein Plus von zwei Sauerstoffatomen aufweisen. Diese neuen Körper werden als 5,6-Dioxyderivate gedeutet und sind, wie ihr Ausgangsmaterial, optisch aktiv.

Aus Phäophorbid a erhielten die Autoren bei analogen Oxydationsversuchen und nachfolgender Veresterung des Reaktionsgemisches, über instabile Chlorine hinweg, in vorzüglicher Ausbeute Phäopurpurin 7-trimethylester. Dessen Bildung wird mit dem Entstehen je einer Oxygruppe an $C_{(6)}$ und an $C_{(10)}$ erklärt (instabiles Chlorin); die beiden Oxygruppen sollen dann unter Wasseraustritt das Heteroatom eines neuen Dihydrofuranringes bilden, der an Pyrrolkern III angegliedert ist. Eine intermediär angenommene Drehung des Hydroxyls an $C_{(10)}$ würde die Rechtsdrehung der Purpurine erklären:

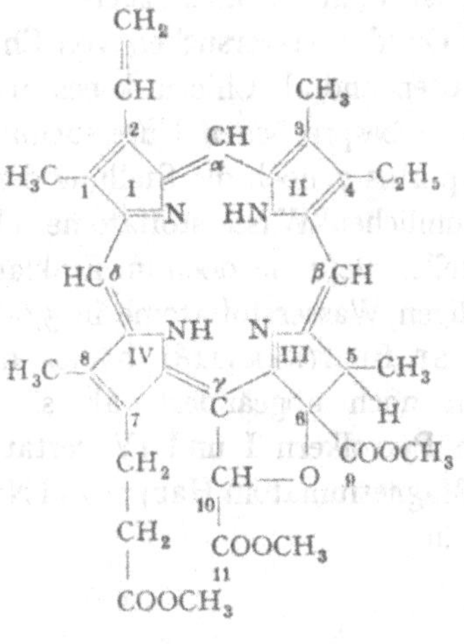

Phaopurpurin 7-trimethylester.

Die Autoren stellen also der bisherigen Phäopurpurin 7-Formel (vgl. S. 183) eine neue gegenüber.

Die Untersuchungen von H. FISCHER und K. KAHR (*124*, *123*) brachten keine Entscheidung zwischen beiden Formulierungen; die zahlreichen, dort beschriebenen Umsetzungen können mit beiden Formeln erklärt werden, obschon gegen die ältere Formulierung angeführt wird, daß die darin angenommene Carbonylgruppe der γ-Glyoxylsäure-Seitenkette mit Carbonylreagenzien reagieren müßte, was nicht der Fall war.

In der gleichen Arbeit beschreiben die Autoren ein Isomeres des Chlorins p_6, dessen charakteristisches Verhalten bei weiteren Umsetzungen zur „Festlegung der Pyrrolinstruktur im Kern III des Chlorophylls" herangezogen werden sollte. Eine Nachuntersuchung von H. FISCHER, K. KAHR, M. STRELL, H. WENDEROTH und H. WALTER (*135*) ergab indessen das Vorliegen von Chlorin e_6 und bestätigte zugleich den Befund von H. FISCHER und K. BAUER (*121*), daß bei der Oxydation von Chlorin e_6 in Pyridin mit Sauerstoff oder Permanganat und nachfolgender Veresterung, neben Phäopurpurin 5 das Chlorin-e_4-γ-oxymethyl-lacton entsteht:

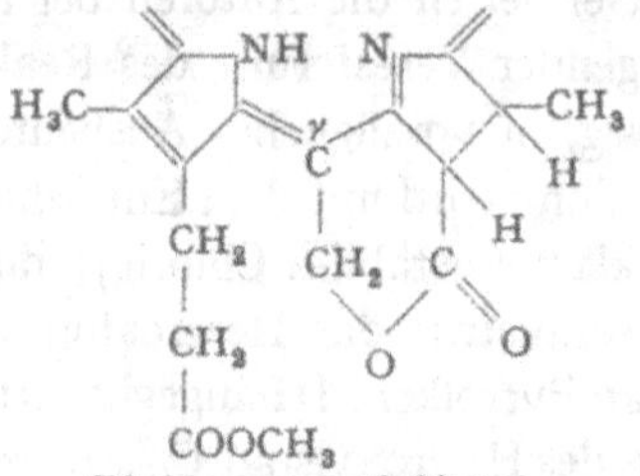

Chlorin e₄-γ-oxymethyl-lacton.

Diese Verbindung ist wahrscheinlich zuerst von J. B. CONANT und Mitarbeitern (*16*) bei Oxydationsversuchen von Chlorin e₆ mit Kaliummolybdän-cyanid erhalten und als Chlorin k beschrieben worden.

Wenn auch die eben besprochenen Untersuchungen weder die Konstitution des Phäopurpurins 7 noch die Stellung der beiden, den grünen Verbindungen eigentümlichen Wasserstoffatome abklären konnten, so stehen die experimentellen Befunde doch im Einklang mit der Annahme, daß sich die überzähligen Wasserstoffatome in 5,6-Stellung befinden.

H. FISCHER und ST. BREITNER (*118*) haben die Schreibweise des Phorbinkerns insofern noch abgeändert, als sie die Anordnung der Doppelbindungen von Pyrrolkern I und IV vertauschten, wodurch am komplex gebundenen Magnesiumatom Haupt- und Nebenvalenzbindungen miteinander abwechseln:

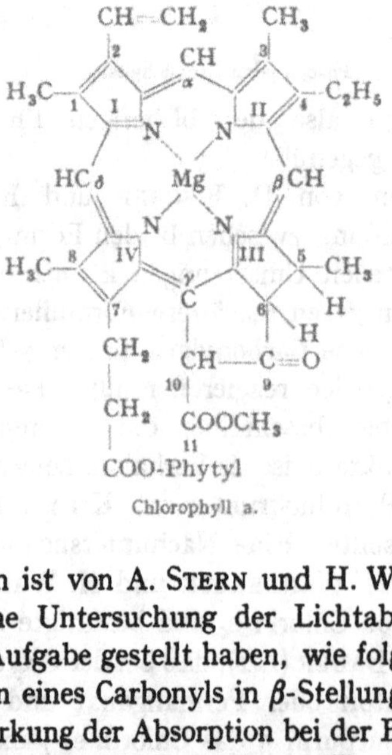

Chlorophyll a.

Diese Modifikation ist von A. STERN und H. WENDERLEIN (*221*), die sich die systematische Untersuchung der Lichtabsorption der Pyrrole und Porphyrine zur Aufgabe gestellt haben, wie folgt begründet worden:

Durch Hinzutreten eines Carbonyls in β-Stellung am Pyrrolkern tritt eine erhebliche Verstärkung der Absorption bei der Bande um 550 mµ ein. Als typisches Beispiel wird Rhodoporphyrin (Pyrroporphyrin-6-carbonsäure) angeführt. Diese Erscheinung des „Rhodotyps", wie sie A. STERN und H. WENDERLEIN (221) bezeichnen, tritt mit solcher Regelmäßigkeit auf, daß daraus ohne Bedenken auf das Vorhandensein eines Carbonyls in β-Stellung geschlossen werden kann. Da die Pyrroleninstruktur die Absorption stärker vertieft als die Pyrrolstruktur, nehmen die Autoren an, daß die Pyrrolkerne, die ein Carbonyl tragen, als Pyrrolenine zu formulieren sind. Beim Vergleich der Spektren von Porphyrinen mit 2 Carbonylen zeigte sich nun, daß der „Rhodotyp" verstärkt wird, wenn die carbonyltragenden Pyrrolkerne einander gegenüberliegen, hingegen abgeschwächt ist, wenn sie benachbart sind. Die Autoren nehmen daher an, daß die Pyrrolkerne I und III Pyrroleninstruktur, die Pyrrolkerne II und IV Pyrrolstruktur besitzen. Damit stimmt überein, daß H. FISCHER und H. KELLERMANN[(112), dort S. 217] aus dem Studium der Spannungs-verhältnisse im isozyklischen Seitenring zum Schluß gekommen sind, daß der Pyrrolkern III mit Pyrroleninstruktur zu formulieren sei.

Demgegenüber will die Betrachtungsweise der Physiker die Lage der Doppelbindungen nicht fixieren und die einzelnen Pyrrolkerne in den Porphyrinen und Phorbinen nicht so scharf voneinander unterscheiden. Sie spricht eher einer Gleichwertigkeit der Pyrrolkerne das Wort[1] und deutet auch chemische Befunde in diesem Sinne.[2] Der Porphin- wie der Phorbinkern ist durch eine fortlaufende Konjugation von Doppelbin-dungen als „aromatisches System", in dem die Doppelbindungen als „fließend" angenommen werden, charakterisiert. Es müßte erst erwiesen werden, daß die Porphine und Phorbine nicht als „aromatisch" aufzu-fassen sind, bevor von einer bestimmten Lage der Doppelbindungen im Chlorophyll und seinen Derivaten gesprochen wird.

3. Die aktiven Wasserstoffe bei Chlorophyll und seinen Derivaten.

Zum Abschluß der Besprechung der Chlorophyllformeln sei noch kurz auf die insbesondere von H. FISCHER und Mitarbeitern (39—42, 119) durchgeführten Bestimmungen des aktiven Wasserstoffes bei Chlorophyll und seinen wichtigeren Derivaten hingewiesen.

Als aktive H-Atome kommen bei den Chlorophyllderivaten solche von Carboxyl-, von Imino- und von Enolgruppen in Betracht. Nach Über-windung experimenteller Schwierigkeiten konnten für viele Chlorophyll-derivate eindeutige Werte erhalten werden, die mit den Konstitutions-formeln im Einklang stehen. So ergaben die Phäophorbide mit zwei Iminogruppen und einem Carboxyl drei aktive H-Atome, ebenso die Phäoporphyrine; auch die Chlorine und Rhodine sowie ihre Ester, ferner

---

[1] (161), dort S. 16—21; Valenzelektronenformeln S. 20.
[2] Z. B. die Nicht-Überführbarkeit von Dihydro-chlorophyllen in Leukoverbin-dungen durch katalytische Hydrierung (412), im Gegensatz zu der Hydrierbarkeit der Dihydro-phäophorbide usw.

viele einfachere Porphyrine und ihre Ester ließen die der Theorie entsprechenden Mengen Methan entstehen. Eine Abweichung zeigten die Alkyl-(Methyl-)phäophorbide und die Phäoporphyrinester; sie ergaben nicht zwei, sondern drei aktive H-Atome, weil in ihnen offenbar das Keto-Enol-Gleichgewicht an $C_{(9)}$ zugunsten der Enolbildung verschoben ist, wie früher schon A. Stoll und E. Wiedemann durch Benzoylierung festgestellt haben (245). Wohl aus dem gleichen Grunde waren bei den Chlorophyllen und veresterten Chlorophylliden, ebenso wie bei den Komplexsalzen von Porphyrinestern, die von der Theorie* verlangten Nullwerte für aktiven Wasserstoff nicht erzielbar.

G. Aufbauende Reaktionen und der Stand der Chlorophyll-Synthese.

Die beiden ersten synthetischen Reaktionen auf dem Chlorophyllgebiet sind schon vor fast drei Jahrzehnten von R. Willstätter und seinen Mitarbeitern gefunden worden: Die Untersuchungen von R. Willstätter und A. Stoll über die Chlorophyllase (289, 234), welche dem Studium der enzymatischen Abspaltung des Phytols aus natürlichem Chlorophyll galten, führten in der Folge zur enzymatischen Resynthese des natürlichen Chlorophylls aus den Bestandteilen Chlorophyllid und Phytol (291), die bei beiden Chlorophyllkomponenten gelang. Damit war eine erste Teilsynthese des Chlorophylls verwirklicht worden.

R. Willstätter und L. Forsén (299, 305, dort S. 323) studierten die Wiedereinführung des Magnesiums in Porphyrine und in grüne Verbindungen. Die Autoren fanden, daß die Porphyrine des Alkaliabbaues beim Erhitzen mit Magnesiumoxyd und Ätzkali in die entsprechenden Phylline übergehen. Die grünen Verbindungen der a-Reihe, insbesondere das Phäophytin a, ließen ·bei Einwirkung eines Überschusses an Grignardschen Verbindungen die natürlichen Magnesiumkomplexe entstehen. Damit war ein zweiter Schritt der Chlorophyllsynthese ausgeführt und unter Zuhilfenahme beider Teilsynthesen die Möglichkeit gegeben, vom Phäophorbid a zum Chlorophyll a zu gelangen.

Nach längerer Pause folgte in den Jahren 1928 und 1929 die Konstitutionsaufklärung (36) und die Synthese (37) des Phytols durch F. G. Fischer und K. Löwenberg. Die nachstehende, von diesen Autoren bewiesene Formel zeigt, daß das Phytol aus 4 Isoprenresten aufgebaut ist, was schon R. Willstätter und seine Mitarbeiter (290, 303) in ihren Untersuchungen über die Konstitution des Phytols angenommen haben.

$$CH_3-CH-CH_2-CH_2-CH_2-CH-CH_2-CH_2-CH_2-CH-CH_2-CH_2-CH_2-C=CH-CH_2OH$$

Phytol.

H. FISCHER und W. SCHMIDT (*114*) gelang 1935 auf chemischem Wege, nämlich unter der Einwirkung von Phosgen auf die in Pyridin gelösten Komponenten, die Esterbildung des Phäophorbids a mit Phytol ebenso wie mit anderen höheren Alkoholen.

In letzter Zeit wurde auch die enzymatische Umsetzung mit Chlorophyllase neuerdings studiert. Die Versuche von H. FISCHER und R. LAMBRECHT (*150*) ergaben, daß die Wirkung der Chlorophyllase, die sich nach neueren Angaben von P. ROTHEMUND [erwähnt in (*150*)] auch in den Blättern von Datura stramonium (Stechapfel) reichlich vorfindet, streng auf das Carboxyl des Propionsäure-Restes in 7-Stellung beschränkt ist und das Vorhandensein der Phorbinstruktur zur Voraussetzung hat. Der Umsetzung mit Chlorophyllase und Alkoholen sind außer den Chlorophylliden die Phäophorbide und Dihydro-phäophorbide beider Reihen, nicht aber die Pyro-phäophorbide, Chlorine und Rhodine zugänglich; allen Porphyrinen, auch Phäoporphyrin a$_5$ gegenüber, verhält sich die Chlorophyllase negativ. Die Phäopurpurine, bei denen Chlorinstruktur angenommen wird, lassen sich auffallenderweise unter dem Einfluß der Chlorophyllase verestern, umestern und verseifen.

H. FISCHER und G. SPIELBERGER befaßten sich eingehend mit der Einführung von Magnesium in höhere Chlorophyllderivate, vermochten aber, im Gegensatz zu A. STOLL und E. WIEDEMANN (*235*), die Ergebnisse von R. WILLSTÄTTER und L. FORSÉN nicht zu bestätigen (*96*). Sie fanden, daß es nicht nötig sei, Magnesiumhalogenalkyle selbst auf Chlorophyllderivate einwirken zu lassen, sondern daß auch die Umsetzungsprodukte GRIGNARDscher Verbindungen mit Alkoholen dafür genügen. Läßt man diese in Gegenwart von Magnesiummetall auf die Lösung der Phorbide a in Pyridin einwirken, so erhält man die entsprechenden Chlorophyllide a. Damit war die Methode der Magnesiumeinführung von R. WILLSTÄTTER und L. FORSÉN durch eine davon abgeleitete zweite Methode ergänzt worden.

Da sich in der Literatur keine näheren Angaben über den Verlauf dieser Umsetzung finden, sei aus eigenen Untersuchungen mitgeteilt, daß es sich dabei um eine Reaktion der Phorbide mit Magnesiumalkoholaten handelt zu ihrem Gelingen ist eine bestimmte Konzentration des Alkoholats sowie Erwärmen nötig, nicht aber die Anwesenheit von Magnesiummetall.

Einen Schritt weiter gelangten H. FISCHER und G. SPIELBERGER (*102*), als sie ihre Methode der Magnesiumeinführung auf Lösungen der Phorbide b anwandten. Bei der Umsetzung der Phorbide b mit Magnesiumhalogenalkylen nach R. WILLSTÄTTER und L. FORSÉN (*299*, *305*) reagiert die 3-Aldehydgruppe ebenfalls; es entsteht ein sekundärer Alkohol, und man gelangt infolge des Verlustes des Carbonyls zu Verbindungen, deren Spektraltyp der a-Reihe entspricht. Die Methode mit Magnesiumalkoholat von H. FISCHER und G. SPIELBERGER läßt die 3-Aldehydgruppe der Phäophorbide b intakt, das Magnesium tritt dennoch in komplexe Bindung, und es lassen sich in der Tat die natürlichen Chlorophyllide b gewinnen.

Damit ist für beide Chlorophyllkomponenten von der Stufe der Phäophorbide an die Synthese durchgeführt, und wir wenden uns, indem wir auf die *Synthese von Porphyrinen* zurückgreifen, der Vorarbeit zu, die für die Synthese der Phäophorbide selbst bereits geleistet worden ist. Die von H. FISCHER und seinen Mitarbeitern durchgeführten Totalsynthesen der einfacheren Chlorophyllporphyrine haben wir bereits (S. 177—179) erwähnt und als Beispiel die Synthese des Desoxo-phylloerythrins beschrieben (S. 178). Synthesen der höheren Chlorophyll-porphyrine konnten naturgemäß infolge der Labilität der charakteristischen Gruppen nicht mehr durch Kondensation entsprechend substituierter Dipyrryl-methene direkt erzielt werden. Jedoch gelang die Einführung unter Austausch derartiger Atomgruppen im Porphinsystem, und so wurden in mehreren Fällen über eine Reihe von Reaktionsstufen die gewünschten Endprodukte erhalten.

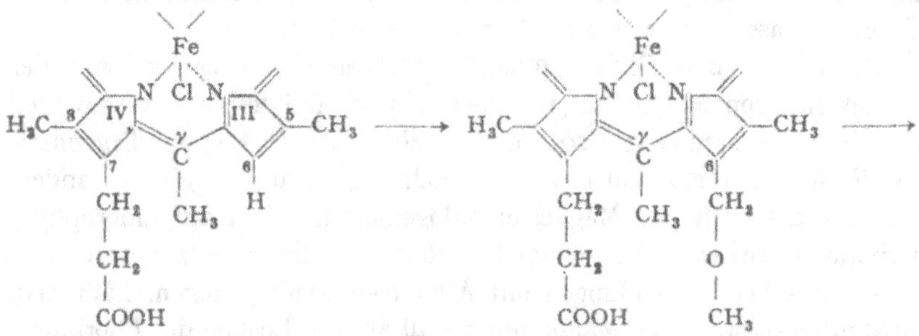

Eisenkomplexsalz des Phylloporphyrins.

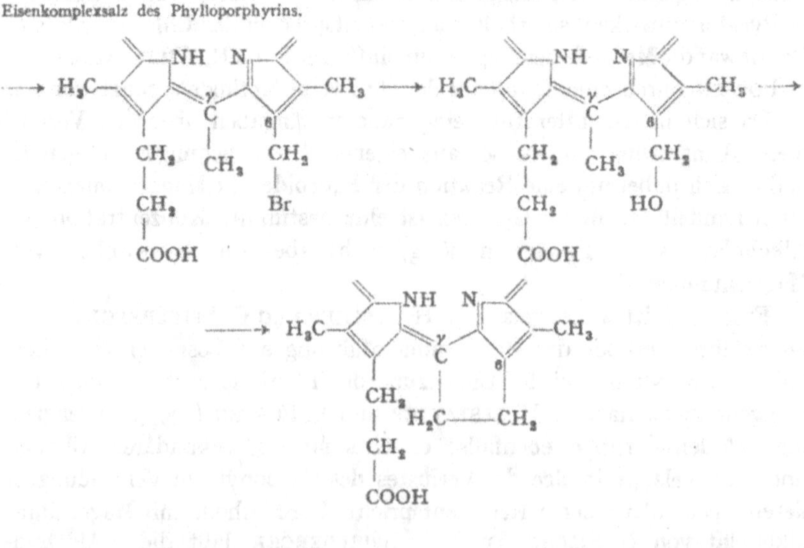

Als erstes Beispiel dafür erwähnen wir die von H. FISCHER, M. SPEIT-MANN und H. METH (*90*) durchgeführte weitere Synthese des *Desoxo-phylloerythrins*, die von Phylloporphyrin (vgl S. 175, 177) ausgeht: In die freie 6-Stellung des Eisen-Komplexsalzes (Hämins) des Phylloporphyrins wurde mittels Dichlormethyläther der Methoxy-methyl-Rest eingeführt. Dieses 6-Methoxy-methyl-phyllo-hämin ging unter dem Einfluß von in Eisessig gelöstem Bromwasserstoff in das 6-Brommethyl-Derivat über, wobei gleichzeitig das komplex gebundene Eisenatom abgespalten wurde. Mit starkem Alkali gelang dann der Ersatz von Brom durch Hydroxyl, also die Bildung des 6-Oxymethyl-phylloporphyrins. Durch Erhitzen in geschmolzener Brenzweinsäure bei 155° wurde schließlich aus der 6-CH_2OH-Gruppe und der γ-Methylgruppe Wasser abgespalten und der isozyklische Seitenring des Desoxo-phylloerythrins gebildet, wie die nebenstehenden Formeln veranschaulichen.

Schon vorher war H. FISCHER und J. RIEDMAIR (*74*) die Synthese des *Phylloerythrins* selbst gelungen. H. FISCHER, J. HECKMAIER und J. RIEDMAIR (*72*) hatten gezeigt, daß eine oxydative Aufspaltung des isozyklischen Seitenringes des Desoxo-phylloerythrins mit Oleum gelingt, wobei sowohl an $C_{(9)}$ als auch an $C_{(10)}$ Sauerstoff tritt und Chloropor-phyrin e_6 entsteht, das anderseits auch aus Chlorin e_6 über eine durch Jodwasserstoff in Eisessig entstehende Leukoverbindung und darauf-folgende Oxydation gebildet wird:

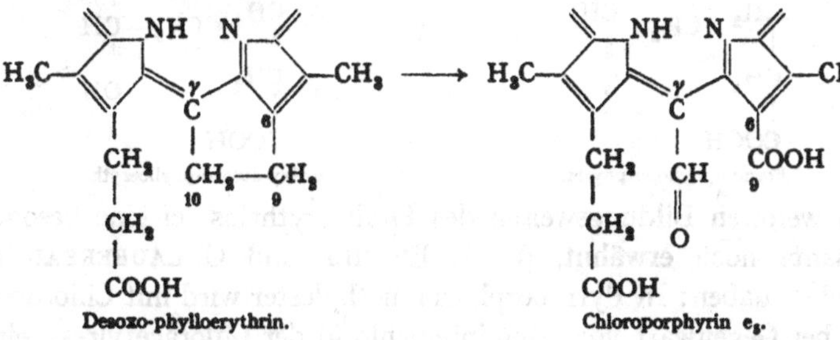

Desoxo-phylloerythrin.   Chloroporphyrin e_6.

H. FISCHER und J. RIEDMAIR konnten nun die Oxydationsreaktion mit Oleum so leiten, daß nur an $C_{(9)}$ eine Oxydation zum Carbonyl eintritt und Phylloerythrin entsteht:

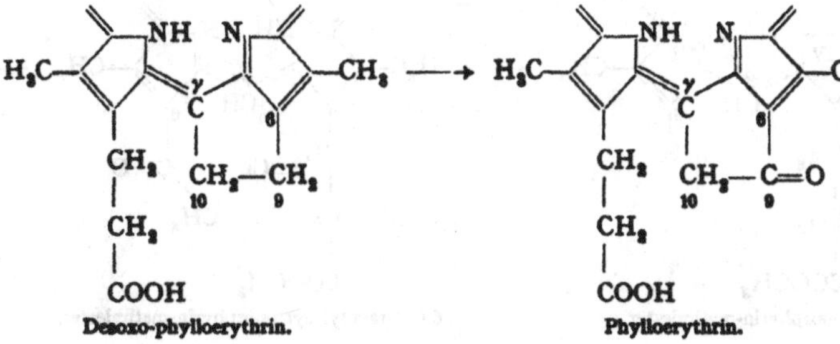

Desoxo-phylloerythrin.   Phylloerythrin.

Die Autoren erzielten die gewünschte Umsetzung mit 50proz. Oleum von hohem Schwefelgehalt. Das entstandene Phylloerythrin war mit dem durch Abbau aus Chlorophyll gewonnenen Präparat identisch.

In der Folge haben H. FISCHER, K. MÜLLER und O. LESCHHORN (*120*) weitere Synthesen von Porphyrinen mit angegliedertem isozyklischem Seitenring vollzogen. So lieferte die Einwirkung von Natriumäthylat auf Phylloporphyrin-6-carbonsäure unter Wasserabspaltung ebenfalls *Phylloerythrin*:

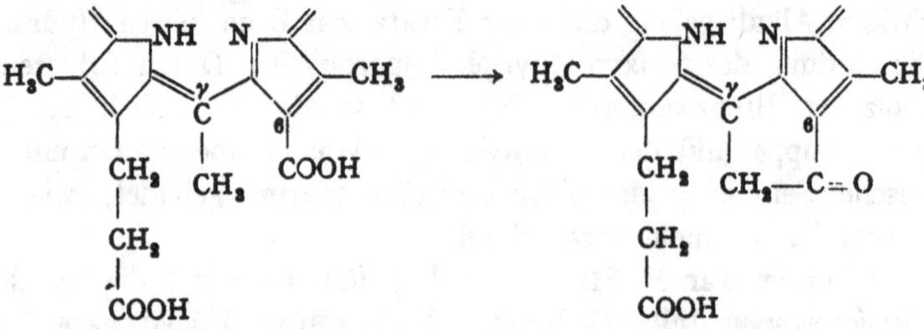

Phylloporphyrin-6-carbonsäure.   Phylloerythrin.

während 6-Formyl-phylloporphyrin (*100*) schon beim Erhitzen in Pyridin oder unter ähnlichen Bedingungen in *9-Oxy-desoxo-phylloerythrin* überging:

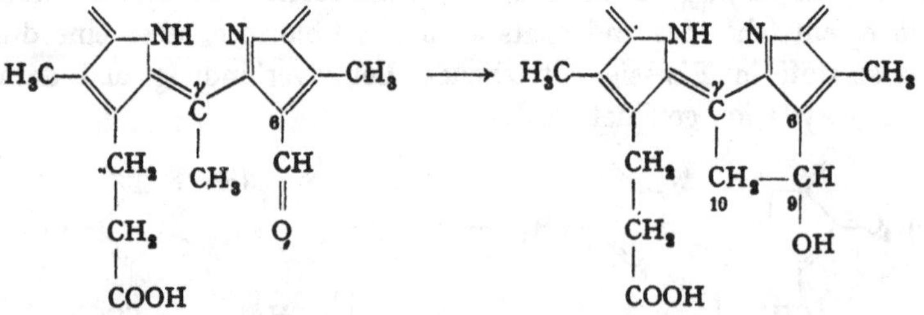

6-Formyl-phylloporphyrin.   9-Oxy-desoxo-phylloerythrin.

Von weiteren Bildungsweisen des Phylloerythrins sei eine besonders interessante noch erwähnt, die H. FISCHER und O. LAUBEREAU (*136*) beschrieben haben: In Pyrroporphyrin-methylester wird mit Chloracetyl-chlorid bei Gegenwart von Aluminiumchlorid der Chloracetylrest einge-führt. Das so erhaltene Derivat spaltet beim Erhitzen in Bernsteinsäure Salzsäure ab und geht dabei unter Ringschluß in Phylloerythrin-methyl-ester über:

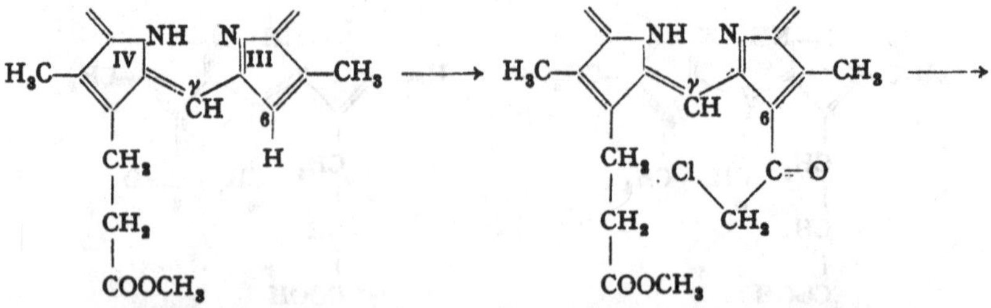

Pyrroporphyrin-methylester.   6-Chloracetyl-pyrroporphyrin-methylester.

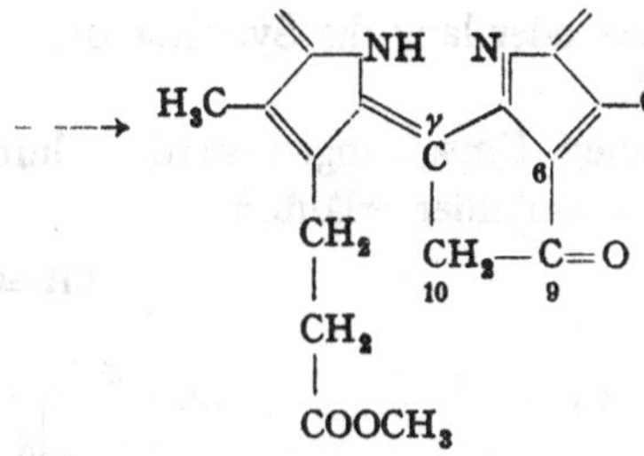

$$\longrightarrow \quad H_3C \underset{CH_2}{\overset{NH \quad N}{\bigcirc}} CH_3$$

H₃C ... NH N ... CH₃

γ

C 6

CH₂   CH₂—C=O

CH₂   10   9

COOCH₃

Phylloerythrin-methylester.

Von allen Porphyrinen steht das Phäoporphyrin a_5 dem Phäophorbid a am nächsten. Es besitzt wie dieses den isozyklischen Fünfring, ein freies und ein methyliertes Carboxyl an gleicher Stelle. Es ist mit dem natürlichen Chlorophyllderivat isomer und unterscheidet sich davon nach unserer heutigen Kenntnis lediglich dadurch, daß ihm die beiden überzähligen Wasserstoffatome (in 5,6-Stellung) fehlen und daß es an Stelle der 2-Vinylgruppe der grünen Verbindungen die 2-Äthylgruppe trägt. Die Vorarbeiten zur Synthese des Phäoporphyrins a_5 sind daher von besonderer Bedeutung. H. FISCHER und H. KELLERMANN hatten aus Chlorin e_6 mit Methylalkohol-Salzsäure einen Dimethylester mit freier Carboxylgruppe in 6-Stellung erhalten, der bei der Brenzreaktion das freie Carboxyl abspaltet und damit in Iso-chlorin e_4-dimethylester übergeht (112). Perhydrierung mit nachfolgender Re-oxydation zum Porphyrin ließ hieraus Iso-chloroporphyrin-e_4-dimethylester entstehen (122). Das Eisenkomplexsalz dieser Verbindung wurde mit Dichlormethyläther [nach(100)] umgesetzt, um den 6-Aldehyd zu gewinnen. Während aber diese Verbindung nicht isoliert werden konnte, gelang es anderseits, unter dem Einfluß konzentrierter Schwefelsäure das Reaktionsprodukt mit Dichlormethyläther sowohl von dem komplex gebundenen Eisen zu befreien als auch, analog der vorstehend beschriebenen Umsetzung, in 9-Oxy-desoxo-phäoporphyrin a_5 überzuführen. Das letztere war aber schon früher von H. FISCHER und J. HASENKAMP (103) durch katalytische Hydrierung aus Phäoporphyrin a_5 gewonnen und genau charakterisiert worden, so daß das neuerdings dargestellte 9-Oxy-desoxo-phäoporphyrin a_5 ohne weiteres identifiziert werden konnte. Gleichfalls bekannt war dessen Rückverwandlung in Phäoporphyrin a_5 mittels Chromsäure in Eisessig; sie wurde nun mit dem aus Iso-chloroporphyrin-e_4-dimethylester erhaltenen 9-Oxy-desoxo-phäoporphyrin a_5 wiederholt und zeitigte das gleiche Ergebnis. Die Synthese des Phäoporphyrins a_5 ist somit auf die Synthese des Iso-chloroporphyrins e_4 zurückgeführt, das seinerseits zwar noch nicht durch Synthese erhalten worden ist, sich aber von dem synthetisch zugänglichen Phylloporphyrin nur durch den Ersatz der γ-Methylgruppe durch den γ-Essigsäurerest unterscheidet. Es ist denkbar, daß die Einführung dieses Restes oder dessen Erhaltung bei einer Porphyrinsynthese über kurz oder lang die Synthese des Phäoporphyrins a_5 selbst ermöglichen wird.

Die eben besprochenen Umsetzungen werden durch die folgenden und nebenstehenden Formelbilder erläutert:

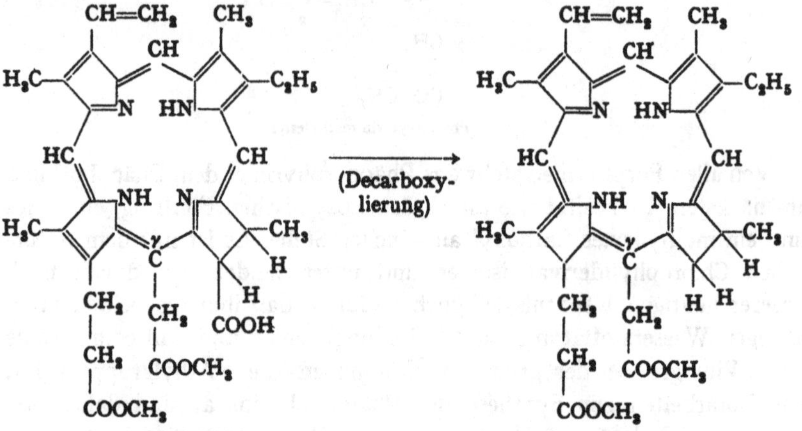

CH=CH₂ CH₃
CH
H₃C—   —C₂H₅
N   HN
HC   CH
NH   N
H₃C—   —CH₃
γ   H
C
CH₂ CH₂   H
CH₂   COOH
COOCH₃
COOCH₃

Chlorin e₆-dimethylester.

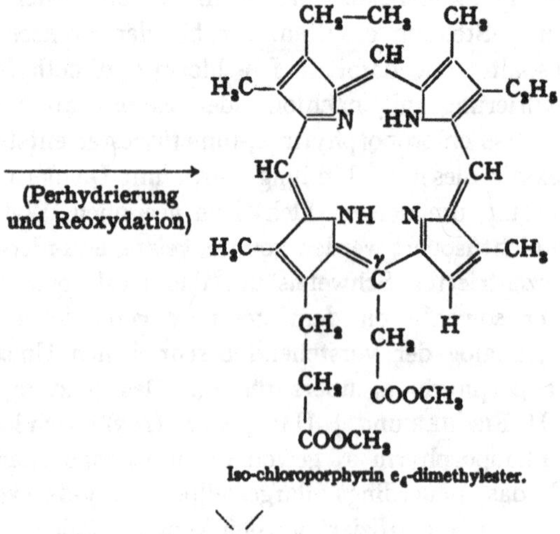

⟶ (Decarboxy-lierung)

CH=CH₂ CH₃
CH
H₃C—   —C₂H₅
N   HN
HC   CH
NH   N
H₃C—   —CH₃
γ   H
C
CH₂ CH₂ H H
CH₂
COOCH₃

Iso-chlorin e₄-dimethylester.

⟶ (Perhydrierung und Reoxydation)

CH₂—CH₂ CH₃
CH
H₃C—   —C₂H₅
N   HN
HC   CH
NH   N
H₃C—   —CH₃
γ
C   H
CH₂ CH₂
CH₂   COOCH₃
COOCH₃

Iso-chloroporphyrin e₄-dimethylester.

Fe
N Cl N
H₃C—   —CH₃
γ   δ
C   H
CH₂ CH₂
CH₂   COOCH₃
COOCH₃

⟶ (CH₃—O—CHCl₂)

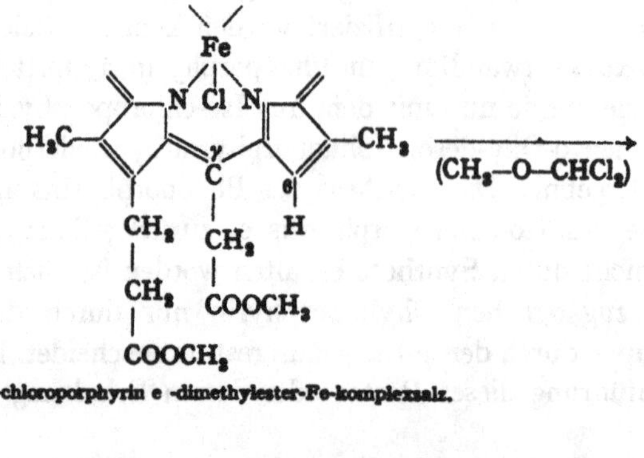

Iso-chloroporphyrin e -dimethylester-Fe-komplexsalz.

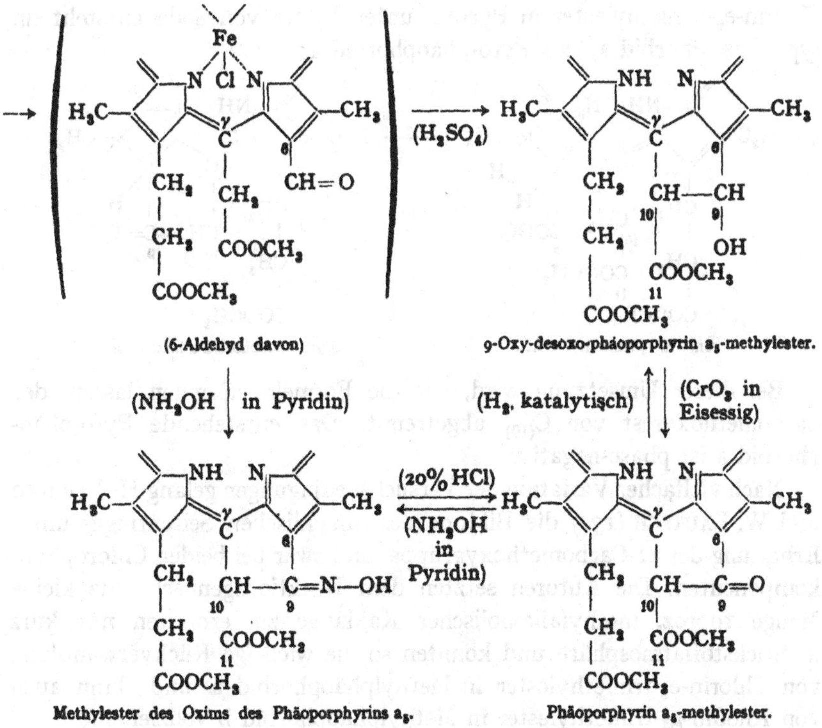

(6-Aldehyd davon)

g-Oxy-desoxo-phäoporphyrin a$_5$-methylester.

$(NH_2OH$ | in Pyridin) $(H_2,$ katalytisch) $(CrO_3$ in Eisessig)

Methylester des Oxims des Phäoporphyrins a$_5$.

Phäoporphyrin a$_5$-methylester.

Eine Vereinfachung der Synthese des Phäoporphyrins a$_5$ aus Iso-chloroporphyrin e$_4$ ist von H. FISCHER und O. LAUBEREAU (*136*) ange-geben worden. Die Autoren versuchten, das intermediär erwartete 6-Formyl-iso-chloroporphyrin e$_4$ mit Hydroxylamin in Pyridin abzufangen, er-hielten jedoch direkt das Oxim des Phäoporphyrins a$_5$, das durch einfache saure Hydrolyse das Phäoporphyrin a$_5$ selbst lieferte. Ob das bisher als Zwischenprodukt angenommene 6-Formyl-iso-chloroporphyrin e$_4$ über-haupt gebildet wird, erscheint fraglich.

In der Reihe der grünen Verbindungen haben H. FISCHER und O. LAUBEREAU (*136*) eine ähnliche Umwandlung durchführen können: Sie erhitzten das durch Hydrierung der 2-Vinylgruppe aus Iso-chlorin e$_4$ dargestellte Meso-iso-chlorin e$_4$ mit konzentrierter Schwefelsäure und erzielten damit unter Wasserabspaltung zwischen der γ-Essigsäure-gruppe und einem H-Atom in 6-Stellung die Bildung des isozyklischen Seiten-ringes. Das so entstandene Meso-pyrophäophorbid a war mit dem durch Decarbomethoxylierung aus Meso-phäophorbid a gewonnenem Ver-gleichsmaterial identisch.

Die Schließung des isozyklischen Seitenrings ist übrigens schon vor längerer Zeit von H. FISCHER und H. SIEBEL (*71*) auch in der Reihe der grünen Körper vollzogen worden. Durch 24stündiges Kochen von

Chlorin-e$_6$-trimethylester in Pyridin unter Zusatz von Soda entsteht ein typisches Phorbid a, das Pyro-phäophorbid a:

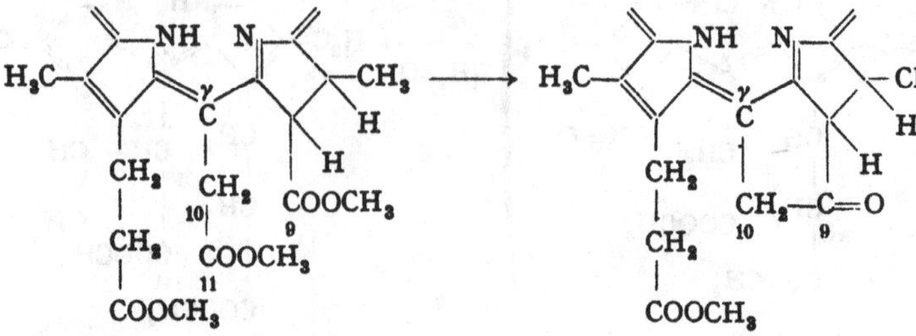

Chlorin e$_6$-trimethylester.   Pyro-phäophorbid a-methylester.

Bei dieser Umsetzung wird, wie die Formeln erkennen lassen, der Carbomethoxyrest von C$_{(10)}$ abgetrennt. Das entstehende Pyro-phäophorbid a ist phase-negativ.

Nach vielfacher Variation der Versuchsbedingungen gelang H. FISCHER und W. LAUTSCH (*130*) die Bildung des isozyklischen Seitenringes unter Erhaltung der 11-Carbomethoxygruppe, und zwar bei beiden Chlorophyll-komponenten. Die Autoren setzten dem Reaktionsgemisch eine kleine Menge 10proz. methylalkoholischer Kalilauge zu, erhitzten nur kurz in Stickstoffatmosphäre und konnten so die wichtige Rückverwandlung von Chlorin-e$_6$-trimethylester in Methylphäophorbid a und dann auch von Rhodin-g$_7$-trimethylester in Methylphäophorbid b vollziehen.

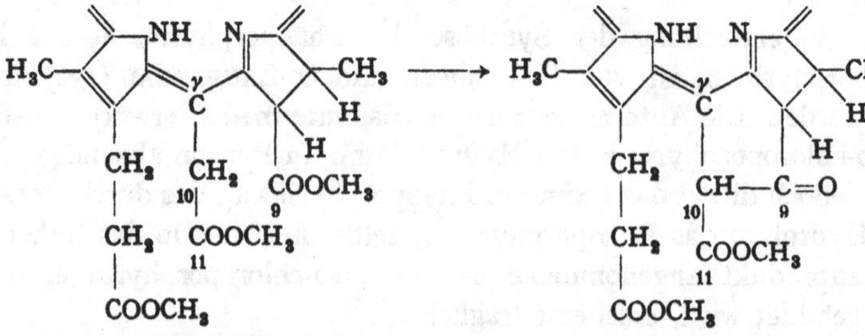

Chlorin e$_6$-trimethylester bzw. Rhodin-g$_7$-   Methylphäophorbid a bzw. Methylphäo-
          trimethylester.   phorbid b.

Diese Umsetzung gewinnt an Bedeutung durch zwei besondere Merk-male: die so erzeugten Methylphäophorbide a und b sind phase-positiv und, bei Verwendung optisch aktiven Ausgangsmaterials, auch optisch aktiv.

Zusammen mit der schon besprochenen Wiedereinführung des Ma-gnesiums und des Phytols ist durch diese Umwandlung die Synthese der Chlorophylle a und b auf die Synthese des Chlorins e$_6$ und des Rho-dins g$_7$ zurückgeführt. Bisher ist jedoch nur die Bildung einfacher Chlorine aus den entsprechenden, durch Totalsynthese zugänglichen Porphyrinen auf verschiedene Weise möglich [(vgl. S. 170), ferner (*120, 129, 132*)].

Eine Reaktionsfolge, die die Möglichkeit eröffnet, die leicht hydrierbare 2-Vinylgruppe der Chlorophylle erst dann in das Molekül einzuführen, wenn die Umwandlung des Porphinkerns in den Phorbinkern — die energische Reduktionsbedingungen erfordert — stattgefunden hat, ist vor kurzem von H. FISCHER, W. LAUTSCH und K.-H. LIN (328) beschrieben worden: 2-Acetyl-chlorin e_6-trimethylester kann in Form seines Zinkkomplexsalzes in die 2-α-Oxyäthyl-Verbindung übergeführt werden. Diese spaltet, im Hochvakuum auf 240° erhitzt, Wasser ab und geht dabei in Chlorin-e_6-trimethylester über.

Der Stand der Chlorophyllsynthese (Juni 1938) kann zusammenfassend ungefähr wie folgt umschrieben werden:

Durchgeführt ist einerseits die Totalsynthese vieler einfacher Porphyrine, z. B. der Ätioporphyrine, des Pyrro-, Phyllo- und Rhodoporphyrins sowie einiger höherer Porphyrine, z. B. des Desoxo-phylloerythrins und des Phylloerythrins. Daneben sind viele Porphyrine, die infolge anderer Substitution in den β-Stellungen der Pyrrolkerne nicht zu den direkten Abkömmlingen der Chlorophylle zu rechnen sind, synthetisiert worden. Die meisten einfachen Porphyrine (ohne oder mit nur einem Carboxyl) haben sich in ihre Chlorine überführen lassen.

Anderseits ist die Umwandlung von Chlorin e_6 und Rhodin g_7 in die Chlorophylle a und b gelungen, nämlich die Schließung des isozyklischen Seitenringes unter Bildung der Methylphäophorbide, deren Umesterung mit dem ebenfalls synthetisierten Phytol zu den Phäophytinen und die Einführung des Magnesiums als Zentralatom in komplexe Bindung.

Noch unbekannt sind Umsetzungen, die von den aus Porphyrinen zugänglichen Chlorinen zu Chlorin e_6 bzw. Rhodin g_7 oder ihren 2-Acetyl-Derivaten führen. Analoge Umwandlungen sind in der Porphyrinreihe bereits studiert worden; ihre Übertragung auf die grünen Körper steht jedoch noch aus. Unter Berücksichtigung der ebenfalls möglichen Übergänge von Porphyrinen, die den Chlorophyllen näherstehen, zu Chlorinen, ist nicht daran zu zweifeln, daß sich die bisher ausgearbeiteten Methoden bis zur Durchführung einer vollständigen Chlorophyllsynthese entwickeln lassen.

Wenn die vorstehenden Ausführungen den Eindruck erweckt haben, daß manche naheliegende Reaktion in der Chlorophyllchemie merkwürdigerweise bisher nicht beschrieben ist, daß manche bei den Porphyrinen durchgeführte Umsetzung auf die grünen Verbindungen noch nicht übertragen wurde und daß viele Substanzen erst über umständlich erscheinende Reaktionsfolgen zu gewinnen waren, so darf dem entgegengehalten werden, daß die Schwierigkeiten in der Chlorophyllchemie oftmals außerordentlich groß sind. Die Beschaffung einwandfreien Ausgangsmaterials, die Instabilität besonders der höheren Chlorophyllderivate, das Auftreten von isomeren oder einander in den Eigenschaften ähnlichen Verbindungen, deren Trennung oft erst durch langwierige und verlustreiche Operationen gelingt, erschweren die präparative Arbeit. Das hartnäckige Festhalten von Lösungsmitteln und die große Hygroskopizität mancher Substanzen erfordern besondere Kautelen bei der Elementaranalyse, die bei den großen Molekülen nicht immer eindeutige Werte liefert. Alle diese experimentellen Schwierigkeiten hemmen die Schlußfolgerungen. Die heutigen Kenntnisse über die Konstitution des Chlorophylls sind auf einem langen und oft mühsamen Weg erreicht worden.

Die Chlorophyllformeln auf S. 206 und S. 210 vermögen den heute vorliegenden experimentellen Ergebnissen zu genügen, und doch stellen sie vielleicht nicht den letzten und endgültigen Ausdruck für die Konstitution des Chlorophylls dar. Die außerordentliche Farbintensität des grünen Blattpigments, der auffallende Farbwechsel bei der braunen Phase, die ungewöhnliche Haftfestigkeit des komplex gebundenen Magnesiums bei stärkster Alkalibehandlung und der charakteristische, in den Teilreaktionen noch unabgeklärte Übergang der Phorbine in die Porphyrine stellen Fragen, deren befriedigende Beantwortung weiterer experimenteller Forschung vorbehalten bleibt. Es ist möglich, daß die heute vor uns liegenden Chlorophyllformeln noch Abänderungen erfahren müssen.

IV. Bacterio-chlorophyll.

Das Bacterio-chlorophyll, der Hauptfarbstoff der Thio- und Athio-rhodaceen (Purpurbakterien) ist erst relativ spät, nachdem die Befähigung zu einer Photosynthese bei diesen einzelligen Organismen nachgewiesen war [(339—345), vgl. auch (324)], einer chemischen Bearbeitung unterzogen worden. Das Vorkommen von grünem Farbstoff neben gelben Pigmenten war allerdings längst bekannt und J. BUDER (322, 323) scheint als erster festgestellt zu haben, daß das Bacterio-chlorophyll mehrere Absorptionsbanden im Infrarot, eine Absorptionsbande im Gelb und eine Endabsorption im Blau aufweise. W. N. LUBIMENKO (334) schloß aus Beobachtungen an Absorptionsspektren, daß aus Bacterio-chlorophyll bei der Selbstzersetzung in alkoholischer Lösung Verbindungen entstehen, die dem Chlorophyll ähnlich sind.

K. NOACK und E. SCHNEIDER (346) haben in der Folge Bacterio-chlorophyll nach den Methoden der Chlorophyllchemie untersucht und E. SCHNEIDER (349—351) hat sodann wichtige Beobachtungen über das grüne Pigment der Thio- und Athio-rhodaceen mitgeteilt. Die Bezeichnung „Bacterio-chlorophyll", welche an Stelle des früher üblichen Ausdrucks „Bacterio-chlorin" getreten ist, konnte E. SCHNEIDER gut begründen. Er wies nach, daß seine Bruttoformel der des Chlorophylls b, abgesehen von der Unsicherheit im Wasserstoffgehalt, entspricht und als $C_{55}H_{74}O_6$ $N_4Mg \cdot H_2O$ zu schreiben ist. Das Magnesium wird aus dem Bacterio-chlorophyll mit Säure unter Bildung des *Bacterio-phäophytins* abgespalten, das in *Bacterio-phäophorbid* übergeführt werden kann. Letzteres enthält zwei Carboxyle, von denen eines wie in Phäophorbid mit Methylalkohol verestert ist. Bacterio-phäophorbid kann wie die Phäophorbide aus Chlorophyll mit methylalkoholischer Salzsäure verestert werden, wobei ein *Bacterio-methylphäophorbid* der Formel $C_{36}H_{40}O_6N_4$ entsteht. Die beiden Bacterio-phäophorbide werden schön kristallisiert erhalten und reagieren sowohl mit Hydroxylamin, was die Anwesenheit eines Carbonyls beweist, als auch mit Benzoylchlorid, woraus auf ein Hydroxyl (Enol) geschlossen werden kann. Das im Bacterio-phäophorbid freie Carboxyl ist im Bacterio-chlorophyll und im Bacterio-phäophytin mit Phytol verestert [(*327*) vgl. S. 212].

Bacterio-phorbide reagieren wie Phorbide aus Chlorophyll mit GRIGNARDS Reagens unter Aufnahme 1 Atoms Magnesium in komplexer Bindung; mit Kupferacetat in Eisessig wird ein Kupferkomplex erhalten. Die Bacterio-phorbide zeigen eine positive, gelbe bis bräunliche Phase. Das spricht für die Anwesenheit einer Atomgruppierung, wie sie das Chlorophyll im charakteristischen isozyklischen Seitenring besitzt. Bacterio-chlorophyll als solches läßt eine positive Phase nicht mit Sicherheit erkennen. Dies kann durch die an sich starke Verschiebung seiner Absorptionsbanden nach Rot begründet sein, die zum größeren Teil ins Infrarot zu liegen kommen. Abgesehen von der Rotverschiebung entspricht der Typ des Spektrums durchaus dem des Chlorophylls a.[1] Die Absorptionsspektren der Bacterio-phorbide sind denen der Phorbide aus Chlorophyll ähnlicher, aber immer noch nach dem roten Ende des Spektrums verschoben.

E. SCHNEIDER gelangte im Laufe der chemischen Untersuchung zu der Auffassung, daß das Bacterio-chlorophyll in der Hauptsache aus nur einer Komponente bestehe, die auf Grund ihrer Zusammensetzung und auf Grund der Überführbarkeit in Derivate mit Rhodinspektrum der Reihe des Chlorophylls b angehöre; daneben sei in untergeordneter Menge auch ein „Bacterio-chlorophyll a" vorhanden.

H. FISCHER und J. HASENKAMP (*103*), die sich in der Folge der chemischen Untersuchung des Bacterio-chlorophylls zuwandten, bezeichneten den Hauptfarbstoff als „Bacterio-chlorophyll a" und gaben an, daß daneben in sehr geringer Menge eine Komponente b vorhanden sei. Aus den Untersuchungen von H. FISCHER und J. HASENKAMP sei vorweggenommen, daß das Bacterio-chlorophyll die für Chlorophyll b charakteristische 3-Aldehydgruppe nicht besitzt und daher mit Recht als

---

[1] Nach unveröffentlichten Vergleichsaufnahmen von C. B. VAN NIEL (1936).

Derivat des Chlorophylls a bezeichnet werden kann. H. FISCHER und
R. LAMBRECHT (326) konnten keine zweite Bacterio-chlorophyll-Kompo-
nente auffinden. Im übrigen hat eine Untersuchung von C. B. VAN NIEL[1]
ergeben, daß aus verschiedenen Purpurbakterienstämmen (Thiorhodaceen
und Athiorhodaceen) nur ein Bacterio-chlorophyll zu isolieren war.
Die Mischschmelzpunkte der Bacterio-methylphäophorbide aus den
Bacterio-chlorophyllen von:

> Spirillum rubrum S. 1,
> Rhodobacillus palustris 5,
> Streptococcus varians,
> Rhodobacillus spec.?,
> Phäobacterium spec. D und
> Rhodovibrio spec. Gaffron

ergaben untereinander keine Depression und die Präparate stimmten auch
in allen übrigen Eigenschaften überein.

Während E. SCHNEIDER (351) beim Versuch zur Darstellung von
„Bacterio-rhodin" und von „Bacterio-isochlorophyllin" infolge der Unlöslichkeit des ersteren und der Zersetzlichkeit des letzteren Schwierigkeiten begegnete, gelang ihm die Bildung von bereits bekannten Porphyrinen der Chlorophyllreihe nach verschiedenen Methoden ohne
weiteres. Der Alkaliabbau des Bacterio-chlorophylls und seiner Derivate
führte zu Pyrro- und Phylloporphyrin. Der Nachweis, daß es sich beim
Bacterio-chlorophyll um einen mit dem Chlorophyll grüner Pflanzen nahe
verwandten Porphinfarbstoff handelt, war damit erbracht. Mit schonen-
deren Methoden wurden indessen durchwegs noch unbekannte Porphyrine erhalten: durch Reduktion mit Eisen und Ameisensäure nach
K. NOACK und W. KIESSLING (357) und anschließende Re-oxydation der
Leukoverbindung entstanden ein „Bacterio-porphyrin 12"[2] und ein
„Bacterio-porphyrin 6"[2]; durch Reduktion mit Jodwasserstoff in Eisessig nach H. FISCHER und R. BÄUMLER (137, 51) und anschließende Re-
oxydation der Leukoverbindung ein „Bacterio-phäoporphyrin 12" und ein
„Bacterio-phäoporphyrin 7". Alle diese neuen Porphyrine erwiesen sich
als Monomethylester mit 6 Sauerstoffatomen, die Porphyrine mit der
Salzsäurezahl 12 waren oximierbar.

H. FISCHER und J. HASENKAMP (103) haben die Ergebnisse
E. SCHNEIDERS im wesentlichen bestätigt, sie ergänzt und schließlich,
gestützt auf Vergleiche mit Chlorophyllderivaten, die Konstitution des
Bacterio-chlorophylls weitgehend ermittelt. Sie konnten zunächst zeigen,
daß Bacterio-methylphäophorbid ebenso wie z. B. Phäophorbid a aus
Chlorophyll mit Diazomethan in Methylalkohol (vgl. S. 187) einen Tri-

---

[1] Unveröffentlicht; ausgeführt anläßlich eines Studienaufenthaltes im Laboratorium der Autoren 1936.

[2] Die Zahlen sind die Salzsäure-Zahlen.

methylester bildet. Dieser Übergang in *Bacterio-chlorin-trimethylester* stützt die Annahme eines isozyklischen Seitenringes im Bacteriochlorophyll.

Bei der Porphyrinbildung mit Jodwasserstoff in Eisessig und anschließender Reoxydation der Leukoverbindung erhielten H. FISCHER und J. HASENKAMP (*103*) mit der Arbeitsweise, die bei Phäophorbid a das Phäoporphyrin a_5 ergibt, zwei Porphyrine, wie E. SCHNEIDER (*351*). Von entscheidender Bedeutung war nun, daß sie das Porphyrin mit der Salzsäurezahl 13 (wahrscheinlich E. SCHNEIDERS „Bacterio-phäoporphyrin 12") identifizieren konnten (*103*) mit Oxo-phäoporphyrin a_5, das aus Phäophorbid a dargestellt (*91*) und als *2-Acetyl-phäoporphyrin a_5* erkannt worden war (*101*):

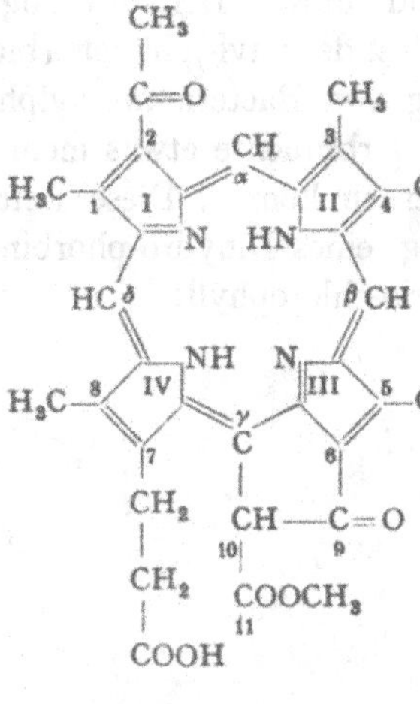

$$
\begin{array}{c}
CH_3 \\
| \\
C\!=\!O \quad\quad CH_3 \\
\overset{2}{|}\quad\quad CH \quad\overset{3}{|} \\
H_2C\!-\!\underset{1}{\overset{1}{I}}\quad\overset{\alpha}{|}\quad\overset{}{II}\quad\overset{4}{|}\!-\!C_2H_5 \\
N \quad HN \\
HC\overset{\delta}{|} \quad\quad \overset{\beta}{|}CH \\
\overset{}{NH}\quad N \\
H_2C\!-\!\overset{8}{\underset{IV}{|}}\quad\overset{\gamma}{|}\quad\overset{}{III}\quad\overset{5}{|}\!-\!CH_3 \\
\overset{7}{|}\quad C\quad\overset{6}{|} \\
CH_2 \quad CH\!-\!C\!=\!O \\
| \quad\quad \underset{10}{|}\quad\quad 9 \\
CH_2 \quad COOCH_3 \\
| \quad\quad 11 \\
COOH
\end{array}
$$

2-Acetyl-phäoporphyrin a_5 (wahrscheinlich = „Bacterio-phäoporphyrin 12").

Damit war mit einem Schlage die Substituentenanordnung am Porphinkern des Bacterio-chlorophylls aufgeklärt, freilich unter der Voraussetzung, daß das 2-Acetyl-phäoporphyrin a_5 das primäre Umwandlungsprodukt des Bacterio-phäophorbids sei, wie dies analog für den Übergang von Phäophorbid a · in Phäoporphyrin a_5 angenommen wird. Es war zu bedenken, daß aus Phäophorbid a eindeutig nur ein Derivat, das Phäoporphyrin a_5 entsteht, während aus Bacterio-phäophorbid auch von H. FISCHER und J. HASENKAMP (*103*) stets zwei Porphyrine, das 2-Acetyl-phäoporphyrin a_5 und ein Porphyrin mit der Salzsäurezahl 8 bis 9 erhalten worden sind. Von dem letzteren, das wahrscheinlich E. SCHNEIDERS „Bacterio-phäoporphyrin 7" entspricht, sagen H. FISCHER und J. HASENKAMP aus, daß es mit keinem der bisher bekannten Chlorophyll-porphyrine identisch sei.

C. B. VAN NIEL, der sich in der erwähnten Untersuchung (vgl. S. 224) ebenfalls mit dem Studium der Bacterio-porphyrine befaßt hat, konnte zeigen, daß durch besonders rasches und vorsichtiges Arbeiten die Bildung des „Bacterio-phäoporphyrins 7" fast völlig unterdrückt wird, daß aber anderseits das 2-Acetyl-phäoporphyrin a_5 durch nochmalige Behandlung mit Jodwasserstoff in Eisessig und anschließende Re-oxydation fast quantitativ in „Bacterio-phäoporphyrin 7" übergeht. Damit hat sich letzteres als sekundäres Umwandlungsprodukt erwiesen.

Unsicher war aber noch die Struktur des Phorbinkerns im Bacterio-chlorophyll hinsichtlich des Wasserstoffgehalts geblieben. Die analytische Untersuchung von H. FISCHER und R. LAMBRECHT (326) lieferte für eine Reihe grüner Bacterio-chlorophyll-Derivate bemerkenswert hohe Wasser-stoffwerte, die einem höheren Wasserstoffgehalt, als er in den Chloro-phyllen gefunden, wird, entsprachen. Die erwähnten Forscher konnten Bacterio-methylphäophorbid durch Dehydrierung mit Sauerstoff in Schwefelsäure in 2-Acetyl-(2-desvinyl-)phäophorbid a überführen. Die quantitative Dehydrierung von Bacterio-methylphäophorbid und Bac-terio-chlorintrimethylester verbrauchte etwas mehr als 0,5 Mol O_2, ohne daß Porphyrin isoliert werden konnte. Diese Befunde veranlaßten die Autoren zur Formulierung eines Dihydro-phorbin-Kerns (Tetrahydro-porphin-Kerns) für Bacterio-chlorophyll:

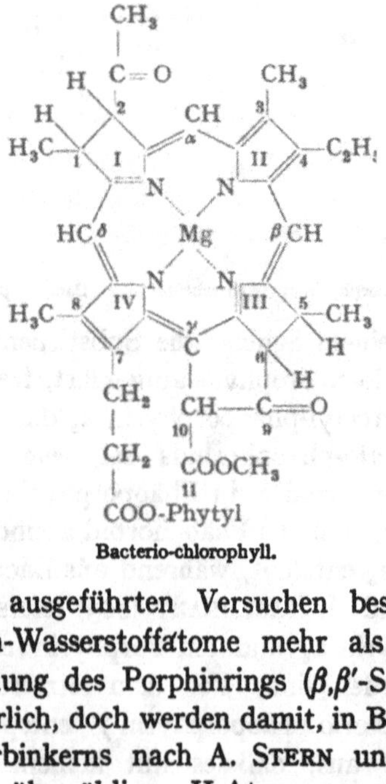

Bacterio-chlorophyll.

Nach allen bisher ausgeführten Versuchen besitzt das Bacterio-chlorophyll zwei Kern-Wasserstoffatome mehr als Chlorophyll. Ihre Anordnung in 1,2-Stellung des Porphinrings (β,β'-Stellung des Pyrrol-kerns I) ist zwar willkürlich, doch werden damit, in Berücksichtigung der Schreibweise des Phorbinkerns nach A. STERN und H. WENDERLEIN (vgl. S. 210) alle vier überzähligen H-Atome so angeordnet, daß die fortlaufende Konjugation der Kern-Doppelbindungen nicht unter-brochen wird.

In der Folge haben H. FISCHER, W. LAUTSCH und K.-H. LIN (*328*) die nebenstehende Formel des Bacterio-chlorophylls weiterhin überprüft. Die Autoren versuchten, 2-Acetylverbindungen höherer Chlorophyll-derivate herzustellen, um diese mit den entsprechenden Dehydrierungs-produkten des Bacterio-chlorophylls zu vergleichen. Es gelang, an die Vinylgruppe des Chlorin e_6-trimethylesters Bromwasserstoff anzulagern, das Brom gegen Hydroxyl auszutauschen und den so gebildeten 2-α-Oxy-meso-chlorin e_6-trimethylester durch Oxydation mit Kaliumpermanganat in Pyridinlösung in den 2-Acetyl-chlorin e_6-trimethylester überzuführen. Sowohl diese Verbindung als auch das daraus [nach (*130*)] dargestellte 2-Acetyl-methylphäophorbid a wurden trotz einer ·Abweichung im Drehwert als identisch mit den entsprechenden dehydrierten Derivaten des Bacterio-chlorophylls angesehen.

H. FISCHER, R. LAMBRECHT und H. MITTENZWEI (*327*) wiesen in Thiocystis-Bakterien Chlorophyllase nach und zeigten, daß Bacterio-chlorophyll und seine Derivate in gleicher Weise wie die entsprechenden Chlorophyllabkömmlinge Umsetzungen mittels Chlorophyllase zugänglich sind. Aus Bacterio-phäophytin isolierten sie in normaler Ausbeute (Phytol-zahl: 32,96 gegenüber dem theoretischen Wert 33,34) einen höheren Fett-alkohol, dessen Analyse die für Phytol berechneten Werte ergab. Dieser Befund bildet eine weitere wichtige Stütze für die nahe Verwandtschaft des Bacterio-chlorophylls mit den grünen Blattfarbstoffen. Parallelität besteht auch in bezug auf die Umwandlung des Bacterio-methylphäo-phorbids in ein Purpurin, den Bacterio-purpurin 7-trimethylester, der in Oxo-rhodoporphyrin übergeführt werden konnte.

Die für Bacterio-chlorophyll entwickelte Formulierung als Dihydro-phorbin (= Tetrahydro-porphyrin) ist durch spektrographische Unter-suchungen von A. STERN und F. PRUCKNER [erwähnt in (*327*)] bestätigt worden. Die erwartete optische Aktivität des Bacterio-chlorophylls war infolge der bis ins Infrarot reichenden Absorption bisher nicht nachweisbar. Dagegen zeigt das aus Bacterio-chlorophyll darstellbare 2-Acetyl-methyl-phäophorbid a Linksdrehung, so daß auch für Bacterio-chlorophyll selbst Asymmetrie anzunehmen ist.

Die Untersuchungen an Chlorobakterien (*335*), deren phase-positiver Farbstoff sowohl dem Chlorophyll als auch dem Bacterio-chlorophyll nahezustehen scheint, seien hier nur erwähnt.

V. Protochlorophyll.

Der Begriff „Protochlorophyll" stammt von N. A. MONTEVERDE (*353*) und bezeichnet den grünen Farbstoff, der in etiolierten Pflanzen und in Samenhäuten gebildet wird. Er steht dem Chlorophyll nahe und geht bei Belichtung in dieses über.

Gemessen an der umfassenden Kenntnis, die wir heute über Chlorophyll besitzen, weist unser Wissen über Protochlorophyll noch manche Lücke auf. N. A. MONTEVERDE und W. N. LUBIMENKO (354) haben zuerst Rohextrakte von Protochlorophyll untersucht und durch ihre Absorptionsspektren charakterisiert.

Eingehender beschäftigten sich in neuerer Zeit K. NOACK und W. KIESSLING [(355—358), vgl. auch P. ROTHEMUND (359)] mit Protochlorophyll. Sie verwendeten als Ausgangsmaterial die Samenhäute des Speisekürbis. Protochlorophyll ist von diesen Autoren als einheitlicher Stoff angesehen worden; erst in jüngster Zeit hat A. SEYBOLD (360) an Hand chromatographischer Versuche die schon von W. N. LUBIMENKO und N. N. GORTIKOWA (352) vermutete Existenz zweier Komponenten a und b nachgewiesen. Es ist wahrscheinlich, daß die blaugrüne Komponente a des Protochlorophylls die Vorstufe des Chlorophylls a und das gelbgrüne Protochlorophyll b die des Chlorophylls b darstellt.

K. NOACK und W. KIESSLING haben nachgewiesen, daß Protochlorophyll Magnesium in komplexer Bindung enthält und haben auch Versuche zu seiner Wiedereinführung angegeben. Phytol ist in Protochlorophyll noch nicht mit Sicherheit nachgewiesen worden.

Für die Bewertung der Befunde von K. NOACK und W. KIESSLING (355 bis 358) ist zu berücksichtigen, daß sie vor dem Nachweis zweier Protochlorophyllkomponenten erhoben worden sind, also vorwiegend für die in größerer Menge auftretende Komponente a Geltung haben. Im übrigen muß darauf hingewiesen werden, daß K. NOACK und W. KIESSLING für die bisher bekannten Derivate des Protochlorophylls Bezeichnungen wählten, die sich an Namen anlehnen, wie sie für die grünen Verbindungen der Chlorophyllchemie üblich sind, während sie selbst angeben, daß alle Derivate des Protochlorophylls, und, wie ergänzend hinzugefügt sei, auch Protochlorophyll selbst, der Reihe der *Porphyrine* angehören.

Auf Grund unserer heutigen Kenntnis von der Konstitution der Chlorophylle müssen wir somit die Ansicht von K. NOACK und W. KIESSLING, wonach die Bildung des Chlorophylls aus Protochlorophyll als photo-oxydativer Vorgang aufgefaßt wird, durch die Vorstellung ersetzen, daß die unter der Einwirkung des Lichts in der lebenden Zelle sich vollziehende Umwandlung des Protochlorophylls in Chlorophyll ein Reduktionsvorgang ist, der in der Addition zweier Wasserstoffatome an den Porphinkern des Protochlorophylls bestehen dürfte.

Nach K. NOACK und W. KIESSLING gibt eine Lösung von Protochlorophyll beim Schütteln mit Säuren unter Abspaltung des Magnesiums *Protophäophytin*, dessen Absorptionsspektrum dem des Phylloerythrins sehr ähnlich, dagegen um 5—7 mμ nach dem langwelligeren Ende des Spektrums verschoben ist. Farbe und Spektrum, ebenso wie die Basizität, lassen keinen Zweifel darüber, daß im Protophäophytin ein Porphyrin vorliegt. Einen Hinweis auf die Natur dieses Porphyrins erhielten die Autoren an Hand verschiedener Vergleiche mit aus Chlorophyll gewonnenen Porphyrinen. Sie kamen zum Schlusse, daß das aus Protophäophytin durch Methanolyse dargestellte Protomethylphäophorbid identisch sei mit einem aus Methylphäophorbid a durch Reduktion mit Eisen und 8oproz. Ameisensäure und Reoxydation erhältlichen neuen Porphyrin, dem die Formel $C_{36}H_{36}O_5N_4$ zukommt und das zwei OCH_3-Gruppen enthält. Diese Annahme konnte durch die Überführung der beiden Porphyrin-dimethylester in identische Trimethylester mit der Formel $C_{37}H_{40}O_6N_4$ erhärtet werden. Auch die Rückverwandlung dieser „Protophytochlorin-trimethylester" genannten Porphyrine, die wahrscheinlich als Derivate des Chloroporphyrin e_6-trimethylesters aufgefaßt werden müssen, in Monomethylester mit 5 Sauerstoffatomen, haben K. NOACK und W. KIESSLING durchgeführt.

Aus diesen und weiteren Versuchen, auf die an dieser Stelle nicht eingegangen werden kann, erscheint heute die Annahme berechtigt, daß Protochlorophyll in vielfacher Hinsicht dem natürlichen Chlorophyll bzw. den diesem zugrunde liegenden Porphyrinen sehr nahe steht. Protomethylphäophorbid ist ein von Phäoporphyrin a_5-methylester nur wenig abweichendes Porphyrin; es dürfte den isozyklischen Seitenring enthalten und sich vom Phäoporphyrin a_5-methylester vielleicht nur dadurch unterscheiden, daß es die 2-Vinylgruppe aufweist. Die Protochlorophylle a und b selbst wären dann die Magnesiumkomplexe der entsprechenden, mit Methylalkohol und Phytol veresterten Porphyrin-dicarbonsäuren.

VI. Funktion und Zustand des Chlorophylls im Blatte.

1. Das Chlorophyll im Assimilationsprozeß.

Es würde über den Rahmen dieses Aufsatzes, der vom Chlorophyll selbst handelt, hinausgehen, wollte man eine vollständige Übersicht über die neueren Arbeiten auf dem Gebiet der Photosynthese geben. Wir verweisen auf die Monographien über die Kohlensäureassimilation von R. WILLSTÄTTER und A. STOLL (*307*), von H. A. SPOEHR (*410*), von W. STILES (*411*) und von R. WURMSER (*424*), denen in neuerer Zeit die Abhandlungen und Aufsätze von O. WARBURG (*416, 417*), von K. NOACK (*405, 406*), von J. FRANCK (*374, 377, 379*), von A. STOLL (*412, 413*), von R. EMERSON (*370, 371, 372*) und von H. GAFFRON und K. WOHL (*381, 384, 423*) folgten, sowie auf die ausführliche Darstellung von W. N. LUBIMENKO (*402*) in russischer Sprache, und geben hier nur einen knappen Bericht über die heute einander gegenüberstehenden Ansichten vom Wesen der Photosynthese. Damit im Zusammenhang und eng verknüpft mit dem Blattpigment steht die Frage nach dem Zustand des Chlorophylls in der assimilierenden Zelle, zu dessen Kenntnis im folgenden Abschnitt einige experimentelle Beiträge geliefert werden.

Alle grünen Pflanzen vermögen im Lichte aus den Substraten Kohlensäure und Wasser Kohlehydrate aufzubauen, wobei sie eine der aufgenommenen Kohlensäure genau äquivalente (307) Menge Sauerstoff ausscheiden. Dieser Reduktionsprozeß der Kohlensäure zur Stufe des Formaldehydes erhält die zu seinem Ablauf nötige Energie von zirka 120000 cal./Mol ausschließlich oder fast ausschließlich durch die sichtbare Lichtstrahlung, die vom Chlorophyll aufgenommen und mit einem erstaunlich hohen Wirkungsgrad (417) in chemische Energie transformiert wird. Der Prozeß der Photosynthese läuft, ohne daß das Chlorophyll dabei erkennbar verändert wird (307), in außerordentlich kurzen Zeiten (369) als unteilbares Ganzes ab. Es ist bisher nicht möglich gewesen, Zwischenprodukte des Assimilationsprozesses abzufangen oder zu isolieren, ebensowenig wie es gelungen ist, die Photosynthese in ihrem ganzen Ablauf oder als Teilvorgang außerhalb der lebenden Zelle zu vollziehen. So hat sich die Erforschung des photosynthetischen Prozesses bisher im wesentlichen auf das Studium der Abhängigkeit von äußeren Faktoren beschränken müssen und ergeben, daß der Assimilationsvorgang aus mindestens zwei gekoppelten Teilvorgängen besteht, von denen der eine, die Energietransformation, ihrem Wesen nach als *„Photoreaktion"* aufzufassen ist, während der andere, chemische, den Charakter eines *enzymatischen* Prozesses besitzt. Die Beteiligung des Chlorophylls an der äußerst schnell ablaufenden Photoreaktion ist unangefochten; ob sich der enzymatische Teilprozeß, der als „BLACKMANsche Reaktion" (364) bezeichnet wird, ebenfalls unter der Mitwirkung des Chlorophylls vollzieht, ist umstritten. Infolgedessen ist auch die Frage, ob sich das Chlorophyll nur physikalisch, als Lichtsensibilisator, oder als assimilatorisches Ferment auch chemisch beteiligt, noch nicht entschieden worden. Mitbestimmend für den Verlauf der Photosynthese und noch wenig erforscht sind die Vor- und Nachreaktionen, wie die Absorption der Kohlensäure und ihre Überführung in reaktionsfähige Form oder die Abspaltung des molekularen Sauerstoffs und die Weiterverarbeitung des primären Assimilates zu Kohlehydrat.

O. WARBURG hat gezeigt, daß zur Reduktion eines Mols Kohlensäure 4 Lichtquanten nötig sind. Neuere Versuche von R. EMERSON und Mitarbeitern, in denen bei intermittierender Belichtung die BLACKMANsche Reaktion als limitierender Faktor die Assimilationsleistung bestimmte, führten zum Begriff der „Assimilationseinheit", welche bedeutet, daß nur eine Vielzahl von Chlorophyllmolekülen, als Einheit zusammengefaßt, die Reduktion eines Kohlensäuremoleküls bewirken könne. Diese neuartige Auffassung, deren Begründung (369) hier zu weit führen würde, weist dem Chlorophyll ausschließlich die Rolle eines Sensibilisators zu (384). Damit wird allerdings über die chemischen Einrichtungen des Assimilationsapparates, welche die stoffliche Umwandlung bei der Kohlensäurereduktion vermitteln, nichts ausgesagt. Nach wie vor bleibt es eine Hauptaufgabe, die Natur der Stoffe, die sich am Assimilationsprozeß beteiligen, in dem Zustand kennenzulernen, wie sie sich in der assimilierenden Zelle vorfinden, um mit ihrer Mitwirkung schließlich in Teilvorgänge einzudringen oder Zwischenprodukte zu fassen. Am nächsten liegen Untersuchungen über den Zustand des Chlorophylls im Blatt.

2. Das Chloroplastin.

Die außerordentliche Beständigkeit des Chlorophylls im lebenden Blatt gegen Licht und andere äußere Einflüsse steht in auffallendem Gegensatz zu der hohen Empfindlichkeit des Blattfarbstoffs in künstlich hergestellten Lösungen. Besonders eindringlich haben R. WILLSTÄTTER und A. STOLL [(307), I. Abhandlung] auf die Lichtresistenz des Chlorophylls im lebenden Blatt aufmerksam gemacht. Unter stärkster Belichtung und bei maximaler Assimilationstätigkeit gelang es nicht, die Blattpigmente zu verändern, während anderseits schon diffuses Tageslicht sowohl echte Lösungen von Chlorophyll in organischen Medien als auch wäßrige kolloidale Lösungen des reinen Pigments bald zerstört. Die Autoren erblickten in der Empfindlichkeit des aus der lebenden Zelle abgetrennten Chlorophylls gegen Licht wie gegen Sauerstoff und Kohlensäure eine der Hauptursachen für das Mißlingen ihrer photosynthetischen Versuche mit reinem Blattfarbstoff. Sie wiesen auf die notwendigerweise vorhandene Schutzvorrichtung im Blatte hin und betonten die Aufgabe der chemischen Analyse zur Erforschung der farblosen Begleitstoffe des Chlorophylls.

Einige Jahre später hat W. N. LUBIMENKO (401) die Darstellung wäßriger Chlorophyllösungen aus Blättern von Aspidistra elatior beschrieben; Farbe, Spektrum und Resistenz dieser Lösungen gegenüber Licht, Sauerstoff und Kohlensäure stimmten mit dem Farbstoff lebender Blätter überein. W. N. LUBIMENKO sprach die Ansicht aus, daß das Chlorophyll im Blatt ebenso wie in diesen wäßrigen Lösungen an Proteide gebunden sei und daß es seine Resistenz diesem Umstand verdanke.

Die Auffassung, daß das Chlorophyll Bestandteil eines Eiweißkomplexes sei, ist in der Literatur immer wieder aufgetaucht [z. B. 392—397, 406)] und wurde auch von L. M. G. BAAS BECKING (362, 363) neuerdings vertreten und mit histologischen Untersuchungen gestützt, wobei der Autor auch eine Bindung an Lipoide annahm. Gleichzeitig vertrat A. STOLL (413), ausgehend von der Auffassung des Chlorophylls als „assimilatorisches Ferment", in Analogie zu den heute geltenden Vorstellungen über den Bau der Fermente aus prosthetischer Gruppe und Kolloid, die Ansicht, daß das Pigment im Chloroplasten an ein Kolloid

(Eiweiß) gebunden sein müsse. Experimentell gestützt war diese Arbeitshypothese hauptsächlich durch die Unterschiede zwischen dem Pigment im Blatt einerseits und dem reinen Chlorophyll anderseits im Verhalten gegenüber Lösungsmitteln. A. STOLL (413) hat für das Chloroplastenkolloid die Bezeichnung „Chloroplastin" vorgeschlagen. Es sei in diesem Zusammenhang auf Analogiefälle bei anderen Naturstoffen hingewiesen, z. B. auf das Hämoglobin, das gelbe Atmungsferment, das Pigment der Crustaceen, in welch letzterem das sauerstoffempfindliche Carotinoid Astacin als relativ stabile Eiweißverbindung vorkommt.

Neuere Untersuchungen von A. STOLL und E. WIEDEMANN (414) haben die Beobachtungen von W. N. LUBIMENKO bestätigt und ergänzt. Die Darstellung intensiv grüner, wäßriger Chloroplastinlösungen gelang aus einer Reihe ganz verschiedener Pflanzen, z. B. aus den Blättern von Spinat, von Brennesseln, Weizen, Roggen, Gerste, Gras, von Sonnenblumen, von Klee- und Bohnenblättern, aus den Blättern der Tomaten- und der Gurkenpflanzen usw. Qualitativ stimmen die frisch bereiteten Chloroplastinlösungen verschiedener Herkunft weitgehend überein. Sie entsprechen in bezug auf das Spektrum, die Fluoreszenz, die Resistenz gegenüber Licht, Sauerstoff und Kohlensäure dem Farbstoff lebender Blätter.

Die unter Ausschluß von Metall bei niederer Temperatur fein zerriebene Blattsubstanz liefert mit destilliertem Wasser Lösungen, die auch nach dem Abzentrifugieren der festen Blattpartikelchen noch sehr unrein sind. Es gelingt indessen, gelöste farblose und bräunlich gefärbte Begleitstoffe durch wiederholte fraktionierte Umfällung mit Ammoniumsulfat zu entfernen. Diese Operation bringt bei Temperaturen wenig über 0° keine erheblichen Verluste durch Denaturierung. Das Chloroplastin fällt stets zuerst aus und es bleibt bei raschem Arbeiten schon bei der ersten Fällung ein großer Teil der Begleitstoffe, auch anderes Eiweiß, in Lösung. Werden die tiefgrünen Fällungen sogleich, d. h. noch feucht, mit destilliertem Wasser oder mit Puffergemischen vom $p_H =$ = 7,0 bis 7,6 aufgenommen, so wird bei einer anschließenden Zentrifugierung nur sehr wenig denaturiertes Material sedimentiert. Andererseits ist mit einer zweimaligen Wiederholung der Umfällungsoperation deren Wirksamkeit erschöpft; die überstehende Lösung enthält bei einer dritten Umfällung nur noch unbedeutende Mengen von Begleitstoffen. Eine weitere Reinigung des Chloroplastins wurde durch Zentrifugieren bei hoher Tourenzahl (45 000 T. p. M.) erreicht, wobei das Farbkolloid zu sedimentieren beginnt, indessen in destilliertem Wasser löslich bleibt. Schließlich konnten Chloroplastinlösungen durch mehrtägige Dialyse gegen fließendes destilliertes Wasser bei 0—2° unter Anwendung von Cellophan-Membranen von dialysablen Begleitstoffen befreit werden.

Das *gereinigte Chloroplastin* ist, in destilliertem Wasser aufgelöst, von tiefgrüner Farbe und bei $p_H = 7{,}2$ bis $7{,}4$ und o bis $2°$ monatelang unverändert haltbar. Änderungen des p_H-Wertes, Erhöhung der Temperatur oder Wasserentzug durch Trocknen des ausgefällten Chloroplastins denaturieren es. Dagegen sind Chloroplastinlösungen äußerst resistent gegenüber intensiver Bestrahlung auch bei Anwesenheit von Luft. Sie vertragen beispielsweise eine 25stündige Belichtung mit 40000 Lux weißen Lichtes (etwa Sonnenstärke) an Luft ohne nachweisbare Schädigung, während echte Lösungen von Chlorophyll in organischen Lösungsmitteln oder wäßrige kolloidale Lösungen des Blattgrüns gleicher Konzentration unter gleicher Belichtung total zerstört werden. Die mikroskopische Untersuchung gereinigter Chloroplastinlösungen läßt im Hellfeld auch bei stärksten Vergrößerungen mit Immersionssystemen keine Partikelchen erkennen; im Dunkelfeld erscheinen die Lösungen entweder optisch leer oder sie zeigen eine lebhafte Brownsche Bewegung der durch Agglomeration von Chloroplastin-Molekülen gebildeten Partikeln. Das Spektrum wäßriger Chloroplastinlösungen stimmt mit dem Spektrum lebender Blätter überein und unterscheidet sich vom Spektrum der Blattfarbstoffe in organischen Solvenzien im wesentlichen bloß durch eine Verschiebung um etwa $20\,m\mu$ gegen das rote Ende des Spektrums hin. Die kolloidale Lösung von reinem Chlorophyll in Wasser zeigt eine ähnliche Rotverschiebung, doch fehlt im Spektrum der kolloidalen Lösung die feine Gliederung in eine Schar von Absorptionsbanden, wie sie die echte Lösung in organischen Solvenzien, das Blatt und das Chloroplastin aufweisen, dessen Absorptionsbanden sich in folgenden Spektralbezirken abzeichnen:

I: 690—642, II: 630—615, III: 600—570 (unscharf), IV: 550—530 (unscharf),
666   623   585   540
übergehend in die Endabsorption bei zirka $520\,m\mu$. Intensitäten I; II, III, IV.

Intakte Chloroplastinlösungen färben den Äther beim Durchschütteln nicht an; da sie indessen durch Elektrolyte sehr leicht gespalten werden, so bewirkt der Zusatz eines Salzes, z. B. Kochsalz, daß die Farbstoffe beim Schütteln sofort in Äther übergehen und diesen schön-grün anfärben, während an der Grenzfläche der beiden Lösungsmittel das Eiweiß gelblich ausflockt. Mit dieser „*Spaltungsreaktion*" ist die Analyse des Chloroplastins, das noch nicht in reiner Form vorliegt, eingeleitet worden. Die bisher untersuchten Chloroplastinpräparate bestehen zu zirka $^4/_5$ aus Eiweiß, zu einem relativ großen Teil ($^1/_{10}$ bis $^1/_5$) aus lipoidartigen Stoffen, die nach der Spaltung des Kolloids mit den Pigmenten in Äther übergehen, während der Farbstoffanteil höchstens $^1/_{20}$ beträgt. Von Bedeutung erscheint die Beobachtung, daß die 4 Chloroplastenfarbstoffe: Chlorophyll a, Chlorophyll b, Carotin und Xanthophyll im Chloroplastin in

demselben Mengenverhältnis vorkommen wie im grünen Blatt, und daß
es in keinem Fall gelungen ist, dieses Verhältnis zu verschieben oder
einzelne Farbstoffkomponenten abzutrennen, ohne das Chloroplastin zu
zerstören.

Assimilationsversuche mit Chloroplastinlösungen sind bisher unter
sehr verschiedenen Bedingungen negativ verlaufen, doch scheint es nicht
ausgeschlossen, daß es mit Hilfe des Chloroplastins, in dem die Blattfarbstoffe nun resistent und in genuiner Form vorliegen, gelingt, Einblick
in Teilvorgänge des photosynthetischen Prozesses zu gewinnen.

Verzeichnis der in der vorliegenden Arbeit besprochenen Chlorophyll-Substanzen.

Ausfuhrlichere Behandlung und Wiedergabe von Formeln wichtiger Chlorophyll-Substanzen sind durch
halbfette Seitenzahlen hervorgehoben.

Literaturverzeichnis.

Die letzte ausführliche Literaturzusammenstellung über Chlorophyll findet sich im Handbuch der Pflanzenanalyse von G. Klein, das bei Julius Springer in Wien 1932 erschienen ist. Dort hat A. Treibs in Bd. III auf den Seiten 1378—1381 die bis Anfang 1932 erschienenen Originalarbeiten zusammengestellt, wobei bezüglich der älteren Literatur auf L. Marchlewski, Chemie der Chlorophylle, bei Vieweg, Braunschweig 1909 und auf .R. Willstätter und A. Stoll, Untersuchungen über Chlorophyll, bei Julius Springer, Berlin 1913, verwiesen wird.

Das vorliegende Literaturverzeichnis enthält mit Bezug auf den vorausgegangenen Text die Titel aller die chemische Untersuchung des Chlorophylls betreffenden Originalarbeiten seit Beginn der R. Willstätterschen Untersuchungsreihe 1906 und ist bis Mitte 1938 fortgeführt, so daß es dem Leser möglich ist, die Arbeiten der an der neueren Chlorophyllforschung beteiligten Institute R. Willstätters, J. B. Conants, H. Fischers und anderer Autoren bis auf den genannten Zeitpunkt zu übersehen.

Die zusammenfassenden Abhandlungen der Autoren sind jeweils zuletzt aufgeführt. Bei der besonders umfangreichen Literatur H. Fischers wurden, entsprechend dem Charakter der Abhandlungen, zunächst die Publikationen in den Berichten der Deutschen Chemischen Gesellschaft, dann diejenigen in Liebigs Annalen der Chemie und anschließend jene in Hoppe-Seylers Zeitschrift für physiologische Chemie zusammengestellt.

Die Literaturzitate zu den Kapiteln IV, V und VI: Bacteriochlorophyll, Protochlorophyll und Funktion und Zustand des Chlorophylls im Blatte sind am Schlusse dieses Verzeichnisses getrennt aufgeführt.

1. Albers, V. M. and H. V. Knorr: Fluorescence and Photodecomposition in Solutions of Chlorophyll a. Physical Rev. **46**, 336 (1934).
2. — — and P. Rothemund: The reversible Reduction of Chlorophyll a and b. Physical Rev. **47**, 198 (1935).
3. — — Fluorescence and Photodecomposition of the Chlorophylls and some of their Derivatives in the Presence of Air. Cold Spring Harbor Symp. on quant. Biol. III, 87 (1935).
4. — — Spectroscopic Studies of the simpler Porphyrins I. Journ. Chem. Phys. **4**, 422 (1936).
5. — —: The visible Absorption Spectra of Porphin and its Isomer. Physical Rev. **51**, 1017 (1937).
   Albers, V. M. vgl. auch Knorr, H. V.
6. Baas Becking, L. M. G. and H. C. Koning: Preliminary Studies on the Chlorophyll Spectrum. Proc. Akad. Wet, Amsterdam **37**, 674 (1934).
7. Bakker, H. A.: Purification of Chlorophyll. Proc. Akad. Wet. Amsterdam **37**, 679 (1934)..
8. — Notes on the colloid Chemistry of Chlorophyll. Proc. Akad. Wet. Amsterdam **37**, 688 (1934).
9. Bernegg, A. Sprecher von, E. Heierle u. F. Almasy: Spektrophotometrische Bestimmung von Chlorophyll a, Chlorophyll b, Carotin und Xanthophyll. Biochem. Ztschr. **283**, 45 (1935).
10. Borodin, J.: Über Chlorophyll-Krystalle. Bot. Ztg. **40**, 608 (1882).
11. Conant, J. B. and J. F. Hyde: The thermal Decomposition of the Magnesiumfree Compounds. Journ. Amer. chem. Soc. **51**, 3668 (1929).
12. — — Reduction and catalytic Hydrogenation. Journ. Amer. chem. Soc. **52**, 1233 (1930).
13. — and W. W. Moyer: Products of the Phase Test. Journ. Amer. chem. Soc. **52**, 3013 (1930).

14. CONANT, J. B., J. F. HYDE, W. W. MOYER, and E. M. DIETZ: The Degradation of Chlorophyll and allomerized Chlorophyll to simple Chlorins. Journ. Amer. chem. Soc. 53, 359 (1931).
15. — S. E. KAMERLING, and C. C. STEELE: The Allomerisation of Chlorophyll. Journ. Amer. chem. Soc. 53, 1615 (1931).
16. — E. M. DIETZ, C. F. BAILEY, and S. E. KAMERLING: The Structure of Chlorophyll a. Journ. Amer. chem. Soc. 53, 2382 (1931).
17. STEELE, C. C.: The Mechanism of the Phase Test. Journ. Amer. chem. Soc. 53, 3171 (1931).
18. CONANT, J. B. and S. E. KAMERLING: Evidence as to Structure from Measurements of Absorption Spectra. Journ. Amer. chem. Soc. 53, 3522 (1931).
19. — E. M. DIETZ, and T. H. WERNER: The Structure of Chlorophyll b. Journ. Amer. chem. Soc. 53, 4436 (1931).
20. — — Structure Formulae of the Chlorophylls. Nature 131, 131 (1933).
21. — and C. F. BAILEY: Transformations establishing the Nature of the Nucleus. Journ. Amer. chem. Soc. 55, 795 (1933).
22. — and K. F. ARMSTRONG: The Esters of Chlorin e. Journ. Amer. chem. Soc. 55, 829 (1933).
23. — and E. M. DIETZ: The Position of the Methoxyl Group. Journ. Amer. chem. Soc. 55, 839 (1933).
24. — and B. F. CHOW: The Measurements of Oxydation-reduction Potentials in Glacial Acetic Acid Solutions. Journ. Amer. chem. Soc. 55, 3745 (1933).
25. DIETZ, E. M. and W. F. ROSS: The Phaeopurpurins. Journ. Amer. chem. Soc. 56, 159 (1934).
26. — and T. H. WERNER: Nuclear Isomerism of the Porphyrins. Journ. Amer. chem. Soc. 56, 2180 (1934).
27. CONANT, J. B., B. F. CHOW, and E. M. DIETZ: Potentiometric Titration in Acetic Acid Solution of the Basic Groups in Chlorophyll Derivatives. Journ. Amer. chem. Soc. 56, 2185 (1934).
28. DEŽELIĆ, M.: Zur Kenntnis der Oxydationsprozesse von Aetioporphyrin. Bull. Soc. Chim. Yougoslavie 6, 11 (1935).
DIETZ, E. M.: siehe CONANT, J. B.
29. DHÉRÉ, CH.: Détermination photographique des Spectres de Fluorescence des Pigments chlorophylliens. Compt. rend. Acad. Sciences 158, 64 (1914).
30. — L'étude spectroscopique et spectrographique des fluorescences biologiques. Ann. Physiol. Physicochim. Biol. 8, 760 (1932).
31. — et A. RAFFY: Sur le rayonnement infrarouge qu'émettent par fluorescence les feuilles vertes frappées par la lumière. Compt. rend. Acad. Sciences 200, 1146 (1935).
32. — — Sur les spectres de Fluorescence des phéophorbides. Compt. rend. Acad. Sciences .oo, 1367 (1935).
33. — — Recherches sur la Spectrochimie de Fluorescence des pigments chlorophylliens. Bull. Soc. Chim. biol. 17, 1385 (1935).
34. — Nachweis biologisch wichtiger Körper durch Fluoreszenz und Fluoreszenzspektren. In: E. ABDERHALDENs Handbuch der biologischen Arbeitsmethoden, Abt. II, Teil 3, S. 3097. 1933.
35. — La fluorescence en biochimie Coll. Problèmes biologiques. Paris: Les presses universitaires 1937.
36. FISCHER, F. G.: Die Konstitution des Phytols. Liebigs Ann. 464, 69 (1928).
37. — u. K. LÖWENBERG: Die Synthese des Phytols. Liebigs Ann. 475, 183 (1929).
38. FISCHER, H. u. E. BARTHOLOMÄUS: Die Lösung der Hämopyrrolfrage. Ber. Dtsch. chem. Ges. 45, 1979 (1912).

39. FISCHER, H. u. J. J. POSTOWSKY: Bestimmung des „aktiven Wasserstoffs"
im Hämin und Bilirubin, einigen ihrer Derivate und in Pyrrolen. Ztschr.
physiol. Chem. **152**, 300 (1926).

40. — u. E. WALTER: Bestimmung des aktiven Wasserstoffs im Hämin, einigen
Derivaten und in Pyrrolen. II. Ber. Dtsch. chem. Ges. **60**, 1987 (1927).

41. — u. P. ROTHEMUND: Bestimmung des aktiven Wasserstoffs im Hämin,
einigen Derivaten und in Pyrrolen. III. Ber. Dtsch. chem. Ges. **61**, 1268 (1928).

42. — — Zur Kenntnis der ZEREWITINOFF-Bestimmung bei Häminen und Pyrrol-
farbstoffen. IV. Ber. Dtsch. chem. Ges. **64**, 201 (1931).

43. — u. J. KLARER: Synthese des Aetioporphyrins, Aetiohämins und Aetio-
phyllins. Liebigs Ann. **448**, 178 (1926).

44. — u. G. STANGLER: Synthese des Mesoporphyrins, Mesohämins und über
die Konstitution des Hämins. Liebigs Ann. **459**, 53 (1927).

45. — u. A. TREIBS: Über Aetioporphyrine aus Blatt- und Blutfarbstoff-Por-
phyrinen. Liebigs Ann. **466**, 188 (1928).

46. — — u. H. HELBERGER: Über Rhodine und Verdine. Liebigs Ann. **466**,
243 (1928).

47. — u. K. ZEILE: Synthese des Hämatoporphyrins, Protoporphyrins und Hämins.
Liebigs Ann. **468**, 98 (1928).

48. — G. HUMMEL u. A. TREIBS: Über Acetate der Porphyrine und Hämine
und über die Konstitution des Rhodoporphyrins. Liebigs Ann. **471**, 65
(1929).

49. — u. H. HELBERGER: Synthese von Chlorinen. Liebigs Ann. **471**, 285 (1929).

50. — u. A. SCHORMÜLLER: Synthese dreier Pyrroporphyrine, eines Rhodoporphyrins sowie Pyrro-ätioporphyrins und Deuteroporphyrins. Liebigs Ann.
473, 211 (1929).

51. — u. R. BÄUMLER: Über Phäo- und Phyllerythro-porphyrine. Liebigs Ann.
474, 65 (1929).

52. — H. K. WEICHMANN u. K. ZEILE: Synthesen der Porphin-monopropionsäuren
VI, III und I, sowie Überführung von Pyrroporphyrin in Porphin-monopropionsäure III. Liebigs Ann. **475**, 241 (1929).

53. — u. O. MOLDENHAUER: Über Chlorin e und davon abgeleitete Chloro-por-
phyrine. Liebigs Ann. **478**, 54 (1930).

54. — A. MERKA u. E. PLÖTZ: Verhalten von Chlorophyllderivaten gegen Jod-
wasserstoff-Eisessig und gegen Schwefelsäure. Liebigs Ann. **478**, 283 (1930).

55. — K. PLATZ, H. HELBERGER u. H. NIEMER: Synthese einer Porphin-tri-
propionsäure, ihres Chlorins und Rhodins sowie über Koprorhodin und Aetio-
chlorin. Liebigs Ann. **479**, 26 (1930).

56. — H. BERG u. A. SCHORMÜLLER: Synthesen der Chlorophyllporphyrine
Rhodo- und Pyrroporphyrin, sowie des Pyrroätioporphyrins. Liebigs Ann.
480, 109 (1930).

57. — u. R. BÄUMLER: Über Phäoporphyrine. Liebigs Ann. **480**, 197 (1930).

58. — u. H. HELBERGER: Synthese eines Phylloporphyrins, Phyllo-ätioporphyrins
und einiger Verwandten. Liebigs Ann. **480**, 235 (1930).

59. — u. O. MOLDENHAUER: Über Phäoporphyrine aus Chlorin e und über Pseudo-
Phylloerythrin. Liebigs Ann. **481**, 132 (1930).

60. — H. GEBHARDT u. A. ROTHAAS: Über Mesochlorin und Oxymesoporphyrine.
Liebigs Ann. **482**, 1 (1930).

61. — u. H. BERG: Synthesen weiterer Pyrroporphyrine. Liebigs Ann. **482**,
189 (1930).

62. — u. O. SÜS: Überführung von Phäophorbid a in Phylloerythrin. Liebigs
Ann. **482**, 225 (1930)

63. Fischer, H. u.·A. Schormüller: Synthese der Pyrro-ätioporphyrine I, II, III, IV, VI und VIII sowie eines Dimethyl-diäthylporphins. Liebigs Ann. **482**, 232 (1930).

64. — O. Moldenhauer u. O. Süs: Über Phyllo- und Pseudo-phyllo-erythrin. Liebigs Ann. **485**, 1 (1931).

65. — — — Zur Konstitution des Chlorophyll a. Über Phäophorbid, Methyl-phäophorbid und Chlorin e. Liebigs Ann. **486**, 107 (1931).

66. — u. H. J. Riedl: Überführung von Chlorophyll-Pyrroporphyrin in Meso-porphyrin aus Hämin. Liebigs Ann. **486**, 178 (1931).

67. — L. Filser, W. Hagert u. O. Moldenhauer: Über neue Entstehungsweisen der Chlorophyllporphyrine und ihre Konstitution. Liebigs Ann. **490**, 1 (1931).

68. — O. Süs u. G. Klebs: Zur Kenntnis von Chlorophyll a. Liebigs Ann. **490**, 38 (1931).

69. — u. J. Riedmair: Synthese des Desoxo-phylloerythrins, der Grundsubstanz des Chlorophylls. Liebigs Ann. **490**, 91 (1931).

70. — u. H. K. Weichmann: Synthesen von 6-Aethyl-phylloporphyrin und γ-Methyl-mesoporphyrin. Synthetisch-analytische Beiträge zur Kenntnis von Chloroporphyrin e_4 (Phylloporphyrin-6-carbonsäure). Liebigs Ann. **492**, 35 (1931).

71. — u. H. Siebel: Überführung von Chlorin e-trimethylester in Desoxy-pyro-phäophorbid. Liebigs Ann. **494**, 73 (1932).

72. — J. Heckmaier u. J. Riedmair: Überführung von Desoxo-phylloerythrin und Phylloerythrin in Chloroporphyrin e_5, sowie über Chloroporphyrin e_4. Liebigs Ann. **494**, 86 (1932).

73. — L. Filser u. E. Plötz: Über Phäoporphyrin a_6, die Allomerisation des Chlorophylls sowie über eine neue Methode der Einführung von Magnesium in Chlorophyll-Derivate. Liebigs Ann. **495**, 1 (1932).

74. — u. J. Riedmair: Synthese des Phylloerythrins. Überführung von Phäo-porphyrin a_5 in Phäoporphyrin a_7. Liebigs Ann. **497**, 181 (1932).

75. — W. Gottschaldt u. G. Klebs: Über Phäopurpurin 18 und seine Identi-fikation mit Phyllopurpurin, über Chlorin p_6 und eine neue Darstellungsmethode für Chlorin e-trimethylester. Liebigs Ann. **498**, 194 (1932).

76. — F. Broich, St. Breitner u. L. Nüssler: Über Chlorophyll b. I. Mit-teilung. Liebigs Ann. **498**, 228 (1932).

77. — u. H. K. Weichmann: Über komplexe Eisensalze von Chlorophyll-por-phyrinen und Purpurinen. Liebigs Ann. **498**, 268 (1932).

78. — u. H. Siebel: Über Phäophorbid a, Chlorin e und Chlorophyll a. Liebigs Ann **499**, 84 (1932).

79. — u. J. Riedmair: Zur Synthese des Desoxo-phylloerythrins und über Brom-vinyl-pyrrole. Liebigs Ann. **499**, 288 (1932).

80. — W. Siedel u. L. Le Thierry d'Ennequin: Synthese der vier isomeren Phylloporphyrine. Liebigs Ann. **500**, 137 (1933).

81. — u. P. Pratesi: Über Pyrrorhodin und einige Derivate. Liebigs Ann. **500**, 203 (1933).

82. — J. Heckmaier u. E. Plötz: Über Chlorin e_4, Chloroporphyrin e_5 und Iso-phäoporphyrin a_5. Liebigs Ann. **500**, 215 (1933).

83. — u. W. Hagert: Über Neo-phäoporphyrin a_6, über Oxymethylphäophorbid, seine Dihydroverbindung und Allo-phäoporphyrin a_7. Liebigs Ann. **502**, 41 (1933).

84. — St. Breitner, A. Hendschel u. L. Nüssler: Über Chlorophyll b. II. Mit-teilung. Liebigs Ann. **503**, 1 (1933).

85. — u. J. Riedmair: Über Iso-phäoporphyrin a_6. Liebigs Ann. **505**, 87 (1933).

86. — J. Heckmaier u. W. Hagert: Über Chloroporphyrin e_7-lacton, über Phäoporphyrin a_7 und ihre Decarboxylierung zu Oxymethyl-rhodoporphyrin-lacton bzw. Chloroporphyrin e_5. Beiträge zur Chemie der Chloroporphyrine. Liebigs Ann. **505**, 209 (1933).

87. FISCHER, H., A. HENDSCHEL u. L. NÜSSLER: Nachweis des isozyklischen Ringes im Chlorophyll b. III. Mitteilung über Chlorophyll b. Liebigs Ann. **506**, 83 (1933).

88. — u. J. RIEDMAIR: Über die Aufspaltung von Chlorophyll a und seinen Derivaten durch Diazomethan. Kristallisiertes allomerisiertes Aethylphäophorbid a. Liebigs Ann. **506**, 107 (1933).

89. — u. E. LAKATOS: Katalytische Hydrierungen in der Chlorophyllreihe. Liebigs Ann. **506**, 123 (1933).

90. — M. SPEITMANN u. H. METH: Neue Synthese des Desoxophylloerythrins sowie einiger Derivate des Phylloporphyrins. Liebigs Ann. **508**, 154 (1934).

91. — J. RIEDMAIER u. J. HASENKAMP: Über Oxo-porphyrine: Ein Beitrag zur Kenntnis der Feinstruktur von Chlorophyll a. Liebigs Ann. **508**, 224 (1934).

92. — u. J. HECKMAIER: Überführung von Phäoporphyrin a_5 in Phäoporphyrin a_6 und Neophäoporphyrin a_6. Liebigs Ann. **508**, 250 (1934).

93. — u. J. EBERSBERGER: Über Mesorhodin und seinen Übergang zu Chlorophyllporphyrinen sowie Oxydation des Phylloerythrins. Liebigs Ann. **509**, 19 (1934).

94. — E. LAKATOS u. J. SCHNELL: Katalytische Hydrierungen in der Chlorophyllreihe. Liebigs Ann. **509**, 201 (1934).

95. — u. G. SPIELBERGER: Teilsynthese des Chlorophyllids a. Trabajos del IX Congreso Internacional de Quimica Pura y Aplicada. Tomo V. Quimica Biologica Pura y Aplicada. Madrid 1934.

96. — — Teilsynthese des Chlorophyllids a. Liebigs Ann. **510**, 156 (1934).

97. — J. HECKMAIER u. TH. SCHERER: Über Oxydationsprodukte von Phäophorbid a und Phäoporphyrin a_5. Liebigs Ann. **510**, 169 (1934).

98. — u. ST. BREITNER: Über Chlorophyll b. Überführung von Rhodinporphyrin g_7 in Rhodinporphyrin g_8. IV. Mitteilung über Chlorophyll b. Liebigs Ann. **510**, 183 (1934).

99. — — Über Chlorophyll b. V. Mitteilung uber Chlorophyll b. Liebigs Ann. **511**, 183 (1934).

100. — u. A. SCHWARZ: Synthese des 6-Formyl-pyrroporphyrins und des 6-Formylphylloporphyrins. Liebigs Ann. **512**, 239 (1934).

101. — u. J. HASENKAMP: Neue Erkenntnisse in der Feinstruktur des Chlorophyll a. Liebigs Ann. **513**, 107 (1934).

102. — u. G. SPIELBERGER: Teilsynthese von Aethylchlorophyllid b sowie über 10-Aethoxy-methylphäophorbid b. Liebigs Ann. **515**, 130 (1935).

103. — u. J. HASENKAMP: Über die Konstitution des Farbstoffes der Purpurbakterien und über 9-Oxy-desoxophäoporphyrin a_5. Liebigs Ann. **515**, 148 (1935).

104. — u. ST. BREITNER: Über Chlorophyll b. Nachweis der Formylgruppe in 3-Stellung. VI. Mitteilung über Chlorophyll b. Liebigs Ann. **516**, 61 (1935).

105. — u. S. BÖCKH: Über die Synthese einiger Chlorophyll-porphyrine. Liebigs Ann. **516**, 177 (1935).

106. — u. J. GRASSL: Weiterer Beitrag zur Feinstruktur von Chlorophyll b. VII. Mitteilung über Chlorophyll b. Liebigs Ann. **517**, 1 (1935).

107. — u. H. MEDICK: Über die Einwirkung von Diazoessigester auf einige Chlorophyllderivate. Liebigs Ann. **517**, 245 (1935).

108. — u. H.-J. HOFMANN: Synthese des Desoxo-phyllerythro-ätioporphyrins. Liebigs Ann. **517**, 274 (1935).

109. — u. W. ROSE: Synthesen der β-freien Desoxo-phylloerythrine-1,2,3,4 und eines isomeren Desoxo-phylloerythrins. Liebigs Ann. **519**, 1 (1935).

110. — u. J. HASENKAMP: Überführung der Vinylgruppe des Chlorophylls und seiner Derivate in den Oxäthylrest sowie über Oxo-pyrroporphyrin. Liebigs Ann. **519**, 42 (1935).

111. FISCHER, H. u. A. STERN: Über die Feinstruktur von Chlorophyll a und b. Nachweis von zwei asymmetrischen Kohlenstoffatomen. Liebigs Ann. **519**, 58 (1935).

112. — u. H. KELLERMANN: Über Isochlorin e_4 und Phyllochlorin. Liebigs Ann. **519**, 209 (1935).

113. — u. TH. SCHERER: Über einige Derivate des Oxy-phäoporphyrins a_5. Liebigs Ann. **519**, 234 (1935).

114. — u. W. SCHMIDT: Teilsynthese des Phäophytins und einiger weiterer Phäophorbid-ester. Liebigs Ann. **519**, 244 (1935).

115. — u. A. STERN: Weiterer Beitrag zur Kenntnis der Feinstruktur des Chlorophylls. Liebigs Ann. **520**, 88 (1935).

116. — u. W. GLEIM: Synthese des Porphins. Liebigs Ann. **521**, 157 (1935).

117. — u. G. KRAUSS: Synthese des Oxo-rhodoporphyrins, seine Überführung in 1,3,5,8-Tetramethyl-4-äthyl-2-oxäthyl-6-carbonsäure-7-propionsäureporphin und über Pseudo-verdoporphyrin. Liebigs Ann. **521**, 261 (1936).

118. — u. ST. BREITNER: Vergleichende Oxydation des Chlorophyllids und einiger Abkömmlinge. Liebigs Ann. **522**, 151 (1936).

119. — u. S. GOEBEL: Über die aktiven Wasserstoffe bei den Chlorophyllderivaten (V.). Liebigs Ann. **522**, 168 (1936).

120. — K. MÜLLER u. O. LESCHHORN: Über Keto-phylloporphyrine und ihren Übergang in Desoxo-phyllerythrin-Derivate. Liebigs Ann. **523**, 164 (1936).

121. — u. K. BAUER: Purpurine, Rhodine und Rhodinporphyrine aus Chlorophyll b. Neue Analogien zwischen Chlorophyll a und b. VIII. Mitteilung über Chlorophyll b. Liebigs Ann. **523**, 235 (1936).

122. — u. H. KELLERMANN: Teilsynthese von Phäoporphyrin a_5 und Phylloerythrin. Liebigs Ann. **524**, 25 (1936).

123. — K. HERRLE u. H. KELLERMANN: Über Meso-purpurine, Vinyl-chlorine und ihre Derivate. Liebigs Ann. **524**, 222 (1936).

124. — u. K. KAHR: Über die Isomerie zwischen Chlorin p_6 und Pseudo-chlorin p_6 und die ihrer Derivate. Festlegung der Pyrrolin-Struktur im Kern III des Chlorophylls. Liebigs Ann. **524**, 251 (1936).

125. — u. S. GOEBEL: Neue Ringsprengung am Phäophorbid a und am Phäoporphyrin a_5. Liebigs Ann. **524**, 269 (1936).

126. — u. W. LAUTSCH: Quantitative Dehydrierung von Phäophorbid a. Liebigs Ann. **525**, 259 (1936).

127. — u. K. HERRLE: Quantitative Dehydrierung von Chlorin-Kupfersalzen mit Sauerstoff. Liebigs Ann. **527**, 138 (1937).

128. — und W. LAUTENSCHLAGER: Oxydation und Reduktion der Formylgruppe des Chlorophylls b. Liebigs Ann. **528**, 9 (1937).

129. — u. W. LAUTSCH: Über Dioxy-chlorine und Dioxy-phorbide. Liebigs Ann. **528**, 247 (1937).

130. — — Teilsynthese von Methylphäophorbid a und Methylphäophorbid b. Liebigs Ann. **528**, 265 (1937).

131. — u. K. BUB: Über Phäoporphyrinogen a_5, Phylloerythrinogen und Versuche zur Inaktivierung des Chlorophylls und seiner Derivate. Liebigs Ann. **530**, 213 (1937).

132. — u. K. HERRLE: Über Anhydro-chlorine, Rhodorhodin und katalytische Reduktion von Porphyrinen zu Chlorinen. Liebigs Ann. **530**, 230 (1937).

133. — u. K. KAHR: Neue Purpurine und Chlorine durch oxydativen Abbau des Chlorophylls. Liebigs Ann. **531**, 209 (1937).

134. — u. A. WUNDERER: Über Desvinyl-Körper in der Chlorophyll a- und b-Reihe. Liebigs Ann. **533**, 230 (1938).

135. — K. KAHR, M. STRELL, H. WENDEROTH u. H. WALTER: Nachtrag zu der Abhandlung „Über neue Purpurine und Chlorine". Liebigs Ann. **534**, 292 (1938).

136. FISCHER, H. u. O. LAUBEREAU: Über die Teilsynthese des Meso-pyro-phäo-phorbids und weitere synthetische Versuche in der Chlorophyllreihe. Liebigs Ann. 535, 17 (1938).

137. — u. R. BÄUMLER: Überführung von Chlorophyllderivaten in Phyllo-erythrin. Sitzber. Bayer. Akad. Wiss. Math.-nat. Abt. 1929, 77.

138. — Zur Kenntnis des Phylloerythrins. Ztschr. physiol. Chem. 96, 292 (1916).

139. — u. H. HILMER: Zur Kenntnis des Phylloerythrins. II. Ztschr. physiol. Chem. 143, 1 (1925).

140. — u. R. HESS: Vorkommen von Phylloerythrin in Rindergallensteinen. Ztschr. physiol. Chem. 187, 133 (1930).

141. — A. TREIBS u. K. ZEILE: Über den Mechanismus der Eiseneinführung in Porphyrine und Isolierung von kristallisierten Hämen. Ztschr. physiol. Chem. 195, 1 (1931).

142. — u. A. HENDSCHEL: Über Phyllobombycin und den biologischen Abbau der Chlorophylle. Ztschr. physiol. Chem. 198, 33 (1931).

143. — — Über Phyllobombycin und Probophorbide. Ztschr. physiol. Chem. 206, 255 (1932).

144. — — Gewinnung von Chlorophyllderivaten aus Elephanten- und Menschen-Exkrementen. Ztschr. physiol. Chem. 216, 57 (1933).

145. — — Gewinnung von Phäophorbid a aus Seidenraupenkot. Ztschr. physiol. Chem. 222, 250 (1933).

146. — u. CH. E. STAFF: Versuche zur Synthese von Porphyrinen mit ungesättigten Seitenketten und einige Umsetzungen vinylsubstituierter Pyrrole, insbesondere mit Diazomethan und Diazoessigester. Ztschr. physiol. Chem. 234, 97 (1935).

147. — u. F. STADLER: Gewinnung von Dihydropyrophäophorbid a und Pyro-phäophorbid b aus Schafkot. Ztschr. physiol. Chem. 239, 167 (1936).

148. — u. L. BEER: Über Formyl-pyrroporphyrin und Formyl-deuteroporphyrin. Ztschr. physiol. Chem. 244, 31 (1936).

149. — u. H.-J. HOFMANN: Aufspaltung von Azlactonen durch Einwirkung von Diazomethan-Methylalkohol sowie durch Alkoholat in Analogie zum Verhalten des Chlorophylls und seiner Derivate. Ztschr. physiol. Chem. 245, 139 (1937).

150. — u. R. LAMBRECHT: Verhalten von Chlorophyllderivaten gegen Chloro-phyllase. Ztschr. physiol. Chem. 253, 253 (1938).

151. — Neuere Methoden der Isolierung und des Nachweises von Porphyrinen. In: E. ABDERHALDEN, Handbuch der biologischen Arbeitsmethoden, Abt. I, Teil II; H. 2, S. 169. Berlin-Wien: Urban und Schwarzenberg 1929.

152. — Über Hämin und Beziehungen zwischen Hämin und Chlorophyll. Ztschr. angew. Chem. 44, 617 (1931).

153. — Die Konstitution der eiweißfreien Farbstoffkomponenten und ihrer Derivate (Chlorophyll). In: Handbuch der normalen und pathologischen Physiologie, Bd. 18 (Nachträge zu Bd. I—XVII), S. 148. Berlin: Julius Springer 1932.

154. — Farbstoffe mit Pyrrolkernen. C. Chlorophyll. In: C. OPPENHEIMER, Hand-buch der Biochemie des Menschen und der Tiere, 2. Aufl., Ergänzungsband, S. 262. Jena: G. Fischer 1933.

155. — Über Chlorophyll a. Liebigs Ann. 502, 175 (1933).

156. — Chlorophyll a. Journ. chem. Soc. London 1934, 245.

157. — Chlorophyll. In: Mikrochemie 1936, 67 (Festschrift HANS MOLISCH).

158. — Chlorophyll. Chem. Reviews 20, 41 (1937).

159. — u. H. ORTH: Die Chemie des Pyrrols. Leipzig: Akademische Verlagsges. Bd. I: 1934; Bd. II, 1: 1937.

160. GULIK, D. VAN: Über das ultraviolette Absorptionsspektrum des Chlorophylls. Ann. Physique (5), 4, 450 (1930).

161. HAGENBACH, A., F. AUERBACHER u. E. WIEDEMANN: Zur Kenntnis der Lichtabsorption von Porphinfarbstoffen und über einige mögliche Beziehungen derselben zu ihrer Konstitution. Helv. phys. Acta 9, 3 (1936).

162. INMAN, O. L. and P. ROTHEMUND: The Occurrence of Phylloerythrin in the digestive System of herbivorous Animals. Science 74, 221 (1931).

163. KARRER, P. and A. HELFENSTEIN: Plant Pigments. In: Ann. Rev. Biochem. I, 551 (1932).

164. — — Plant Pigments. In: Ann. Rev. Biochem. II, 397 (1933).

165. KETELAAR, J. A. A. u. E. A. HANSON: Elementary Cell and Space Group of Ethyl-chlorophyllide. Nature 140, 196 (1937).

166. KNORR, H. V. and V. M. ALBERS: Fluorescence of Solutions of Chlorophyll a. Physical Rev. 43, 379 (1933).

167. — — Fluorescence and Photodecomposition in Solutions of Chlorophyll b. Physical Rev. 46, 336 (1934).

168. — — Fluorescence of the Chlorophyll Series: Fluorescence and Photodecomposition in Solutions of Phaeophorbide b and Methylphaeophorbide b. Physical Rev. 47, 329 (1935).

169. — — Fluorescence and Photodecomposition of the Chlorophylls and some of their Derivatives under Atmospheres of O_2, CO_2 and N_2. Cold Spring Harbor Symp. on quant. Biol. III, 98 (1935).

KNORR, H. V. vgl. auch: ALBERS, V. M.

170. KUHN, R. u. C. SEYFFERT: Über katalytische Hydrierung von Häminen und Porphyrinen. Ber. Dtsch. chem. Ges. 61, 2509 (1928).

171. — P. J. DRUMM, M. HOFFER u. E. F. MÖLLER: Farbreaktionen und Autoxydation von Hydropolyen-carbonsäure-estern. Ber. Dtsch. chem. Ges. 65, 1785 (1932).

172. — u. A. WINTERSTEIN: Reduktionen mit Zinkstaub und Pyridin. III. Umkehrbare Hydrierung und Dehydrierung der Chlorophylle. Ber. Dtsch. chem. Ges. 66, 1741 (1933).

173. — Plant Pigments. In: Ann. Rev. Biochem. IV, 479 (1935).

174. KÜSTER, W.: Beiträge zur Kenntnis des Bilirubins und Hämins. Ztschr. physiol. Chem. 82, 463 (1912).

175. LINSTEAD, R. P.: Chlorophyll. In: Annual Reports 34, 375 (1938).

176. LOEBISCH, W. F. u. M. FISCHLER: Über einen neuen Farbstoff der Rindergalle. Monatsh. Chem. 24, 335 (1904).

177. MARCHLEWSKI, L.: Studien über Chlorophyllderivate. Bull. Acad. Sci. Cracovie 1902, 1.

178. — Über Phylloerythrin. Anz. Akad. Wiss. Krakau 1903, 638.

179. — Identität von Phylloerythrin und Cholehämatin. Anz. Akad. Wiss. Krakau 1904, 276.

180. — Identität des Phylloerythrins und Cholehämatins. Ztschr. physiol. Chem. 43, 207 (1904).

181. — Die Identität des Cholehämatins, Bilipurpurins und Phylloerythrins. Ztschr. physiol. Chem. 43, 464 (1905).

182. — Über den Ursprung des Cholehämatins (Bilipurpurins). Ztschr. physiol. Chem. 45, 466 (1905).

183. — Die Chemie der Chlorophylle. Braunschweig: Vieweg 1909.

184. — u. J. ROBEL: Über das Phylloporphyrin. Biochem. Ztschr. 32, 204 (1911).

185. — — Über Phyllohämin. Biochem. Ztschr. 34, 275 (1911).

186. — — Über das β-Phylloporphyrin. Biochem. Ztschr. 39, 6 (1912).

187. — — Über das α-Phyllohämin und die Formel des α-Phylloporphyrins. Ber. Dtsch. chem. Ges. 45, 816 (1912).

188. Marchlewski, L.: Zur Kenntnis des Phylloerythrins. Ztschr. physiol. Chem. 185, 8 (1929).

189. — Zur Frage des Phylloporphyrins. Roczniki Chemji 11, 529 (1931).

190. — Über Phylloporphyrin. Bull. Soc. Chim. biol. 13, 697 (1931).

191. — u. W. Urbańczyk: Über die Umwandlung des Chlorophylls im tierischen Organismus. Biochem. Ztschr. 263, 166 (1933).

192. — — Über die Umwandlung von Chlorophyll im Tierkörper. Bull. Int. Acad. Polon. Sciences Lettres, Ser. A, 1933, 540.

193. — — Über Anhydrophyllotaonin und die Phyllohämatochromogene. Biochem. Ztschr. 277, 171 (1935).

194. Molisch, H.: Eine neue mikrochemische Reaktion auf Chlorophyll. Ber. Dtsch. chem. Ges. 14, 16 (1896).

195. Negelein, E.: Verbrennung von Kohlenoxyd zu Kohlensäure durch grüne und mischfarbene Hämine. Biochem. Ztschr. 243, 386 (1931).

196. Piloty, O. u. J. Stock: Zur Konstitution des Blutfarbstoffs. Liebigs Ann. 392, 215 (1912).

197. — — Über das Hämopyrrol. Ber. Dtsch. chem. Ges. 46, 1008 (1913).

198. Porret, D. and E. Rabinowitch: Reversible Bleaching of Chlorophyll. Nature 140, 321 (1937).

199. Rabinowitch, E. and J. Weiss: Reversible Oxydation and Reduction of Chlorophyll. Nature 138, 1098 (1936).

200. — — Reversible Oxydation of Chlorophyll. Proceed. Roy. Soc., London, Ser. A 162, 251 (1937).

201. Rothemund, P. u. H. Beyer: Calorimetrische Bestimmungen bei einfachen Pyrrolen. I. Liebigs Ann. 492, 292 (1932).

202. — and O. L. Inman: Occurence of Decomposition Products of Chlorophyll. I. Journ. Amer. chem. Soc. 54, 4702 (1932).

203. — R. R. McNary, and O. L. Inman: Occurrence of Decomposition Products of Chlorophyll. II. Journ. Amer. chem. Soc. 56, 2400 (1934).

204. — V. M. Albers, and H. V. Knorr: Fluorescence in the Chlorophyll Series; Reversible Reduction of Chlorophyll a and b. Bull. Amer. Phys. Soc. 9, 6 (1934).

205. — Formation of Porphyrins from Pyrrole and Aldehydes. Journ. Amer. chem. Soc. 57, 2010 (1935).

206. — Occurrence of Decomposition Products of Chlorophyll. III. Journ. Amer. chem. Soc. 57, 2179 (1935).

207. — New Porphyrin Synthesis. Synthesis of Porphin. Journ. Amer. chem. Soc. 58, 625 (1936).

208. Seybold, A. u. K. Egle: Lichtfeld und Blattfarbstoffe. I. Planta 26, 491 (1937).

209. — — Lichtfeld und Blattfarbstoffe. II. Planta 28, 87 (1938).

210. — — Quantitative Untersuchungen über Chlorophyll und Carotinoide der Meeresalgen. Jahrb. wiss. Bot. 86, 50 (1938).

211. Smith, J. H. C.: Plant Pigments. In: Ann. Rev. Biochem. VI, 489 (1937).

212. Spohn, H.: Eine einfache Methode zur Trennung der Blattfarbstoffe. Planta 23, 657 (1935).

Steele, C. C. vgl.: Conant, J. B.

213. Stern, A. u. G. Klebs: Calorimetrische Bestimmungen bei einfachen und mehrkernigen Pyrrolderivaten. Liebigs Ann. 500, 91 (1932).

214. — — Calorimetrische Bestimmungen bei einfachen und mehrkernigen Pyrrolderivaten. Liebigs Ann. 504, 287 (1933).

215. — — Calorimetrische Bestimmungen bei mehrkernigen Pyrrolderivaten. Liebigs Ann. 505, 295 (1933).

216. Stern, A. u. H. Wenderlein: Über die Lichtabsorption der Porphyrine. I. Ztschr. physikal. Chem., A 170, 337 (1934).

217. — — Über die Lichtabsorption der Porphyrine. II. Ztschr. physikal. Chem., A 171, 465 (1934).

218. — — Über die Lichtabsorption der Porphyrine. III. Ztschr. physikal. Chem., A 174, 81 (1935).

219. — — Über die Lichtabsorption der Porphyrine. IV. Ztschr. physikal. Chem., A 174, 321 (1935).

220. — u. H. Molvig: Zur Fluoreszenz der Porphyrine. Ztschr. physikal. Chem., A 175, 38 (1935).

221. — u. H. Wenderlein: Über die Lichtabsorption der Porphyrine. V. Ztschr. physikal. Chem., A 175, 405 (1935).

222. — — Über die Lichtabsorption der Porphyrine. VI. Ztschr. physikal. Chem., A 176, 81 (1936).

223. — u. K. Thalmayer: Zum Ramanspektrum des Pyrrols und einiger Derivate. Ztschr. physikal. Chem., B 31, 403 (1936).

224. — u. H. Molvig: Zur Fluoreszenz der Porphyrine. Ztschr. physikal. Chem., A 176, 209 (1936).

225. — u. M. Deželić: Zur Fluoreszenz der Porphyrine. Ztschr. physikal. Chem., A 176, 347 (1936).

226. — H. Wenderlein u. H. Molvig: Über die Lichtabsorption der Porphyrine. VII. Ztschr. physikal. Chem., A 177, 40 (1936).

227. — — Über die Lichtabsorption der Porphyrine. VIII. Ztschr. physikal. Chem., A 177, 165 (1936).

228. — u. H. Molvig: Über die Lichtabsorption der Porphyrine. IX. Ztschr. physikal. Chem., A 177, 365 (1936).

229. — u. F. Pruckner: Über die Lichtabsorption der Porphyrine. X. Ztschr. physikal. Chem., A 177, 387 (1936).

230. — u. H. Molvig: Über die Lichtabsorption der Porphyrine. XI. Ztschr. physikal. Chem., A 178, 161 (1937).

231. — u. M. Deželić: Über die Lichtabsorption der Porphyrine. XII. Ztschr. physikal. Chem., A 179, 275 (1937).

232. — — Über die Lichtabsorption der Porphyrine. XIII. Ztschr. physikal. Chem., A 180, 131 (1937).

233. — u. F. Pruckner: Lichtabsorption und Konstitution einiger Derivate der Chlorophylle. Ztschr. physikal. Chem., A 180, 321 (1937).

234. Stoll, A.: Über Chlorophyllase und die Chlorophyllide. Diss., Eidgen. Techn. Hochschule Zürich 1912.

235. — u. E. Wiedemann: Über die Phasenprobe und die nächsten Abkömmlinge des Chlorophylls. Naturwiss. 20, 628 (1932).

236. — — Über den Reaktionsverlauf der Phasenprobe und die Konstitution von Chlorophyll a und b. Verh. Schweiz. Naturf.-Ges. Thun 1932, S. 337.

237. — — Der Reaktionsverlauf der Phasenprobe und die Konstitution von Chlorophyll a und Chlorophyll b. Naturwiss. 20, 706 (1932).

238. — — Über die Kernstruktur des Chlorophylls und seine katalytische Hydrierung. Naturwiss. 20, 791 (1932).

239. — — Überführung von Chlorophyll b in Chlorophyll a. Naturwiss. 20, 889 (1932).

240. — — Über den Reaktionsverlauf der Phasenprobe und die Konstitution von Chlorophyll a und b. Helv. chim. Acta 15, 1128 (1932).

241. — — Über die Konstitution des Chlorophylls und die Bildung der ihm zugrunde liegenden Dicarbonsäuren. Helv. chim. Acta 15, 1280 (1932).

242. — — Die Zusammensetzung des Chlorophylls. Helv. chim. Acta 16, 183 (1933).

243. STOLL, A. u. E. WIEDEMANN: Die optische Aktivität des Chlorophylls. Helv. chim. Acta **16**, 307 (1933).

244. — — Über Chlorophyll a, seine phasepositiven Derivate und seine Allomerisation. Helv. chim. Acta **16**, 739 (1933).

245. — — Die Benzoylverbindungen und Oxime von Methylphäophorbid a und Phäophorbid a. Helv. chim. Acta **17**, 163 (1934).

246. — — Die Oxime der Phäophorbide b. Helv. chim. Acta **17**, 456 (1934).

247. — — Die Pyro-Phäophorbine a und b und ihre Oxime. Helv. chim. Acta **17**, 837 (1934).

248. — Über die Isolierung empfindlicher Naturstoffe. Mitt. Lebensmittelunters. u. Hygiene XXV, 196 (1934).

249. — Ein Gang durch biochemische Forschungsarbeiten. Berlin: Julius Springer 1933. (S. 32 ff.)

250. — Quelques exemples illustrant la parenté entre les principes actifs d'origine végétale et animale. Journal de Pharmacie et de Chimie **28**, 193. (1938). STOLL, A. vgl. auch: WILLSTÄTTER, R.

251. TREIBS, A.: Eine Methode zur spektrophotometrischen Konzentrationsmessung von Farbstoffen neben gefärbten Begleitsubstanzen. Ztschr. physiol. Chem. **168**, 68 (1927).

252. — u. E. WIEDEMANN: Über Chlorophyll. Liebigs Ann. **466**, 264 (1928).

253. — — Über den Abbau des Chlorophylls durch Alkali. Liebigs Ann. **471**, 146 (1929).

254. — Molekülverbindungen der Porphyrine. Liebigs Ann. **476**, 1 (1929).

255. — Ultraviolettabsorption der Porphyrine. Ztschr. physiol. Chemie **212**, 33 (1932).

256. — Ultraviolettabsorption der Porphyrine. Ztschr. physiol. Chemie **217**, 3 (1933).

257. — Über biologische Abbauprodukte des Chlorophylls in tierischen Konkrementen. Ztschr. physiol. Chemie **220**, 89 (1933).

258. — u. F. HERRLEIN: Über Verdoporphyrin und den Abbau des Chlorophylls durch Alkali. Liebigs Ann. **506**, 1 (1933).

259. — Sulfoverbindungen von Chlorophyllporphyrinen. Liebigs Ann. **506**, 196 (1933).

260. — Vorkommen von Chlorophyllderivaten im Ölschiefer aus dem oberen Trias. Liebigs Ann. **509**, 103 (1934).

261. — Chlorophyll- und Häminderivate in bituminösen Gesteinen, Erdölen, Erdwachsen und Asphalten. Beitrag zur Entstehung des Erdöls. Liebigs Ann. **510**, 42 (1934).

262. — u. P. DIETER: Molekülverbindungen der Pyrrole und Pyrrolfarbstoffe. Liebigs Ann. **513**, 65 (1934).

263. — Chlorophyll- und Häminderivate in bituminösen Gesteinen, Erdölen, Kohlen, Phosphoriten. Liebigs Ann. **517**, 172 (1935).

264. — Porphyrine in Kohlen. Liebigs Ann. **520**, 144 (1935).

265. — u. D. DINELLI: Pyrrolderivate mit angegliedertem isozyklischen Ring. Liebigs Ann. **517**, 152 (1935).

266. — — Über die Konstitution des Pyrrolins. Liebigs Ann. **517**, 170 (1935).

267. — Pflanzensubstanzen als Muttersubstanzen des Erdöles. Schr. Gebiet Brennstoff-Geol. H. 10, 121 (1935).

268. — Synthesen von Pyrrolen mit angegliedertem isozyklischen Ring. Liebigs Ann. **524**, 285 (1936).

269. — Chlorophyll- und Häminderivate in organischen Mineralstoffen. Angew. Chem. **49**, 682 (1936).

270. — Chlorophyll. In: G. KLEIN, Handbuch der Pflanzenanalyse, Bd. III, S. 1351. Wien: Julius Springer 1932.

271. TREIBS, A.: Biutfarbstoff und Chlorophyll. In: Die Fortschritte der physiologischen Chemie seit 1929. I. Naturstoffe. 5. Kap. Angew. Chem. 47, 294 (1934). TREIBS, A. vgl. auch: FISCHER, H.

272. WARBURG, O. u. F. KUBOWITZ: Über katalytische Wirkung von Bluthäminen und Chlorophyllhäminen. Biochem. Ztschr. 227, 184 (1930).

273. — Phäophorbid b-Eisen. Ber. Dtsch. chem. Ges. 64, 682 (1931).

274. — u. W. CHRISTIAN: Über Phäohämin b. Biochem. Ztschr. 235, 240 (1931).

275. — u. E. NEGELEIN: Über das Hämin des sauerstoffübertragenden Fermentes der Atmung, über einige künstliche Hämoglobine und über Spirographisporphyrin. Biochem. Ztschr. 244, 9 (1932).

276. WEBER, K.: Über das photochemische Ausbleichen des Chlorophylls. Ber. Dtsch. chem. Ges. 69, 1026 (1936).

277. WEISS, J.: Photochemical Reactions connected with the Quenching of Fluorescence of Dyestuffs by ferrous Ions in Solution. Nature 136, 794 (1935). WEISS, J. vgl. auch: RABINOWITCH, E.

278. WIEDEMANN, E.: Über Chlorophyll. Diss., Techn. Hochschule München 1929.

279. WILLSTÄTTER, R. u. W. MIEG: Über eine Methode der Trennung und Bestimmung von Chlorophyllderivaten. Liebigs Ann. 350, 1 (1906).

280. — Zur Kenntnis der Zusammensetzung des Chlorophylls. Liebigs Ann. 350, 48 (1906).

281. — u. F. HOCHEDER: Über die Einwirkung von Säuren und Alkalien auf Chlorophyll. Liebigs Ann. 354, 205 (1907).

282. — u. W. MIEG: Über die gelben Begleiter des Chlorophylls. Liebigs Ann. 355, 1 (1907).

283. — u. A. PFANNENSTIEL: Über Rhodophyllin. Liebigs Ann. 358, 205 (1907).

284. — u. M. BENZ: Über kristallisiertes Chlorophyll. Liebigs Ann. 358, 267 (1907).

285. — F. HOCHEDER u. E. HUG: Vergleichende Untersuchung des Chlorophylls verschiedener Pflanzen. Liebigs Ann. 371, 1 (1909).

286. — u. H. FRITZSCHE: Über den Abbau von Chlorophyll durch Alkalien. Liebigs Ann. 371, 33 (1909).

287. — u. Y. ASAHINA: Oxydation der Chlorophyllderivate. Liebigs Ann. 373, 227 (1910).

288. — u. A. OPPÉ: Vergleichende Untersuchung des Chlorophylls verschiedener Pflanzen. II. Liebigs Ann. 378, 1 (1910).

289. — u. A. STOLL: Über Chlorophyllase. Liebigs Ann. 378, 18 (1910).

290. — E. W. MAYER u. E. HÜNI: Über Phytol. I. Liebigs Ann. 378, 73 (1910).

291. — u. A. STOLL: Spaltung und Bildung von Chlorophyll. Liebigs Ann. 380 148 (1911).

292. — u. M. ISLER: Vergleichende Untersuchung des Chlorophylls verschiedener Pflanzen. III. Liebigs Ann. 380, 154 (1911).

293. — u. E. HUG: Isolierung des Chlorophylls. Liebigs Ann. 380, 177 (1911).

294. — u. M. UTZINGER: Über die ersten Umwandlungen des Chlorophylls. Liebigs Ann. 382, 129 (1911).

295. — A. STOLL u. M. UTZINGER: Absorptionsspektra der Komponenten und ersten Derivate des Chlorophylls. Liebigs Ann. 385, 156 (1911).

296. — u. Y. ASAHINA: Über die Reduktion des Chlorophylls. I. Liebigs Ann. 385, 188 (1911).

297. — u. A. STOLL: Über die Chlorophyllide. Liebigs Ann. 387, 317 (1911).

298. — u. M. ISLER: Über die zwei Komponenten des Chlorophylls. Liebigs Ann. 390, 269 (1912).

299. — u. L. FORSÉN: Einführung des Magnesiums in die Derivate des Chlorophylls. Liebigs Ann. 396, 180 (1913).

300. WILLSTÄTTER, R., M. FISCHER u. L. FORSÉN: Über den Abbau der beiden Chlorophyllkomponenten durch Alkalien. Liebigs Ann. **400**, 147 (1913).

301. — — Die Stammsubstanzen der Phylline und Porphyrine. Liebigs Ann. **400**, 182 (1913).

302. — u. H. J. PAGE: Über die Pigmente der Braunalgen. Liebigs Ann. **404**, 237 (1914).

303. — O. SCHUPPLI u. E. W. MAYER: Über Phytol. II. Liebigs Ann. **418**, 121 (1918).

304. — u. K. SJÖBERG: Über Zink- und Kupferverbindungen des Phäophytins. Ztschr. physiol. Chem. **138**, 171 (1924).

305. — u. A. STOLL: Untersuchungen über Chlorophyll. Methoden und Ergebnisse. Berlin: Julius Springer 1913.

306. — Über Pflanzenfarbstoffe. Ber. Dtsch. chem. Ges. **47**, 2831 (1914).

307. — u. A. STOLL: Untersuchungen über die Assimilation der Kohlensäure. Berlin: Julius Springer 1918.

308. WINTERSTEIN, A. u. G. STEIN: Fraktionierung und Reindarstellung organischer Substanzen nach dem Prinzip der chromatographischen Adsorptionsanalyse. I. Anwendungsbereich. Ztschr. physiol. Chem. **220**, 247 (1933).

309. — — Fraktionierung und Reindarstellung organischer Substanzen nach dem Prinzip der chromatographischen Adsorptionsanalyse. II. Chlorophylle. Ztschr. physiol. Chem. **220**, 263 (1933).

310. — Fraktionierung und Reindarstellung von Pflanzenstoffen nach dem Prinzip der chromatographischen Adsorptionsanalyse. In: G. KLEIN, Handbuch der Pflanzenanalyse, Bd. IV, S. 1403. Wien: Julius Springer 1933.

311. — u. K. SCHÖN: Fraktionierung und Reindarstellung organischer Substanzen nach dem Prinzip der chromatographischen Adsorptionsanalyse. III. Gibt es ein Chlorophyll c? Ztschr. physiol. Chem. **230**, 139 (1934).

312. ZECHMEISTER, L. u. L. v. CHOLNOKY: 30 Jahre Chromatographie. Monatsh. Chem. **68**, 68 (1936).

313. — — Die chromatographische Adsorptionsmethode. Grundlagen, Methodik, Anwendungen. 2. Aufl. Wien: Julius Springer 1938.

314. ZEILE, K. u. B. RAU: Über die Verteilung von Porphyrinen zwischen Äther und Salzsäure und ihre Anwendung zur Trennung von Porphyringemischen. Ztschr. physiol. Chem. **250**, 197 (1937).

315. ZSCHEILE, F. P. jun., T. R. HOGNESS u. T. F. YOUNG: Die Präzision und Genauigkeit einer photoelektrischen Methode zum Vergleich der geringen Lichtintensitäten, die bei der Messung von Absorptions- und Fluoreszenzspektren auftreten. Journ. physikal. Chem. **38**, 1 (1934).

316. — Eine quantitative spektro-photo-elektrische analytische Methode, angewendet auf Lösungen der Chlorophylle a und b. Journ. physical Chem. **38**, 95 (1934).

317. — Absorptionsspektren der Chlorophylle a und b bei Raumtemperatur und der Temperatur des flüssigen Stickstoffs. Nature **133**, 569 (1934).

318. — Eine verbesserte Methode zur Reinigung der Chlorophylle a und b; quantitative Messung ihrer Absorptionsspektren; Beweis für das Vorhandensein einer dritten Chlorophyllkomponente. Bot. Gaz. **59**, 529 (1934).

319. — Untersuchung über die Fluoreszenzspektren von Chlorophyll a und b in ätherischen Lösungen. Protoplasma **22**, 33 (1935); **22**, 513 (1935).

320. — T. R. HOGNESS u. A. E. SIDWELL: Lichtelektrische Spektrophotometrie. Ein Apparat für die ultravioletten und sichtbaren Spektralbereiche: Seine Konstruktion, Eichung und Anwendung auf chemische Probleme. Journ. physical Chem. **41**, 379 (1937).

Bacterio-chlorophyll.

321. BAVENDAMM, W.: Die farblosen und roten Schwefelbacterien. Jena 1924.

322. BUDER, J.: Zur Biologie des Bacteriopurpurins und der Purpurbacterien. Jahrb. wiss. Bot. 58, 525 (1919).

323. — Aus der Biologie der Purpurbacterien. Naturwiss. 8, 261 (1920).

324. ENGELMANN, T. W.: Die Purpurbacterien und ihre Beziehungen zum Lichte. Bot. Ztg. 46, 681 (1888).

325. EWART, A. J.: Bacteria with assimilatory Pigments, found in the Tropics. Ann. of Botany, 11, 486 (1897).

326. FISCHER, H. u. R. LAMBRECHT: Über Bacteriochlorophyll a. (Vorläufige Mitteilung.) Ztschr. physiol. Chem. 249, 1 (1937).

327. — — u. H. MITTENZWEI: Über Bacterio-chlorophyll. 2. Mitteilung. Ztschr. physiol. Chem. 253, 1 (1938).

328. — W. LAUTSCH u. K.-H. LIN: Teilsynthesen von Dehydro-bacterio-phorbid und Dehydro-bacterio-chlorin. Liebigs Ann. 534, 1 (1938).

329. FRENCH, C. S.: The Rate of CO_2-Assimilation by Purple Bacteria at various Wave Lengths of Light. Journ. Gen. Physiol. 21, 71 (1937).

330. GAFFRON, H.: Über den Stoffwechsel der schwefelfreien Purpurbacterien. Biochem. Ztschr. 260, 1 (1933).

331. — Über die Kohlensäureassimilation der roten Schwefelbacterien. I. Biochem. Ztschr. 269, 447 (1934).

332. — Über den Stoffwechsel der Purpurbacterien. II. Biochem. Ztschr. 275, 301 (1935).

333. — Über die Kohlensäureassimilation der roten Schwefelbacterien. II. Biochem. Ztschr. 279, 1 (1935).

334. LUBIMENKO, W. N.: Über die Pigmente der Purpurbacterien. Sitzungsber. d. russ. Akad. Wiss. 5, 107 (1925) (russ.).

335. METZNER, P.: Über den Farbstoff der grünen Bacterien (Chlorobacterien). Ber. Dtsch. bot. Ges. 40, 125 (1922).

336. MOLISCH, H.: Die Purpurbacterien nach neueren Untersuchungen. Jena 1907.

338. MULLER, F. M.: On the Metabolism of the Purple Sulphur Bacteria in organic Media. Arch. Mikrobiol. 4, 131 (1933).

339. NIEL, C. B. VAN: Photosynthesis of Bacteria. Contrib. mar. biol. 1930, S. 161 (Stanford University Press).

340. — On the Morphology and Physiology of the purple and green Sulphur Bacteria. Arch. Mikrobiol. 3, 1 (1931).

341. — and F. M. MULLER: On the purple Bacteria and their Significance for the Study of Photosynthesis. Rec. Trav. bot. néerl. 28, 245 (1931).

342. — Photosynthesis of Bacteria. Cold Spring Harbor Symp. on quant. Biol. III, 138 (1935).

343. — Les Photosynthèses bacteriennes. Bull. Ass. Dipl. Microbiol. Nancy 1936.

344. — Metabolism of Thiorhodaceae. Arch. Mikrobiol. 7, 323 (1936).

345. — The Biochemistry of Bacteria. Ann. Rev. Biochem. 6, 595 (1937).

346. NOACK, K. u. E. SCHNEIDER: Ein chlorophyllartiger Bacterienfarbstoff. Naturwiss. 21, 835 (1933).

347. PRINGSHEIM, E. G.: Naturwiss. 20, 479 (1932) (Referat).

348. ROELOFSEN, P. A.: On Photosynthesis of the Thiorhodaceae. Diss. Utrecht 1935; Proc. Acad. Wet. Amsterdam 37, 660 (1934).

349. SCHNEIDER, E.: Über das Bacterio-chlorophyll der Purpurbacterien. Cohns Beitr. Biol. Pfl. 18, 81 (1930).

350. — Vortrag über chlorophyllartige Farbstoffe bei den Purpurbacterien. Ber. Dtsch. bot. Ges. 52, 96 (1934).

351. SCHNEIDER, E.: Über das Bacterio-chlorophyll der Purpurbacterien. II. Ztschr. physiol. Chem. 226, 221 (1934).

Protochlorophyll.

352. LUBIMENKO, W. N. u. N. N. GORTIKOWA: Über die Rolle der Säuren beim Ergrünen. Journ. Bot. Inst. W. U. A. N. 1934, Nr. 9, 1 (ukr.).

353. MONTEVERDE, N. A.: Über das Protochlorophyll. Acta Horti Petropolitani 13, II, 201 (1894).

354. MONTEVERDE, N. A. u. W. N. LUBIMENKO: Untersuchung über die Bildung des Chlorophylls in Pflanzen. Bull. Acad. Sci. St. Petersburg, I: (1911), 73; II: (1912) 607.

355. NOACK, K.: Zur Entstehung des Chlorophylls und dessen Beziehung zum Blutfarbstoff Naturwiss. 17, 104 (1928).

356. — u. W. KIESSLING: Zur Entstehung des Chlorophylls und seiner Beziehung zum Blutfarbstoff. Ztschr. physiol. Chem. 182, 13 (1929).

357. — — Zur Entstehung des Chlorophylls und seiner Beziehung zum Blutfarbstoff. II. Ztschr. physiol. Chem. 193, 97 (1930).

358. — — Zur Kenntnis der Chlorophyllbildung. Ztschr. angew. Chem. 44, 93 (1931).

359. ROTHEMUND, P.: Protochlorophyll. Cold Spring Harbor Symp. on quant. Biol. III, 71 (1935).

360. SEYBOLD, A.: Zur Kenntnis des Protochlorophylls. Planta 26, 712 (1937).

Funktion und Zustand des Chlorophylls im Blatte.

361. ARNOLD, W. and H. I. KOHN: The Chlorophyll Unit in Photosynthesis. Journ. gen. Physiol. 18, 109 (1934).

362. BAAS BECKING, L. M. G.: The State of Chlorophyll in the Plastids. Proc. VI. Int. Bot. Kongr. Amsterdam, II, 265 (1935).

363. — and E. A. HANSON: Note on the Mechanism of Photosynthesis. Proc. Akad. Wet. Amsterdam 40, 752 (1937).

364. BLACKMAN, F. F.: Optima and limiting Factors. Ann. of Botany 19, 281 (1905).

365. .BURK, D. and H. LINEWEAVER: The kinetic Mechanism of Photosynthesis. Cold Spring Harbor Symp. on quant. Biol. III, 165 (1935).

366. CONANT, J. B., E. M. DIETZ, and S. E. KAMERLING: Dehydrogenation of Chlorophyll and the Mechanism of Photosynthesis. Science 73, 268 (1931).

367. DHAR, N. R.: On the Chemistry of Carbon Dioxide Assimilation. Journ. Indian chem. Soc. 11, 145 (1934).

368. DOUTERLIGNE, 'J.: Sur la Structure des Chloroplastes. Proc. Akad. Wet. Amsterdam 38, 886 (1935).

369. EMERSON, R. and W. ARNOLD: The Separation of the Reactions in Photosynthesis by means of intermittent Light. Journ. gen. Physiol. 15, 391 (1932).

370. — — The photochemical Reaction in Photosynthesis. Journ. gen. Physiol. 16, 191 (1932).

371. — A Review of recent Investigations in the Field of Chlorophyll Photosynthesis. In: Ergebn. d. Enzymforsch. 5, 305 (1936).

372. — Photosynthesis. In: Ann. Rev. Biochem. 6, 535 (1937).

373. — and L. GREEN: Nature of the Blackman Reaction in Photosynthesis. Plant Physiol. 12, 537 (1937).

374. FRANCK, J.: Beitrag zum Problem der Kohlensäure-Assimilation. Naturwiss. 23, 226 (1935).

375. — Photosynthesis. Chem. Reviews 17, 433 (1935).

376. — and R. N. WOOD: Fluorescence of Chlorophyll in its Relation to photochemical Processes in Plants and organic Solutions. Journ. chem. Phys. 4, 551 (1936).

377. FRANCK, J. and K. F. HERZFELD: An attempted Theory of Photosynthesis. Journ. chem. Phys. **5**, 273 (1937).

378. — — Remarks on the Photochemistry of polyatomic Molecules. Journ. phys. Chem. **41**, 97 (1937).

379. — Fundamentals of Photosynthesis. Journ. Washington Acad. Sciences **27**, 317 (1937).

380. FREY-WYSSLING, A.: Der Aufbau der Chlorophyllkörner. Protoplasma **29**, 279 (1937).

381. GAFFRON, H.: Methoden zur Untersuchung der Kohlensäure-Assimilation. In: E. ABDERHALDEN, Handbuch der biologischen Arbeitsmethoden, Abt. XI, Teil 4, H. 1, S. 101. Berlin-Wien: Urban und Schwarzenberg 1929.

382. — Inwiefern ist Sauerstoff für die Kohlensäureassimilation der grünen Pflanzen entbehrlich? Naturwiss. **23**, 528 (1935).

383. — Über die Abhängigkeit der Kohlensäureassimilation der grünen Pflanzen von der Anwesenheit kleiner Sauerstoffmengen und über eine reversible Hemmung der Assimilation durch Kohlenoxyd. Biochem. Ztschr. **280**, 337 (1935).

384. — u. K. WOHL: Zur Theorie der Assimilation. Naturwiss. **24**, 81, 103 (1936).

385. — Eine Erklärung der Induktion bei der Assimilation der Kohlensäure. Naturwiss. **25**, 460 (1937).

386. — Das Wesen der Induktion bei der Kohlensäureassimilation grüner Algen. Naturwiss. **25**, 715 (1937).

387. — Wirkung von Blausäure und Wasserstoffsuperoxyd auf die BLACKMANsche Reaktion in Scenedesmus. Biochem. Ztschr. **292**, 241 (1937).

388. HEITZ, E.: Gerichtete Chlorophyllscheiben als strukturelle Assimilationseinheiten der Chloroplasten. Ber. Dtsch. bot. Ges. **54**, 362 (1936).

389. — Untersuchungen über den Bau der Plastiden. I. Die gerichteten Chlorophyllscheiben der Chloroplasten. Planta **26**, 134 (1936).

390. HERLITZKA, A.: Über den Zustand des Chlorophylls in der Pflanze und über kolloidales Chlorophyll. Biochem. Ztschr. **38**, 321 (1912).

391. HILL, R.: Oxygen evolved by isolated Chloroplasts. Nature **139**, 881 (1937).

392. HILPERT, S., H. HOFMEIER u. A. WOLNER: Über den Zustand des Chlorophylls in der Pflanze. Ber. Dtsch. chem. Ges. **64**, 2570 (1931).

393. — — Über den örtlichen Nachweis und die quantitative Bestimmung von Chlorophyll in Pflanzenteilen. Ber. Dtsch. chem. Ges. **66**, 1443 (1933).

394. — u. K. HEIDERICH: Über Beziehungen zwischen Stickstoff- und Chlorophyllgehalt bei natürlicher und krankhafter Vergilbung der Blätter. Ber. Dtsch. chem. Ges. **67**, 1077 (1934).

395. HUBERT, B.: The physical State of Chlorophyll in the living Plastid. Rec. Trav. bot. néerl. **32**, 323 (1935).

396. — Estimation of the Band Position of Chlorophyll in different Media. Proc. Akad. Wet. Amsterdam **37**, 694 (1934).

397. — On the Photodecomposition of Chlorophyll. Proc. Akad. Wet. Amsterdam **37**, 684 (1934).

398. KAUTSKY, H. u. R. HORMUTH: Messungen der Fluoreszenzkurven lebender Blätter. Naturwiss. **24**, 650 (1936).

399. — Zur Frage der photochemischen Sauerstoffentwicklung aus isolierten Chlorophyllkörnern. Naturwiss. **26**, 14 (1938).

400. KNORR, H. V. u. V. M. ALBERS: Absorption Spectra of single Chloroplasts in living Cells in the Region from 664 mμ to 704 mμ. Plant Physiol. **12**, 833 (1937).

401. LUBIMENKO, W. N.: De l'État de la Chlorophylle dans les Plastes. Compt. rend. Acad. Sciences **173**, 365 (1921).

402. Lubimenko, W. N.: Fotosintez i chemosintez v rastitel'nom mire (Photosynthese und Chemosynthese im Pflanzenreich). Moskau und Leningrad 1935 (russ.).

403. Menke, W.: Untersuchung der einzelnen Zellorgane von Spinatblättern auf Grund präparativ-chemischer Methodik. Ztschr. Bot. **32**, 273 (1938).

404. Muller, F. M.: Einige Betrachtungen über den Chemismus der Kohlensäure-assimilation. Chem. Weekbl. **30**, 202 (1933).

405. Noack, K.: Photochemische Wirkungen des Chlorophylls und ihre Bedeutung für die Kohlensäureassimilation. Ztschr. Bot. **17**, 481 (1925).

406. — Der Zustand des Chlorophylls in der lebenden Pflanze. Biochem. Ztschr. **183**, 135 (1927).

407. — Photosynthese. In: Handwörterbuch der Naturwiss., Bd. 7, S. 965. 1932.

408. Pringsheim, E. G.: Pflanzenphysiologische Übungen. Leipzig: Akad. Verlagsgesellschaft 1931.

409. Shibata, K. u. E. Yakushiji: Der Reaktionsmechanismus der Photosynthese. Naturwiss. **21**, 267 (1933).

410. Spoehr, H. A.: Photosynthesis. New York 1926.

411. Stiles, W.: Photosynthesis. London 1925.

412. Stoll, A.: Über den chemischen Verlauf der Photosynthese. Naturwiss. **20**, 955 (1932).

413. — Zusammenhänge zwischen der Chemie des Chlorophylls und seiner Funktion in der Photosynthese. Naturwiss. **24**, 53 (1936).

414. — u. E. Wiedemann: Über Chloroplastin. La Chimica e l'Industria **16**, 356 (1938). Ausführlicher in den Berichten des X. Internat. Kongresses für Chemie (Rom, 15.—22. Mai 1938; im Druck).
Stoll, A. vgl. auch: Willstätter, R.

415. Vermeulen, D., E. C Wassink, and G. H. Reman: On the Fluorescence of photosynthesizing Cells. Enzymologia **4**, 254 (1937).

416. Warburg, O.: Versuche über die Kohlensäureassimilation. Naturwiss. **13**, 985 (1925).

417. — Versuche über die Assimilation der Kohlensäure. Biochem. Ztschr. **166**, 386 (1925).

418. Weiss, J.: The photosynthetic Unit in the Assimilation Process of green Plants. Nature **137**, 997 (1936).

419. Willstätter, R. u. A. Stoll: Untersuchungen über die Assimilation der Kohlensäure. Ber. Dtsch. chem. Ges. **48**, 1540 (1915).

420. — — Über die Baeyersche Assimilationshypothese. Ber. Dtsch. chem. Ges. **50**, 1777 (1917).

421. — — Über das Verhalten des kolloiden Chloropnylls gegen Kohlensäure. Ber. Dtsch. chem. Ges. **50**, 1791 (1917).

422. — Zur Erklärung der Photoreduktion der Kohlensäure durch Chlorophyll. Naturwiss. **21**, 252 (1933).

423. Wohl, K.: Zur Theorie der Assimilation. Ztschr. physikal. Chem., B, **37**, 209 (1937).

424. Wurmser, R.: Oxydations et Réductions. Paris: Les Presses Universitaires 1930.

Anwendung physikalischer Methoden zur Erforschung von Naturstoffen:
Form und Größe dispergierter Moleküle. Röntgenographie.

Von O. Kratky und H. Mark, Wien.

(Mit 36 Abbildungen.)

Einleitung.

In dem vorliegenden Aufsatz soll versucht werden, die Anwendung physikalischer Methoden bei der Strukturermittlung von Naturstoffen zu schildern. Da bei einer vollständigen Darstellung dieses Themas der Raum ganz erheblich den eines Sammelberichtes überschreiten müßte, wird es gestattet sein, jene klassischen und wohlbekannten Zusammenhänge zwischen chemischer Konstitution und physikalischen Eigenschaften außer acht zu lassen, die schon seit Jahrzehnten geklärt sind und von den organischen Chemikern bei ihren Untersuchungen laufend mitverwendet werden. Es erschien vielmehr richtig, diejenigen Methoden besonders in den Vordergrund zu stellen, die in der letzten Zeit bei der Untersuchung komplizierter Naturstoffe und insbesondere bei der Strukturaufklärung von hochpolymeren Substanzen Wichtiges geleistet haben.

Hier ist an hervorragender Stelle die *osmotische Methode* zu nennen, die durch konsequente Fortbildung ihrer klassischen Ausführungsform gegenwärtig eine außerordentlich hohe Präzision erreicht hat, so daß es möglich ist, selbst sehr hochmolekulare Stoffe auf osmotischem Wege hinsichtlich der Größe der in der Lösung voneinander unabhängig bewegten Teilchen ausreichend zu charakterisieren. Die sehr interessante Frage über den Aggregationszustand hochmolekularer Stoffe in Lösung schließt sich unmittelbar an die Resultate dieser Untersuchungen an.

In den letzten Jahren haben auch reine *Diffusionsmessungen* an Naturstoffen so wichtige Beiträge zur Kenntnis der Form und Größe der in Lösung befindlichen Moleküle erbracht, daß auch hierüber ein kurzer Abschnitt aufgenommen werden konnte.

Die bisher genannten Methoden lehnen sich eng an jene an, die dem organischen Chemiker bereits bei seinen Arbeiten von früher her vertraut waren und stellen im wesentlichen Verbesserungen und Verfeinerungen in der experimentellen Technik und der theoretischen Auswertung dar. Daneben sind aber eine Reihe ganz neuer Arbeitsverfahren hinzugekommen, denen wir wichtige Züge in dem heute zu entwerfenden Bild über den Aufbau der komplizierten Naturstoffe verdanken. Es sind dies die *optischen Methoden*, die Untersuchung der *Viskosität* und die *Ultrazentrifugierung*.

Von den ersteren ist es besonders die mit kurzen Wellen arbeitende *Röntgen-analyse*, deren konsequenter Ausbau dazu geführt hat, daß man selbst recht komplizierte organische Moleküle bis in ihre letzten Einzelheiten festlegen und ihre gegenseitige Anordnung im Kristall studieren kann. Hier schien es zweckmäßig, zunächst ein kurzes Kapitel über die Grundzüge vorauszuschicken, um dann zur Besprechung spezieller Ergebnisse überzugehen. In der vorliegenden Niederschrift behandeln wir vor allem die Eiweißkörper als jene Substanzgruppe, in der seitens der Röntgenographie in den letzten Jahren die wichtigsten Beiträge geliefert wurden.

Ein weiteres, ebenfalls sehr wichtiges und erfolgreiches Hilfsmittel zur Untersuchung hochmolekularer Naturstoffe ist die SVEDBERGsche *Ultrazentrifuge*. Im vorliegenden Aufsatz wird nur kurz auf die große Bedeutung dieser Untersuchungsmethode zur Bestimmung der Molekülform eingegangen. Da es den wenigsten Forschern vergönnt ist, mit diesem Instrument selbst zu arbeiten, durfte eine Besprechung von Apparatur und Theorie unterbleiben, um so mehr als ihr Schöpfer selbst bereits zusammenfassende Darstellungen gegeben hat (65).

Als die jüngste Methode, die zur quantitativen Charakterisierung hochpolymerer Stoffe entwickelt worden ist, haben wir die Messung der *Viskosität* ihrer Lösungen zu nennen. Hier hat, nach anfänglichen Tastversuchen zahlreicher Autoren, vor allem STAUDINGER in seinen systematischen Studien den Weg für ein tiefergehendes Verständnis bereitet, und heute befinden wir uns mitten in einer Entwicklung, die eine verläßliche quantitative Beziehung zwischen der Viskosität einer Lösung und der Größe und Form der in ihr suspendierten Teilchen anstrebt. Es ist beabsichtigt, dieses wichtige Forschungsgebiet in einem der folgenden Bände dieser „Fortschritte" einer ausführlichen Besprechung zuzuführen. An dieser Stelle sei nur auf bereits vorliegende, zusammenfassende Darstellungen verwiesen (*39, 148, 149*).

Ein Blick auf die soeben skizzierte Disposition zeigt, wie vielfältig die Mitwirkung physikalischer Methoden bei der Untersuchung komplizierter Naturstoffe ist.

Bei der Darstellung wurde besonderer Wert auf folgende Punkte gelegt:

1. Das Prinzip aller verwendeten Methoden wird klargelegt; die Grenzen des Anwendungsbereiches werden abgesteckt.

2. Bezüglich Einzelheiten in der Durchführung der Versuche wird durch ausreichende Literaturangaben auf Monographien- und Original-arbeiten verwiesen.

3. Die speziell auf die hochmolekularen Naturstoffe sich beziehenden Ergebnisse erfahren eine ausführliche, soweit es möglich ist kritische Dar-stellung, wobei besonders auf das Ineinandergreifen der verschiedenen Untersuchungsmethoden hingewiesen wird.

I. Bestimmung von Form und Größe der Einzelmoleküle im dispergierten Zustand.

A. Die Bestimmung wirksamer Gruppen.

Es liegt im Wesen der *Hochpolymeren*, daß eine Übertragung der bei den niedermolekularen Stoffen geläufigen und erprobten Untersuchungs-methoden nur mit größter Vorsicht möglich ist, und es scheint daher ein Vergleich und eine gegenseitige Kontrolle der mit verschiedenen Arbeits-weisen erhaltenen Ergebnisse sehr wünschenswert. In manchen Fällen ist auch zur Erzielung von Aussagen bestimmten physikalischen Inhaltes eine solche Kombination dringend erforderlich und so kommt es, daß beim praktischen Arbeiten mit den hochpolymeren Stoffen immer physi-kalische und chemische Methoden gleichzeitig und nebeneinander ange-wandt werden. Auch im vorliegenden Bericht können wir daher auf eine kurze Besprechung der Möglichkeit, durch die chemische oder sonstige Bestimmung wirksamer Gruppen etwas über die Größe der Moleküle zu erfahren, nicht verzichten.

Wohl bekannt und viel besprochen sind die Versuche von WILLSTÄTTER und SCHUDEL sowie von BERGMANN und MACHEMER und von FREUDEN-BERG, mit Hilfe der Jodzahl (*1*) eine Abschätzung der mittleren Ketten-länge von Cellulose durchzuführen. Seit langem ist in der Technik und in der Wissenschaft die Methode der Kupferzahl (*1*) in Verwendung, deren Anwendung auf SCHWALBE, HÄGGLUND, WELTZIEN und NAKAMURA zu-rückgeht, und von erheblichem Interesse sind neuere Untersuchungen von E. SCHMIDT (*2*) über die elektrometrische Titration der Cellulose, in deren Verlauf sich ergab, daß auf etwa 100 Glukosereste im Mittel 1 Carboxyl-gruppe vorzuliegen scheint.

Von den chemischen Methoden hat bei den Kohlehydraten aber wohl die *Endgruppenbestimmung* durch Methylierung die größte Wichtigkeit erlangt. Bei ihrer Anwendung wird die betreffende Probe zunächst erschöpfend me-thyliert und dann hydrolysiert. Die Mittelglieder der Kette finden sich im Hydrolysengemisch als Trimethylglukose, während eines der beiden Endglieder als Tetramethylglukose vorliegt. Die Methode wurde schon vor längerer Zeit von FREUDENBERG (*3*) angewendet und dann von

HAWORTH sowie MACHEMER (4) und anderen englischen Forschern mit Erfolg ausgebaut. In letzter Zeit hat sich besonders HESS (5) um eine beträchtliche Verbesserung bemüht. Er betont mit Recht, daß schon bei der normal durchgeführten Methylierung der *Cellulose* (auf dem Umweg über die Acetylierung) ein beträchtlicher Abbau erfolgt, so daß die bekannten, von HAWORTH gefundenen Kettenlängen von einigen Hundert Glukoseresten nicht die wahre Molekülgröße der nativen Cellulose darstellen, sondern für den zunächst hergestellten Cellit charakteristisch sind, was auch aus der größenordnungsmäßigen Übereinstimmung mit den nach physikalischen Methoden an dieser Substanz erhaltenen Kettenlängen hervorgeht. Der von HESS erzielte Fortschritt bestand nun einerseits in der möglichsten Vermeidung eines solchen Abbaues durch besonders schonende Methylierung, anderseits in einer Empfindlichkeitssteigerung bei der Ermittlung der entstehenden Tetramethylglukose, die durch Eichung der Methode an künstlich hergestellten Präparaten unter Beweis gestellt wurde. Trotzdem konnte in dem aus nativer Cellulose erhaltenen Hydrolysengemisch keine Spur von Tetramethylglukose nachgewiesen werden, was in Anbetracht der Empfindlichkeit der Methode auf einen Polymerisationsgrad von mindestens 10000 führen würde. Natürlich können die Ketten trotzdem kürzer sein, man braucht nur nach HESS anzunehmen, daß die reduzierende Hydroxylgruppe im Endglied der Cellulosekette irgendwie blockiert ist.

Besonders interessante Ergebnisse hat die Endgruppenbestimmung bei der *Stärke* geliefert. HAWORTH und HIRST (6) fanden als erste scheinbare Kettenlängen von 25 bis 30 Glukoseresten, HESS und LUNG (7) in der gleichen Größenordnung liegende Werte von etwa 50. Diese Forscher stellten eine weitgehende Unabhängigkeit des Endgruppentestes vom physikalisch (viskosimetrisch oder osmotisch) bestimmten Molekulargewicht fest, wie in Tabelle 1 an Hand der HESSschen Messungen sehr eindrucksvoll gezeigt wird.

Tabelle 1. Endgruppenbestimmung und Viskosität (in Chloroform) bei Methylstärke.

η_{rel} (c = 1 Gew. %)	Polymerisationsgrad, berechnet nach STAUDINGER ($K_m = 0{,}5 \cdot 10^{-4}$)	Polymerisationsgrad aus Endgruppen
4,45	2220	49,1
7,71	3090	52,4
3,11	1600	52,16

Ganz ähnliche und auffällige Diskrepanzen haben HAWORTH und HIRST beim *Glykogen* gefunden. Die Endgruppenmethode liefert einen Polymerisationsgrad von 12 bis 18, die osmotischen Messungen dagegen einen solchen von 3400 bis 5400.

Nur beim *Inulin* deckt sich nach den Messungen der gleichen Forscher die mittels der Endgruppenmethode bestimmte scheinbare Kettenlänge von $n = 30$ mit dem osmotisch bestimmten Wert.

B. Kryoskopie, Dampfdruckerniedrigung, Dialysenmethode.

In der Chemie der niedermolekularen Stoffe hat die kryoskopische und ebullioskopische Molekulargewichtsbestimmung den Bedürfnissen des Organikers in fast allen Fällen Genüge getan. Da es meist leicht möglich ist, $0,01—0,1$ Mol pro Liter zu lösen und da die kryoskopische bzw. ebullioskopische Konstante (d. i. die Depression bzw. Erhöhung für 1 Mol pro 1000 g Lösungsmittel) in der Größenordnung von einigen Graden liegt, ist mit einem BECKMANN-Thermometer eine ausreichend genaue Molekulargewichtsbestimmung ohneweiters durchführbar.

Bei den hemikolloiden Substanzen mit Molekulargewichten von 1000 bis 10000 sind mit einiger Anstrengung auch noch relativ verläßliche Messungen der Fixpunktverschiebung möglich, was besonders STAUDINGER (8) in seinen Arbeiten über die Stoffe in diesem Bereich der Molekülgrößen gezeigt hat.

Immerhin sind solche Messungen schon mit verhältnismäßig großen Fehlern behaftet und nur mehr dazu heranzuziehen, um die ungefähre Größe des Molekulargewichtes zu ermitteln. Die aus vielfachen Gründen interessierenden Abweichungen vom VAN'T HOFFschen Gesetz in sehr verdünnten Lösungen (d. h. $1—10$ g/l) fallen meist schon in den Bereich der Fehlergrenzen. Da aber gerade das Übergangsgebiet zwischen nieder- und hochmolekular aus theoretischen Gründen sehr interessant erscheint, wäre eine Vertiefung unseres Wissens vom osmotischen Verhalten hemikolloider Substanzen sehr wichtig. Direkte Steighöhen-messungen sind, wie im folgenden Absatz ausgeführt werden wird, gerade in diesem Gebiete mit besonderen Schwierigkeiten verbunden, und so muß man jede Möglichkeit begrüßen, die es gestattet, hier weiter zu kommen.

Eine solche bestünde vielleicht in einem Ausbau der RASTschen Methode, besonders in ihrer Modifikation durch PIRSCH. Bekanntlich verwendet RAST als Lösungsmittel Campher, der eine kryoskopische Konstante von $E = 40$ zeigt. Wenn auch die Temperaturmessung nicht so genau erfolgen kann wie bei der gewöhnlichen Kryoskopie, so ist doch durch die etwa 10mal größere kryoskopische Konstante die Bestimmung kleinerer Molkonzentrationen möglich als bei dieser. Allerdings ist bei einer Erhitzung der zu untersuchenden Substanz auf den Schmelzpunkt des Camphers $(175—179^0)$ ein Abbau zu befürchten und dieses ist auch ein Bedenken, welches gegen zahlreiche Messungen solcher Art erhoben werden muß.

Diese Schwierigkeit konnte bei einer Reihe von Lösungsmitteln vermieden werden, welche PIRSCH (9) angegeben hat. Tabelle 2 (S. 260) zeigt, daß bei gleich großen und sogar größeren kryoskopischen Effekten Substanzen von Schmelzpunkten zwischen $38—65^0$ zur Verfügung stehen, so daß eine Schädigung durch reinen Temperatureinfluß nicht zu befürchten ist. Da hiermit nur ein Hinweis auf eine mögliche Meßmethodik gebracht

werden sollte, genügen diese Angaben; dies um so mehr, als Pirsch kürzlich eine Zusammenfassung seiner Ergebnisse gebracht hat (9).

Tabelle 2.
Schmelzpunktsdepressionen verschiedener
Lösungsmittel nach Pirsch (9).

Lösungsmittel	Schmelz-punkt	E
Campher.............................	49°	31,8
Isocamphan	65°	44,5
Dihydro-α-dicyclo-pentadien..............	50°	45,4
Camphenilon	38°	64,0
Dihydro-α-dicyclo-pentadienon-(3)	53°	92,0

Es sind an dieser Stelle auch die *anomalen* kryoskopischen Effekte zu
erwähnen, die von der Hessschen und Pringsheimsehen Schule an verschiedenen Kohlehydratderivaten und ihren Abbauprodukten, hauptsächlich in Eisessiglösung, gefunden wurden. Bei der problematischen
Natur dieser Effekte wäre aber ein näheres Eingehen hier nicht angebracht
und es sei daher bezüglich aller Einzelheiten auf das Buch von Ulmann (11)
verwiesen, das eine sehr ausführliche Darstellung dieses Erscheinungsgebietes bringt. Hess sowie Pringsheim haben zur Erklärung der —
zweifellos vorhandenen — Effekte angenommen, daß ein reversibler Zerfall der Moleküle dieser Substanzen in die Grundbausteine möglich ist,
eine Auffassung, die von fast allen anderen auf diesem Gebiet arbeitenden
Forschern wohl mit Recht abgelehnt wurde. Besonders Berner (12),
Freudenberg (14), Mark (1), K. H. Meyer (13), Staudinger sowie
Zechmeister und Tóth (10) haben Gründe gegen diese Deutung der
Effekte geltend gemacht. Aus der sehr ausgedehnten Diskussion über
diese Frage wollen wir nur eine Untersuchung von Staudinger (15)
herausgreifen, welche unmittelbar an die beobachteten Phänomene an-
knüpft.

Der wesentliche experimentelle Befund ist der folgende. Verschiedene Cellite zeigen, unabhängig von ihrem in Acetonlösung bestimmten Molekulargewicht, in Eisessig eine scheinbare Aufteilung bis in
Bioseanhydrid. Fällt man die derart zerteilten Acetylcellulosen, so erhält
man nach Lösen in Aceton wieder das ursprüngliche Molekulargewicht.
Die einzelnen Biosemoleküle „erinnern" sich also, bis zu Komplexen
welcher Größe sie vorher assoziiert waren. Für das Verständnis eines
solchen „Erinnerungsvermögens" bietet aber unsere derzeitige Kenntnis
von den Zuckern und ihren Derivaten keinerlei Handhabe. Staudinger
schließt daher, daß in Eisessig in Wahrheit keine Dissoziation stattgefunden
hat und die kryoskopischen Effekte in irgendeiner anderen Weise zu

erklären sind. Eine Prüfung dieser Auffassung ist dadurch möglich, daß man in Eisessiglösung direkte osmotische Messungen nach der Steighöhenmethode vornimmt. Bleiben die Makromoleküle erhalten, so müssen sich die gleichen Molekulargewichte wie in Aceton ergeben. Wie STAUDINGER und SCHULZ (*16*) zeigten, ist dies tatsächlich innerhalb der Fehlergrenzen der Fall, so daß die Auffassung einer echten Dissoziation wohl abgelehnt werden muß.

Leider ist bis heute eine bündige Deutung der anomalen Effekte noch nicht zustande gekommen. So muß auch die zunächst ansprechende

Vorstellung von KLAGES (*17*), daß die starke innere Beweglichkeit der langen Fadenmoleküle einen anomal großen osmotischen Effekt vortäuschen kann, durch die theoretischen Überlegungen von HÜCKEL (*18*) als widerlegt gelten.

Eine beinahe trivial anmutende Erklärung gibt BERNER (*12*), der in einer Reihe von Untersuchungen zu zeigen versucht, daß anomal große osmotische Effekte in bestimmten Fällen auf hartnäckig zurückgehaltenes Kri-

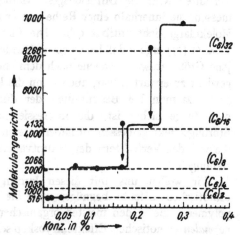

Abb. 1. Molekülgröße einer Cellitfraktion in Abhängigkeit von der Konzentration, nach ULMANN.

stallwasser (oder Kristallalkohol) zurückzuführen sind, das beim Lösen abdissoziiert und so den großen osmotischen Effekt verursacht. Wenn eine solche einfache Deutung auch in vielen Fällen versagen sollte, so wird man vielleicht eine durch den Eisessig bewirkte Anhydrierung, also eine chemische Abspaltung von Wasser aus dem gelösten Kohlehydrat, als im Bereich der Möglichkeit liegend ansehen können.

In dem Bestreben, diese osmotischen Anomalien möglichst genau zu ermitteln, hat ULMANN (*11*) eine auf Messung der Dampfdruckerniedrigung beruhende, im Prinzip von FRAZER und PATRICK (*19*) angegebene Methode zu hoher Präzision ausgebaut. Mit dem Apparat konnten die anomalen Effekte noch um einen weiteren vermehrt werden. Die scheinbare Dissoziation von Cellit, von verschiedenen Stärke- und Cellodextrinen erfolgt nämlich nach diesen Messungen mit zunehmender Verdünnung nicht kontinuierlich, sondern in ausgeprägten Stufen. Abb. 1 bringt eines der zahlreichen von ULMANN durchgemessenen Systeme. Diese Erscheinung erhöht die Schwierigkeiten, welche sich der Deutung der anomalen Effekte entgegenstellen. Jedenfalls kann aber darauf verwiesen werden, daß auch bei anorganischen, komplizierten Verbindungen die Erscheinung des stufenweisen Zerfalles in Abhängigkeit von kontinuierlich variierten Versuchsparametern gelegentlich vorkommt. Ulmann stellt in seinem Buch (*11*, dort S. 172) eine Reihe solcher Fälle zusammen, von denen als Beispiel der streng stufenförmige Zerfall der Polymolybdat-ionen mit wachsendem p_H-Wert der Lösung nach H. und W. Brintzinger erwähnt sei.

Für die Annahme, daß der anomale osmotische Effekt nicht von den Kohlehydratmolekülen selbst herrührt, sprechen auch gewisse, mit der Brintzingerschen Dialysenmethode (*20*) erzielten Ergebnisse. Bei diesem Verfahren wird die Diffusionsgeschwindigkeit durch eine Membran gemessen, die innerhalb einer Reihe von analog gebauten Substanzen dem Molekulargewicht antibat geht. Die Anwendung dieser Methode durch Klages (*17*) ergab, daß bei Oligosacchariden die Diffusionsgeschwindigkeit jene Größe aufweist, welche nach dem chemisch erarbeiteten Molekulargewicht zu erwarten war, auch wenn die kryoskopischen Effekte anomal sind. Da man bei Bestimmung der durch die Membran dialysierenden Menge sicher ist, die interessierende Substanz und nicht einen Störungseffekt gemessen zu haben, spricht auch diese Untersuchung für die von den Verfechtern der Hauptvalenzketten-theorie gegebenen Vorstellungen.

Wir wollen uns mit diesen kurzen Andeutungen der anomalen osmotischen Effekte begnügen und die Frage erörtern, ob bei Hochpolymeren die in den meisten organischen Lösungsmitteln auftretenden *normalen* osmotischen Effekte kryoskopisch oder ebullioskopisch meßbar wären. Die Antwort fällt unbedingt verneinend aus, wenn man bedenkt, daß bei einem Molekulargewicht von 10^5—10^6 im Liter nur wenige Gramm gelöst werden dürfen, will man nicht in den Bereich der hochviskosen Systeme kommen, in denen das van't Hoffsche Gesetz auch nicht annähernd mehr gewahrt bleibt. Die Molkonzentrationen in solchen Systemen sind von der Größenordnung 10^{-4}—10^{-5}, der zu erwartende Effekt daher durchaus innerhalb der Fehlergrenze der Methode. Ungleich günstiger liegen hier die Verhältnisse bei der direkten Messung des osmotischen Druckes nach der *Steighöhen-methode*, der wir uns nun zuwenden wollen.

C. Osmometrie.

Prinzip.

Der osmotische Druck p einer genügend verdünnten Lösung wird durch die van't Hoffsche Beziehung gegeben:

$$pV = nRT. \tag{1}$$

Mißt man den Druck p in Atmosphären, das Volumen V in Litern, die Menge n in Molen, so hat die Gaskonstante den Wert $R = 0{,}082$.

Ersetzen wir $\frac{n}{V}$, d. i. Mole pro Liter, durch $\frac{c}{M}$, also Gramm pro Liter durch Molekulargewicht, so geht (1) über in:

$$\frac{p}{c} = \frac{1}{M} RT, \tag{2}$$

wo $\frac{p}{c}$ als der spezifische osmotische Druck bezeichnet wird. Um uns zu vergewissern, ob bei der direkten Bestimmung des osmotischen Druckes nach der Steighöhenmethode tatsächlich experimentell gut meßbare Ausschläge zustande kommen, wollen wir das Beispiel betrachten, daß bei einem Molekulargewicht von 100000, im Liter 10 g gelöst werden. Durch Einsetzen in (2) erhalten wir bei $T = 300$ für den osmotischen Druck:

$$p = 10 \cdot \frac{1}{100\,000} \, 0{,}082 \cdot 300 = 2{,}46 \cdot 10^{-3} \, \text{At} = 2{,}54 \, \text{cm Wassersäule.}$$

Wir sehen also, daß wir uns in einem gut zugänglichen experimentellen Bereich befinden.

Trägt man $\frac{p}{c}$ in einem Koordinatensystem gegen c auf, so ergibt sich im Sinne der Gleichung (2) eine horizontale Gerade, denn $\frac{p}{c}$ soll ja unabhängig von der Konzentration sein. Dies entspricht jedoch nicht den tatsächlichen Verhältnissen, welche meist eine recht starke Abhängigkeit von der Konzentration erkennen lassen (Abb. 6, 7, 8, S. 268, 269). Offenbar treten außer dem, durch die VAN'T HOFFsche Beziehung wiedergegebenen Druck noch weitere Phänomene auf, welche das Gesamtbild der Erscheinungen verwickelter gestalten.

Einer der ersten, welcher sich mit diesen Erscheinungen systematisch befaßt hat, war Wo. OSTWALD (21). Wir verdanken ihm die grundlegende Erkenntnis, daß die, vom Standpunkte der Molekulargewichtsbestimmung aus störenden Phänomene um so mehr in den Hintergrund treten, je niedriger die Konzentration ist. Wir müssen also die $\frac{p}{c}$-Kurve auf die Konzentration Null extrapolieren; der dort vorhandene Ordinatenwert gibt uns erst die wahre Größe von $\frac{p}{c}$ und ermöglicht so eine Berechnung des Molekulargewichtes. An Stelle von (2) haben wir also bei Berücksichtigung der Abweichungen vom VAN'T HOFFschen Gesetz mit OSTWALD zu schreiben:

$$\lim_{c \to 0} \frac{p}{c} = \frac{1}{M} RT. \tag{3}$$

Messungen an hydrophilen Eiweißkörpern.

Osmotische Messungen an Eiweißkörpern wurden schon zu Anfang dieses Jahrhunderts vorgenommen, doch war zunächst die Berechnung eines Molekulargewichtes wegen der, durch die Anwesenheit von Elektrolyten bedingten Störungen nicht möglich. Wir können in der vorliegenden Darstellung auf dieses schwierige Gebiet im einzelnen nicht eingehen, sondern verweisen diesbezüglich auf das sehr inhaltsreiche Buch von Pauli und Valko (22). Es sei nur ganz kurz angedeutet, daß durch die Untersuchungen von Donnan über die Membrangleichgewichte allmählich ein volles Verständnis der auftretenden Phänomene möglich war und sich die folgenden praktischen Regeln für die Durchführung von Molekulargewichtsbestimmungen ergaben:

1. Die Messung wird beim isoelektrischen Punkt durchgeführt; der osmotische Druck rührt dann nur von den Eiweißmolekülen her.

2. Die Messung wird im Überschuß eines Elektrolyten vorgenommen. Auch hier mißt man nur einen, von den Eiweißmolekülen selbst herrührenden Druck.

3. Die Ionenverteilung außerhalb und innerhalb der Membran wird analytisch oder auf Grund der Donnan-Theorie rechnerisch ermittelt und der durch Ungleichheit der Ionenkonzentration außen und innen bewirkte osmotische Druck vom Gesamtdruck abgezogen.

Die ersten Messungen, bei denen diese Komplikationen hinreichend berücksichtigt wurden, stammen von S. P. L. Sörensen (23) und sind an kristallisiertem Eieralbumin ausgeführt; sie ergaben Molekulargewichte von 34000.

Die zugleich auftretenden Abweichungen vom van't Hoffschen Gesetz wurden anfänglich vielfach vernachlässigt, und so sind trotz der Berücksichtigung des Elektrolyt-einflusses fehlerhafte Resultate zustande gekommen. Der erste, der auch in dieser Beziehung vollkommen einwandfreie Messungen durchführte, war Adair (24). Wir verdanken ihm eine große Reihe ausgezeichneter Messungen, die heute bereits als klassisch gelten dürfen. Tabelle 3 bringt einige Meßergebnisse, teils von Adair selbst, teils von anderen Forschern ausgeführt und von ihm unter Berücksichtigung der Abweichungen vom van't Hoffschen Gesetz korrigiert.

Auf die Natur dieser Abweichungen und ihre rechnerische Eliminierung wollen wir bei den osmotischen Messungen an Fadenmolekülen näher eingehen, wo diese Abweichungen noch viel größer sind. Jedenfalls wird man zu trachten haben, im Sinne von (3) den osmotischen Druck bei möglichst niedriger Konzentration zu messen.

Wir haben bisher stillschweigend die Voraussetzung gemacht, daß das in genügend verdünnter Lösung osmotisch bestimmte Gewicht tatsächlich ein Molekulargewicht ist. Man mißt ja lediglich die Zahl der in der Lösung kinetisch frei beweglichen Teilchen und es ist zunächst nichts darüber ausgesagt, ob es sich hier um Einzelmoleküle von kolloiden Dimensionen [Eukolloide nach Wo. Ostwald (25)] oder um assoziierte Teilchen handelt. Wirkliches Interesse hat für den Chemiker aber nur ein *echtes Molekulargewicht*, d. h. das Gewicht jenes Teilchens, das durch Hauptvalenzen in sich zusammengehalten ist. Wir müssen daher nach geeigneten Kriterien suchen, die uns eine Aufteilung der Materie bis in die Einzelmoleküle anzeigen.

Tabelle 3. Molekulargewicht der Proteine nach ADAIR.

Protein	Autor	Molekulargewicht nach diesem Autor	Molekulargewicht korrigiert nach ADAIR
Ovalbumin	LILLIE	—	73000 + 15000
,, ...	SÖRENSEN	34000	43000
Gelatine	LILLIE	—	68000 + 2000
,, ...	LOEB	25000	nicht einwandfrei
Serumprotein..................	MOORE	57000	80000 + 20000
,, ...	KROGH	—	56000 + 15000
Oxyhämoglobin	HÜFNER	16700	nicht einwandfrei
,, (Mensch)........	ADAIR	—	66800 + 6000
,, (Pferd)	,,	—	65000 + 6000
,, (Schaf)	,,	—	66700 + 6000
,, (Kuh)	ROAF	16000	60000 + 30000
,, (Kuh)	,,	99600	—
Red. Hämoglobin (Mensch)	ADAIR	—	60000 + 10000
Methämoglobin (Mensch)	,,	—	68000 + 6000
Serumalbumin..................	,,	—	62000
Euglobulin	,,	—	174000
Pseudoglobulin	,,	—	130000 — 150000

Bei den Eiweißkörpern hat man hierfür verschiedene Kennzeichen in Anwendung gebracht. So wurde gefordert, daß ein osmotisch eingestelltes Gleichgewicht beliebig lange bestehen bleibt, ferner, daß der osmotische Druck unabhängig von dem Vorgange ist, nach dem die Lösung hergestellt wird und schließlich, daß innerhalb eines gewissen Intervalls der p_H-Werte und der Salzkonzentrationen das gemessene Molekulargewicht konstant bleibt. Bezüglich aller näheren Einzelheiten in der Anwendung dieser Kriterien sei auch hier auf das Buch von PAULI und VALKO (22) verwiesen.

Cellulosederivate.
(Allgemeines über das Verhalten der Fadenmoleküle.)

Die Extrapolation auf den Nullwert, welche bei den Eiweißstoffen wegen der verhältnismäßig geringen Konzentrationsabhängigkeit des spezifischen osmotischen Druckes noch ziemlich leicht möglich war, bereitet erhebliche Schwierigkeiten bei den Fadenmolekülen. Ein Blick auf die Abb. 6, 7 (S. 268, 269) läßt erkennen, daß bei einer Konzentration von 10 g/l der spezifische osmotische Druck bereits das Doppelte oder Mehrfache des Nullwertes betragen kann. Würde man auf einen solchen Meßpunkt einfach die VAN'T HOFFsche Beziehung anwenden, so wäre das auf diese Weise errechnete Molekulargewicht um 50% und mehr zu niedrig.

In Lösungen einer Konzentration von .wenigen Promillen ist aber der osmotische Druck bei einem Molekulargewicht von 10^5—10^6 nur mehr von der Größenordnung einiger Millimeter Wassersäule. Es liegt auf der Hand, daß damit die Schwierigkeiten des Versuches sehr beträchtlich wachsen und einer experimentellen Verfolgung des Verlaufes bei solchen Konzentrationen bald Grenzen gesetzt sind. Bei dieser Sachlage kommt der rein rechnerischen Extrapolation bei der genauen Bestimmung des Molekulargewichtes eine wesentliche Bedeutung zu.

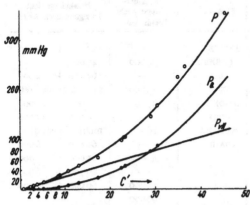

Abb. 2. Osmose von Hämoglobin. Messungen nach Adair, Auswertung nach Wo. Ostwald, gemäß Beziehung (5), mit $n = 2{,}70$. P bedeutet den Gesamtdruck P_{vH} den van't Hoffschen Anteil (entspricht $a c$ der Beziehung 5) und P_Q den „Quellungsdruck" (entspricht $b \cdot c^n$ der Beziehung 5). Die Konzentration C' ist hier in g/100 ccm Lösungsmittel angegeben.

Sehr bewährt hat sich hier die an Hand eines großen Versuchsmaterials von Wo. Ostwald (26) abgeleitete empirische Beziehung

$$p = a c + b \cdot c^n$$

bzw. $$\frac{p}{c} = a + b \cdot c^{n-1}, \quad (5)$$

die bei kleinen Konzentrationen bald in eine Gerade übergeht, da $(n - 1)$ erfahrungsgemäß meist nicht weit von 1 entfernt ist. Im Sinne dieser Beziehung darf man also die experimentell bis zu möglichst kleinen Konzentrationen ermittelte $\frac{p}{c}$-Kurve praktisch geradlinig bis zum Durchschnitt mit der Ordinate verlängern.

Das schönste Beispiel für die Anwendung von (5) sind die Adairschen Messungen an Hämoglobin, die sich über Konzentrationen von 0,68 bis 45,6% erstrecken und wie Abb. 2 zeigt, mit $n = 2{,}70$ im ganzen Bereich sehr gut wiedergegeben werden. Aber auch die Lösungen von Fadenmolekülen fügen sich gut diesem Formalismus, wie z. B. an dem in Abb. 3 dargestellten osmotischen

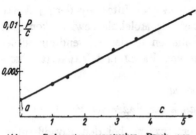

Abb. 3. Reduzierter osmotischer Druck von Kautschuk in Benzol, in Abhängigkeit von der Konzentration c, die hier in g/100 ccm Lösung angegeben ist. Messungen nach Caspari, Auswertung nach Wo. Ostwald gemäß (5), mit $(n-1) = 1{,}06$.

Druck von Kautschuk in Benzol zu ersehen ist. In diesem Fall gilt $(n - 1) = 1{,}06$, so daß $\frac{p}{c}$ in Abhängigkeit von der Konzentration im ganzen

Bereich praktisch geradlinigen Verlauf zeigt. Die Bestimmung des Exponenten erfolgte, indem $\log\left(\frac{p}{c} - a\right)$ gegen $\log c$ aufgetragen wurde. Wegen der durch Logarithmierung von (5) sofort erhältlichen Beziehung:

$$\log\left(\frac{p}{c} - a\right) = (n - 1) \log c + \log b \qquad (6)$$

soll dabei eine Gerade resultieren, deren Neigungstangente gleich $(n - 1)$ ist (Abb. 4).

Eine einwandfreie theoretische Deutung konnte für die Wo. OSTWALD-sche Beziehung vorläufig nicht gegeben werden. Wenn auch verstanden werden kann, daß große Abweichungen vom VAN'T HOFFschen Gesetz vorliegen, so scheint doch der spezielle, von OSTWALD postulierte Zusammenhang nur eine Interpolationsformel für einen in Wahrheit noch komplizierteren Zusammenhang darzustellen. Dies ändert aber nichts an der Brauchbarkeit und großen praktischen Wichtigkeit der Untersuchung OSTWALDS, durch die ein sehr heterogenes Material durch eine übersichtliche empirische Beziehung beschrieben und für die Molekulargewichtsbestimmung einerseits, sowie für ein weiteres Studium der Abweichungen vom VAN'T HOFFschen Gesetz anderseits nutzbar gemacht wurde.

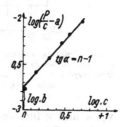

Abb. 4. Bestimmung des Exponenten $(n - 1)$ aus Beziehung (5) als Neigungstangente nach Wo. OSTWALD.

Zu einem merklich anderen Ergebnis führt die Behandlung durch SCHULZ (27), der dem Anstieg von $\frac{p}{c}$ mit der Konzentration eine spezielle theoretische Begründung gibt. Er geht davon aus, daß das Eigenvolumen der Teilchen, einschließlich ihrer Solvathülle, vom Gesamtvolumen abzuziehen ist und nur das verbleibende Volumen — im Sinne von VAN DER WAALS — in die Gasgleichung eingesetzt werden darf. Man gelangt so zu der Beziehung

$$p\,(V - g\,S) = \frac{g}{M}\,RT, \qquad (7)$$

worin g die gelöste Menge in Grammen und S das „wirksame spezifische Co-volumen" bedeutet, d. i. jenes Volumen, welches durch 1 g Substanz einschließlich der Solvathülle in Lösung dem für die freie Bewegung der gelösten Teilchen zur Verfügung stehenden Raum entzogen wird.

Nach Division durch V erhält man:

$$p\,(1 - c\,S) = \frac{RT}{M}\,c. \qquad (8)$$

Wesentlich neu an dem SCHULZschen Gedankengang ist nun die Art der Abhängigkeit dieses Covolumens vom osmotischen Druck. Es wird angenommen, daß bei wachsendem osmotischem Druck die Solvathüllen

abgeschert werden, also S abnimmt und die FREUNDLICHsche Quellungs-
isotherme den Zusammenhang zwischen dem osmotischen Druck und dem
zugehörigen Covolumen regelt. Es soll also gelten:

$$p \sim k \cdot S^{-\nu}, \tag{9}$$

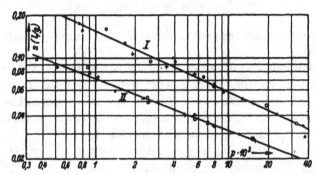

Abb. 5. Beziehung zwischen spezifischem Covolumen s (ein S. 267 definiertes „wirksames" spezifisches Covolumen ist bei Fadenmolekülen eine praktisch identische Größe) und osmotischem Druck bei Polyäthylenoxyden (Kurve I) und Polystyrolen (Kurve II) nach G. V. SCHULZ. Jede Art von Zeichen (voller Kreis, leerer Kreis, Kreuz usw.) entspricht einer einzelnen Fraktion.

wo k und ν für die betreffende Substanz charakteristische Konstanten
sind. Ihre Ermittlung kann erfolgen, indem man für irgendeine Fraktion bekannten Molekulargewichtes zusammengehörige Werte von $\log p$ gegen

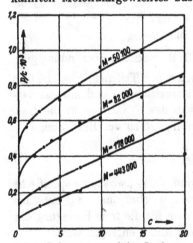

$\log S$ in ein Koordinatensystem ein-
trägt (Abb. 5) und aus Neigung und
Koordinatenabschnitt der sich ergebenden Geraden k und ν entnimmt. Die
Bestimmung der zu den einzelnen
p-Werten gehörenden S-Werte erfolgt
dabei mittels (8) (S. 267). Es war nun die
wichtige Feststellung von SCHULZ, daß
die so ermittelten Konstanten für die
ganze polymerhomologe Reihe der betreffenden Substanz gelten. Abb. 5
läßt tatsächlich erkennen, daß die von
sämtlichen Polystyrol-fraktionen herrührenden Meßpunkte alle auf der
gleichen Geraden liegen (I) und das-

Abb. 6. Reduzierter osmotischer Druck von polymerhomologen Nitrocellulosen in Aceton nach G. V. SCHULZ. Punkte gemessen, Kurven berechnet. P in At, c in g/1000 ccm.

selbe gilt für Polyäthylenoxyd (II).
Hat man also k und ν mittels den, an
einer einzigen Fraktion gemessenen os-
motischen Drucken bestimmt, so läßt sich damit der Verlauf aller anderen Kurven der polymerhomologen Reihe voraussagen.

Die überraschend gute Stimmigkeit der SCHULZschen Theorie ist auch an Abb. 6, 7 und 8 ersichtlich, wo die Punkte den gemessenen, die Kurven den berechneten Werten entsprechen.

Eine charakteristische Folgerung der Theorie ist die Abwärtskrümmung der Kurven bei den kleinsten Konzentrationen und darin besteht der wesentliche Unterschied gegenüber dem von Ostwald gegebenen Formalimus. Die Schnittpunkte mit der Ordinatenachse liegen bei Schulz tiefer, als wenn man die Kurven geradlinig verlängert hätte. Aus dem Vergleich der Abb. 3 und 4 mit 6, 7 und 8 wird der Unterschied der graphischen und rechnerischen Extrapolation ohneweiters klar. Während bei Molekulargewichten unter 100000 dieser Unterschied wenig ausmacht,

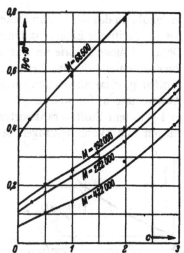

Abb. 7. Reduzierter osmotischer Druck von polymerhomologen Polystyrolen in Toluol nach G. V. Schulz. Punkte gemessen, Kurven berechnet. *P* in At, *c* in g/1000 ccm.

können sich bei den höchsten, bisher osmotisch gemessenen Molekulargewichten von etwa 500000 immerhin Differenzen von etwa 20—30% ergeben. Leider reichen die bisherigen Experimente für eine sichere Entscheidung zwischen den beiden Formalismen noch nicht aus.

Außer den Arbeiten von Schulz ist hier auch ein Deutungsversuch von Haller (*28*) zu nennen, der für langkettige Verbindungen charakteristische Eigenbewegungen von Molekülteilen für das Entstehen abnorm großer osmotischer Effekte verantwortlich macht. Nach den Überlegungen von Hückel (*18*) sind aber gegen eine solche Auffassung grundsätzliche Bedenken zu erheben.

Während bei den bisher besprochenen Deutungen der Abweichungen vom van't Hoffschen Gesetz von vornherein hypothetische Vorstellungen von solcher Art postuliert wurden, daß der Unterschied zwischen den

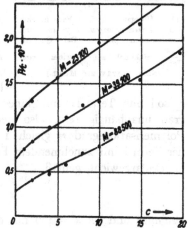

Abb. 8. Reduzierter osmotischer Druck von polymerhomologen Polyäthylenoxyden in Wasser nach G. V. Schulz. Punkte gemessen, Kurven berechnet. *P* in At, *c* in g/1000 ccm.

Niedermolekularen und den Hochmolekularen auf spezielle Eigenschaften der letzteren zurückgeführt wird, machen Kratky und Musil (*29*) den Versuch, durch eine plausible Hypothese aus dem Verhalten der Niedermolekularen das der Hochmolekularen abzuleiten, ohne jedoch von vorneherein spezifische Eigenschaften der letzteren Körperklasse zu postulieren. Ohne auf diese Theorie im einzelnen einzugehen, sei nur ein Endergebnis kurz umrissen. Es ist bekannt, daß auch bei den niedermolekularen Stoffen gewisse Abweichungen vom van't Hoffschen Gesetz auftreten, Abweichungen, für welche „Wechselwirkungen" zwischen Lösungsmittel und gelöstem Stoff verantwortlich gemacht werden, die in Volumsänderungen und Wärmetönungen beim Auflösen ihren sichtbaren Ausdruck

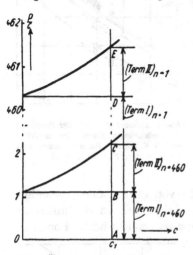

Abb. 9. Übergang von einem Fadenmolekul vom Polymerisationsgrad $n \approx 460$ zum Grundbaustein ($n = 1$). Der Quotient $\dfrac{\text{Term II}}{\text{Term I}}$ sinkt dabei auf $\dfrac{1}{460}$ seines Wertes. (Nach Kratky und Musil.)

finden. Es ist nun plausibel, daß diese Wechselwirkungen pro Kettenglied in erster Näherung, oder zumindest der Größenordnung nach, davon unabhängig sind, ob viele solche Kettenglieder zu einem Molekül zusammengehängt sind (hoher Polymerisationsgrad) oder nur wenige, oder ob schließlich überhaupt das Monomere vorliegt. Die in einer bestimmten *Gewichts*-konzentration bestehende Abweichung vom van't Hoffschen Gesetz sollte demnach in ebensolcher Näherung vom Polymerisationsgrad unabhängig sein.

Man kann nun rein formal den gesamten spezifischen Druck $\dfrac{p}{c}$ in einen van't Hoffschen Anteil (Term I in Abb. 9) und einen zusätzlichen „Wechselwirkungsanteil" (Term II) zerlegen. Bei einer Gewichtskonzentration c_1 soll nun Term II im Sinne der Hypothese vom Polymerisationsgrad unabhängig sein, also den gleichen Wert haben, ob nun der Polymerisationsgrad n gleich 1 oder z. B. gleich 460 ist, während der Term I mit zunehmendem Polymerisationsgrad, d. h. zunehmendem Molekulargewicht, gemäß

$$\frac{p}{c} = \frac{1}{M}\,RT$$

abnimmt und bei $n = 460$ nur den $\dfrac{1}{460}$ Teil seines Wertes von $n = 1$ hat. Dies führt dann praktisch dazu, daß beim Monomeren die Abweichung prozentuell sehr wenig ausmacht, weil Term II neben einem sehr großen Term I gemessen wird; beim Hochpolymeren dagegen kann sie sehr viel ausmachen, denn es wird der gleiche Term II neben einem sehr viel kleineren Term I gemessen. Ein quantitativer Vergleich der Abweichungen bei Niedermolekularen und Hochmolekularen vom van't

HOFFschen Gesetz zeigte in der Tat, daß sie, pro Kettenglied gerechnet, durchaus in der gleichen Größenordnung liegen.

Eine unmittelbare Folgerung dieser Auffassung würde darin bestehen, daß in einer polymer-homologen Reihe die Kurven annähernd parallel verlaufen sollten. Daß dies tatsächlich in roher erster Näherung der Fall ist, zeigen die Messungen von SCHULZ (Abb. 6, 7 und 8, S. 268, 269) sowie von BUCHNER und STEUTEL (*30*) (Abb. 10).

Der Gedanke, daß sich die Abweichungen vom „idealen" Verhalten additiv aus Inkrementen der einzelnen Atome des Gesamtmoleküls zusammensetzen lassen, ist an sich nicht neu. Vor kurzem wurde er speziell von BOISSONNAS (*31*) an Hand von Messungen mit niedermolekularen Kettenmolekülen diskutiert, und in allerneuester Zeit haben dann BOISSONNAS und K. H. MEYER (*32*) derartige Überlegungen vertieft und im Anschluß an die älteren Dampfdruckmessungen von MEYER und LÜHDEMANN (*33*) auch nach der experimentellen Seite hin durch Bestimmung von osmotischem Druck, Dampfdruck, freier Energie und Lösungswärme mit großem Erfolg weitergeführt.

Eine ausführliche Darstellung der mit der Wechselwirkung zwischen Lösungsmittel und Gelöstem zusammenhängenden Erscheinungen haben EIRICH und MARK gegeben (*158*).

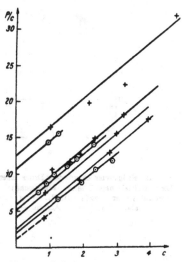

Abb. 10. Reduzierter osmotischer Druck von polymerhomologen Nitrocellulosen in Aceton nach BUCHNER und STEUTEL. P in cm Wassersäule, c in g/100 ccm.

Nachdem wir nun gesehen haben, wie die Abweichungen vom VAN'T HOFFschen Gesetz zu deuten sind und in welcher Weise ein mehr oder weniger sicherer Grenzwert des spezifischen osmotischen Druckes ermittelt werden kann, müssen wir jetzt die Frage stellen, ob das berechnete Gewicht wirklich als *Molekulargewicht* anzusprechen ist. Eine erste mögliche Fehlerquelle, nämlich reversible Assoziation ist durch Extrapolation auf den Nullwert des spezifischen osmotischen Druckes von vornherein ausgeschaltet; es ist aber notwendig zu prüfen, ob nicht auch bei den kleinsten Konzentrationen Komplexe aus mehr als einem Molekül bestehen bleiben.

Ein wichtiges-Kriterium für die Aufteilung bis in die Einzelmoleküle besteht darin, daß man die $\frac{p}{c}$-Kurven für eine bestimmte Substanz in verschiedenen Lösungsmitteln aufnimmt. Solche Messungen verdanken wir vor allem DOBRY (*34*), welche Forscherin Nitrocellulose und Acetylcellulose in verschiedenen Lösungsmitteln untersucht hat. Tatsächlich er-

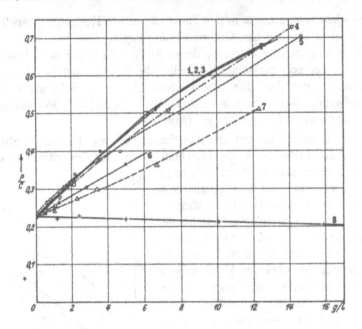

Abb. 11. Reduzierter osmotischer Druck einer Nitrocellulose mit $M = 111\,000$ ($n \approx 460$) in verschiedenen Lösungsmitteln nach DOBRY. Lösungsmittel: 1 Benzoesäureäthylester + 11% abs. Alkohol. — 2 Salizylsäuremethylester + 20% CH_3OH. — 3 Acetophenon + 3% abs. Alkohol. — 4 Cyclohexanon + 5,8% abs. Alkohol. — 5 Aceton. — 6 Essigsäure. — 7 Methylalkohol. — 8 Nitrobenzol.

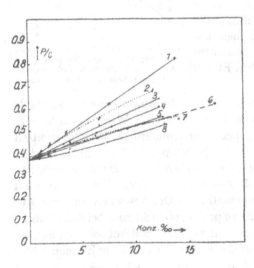

Abb. 12. Reduzierter osmotischer Druck einer Acetylcellulose mit $M = 66\,500$ in verschiedenen Lösungsmitteln nach DOBRY. Lösungsmittel: 1 Tetrachlorathan + 13,35% abs. Alkohol. — 2 Essigsaure. — 3 Acetonitril. — 4 Dioxan. — 5 Aceton. — 6 Nitromethan. — 7 Cyclohexanon. — 8 Ameisensaureäthylester.

gibt sich bei diesen Substanzen, wie Abb. 11 und 12 erkennen lassen, ein innerhalb der Fehlergrenzen vom Lösungsmittel unabhängiger Grenzwert für den spezifischen osmotischen Druck, mithin also auch das gleiche Teilchengewicht. Wir dürfen tatsächlich annehmen, daß das auf diesem Wege bestimmte Molekulargewicht das *wahre* mittlere Molekulargewicht der betreffenden Substanz darstellt, denn es ist äußerst unwahrscheinlich, daß irgendwelche Agglomerate oder Assoziate vorliegen, welche in allen Lösungsmitteln unverändert erhalten

bleiben. Neuestens haben auch STAUDINGER und REINECKE (35) im Verlaufe einer ausführlichen Untersuchung derartige Messungen in verschiedenen Lösungsmitteln vorgenommen und konnten die Ergebnisse von DOBRY bestens bestätigen.

Ein zweites wichtiges Argument für das Vorliegen von Einzelmolekülen dürfen wir in dem „normalen" Verlauf der $\frac{p}{c}$-Kurven erblicken. Als „normal" werden wir dabei einen solchen Verlauf bezeichnen, der sich den erwähnten Formeln von Wo. OSTWALD sowie

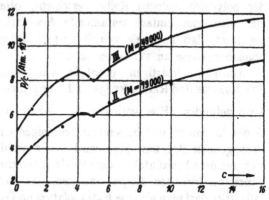

Abb. 13. Reduzierter osmotischer Druck von zwei Methylcellulose-
fraktionen in Wasser, nach G. V. SCHULZ, c in g/100 ccm.

SCHULZ fügt. Nun sind im Laufe der Zeit eine Reihe von abweichenden Fällen bekannt geworden.

So konnte HERZ (36) feststellen, daß die $\frac{p}{c}$-Kurven einer Lösung von Cellit in Methylglykolacetat zunächst ein Minimum durchlaufen und dann
erst wieder ansteigen. Eine eingehende Untersuchung der Methylcellulose verdankt man SCHULZ (27). In Abb. 13 ist der für diese Substanz charakteristische Verlauf der $\frac{p}{c}$ - Kurven dargestellt. Wendet man zur Deutung dieses Verhaltens die von SCHULZ vorgeschlagenen Beziehungen an, so kann man, unter der Annahme

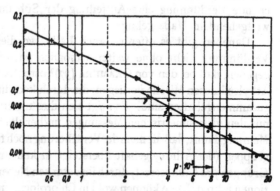

Abb. 14. Beziehung zwischen spezifischem Covolumen s und osmotischem Druck bei Methylcellulosen in Wasser. O M = 79 000;
+ M = 49 000; ● M = 46 000. (Der Pfeil bezeichnet die Werte,
die zur Konzentration 0,5 % gehören.)

eines konstanten Molekulargewichtes, einen Zusammenhang zwischen S und p berechnen. Unter normalen Umständen ergibt sich hierfür, wie schon erwähnt, im logarithmischen Maßstab eine Gerade; hier jedoch erhält man zwei annähernd gerade Linien (Abb. 14), woraus man schließen kann, daß bei etwa 0,5 % zwei ziemlich wohldefinierte Zustände ineinander übergehen. Da für alle untersuchten Präparate die obere, den niedrigen Konzentrationen der Lösung entsprechende Gerade identisch ist, darf man wohl annehmen, daß sie für das bis in die Einzelmoleküle aufgeteilte System charakteristisch ist, während die untere, die sich beim Fortschreiten innerhalb der polymerhomologen Reihe verschiebt, offenbar den Ausdruck für eine nicht ganz einfach verlaufende Assoziation darstellt. Schulz (27) vermutet, daß auch die von Herz (36) aufgefundenen Anomalien in ähnlicher Weise zu verstehen sind.

Einen andersartigen, ebenfalls sehr interessanten Effekt haben Staudinger und Reinecke (35) in Lösungen von Äthylcellulose in Chloroform gefunden. Hier verlaufen die $\frac{p}{c}$-Kurven bei kleinen Konzentrationen horizontal und biegen erst bei einigen Grammen im Liter in einen ansteigenden Ast um. Man wird daher wohl annehmen dürfen, daß sich aus dem horizontalen, dem van't Hoffschen Gesetz entsprechenden Stück bei kleinsten Konzentrationen, das Molekulargewicht berechnen läßt. Hier darf man also die Extrapolation im Ostwaldschen Sinn deshalb ohne besonderes Bedenken durchführen, weil die Anomalien erst im Bereiche höherer Konzentrationen einsetzen. Im übrigen verhalten sich die in Chloroform untersuchten Äthylcellulosen bei niedrigen Konzentrationen auch viskosimetrisch durchaus normal. Ferner behalten sie nach Überführung in die Äthyl-acetylcellulose den gleichen Polymerisationsgrad bei. Wir haben also hier offenbar Systeme vor uns, bei denen durch hinreichende Verdünnung eine Aufteilung der Substanz in Einzelmoleküle in weitgehendem Maße gelingt.

Daneben gibt es offenbar auch Fälle, wo dies selbst bei sehr starker Verdünnung nicht ohne weiteres möglich ist. So hat Staudinger angegeben, daß bei den von Okamura (37)[1] osmotisch in Benzol vermessenen Äthylcellulosen Mizelle vorliegen, die durch koordinative Bindungen in sich zusammengehalten sind. Es zeigt sich dies unter anderem beim Vergleich mit den viskosimetrischen Messungen und erklärt sich nach Staudingers Meinung damit, daß die nach der Verätherung noch freigebliebenen Hydroxylgruppen (der Äthoxylgehalt übersteigt in keinem Fall den Wert von 2,6 Gruppen pro Glukoserest) durch ihre starken Nebenvalenzkräfte zu Assoziationen führen. Diese können wohl in Chloroform unter dem Einfluß der relativ stark polaren CCl-Bindungen gespalten werden, nicht aber in Benzol. Das

---

[1] Die von Okamura aus dem Vergleich von osmotischem Druck und Viskosität berechneten K-Konstanten zeigen Anomalien, indem sie sich beim Fortschreiten in der polymer-homologen Reihe unregelmäßig ändern und im Mittel 2—3mal größer sind als die K_m-Konstanten der verschiedenen Cellulosederivate, sowie der Äthylcellulose in anderen Lösungsmitteln.

Einen interessanten anomalen viskosimetrischen Effekt an dieser Substanz hat Suida (38) aufgefunden. Versetzt man die benzolische Lösung mit 0,1% Wasser, so sinkt die Viskosität auf Bruchteile des ursprünglichen Wertes ab, was wahrscheinlich mit Mizellbildung zu erklären ist.

Verhalten ähnelt durchaus dem der einbasischen aliphatischen Fettsäuren — z. B. der Essigsäure, die in Benzol in Form von Doppelmolekülen vorhanden ist —, und es steht überhaupt mit dem starken Assoziationsbestreben der Hydroxylgruppen in gutem Einklang. STAUDINGER (35) führt zur Stütze seiner Ansicht noch an, daß nach Veresterung der freigebliebenen Hydroxylgruppen mit Essigsäure das Verhalten in der Tat normal wird, ebenso wie die Ester der Carbonsäuren in Benzol monomolekular gelöst sind.

Einen besseren Hinweis darauf, ob in einem bestimmten Fall tatsächlich eine Aufteilung der Präparate bis in die einzelnen Moleküle erreicht ist, hat STAUDINGER durch Anwendung von *polymer-analogen Umsetzungen* (159) erbracht. Da dieses Verfahren die Kombination einer chemisch-präparativen Untersuchung mit einer chemisch-physikalischen beinhaltet und daher gerade im Rahmen des vorliegenden Artikels von Bedeutung ist, erscheint eine kurze Besprechung als gerechtfertigt.

Wir betrachten als Beispiel zunächst die von ZECHMEISTER und TÓTH (10) isolierten und charakterisierten Oligosaccharide. Bei ihnen konnte einwandfrei festgestellt werden, daß sowohl bei der Acetylierung als auch bei der Methylierung der Polymerisationsgrad erhalten bleibt. Daraus wird mit Recht der Schluß gezogen, daß in diesen Substanzen 3, 4 bzw. 5—6 Glukosereste durch chemische Hauptvalenzen so fest zusammengehalten sind, daß dieser Zusammenhang den chemischen Eingriff der Verätherung bzw. der Veresterung überdauert. In ähnlicher Weise werden bei den Hochpolymeren derartige Umsetzungen durchgeführt und durch Molekulargewichtsbestimmung geprüft, ob der Polymerisationsgrad erhalten geblieben ist. Zutreffenden Falles erfolgt der Übergang in eine analoge Verbindung gleicher Kettenlänge, und man hat eine polymer-analoge Umsetzung vor sich. Es darf dann wohl mit Recht angenommen werden, daß die in der Lösung vorhandenen kinetischen Einheiten auch wirklich als Einzelmoleküle aufzufassen sind, denn sonst würde sich bei der chemischen Umsetzung wohl der Assoziationsgrad (d. h. die Zahl der zu einem kinetisch selbständigen Teilchen vereinigten chemischen Moleküle) verändert haben. STAUDINGER weist wiederholt auf die große Wichtigkeit dieser polymeranalogen Umsetzungen hin, da sich mit ihrer Hilfe, unter Verwendung klassischer Methoden der organischen Chemie, wichtige Beiträge über den Zustand hochpolymerer Stoffe in der Lösung erbringen lassen.

Allerdings muß man bei Bewertung der quantitativen Ergebnisse bedenken, daß man in den Hochpolymeren niemals einheitliche Stoffe, sondern immer Gemische von Polymer-homologen vor sich hat, so daß beim Aufarbeiten der Reaktionsprodukte Fraktionierungen eintreten können, was zu gewissen kleineren Unterschieden im mittleren Polymerisationsgrad von Ausgangs- und Endprodukt führt. Die größte Schwierig-

keit, die sich einer quantitativen Durchführung polymer-analoger Umsetzungen entgegenstellt, ist aber die große *Empfindlichkeit der Makromoleküle* gegen eine Verkleinerung ihrer Kettenlänge. Analytisch kaum
mehr nachweisbare Spuren von Substanzen können schon ausreichen, um
einen erheblichen Abbau zu bewirken. So genügen nach STAUDINGER und
JURISCH (*35*, dort S. 192) 0,96 mg Sauerstoff, um in 3,24 g Cellulose den
Polymerisationsgrad von 2000 auf 1000 herabzusetzen; dies entspricht
einem Bedarf von 6 Sauerstoffatomen für jede einzelne Kettenspaltung.
Es ist daher bei allen Umsetzungen dieser Art streng auf den Ausschluß
von Sauerstoff zu achten, was mit großem Nachdruck betont werden
muß. Auch freie Säuren können hydrolytisch spaltend wirken, welcher
Umstand namentlich bei der Acetylcellulose von Wichtigkeit ist. Läßt
man Vorsichtsmaßregeln dieser Art außer Acht oder berücksichtigt sie
nicht genügend, dann muß man damit rechnen, daß während der polymeranalogen Umsetzung ein *Abbau* erfolgt, wodurch die Ergebnisse natürlich
völlig unbrauchbar werden.

Unter Bedachtnahme auf die eben erwähnten Umstände konnte
STAUDINGER zeigen, daß Celluloseester in organischen Lösungsmitteln bei
hinreichender Verdünnung im allgemeinen bis in die einzelnen Hauptvalenzketten aufgespalten sind.

Das folgende Schema gibt einen Überblick der von STAUDINGER und
seinen Mitarbeitern in einer Reihe von Arbeiten bereits experimentell
durchgeführten polymeranalogen Umsetzungen:

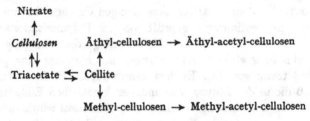

Alle Teilchengewichte wurden osmotisch bestimmt, lediglich die
Cellulose selbst (in Kupferoxydammoniak-lösung) konnte bisher nicht
osmotisch, sondern nur viskosimetrisch gemessen werden. Auf Grund der
durch den Vergleich von osmotischen und viskosimetrischen Messungen,
namentlich bei Celluloseestern gesammelten Erfahrungen kommt STAU-
DINGER auch hier zur Auffassung von Einzelmolekülen in Lösung. Wir
müssen uns ein näheres Eingehen auf diese spezielle Schlußfolgerung für
später vorbehalten.

Eine Probe auf die Zuverlässigkeit solcher Versuche kann man wohl
auch darin erblicken, daß die erhaltenen Derivate in das Ausgangsprodukt
zurückverwandelt, in guter Näherung wieder das ursprüngliche Molekulargewicht ergeben.

Osmotische Messungen an Celluloseestern sind im Laufe der Zeit auch von einer Reihe anderer Forscher durchgeführt worden. So vor allem von DUCLAUX und Mitarbeitern (40), R. O. HERZOG, SPURLIN (41) und DERI-PASKO (42), OBOGI und BRODA (43). Sie haben sichergestellt, daß den Celluloseestern in Lösung je nach der Vorbehandlung Polymerisationsgrade bis zu 1600 zukommen. Aus den Messungen von SCHULZ (27) sowie BUCHNER und STEUTEL (30) tritt uns der Begriff der *polymer-homologen Reihe* dadurch besonders eindrucksvoll entgegen, daß, wie Abb. 6, 7, 8 und 10 (S. 268—271) zeigen, mit einem fortschreitenden Abbau im Sinne des präparativen Chemikers auch eine allmähliche Abnahme des Molekulargewichtes, d. h. der Kettenlänge erfolgt. Die Kontinuität der physikalisch-chemischen Eigenschaften von Fadenmolekülen bei stetig veränderter Länge findet also auch in den osmotischen Erscheinungen ihren klaren Ausdruck.

Wir wollen nun die mittels der Endgruppen-methoden und der osmotischen Messungen erhaltenen Ergebnisse miteinander vergleichen. Das sich ergebende Bild ist recht uneinheitlich, indem die Zahl der nach verschiedenen Methoden gefundenen Aktiv- oder Endgruppen teils der Anzahl der Endglieder bei der osmometrisch bestimmten Kettenlänge entspricht (Tetramethylglukose aus Cellit, Methylcellulose und regenerierter Cellulose), teils aber größer (elektrometrische Titration) und teils kleiner ist (Tetramethylglukose aus nativer Cellulose). Zur Erklärung der Unterschiede wird man einerseits Blockierungen von Kettenenden annehmen, anderseits eingebaute kurze Seitenketten in Betracht zu ziehen haben. Jedenfalls ist das aus den osmotischen Messungen, namentlich in Verbindung mit den polymeranalogen Umsetzungen erhaltene, durchsichtige Bild des molekularen Baues mit den Ergebnissen der Endgruppenbestimmung nach Einführung gewisser plausibler Zusatzannahmen ohne weiteres verträglich. Wenn wir auch heute bezüglich dieser Feinheiten des molekularen Aufbaues noch nicht ganz klar sehen, so sind letzten Endes gerade aus solchen Kombinationen wichtige Erkenntnisse zu erwarten.

In Lösungen von xanthogenierter Cellulose (Viskose) scheinen bezüglich des Dispersitätsgrades wesentlich andere Verhältnisse vorzuliegen. Besonders LIESER (44) hat sich in letzter Zeit mit dem Zerteilungszustand in diesen Lösungen erfolgreich beschäftigt und kommt zu der Auffassung, daß sowohl in Viskose als auch in Kupferoxydammoniak keine Zerteilung bis in die einzelnen Hauptvalenzketten statthat, sondern daß Mizelle im Sinne der MEYER-MARKschen Auffassung vorliegen. Die Frage, wann die Aufteilung nur bis in *Mizellen* und wann sie bis in *Einzelmoleküle* erfolgt, werden wir gemäß dem derzeitigen Stand unseres Wissens wahrscheinlich wie folgt am richtigsten beantworten (1).

Wenn man an der im chemisch unveränderten Zustand unlöslichen Cellulose eine chemische Reaktion vornimmt, so wird, wie besonders röntgenographische Untersuchungen von Hess und Trogus (45) gezeigt haben, das Reagenz in vielen Fällen zuerst an der Oberfläche der Mizellen zu Umsetzungen führen und die Reaktion dann schichtenweise ins Innere weitertragen. Ist die angreifende Substanz nicht ohne weiteres fähig, die zwischenmolekularen Kräfte der Hauptvalenzketten soweit zu überwinden, daß sie ins Innere der Mizelle eindringen kann, so wird die Reaktion auf die Mizell-oberfläche beschränkt bleiben. Ist dann ein Dispersionsmittel vorhanden, in welchem sich das oberflächlich gebildete Derivat löst, so sind zwei Fälle möglich:

1. Der Zusammenhalt zwischen den Hauptvalenzketten des Derivates und den Hauptvalenzketten der unveränderten Cellulose ist schwächer als die Solvatationstendenz der Lösungsmittelmoleküle. Dann wird eine Auflösung der bereits in das Derivat umgesetzten Hauptvalenzketten erfolgen und unveränderte Cellulose ungelöst zurückbleiben. Die Lösung wird dann im allgemeinen monomolekular sein und nur einen bestimmten Teil der gesamten Substanz erfassen.

2. Der Zusammenhalt zwischen den beiden Arten von Hauptvalenzketten ist stärker als die Solvatationstendenz der Lösungsmittelmoleküle. Dann werden im allgemeinen die Mizelle als Ganzes vermöge ihrer „löslichen Oberfläche" davonschwimmen. Dieser Fall scheint beim Xanthogenat vorzuliegen.

Wenn die permutoide Reaktion nicht auf die Oberfläche beschränkt bleibt, sondern bis zu einem vollständigen Umsatz geführt hat, braucht deshalb noch keine molekulardisperse Lösung zu entstehen. Wir haben bereits den typischen Fall der Äthylcelluloselösung in Bonzol besprochen, wo sich die Solvatationstendenzen mit den konkurrierenden van der Waalsschen Kräften zwischen den Hauptvalenzketten etwa die Waage halten, so daß kleine Einflüsse — Zusatz von wenig Wasser — schon zu einer beträchtlichen Verschiebung des Dispergierungs-gleichgewichtes führen können.

Zusammenfassend läßt sich also feststellen, daß die Frage nach dem Dispersitätsgrad der Lösungen von Cellulose und ihren Derivaten nicht ohne weiteres für alle Systeme in einheitlicher Weise beantwortet werden kann. Ob die Teilchengewichtsbestimmung in einem speziellen Fall zugleich als Molekulargewichtsbestimmung gewertet werden darf, ist, sofern nicht schon besondere Erfahrungen an der betreffenden Substanz vorliegen, an Hand der folgenden drei Kriterien zu entscheiden:

1. Überführung in polymeranaloge Verbindungen vom gleichen Polymerisationsgrad;

2. Invarianz des Teilchengewichtes bei Variation des Lösungsmittels und

3. normaler Verlauf von $\frac{p}{c}$ in Abhängigkeit von der Konzentration.

Nachdem wir nunmehr an Hand des Verhaltens der Celluloselösungen die Auswertungsmethoden und verschiedenen Schwierigkeiten kennen gelernt haben, können wir in verhältnismäßiger Kürze die bei anderen natürlichen und künstlichen Hochpolymeren erzielten Ergebnisse besprechen.

Messungen an verschiedenen weiteren Fadenmolekülen.

Stärke. Die Verhältnisse liegen hier ganz andersartig. Wie bereits berichtet, haben HAWORTH und HIRST (6) schon vor längerer Zeit mittels der Endgruppenmethode eine scheinbare Kettenlänge von etwa 25—30 gefunden, und zwar unabhängig von der Viskosität und dem osmotischen Molekulargewicht des betreffenden Präparates. Zu einem ähnlichen Ergebnis führten die Untersuchungen von HESS und LUNG (7). Wie Tabelle 1 zeigt (S. 258), ist bei Präparaten, deren viskosimetrisch bestimmter Polymerisationsgrad zwischen 1600 und 3090 schwankt, die aus dem Endgruppengehalt bestimmte scheinbare Kettenlänge über-

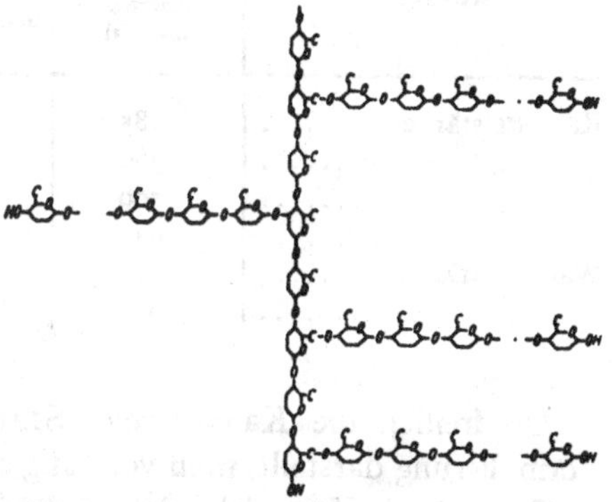

Abb. 15. „Kammformel" für Stärke nach STAUDINGER.

einstimmend etwa 50. Die Diskrepanz zwischen den Arbeiten der HAWORTHschen und der HESSschen Schule wäre nach Meinung des letzteren Forschers auf eine nicht genügend schonende Methylierung bei HAWORTH zurückzuführen. Übereinstimmend bei beiden ist aber die Tatsache, daß das mit physikalischen Methoden bestimmte Molekulargewicht das durch Endgruppenanalyse ermittelte um ein bis zwei Größenordnungen übertrifft. Hierfür sind zwei Deutungen möglich:

1. Die durch Hauptvalenzen in sich zusammengehaltenen Moleküle haben eine Größe, wie sie sich aus der Endgruppenanalyse ergibt. Aus diesen Molekülen werden durch Nebenvalenzen (Mizellbildung usw.) jene Teilchen gebildet, die man osmotisch mißt.

2. Das osmotisch bestimmte Molekulargewicht ist das richtige und der große Gehalt an Endgruppen ist durch eine Verzweigung des Moleküls bedingt. Abb. 15 bringt eine von STAUDINGER zur Erklärung dieses Befundes zur Diskussion gestellte „*Kammformel*". Das scheinbare Molekulargewicht aus der Endgruppenbestimmung von 20 C_6 oder 50 C_6 würde dann etwa der Länge einer einzelnen Seitenkette entsprechen. STAUDINGER (46) hat in einer kürzlich erschienenen Arbeit einen Beweis für diese Auffassung angestrebt, indem er polymeranaloge Umsetzungen an verschie-

denen Stärke-sorten und -fraktionen durchführte und sowohl beim Ausgangs- als auch Endprodukt das Molekulargewicht durch osmotische Messungen bestimmte. Das in Tabelle 4 wiedergegebene Zahlenmaterial zeigt, daß der Polymerisationsgrad weitgehend erhalten bleibt. Dies spricht für die Auffassung, daß die in Lösung vorhandenen kinetischen Einheiten tatsächlich Einzelmoleküle sind.

Tabelle 4. Überführung von polymerhomologen Stärken in polymeranaloge Produkte nach Staudinger und Husemann (46).

Stärkesorte	Polymerisationsgrade			
	Ausgangs-material	Stärketriacetate	Stärken aus Tri-acetaten durch Verseifung	Methylstärken aus Triacetaten
Kartoffelstärke	185	190	185	200
,, ...	380	390	—	—
,, ...	560	540	570	590
,, ...	940	960	870	—
Weizenstärke.	1770	—	1640	—
,, ...	600	570	530	—

Ob freilich die Kammformel Staudingers bereits eine endgültige Formulierung darstellt, muß vorläufig offen bleiben.

So betont Hess (7), daß sich in dem Hydrolysat-gemisch des methylierten Produktes von den Verzweigungsstellen herrührende Dimethylcellulose finden müßte, ohne daß es ihm gelungen wäre, das Produkt analytisch nachzuweisen. Die Komplikationen scheinen bei der Stärke jedenfalls ganz besonders groß zu sein und ein andersartiger stabiler Zusammenhalt von kürzeren Glukoseketten (Fremdhautsystem) wäre vielleicht hier doch diskutabel.

Glykogen. Wie bereits berichtet wurde, sind die Diskrepanzen zwischen den Molekulargewichten aus Endgruppenbestimmung und osmotischer Messung noch größer als bei der Stärke. Die Diskussion wird sich in gleicher Richtung wie bei dieser bewegen müssen.

Inulin. Wie erwähnt, wurde der Polymerisationsgrad aus Endgruppenbestimmung und osmotischer Messung von Haworth übereinstimmend zu etwa 30 festgestellt, so daß unverzweigte Ketten von 30 C_6 angenommen werden dürfen.

Kautschuk. Hier sind vor allem die klassischen Arbeiten von Caspari (47) zu nennen, der zahlreiche, sehr exakte osmotische Messungen ausgeführt hat. Die verwendeten Konzentrationen waren wohl ziemlich hoch, doch scheint das Verhalten nach den von Wo. Ostwald durchgeführten Auswertungen doch soweit normal zu sein, daß die Extrapolationen und damit die berechneten Molekulargewichte einigermaßen sicher sind. Die in Abb. 3 (S. 266) dargestellten Messungen (Kautschuk in Benzol) ergaben z. B. ein Molekulargewicht von 129000.[1]

Sehr lehrreich sind die Ergebnisse der Untersuchung von *gealtertem* Kautschuk. Die durch Alter oder Belichtung hervorgerufenen Veränderungen führt man meist in erster Linie auf einen Abbau der Moleküle, also eine Verringerung der Kettenlänge zurück. Die dadurch bedingte Vermehrung der Molekülzahl ließe eine Vergrößerung des osmotischen Druckes erwarten. Nun findet man bei den angewendeten Konzentrationen (nicht unter 10 g/l) gegenüber dem frischen Kautschuk jedoch eine Verringerung des osmotischen Druckes.

Die Aufklärung dieses scheinbaren Gegensatzes hat Wo. Ostwald durch die Berücksichtigung der Abweichungen vom van't Hoffschen Gesetz erbringen können. Der Sachverhalt läßt sich am besten an dem Schema von Abb. 16 erläutern, in welchem die $\frac{p}{c}$-Werte für einen frischen Kautschuk (I)

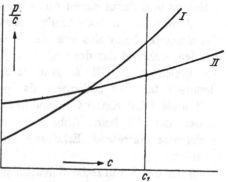

Abb. 16. Osmotisches Verhalten von frischem (*I*) und gealtertem Kautschuk (*II*), auf Grund der Versuche von Caspari und Überlegungen von Wo. Ostwald, schematisch dargestellt.

und einen gealterten Kautschuk (II) in Abhängigkeit von c aufgetragen sind. Der Ordinatenabschnitt ist bei II tatsächlich höher, also, wie nach der Depolarisations-Vorstellung zu erwarten war, eine Vermehrung der Molekülzahl eingetreten. Die Abweichungen vom van't Hoffschen Gesetz sind aber beim ungealterten Kautschuk (I) stärker, so daß bei der niedersten angewendeten Konzentration c_1 der Gesamtdruck des frischen Kautschuks (I) bereits den des gealterten (II) übertrifft. Wie Kratky und Musil (*29*) bemerken, hat im Sinne ihrer Theorie über das Zustandekommen der Abweichungen vom van't Hoffschen Gesetz, die Wechselwirkung der einzelnen Kettenglieder mit dem Lösungsmittel durch die Alterung — beim „Leimigwerden" — stark *abgenommen*. Im allgemeinen geht aber eine Verkleinerung des Moleküls mit einer *Vergrößerung* dieser Wechselwirkung einher, wie vor allem die Messungen von Schulz (*27*) zeigen: mit einer Vergrößerung des Ordinatenabschnittes steigt die Neigungstangente der $\frac{p}{c}$-Kurve (Abb. 6, 7, 8, S. 268, 269).

Die erwähnte Theorie geht zur Erklärung dieses „normalen" Effektes

---

[1] Das Molekulargewicht im nativen Zustand kann auch wesentlich höher liegen und bis zur Durchführung der Messung bereits ein Abbau durch Sauerstoff erfolgt sein (*39*, dort S. 399).

davon aus, daß in kleinen Molekülen die einzelnen Grundbausteine gleich-
mäßiger über die Lösung verteilt sind, als wenn eine Häufung durch ihre
Bindung zu sehr großen Fadenmolekülen vorliegt. Die „Wechselwirkung"
ist in ersterem Fall größer, was man sich leicht z. B. aus der Tatsache
klar macht, daß die Lösungswärme in dem Maße frei wird, in welchem der
gelöste Stoff in immer größerer Verdünnung im Lösungsmittel verteilt
wird. Der gedachte Zerfall eines ganzen Fadenmoleküls in mehrere kleine
entspricht nun durch Beseitigung der starken Häufung einer solchen Verdünnung und damit einem Anwachsen der Wechselwirkungsterme, d. h.
der Abweichungen vom VAN'T HOFFschen Gesetz. Das Verhalten der
Celluloseester kann also von diesem Gesichtspunkte aus gut verstanden
werden, während das der gealterten Kautschuklösungen als „abnormal"
zu bezeichnen ist. Die festgestellte Abnahme der Wechselwirkung darf
demnach fast mit Sicherheit als Indikator dafür angesehen werden,
daß außer der Kettenverkleinerung noch ein zweiter Vorgang stattfindet, der die beim Abbau in einer polymerhomologen Reihe nor-
malerweise eintretende Erhöhung der Wechselwirkungsglieder überkom-
pensiert.

Auch die SCHULZsche Solvatationstheorie ist natürlich nicht in der
Lage, die beiden schematischen Kurven in Abb: 16 mit dem gleichen k
und v darzustellen. Die Leistung dieser Theorie besteht aber gerade darin,
daß sie in verschiedenen anderen Fällen (Abb. 6, 7, 8, S. 268, 269) mit zwei
Konstanten das Verhalten einer ganzen polymerhomologen Reihe zu erfassen vermochte. Aus ihrem Versagen ist daher ebenfalls zu schließen,
daß frischer und gealterter Kautschuk streng genommen nicht der gleichen
polymerhomologen Reihe angehören. Es wird sicher nicht schwer sein,
Erklärungen für die möglicherweise neben dem Abbau verlaufenden Veränderungen vorzuschlagen, doch kommt es uns weniger auf eine solche
— im Moment ja doch nur hypothetische — Erklärung an, als vielmehr auf
die Charakterisierung der osmotischen Methode als Hilfsmittel zur Er-
kennung von chemischen Veränderungen in einer Lösung.

In neuerer Zeit wurden an Kautschuklösungen Messungen von KROE-
PELIN und BRUMHAGEN (48) durchgeführt. Sie stellen insofern eine wichtige Ergänzung der älteren Messungen dar, als bis hinab zu Konzentrationen von etwa 5 g/l gemessen wurde. Ferner sind die neueren, sehr
sorgfältigen Messungen von STAMBERGER und BLOW (49) sowie von
FIKENTSCHER (50) zu nennen.

An *Guttapercha* hat CASPARI (47) Messungen vorgenommen.

Künstliche Hochpolymere. SCHULZ hat Messungen an polymerhomologen Polystyrolen und Polyäthylenoxyden ausgeführt (Abb. 7 u. 8,
S. 269). Die Kurvenscharen fügen sich ausgezeichnet den von ihm angegebenen Formeln. Das Verhalten ist also ganz analog dem der Celluloseester.

Die Grenzen der osmotischen Methode.

Die osmotische Methode der Molekulargewichtsbestimmung gehört zweifellos zu den leistungsfähigsten und hat auch den Vorzug, bei einiger Einarbeitung in jedem chemischen Laboratorium ausführbar zu sein. Nachdem wir in den vorhergehenden Abschnitten die Ergebnisse aufgezeigt haben, sollen nun die Grenzen besprochen werden, die ihrer Leistungsfähigkeit derzeit gesetzt sind. Sie liegen vor allem in drei Dingen.

a) **Besonders große Moleküle und Verlauf bei kleinsten Konzentrationen.** Die Messungen werden sehr schwierig, sobald das Molekulargewicht einige 100000 beträgt. Der osmotische Druck bei Konzentrationen von einigen Grammen pro Liter liegt dann nur mehr in der Größenordnung von wenigen Millimetern Wassersäule und die Ergebnisse sind daher bei der Meßgenauigkeit von etwa 0,5 mm Wassersäule schon mit einer nennenswerten Unsicherheit behaftet. Immerhin konnte SCHULZ eine Nitrocellulosefraktion vom Molekulargewicht 443000 noch gut durchmessen (Abb. 6, S. 268).

Wir haben erwähnt, daß die experimentelle Entscheidung zwischen dem nach den Formeln von OSTWALD und SCHULZ berechneten Verlauf bei den kleinsten Konzentrationen bisher noch nicht erbracht werden konnte. Eine Ausdehnung der Messungen auf dieses Gebiet wäre durchaus wünschenswert, und zwar sowohl aus Gründen einer noch genaueren Molekulargewichtsbestimmung, als auch zwecks Herbeiführung dieser für unsere Vorstellung vom Lösungszustand wichtigen Entscheidung.

SIGNER (67) hat vor mehreren Jahren in seinen Arbeiten über die ultrazentrifugalen Messungen ebenfalls die Abweichungen vom VAN'T HOFFschen Gesetz bei den kleinsten Konzentrationen diskutiert und ist damals zur Auffassung gekommen, daß bei Molekulargewichten von einigen 100000 das Osmometer keinesfalls in der Lage sei, verläßliche Werte zu liefern. An Hand der neueren Messungen von SCHULZ sehen wir aber, daß bei der heute erreichbaren Meßgenauigkeit diese Bedenken gegenstandslos geworden sind. Allein Abb. 6, S. 268 demonstriert wohl hinreichend diese Behauptung, so daß trotz der großen Wichtigkeit dieser Frage, eine zahlenmäßige Diskussion unterbleiben darf.

b) **Die Heterodispersität.** Ein zweiter und zwar grundsätzlicher Mangel der osmotischen Methodik besteht darin, daß sie immer nur mittlere Molekulargewichte mißt. Die Mittelbildung muß man sich dabei so denken, daß das Gesamtgewicht durch die Anzahl der Moleküle dividiert wird.[1]

---

[1] Diese Bemerkung ist deshalb nicht trivial, weil experimentelle Mittelwerte auch in anderer Weise zustande kommen können; z. B. ist die gemessene spezifische Viskosität einer Lösung von Fadenmolekülen ein Mittelwert aus den Viskositäten der einzelnen vorhandenen Molekülsorten, wobei edes Molekül in die Mittelwertbildung

Da bei der osmotischen Messung alle Moleküle in gleicher Weise zählen, verschiebt eine kleine Gewichtsmenge einer niedermolekularen Fraktion (die eine relativ große Zahl an Molekülen enthält), das Mittel beträchtlich nach kleineren Werten. Man wird daher vor der Durchführung jeder osmotischen Messung eine möglichst vollständige Entfernung solcher niederer Fraktionen nach einer der bekannten Methoden anstreben.[1] Bei dieser Sachlage würde eine ganz niedermolekulare Beimengung, etwa das Monomere der Substanz oder sonst irgendwelche Abbauprodukte verheerend wirken. Glücklicherweise schützt vor derartigen Fehlern die halbdurchlässige Membran, indem sich Teilchen unterhalb eines Molekulargewichtes von etwa 5000 rasch gleichmäßig auf beide Seiten der Membran verteilen, so daß eine osmotische Wirkung solcher Verunreinigungen nicht zustande kommt.

c) **Fadenmoleküle unter** $M = 20000$. Die käuflichen Membranen für nicht-wäßrige Lösungsmittel, die Cellafilter, sind nur etwa bis zur Grenze von $M = 20000$ sicher halbdurchlässig; bei kleineren Molekulargewichten kommt es nicht mehr zu einer Gleichgewichtseinstellung, weil die gelösten Moleküle bereits mit einer merklichen Geschwindigkeit durch die Membran diffundieren. Alle bisherigen Messungen erstrecken sich daher auf größere Molekulargewichte. Nun wäre aber gerade das Gebiet zwischen den niedermolekularen Stoffen und den richtig hochmolekularen aus mehreren Gründen besonders interessant. Es würde zweifellos viel zum Verständnis der charakteristischen Eigenschaften der Hochpolymeren beitragen, wenn man den allmählichen Übergang von niedermolekular in hochmolekular an Hand möglichst vieler Eigenschaften verfolgen könnte. Wir wollen daher in Kürze einige neuere Versuche streifen, welche Wege zur Erforschung dieses Zwischengebietes aufzuzeigen scheinen.

Nehmen wir an, daß die in der osmotischen Zelle gelösten Moleküle zwar mit einer merklichen Geschwindigkeit durch die Membran diffundieren, jedoch die Dauer für ihre gleichmäßige Verteilung auf die Flüssigkeit außerhalb und innerhalb der Membran mindestens von der Größenordnung der Dauer eines normalen osmotischen Versuches ist. Beim Einbringen der mit Lösung gefüllten Zelle in das Lösungsmittel wird anfäng-

---

mit einem statistischen Gewicht eingeht, das seinem Molekulargewicht (Polymerisationsgrad) proportional ist. Vgl. hierzu (52), (53), (54).

[1] Am meisten angewendet wird wohl die fraktionierte Fällung: Rocha (55); Herzog und Deripasko (42); Duclaux und Nodzu (40); Herz (36); Obogi und Broda (43). Manchmal bietet die Methode der sukzessiven teilweisen Lösung gewisse Vorteile: Sakurada und Tanigushi (56); Neumann, Obogi und Rogowin (57). Dann ist noch eine Nivellierung der Kettenlängen durch „Destruktierung" möglich: Rogowin und Schlachower (58) Schließlich ist neuerdings der Versuch unternommen worden, eine Fraktionierung durch chromatographische Adsorptionsanalyse auszuführen: Mark und Saito (59).

lich ein Einströmen des Lösungsmittels in die Zelle einsetzen und der Meniskus in der Kapillare wird steigen. Wenn auch im weiteren Verlaufe ein wenig von der gelösten Substanz nach außen diffundiert, wird die osmotische Druckdifferenz immer noch größer sein als der bereits erreichten Steighöhe entspricht und es wird ein weiteres Steigen erfolgen. Schließlich wird aber die Konzentrationsdifferenz zwischen innen und außen so weit abgesunken und der Meniskus in der Kapillare so weit angestiegen sein, daß Gleichgewicht herrscht. Von diesem Punkt an wird wieder ein Absinken des Meniskus in dem Maße erfolgen, wie durch weiteres Hinausdiffundieren der Substanz die Konzentrationsdifferenz weiter abnimmt. Der Versuch hat also darin zu bestehen, daß man in dem Moment, wo die Steighöhe in der Kapillare ein Maximum erreicht hat, außen und innen eine Flüssigkeitsprobe entnimmt und die Konzentrationsdifferenz bestimmt. Aus dieser und der abgelesenen maximalen Steighöhe kann nun gemäß (3) (S. 263) das Molekulargewicht berechnet werden. In solcher Weise durchgeführte orientierende Versuche von BING, KRATKY und MANDL (unveröff.) ließen diesen Weg zur Überbrückung des in Frage stehenden Gebietes als hoffnungsvoll erscheinen.

Eine zweite grundsätzliche Möglichkeit besteht darin, daß man die Porengröße der Membran entsprechend verkleinert. Hydratcellulosefilme können durch Deformation für organische Lösungsmittel praktisch undurchlässig gemacht werden (60), und es ist zu hoffen, daß es ein Zwischenstadium der Deformation gibt, wo die Durchlässigkeit bzw. die Porengröße den richtigen Grad erreicht. Allerdings scheint es fraglich, ob man überhaupt davon sprechen darf, daß es bei Fadenmolekülen eine für Molekulargewichte von z. B. 10000 bis 20000 passende Porengröße gibt.

Bei kugelförmigen Molekülen hat die Aussage über die Porengröße im Hinblick auf den Durchmesser des Moleküls noch einen verhältnismäßig klaren Sinn. Bei langen Ketten dagegen, die anscheinend einen ziemlich undefinierten Knäuel bilden, würde man wahrscheinlich auch bei sehr einheitlicher Porengröße keine scharfe Grenze in der Durchlässigkeit gegenüber Molekülen verschiedenen Molekulargewichtes feststellen können. Es scheint vielmehr eher so, als würden Poren von einer bestimmten Minimalgröße an alle jene Moleküle am Durchtritt verhindern, welche schon richtige Knäuel bilden, dagegen Fadenmoleküle durchlassen, wenn diese noch mit nennenswerter Wahrscheinlichkeit eine gestreckte Form annehmen. Eine Verkleinerung der Poren könnte daher vielleicht auch allen gestreckten Molekülen den Durchtritt verwehren, ohne daß, wie man es wünscht, die Grenze etwa von 20000 auf 10000 oder 5000 herabgesetzt wird. Orientierende Versuche in dieser Richtung haben jedenfalls vorläufig keine befriedigenden Resultate ergeben, es muß aber weiteren Untersuchungen vorbehalten bleiben, hier Klarheit zu schaffen. Jedenfalls könnten sie, auch wenn der ursprüngliche Zweck der Schaffung einer

Membran mit tiefer liegender Permeabilitätsgrenze für Fadenmoleküle nicht erreicht wird, doch wichtige Aussagen über Form, Verknäuelung und Streckbarkeit der Moleküle vermitteln.

Experimentelle Hinweise.

Es ist hier nicht möglich, in Kürze genaue Anweisungen zur Durchführung osmotischer Experimente zu geben. So wollen wir uns damit begnügen, die Grundprinzipien aufzuzählen und einige Hinweise auf wichtige Arbeiten zu bringen.

Die apparativen Grundideen wurden in den Arbeiten von ADAIR, BERKELEY, BILTZ, VAN CAMPEN, CASPARI, DUCLAUX, HARTLEY, HERZOG, PAULI, SÖRENSEN u. a. entwickelt.

Einen besonderen Typus stellt das von CASPARI (47) für Kautschuk verwendete Osmometer dar. Die Zelle ist ein mit einer Kautschukmembran versehener Tonzylinder, der in situ kalt vulkanisiert wird.

Die Messungen an Eiweißstoffen, wo wegen der meist nicht extrem kleinen Drucke das rein Apparative keine besonderen Schwierigkeiten macht, wurden meist mit Hilfe von sackförmigen Kollodiumzellen vorgenommen [SÖRENSEN, ADAIR, vgl. (22)].

Bei den Kohlehydratderivaten sind wegen der Forderung sehr weitgehender Verdünnung die Messungen am schwierigsten. Man unterscheidet im wesentlichen zwei Typen von Apparaten. Der erste Typus benützt eine frei hängende *sackförmige Membran*, die man am besten selbst herstellt, indem man ein Gefäß von der Form einer Eprouvette in eine Nitrocelluloselösung taucht und nach dem Verdunsten des Lösungsmittels die gebildete Haut abzieht. Bei Verwendung von Wasser als Lösungsmittel (Methylcellulose) wird die Membran unmittelbar gebraucht, bei Anwendung von organischen Lösungsmitteln (Celluloseester, Äthyl-acetylcellulose) wird sie zuerst denitriert, d. h. in Hydratcellulose übergeführt. Diese Membran wird nun an einen Glaskörper gebunden, der ein Füllrohr und ein Steigrohr trägt. Die modernsten Messungen dieser Art stammen von DOBRY (34, 61). Die Methode besitzt den großen Vorzug, daß die Apparate sehr billig sind, wenig Platz beanspruchen und man daher bequem Serienmessungen durchführen kann. Allerdings bedingt die freihängende Membran verschiedene Fehlerquellen, wie Deformation durch den hydrostatischen Druck bei größeren Steighöhen. Ferner ist durch die primitive Art der Herstellung der Membran ein gewisser Unsicherheitsfaktor in der Durchlässigkeit gegeben. Jedenfalls bedarf die Methode einer Einarbeitung, sie scheint aber dann sehr leistungsfähig zu sein.

Ein zweiter Typus von Apparaten verwendet eine *plan eingespannte Membran*, welche beiderseits von Siebplatten gehalten wird. Solche Apparate haben HERZOG und SPURLIN (41) sowie OBOGI und BRODA (43) verwendet und in neuerer Zeit wurden sie vor allem von Schulz (27) zu hoher Vollendung gebracht. Abb. 17 bringt das Schema eines derartigen Apparates. Man verwendet bei diesem, vornehmlich für organische Flüssigkeiten gebauten Apparat zweckmäßig die käuflichen Ultrazella-filter[1] und schaltet damit die mit der Herstellung verbundenen Fehler-quellen mit Sicherheit aus.

Die Ablesung des Druckes ist immer dann einfach, wenn es sich um verhältnismäßig hohe Werte handelt (10 cm Wassersäule und darüber). Man kann dann entweder die Einstellung eines Gleichgewich-tes abwarten — was sich durch Vorgeben der ungefähr zu erwarten-den Steighöhen in der Kapillare be-schleunigen läßt — oder man mißt bei verschieden eingestellten Drucken die Geschwindigkeit des Steigens bzw. Fallens und ermittelt daraus durch Interpolation den Gleich-gewichtsdruck [Berkeley und Hartley (62) und van Campen (63)]. Schließlich wurden Kompensations-verfahren in Anwendung gebracht, bei welchen durch einen ausgeübten Gegendruck der osmotische Druck gerade ausgeglichen wird (64, 62, 22). Bei kleinen Drucken dagegen bleibt

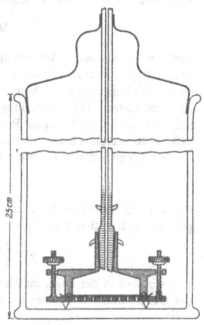

Abb. 17. Osmotische Zelle nach Schulz.

nur die Möglichkeit, daß man die Gleichgewichtseinstellung abwartet, denn jede auf Geschwindigkeitsmessung basierende Methode wäre hier zu ungenau. Eine wesentliche Fehlerquelle ist die kapillare Steighöhe, welche nach vorhergehender sorgfältiger Eichung in Abzug gebracht werden muß.

D. Die Ultrazentrifugierung.

Das leistungsfähigste Hilfsmittel zur Bestimmung des Molekular-gewichtes hochmolekularer Stoffe ist zweifellos die von The Svedberg ins Leben gerufene Methode der Ultrazentrifugierung (65, dort weitere Lit.). Wir wollen aus diesem Gebiet hier nur eine Frage herausgreifen, die im Hin-blick auf die Form gelöster Moleküle von besonderer Bedeutung ist.

Bei der Bestimmung des Molekulargewichtes nach der *Geschwindig-keitsmethode* schließt man von der experimentell bestimmten Sedi-

---

[1] Hergestellt von der Göttinger Membranfilter-Gesellschaft; Sorte „feinst"

mentationsgeschwindigkeit auf die Geschwindigkeit s im Feld *eins*, welche als die „Sedimentationskonstante" bezeichnet wird. Multiplizieren wir diese mit der Reibung r, welche 1 Mol der gelösten Substanz bei der Geschwindigkeit 1 erfährt, so erhalten wir die Reibung für die Geschwindigkeit s. Diese Reibungskraft $f s$ muß gleich der im Felde *eins* wirkenden Kraft sein, die sich unter Berücksichtigung des Auftriebes gemäß

$$f s = M \left(1 - \frac{\varrho_L}{\varrho_S} \right)$$

ergibt, wo ϱ_L die Dichte des Lösungsmittels, ϱ_S die der gelösten Substanz bedeutet (*51*). Kennen wir das Molekulargewicht M, so können wir aus dieser Gleichung mithin die Reibungskonstante f bei der Geschwindigkeit *eins* ausrechnen. Die Anwendung der *Gleichgewichtsmethode* ermöglicht nun eine solche unabhängige Bestimmung des Molekulargewichtes, so daß die Reibungskonstante f tatsächlich bestimmbar wird.

Denkt man sich nun das Molekül von der Masse

$$\frac{M}{N_L}$$

(N_L = LOHSCHMIDTsche Zahl) und der bekannten Dichte d zu einer Kugel geformt, so hat diese den Radius

$$r = \sqrt[3]{\frac{3 M}{4 \pi N_L d}}$$

und wir sind in der Lage, die Reibungskraft eines solchen Moleküls bei der Geschwindigkeit *eins* nach dem STOKESschen Gesetz zu berechnen:

$$6 \pi r \eta = 6 \pi \eta \sqrt[3]{\frac{3 M}{4 \pi N_L d}} .$$

Die Reibungskraft f_0 eines Mols bei der Geschwindigkeit *eins* ergibt sich daraus also zu

$$f_0 = 6 \pi r \eta N_L = 6 \pi \eta \sqrt[3]{\frac{3 M N_L^2}{4 \pi d}} .$$

Nun kann man einen Vergleich von f und f_0 vornehmen. Dies hat SVEDBERG (*65*) bei einer Reihe von löslichen Eiweißstoffen getan und dabei gefunden, daß die beiden Koeffizienten innerhalb der Fehlergrenzen gleich sind. Die unmittelbar aus dem Experiment entnommene Reibungskraft ist also gleich der bei Annahme einer kugelförmigen Gestalt theoretisch nach dem STOKESschen Gesetz berechneten. Dies beweist mit großer Sicherheit, daß den untersuchten Molekülen Kugelgestalt zukommt.

Es ist nun interessant festzustellen, welche Größe der Quotient aus f und f_0, der sogenannte „Dissymmetriefaktor" für Lösungen von Fadenmolekülen besitzt. Messungen von KRAEMER und LANSING (*66*) ergaben für eine ω-Polyoxydekansäure etwa den Wert 2 und ungefähr das Gleiche finden SIGNER und GROSS (*67*) für eine Reihe von polymerhomologen

Polystyrol-fraktionen. Es liegt nun nahe zu versuchen, hieraus Angaben über die Molekülgestalt abzuleiten.

Im Sinne der ursprünglichen STAUDINGERschen Auffassung stellen die Fadenmoleküle lange *starre* Stäbe dar und man würde demgemäß ihr hydrodynamisches Verhalten in erster Näherung durch das von Rotationsellipsoiden oder Kreiszylindern approximieren können, deren Achsenverhältnis bzw. Verhältnis von Länge zu Dicke von der Größenordnung des Quotienten aus Moleküllänge und Moleküldicke ist. Ein Polystyrol mit z. B. $n = 2000$ hätte dann, als Ellipsoid approximiert, Achsen von etwa $b = 6,5$ Å und $a = 2500$ Å und das Achsenverhältnis wäre etwa

$$\frac{a}{b} \approx 400.$$

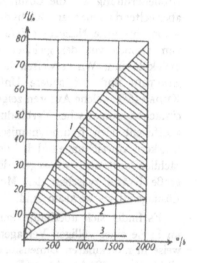

Abb. 18. Dissymmetriefaktor von Rotationsellipsoiden bei Bewegung in Richtung der Längsachse (Kurve 2) und von Kreiszylindern bei Bewegung normal dazu (Kurve 1). a/b ist das Verhältnis von Länge zu Dicke sowohl bei den Rotationsellipsoiden als auch bei den Kreiszylindern.

In der, der Arbeit von SIGNER und GROSS (*67*) entnommenen Abb. 18 ist nun der Reibungskoeffizient von Ellipsoiden (*150*) und Kreiszylindern (*151*) als Funktion des Achsenverhältnisses bzw. des Verhältnisses von Länge zu Dicke aufgetragen, wobei als Einheit der Reibungswiderstand einer Kugel von gleich großem Volumen genommen wurde. Die untere Kurve gilt für die Bewegung von Ellipsoiden in ihrer Längsrichtung, die obere Kurve für die Bewegung von Kreiszylindern senkrecht hiezu. Bei allen anderen Bewegungsrichtungen liegt der Widerstand zwischen diesen beiden Grenzen. Für $n = 2000$, d. i. $\frac{a}{b} \approx 400$ ist demnach ein Widerstand zu erwarten, der das 8- bis 27fache desjenigen eines kugelförmigen Moleküls vom gleichen Volumen beträgt. Wie wir soeben hörten, ist der tatsächliche Widerstand aber nur etwa doppelt so groß wie bei kugelförmigem Bau.

Eine noch tiefergehende Schwierigkeit zwischen Theorie und Experiment kommt aber darin zum Ausdruck, daß der experimentelle Dissymmetriefaktor keinen deutlichen Gang mit dem Molekulargewicht zeigt, sondern nach SIGNER und GROSS (*67*) etwa konstant bleibt. Es wäre vielleicht noch leichter, mit irgendwelchen Hilfsannahmen die Unstimmigkeit an einem einzelnen Zahlenwert zu beseitigen, als an Stelle eines funktionellen Zusammenhanges zwischen Molekulargewicht und Dissymmetriefaktor ein in weiten Grenzen konstantes $\frac{f}{f_0}$ zu verstehen.

Zu dieser ganz offensichtlich weit außerhalb aller experimentellen Fehlerquellen liegenden Diskrepanz zwischen Experiment und Theorie kann man in verschiedener Weise Stellung nehmen.

STAUDINGER hat zunächst die Auffassung vertreten, daß hydrodynamische Betrachtungen in solchen Fällen überhaupt nicht anwendbar seien, weil die Querdimensionen der Fadenmoleküle von der gleichen Größenordnung wie die Lösungsmittelmoleküle sind. Demgegenüber ist aber geltend zu machen, daß hydrodynamische Betrachtungen selbst dann schon eine gute Näherung liefern, wenn die gelösten Moleküle in *allen* Dimensionen von der gleichen Größenordnung wie die Lösungsmittelmoleküle sind. Wir verweisen diesbezüglich auf die alten Rechnungen von EINSTEIN und auf neuere Untersuchungen von HERZOG, ILLIG und KUDAR (*68*), welche Autoren zeigen konnten, daß selbst für Lösungen von einfachen aromatischen Verbindungen in Benzol der gemessene Diffusionskoeffizient sich hydrodynamisch in erster Näherung verstehen läßt. Stärkere Abweichungen (d. h. von der Größenordnung 50%) treten hauptsächlich dort auf, wo wegen des Vorhandenseins von Dipolmomenten große Kräfte zwischen den Molekülen des gelösten Körpers und des Lösungsmittels wirksam sind.

Es findet sich überhaupt kein einziger experimenteller Hinweis, der im Sinne eines völligen Versagens der hydrodynamischen Betrachtungsweise in molekularen Dimensionen gedeutet werden könnte. Wohl aber gibt es eine große Anzahl von Erscheinungen, welche eindringliche Hinweise dafür geben, daß die ursprüngliche STAUDINGERsche Annahme der Starrheit der Fadenmoleküle einer beträchtlichen Revision bedarf. Sind aber die Fadenmoleküle nicht starr, so dürfen auch die Formeln für den Reibungswiderstand von Ellipsoiden nicht mehr ohne weiteres angewendet werden; damit sind wir aber beim zweiten Standpunkt angelangt, den man im Hinblick auf den Widerspruch zwischen beobachtetem und berechnetem Reibungswiderstand einnehmen kann.

Eine quantitative Deutung für den Wert von $\frac{f}{f_0} \approx 2$ zu geben, ist bei dem heutigen Stand der Forschung nicht möglich. Immerhin erkennt man aber qualitativ ohne weiteres, daß eine innere Beweglichkeit des Teilchens den Reibungswiderstand herabsetzen kann. Im Falle der völlig freien Drehbarkeit um die die Grundbausteine verbindenden Valenzen wird, wie eingehende statistische Betrachtungen zeigten (*69*), eine Molekülgestalt resultieren, die von der Kugelform nicht sehr weit abweicht. Und man kann dann einen von der Einheit ebenfalls nicht allzuweit abweichenden Dissymmetriefaktor jedenfalls plausibel finden.

Die Kombination der ultrazentrifugalen Gleichgewichts- und Geschwindigkeitsmessung hat also zu einem Ergebnis geführt, das nicht nur für die Bestimmung des Molekulargewichtes, sondern auch der Molekül-

form von größter Bedeutung ist. Es wird späteren Untersuchungen vorbehalten bleiben, aus der Kombination mit den Messungen der Strömungsdoppelbrechung, der Viskosität und der Konzentrationsabhängigkeit des osmotischen Druckes noch präzisere Aussagen abzuleiten.

E. Die freie Diffusion.

Bei den Eiweißstoffen ergab diese Methode Werte, die ungefähr mit den osmotisch und ultrazentrifugal ermittelten übereinstimmen. Da die Diskussionen über den Bau der Eiweißstoffe heute wesentlich an die osmotischen und ultrazentrifugalen Untersuchungen angeschlossen werden, so ist es nicht notwendig, auf die Ergebnisse der Diffusionsmessungen einzugehen. Außerdem kann die Frage nach Größe und Form der Eiweißmoleküle in Lösung heute im Prinzip als beantwortet gelten, so daß kein unmittelbarer Anlaß bestehen bleibt, nach Methoden Ausschau zu halten, deren Leistungsfähigkeit vielleicht noch nicht voll ausgeschöpft ist.

Ganz anders liegt die Situation bei den hochpolymeren Stoffen mit *Fadenmolekülen*. Wie in den vorhergehenden Abschnitten ausgeführt wurde, darf die Frage nach dem Molekular*gewicht* hier ebenfalls als gelöst gelten. Die Frage nach der Molekül*form* steht aber gerade heute im Mittelpunkt des Interesses. Die bisherigen Versuche, wirklich Sicheres über die Gestalt und Beweglichkeit dieser Moleküle in Lösung auszusagen, haben noch kein einheitliches Bild ergeben. Man kann aber wohl hoffen, durch Kombination mehrerer Methoden den gewünschten Erkenntnissen näherzukommen. Eine dieser Methoden, die vor allem mit der osmotischen und ultrazentrifugalen Untersuchung zu kombinieren wäre, ist die *freie Diffusion*.

Wir wollen auf eine ausführliche Darstellung von Methode und Ergebnissen verzichten und diesbezüglich auf das Buch von ULMANN (*11*) hinweisen, um so etwas mehr Raum für die Diskussion einiger neuer, besonders aufschlußreicher Arbeiten zu gewinnen.

Die Methode besteht im Prinzip darin, daß man *die Wanderung gelöster Teilchen unter dem Einfluß bestehender Konzentrationsdifferenzen* beobachtet. Bei Lösungen von Fadenmolekülen, und zwar bei Celluloseestern (*70*), SCHWEITZER-Lösungen der Cellulose (*71*), Viskose (*72*) und Kautschuk (*73*), haben HERZOG und KRÜGER die diskontinuierliche Arbeitsmethode angewendet. Bei dieser wird das Lösungsmittel mit der Lösung unterschichtet, nach Verlauf einer längeren Zeit die Diffusionssäule in eine Anzahl von Schichten (4, 8 oder 16) zerlegt und in jeder Schicht die Konzentration bestimmt (*74*). Legt man für den Diffusionsvorgang das FICKsche Gesetz zugrunde, so kann man alle möglichen Verteilungen auf die einzelnen Schichten vorausberechnen. STEFAN und KAWALKI (*75*) haben nun derartige Tabellen ausgerechnet, die aus dem Gehalt jeder einzelnen Schicht bei bekannter Diffusionsdauer einen Wert für den Diffusionskoeffizienten zu entnehmen gestatten. Nur wenn die aus den verschiedenen Schichten erhaltenen Werte untereinander einigermaßen übereinstimmen, darf die Messung als brauchbar angesehen werden.

Tabelle 5. Vergleich von gemessenen und berechneten Diffusionskoeffizienten bei Fadenmolekülen, nach HERZOG und KUDAR.

Substanz	Molekular-gewicht	Diffusions-dauer (Tage)	Diffusions-koeffizient gef.	Diffusions-koeffizient ber.
Polystyrol	3744	3,8	0,13	0,155
Acetylcellulose	55000	80	0,0082	0,0072
,, ...	40000	57	0,013	0,0093
,, ...	40000	57	0,014	0,0093
,, ...	22600	47	0,017	0,014
Äthylcellulose	~48000	51,8	0,013	0,022
,, ...	~48000	52	0,039	0,022
Stärkecinnamat	12000	5,8	0,083	0,082
,, ...	40000	6,0	0,080	0,040

In Tabelle 5 ist einiges Zahlenmaterial neuerer Messungen von HERZOG und KUDAR (76) zusammengestellt. Es treten merkliche Abweichungen von den nach den STEFAN-KAWALKIschen Tabellen zulässigen Verteilungen auf die verschiedenen Schichten auf, die mit Abweichungen vom VAN'T HOFFschen Gesetz (Quellungsdruck) erklärt wurden. Mit diesen Anomalien haben sich besonders HERZOG (76, 77), KRÜGER (78) und SVEDBERG (79) eingehend befaßt.

Die in der Größenordnung von 1—2 Monaten liegenden Versuchszeiten (Tabelle 5) machen es einerseits schwierig, ein größeres Zahlenmaterial zu erbringen, und anderseits kommt es zu einer Kumulierung von zufälligen Störungen, wie Erschütterungen, Temperaturschwankungen usw.

Um solche Fehlerquellen auf ein unschädliches Maß herabzudrücken, müssen die Versuche unter ganz besonderen Vorsichtsmaßregeln, in sehr gut thermokonstanten Räumen, in tiefen, möglichst erschütterungsfreien Kellern ausgeführt werden. Diese, im einzelnen wohl überwindbaren Schwierigkeiten haben immerhin dazu geführt, daß die Zahl der zur Verfügung stehenden, wirklich einwandfreien Messungen sich weiter verminderte.

Einen zweifellosen Fortschritt stellt hier die Einführung einer optischen Methode der Konzentrationsbestimmung dar (80), bei welcher eine solche jederzeit, ohne Zerlegung der Diffusionssäule vorgenommen werden kann, und zwar auch an sehr nahe beieinander liegenden Stellen. Es genügt daher kurze Diffusionswege zur Verfügung zu haben, die Versuche dauern demgemäß etwa ebensoviele Tage als die früheren

Monate beanspruchten. Damit verlieren auch die Fehlerquellen, wie Temperaturschwankungen und Erschütterungen, an Gefährlichkeit und die Experimente werden viel einfacher.

Die ersten derartigen Bestimmungen des Diffusionskoeffizienten von Fadenmolekülen erfolgten an Hand von ultrazentrifugalen Messungen, indem die Verwaschung des Meniskus der sedimentierenden Moleküle zur Berechnung der Diffusionsgeschwindigkeit verwendet wurde. Wegen verschiedener Störungen sind aber solche Auswertungen nicht genügend zuverlässig und ein ausschließlich auf Messung der Diffusion abgestellter Versuch daher vorzuziehen. LAMM (80) hat dann auch solche Experimente durchgeführt und neuestens konnten aufschlußreiche Ergebnisse von POLSON (81) erhalten werden.

Findet von einer scharfen Grenzfläche zwischen Lösung und Lösungsmittel ausgehend die Diffusion statt, so liefert die Theorie für den Gradienten der Konzentration längs der Flüssigkeitssäule Kurven vom Typus

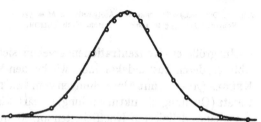

Abb. 19. Diffusionsgradientenkurve. Methylcellulose $M = 14\,100$. Konzentration 0,5 g in 100 ccm von 0,2 m NaCl-Lösung. Nach POLSON.

der Abb. 19, die mit zunehmender Diffusionsdauer immer breiter und flacher werden. Man wird nun aus der unendlichen Mannigfaltigkeit der unter Zugrundelegung des FICKschen Gesetzes berechneten Kurven eine solche heraussuchen müssen, die mit der experimentellen zur Deckung gebracht werden kann. Gelingt dies weitgehend, so darf geschlossen werden, daß die Diffusion wirklich nach dem FICKschen Gesetz verläuft, und die Zeit, welche zur Erreichung einer bestimmten Halbwertsbreite der Diffusionsgradientenkurve notwendig war, ermöglicht dann die Berechnung eines Diffusionskoeffizienten (80, 82). Wie die eingezeichneten Punkte in Abb. 19 zeigen, besteht bei Methylcellulosen vom Molekulargewicht 14 100 beste Übereinstimmung von Experiment und Theorie. Das gleiche gilt nach den Messungen von POLSON (81) für Methylcellulosen bis zum Molekulargewicht 38 000 und Acetylcellulosen vom Molekulargewicht 20 000.

Das Ergebnis dieser Versuche läßt sich also dahingehend zusammenfassen, daß bei den untersuchten Substanzen das FICKsche Gesetz gilt und eine definierte Diffusionskonstante ermittelt werden kann.

Bei höhermolekularen Produkten läßt sich eine solche Übereinstimmung zwischen Experiment und Theorie nicht mehr erzielen. Wie Abb. 20 zeigt, liegen die experimentellen Kurven in der Gegend kleiner Diffusionswege höher. Die Erklärung ist sehr naheliegend. Obwohl die untersuchten Produkte gut fraktioniert waren, besteht natürlich dennoch eine gewisse

Heterodispersität. Diese hat zur Folge, daß in der Umgebung der ursprünglichen Trennungslinie eine gewisse Häufung der größeren Moleküle bestehen bleibt, während von den ganz kleinen in Gebieten großer Entfernung vom Ausgangsquerschnitt erheblichere Mengen gefunden werden, als von Molekülen mittlerer Größe bei Homodisperität dort angetroffen würden. Dies verursacht also eine Diskrepanz, wie sie in Abb. 20 zum Ausdruck kommt.

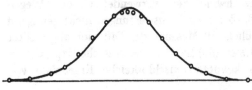

Abb. 20. Diffusionsgradientenkurve. Acetylcellulose $M = 53000$. Konzentration 0,5 g in 100 ccm Aceton. Nach Polson.

Eine ungefähre Diffusionskonstante ist auch hier bestimmbar und wir werden ihr die Bedeutung eines Mittelwertes zuzuordnen haben.

In größeren Konzentrationen ergeben sich Kurven vom Typus der Abb. 21, deren Zustandekommen, wie bei den Messungen von Herzog und Krüger (70—73), mit Abweichungen vom van't Hoffschen bzw. Fickschen Gesetz (Quellung, Struktur-bildung) erklärt wird. Strebt man die Bestimmung eines definierten Koeffizienten an, so muß man in solchen Konzentrationen arbeiten, bei welchen ein normaler Verlauf gemäß der Abb. 19 und 20 erreicht wird.

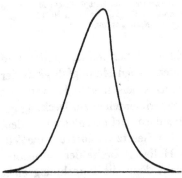

Abb. 21. Diffusionsgradientenkurve. Acetylcellulosefraktion von „optisch anormalem" Verhalten. Konzentration 0,7 g in 100 ccm Aceton. Nach Polson.

Wir wollen nun versuchen, die vorhandenen Zahlen im Hinblick auf die Molekülform zu diskutieren. Betrachten wir zwei Moleküle von gleichem Volumen, von welchen das eine kugelförmig ist, das andere die Gestalt eines langgestreckten Ellipsoids hat. Das Verhältnis der Reibungskoeffizienten haben wir bei Besprechung der ultrazentrifugalen Messungen als den „Dissymmetriefaktor" bezeichnet. Die Theorie lehrt nun, daß dieser Dissymmetriefaktor gleich dem Verhältnis der zu erwartenden Diffusionskoeffizienten von kugelförmigem und langgestrecktem Teilchen gesetzt werden darf. Kennen wir nun das Molekulargewicht eines Teilchens durch Messungen anderer Art (Osmometrie), so können wir nach der Einstein-Sutherlandschen Theorie den Diffusionskoeffizienten D_0 ausrechnen, den das Teilchen hätte, wenn seine Gestalt kugelförmig wäre. Es gilt nämlich:

$$D_0 = \frac{kT}{4\pi r \eta} \text{ oder } D_0 = \frac{kT}{6\pi r \eta}. \tag{10}$$

Dabei bedeutet k die BOLTZMANNsche Konstante, T die Temperatur, r den Teilchenradius (berechenbar aus Molekulargewicht und Dichte) und η die Viskosität der Lösung. Man kennt nun anderseits den tatsächlichen Diffusionskoeffizienten D, so daß eine Bestimmung des Quotienten $\frac{D_0}{D}$ möglich wird.

Der Nenner des obigen Ausdruckes ist bekanntlich die von STOKES berechnete Reibung eines kugelförmigen Teilchens bei der Geschwindigkeit *eins*. Der Zahlenkoeffizient 4 ist dann zu nehmen, wenn die Lösungsmittelmoleküle am gelösten Teilchen „gleiten", der Koeffizient 6 wenn eine solche Gleitung auszuschließen ist (*68*). Wir wollen hier nur andeuten, daß theoretische Überlegungen für sehr kleine Moleküle den Faktor 4, für größere gelöste Moleküle den Faktor 6 nahelegen. Jedenfalls ändert diese Unsicherheit an der Größenordnung des Wertes nichts.

Wir sehen, in welch enger Beziehung bei kugelförmigen Teilchen die Reibung zum Diffusionskoeffizienten steht. Auch bei ellipsoidischen Teilchen muß nun eine ähnliche Beziehung gelten. Wir haben in Abb. 18 (S. 289) bereits den Widerstand von Rotationsellipsoiden bei Bewegung in der Figurenachse und normal zur Figurenachse kennen gelernt. HERZOG, ILLIG und KUDAR (*68*) haben nun gezeigt, daß sich aus diesen beiden Größen ω_1 und ω_3 der Diffusionskoeffizient gemäß

$$D = k\,T\left(\frac{2}{3\,\omega_1} + \frac{1}{3\,\omega_3}\right) \tag{11}$$

ergibt. Führt man nun die analytischen GANSschen Ausdrücke (*83*) für ω_1 und ω_3 in (11) ein, so erhält man

$$D = \frac{k\,T}{12\,\pi\,r\,\eta}\,\frac{\sqrt[3]{\dfrac{a^2}{c^2}}}{\sqrt{1 - \dfrac{a^2}{c^2}}}\,\ln\,\frac{1 + \sqrt{1 - \dfrac{a^2}{c^2}}}{1 - \sqrt{1 - \dfrac{a^2}{c^2}}} \approx \frac{k\,T\left(\ln\dfrac{c}{a} + 0{,}69\right)}{6\,\pi\,\eta\,c} \tag{12}$$

für den Fall, daß keine Gleitung angenommen wird. Dividieren wir diesen Ausdruck durch den Diffusionskoeffizienten D_0 eines kugelförmigen Teilchens vom gleichen Volumen ($r^3 = a^2 \cdot c$), so erhalten wir

$$\frac{D}{D_0} = \frac{1}{2}\,\frac{\sqrt[3]{\dfrac{a^2}{c^2}}}{\sqrt{1 - \dfrac{a^2}{c^2}}}\,\ln\,\frac{1 + \sqrt{1 - \dfrac{a^2}{c^2}}}{1 - \sqrt{1 - \dfrac{a^2}{c^2}}}, \tag{13}$$

womit wir einen Zusammenhang zwischen $\frac{D_0}{D}$ und dem Achsenverhältnis $\frac{c}{a}$ gewonnen haben. Wir konnten oben zeigen, daß aus Molekulargewicht, Dichte und Diffusionskoeffizient die Größe $\frac{D_0}{D}$ berechenbar ist und wir mithin durch die Gleichsetzung mit der rechten Seite von (13) das Achsenverhältnis ausrechnen können. Dies hat nun Polson (81) bei seinen Messungen getan und ist zu den in Tabelle 6 niedergelegten Ergebnissen gekommen. Wir sehen zweierlei. Erstens sind diese Achsenverhältnisse tatsächlich von der Größenordnung des Polymerisationsgrades, ein jedenfalls vernünftiges Ergebnis. Zweitens sind aber die Achsenverhältnisse — vom Absolutwert abgesehen — nicht genau proportional dem Polymerisationsgrad, denn das Produkt aus $\frac{a}{c}$ und M zeigt einen sehr deutlichen Gang. Was hat man aus diesem Ergebnis zu schließen? Jedenfalls ist klar, daß in die theoretische Betrachtung Unsicherheiten verschiedener Art eingehen — Gleitung oder nicht, Betrag der Solvatation usw. — wodurch jede Berechnung eines Absolutbetrages mit einer Unsicherheit von wohl 30—60% behaftet ist. Man könnte also sagen, daß die *Absolutgröße* der gemessenen Diffusionskoeffizienten mit der Vorstellung eines gestreckten fadenförmigen Moleküls nicht in Widerspruch steht (Vergleich der dritten und fünften Spalte in Tabelle 6).

Tabelle 6. Diffusionsmessungen an Methylcellulose, nach Polson (81).

Molekulargewicht	$\frac{D_0}{D}$	$\frac{c}{a}$	$M \cdot \frac{a}{c}$	Polymeri-sationsgrad
14 100	3,08	52,7	267,9	79
22 600	3,77	77,0	293,8	111
33 000	4,15	95,3	346,5	162

Der *Gang* der aus der Diffusionstheorie berechneten Achsenverhältnisse in einer polymerhomologen Reihe ist jedoch mit einer solchen Auffassung nicht in Einklang zu bringen. Er beweist, daß beim Aufsteigen in einer polymerhomologen Reihe nicht einfach stabförmige Moleküle proportional dem Polymerisationsgrad länger werden, denn die Reibung unterliegt offenbar einem Gesetz, welches aus einer solchen Vorstellung nicht verstanden werden kann. Eine Erklärungsmöglichkeit bietet auch hier wieder die Annahme einer inneren Beweglichkeit der Moleküle. Die Größenordnung des Widerstandes, der bei der ungeregelten Diffusionsbewegung in erster Linie eine Funktion der Moleküloberfläche ist, wird sich bei einer mäßigen Verknäuelung nicht erheblich zu ändern brauchen. Ein Gang könnte aber durchaus zustande kommen, denn kurze Moleküle sind wohl noch ziemlich gerade, lange dagegen schon ziemlich verknäuelt. Das Verhältnis der Diffusionskoeffizienten wird also kaum das gleiche sein wie das im Falle streng stabförmiger Moleküle sich ergebende. Für weitergehende Schlüsse reicht derzeit weder die Theorie noch das experimentelle Material aus. Wir können wohl die Vorstellung eines

starren Fadens ablehnen und die mäßige Verknäuelung als plausible Erklärung der Erscheinungen hinstellen, eine quantitative Behandlung ist
aber derzeit noch nicht möglich.

Auch die älteren Messungen und Auswertungen von HERZOG, ILLIG
und KUDAR (Tabelle 5, S. 292) fügen sich in den aufgezeigten Rahmen
durchaus ein, ohne aber irgendwie weiter zu führen. Diese Forscher haben
eigene und ältere Messungen anderer Experimentatoren in dem Sinn
ausgewertet, daß sie zu dem theoretisch unter Annahme einer gestreckten
Molekülform ermittelten Achsenverhältnis den zu erwartenden Diffusionskoeffizienten mittels Beziehung (12) (S. 295) errechneten und mit
dem tatsächlichen Diffusionskoeffizienten verglichen. Es bestand in allen
Fällen auch hier grobe Übereinstimmung, wovon das Zahlenmaterial in
Tabelle 5 (S. 292) eine Probe gibt. Es ist interessant, daß auch beim
Stärkecinnamat, wo auch die Viskositätsmessungen auf eine sehr stark
geknäuelte Molekülform hinweisen, die gleiche rohe Übereinstimmung
zwischen der Theorie — für gestreckte Moleküle — und dem Experiment
besteht. Wir sehen also, daß die annähernde Übereinstimmung in keinem
Fall als Argument für eine gestreckte Molekülgestalt gewertet werden darf.

Während sich die Quotienten $\frac{D_0}{D}$ mit steigendem Molekulargewicht
doch in solcher Art änderten, daß man auf eine immer mehr wachsende
Moleküllänge schließen kann, zeigte das entsprechende, aus zentrifugalen
Messungen erschlossene Verhältnis der Reibungskoeffizienten an Polystyrolen — der Dissymetriefaktor — eine genäherte Konstanz. Möglicherweise dokumentiert sich darin eine besondere räumliche Einstellung
der sedimentierenden Moleküle oder eine Formänderung beim Sedimentieren. Jedenfalls können diese beiden Ergebnisse noch nicht miteinander
in Beziehung gebracht werden.

Es sei auch hier schon erwähnt, daß SIGNER und GROSS (84) in ihren
Strömungsdoppelbrechungs-messungen durch Anwendung der BOEDER-
schen Theorie (85) Rotations-diffusionskoeffizienten für polymerhomologe
Polystyrole berechnet haben. Sie finden im großen und ganzen umgekehrte Proportionalität zum Molekulargewicht. Im Sinne der Berechnungen von HERZOG und KUDAR (76) hätte man an Stelle dessen eine zu
(12) (S. 295) ähnliche Beziehung zu erwarten. Da sich die Messungen von
SIGNER und GROSS auf sehr große Intervalle erstrecken ($M = 2600$ bis
$31\,000$), stellt die gefundene verkehrte Proportionalität nicht einmal
eine rohe Annäherung an (12) dar. Man könnte aus dieser Diskrepanz
schließen, daß die der BOEDERschen Theorie zugrunde liegende Annahme,
nämlich die Starrheit der Teilchen, nicht zutrifft. Im Hinblick auf die
Ungenauigkeit der viskosimetrischen Molekulargewichtsbestimmung gerade beim Polystyrol (67) ist aber ein solcher Schluß noch recht unsicher. Analoge Berechnungen von SIGNER (84) an Nitrocellulose können

für diese Diskussion vorläufig aus ähnlichen Gründen nicht verwertet werden.

Wir sehen aus diesen Andeutungen, welche Perspektiven sich einer künftigen Forschung hier auftun. Die *drei Arten der Reibungsmessung* — Sedimentation, freie Diffusion, Rotation im Strömungsfeld — führen, wie man schon jetzt sieht, zu · *verschiedenen* Ergebnissen. Von einer Theorie der Molekülgestalt wird man ein solches Modell verlangen, das sowohl diese Unterschiede als auch die absoluten Größen verständlich macht. Von W. Kuhn und Mark (*69*) sind bereits recht konkrete Vorstellungen über die Molekülgestalt gegeben worden, die einerseits als kompaktes Knäuel, anderseits als geschlängelter Faden bezeichnet werden kann. Es scheint, als ob eine mäßig eingerollte Gestalt, die als Zwischending zwischen einem starren Stab und einem dicht auftretenden Knäuel aufgefaßt wäre, die Verhältnisse am besten wiedergibt. Eine genauere Besprechung dieser Arbeiten wird für später beabsichtigt.

II. Die röntgenographische Untersuchung im festen Zustand.

A. Allgemeines.

Voraussetzungen präparativer Art.

Es ist von besonderer Wichtigkeit darauf hinzuweisen, daß die nunmehr zu beschreibenden röntgenographischen Untersuchungsmethoden organischer Substanzen zu ihren weitestgehenden Aussagen dann gelangen können, wenn dem Röntgenforscher wohlausgebildete *Einkristalle* zur Verfügung stehen. Auf dem Gebiet der Hochpolymeren haben wir es aber meist mit kryptokristallinen Substanzen zu tun, bei welchen die Größe der Kriställchen weit unterhalb jener Grenze liegt, die für eine Handhabung der Einzelindividuen gezogen ist.

Ein teilweiser Ersatz für makroskopische Einkristalle ist aber schon dann erreicht, wenn in den zur Untersuchung gelangenden Präparaten die Kriställchen mit einer bestimmten Richtung parallel zueinander gelagert sind. Wir bezeichnen eine solche Ordnung als „Faserstruktur" und die sich ergebenden Röntgenbilder mit Polanyi als „Faserdiagramme" (*86*).

Die in fester Form in der Natur vorkommenden hochmolekularen Stoffe besitzen bereits solche mit mehr oder weniger Streuung realisierte Ordnungen, doch lassen sich auch aus künstlich hergestellten Lösungen durch geeignetes Ausfällen oder durch nachheriges Bearbeiten Orientierungen erzielen. Dieser Weg kommt hauptsächlich für die zahlreichen Derivate, wie Celluloseester usw. und für Produkte des teilweisen Abbaues wie Gelatine in Betracht.

Zur Veranschaulichung der Faserstruktur kann uns ein Bündel runder Bleistifte dienen, die mit ihren Längsachsen zueinander parallel liegen, jedoch so, daß ihre Firmenaufschriften in beliebige Richtungen weisen. Abgesehen von der Parallelorientierung der Stäbe ist also eine weitere Ordnung im Bündel nicht vorhanden.

Eine solche wäre aber sehr wohl denkbar. Sie könnte nämlich in unserem Modell dadurch realisiert werden, daß außer der Parallelorientierung der Längsachsen auch die Firmenaufdrucke alle nach der gleichen Seite gekehrt sind, so wie dies bei den Originalpackungen von Bleistiften der Fall zu sein pflegt. Die einzelnen Kristallite nehmen dann relativ zum einfallenden Röntgenstrahl eine völlig gleiche Lage ein und das Diagramm, welches sie in ihrer Gesamtheit erzeugen, muß daher dem eines Einkristalles analog sein. Daraus geht hervor, daß die Aussagemöglichkeiten hier wesentlich größer sind als beim Vorliegen von einfachen Faserstrukturen.

Solche „einkristallähnliche" Anordnungen von Mizellen hat man als „*höhere Orientierung*' bezeichnet, mit Bezug darauf, daß über die bloße Parallelisierung der Hauptachsen hinaus auch eine Parallelisierung der Nebenachsen vorliegt. Man findet auch häufig den Namen „Folienstruktur", der, aus der Metallographie entnommen, eine zweifache Ausrichtung — Textur oder Regelung — in gewalzten Blechen kennzeichnet.[1]

Es ist begreiflicherweise das Bestreben der mit der Strukturaufklärung hochmolekularer Substanzen beschäftigten Forscher, an Stelle der leicht zugänglichen Faserstrukturen Präparate von höherer Orientierung herzustellen und zu studieren.

Allerdings ist es niemals möglich, in bezug auf die Nebenachsen eine so weitgehende Orientierung zu erreichen, wie dies hinsichtlich der Faserachse gelingt, weil die Dimensionen der Kristallite diese letztere Ausrichtung in hervorragendem Maße begünstigen. Es hängt dann wesentlich von dem Maße der Streuung ab, mit welcher die „höhere Orientierung" durchgeführt werden konnte, welche Sicherheit der Bestimmung der Struktur beizumessen ist.

Die Strukturaufklärung der Cellulose, des Kautschuks, des Seidenfibroins und des β-Keratins konnte in jenem Augenblick bis zu einem hohen Grad von Sicherheit getrieben werden, als Präparate mit genügend gut ausgebildeter höherer Orientierung der Untersuchung zugeführt werden konnten. Bei den meisten Cellulosederivaten aber, bei der Stärke und bei den synthetischen Hochpolymeren verfügt man auch heute, eben wegen des Fehlens einer über die Faserstruktur hinaus-

---

[1] WEISSENBERG (*87*) hat eine erschöpfende Systematik aller überhaupt möglichen Regelungen polykristalliner Stoffe ausgearbeitet und die ihnen zukommenden Symmetrien übersichtlich zusammengestellt.

gehenden Regelung noch nicht über gesicherte Bestimmungen des Elementarkörpers.

Die zur Erreichung einer höheren Regelung eingeschlagenen Wege waren verschiedenartig:

a) Gelegentlich finden sich bereits in der Natur höher orientierte Präparate vor. So enthält die Zellwand einer Grünalge — Valonia ventricosa — native Cellulose in ausgezeichneter höherer Orientierung und es besteht lediglich die Aufgabe, bei der Gewinnung dieses Objekts die notwendige Sorgfalt walten zu lassen.

b) Manche natürliche Vorkommen hochmolekularer Stoffe zeigen eine starke Plastizität, deren Ausnutzung ebenfalls zu höherer Orientierung führen kann. So gelang die erste einwandfreie Elementarkörperbestimmung des Kautschuks MARK und SUSICH durch die Verwendung gewalzter dünner Kautschukbänder. Die gleichen Autoren haben, auch native Cellulose in Form biosynthetischer deformierbarer Filme untersucht und durch höher orientierte Präparate dieses Stoffes sicheren Aufschluß über das Gitter der Cellulose erhalten. Eine weitgehende Aufklärung des Seidenfibroin-gitters war ebenfalls erst möglich, als man in einem, aus spinnreifen Raupen frisch entnommenen Seidenschlauch ein genügend plastisches Material zur Erzeugung höherer Texturen in die Hand bekommen hatte.

c) Auch weniger deformierbare Objekte können bei entsprechend intensiver Bearbeitung — starkes Walzen, Pressen, gegebenenfalls bei gleichzeitiger Anwendung eines Quellungsmittels, erhöhter Temperatur, Dämpfen usw. — eine merklich höhere Regelung annehmen. Bei nativer Cellulose, beim Seidenfibroin sowie bei der Hydratcellulose sind die auf diesem Weg erzeugten Effekte allerdings viel schwächer als die früher erwähnten. Beim β-Keratin jedoch steht bis heute ein anderer Weg zur Herstellung von wenigstens einigermaßen höher orientierten Objekten nicht zur Verfügung.

d) Als Sonderfall sei schließlich die Hydratcellulose erwähnt, die in teilweise xanthogenierter Form eine hinreichende Deformierbarkeit für die Herstellung höher orientierter Präparate zeigt (BURGENI und KRATKY).

Das Zustandekommen von Regelungen in bezug auf mehrere Achsen läßt deutlich erkennen, daß die einzelnen Kristallite oder Mizelle der hochmolekularen Substanzen nicht etwa die Gestalt runder Stäbe haben, denn diese könnten auch durch noch so weitgehende mechanische Einwirkungen nicht höher orientiert werden. Man muß vielmehr annehmen, daß sie in ihrer Gestalt etwa einem Band, einem Lineal oder einer flachen Schachtel gleichen, deren Einstellung zuerst und mit größerer Leichtigkeit nach der längsten Dimension erfolgt. Erst bei weitergehender Bearbeitung des Objekts stellen sich die Kristallite gemäß dem Unterschied ihrer Querdimensionen auch mit den Nebenachsen zueinander parallel.

Für eine solche Auffassung spricht auch die Tatsache, daß zwar die Hauptorientierung meist sehr scharf durchgeführt werden kann, die höhere Regelung aber nur unscharf.

Trotz dieser oft erheblichen Streuung sind die Diagramme zweifach geregelter Gefüge doch im Prinzip einkristallähnlich und wir können uns daher bei der nun folgenden, kurzen Schilderung des Ganges einer Kristallstrukturanalyse vornehmlich auf die Röntgenographie der Einkristalle beschränken. Auf die mit der Streuung der Einzelteilchen um die genaue Parallellage zusammenhängenden Schwierigkeiten wird, soweit es notwendig erscheint, bei der Besprechung der einzelnen Stoffe hingewiesen werden.

Allgemeines über den Gang einer röntgenographischen Untersuchung.

Es kann nicht Gegenstand des vorliegenden kurzen Berichtes sein, eine ausführliche Anleitung für die Vornahme einer röntgenographischen Strukturanalyse zu geben; vielmehr

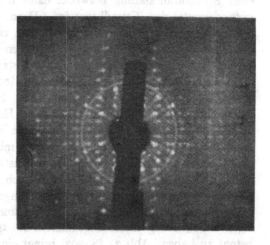

Abb. 22. Schichtliniendiagramm eines Choleinsäurekristalles.

darf diesbezüglich auf die einschlägigen Lehrbücher und Monographien verwiesen werden (*88*). An dieser Stelle aber erscheint es wichtig, wenigstens in großen Zügen die einzelnen Schritte einer solchen Untersuchung zu skizzieren, damit später, bei der Beschreibung der Ergebnisse, mit größerer Freizügigkeit die Kenntnis gewisser Grundlagen vorausgesetzt werden könne.

Der kristallisierte Zustand ist dadurch charakterisiert, daß sich ein bestimmter Grundbaustein, der *Elementarkörper*, der seinerseits wiederum aus einer bestimmten Gruppe von Atomen, Ionen oder Molekülen besteht, in den drei Richtungen des Raumes streng *periodisch* wiederholt. Die erste Aufgabe einer Strukturanalyse besteht nun darin, die *Dimensionen dieses Grundbausteines* im absoluten Maß festzustellen. Am besten erfolgt diese Bestimmung, indem man einen Einkristall um jede der drei Kanten dieses Parallelepipeds schwenkt oder rotieren läßt und durch gleichzeitige Bestrahlung mit monochromatischem Röntgenlicht ,,Drehkristallaufnahmen" herstellt. Die Beugungspunkte solcher Diagramme sind bei geeigneter Aufnahmetechnik auf geraden Linien — den sogenannten Schichtlinien — angeordnet, so wie dies Abb. 22 an einem Beispiel zeigt.

Aus dem Abstand dieser Schichtlinien läßt sich unmittelbar die Kantenlänge des Elementarkörpers in jener Richtung berechnen, um welche der Kristall während der Herstellung des Diagramms gedreht wurde.

Da sich Kristalle meist durch das Vorhandensein auffälliger Symmetrie-eigenschaften auszeichnen und durch rein periodische Wiederholung eines bestimmten Grundbausteines aufgebaut sind, muß auch dieser Elementarkörper bereits alle jene Symmetrie-eigenschaften in sich schließen, die der makroskopische Kristall aufweist. Der nächste Schritt einer Strukturaufklärung bezweckt dann die Aufsuchung dieser *Symmetrieelemente* des Grundbausteins. Dazu ist zunächst durch eine genaue Vermessung der Koordinaten der einzelnen Interferenzflecken des Diagramms auf die Lage der reflektierenden Netzebenen im Kristall zurückzuschließen. Die so gewonnene Netzebenen-statistik ermöglicht dann, nach den Lehren der geometrischen Strukturtheorie die Gesamtheit der dem Elementarkörper zukommenden Symmetrieelemente — die sogenannte *Raumgruppe* — zu bestimmen. Hierbei hat es sich als zweckmäßig erwiesen, die Drehkristallaufnahme durch eine Art kinematographischer Anordnung zu ersetzen, bei der mit der Drehung des Kristalls eine Bewegung des Films gekoppelt ist. Instrumente, die dieses Prinzip durchzuführen gestatten, sind besonders von Boehm, Dawson, Kratky, Sauter, Schiebold und Weissenberg angegeben worden, wobei dem letztgenannten Forscher das Verdienst zukommt, als erster die grundlegende Bedeutung dieser sogenannten *Röntgengoniometer* erkannt und betont zu haben. Abb. 23 (S. 303) bringt ein charakteristisches Beispiel einer solchen Aufnahme.

Schon die Kenntnis von Elementarkörper und Raumgruppe kann in manchen Fällen bei der Strukturaufklärung Aussagen enthalten, die für den Chemiker von Interesse sind. Multipliziert man das Volumen des Elementarkörpers mit der Dichte des Kristalls, so erhält man das Gewicht dieses kristallographischen Grundbausteins. In besonders einfachen Fällen — z. B. beim Hexamethylbenzol — hat sich ergeben, daß der Grundbereich nur 1 chemisches Molekül enthält; dann ist die eben geschilderte Berechnung des Elementarkörpergewichts eine sehr genaue und zuverlässige Wägung dieses Moleküls, also eine Molekulargewichtsbestimmung.

Meist ist es jedoch nicht ein einziges Molekül, durch dessen dreifach periodische Anordnung der Kristall aufgebaut ist, sondern es bilden mehrere chemische Moleküle — meist sind es 2, 4, 6 oder 8 — den Elementarkörper als Grundbereich der kristallographischen Struktur und erst dieser vervielfältigt sich dann durch Parallelverschiebung zum makroskopischen Kristall. Bei der Bildung dieses Grundbereichs sind zwei Momente maßgebend:

a) Es kann eine richtige Assoziation von Molekülen vorliegen, die

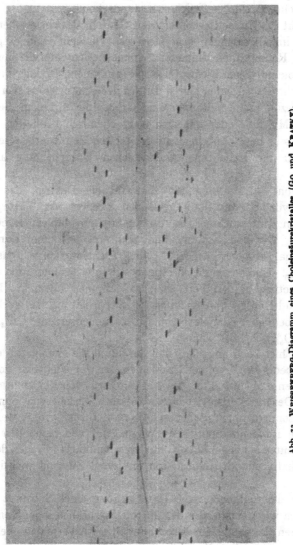

Abb. 23. WEISSENBERG-Diagramm eines Choleinsäurekristalles (Go und KRATKY).

auch dann aufrechterhalten bleibt, wenn der Kristall gelöst oder verdampft wird, z. B. bimolekulare Assoziate von Carbonsäuren, Molekülverbindungen von Nitrobenzol, Anthracen, usw.

b) Es kann aber auch, und dies ist der häufigere Fall, jene Molekülgruppe, die den Elementarkörper darstellt, beim Lösen oder Verdampfen des Kristalls zerfallen. In solchen Fällen ist die Symmetrie des Elementarkörpers höher als die des einzelnen Moleküls, da er durch Zusammenfügung mehrerer solcher Teilchen zustande kommt.

Gewicht des Elementarkörpers und Gewicht des chemischen Moleküls sind also im allgemeinen *nicht identisch*, vielmehr sind es gerade die durch die Raumgruppe bedingten Symmetrieelemente, die aus dem isolierten Molekül einen Elementarkörper aufbauen. Dividiert man daher das Gewicht des letzteren durch die aus der Raumgruppe sich ergebende Symmetriezahl, so erhält man eine Größe, die mit dem Gewicht des einzelnen Moleküls oder mit dem·eines chemisch bedingten Assoziates identisch sein muß. An einem in der letzten Zeit bearbeiteten Beispiel wollen wir die Bedeutung einer solchen Untersuchung anschaulich machen.

Ein von FREUDENBERG (*89*) untersuchtes Dextrin, das nach der Methode von SCHARDINGER gewonnen worden war, hatte nach der chemischen Untersuchung FREUDENBERGS ein Molekulargewicht von $(C_6H_{10}O_5)_5$. Die von KRATKY und SCHNEIDMESSER (*90*) durchgeführte Röntgenanalyse lieferte nun für den Elementarkörper das Gewicht $(C_6H_{10}O_5)_{10}$. Durch die gleichzeitig bestimmte Raumgruppe ergab sich als Symmetriezahl der Wert *zwei*, so daß man allein aus Elementaranalyse und Röntgenuntersuchung mit Sicherheit auf das Vorhandensein chemisch bedingter Komplexe von der Zusammensetzung $^1/_2 (C_6H_{10}O_5)_{10} =$ $= (C_6H_{10}O_5)_5$ schließen kann.

Es sei hier noch angefügt, daß die durch die Symmetrie der Raumgruppen bedingten Symmetriezahlen immer nur Vielfache von 2 und 3 sein können und ein Faktor 5, wie er in diesem von FREUDENBERG untersuchten Dextrin vorliegt, niemals auf das Wirken von Symmetrieelementen, sondern nur auf chemische Kräfte zurückgeführt werden kann.

Solche röntgenographischen „Wägungen" von Molekülen haben bei Strukturuntersuchungen von Komplexverbindungen, Fragen des Kristallwassergehalts und der Assoziation im festen Zustand wichtige Dienste geleistet.

Wenn die röntgenoptische Untersuchung einer Substanz in Angriff genommen wird, existiert in den allermeisten Fällen schon von seiten des organischen Chemikers ein bestimmter Strukturvorschlag oder es stehen einige wenige solcher Vorschläge zur Diskussion. Der nächste Schritt in der röntgenographischen Untersuchung strebt nun in ersterem Fall eine Kontrolle, in letzterem eine Entscheidung an. Dazu hat man die vom Chemiker vorgeschlagene Strukturformel — bzw. alle zur Diskussion gestellten Formeln — durch Verwendung der bekannten Atomradien und Valenzwinkeln zu einem dreidimensionalen realen Molekülmodell auszubauen und dann zu versuchen, solche Moleküle in der durch die Elementarkörperbestimmung gegebenen Anzahl und in der durch die Raumgruppe bedingten gegenseitigen Lage im Grundbereich des Kristalls, im Elementarkörper, unterzubringen. Gelingt dies in einer Art und Weise, die keine Überschneidungen von Molekülen beinhaltet und bei welcher sich die zwischenmolekularen Abstände in den zulässigen Grenzen bewegen, so wird man dies als eine Stütze für die vom Chemiker angegebene Strukturformel werten dürfen. Ergeben sich aber bei dieser rein geometrischen Einlagerung des Moleküls in den Elementarkörper räumliche Schwierigkeiten, so wird der Chemiker seine Formel einer Überprüfung unterziehen müssen, bzw. wird er, falls zwischen verschiedenen Möglichkeiten entschieden werden soll, die unzutreffenden Fälle von der weiteren Diskussion ausschließen.

Das bekannteste und wohl auch wichtigste Beispiel dieser Art war die Richtigstellung des *Sterin-gerüstes* auf Grund der Untersuchungen von BERNAL und CRAWFOOT (*91*). Diese Forscher kamen auf dem beschriebenen Weg zur Auffassung, daß das bis dahin von den organischen Chemikern angenommene Molekülmodell nicht zutreffend sein könne, sondern vielmehr eine etwas gestrecktere Form des Moleküls zu erwarten sei. Tatsächlich gelang es bald daraufhin ROSENHEIM und KING, eine andere Strukturformel für das Steringerüst anzugeben, die sämtliche Anforderungen von chemischer Seite erfüllt und außerdem noch mit den Elementarkörperdimensionen in bestem Einklang steht. Im weiteren Verlauf konnte dann von röntgenographischer Seite auch ein wichtiger Beitrag zur Frage der Stellung der langen Seitenkette gegeben werden (CRAWFOOT).

Wir können die Leistung dieses ersten Abschnitts einer röntgenographischen Stukturermittlung dahingehend zusammenfassen, daß *Volumen, Gewicht und Form des Moleküls in absolutem Maße angegeben werden können*. Damit lassen sich die vom organischen Chemiker vorgeschlagenen Strukturen überprüfen und gestellte Alternativen, sofern diese größeren Unterschieden in der Molekülform entsprechen, einer Entscheidung zuführen.

In den meisten Fällen aber sind die auf diesem Wege gewonnenen Aussagen noch zu allgemein und zu wenig präzise, als daß sie dem organischen Chemiker bei seinen schwierigen Problemen der Strukturermittlung komplizierter Stoffe wirklich wertvolle Hilfe leisten könnten. Hier führt nun die *quantitative Diskussion der Interferenz-intensitäten* erheblich weiter.

Während die bisherigen Angaben der röntgenoptischen Analyse sich mehr auf die Geometrie des Moleküls als Ganzes bezogen, wenden wir uns jetzt der Möglichkeit zu, physikalische Aussagen über die *Lage der Atomschwerpunkte* und über die *Dichte der Elektronenverteilung* im Kristallgitter zu machen. Um die hier vorliegenden Verhältnisse umreißen zu können, erscheint es aber notwendig, etwas weiter auszuholen.

Ganz allgemein läßt sich sagen, daß zwischen der räumlichen Lagerung der Atome im Gitter und dem von ihnen erzeugten Interferenzbild ein eindeutiger ursächlicher Zusammenhang besteht. Dieser Zusammenhang existiert nicht nur prinzipiell, sondern es läßt sich von einem vorgegebenen Kristallmodell das zugehörige Interferenzbild auch jederzeit ohne Schwierigkeiten vorausberechnen, und zwar exakt hinsichtlich der Lage und ziemlich genau hinsichtlich der Intensität der Interferenzpunkte. Bei der Durchführung einer Strukturanalyse finden wir uns aber vor die umgekehrte Aufgabe gestellt. Wir verfügen über ein Interferenzbild und wollen aus ihm auf das erzeugende Gitter rückschließen. Leider ist nun dieser umgekehrte Zusammenhang nicht mehr eindeutig. Um hier praktisch weiterzukommen, ist es notwendig, ein ungefähr richtiges Modell in die Rechnung einzuführen und sich dann unter fortwährendem Vergleich mit dem Experiment allmählich nach einer Methode der sukzessiven Approximation — trial and error — an das richtige Modell heranzutasten. Der Vorgang ist hierbei folgender: Man legt auf Grund der Ergebnisse chemischer Untersuchungen sowie im Anschluß an die Elementarkörper- und Raumgruppenbestimmung eine ungefähre Struktur zugrunde, berechnet aus dieser die zu erwartenden Interferenzbilder, nimmt nach Maßgabe der beim Vergleich mit dem Experiment sich ergebenden Abweichungen Korrekturen vor, berechnet wieder die Intensitäten usw. Das Endergebnis einer solchen Untersuchung ist die annähernde Bestimmung der Lage aller Atomschwerpunkte im Elementarkörper, also das, was der Chemiker als *Raumformel* des Moleküls bezeichnen würde.

In der ersten Etappe ihrer Entwicklung hat die röntgenoptische Strukturforschung durch die Bestimmung von Elementarkörper und Raumgruppe sowie durch die vollständige Aufklärung einfacher Strukturen sehr wichtige Beiträge namentlich in der anorganischen Chemie und der Metallographie geleistet. Dies erweckte die Hoffnung, daß ähnliche Leistungen auch auf dem Gebiete der organischen Chemie möglich sein würden. Die Ausbildung der experimentellen und theoretischen Methodik war jedoch zu jener Zeit noch nicht so weit fortgeschritten, daß sie die Bewältigung dieser ungleich schwierigeren Aufgabe gewährleistet hätte. Daher haben sich im Laufe der Zeit einige Rückschläge und Enttäuschungen eingestellt, die vielleicht vorübergehend an manchen Stellen zu der falschen Auffassung geführt haben, daß die Leistungsfähigkeit der röntgenoptischen Molekülforschung erschöpft sei und für die komplizierteren Moleküle, denen sich das Interesse des organischen Chemikers zuwendet, nicht in Frage käme.

Heute aber sehen wir, mitten in einer neuen Phase der Entwicklung stehend, die Dinge wieder aus einer günstigeren Perspektive. Das Primat der organischen Chemie ist bei der Aufklärung komplizierter Moleküle nicht zu bestreiten. Vom organischen Chemiker müssen die ersten konkreteren Vorschläge über Größe und Aufbau des Moleküls ausgehen, die sich als Ergebnis der Molekulargewichtsbestimmung und der organisch-

Abb. 24. Projektion der Elektronendichte von Nickel-Phtalocyanin gegen die *b*-Achse nach ROBERTSON und WOODWARD (*154*). Vgl. die nachstehende Strukturformel von Phtalocyanin (ohne Nickel).

präparativen Aufklärungsarbeit darstellen. Von diesem Vorschlag als einer ersten Näherung ausgehend, wird durch die röntgenographische Untersuchung eine allmähliche Verfeinerung erzielt und schließlich ein Molekülmodell ausgearbeitet, das hinsichtlich seiner Abstände und Winkel bereits von erheblich größerer Präzision ist als die ursprüngliche Strukturformel, die eine ganze Reihe diesbezüglicher Fragen noch offen lassen mußte.

Unter Zugrundelegung dieses realen Molekülmodells beginnt nun aber erst die eigentliche selbständige, durch die letzten Jahre ermöglichte

Phtalocyanin $C_{32}H_{18}N_8$.

Leistung der Röntgenographie, indem sie auf dem Wege der FOURIER-Analyse eine präzise Festlegung der Atomschwerpunkte und der Elektronenhülle liefert. Bei dieser Berechnung, auf deren Einzelheiten in diesem Rahmen natürlich nicht eingegangen werden kann, erhalten wir, wie das Beispiel der Abb. 24 (S. 307) zeigt, so präzise Aussagen über die gegenseitige Entfernung der einzelnen Atome, über die sie verbindenden Ladungswolken und über die Winkeln zwischen den einzelnen Valenzen, wie man sie aus rein chemischen Argumenten niemals geben kann. Absolute Konfigurationsbestimmungen, Aufklärung von cis-trans-Isomerien, relative Konfigurationen im Fall asymmetrischer Kohlenstoffatome, Fragen über die sterische Hinderung usw., — alles das sind Probleme, bei deren Lösung die röntgenoptische Untersuchung ein reiches Betätigungsfeld findet.

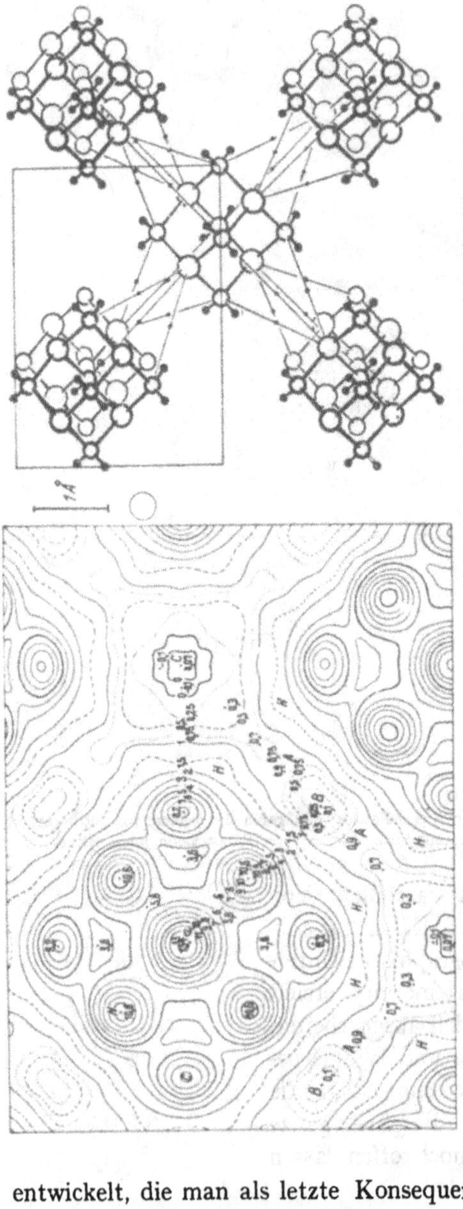

In der allerletzten Zeit hat sich nun durch die Untersuchungen von GRIMM, BRILL, HERMANN und PETERS (92) eine Richtung der Forschung entwickelt, die man als letzte Konsequenz der interferometrischen Vermessung ansprechen kann. Es ist dies eine so genaue Festlegung der *Elektronenverteilung* im Molekül, daß ganz bestimmte Aussagen über die Art der Bindung zwischen benachbarten Atomen — einfache, doppelte,

Abb. 25. Projektion der Elektronendichte des Hexamethylentetramingitters auf die Würfelfläche. Nach GRIMM, BRILL, HERMANN und PETERS. Die Moleküle bilden einen raumzentrierten Würfel. Der projizierte Ausschnitt ist rechts umrahmt.

semipolare Bindung usw. — sowie zwischen den Molekülen gemacht werden können. Wenn auch hierüber bisher erst in zwei Fällen — beim Diamanten und bei dem in Abb. 25 dargestellten Hexamethylentetramin — gesicherte Ergebnisse vorliegen, so kann doch kein Zweifel sein, daß eine genaue Kenntnis der Elektronenverteilung im Molekül eine ganze Reihe noch offener Fragen zu klären imstande sein wird (aromatischer Charakter, ungesättigte Radikale, konjugierte Doppelbindung usw.).

Einiges über die allgemeinen Ergebnisse der röntgenographischen Strukturforschung.

Nachdem wir soeben in großen Zügen den Gang einer röntgenographischen Strukturuntersuchung geschildert haben, scheint es an der Zeit dazu überzugehen, die Ergebnisse in einer der vorliegenden Sammlung angepaßten Form darzustellen. Hierbei möchten wir so verfahren, daß zunächst ein Überblick über die wichtigsten allgemeinen Ergebnisse gegeben wird, um später auf die Verhältnisse bei den hochpolymeren Substanzen und speziell bei den Eiweißkörpern mit größerer Ausführlichkeit einzugehen.

Als erstes allgemeines Ergebnis ist hinzustellen, daß verläßliche Angaben über die den wichtigsten Hauptvalenzbindungen entsprechenden *Kernabstände* an organischen Molekülen gewonnen werden konnten. Tabelle 7 gibt einige hierher gehörige Zahlen, bei deren Ermittlung allerdings zum Teil auch andere optische Methoden (Elektronenbeugung, Bandenspektren) Verwendung fanden. Wesentlich erscheint die Tatsache, daß ohne Ausnahme in allen bisher untersuchten Fällen, einer bestimmten Bindung zwischen zwei Atomen mit sehr engen Fehlergrenzen ein bestimmter Kernabstand zugeordnet werden kann.

Ähnliches findet man auch für die Nebenvalenzabstände, d. h. für jene Distanzen, bis auf die sich Atome nähern können, die zwei verschiedenen Molekülen angehören, chemisch also miteinander nicht direkt verbunden sind, sondern lediglich VAN DER WAALSsche Kräfte aufeinander ausüben. Ein Überblick über das zur Verfügung stehende experimentelle Material zeigt, daß die hierher gehörigen Abstände zwischen 3,0 und 4,5 Å liegen, also rund 2—3mal so groß sind, als die den Hauptvalenzen entsprechenden.

Tabelle 8 (S. 310) enthält eine Reihe von Valenzwinkeln für den Fall spannungsfreier Verkettung der einzelnen Molekülteile. Sie zeigt, daß auch

Tabelle 7. Einige wichtige Atomabstände in organischen Molekülen.

Bindung	Abstand in Å
C — C aliph.	1,55
C — C arom.	1,36
C = C	1,30
C = C	1,19
C — H	1,08
C — O	1,46
C = O	1,19
H — O	1,02

Tabelle 8. Einige wichtige Valenzwinkel.

Atom	Valenzwinkel	Gemessen an	Methode
C aliphatisch	Tetraeder-winkel $\sim 110°$	vielen aliphatischen Verbindungen	Röntgenstrahl- und Elektronen-interferenzen, Dipolmoment
Aliphatische Doppelbindung	$\beta \sim 130°$ $\alpha \sim 110°$ } eben	Thioharnstoff	Röntgenstrahl-interferenzen
	$\beta \sim 120°$ $\alpha \sim 120°$ } eben	Formaldehyd	Bandenspektren
	$\beta \sim 125°$ $\alpha \sim 110°$ } eben	$COCl_2$, $COBr_2$, CH_3COCl	Bandenspektren
‑C Dreifachbindung	$180°$	Acetylen, Blau-säure	Bandenspektren
Aromatisch-ali-phatische Bin-dung	$\alpha \sim 120°$ $\beta \sim 120°$	Benzolderivate	Dipolmoment
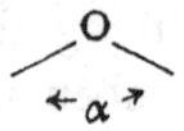	$\alpha \sim 104°—106°$	Wasser	Bandenspektren
	$\alpha \sim 122°$	Ozon	Bandenspektren
	$\alpha \sim 128°$	Diphenyloxyd	Dipolmoment
	$\alpha \sim 105°$	OF_2	Elektroneninterferenzen
	$\alpha \sim 111°$	Dimethyläther	Elektroneninterferenzen
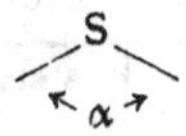	$\sim 113°$	Diphenylsulfid	Dipolmoment
	$\sim 108°$	S_8	Röntgenstrahl-interferenzen

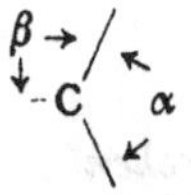

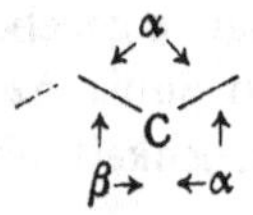

in dieser Hinsicht die Anwendung moderner physikalischer Forschungs-mittel die Vorhersagen der organischen Chemiker vollinhaltlich bestätigt und sie durch quantitative Angaben erweitert hat. Befinden sich in einem Atom größere Substituenten, so kann unter Umständen wohl eine gewisse Spreizung der angegebenen Valenzwinkel eintreten, da die größten zwischen zwei Atomen herrschenden Kräfte zwar der Richtung nach festliegen, aber nicht ein starres Gerüst, sondern ein deformierbares System bilden. Die Tabelle 9 enthält einige zahlenmäßige Angaben für die Arbeit, die not-wendig ist, um einige der wichtigsten Hauptvalenzen aus ihrer bevor-zugten Richtung herauszubiegen, und vermittelt einen Eindruck darüber, wie weit solche Deformationen unter dem Einfluß der molekularen Stöße möglich sein werden.

Die große Bedeutung der in diesen Tabellen niedergelegten Erfahrungen besteht darin, daß man mit ihrer Hilfe in der Lage ist, die vom organischen Chemiker erarbeitete Strukturformel zu einem maßgerechten Molekülmodell auszubauen. Dieses aber wieder ist eine Notwendigkeit, wenn man die früher erwähnte Methode der allmählichen Approximation zur Erlangung eines räumlichen Modells anwenden will.

STUART (93) hat Molekülmodelle konstruiert, die in anschaulicher und raumtreuer Weise die tatsächlichen Verhältnisse nachbilden und an Hand deren man sich mit großer Verläßlichkeit

Tabelle 9. Valenzdeformation im Energiemaß.

Verbindung	Energie zur Deformation des Valenzwinkels in cal/Mol.		Abstand der Kerne in 10^{-8} cm
	um 5°	um 10°	
HCN	197	788	H—C = 1,08
C$_2$H$_2$	193	772	H—C = 1,08
CO$_2$	432	1730	C—O = 1,15
CS$_2$	291	1160	C—S = 1,5

speziell ein Bild darüber machen kann, welche inneren Bewegungen — Schwingungen oder Rotationen — in einem größeren Molekül unter dem Einfluß der thermischen Bewegung möglich sind.

Als allgemein dürfen wir auch gewisse Ergebnisse bezeichnen, durch welche die Form häufig in der organischen Chemie wiederkehrender *Strukturtypen* festgelegt wird. So kann es heute als gesicherter Bestand der aliphatischen Strukturforschung gelten, daß die aus einfach miteinander verknüpften Kohlenstoffatomen aufgebauten Ketten im Kristall eine ebene Zickzackform beibehalten, in der der Abstand zwischen zwei aufeinanderfolgenden Atomen 1,55 Å und der Winkel zwischen zwei aufeinanderfolgenden Valenzen 108,5° beträgt. Erst im gasförmigen oder gelösten Zustand nehmen diese Ketten unter dem Einfluß der Temperaturbewegung dadurch unregelmäßige Gestalt an, daß sich die freie Drehbarkeit um die einfache C—C-Bindung geltend macht.

Das VAN'T HOFFsche Prinzip von den konstanten Tetraederwinkeln ist auch in den gesättigten cyklischen Verbindungen ab C$_6$ gewahrt. Nur wenn die Einhaltung dieses Winkels geometrisch nicht möglich ist, wie beim Cyclopropan oder Cyclobutan, treten Abweichungen auf, die sich als innere Spannung des Ringsystems kundgeben. — Die aromatischen Ringsysteme wie Benzol, Naphtalin usw. sind als eben erkannt worden. Auch höhere kondensierte Aromaten — Chrysen, Pyren usw. —, ferner die Gerüste der Sterine und Phtalocyanine konnten bis ins einzelne festgelegt werden. Es wäre unschwer, diese allgemeinen Angaben über die Ergebnisse der röntgenographischen Strukturforschung noch zu vermehren, wir wollen aber den zur Verfügung stehenden Raum lieber der Besprechung der Hochpolymeren widmen und hinsichtlich anderer Substanzen auf neuere zusammenfassende Arbeiten hinweisen (152).

Allgemeines über die röntgenographische Erforschung der Hochpolymeren.

Über die Notwendigkeit der Herstellung hoch-orientierter Präparate ist bereits gesprochen worden. Der Gang einer Analyse hält sich an den bereits geschilderten Weg, beginnt mit Elementarkörper und Raumgruppe, legt dann ein plausibles Strukturmodell zugrunde und versucht, durch möglichst ausgiebigen Vergleich seiner Konsequenzen mit der Erfahrung dieses zurechtzufeilen und sicherzustellen.

Dabei darf nicht verhehlt werden, daß die Verhältnisse nicht immer so günstig liegen wie bei der Untersuchung wohlkristallisierter, niedermolekularer Stoffe. Dafür sind bestimmte Umstände verantwortlich zu machen.

Bei den von Natur aus faserförmigen Hochpolymeren ist es, wie bereits angedeutet wurde, die mangelnde höhere Orientierung der Kristallite, welche eine beträchtliche Erschwerung mit sich bringt. Wir haben ja ausgeführt, daß die exakte Parallelisierung der Kristallite nach zwei Richtungen nicht möglich ist, sondern daß immer noch beträchtliche Streuungen bestehen bleiben. Dies wirkt sich vor allem darin aus, daß man Größe und Symmetrie des Elementarkörpers nicht mit jener Präzision bestimmen kann, wie wir sie sonst bei der röntgenog aphischen Methode gewohnt sind. Eine zweite bei diesen faserförmigen Stoffen auftretende Schwierigkeit besteht darin, daß man nie einen zu 100% kristallisierten Körper in Händen hat, sondern ein Teil des Objektes amorph ist. Dadurch tritt einerseits eine starke Schleierung des Untergrundes in den Rontgendiagrammen auf, welche die Meßgenauigkeit der Intensität namentlich der schwachen Reflexe vermindert, und andererseits werden sogenannte absolute Intensitätsmessungen, welche die Intensität eines Reflexes in Beziehung zur Masse des streuenden Objektes setzen, unmöglich gemacht.

Bei den kristallisierten löslichen Eiweißkörpern, die wohl gelegentlich in Form von wohlausgebildeten makroskopischen Kristallen vorliegen, sind die Schwierigkeiten wieder von anderer Art. Hier ist nämlich der Elementarkörper so groß, die Anzahl der in ihm enthaltenen Atome so beträchtlich, daß eine Bestimmung der genauen Schwerpunktslagen aller Teilchen auf Grund einer Methode der sukzessiven Näherung unmöglich erscheint. Man muß sich in diesem Fall damit begnügen, Aussagen über die Größe und beiläufige Form der Riesenmoleküle abzuleiten.

Als besonderes Merkmal der von Natur aus faserförmigen hochmolekularen Stoffe sei die wichtige Tatsache erwähnt, daß der Elementarkörper hier im allgemeinen kleiner als die durch chemische Hauptvalenzen zusammengehaltene Gruppe ist.

Wir haben früher gesehen, daß im Elementarkörper niedrigmolekularer Stoffe im allgemeinen mehrere chemische Moleküle enthalten sind. Wenn wir nun finden, daß bei der *Cellulose* der Inhalt des Elementarkörpers $(C_6H_{10}O_5)_4$ beträgt, so läge zunächst der Schluß nahe, daß das Molekül der Cellulose aus höchstens vier Glucoseresten besteht. Diese Schlußweise hat in der Tat zu Beginn der Anwendung der Röntgenanalyse auf hochpolymere Naturstoffe eine gewisse Verwirrung angerichtet, die erst bei einer genaueren Diskussion einer vollständigen Klärung gewichen ist. Der Elementarkörper stellt ja jenen Raum vor, durch dessen dreifach periodische Anordnung der Kristall zustande kommt. Wenn nun z. B. eine lange Kette sehr regelmäßig gebaut ist, so kann man sich durchaus eine kristallgitterartige An-ordnung konstruieren, bei der der Elementarkörper nur ein einziges Kettenglied enthält. Eine derartige Möglichkeit, auf die POLANYI schon bei der ersten Untersuchung der Cel-lulose hingewiesen hat, ist schließlich als die richtige er-kannt worden. Es wird eine äußerst lange Reihe hinter-einander liegender Elementar-körper von einem langen Mole-kül durchzogen und jedem einzelnen Grundbaustein ge-hört immer nur ein bestimmtes Glied der Kette an. Das Rönt-

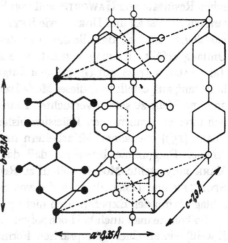

Abb. 26. Schematische Darstellung des Elementarkörpers der nativen Cellulose nach MEYER und MARK.

genogramm kommt durch innermolekulare Periodizitäten zustande, die gleichzeitig für das Molekül und den Kristall charakteristisch sind. Um diesen engen Zusammenhang zum Ausdruck zu bringen, haben MARK und MEYER (13) solche Gitter *Hauptvalenzketten*gitter genannt.

In der Cellulose wird der Elementarkörper von zwei nebeneinander liegenden Hauptvalenzketten durchzogen, so zwar, daß immer je zwei Glucosereste einer Kette in ihn hineinfallen. Es enthält somit, wie dies auch die Abb. 26 zeigt, der Grundbereich des Kristalles vier Glucosereste. Die aufeinanderfolgenden Glieder einer Kette werden nämlich wegen der chemischen Art ihrer Verknüpfung ineinander nicht durch eine einfache Parallelverschiebung längs der Faserrichtung übergeführt, sondern sind gegeneinander noch um etwa 180° verdreht. Fragen wir, wie dies in der Kristallographie geschieht, nach jenem der Teil der fortlaufenden Haupt-valenzkette, durch dessen translatorische Wiederholung ein Aufbau des ganzen Gefüges möglich ist, so kommen wir auf eine Gruppe von zwei Glucoseresten, d. h. auf die Cellobiose. Daß der Elementarkörper aber auch in seitlicher Dimension einen Ausschnitt aus zwei benachbarten Ketten enthält, liegt wieder daran, daß die Ketten gegeneinander in ihrer Längsrichtung etwas verschoben sind. Der Komplex, durch dessen translatorische Ineinanderfügung der ganze Kristall aufgebaut werden kann, muß daher tatsächlich *vier* Glucosereste enthalten.

Alle weiteren Überlegungen der röntgenographischen Analyse eines hochmolekularen Stoffes sind ganz analog den bei niedermolekularen Substanzen anzustellenden. Es spielt eben hier der Grundbaustein der Kette die gleiche Rolle wir dort das Molekül. Durch Zugrundelegung eines plausiblen Modelles, bei dem man sich im wesentlichen auf die organisch-chemischen Resultate von Haworth und von Freudenberg zu stützen hat, gelangten Sponsler und Dore sowie Meyer und Mark (*1*) zu einem *Strukturmodell der Cellulose,* das alle daran zu stellenden Anforderungen in vollem Umfang erfüllt. Es mag von Interesse sein zu erwähnen, daß vor einem Jahr Sauter (*155*) auf Grund neu aufgenommener Diagramme die Behauptung aufgestellt hat, dieses Modell sei unzutreffend, und er ein anderes an seine Stelle zu setzen versuchte. Eine überaus sorgfältige und hinsichtlich ihrer experimentellen Präzision bisher unerreichte Untersuchung von Clark (*153*) und seinen Mitarbeitern hat jedoch an Hand ungewöhnlich schöner Diagramme bewiesen, daß das ursprünglich von Meyer und Mark aufgestellte Modell vollauf zu Recht besteht und sowohl der von Sponsler und Dore als auch der von Sauter stammende Strukturvorschlag als mit den Experimenten nicht in Einklang stehend abzulehnen ist.

So konnte man auch bei hochpolymeren Stoffen (Cellulose, Kautschuk, Eiweiß) bis zu einer sehr präzisen Formulierung der Hauptvalenzketten vordringen und es bleibt nur noch die Frage zu beantworten, ob auch der letzte, weitestgehende Schritt der röntgenoptischen Methode, nämlich der der Fourier-Analyse, auf diesem Gebiet durchgeführt werden könnte. Dies ist bis jetzt noch nicht geschehen, doch scheint es nicht ausgeschlossen, bei der steigenden Güte der Diagramme eines Tages auch eine exakte Fourier-Analyse von höher orientierten Cellulose- oder Kautschukdiagrammen durchzuführen und als Ergebnis eine genaue Verteilung der Atomschwerpunkte und der Elektronendichte zu erhalten. Es steht außer Zweifel, daß eine solche Krönung der Anwendung röntgenoptischer Methoden auf das Gebiet der Hochpolymeren von größter wissenschaftlicher Bedeutung wäre und sicherlich neben den erwarteten Ergebnissen auch neue, unerwartete mit sich bringen würde.

B. Die röntgenographische Untersuchung der Eiweißkörper.

Besonders wichtige Beiträge hat die physikalische Methode der röntgeninterferometrischen Bestimmung von Strukturen in den letzten Jahren bei den *Eiweißkörpern* geliefert. Die Fortschritte auf diesem Arbeitsgebiete sind ein gutes Beispiel dafür, wie durch Kombination chemischer, chemisch-physikalischer und physikalischer Daten schließlich selbst so komplizierte Stoffe wie die nativen Eiweißkörper in vieler Hinsicht recht weitgehend aufgeklärt werden können. Wenn auch in dem Bilde über den Aufbau dieser Substanzen noch sehr viele große Lücken klaffen, so liegen doch wichtige Grundlinien fest und ermöglichen es uns heute schon in einem gewissen Grade, makroskopische Eigenschaften der Eiweißkörper — namentlich ihr mechanisches Verhalten — in eine recht enge Verbindung mit ihrem molekularen Aufbau zu bringen.

Bei der Auswertung der an Eiweißkörpern erhaltenen röntgenographischen Ergebnisse wird die schon von Emil FISCHER erarbeitete und formulierte Erkenntnis zugrunde gelegt, daß die Proteine der Hauptsache nach aus Hauptvalenzketten von α-Aminosäureresten bestehen, die durch Peptidbindungen zusammengehalten werden. Solchen Polypeptidketten kann man die allgemeine Formel

$$\cdots \underset{NH}{\overset{CO}{\diagup}}\underset{}{\overset{CH}{\diagdown\diagup}}\underset{CO}{\overset{NH}{\diagdown\diagup}}\underset{CH}{\overset{}{\diagdown}}\underset{}{\overset{CO}{\diagup}}\underset{NH}{\overset{CH}{\diagdown\diagup}}\underset{CO}{\overset{NH}{\diagdown\diagup}}\underset{CH}{\overset{}{\diagdown}}\cdots$$

$$\overset{R'}{} \qquad \overset{R''}{} \qquad \overset{R'''}{} \qquad \overset{R''''}{}$$

$$\longleftarrow 3.5\ \text{Å} \longrightarrow$$

zuschreiben, wobei R', R'' usw. verschiedene Reste darstellen, die an die durchgehende Kette gebunden sind. Man weiß eben seit den Arbeiten E. FISCHERS, daß es eine ganze Reihe von Substituenten. für die Polypeptidketten gibt, und anscheinend hängt die große Mannigfaltigkeit der Eiweißkörper, auf der ihre physiologische Bedeutung beruht, nicht zuletzt schon mit diesem einfachsten Aufbauprinzip zusammen.

Wir können die Proteine in drei Gruppen zusammenfassen: die *faserförmigen*, die *nicht faserförmigen* und — ein besonderer Typus unter den letzteren — die *Vira und Bakteriophagen*. Faserproteine kommen in der Natur hauptsächlich als Gerüstsubstanzen tierischer Organismen vor, stellen sich uns amorph oder bestenfalls als submikroskopische Kristallitgefüge dar und können wieder wesentlich in zwei Typen, in den Keratin-Myosin- und in den Kollagentypus gegliedert werden. Die nichtfaserigen Proteine bilden gelegentlich Kristalle von mikroskopischer und sogar übermikroskopischer Größe, deren Untersuchung sehr aufschlußreich war. Von besonderer Bedeutung ist in der allerletzten Zeit das röntgenographische Studium der Virusarten geworden und hat überraschende Ergebnisse an diesen interessanten Substanzen zutage gefördert.

Wir beginnen mit der Besprechung der Faserproteine vom Keratin-Myosin-Typus.

Faser-Proteine vom Keratin-Myosin-Typus. Seiden-Fibroin.

Die erste mit Röntgenstrahlen interferometrisch erfolgreich untersuchte Substanz war das Fibroin der Seidenraupe *Bombyx mori*. Zuerst

haben HERZOG und JANCKE (94) beobachtet, daß der natürliche ent-
bastete Seidenfaden ein Röntgenfaserdiagramm liefert, das eine größere
Zahl intensiver Interferenzen enthält, woraus man auf das Vorhandensein
submikroskopisch kleiner, in sich kristallgittermäßig geordneter Bezirke
rückschließen konnte.

Im Anschluß an diese Untersuchungen hat dann BRILL (95) eine Bestimmung des Elementarkörpers durchgeführt. Er fand, daß sich die
beobachteten Interferenzen in ihrer Gesamtheit durch eine kleine Basis-
zelle wiedergeben lassen, die also in irgendeiner Form als Grundbaustein
der Struktur aufgefaßt werden darf. Nimmt man zu diesem Ergebnis die
makroskopisch bestimmte Dichte sowie die von FISCHER und ABDER-
HALDEN (96) bei der Hydrolyse erzielten Resultate, so kommt man zur
Auffassung, daß der kristalline Anteil dieser sowie anderer Seiden-Fibroine
zu gleichen Teilen aus Glycyl- und Alaninresten besteht. Der Elementarkörper enthält je vier solcher Reste.

Über diese röntgenographische Gehalts- und Gewichtsbestimmung des
Elementarkörpers hinaus, konnten MEYER und MARK (97) einen Strukturvorschlag machen, der über die Lagerung der Polypeptidketten in der Faser
genaueren Aufschluß gibt. Sie übertrugen zu diesem Zweck die bei der Cellulose, beim Chitin, beim Kautschuk und anderen Hochpolymeren erhaltenen Ergebnisse auf das Seiden-Fibroin und stützten sich hierbei auf den
gemeinsamen hochpolymeren Charakter aller dieser Stoffe, sowie besonders
auf die ins Auge springenden mechanischen Ähnlichkeiten. Man hat sich
nach diesen Autoren vorzustellen, daß im nativen Seidenfaden parallel
der Faserachse verlaufende Hauptvalenzketten, in welchen Glycyl- und
Alaninreste regelmäßig abwechseln, das Gerüst des Aufbaues bilden.
Sie werden seitlich durch VAN DER WAALSsche Kräfte zu bündelartigen,
gittermäßig geordneten Bereichen zusammengehalten, die man im Anschluß an NÄGELI (98) als „Mizelle" (Einzahl: das Mizell) bezeichnet hat.

Diese Vorstellung erklärt vor allem die Identitätsperiode in der Faserachse, welche einen Wert von 7 Å aufweist. Verwendet man nämlich
die aus der röntgenographischen Untersuchung organischer Moleküle
bekannten Atomradien und Valenzwinkel, so erhält man, wie an obiger
Formel ersichtlich (S. 315), für einen Aminosäurerest in der fortlaufenden
Kette eine Längen-erstreckung von 3,5 Å. Für die aus einem Glycyl-
und einem Alaninrest gebildete Gruppe, durch deren periodische Wiederholung die ganze Peptidkette aufgebaut ist, ergibt sich also in völlig
gestrecktem Zustand tatsächlich der Wert von 7 Å. Abb. 27 zeigt den
von MEYER und MARK für den Aufbau des Seidenfibroins entworfenen
Strukturvorschlag. Wenn er auch mit dem gesamten, damals zur Verfügung gestandenen experimentellen Material in vernünftiger Übereinstimmung stand und als ein plausibles Bild für den Aufbau der hochpolymeren Substanz angesehen werden durfte, so muß doch be-

mängelt werden, daß die Elementarkörperbestimmung einer niedrig symmetrischen Kristallart lediglich auf Grund von Faserdiagrammen ungewiß und mehrdeutig ist und schon wiederholt zu unrichtigen Ergebnissen geführt hat. KRATKY und KURIYAMA (99) gelang nun die Herstellung von höher orientierten Fibroinpräparaten und damit erst war die Voraussetzung für eine zuverlässige Gitterbestimmung geschaffen. Wie im allgemeinen Teil näher ausgeführt wurde, liegen in einem solchen Präparat die länglichen kristallgittermäßig geordneten Bereiche — die Mizelle — nicht nur mit ihrer Längsachse parallel der Faserachse, sondern darüber hinaus ist noch eine Orientierung in dem Sinn erreicht, daß alle Elementarkörper, mit einer ihre Querdimensionen vorzugsweise annähernd parallel einer bestimmten, normal zur Faserachse verlaufenden Richtung angeordnet sind.

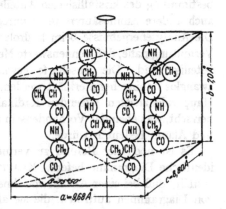

Die *Herstellung* dieses Seidenfibroinpräparates geschah in der folgenden Weise: Man entnimmt einer spinnreifen Seidenraupe die gefüllte Spinndrüse, befeuchtet sie zwecks Einleitung der Koagulation mit verdünnter Essigsäure und verformt sie hierauf durch gleichzeitiges Dehnen und Walzen zu einem langen Band. Aus dem Inhalt der Spinndrüse, die wenige Zentimeter lang und 1—2 mm dick ist, kann auf diese

Abb. 27. Elementarkörper des kristallisierten Anteils von Seidenfibroin nach MEYER und MARK.

Weise ein dünnes Band von 2—3 m Länge und 1—2 mm Breite hergestellt werden. Die zur Erzeugung der höheren Orientierung erforderliche Deformierbarkeit ist durch den hochplastischen Zustand des Seidenfibroins im unveränderten Seidenschlauch gegeben.

Bei Durchleuchtung des unveränderten Seidenschlauches selbst erhält man bemerkenswerterweise weder ein Faser- noch ein Pulverdiagramm, woraus nach BRILL (100) hervorgeht, daß die Kristallite — Mizelle — in dem unverformten Seidenschlauch noch nicht präformiert sind, sondern ihre Bildung erst bei der Deformation — sei es beim normalen Spinnen durch das Tier selbst, sei es bei der eben geschilderten Herstellung höher orientierter Präparate — erfolgt. Es ist interessant, daß nach BRILL auch bei der Durchleuchtung lebender Raupen lediglich amorphe Diagramme erhalten werden, nach dem Eintrocknen des Drüseninhaltes aber auch ohne Deformation Kristallinterferenzen auftreten. Wir werden auf diesen Übergang des Seidenfibroins aus einem ungeordneten in einen mizellmäßig geordneten Zustand später noch zurückkommen.

Die Auswertung der Diagramme höher orientierter Präparate führte wegen der Streuung mit welcher die Regelung behaftet war, und angesichts der niedrigen Symmetrie des Gitters immer noch zu keinem, im strengen Sinn eindeutigen Ergebnis. Es ließ sich aber die gegenseitige Lagerung der Hauptvalenzketten doch soweit festlegen, daß ihre seitlichen Abstände auf das Intervall zwischen 4,5 und 5,8 Å eingeschränkt werden konnten. Dieses Ergebnis steht mit dem von MEYER und MARK (97) entworfenen ersten Strukturvorschlag in gutem Einklang.

Bei dieser Untersuchung wurde auch das *Gewicht des Elementarkörpers* bei *Bombyx-mori*-Seide neuerlich bestimmt. Es steht mit der Annahme einer nur aus Glycyl- und Alanylresten zusammengefügten Kette in guter Übereinstimmung, schließt aber wegen der Unsicherheit in der Dichtebestimmung des kristallisierten Anteiles keineswegs aus, daß gelegentlich auch andere Aminosäurereste in unregelmäßiger Weise eingestreut sind. Die Analysenergebnisse beim hydrolytischen Abbau legen vor allem die Vermutung nahe, daß nennenswerte Mengen von Tyrosin am Gitteraufbau beteiligt sind. Die Unschärfe gewisser Röntgenreflexe könnte dann zwanglos dahingehend erklärt werden, daß bezüglich der seitlich an den Hauptvalenzketten sitzenden Radikale eine gewisse Unregelmäßigkeit herrscht, was eben das Vorhandensein anderer Aminosäuren neben Glycin und Alanin bedeuten würde.

Es ist noch der Befund zu vermerken, daß nicht alle Seidenarten identische Diagramme liefern. KRATKY und KURIYAMA (99) haben festgestellt, daß bei einer Anzahl von ihnen untersuchter Seiden zwei Typen von Diagrammen auftreten, die sie als *Bombyx mori-* und als *Satonia*-Typen bezeichneten.

Etwas später haben TROGUS und HESS (101) die röntgenographische Untersuchung verschiedener Seidenarten neuerlich aufgenommen und eine Reihe interessanter Ergebnisse erhalten. Durch eine halbstündige Vorbehandlung mit heißem Wasser erzielten sie bei der Durchstrahlung bis dahin unerreicht klare und scharfe Diagramme, die eine wesentliche Steigerung der Meßgenauigkeit bei der Auswertung ermöglichten.

Unter den 25 von ihnen studierten Seidenarten konnten sie mit Sicherheit *vier Typen* von Fibroindiagrammen unterscheiden und dem bereits erwähnten *Bombyx mori-* sowie *Satonia*-Typus noch einen *Nesterseiden-* und einen *Spinnenseiden*-Typus hinzufügen. Wie Abb. 28a—d zeigt, unterschieden sich die vier Diagramme voneinander recht merklich (S. 319).

Während bei nativer Cellulose in allen ihren vielen verschiedenen Vorkommen immer nur ein bestimmter Gittertypus auftritt, zeigt also die kristalline Ordnung in nativen Seidenpräparaten eine bemerkenswerte Mannigfaltigkeit. Allerdings geht die Differenzierung nicht so weit, daß jede einzelne Raupenspezies einen Faden mit charakteristischem Röntgenogramm produziert; vielmehr lassen sich, wie ausgeführt, einige Gruppen mit bestimmtem Röntgenogramm herausschälen, deren jeder eine Anzahl von Raupenspezies zuzuordnen ist. Es wäre vielleicht nicht uninteressant, diese Zusammenfassung nach gleichem Röntgendiagramm einmal vom zoologischen Gesichtspunkt aus zu diskutieren.

Gemeinsam ist allen bisher untersuchten Gittern die *Faserperiode von*

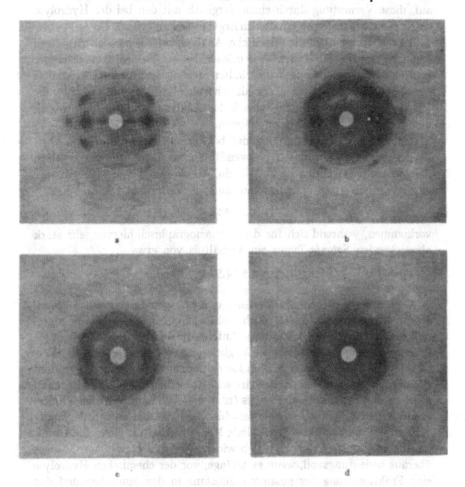

Abb. 28. Röntgenfaserdiagramme der 4 Seidentypen:
a) *Bombyx mori*-Typus. b) *Saturnia*-Typus. c) Nesterseide. d) Spinnenseide. Nach TROGUS und HESS.

etwa 7 Å und damit wohl auch das Grundprinzip des Aufbaues. In allen Fällen bilden also die Polypeptidketten, welche die Fasern ihrer Länge nach durchziehen, das Rückgrat der Struktur und bedingen die mechanischen Eigenschaften des entstehenden Gebildes. Die Unterschiede in den Diagrammen beziehen sich nur auf die Lage und Intensität jener Interferenzen, die mit den seitlichen Dimensionen und der gegenseitigen Anordnung der Ketten zusammenhängen. Es liegt nun sicherlich nahe anzunehmen, daß diese Unterschiede mit einer verschiedenen chemischen Zusammensetzung hinsichtlich der seitlich an den Ketten sitzenden Radikale R', R'' usw. zusammenhängen und es drängt sich der Wunsch auf, diese Vermutung durch einen Vergleich mit den bei der Hydrolyse der verschiedenen Typen erhaltenen Ergebnissen zu prüfen.

Leider bietet aber die chemische Analyse bei solchen Überlegungen keine verläßliche Basis, denn wir müssen bei der Seidensubstanz immer zweierlei Bestandteile auseinanderhalten: jenen, der geordnete kristalline Bereiche bildet und jenen, der als amorphe Kittsubstanz zwischen die Mizelle eingelagert ist. Die chemische Analyse erfaßt beide Anteile, die interferometrische nur den ersteren.

Immerhin ist es aber auffällig, daß bei Fibroinen, die das *Bombyx mori*-Diagramm oder das ihm sehr verwandte *Spinnseiden*-Diagramm ergeben, die wichtigsten Grundbausteine, Glycin, Alanin und Tyrosin laut Aussage der Hydrolyse etwa in einem molekularen Verhältnis von

$$9 : 4,5 : 1$$

vorkommen, während sich für den röntgenographisch hiervon sehr stark abweichenden *Satonia*-Typus ein Verhältnis von etwa

$$4,5 : 4,5 : 1$$

ergibt (*101*).

Dieser offensichtliche *Zusammenhang der Gesamt-zusammensetzung mit dem Diagrammtypus* deutet doch wohl auf einen verschiedenen materiellen Inhalt auch des kristallinen Anteiles in den beiden Fällen hin.

Hierbei hat man verschiedene Möglichkeiten für eine Deutung der Verhältnisse ins Auge zu fassen. Man kann annehmen, daß jeder Diagrammtypus einer einheitlichen Kristallart sein Entstehen verdankt; man kann aber auch mit Hess und Trogus (*101*) die Auffassung in den Vordergrund stellen, daß in jeder Seide verschiedene Kristallarten nebeneinander vorkommen und daß das wechselnde Mengenverhältnis dieser die Unterschiede in den Diagrammtypen bewirkt. Bei dieser Sachlage wäre es überaus bedeutungsvoll, wenn es gelänge, vor der chemischen Hydrolyse eine Fraktionierung der gesamten Substanz in den amorphen und den kristallinen Anteil durchzuführen, um so für die weitere Diskussion wenigstens durchsichtige chemische Grundlagen zu besitzen. Es scheint nicht ausgeschlossen, daß solche Bestrebungen zu einem Erfolg führen könnten, wenn man vom hochgequollenen Seidenschlauch ausgeht, wo vielleicht noch eine gewisse Fraktionierbarkeit chemisch verschiedener Anteile bestünde. Auch eine fraktionierte Hydrolyse des fertigen Fadens, unter ständiger röntgenographischer Kontrolle des Diagramms der zurückbleibenden Anteile wäre von großem Interesse.

Man sieht, daß durch die interferometrischen Untersuchungen zwar die Prinzipien des Aufbaues der Seiden geklärt sind, sich aber gerade gegenwärtig eine Reihe höchst interessanter, mit den Feinheiten der Struktur zusammenhängender Fragen auftut, die durch konsequente Verbindung chemisch-präparativer und röntgenographischer Methoden sicherlich gefördert werden können.

Dabei ist noch darauf hinzuweisen, daß von HENGSTENBERG und LENEL (*102*) sowie von BERNAL (*103*) an einfachen Aminosäuren und an niederen Peptiden Ergebnisse über die Struktur der Grundbausteine erhalten worden sind, die nach einer noch weitergehenden Präzisierung bei der Frage nach den Einzelheiten der Seidenstruktur noch eine wichtige Rolle spielen könnten.

Die mannigfaltigen Erscheinungen, die man röntgenographisch bei der Einwirkung verschiedenartiger Reagenzien auf die Cellulose beobachten kann, haben es nahegelegt, auch beim Seidenfibroin nach ähnlichen Effekten zu suchen. MEYER und MARK (*13*) konnten feststellen, daß unter dem Einfluß konzentrierter Ameisensäure das Faserdiagramm des Seidenfibroins zum Verschwinden gebracht werden kann. HESS und TROGUS (*101*) haben diese Vorgänge näher untersucht und beobachtet, daß mit ansteigender Konzentration der einwirkenden Säure die Interferenzpunkte allmählich immer breiter und schwächer werden, ohne daß in irgendeinem Stadium des Prozesses ein neues Diagramm erschiene, das auf das Entstehen einer stöchiometrischen Zwischenverwendung schließen ließe.

KRATKY und KURIYAMA (*99*) fanden, daß bei lange dauernder Einwirkung von Essigsäure jene Interferenzen, die an sich schon durch eine ziemliche Unschärfe auffallen, gänzlich verschwinden — eine Erscheinung, die von HESS und TROGUS (*101*) in ähnlicher Weise auch bei der Einwirkung von Mineralsäuren und Basen festgestellt werden konnte.

Alle diese Befunde zeigen, daß, im Gegensatz zu den Erscheinungen bei den Estern und Äthern der Cellulose, das kristallisierte Seidenfibroin ein permutoides oder quasi-homogenes Durchreagieren mit dem angreifenden Stoff, unter Bildung mehr oder weniger stöchiometrisch definierter An- oder Einlagerungsverbindungen, nicht einzugehen geneigt ist. Die Erscheinungen deuten vielmehr auf eine gewisse Analogie zur Bildung von Hydro- und Oxycellulosen hin, die aus dem nativen Produkt bei der Einwirkung von Säuren entstehen. Offenbar ist beim Fibroin der innere Zusammenhalt der gittermäßig geordneten Bereiche wegen der Carbonyl- und Imidogruppen ein so fester, daß er sich dem Einbau irgendwelcher eindringenden Moleküle sowie der Substitution ohne völlige Zerstörung der Struktur widersetzt. SAKURADA und HUTINO (*104*) beobachteten ferner, daß beim Seidenfibroin, nach dem Auflösen und Wiederausfällen des Präparats aus neutraler Salzlösung oder aus Kupferoxydammoniak, sich die ursprüngliche gittermäßige Ordnung völlig wieder herstellt. Auch hier haben wir ein anderes Verhalten vor uns als bei der

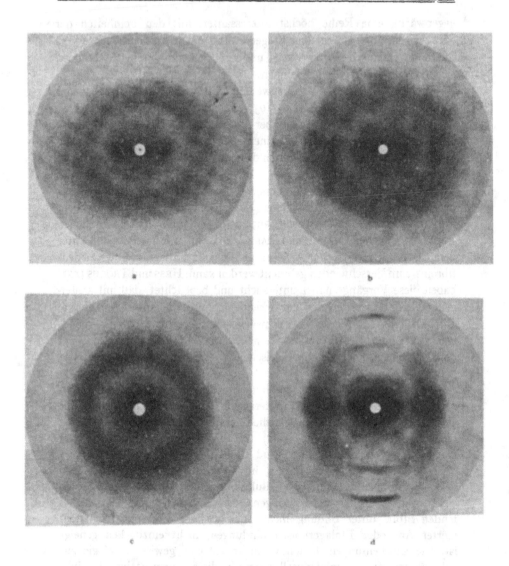

Abb. 29. Die vier Haupttypen von Faserproteinen im Röntgenbild:
a) α-Keratin. b) β-Keratin. c) Überkontrahiertes Kollagen (Elastoidin in heißem Wasser kontrahiert).
d) Kollagen gestreckt (Sehne). Objektabstand 3,2 cm (156, 157).

Cellulose, wo man bei der Wiederausfällung meist nicht das Diagramm der nativen, sondern der merzerisierten Form erhält.

Offenbar ist bei der Seide die in Abb. 27 (S. 317) schematisch wieder-gegebene Anordnung der Hauptvalenzketten energetisch so bevorzugt, daß sie sich immer wieder als einzige herstellt und der Aufnahme fremd-artiger Bestandteile unüberwindliche Widerstände entgegensetzt.

Wir haben gesehen, daß sich bei der Verfolgung aller dieser Vorgänge die röntgen-interferometrische Methode als einfaches und verläßliches Hilfsmittel erweist.

Keratin.

Dieser Stoff tritt uns im Tierreich weit verbreitet, in der Wolle, in den Federkielen, Borsten, Haaren, Nägeln und Krallen usw. entgegen und bildet in seinen verschiedenen Erscheinungsformen ein ergiebiges Objekt für die röntgenographische Untersuchung. Hier ist es besonders ASTBURY (105) gewesen, der, von den eben geschilderten Erkenntnissen über den Aufbau der Seide ausgehend, die Erforschung der molekularen Ordnung in den verschiedenen Keratinen angebahnt und erfolgreich durchgeführt hat.

An der Spitze steht die von ihm entdeckte Tatsache, daß vom Keratin, und zwar vorzugsweise vom *Keratin der Wolle und Haare*, zwei verschiedene *Modifikationen* existieren, die deutlich voneinander abweichende Röntgendiagramme besitzen. Das α-*Keratin* stellt im menschlichen und tierischen Haar den Normalzustand dar und ist durch ein Beugungsbild charakterisiert, das in Abb. 29a wiedergegeben ist. Behandelt man die Präparate mit heißem Wasser oder Dampf, so werden sie elastisch und zeigen bei einer etwa 100% betragenden Dehnung das Diagramm des β-*Keratins*, von dem die Abb. 29b eine Vorstellung geben möge. Die Umwandlung der beiden Phasen ineinander ist reversibel: man kann durch aufeinanderfolgendes Dehnen und Entspannen den Übergang aus der α- in die β-Form beliebig oft, unter jedesmaliger Reproduzierung der in den Abb. 29a bzw. b gezeigten Beugungsbilder durchführen. Wir haben einen Fall *hochpolymerer Isomerie* vor uns.

ASTBURY erkannte nun, daß das Diagramm des β-Keratins mit dem des Seidenfibroins große Ähnlichkeit aufweist, woraus sich schließlich die Konsequenz ergab, daß in dieser Form fast gestreckte Polypeptidketten angenommen werden müssen. Die Faserperiode beträgt hier 6,76 Å, ist also etwas kleiner als die beim Fibroin der Seide gefundene; es errechnet sich aus ihr für die Länge eines einzigen Aminosäurerestes ein Wert von 3,38 Å, gegenüber 3,5 Å beim Seidenfibroin. Die Hauptvalenzketten sind also nicht zu ihrer maximalen Länge gestreckt, sondern gegenüber dieser ein wenig kontrahiert.

Aus den Interferenzen am Äquator der Diagramme schloß ASTBURY (105, 106), daß die zur Faserachse senkrechten Perioden 9,8 und 4,65 Å betragen. Der erste — größere — dieser beiden Werte liegt in der Richtung der *Seitenketten*, in der durch die Raumerfüllung dieser Gruppen ein größerer Abstand zwischen den Hauptvalenzketten eingehalten wird. Die kleinere Identitätsperiode senkrecht zur Faserachse ist ein Maß für die Dicke der Peptidketten, die von ASTBURY als *Rückgratdicke* bezeichnet wurde.

Auf Grund dieser zunächst einmal lediglich aus den Elementar-
körper-dimensionen abgeleiteten und vorläufigen Deutung der Diagramme
gelangt man zu dem in Abb. 30 schematisch wiedergegebenen Bild vom
Aufbau des *β-Keratins*. Wie ersichtlich, liegen die Hauptvalenzketten
zur Faserachse parallel und bilden in ihrer Gesamtheit einen *zwei-
dimensionalen Rost* oder ein zweidimensionales Gitter, dessen Zusammenhalt parallel der Faserachse durch die Peptidbindungen, senkrecht hierzu
durch die Wechselwirkung der Seitenketten vermittelt wird. Diese Wechselwirkung kann verschiedener Art sein. Gelegentlich sind es starke

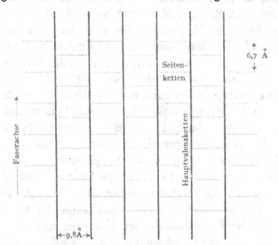

Abb. 30. Hauptvalenzketten-Rost des β-Keratins (parallel der Faserachse Hauptvalenzen, senkrecht dazu
verschiedene Wechselwirkungen der Seitenketten).

Dipolkräfte, gelegentlich heteropolare und gelegentlich homäopolare
Hauptvalenzen. In der Faser sind nun solche Roste übereinander gelagert
und werden durch die von den Carbonyl- und Imido-gruppen ausstrahlen-
den VAN DER WAALSschen Kräfte zusammengehalten.

Der experimentelle Beweis, daß die Seitenketten tatsächlich normal
zur Rückgratdicke stehen, gelang ASTBURY und SISSON (*107*) an Hand
eines höher orientierten Präparats aus β-Keratin, das sie durch Pressen
von Horn herzustellen vermochten. Die röntgenographische Untersuchung ermöglichte die Feststellung des Elementarkörpers, ähnlich
wie beim Fibroin, zwar nicht mit absoluter Sicherheit, immerhin aber
mit recht großer Wahrscheinlichkeit. Er besitzt jedenfalls genähert
rhombische Symmetrie, woraus gefolgert werden kann, daß die Netz-
ebenen-scharen parallel der Rückgratdicke und der Seitenkettenlänge
tatsächlich aufeinander etwa senkrecht stehen. Der Raum, der nach den
oben mitgeteilten Dimensionen des Elementarkörpers einem einzelnen
Aminosäurerest zur Verfügung steht, beträgt

$$V = 3{,}38 \cdot 4{,}65 \cdot 9{,}8 \ \text{Å}^3 = 154 \cdot 10^{-24} \ \text{cm}^3.$$

Da die Dichte des Keratins zu etwa 1,3 bestimmt wurde, folgt für das mittlere Molekulargewicht eines solchen Restes, gemäß der Beziehung

$$\overline{M} = V \cdot d \cdot N_L$$

ein Wert von 120. Dieser steht in bester Übereinstimmung mit jener Zahl, die durch Mittelbildung des Molekulargewichts aus den bei der

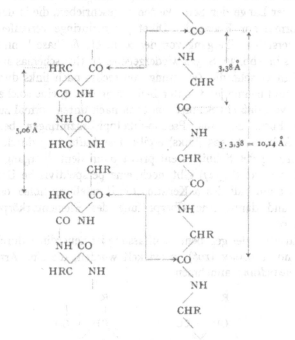

Abb. 31. Die $\alpha \rightleftharpoons \beta$-Keratin-Umwandlung nach ASTBURY.

Hydrolyse des β-Keratins entstandenen Aminosäuren erhalten werden kann. Die letztere beträgt nämlich 115.

Zur Erklärung der nicht völlig ausgestreckten Form der Hauptvalenzketten nimmt ASTBURY an, daß. das Vorhandensein der starren Seitenkettenbindungen den Polypeptidketten unter allen Umständen eine gewisse „primäre Faltung" aufzwingt, die in fibroiner Seide, wo die Seitenketten fehlen, nicht vorhanden ist.

Die Untersuchung des α-Keratins ergab folgendes Resultat: Die Faserperiode läßt sich mit voller Sicherheit bestimmen und beträgt 5,6 Å. Die beiden intensivsten Reflexe am Äquator des Diagramms deuten auf Netzebenenabstände von 9,8 Å und von 27 Å. Der Faserperiode kann man nach ASTBURY (105, 106) durch die Vorstellung gerecht werden, daß im α-Keratin die Ketten in einer gefalteten Modifikation vorliegen, wie sie Abb. 31 anschaulich macht. In ihr ist eine Anordnung dargestellt, welche der eines Pseudo-diketopiperazinringes entspricht, der ja auch von chemischer Seite her beim Aufbau der Eiweißkörper häufig mitdiskutiert worden ist. Der aus Abb. 31 ersichtliche Betrag der Schrumpfung von $3 \times 3{,}38$ Å $= 10{,}14$ Å auf $5{,}06$ Å entspricht in der Tat ziemlich genau jenem Maß an makroskopischer Dehnung, welches umgekehrt zur Überführung der α- in die β-Modifikation notwendig ist. Der Netzebenenabstand von $9{,}8$ Å senkrecht zur Faserperiode wird auch hier, wie beim β-Keratin, der Länge der Seitenketten zugeschrieben, die in der α-Modifikation normal zur Ebene der Diketopiperazinringe verlaufen.

Den reversiblen Übergang von der α- in die β-Phase kann man sich an Hand des in Abb. 30, S. 324 wiedergegebenen Rostschemas anschaulich machen. Man versehe die Zeichnung von rechts nach links durchgehend mit Falten und nehme jetzt, unter Benutzung dieser, eine solche Wellung des Blattes vor, daß ein Schnitt von oben nach unten normal zur Papierebene die Form der aus Pseudo-diketopiperazinringen bestehenden Kette der Abb. 31, S. 325 (links) ergibt. Die Auffaltung durch Dehnung in der Richtung des Schnittes entspricht dann dem Übergang von α- in β-Keratin. Abb. 32 (S. 327) gibt noch eine perspektivische Darstellung.

Leider ist am Fall des α-Keratins die Herstellung höher orientierter Präparate und damit eine Überprüfung des Elementarkörpers nicht möglich gewesen.

Eine Variation der gegebenen Auffassung ist neuerdings durch Frank, Wrinch und Astbury (*108*) entwickelt worden, die eine Art *Laktam-Laktim-Umwandlung* annehmen:

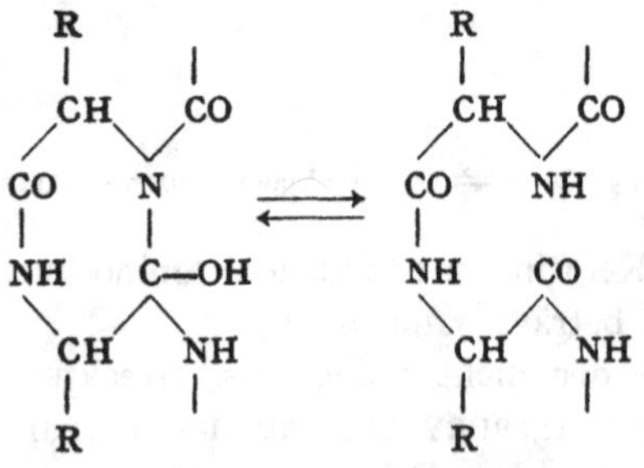

Damit ist auch eine bestimmte Annahme über die Art des Ringschlusses in den Diketopiperazinringen formuliert. Man kann das Verhältnis der beiden Formen des Keratins zueinander als einen Fall von *mechanischer Stereoisomerie* bezeichnen, da die β-Form in reversibler Weise durch bloßes Dehnen des Präparats aus der α-Form hergestellt werden kann. Man sieht, daß der Aufbau aus sehr langen Molekülen, welcher in den hochpolymeren Substanzen realisiert ist, zu eigenartigen Erscheinungen führt, die den gewöhnlichen niedrigmolekularen Stoffen fremd sind.

Sie sind von ausschlaggebender Bedeutung für das *mechanische Verhalten* des betreffenden Stoffs, denn der umkehrbare Übergang der beiden

Formen ineinander vermag nicht nur die erhebliche Elastizität der Wolle und des Haares als solche verständlich zu machen, sondern man kann auch, unter Hinzunahme gewisser Vorstellungen über das Öffnen und Schließen der Seitenkettenbindungen zwischen benachbarten Hauptvalenzketten, die sonstigen mechanischen Eigenschaften von Keratin bis weit in ihre Einzelheiten verfolgen. Die Vorstellungen, zu denen man so gelangt ist, haben sich auch für das Verständnis des Aufbaues anderer Proteine sowie für die Muskelkontraktion, und zwar hinsichtlich ihrer rein mechanischen Seite, als bedeutsam erwiesen. Es mag daher am Platz sein, hier etwas näher auf die *mechanischen Eigenschaften des Keratins* einzugehen (*106, 107*).

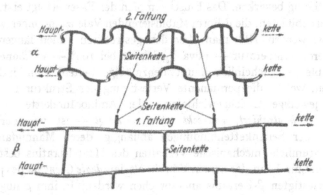

Abb. 32. Die $\alpha \rightleftarrows \beta$-Keratin-Umwandlung in perspektivisch schematischer Darstellung nach ASTBURY.

In kaltem Wasser lassen sich Wolle und Haar nur etwa im Betrage von 50 bis 70% reversibel dehnen; läßt man aber Dampf oder verdünnte Natronlauge auf die Substanz einwirken, so wird eine Dehnung bis zu 100% der Ausgangslänge erreichbar. Dabei kann eine vorübergehende Verfestigung der gedehnten Präparate eintreten, indem die Faser nicht mehr von selbst — elastisch — in ihre ursprüngliche Länge zurückkehrt. Durch Einwirkung von Dampf oder verdünnter Lauge auf die vorübergehend oder „*temporär*" gestreckte Form erfolgt jedoch wieder eine Schrumpfung. Hierbei verkürzt sich das Haar sogar bis auf die Hälfte seiner ursprünglichen Länge, eine Erscheinung, die als *Überkontraktion* bezeichnet wurde. In diesem Zustand besitzt die Substanz eine reversible Dehnbarkeit von etwa 300%, da sie beim Wiederausstrecken nicht nur auf die Länge der α-Form, sondern wiederum bis fast auf die Länge der β-Form gebracht werden kann. Vollzieht man diese maximale Dehnung und setzt die Faser im völlig gespannten Zustand etwa $^1/_2$ Stunde der Einwirkung von Dampf aus, so tritt eine endgültige (*permanente*) Festigung ein und das Haar hat seine Elastizität vollständig verloren.

Diese experimentellen Befunde lassen sich nun zwanglos durch das früher angegebene Rost-schema, unter Hinzunahme bestimmter Vorstellungen über die Wechselwirkungen der Seitenketten verstehen. Im nativen α-Keratin sind die Seitenketten durch Nebenvalenzkräfte oder durch Wasseraustritt aus geeigneten Gruppen miteinander zu einem ziemlich festen Gefüge verbunden, das eine größere Dehnung als 50 bis 70% verhindert. Durch den Dampf oder die Lauge tritt nun eine weitgehende Hydrolyse und damit eine Lösung vieler Verknüpfungen ein, so daß beim Anlegen einer mechanischen Spannung die Ketten fast vollkommen gestreckt werden und in die β-Form übergehen. Beläßt man das Präparat eine Zeitlang im gedehnten Zustand, so knüpfen sich zwischen den Seitenketten nunmehr wiederum Bindungen, die die temporäre Festigung bewirken. Das Einschrumpfen der Faser erfolgt erst, wenn diese neu gebildeten, die β-Form stabilisierenden Valenzbindungen wiederum gelöst werden. Hält man aber den gestreckten Faden längere Zeit auf höherer Temperatur — etwa $^1/_2$ Stunde bei 100° — so können sich irreversible, wahrscheinlich hauptvalenzmäßige Seitenketten-bindungen ausbilden, welche die permanente Verfestigung der Struktur bewirken.

Die jeweilige Gleichgewichtsform der Aminosäurekette — *überkontrahiert, kontrahiert, gestreckt* oder *verfestigt* — ist von der Zahl und Art der Seitenkettenbindungen abhängig, deren Mannigfaltigkeit das eigentümliche mechanische Verhalten des Haar-Keratins bestimmt. In diesem Sinn kann das Seiden-Fibroin als der *ideale Grenzfall* des permanent verfestigten β-Keratins angesprochen werden. In ihm genügen die

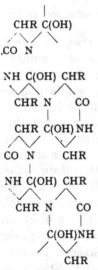

zwischen den benachbarten Ketten bestehenden VAN DER WAALSschen Kräfte, um die gestreckte Form aufrecht zu erhalten, wobei die besondere Regelmäßigkeit im Aufbau eine so starke energetische Bevorzugung der gittermäßigen Konfiguration mit sich bringt, daß trotz der kurzen und indifferenten Seitenketten eine Kontraktion nicht eintritt. Das Keratin aber, in dem wegen der Anwesenheit bedeutender Anteile verschiedener Aminosäuren eine gewisse Unregelmäßigkeit gegeben ist, kann in drei Grundformen bestehen. Die α- und β-Formen entsprechen den geometrisch ziemlich durchsichtigen Zuständen einer weitgehenden Streckung und einer regelmäßigen Faltung. Bezüglich der überkontrahierten Form liegen derzeit noch keine sicheren Aufschlüsse vor, doch hat Astbury (*106*) aus Analogiegründen angenommen, daß hier die Polypeptidkette in einer noch stärker gefalteten Form vorliegt. Ein konkreter Strukturvorschlag stammt wieder von Frank (*108*), der auch hier eine Laktam-Laktim-Umwandlung annimmt (s. die Formel).

Nach Ausweis des Röntgendiagramms der überkontrahierten Phase, das wenig charakteristisch und verwaschen ist, scheint aber dieses Überfalten nicht sehr regelmäßig zu erfolgen. Wir werden später auf die Ähnlichkeit des Diagramms dieser überkontrahierten Form mit dem Beugungsbild des ungedehnten Kautschuks noch zurückkommen.

Die soeben gemachten Angaben über die Struktur des Keratins der menschlichen und tierischen Haare wurden durch die Untersuchung des Keratins der *Federkiele* (*109*) in sehr wirkungsvoller Weise ergänzt und bestätigt. Das Diagramm dieser Substanz zeigt große Ähnlichkeit mit dem des Seidenfibroins. Man findet, daß in ihm ein Aminosäurerest eine Länge von nur 3,1 Å besitzt, während die Maximallänge, wie bereits mitgeteilt, 3,5 Å beträgt. Durch Dehnen läßt sich dieser Abstand bis auf 3,3 Å reversibel und kontinuierlich vergrößern. Bei weiterer Dehnung aber zerreißt das Präparat. Das Verhalten deutet darauf hin, daß im Keratin der Federkiele zahlreiche Seitenketten mit starker Wechselwirkung vorhanden sind, die sowohl eine Kontraktion in die gefaltete Form als auch ein völliges Strecken der Aminosäureketten auf die Maximallänge von 3,5 Å verhindern.

Wir haben bisher unsere Aufmerksamkeit dem normalen Faserdiagramm der Proteine und seiner Auswertung im Hinblick auf die Struktur des Elementarkörpers zugewendet. Man erhält aus ihm Auskunft über den periodischen Aufbau der Hauptvalenzketten an sich und über ihre gegenseitige Anordnung im Innern der Mizellen. Über die Gesamtlänge der Kette jedoch und über das etwaige Vorhandensein großer Periodizitäten ist bisher noch nichts mitgeteilt worden.

Nun sind aber gerade in den letzten Jahren, vornehmlich durch englische und amerikanische Forscher, eine Reihe von Untersuchungen in der Absicht durchgeführt worden, *große Perioden* durch die Entdeckung von Reflexen in der unmittelbaren Umgebung des Durchstoßpunktes festzustellen.

Die erste Kunde von der Existenz großer Perioden wurde beim Keratin allerdings auf einem indirekten Weg erhalten. Im Verlauf ihrer Untersuchungen über das Keratin der Federkiele haben ASTBURY und MARWICK (*109*) auf der vertikalen Mittellinie des Diagramms einen Reflex festgestellt, der einem Abstand von 24,8 Å entspricht. Bei genauerer Untersuchung erwies er sich als eine Doublette zweier nahe beisammen liegender Interferenzmaxima. Deutet man sie als die 12. und 14. Ordnung ein- und derselben Netzebene, so erhält man für diese einen Identitätsabstand von 309 Å. Eine Periode solcher Größe würde demnach in der Richtung der Faserachse vorhanden sein. Sie entspräche einer Kette von etwa 100 Aminosäureresten und dies würde besagen, daß das Wachstum dieser Substanz, neben den im molekularen Bereich liegenden, bereits bekannten und diskutierten Periodizitäten, auch noch eine zweite Art von Regelmäßigkeit mit sehr viel größeren Abständen herstellt. Zum Vergleich könnte angeführt werden, daß man auch bei der Untersuchung

eines vielstöckigen Hauses verschiedenartige Periodizitäten feststellen
kann: jene, die der Länge eines Ziegelsteins entspricht, wäre mit der
Identitätsperiode des Aminosäurerestes zu vergleichen, während die einzelnen Stockwerke des Hauses mit der größeren Identitätsperiode in der
Faser korrespondieren.

Es könnten aber auch sehr große Netzebenen-abstände von Äquator-
reflexen beobachtet werden, die auf ein weitmaschiges Gitter senkrecht
zur Faserachse hinweisen. In Stachelschwein-borsten und Federkielen
haben COREY und WYCKOFF (*110*) Netzebenen-abstände von 112 bzw.
115 Å aufgefunden. Auch bei der Untersuchung
von Wolle gelangten CLARK, PARKER, SCHAAD
und WARREN (*111*) zu einer Periode von 81 Å
senkrecht zur Faserachse, ein Reflex, der von
ASTBURY (*112*) ebenfalls bereits vorhergesagt
worden war.

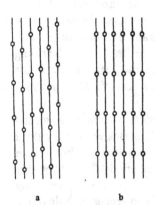

Abb. 33. Die Anordnung in a führt
zu durchlaufenden Schichtlinien, die
Anordnung in b zu einzelnen, längs
der Schichtlinien angeordneten Interferenzen.

Eine sichere Deutung dieser *Riesenperioden*
läßt sich heute noch nicht geben. Beschränken
wir uns zunächst auf die parallel der Kettenrichtung gefundenen Werte, so muß man bei
der Erklärung grundsätzlich zwei Möglichkeiten ins Auge fassen:

a) Die Ketten haben eine durch den großen
Abstand oder durch ein kleines Vielfaches von
ihm festgelegte Länge oder

b) in den Reflexen kommt eine Periodizität im Aufbau einer noch viel längeren Polypeptidkette zum Ausdruck.

Zur Erklärung der Reflexe genügt es aber nicht, daß jede Kette die
entsprechende Länge besitzt, bzw. für sich eine entsprechende Überperiode aufweist, sondern die nebeneinander liegenden Ketten müssen
gegeneinander so ausgerichtet sein, daß ihre Enden im ersten Fall, der
Beginn eines Cyklus der Überperiode, im zweiten Fall in bestimmten,
quer zur Faserachse verlaufenden Ebenen liegen.

Um dies zu veranschaulichen, denken wir uns etwa den Beginn einer
Überperiode durch einen kleinen Kreis in der geradlinig gezeichneten
Kette markiert. Dann würde die in Abb. 33 a gewählte Anordnung im
Sinne der Interferenzlehre bei der Bestrahlung durchlaufende Schicht-
linien ergeben, die nicht in einzelne Reflexe zerfallen. Die beobachteten
Interferenzen, die zur Auffindung der großen Perioden geführt haben,
sind aber seitlich scharf begrenzt und bezeugen dadurch, daß die Anord-
nung der Überperiode so sein muß, wie es Abb. 33 b zeigt.

Diese Konsequenz gibt im Hinblick auf die früher eingeführte Vorstellung von den statistisch verteilten Seitenkettenbindungen zu

denken. Es scheint, daß die Peptidketten der Keratine doch einen viel höheren Grad innerer Regelmäßigkeit aufweisen, als man früher anzunehmen geneigt war. Die einzelnen Aminosäuren müssen über (vom molekularen Standpunkt aus) große Bereiche — mehrere 100 Å — nach einem streng eingehaltenen Bauplan angeordnet sein. Daß bei der präparativen Herstellung hochpolymerer Stoffe eine solche Regelmäßigkeit nicht eintreten kann, ist einleuchtend. Daß aber beim organischen Wachstum durch irgendwelche selektive Einflüsse beim Entstehen der Kette wesentliche Gesetzmäßigkeiten vorherrschen, die vorläufig nicht gänzlich durchschaut und verstanden werden können, scheint nach der sicher festgestellten Existenz der Überperioden nicht mehr bezweifelt werden zu können. Dies um so mehr, als in manchen Fällen gleichzeitig auch eine lange Periode normal zur Faserrichtung festgestellt werden konnte, woraus hervorgeht, daß sich der über große Distanzen festgelegte Bauplan auf ein räumliches Gebiet erstreckt. Es unterliegt also auch die Art und Weise, wie die Ketten seitlich aneinander gelagert sind, einer auf weite Distanzen wirksamen Regelung.

Fibrin.

Nachdem sich HERZOG und JANCKE orientierend mit diesem durch Gerinnung von Blut erhältlichen Eiweißstoff röntgenographisch beschäftigt hatten, konnten KATZ und DE ROOY (113) durch Spinnen von Fibrinfäden unter möglichst großer Spannung ein Faserdiagramm erhalten. Die Vermessung ergab eine große Ähnlichkeit mit dem Diagramm des β-Keratins. Die Zuordnung der Reflexe im Sinne ASTBURYS ergibt die Länge eines Aminosäurerestes von 3,5 Å, die Rückgratdicke von 4,7 Å und die Seitenkettenlänge von 10,1 Å.

Myosin.

Die festen Bestandteile des Muskels tierischer Gewebe bestehen hauptsächlich aus Myosin, einem ebenfalls faserigen Eiweißkörper. BOEHM und WEBER (114) isolierten aus quergestreiften Skelettmuskeln diese Substanz zunächst als Lösung, welche Thixotropie und Strömungsdoppelbrechung zeigte. Nach einem Verfahren von WEBER — eine Art Streckspinnverfahren — wurden aus dieser Lösung Myosinfäden hergestellt, die ein mit dem wenig kontrahierten Muskel identisches Faserdiagramm ergaben. In einer späteren, sehr eingehenden Arbeit hat dann WEBER (115) den Feinbau dieser Fäden durch mechanische und optische Messungen gründlich untersucht. Es ergab sich, daß achsenparallel geordnete Eiweißstäbchen vorliegen, die bei der Quellung in wässerigen Medien erhalten bleiben; denn die nach der WIENERschen Theorie für diesen „Mischkörper" berechnete Stäbchendoppelbrechung stimmt mit der experimentell gemessenen ziemlich gut überein. Wir müssen es uns hier versagen, auf diese grundlegend wichtigen, optischen Untersuchungen einzugehen. Vermerkt sei aber doch, daß hier der erste Fall vorliegt, wo bei organischen Kolloiden die Wienersche Theorie mehr als qualitativ angewendet werden konnte. Gerade die Abweichungen von der einfachen Theorie werden ein Eindringen in die Feinheiten des Quellungsvorganges — und damit der mizellaren Struktur — ermöglichen, wozu bei Weber (*115*) auch schon wichtige Ansätze vorhanden sind.

Die vergleichende optische Untersuchung der Q-Abschnitte des Froschmuskels ergab, daß dieser zu 40 Volumprozent aus Myosin besteht.

Bei der Weiterführung dieser Untersuchungen durch Astbury und Dickinson (*116*) zeigte sich, daß auch das Myosin einer *intramolekularen Umwandlung* fähig ist, bei der *zwei Modifikationen* eine maßgebende Rolle spielen. Dehnt man nämlich Myosinfilme, die eine reversible Elastizität von etwa 300% aufweisen, so tritt zuerst das Diagramm einer α-Form und beim weiteren Dehnen das einer β-Form auf, die beide dem Keratin sehr nahe stehen. Letzteres läßt sich ebenso wie das β-Keratin selbst stabilisieren. Die Myosinfilme verhalten sich also ganz so, als ob sie aus überkontrahiertem Keratin bestünden.

Die von Boehm und Weber (*114*) nachgewiesene Identität des Myosins im Muskel und in der isolierten Form machte es von vornherein wahrscheinlich, daß der Muskel ein ganz analoges Verhalten wie der Film zeigen wird. Tatsächlich gelang es Astbury und Dickinson (*117*) an verschiedenen Muskelpräparaten nachzuweisen, daß im erschöpften Muskel das Myosin in der α-Form vorliegt, im kontrahierten Muskel aber in einer überkontrahierten Modifikation und schließlich durch extremes Dehnen des Muskels auch in eine β-Modifikation übergeführt werden kann. In diesem Sinne würde der normalen Kontraktion eines Muskels die Superkontraktion des Haares entsprechen.

Wir können diese Ergebnisse in der folgenden Korrelation zusammenfassen, wobei analoge Zustände in je einer Zeile vereinigt sind:

Überkontrahiertes Keratin $\sim$ ungedehnter Film oder $\sim$ kontrahierter Muskel, Faden aus Myosin

α-Keratin $\sim$ etwas gedehnter Faden $\sim$ erschlaffter Muskel, oder Film aus Myosin

β-Keratin $\sim$ maximal gedehnter Fa- $\sim$ maximal gedehnter den oder Film aus Muskel Myosin

Der Wechsel in der Gestalt des Eiweißgerüstes, der beim Keratin und auch beim Myosin im Laboratorium teils durch mechanische Einwirkung, teils durch chemische und Wärmebehandlung erfolgt, wird im Muskelsystem offenbar stets durch chemische Reize ausgelöst. Man könnte die Myosinmoleküle als die beweglichen Teile der Muskelmaschine bezeichnen, die chemische Energie der sich abspielenden Reaktion aber als die treibende Kraft.

Die Struktur des Myosins ist viel beweglicher als die des Keratins, denn bei letzterem müssen erst durch hydrolytische Prozesse gewisse Querverbindungen gelockert oder gelöst werden, um die Bildung der überkontrahierten Struktur sowie auch die Bildung der β-Form zu ermöglichen. Beim Myosin dagegen ist diese Beweglichkeit schon von selbst vorhanden. Unwillkürlich wird man bei diesem Vergleich an das Verhältnis zwischen nativem und vulkanisiertem Kautschuk erinnert, von denen der erstere auch eine erheblich größere Beweglichkeit der einzelnen Fadenmoleküle zeigt, während der letztere durch die bei der Vulkanisation entstandenen Schwefelbrücken zu einem starren dreidimensionalen Rost stabilisiert werden kann. In der Tat konnte SPEAKMAN (*118*) Argumente dafür erbringen, daß die Stabilisierung auch bei den Proteinen durch Schwefelbrücken erfolgt, die von Cystin geliefert werden. Im Keratin versteifen sie das Gefüge beträchtlich und ermöglichen erst nach ihrer Lösung das freie Spiel der verschiedenen Umwandlungen. Diese Lösung kann z. B. dadurch erfolgen, daß 1 Molekül Cystin in 2 Moleküle Cystein übergeht, ein Vorgang, der sicherlich schon bei relativ milden Einwirkungen möglich ist.

Proteine vom Typus des Kollagens. Sehnen, Bindegewebe, Gelatine.

Mit der interferometrischen Untersuchung dieser großen und wichtigen Substanzgruppe haben sich in den letzten zehn Jahren viele Forscher (*119*) beschäftigt, wobei eine große Zahl verschiedenster Präparate zur Untersuchung gelangten. Wenn wir auf alle diese Arbeiten nicht mit der gleichen Ausführlichkeit eingehen, wie auf die referierten über das Keratin, dann nicht etwa wegen der geringeren Wichtigkeit, sondern weil in diesen Arbeiten mehr die Frage der mizellaren Struktur und Ordnung, sowie der Quellungsvorgänge behandelt und weniger die im vorliegenden Rahmen besonders interessierende eigentliche Molekülstruktur besprochen wird.

Zunächst wurde gefunden, daß Sehnen, Gelatine und die verschiedenartigsten Bindegewebe sehr ähnliche Beugungsbilder liefern, die schon dem Anblick nach recht merkliche Unterschiede gegenüber den entsprechenden Diagrammen der Keratin- und Myosingruppe aufweisen.

Eine nähere Diskussion der Röntgendiagramme hat ergeben, daß in diesen Präparaten die Länge eines Aminosäurerestes 2,84 Å beträgt, woraus man schließen darf, daß der Streckungsgrad der Polypeptidketten hier anscheinend zwischen dem in der α- und β-Form des Keratins vorhandenen liegt. Als mögliche Deutung für diesen Befund wurde unter anderem die Annahme einer cis-Konfiguration in der Hauptvalenzkette vorgeschlagen, welche tatsächlich die Identitätsperiode von 2,84 Å quantitativ verständlich machen könnte. Das nebenstehende Schema zeigt die Form einer solchen Kette.

Die Äquator-interferenzen, die am besten von Katz und Derksen (*119*) an Gelatine untersucht worden sind, ergeben für den Gitteraufbau senkrecht zur Faserrichtung Abstände von 4,56 und 10 Å, die man wiederum als Rückgratdicke bzw. Seitenkettenlänge auffassen wird. Dieser Befund ist wiederum eine Stütze für die allgemeine und wohl ihrem Wesen nach zutreffende Vorstellung, daß der *Aufbau aller faserförmigen Proteine grundsätzlich der gleiche* ist und daß die Unterschiede im wesentlichen in der Verschiedenheit der Seitenketten zu suchen sind, welche ihrerseits dann eine *verschiedene Faltungsart* der Hauptvalenzketten bewirken. Offenbar zwingt jede gegebene Seitenkettenbindung der Polypeptidkette eine bestimmte Längserstreckung auf, wobei allerdings nach noch sterische Effekte, wie die cis-trans-Isomerie berücksichtigt werden müssen.

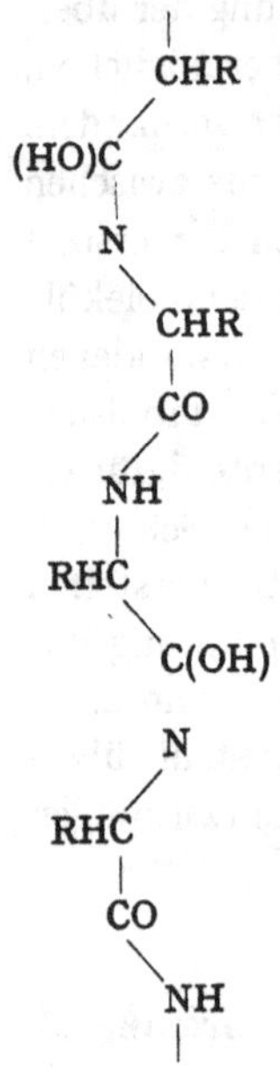

Auch beim *Kollagen* läßt sich der soeben gemachte Strukturvorschlag durch eine Überprüfung der Massenverhältnisse stützen. Die Dichte der Präparate im trockenen Zustand beträgt etwa 1,348, woraus sich für den Elementarkörper ein Gewicht von

$$2,84 \times 4,56 \times 10 \times 1,348 \times 10^{-24}\,\mathrm{g}$$

ergibt. Das mittlere Gewicht eines Aminosäurerestes beträgt nach Aussage der Molekulargewichtsbestimmungen an Hydrolysatgemischen 96, das ist

$$\frac{96}{0,6 \cdot 10^{24}}\,\mathrm{g}$$

Man erhält also für die Anzahl der im Elementarkörper vorhandenen Reste

$$\frac{2,84 \times 4,56 \times 10 \times 1,348 \times 10^{-24} \times 0,6 \times 10^{24}}{96} = 1,1$$

was mit der zu erwartenden Zahl 1 wirklich befriedigend übereinstimmt.

Die Frage nach der Existenz von *Überperioden* wurde auch beim Kollagen sorgfältig studiert. Wyckoff und Corey (*120, 121*) konnten an der Schwanzsehne des Känguruhs in der Tat eine Faserperiode von 103 Å direkt beobachten, vermuten aber aus der Kombination mehrerer Reflexe, daß der tatsächliche Abstand etwa 330 Å beträgt. Desgleichen ließ sich bei der Durchleuchtung der Schwanzsehne ausgewachsener Ratten (*121*) eine Periode von 109 Å feststellen. Die Abb. 34 zeigt das Schema einer Röntgenaufnahme dieser Substanz und läßt in der unmittelbaren Umgebung des Durchstoßpunktes eine Reihe meridionaler Reflexe (C) erkennen.

Nach den Angaben von NAGEOTTE und GUYON (*122*) erhält man durch Auflösen und Wiederausfällen dieser Sehnen sowie verschiedener anderer Bindegewebe Produkte, die in ihren Eigenschaften dem Ausgangsmaterial überaus ähnlich sind. WYCKOFF und COREY (*121*) haben auch diese Regenerate röntgenographisch studiert und gefunden, daß sie im Wesentlichen mit dem Ausgangsmaterial identisch sind und sogar die großen Perioden wieder erkennen lassen. Daraus muß man wohl schließen, daß bei dem Dispergierungsprozeß nicht nur die Fadenmoleküle als solche erhalten bleiben, sondern daß beim Wiederausfällen auch die gleiche hohe Regelmäßigkeit, die in dem Schema der Abb. 33 b, S. 330 zum Ausdruck gebracht ist, und im natürlich gewachsenen Material vorliegt, wieder hergestellt wird. Da man nicht gut annehmen kann, daß einmal voneinander gänzlich getrennte Moleküle wieder in solche Lagen zusammenfinden, muß man wohl schließen, daß bei dieser Art der Auflösung das Gesamtgefüge bis zu einem erheblichen Grad erhalten bleibt, so daß man eher eine sehr weitgehende innermizellare Quellung als eine wirkliche Dispergierung vor sich hat. Wir sehen auch hier wieder, daß die Frage, ob hochpolymere

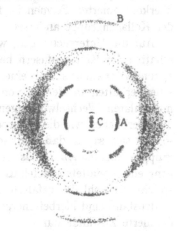

Abb. 34. Schema der Röntgenaufnahme von Rattenschwanzsehne nach WYCKOFF und COREY.

Stoffe monomolekular oder mizellar dispergiert werden, sicherlich nicht für alle Substanzen gleichartig beantwortet werden kann.

Bei der Untersuchung von *Darmsaiten* fanden CLARK, PARKER, SHAAD und WARREN (*123*) bei Verwendung von Mg- und Al-Strahlung Reflexe, die auf Perioden von 220 oder 440 Å schließen lassen; endlich gibt SHAAD (*124*) bei Kollagen eine Faserperiode von 423 Å an.

Man kann nun das Kollagen durch entsprechend energische Einwirkungen auch so weit dispergieren, daß beim Wiederausfällen die Überperioden nicht mehr auftreten. Dies erfolgt bei der Herstellung von Gelatine aus nativem Bindegewebe. Die röntgenographische Untersuchung der Gelatine hat nämlich gezeigt, daß in ihr die auf eine hohe Regelmäßigkeit hindeutenden Überperioden fehlen. Offenbar können bei der Wiederzusammenlagerung die Ketten, die zwar in sich ihre innermolekularen Periodizitäten beibehalten haben, nicht mehr in solche geregelte gegenseitige Lage treten, daß eine Anordnung zustande käme, die dem Schema der Abb. 33 b (S. 330) entspricht. Bestenfalls wird es hierbei zu einer Ausbildung vom Typus der Abb. 33 a kommen können. Auf diese Weise wird auch verständlich, daß im Fibroin der Seide keine Überperioden beobachtet werden konnten. Der Spinnprozeß der Raupe ist, verglichen mit dem organischen Wachstum des Bindegewebes, viel zu rasch, als daß sich während seines Verlaufes eine Ordnung über so große Bereiche herstellen könnte, die geeignet ist, das Auftreten von Überperioden zuzulassen.

Im heißen Wasser kontrahieren sich Kollagenfasern sehr beträchtlich. Es tritt das sogenannte „Schnurren" der Sehnen ein, bei dem sich ein Endzustand herstellt, der einer überkontrahierten Form der Polypeptidketten entsprechen dürfte. Allerdings ist der Zusammenhang zwischen den überkontrahierten Formen in der Keratin-Myosin-Gruppe einerseits und der Kollagengruppe anderseits noch nicht völlig klargestellt.

Auf die Untersuchungen, welche sich mit den mechanischen Eigenschaften der Kollagenfasern befassen, können wir nicht näher eingehen. Besonders erwähnt sei nur eine Arbeit von MEYER (125), der das mechanische Verhalten in Medien von verschiedenem pH-Wert mit den innermolekularen Wechselwirkungen in Zusammenhang bringt.

Überblicken wir die besprochenen intramolekularen Umwandlungen, so läßt sich sagen, daß in diesen Molekülen der Keratin- und Kollagengruppe sicherlich *ein Typus reversibler Elastizität* vorliegt, der dem Übergang eines gefalteten Moleküls (α-Form) in ein gestrecktes (β-Form) entspricht. Sowohl der gefaltete Ausgangszustand als auch der gestreckte Endzustand sind hierbei energetisch bevorzugt und stellen stabile, wohldefinierte Zustände dar.

Nicht mehr so sicher ist es, ob auch dem überkontrahierten Zustand eine ganz bestimmte wohldefinierte Faltung in dem Sinn entspricht, daß wir auch hier einen energetisch stark bevorzugten, geometrisch völlig definierten Faltungszustand der Kette vor uns haben. Die große Ähnlichkeit der Beugungsbilder von überkontrahiertem Keratin und ungedehntem Kautschuk legt vielmehr die Vermutung nahe, daß es sich in beiden Fällen nicht um eine durch zwischenmolekulare Kräfte bedingte wohldefinierte Kontraktion, sondern um eine durch kinetische Effekte hervorgerufene statistische Verknäuelung handelt. Beim Kautschuk hat sich, wie an anderer Stelle ausführlicher geschildert werden wird, diese Auffassung sowohl qualitativ als auch bei der Wiedergabe der thermoelastischen Eigenschaften dieses Stoffes quantitativ bestens bewährt. Dabei ist hervorzuheben, daß bei geringeren Dehnungsgraden der kinetische Effekt sehr stark überwiegt, während bei höheren, wo die bekannten Röntgeninterferenzen des Kautschuks auftreten, auch hier zwischenmolekulare Kräfte mitspielen und gewisse bevorzugte Kettenformen erzwingen.

Wie bei allen physikochemischen Vorgängen, haben wir also auch bei der Elastizität langkettiger Moleküle sowohl Energieänderungen als auch Entropiedifferenzen ins Auge zu fassen. Solange die Kräfte zwischen den Ketten klein gegen die mittlere Energie der kinetischen Molekularbewegung sind, bleiben für das Verhalten der Substanz die Entropieeffekte maßgebend. Wenn aber durch die orientierende Wirkung des mechanischen Zwanges die zunächst statistisch verknäuelten Ketten bestimmte Lagen einnehmen und zwischen den an ihnen haftenden Gruppen Kraftwirkungen merklich werden, dann macht sich die kinetische Energie neben der potentiellen in immer geringerem Maße geltend und wir kommen schließlich zu der Umwandlung zweier wohldefinierter Phasen oder Modifikationen ineinander, die energetisch so bevorzugt sind, daß sie allein realisiert werden können. Bei der Betrachtung des Kautschuks im Gebiete höherer Dehnungsgrade sowie auch bei der Betrachtung aller elastischen Prozesse, die sich an Eiweißkörpern abspielen, wird man daher beide Effekte nebeneinander sorgfältig zu berücksichtigen haben.

Weitere Substanzen vom Kollagentypus.

Außer den besprochenen Untersuchungen an Kollagen und Gelatine, aus denen sich wenigstens grundsätzlich ein einheitliches Bild über den molekularen Aufbau dieser Stoffe ergibt, sind noch eine Reihe von anderen histologischen und biologischen Arbeiten zu nennen, die sich der röntgenographischen Methode als Hilfsmittel bedienen.

So seien hier die interessanten röntgenographischen Untersuchungen von BOEHM (*126*), SCHMITT, BEAR und CLARK (*127*) über Nerven, von SAUPE (*128*) über biologische Objekte im menschlichen Körper, von HERTEL (*128*) speziell über das Gewebe des menschlichen Auges, von KOLPAK (*129*) über verschiedene elastische Gewebe erwähnt.

In diesen und anderen Arbeiten sind außer den bereits erwähnten Diagrammtypen noch andere aufgefunden worden, deren quantitative Auswertung aber noch aussteht, so daß ihre Einbeziehung in die vorliegende Diskussion über die Grundzüge des molekularen Aufbaues der Substanzen vom Kollagentypus gegenwärtig noch nicht möglich erscheint. Da die genannten und zahlreiche weitere Untersuchungen Fragestellungen der Histologie, der Mizellbildung usw. mehr betonen, dürfen wir uns, in Anbetracht der von uns befolgten Linie mit diesen kurzen Andeutungen begnügen.

Die löslichen Eiweißkörper.

Der chemische Abbau sowie zahlreiche andere chemische und physikalische Tatsachen haben schon lange die Überzeugung gefestigt, daß alle Eiweißkörper, die wasserlöslichen sowie auch die unlöslichen, nach einem gemeinsamen Prinzip aufgebaut sind. Die Hydrolyseprodukte konnten keinen Zweifel darüber bestehen lassen, daß es die gleichen Grundbausteine sind, deren sich die Natur in beiden Fällen beim Aufbau der großen Moleküle bedient. Während man aber bei den bisher besprochenen unlöslichen Proteinen sicherlich fadenförmige Moleküle vor sich hat, die mehr oder weniger stark gefaltet und durch Seitenketten miteinander verknüpft sind, haben die Untersuchungen von Svedberg (79) mit Hilfe der Ultrazentrifuge gezeigt, daß bei den löslichen Eiweißkörpern überwiegend kugelförmige oder fast kugelförmige Moleküle vorliegen, deren Gewicht in der Gegend von 35000 liegt oder ein ganzes Vielfaches dieser Zahl darstellt. Die soeben erörterte Elastizität der Faserproteine — Muskel, Haare und Sehnen — legt nun den Gedanken nahe, daß eine noch weitergehende Faltung, als wir sie in der überkontrahierten Form vorgefunden haben, schließlich zum Molekül führen könnte, welches klumpen- oder kugelförmigen Charakter hat.

Diese Idee als Leitgedanken im Auge behaltend, wollen wir nun die Ergebnisse der Röntgenuntersuchung löslicher Proteine besprechen.

Lange Zeit gelang es nicht, von löslichen Eiweißkörpern überhaupt charakteristische Diagramme zu erhalten, obwohl im Laufe der Jahre eine große Zahl dahinzielender Versuche angestellt wurden. Selbst die äußerlich scheinbar gut entwickelten Einkristalle wasserlöslicher Proteine des Hämoglobins, des Pepsins oder Insulins lieferten bei der röntgenographischen Analyse zunächst immer nur verwaschene Pulverdiagramme, auf denen lediglich zwei Ringe festgestellt werden konnten, welche die Berechnung der Netzebenen-abstände von 4—5 bzw. von 10—11 Å ermöglichten. Diesen Befund können wir als erste Bestätigung für die Arbeitshypothese einer starken Ähnlichkeit der beiden großen Gruppen von Eiweißkörpern ansehen, denn es liegt wohl nahe, diese beiden Perioden einer Rückgratdicke und einem Seitenkettenabstand zuzuordnen. Die Diagramme enthalten aber keinerlei Andeutungen großer Netzebenenabstände, die vorhanden sein müssen, wenn aus den Teilchen vom osmotisch und ultrazentrifugal bewiesenen hohem und einheitlichen Molekulargewicht ein regelmäßiges Gitter gebildet wird.

Erst vor einigen Jahren gelang es Clark und Corrigan (130) beim Insulin und Fankuchen (131) beim Pepsin die gesuchten großen Netzebenen-abstände zu beobachten. Eine volle Aufklärung wurde aber erst durch die Untersuchungen von Bernal und Crowfoot (132) erreicht, welche die wichtige Beobachtung machten, daß die Einkristalle wasserlöslicher Proteine an der Luft sehr rasch Kristallwasser abgeben und in einen denaturierten Zustand übergehen, dessen Gitter sehr starke Störungen und Verformungen aufweist. Bestrahlt man aber die Kristalle in der Mutterlauge, so erhält man richtige Einkristall-diagramme mit zahlreichen scharfen Interferenzen, mit deren Hilfe eine Bestimmung des Elementarkörpers wenigstens in einigen Fällen bereits durchgeführt werden konnte. Die erste nach dieser Methode erfolgreich studierte Substanz war das Pepsin, später wurde auch das Insulin (133) und durch Wyckoff und Corey (134) schließlich das Hämoglobin, Edestin und Exzelsin erfolgreich untersucht. Am klarsten sind die beim Insulin erhaltenen Resultate. Der

Elementarkörper ist rhomboedrisch, die Länge der Rhomboederkante beträgt 44,3 Å. Aus der Dichte und dem Rhomboederwinkel ergibt sich, daß der Elementarkörper nur ein Molekül vom Molekulargewicht 37 000 enthält. Die Größe und Form des Moleküls ist in diesem Falle weitgehend durch die Größe und Form des Elementarkörpers gegeben. Die gegenseitige Lage der Moleküle im Gitter, die in diesem einfachsten Fall schon aus den Translationsperioden hervorgeht, entspricht einer Kugelpackung mit der Koordinationszahl 8.

Beim *Pepsin* liegen die Verhältnisse erheblich komplizierter. Auch hier wurde eine rhomboedrische Elementarzelle gefunden, ihre Kantenlänge mißt aber nicht weniger als 162 Å. Der Rhomboederwinkel wurde zu 23° 50′ bestimmt. Dieser sehr große Elementarkörper repräsentiert ein Molekulargewicht von etwa $1,46 \cdot 10^6$. Der Elementarkörper enthält sehr viel Kristallwasser und es konnte durch Vergleich mit der Struktur des Insulins wahrscheinlich gemacht werden, daß die Moleküle auch im Pepsin etwa kugelförmige Gestalt haben, mit einem Radius von rund 20 Å, und ein Molekulargewicht von etwa 37 000 besitzen. Die Anordnung ihrer Schwerpunkte entspricht weitgehend dem β-Korund-Gitter und stellt eine Packung nach der Koordinationszahl 4 dar.

Man sieht, daß die von SVEDBERG mit Hilfe der Ultrazentrifuge erhaltenen merkwürdigen Ergebnisse, die für die Eiweißkörper einen Grundbaustein von der Größenordnung 35 000 als maßgebend erklärten, durch die Röntgenuntersuchung aufs beste bestätigt worden sind. Die früher vielfach zum Ausdruck gebrachte Ansicht, daß es sich hierbei um eine Art Sammelkristallisation handle und der Molekülbegriff hier nicht anwendbar sei, scheint sich angesichts der Übereinstimmung der röntgenographischen und ultrazentrifugalen Resultate nicht aufrecht erhalten zu lassen. Die Eiweißmoleküle sind vielmehr wirklich einander so gleichartig, daß sie zum Aufbau eines wohlgefügten Gitters geeignet erscheinen. Die Tatsache, daß man von einzelnen Netzebenen sehr hohe Ordnungen (20 oder mehr) gefunden hat, spricht sogar für eine große Regelmäßigkeit im Aufbau dieser aus kugelförmigen Makromolekülen bestehenden Kristalle. So wie bei den Faserproteinen, wo wir auf Grund der großen Perioden auf das Vorhandensein eines unerwartet hohen, über weite Distanzen reichenden Ordnungszustandes schließen konnten, sehen wir also auch hier beim Aufbau der löslichen Eiweißstoffe das Vorhandensein einer scharf ausgeprägten *Regelmäßigkeit*, welche die früher geäußerten Erwartungen bei weitem übertrifft.

Als wichtigstes Problem verbleibt nun noch die Aufgabe, die *Beziehung zwischen den Faserproteinen und den korpuskularen Proteinen* aufzufinden. Einen wichtigen Beitrag zur Lösung dieser Frage verdanken wir ASTBURY, DICKINSON und BAILEY (*135*), denen es gelang, aus zwei typisch kugelförmigen Proteinen, aus dem Samenglobulin *Edestin* und dem *Eier-*

albumin, unter gleichzeitiger Denaturierung Fäden und Filme von hoher Dehnungselastizität herzustellen, die in gedehntem Zustand ein deutliches Faserdiagramm vom Typus des β-Keratins lieferten. Im koagulierten und gedehnten Zustand bestehen daher auch die löslichen Proteine aus Bündeln paralleler Peptidketten, die nach dem Bauprinzip des β-Keratins miteinander verknüpft sind.

Eine interessante Einzelheit ist bei der Untersuchung der Filme vom Eieralbumin beobachtet worden. Unerwarteterweise liegen nämlich hier die Interferenzen, die der Rückgratdicke entsprechen, nicht am Äquator, sondern auf der vertikalen Mittellinie des Bildes, während man umgekehrt am Äquator die der Periodizität in der Peptidkette entsprechenden Beugungspunkte findet. In den mechanisch beanspruchten Filmen dieser Substanz verlaufen also die Hauptvalenzketten nicht parallel, sondern senkrecht zur Dehnungsrichtung. Dies erklärt ASTBURY (*135*) mit der Annahme, daß wegen der relativ geringen Länge der Einzelketten das Mizell in der Richtung der Kettennormalen größere Dimensionen aufweisen als in der Kettenrichtung. Die Abb. 35 stellt ein solches Mizell den bisher immer betrachteten gegenüber.

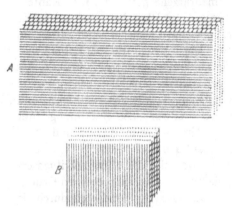

Abb. 35. A stellt eine Mizelle dar, deren Längsrichtung (Faserachse) mit der Richtung der Hauptvalenzketten zusammenfällt (Normalfall). B stellt eine Mizelle dar, deren Längsrichtung (Faserachse) zur Richtung der Hauptvalenzketten normal verlauft. (Ausnahme bei Eieralbumin). Nach ASTBURY, DICKINSON und BAILEY.

Diese Erklärung steht in guter Übereinstimmung mit der auffallend niedrigen Viskosität der Lösungen des denaturierten Albumins sowie mit der geringen Dehnbarkeit und der hohen Sprödigkeit der Filme.

Wahrscheinlich ist auch der Übergang der im Seidenschlauch vorhandenen, gequollenen Fibroinmasse in den Seidenfäden ein Prozeß, bei dem ein korpuskularer Eiweißstoff durch Verformung denaturiert wird und in ein Faserprotein übergeht. Hier scheint allerdings gleichzeitig, vielleicht unter dem Einfluß von Enzymen, ein Polymerisationsvorgang zu verlaufen, der die Bildung von sehr langen, die hohe Festigkeit des Fadens bedingenden Peptidketten bewirkt.

ASTBURY, DICKINSON und BAILEY (*135*) konnten auch einen Übergangszustand herstellen, der zwischen dem nativen und dem endgültig denaturierten liegt. Hält man Kristalle des Samen-Globulins *Exzelsin* — ein Protein vom Molekulargewicht $6 \times 34\,000$ — längere Zeit in Wasser und untersucht sie nun, so findet man zwar immer noch Einkristall-diagramme, wie man sie von den Proteinen mit kugelförmigen Molekülen gewohnt ist, findet aber, daß noch ein zweites, nach der Kristallachse orientiertes — vom β-Keratin vollkommen verschiedenes — *Faserdiagramm* auftritt, welches Kunde von irgendeiner Umwandlung im Innern des Gittergefüges gibt. ASTBURY hat diesen Übergangszustand als den *degenerierten* bezeichnet, zum Unterschied von dem denaturierten, in welchem das Endstadium der gestreckten Polypeptidketten schon erreicht ist.

Nach der Exposition sind die Kristalle nicht mehr löslich, obwohl sie sich äußerlich nicht merklich verändert haben. Offenbar entsteht innerhalb des Kristalles ein unlösliches faserförmiges Protein, was man sich vielleicht so vorstellen darf, daß durch eine andersartige Zusammenfaltung der Ketten die einzelnen Moleküle eine gewisse innere Periodizität erlangen, ohne daß ihre Schwerpunkte sich dabei gegeneinander verschieben.

Auf Grund dieser Ergebnisse vermutet ASTBURY in den kugeligen Proteinmolekülen gefaltete Ketten, die durch Aufhebung von Peptidbindungen innerhalb des großen Moleküls und unter Neubildung von ebensolchen Bindungen zwischen benachbarten Teilchen zu langen Ketten polymerisieren können. Es würde also die Denaturierung in einem Zerfall der kugelförmigen Moleküle unter gleichzeitiger Bildung von Polypeptidketten bestehen. Schematisch zeigt die Abb. 36 die Möglichkeit einer solchen Umwandlung an. Gleichzeitig liefert sie eine Vorstellung darüber, wie im lebenden Organismus aus den durch die Körpersäfte heran transportierten löslichen Proteinen durch deren Abbau und durch einen einseitig gerichteten Polymerisationsprozeß das Bindegewebe des Organismus entstehen könnte. Daß zwischen den kugeligen und faserförmigen Proteinen *enge Beziehungen* bestehen, geht auch noch aus einem weiteren röntgenographischen Befund hervor. ASTBURY und LOMAX (*136*)

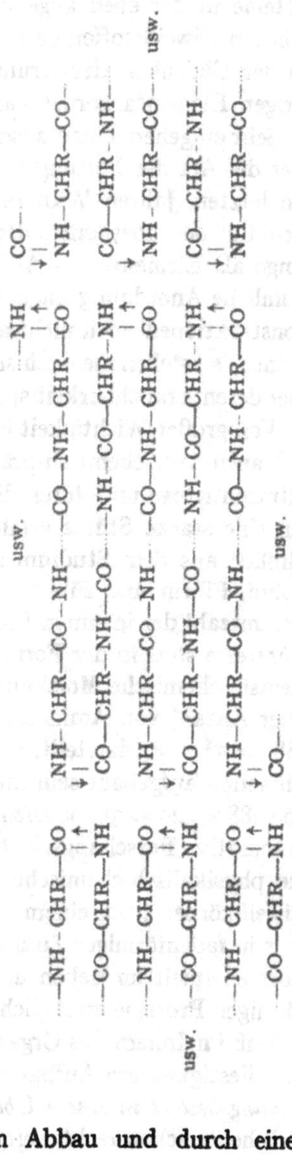

Abb. 36. Schema der Denaturierung von kugeligen in faserförmige Proteine nach ASTBURY.

haben nämlich festgestellt, daß der Elementarkörper des Pepsins Dimensionen aufweist, die ganze Vielfache der entsprechenden Dimensionen des Elementarkörpers vom Feder-Keratin sind. Wenn wirklich die Faserproteine in der eben angedeuteten Weise durch Polymerisation aus den löslichen Eiweißstoffen entstehen, dann ist es durchaus verständlich, daß bei der Gleichheit der Grundbausteine auch die Dimensionen der zugehörigen Elementarkörper nahe Beziehungen zueinander aufweisen.

Sehr eingehende und anschauliche Modelle, welche spezielle Annahmen über die Art der Faltung der korpuskularen Proteine beinhalten, hat in den letzten Jahren WRINCH (*108*, *137*) entworfen. Im Anschluß an die Struktur des überkontrahierten Keratins werden diketopiperazinartige Ringe als Elemente des Aufbaues angenommen und durch verschiedene räumliche Anordnung kugelförmige Gebilde aufgebaut. Wenn auch diese Konstruktionen noch nicht als experimentell gesichert angesehen werden können, so stellen sie doch sicherlich interessante Strukturvorschläge dar, über deren Brauchbarkeit spätere Versuche entscheiden werden.

Von großer Wichtigkeit ist es, in diesem Zusammenhang zu erwähnen, daß auch von chemisch-präparativer Seite die Ergebnisse der mit der Ultrazentrifuge und durch die Röntgenanalyse angestellten Untersuchungen eine starke Stütze erfahren. BERGMANN und NIEMANN (*138*) haben nämlich aus dem Studium zahlreicher Proteine — Eieralbumin, Hämoglobin, Fibrin und Fibroin — den Schluß ziehen können, daß sich die Gesamtzahl der in einem Proteinmolekül miteinander verketteten Aminosäurereste stets in der Form $2^n \times 3^m$ ausdrücken läßt. Sie fanden, daß das kleinste chemische Molekulargewicht der vier erwähnten Proteine jeweils einer Anzahl von Aminosäureresten entspricht, die ein Vielfaches von 288 (= $2^5 \times 3^2$) darstellt, woraus sich ergibt, daß die Proteine selbst aus Einheiten aufgebaut sein müssen, deren Molekulargewicht in der Gegend von $288 \times 120 \approx 35\,000$ anzusetzen wäre. Man sieht, daß auch die chemisch-präparative Forschungsrichtung zu den gleichen Ergebnissen kommt wie die physikalisch-chemische Untersuchungsmethodik, nämlich, daß die Eiweißkörper nach einem gemeinsamen Grundprinzip, teils in kugeliger, teils in fadenförmiger Zusammenfügung aufgebaut sind. Jede der beiden Formen spielt im Leben des Organismus eine wichtige Rolle: die kugelförmigen Proteine ermöglichen wegen ihrer Löslichkeit den Transport von Eiweiß im Innern des Organismus, während sich die Faserproteine durch ihre Festigkeit am Aufbau der Gerüstsubstanzen beteiligen. Die *Denaturierung besteht in einem Übergang der kugeligen in die faserige Form*, der sich heute schon recht weitgehend röntgenographisch verfolgen läßt.

Die Virusarten.

Die submikroskopischen Erreger zahlreicher Infektionskrankheiten bei Mensch, Tier und Pflanzen hat man unter den Namen *Bakteriophagen* und

Virusarten zusammengefaßt. Die sehr intensive Bearbeitung dieses Erscheinungsgebietes von chemisch-präparativer Seite; namentlich durch amerikanische und englische Forscher [STANLEY, BAWDEN und PIRIE (*139*)], hat die Auffassung wahrscheinlich gemacht, daß die aus dem Saft von infizierten Gewebsteilen bzw. Körperteilen isolierbaren Eiweißstoffe als Träger der Infektion aufzufassen sind. Schon bei der Isolierung dieser Stoffe hat eine physikalische Untersuchungsmethode eine bedeutsame Rolle gespielt, nämlich die Abtrennung durch Ultrazentrifugierung [STANLEY (139), SCHLESINGER (*140*), WYCKOFF (*141*)]. Mit Hilfe von Instrumenten, welche diesem Spezialzweck angepaßt sind (*142*), konnten die wirksamen Substanzen in Form von kristallinen Massen abgetrennt werden. Auch bei der Untersuchung der so gewonnenen Stoffe hat dasselbe Instrument die höchst wichtige Aussage geliefert, daß die wirksame Substanz aus Teilchen *streng einheitlicher Größe* besteht, deren „Molekulargewicht" von der Größenordnung 10000000 und darüber ist. So fand man beim Tabak-Mosaikvirus einen Wert von 17000000 (*143*), beim SHOPEschen Kaninchen-papillomvirus einen Wert von 25000000 (*144*). Wir versagen es uns, auf dieses interessante Erscheinungsgebiet hier näher einzugehen. Erwähnt wurden die Ergebnisse, weil sie zu den nun zu besprechenden und mit der Röntgenmethode erhaltenen in engster Beziehung stehen.

Die ausführlichsten Daten liegen beim *Tabak-Mosaikvirus* vor. Zunächst fanden WYCKOFF und COREY (*145*), daß von den in der Ultrazentrifuge niedergeschlagenen kristallinen Massen scharfe DEBYE-SCHERRER-Diagramme erhalten werden können, die auf verhältnismäßig kleine geometrische Einheiten im Aufbau dieser Kristalle hinweisen. Da die Interferenzen teilweise recht scharf sind, schließen die Untersucher auf eine hohe Regelmäßigkeit im inneren Aufbau dieser kristallinen Substanz.

Weitere sehr wichtige Resultate wurden von BAWDEN, PIRIE, BERNAL und FANKUCHEN (*146*) erhalten. Diese Forscher haben die Substanz zunächst in Form verschieden konzentrierter Lösungen (13% und 23%), als nasses Gel und als trockenes Gel untersucht. Die Filme dieser Gele zeigen eine Faserstruktur (Parallelrichtung länglicher Teilchen) und auch an der Lösung sind Befunde erhalten worden, welche die Annahme einer stäbchenförmigen Gestalt der gelösten Teilchen nahelegen. So haben TAKAHASHI und RAWLINS (*147*) festgestellt, daß am Saft mosaikkranker Tabakspflanzen *Strömungsdoppelbrechung* erzeugt werden kann, im Gegensatz zum Verhalten der Extrakte gesunder Pflanzen. Das Experiment wurde dann mit dem kristallisierten Virus wiederholt und auch hier zeigte sich die gleiche Erscheinung, und zwar in noch ausgeprägterem Maße.

Die sämtlichen genannten Objekte (trockenes Gel, nasses Gel, Lösungen verschiedener Konzentration) wurden von BERNAL und FANKUCHEN (*146*) der röntgenographischen Untersuchung zugeführt. *Alle* Diagramme zeigten die *gleichen „äußeren" Interferenzen* und diese stimmten mit den

bereits von Wyckoff und Corey (*145*) an gefällten Kristallen erhaltenen
überein. Sie scheinen in ihrer Gesamtheit auf eine Elementarzelle zurück-
führbar, welche Dimensionen von ungefähr 22 × 20 × 20 Å aufweisen
dürfte. Das Diagramm ist etwa dem des Feder-Keratins vergleichbar.
Die Invarianz der Interferenzlagen gegenüber Quellung und Auflösung
zeigt klar, daß wir es mit dem Diagramm von Teilchen zu tun haben,
welche bei diesen Vorgängen unverändert bleiben. Nicht der Kristall als
Ganzes kann also für den Interferenzeffekt verantwortlich gemacht
werden, sondern die einzelnen, auch in Lösung noch intakten Moleküle.
Bernal und Fankuchen (*146*) bezeichnen die Interferenzen demgemäß
als *intramolekular*.

Tabelle 10. Beobachtete intermolekulare Abstände beim Tabak-
Mosaikvirus, in Å.

$hkil$	$10\bar{1}0$	$11\bar{2}0$	$20\bar{2}0$	$12\bar{3}0$	$30\bar{3}0$
Trockenes Gel: beobachtet .	131,8	75.75	65,90	49,75	43,5
berechnet ...	131,8	76,00	65,90	49,75	43,9
Nasses Gel	188	106	93		
Lösung: 23%	300	175			
13%	397	225			

Die Untersuchung der nächsten Umgebung des Durchstoßpunktes mit
der hochentwickelten Technik zur *Bestimmung größter Translationsperioden* hat die gleichen Forscher wieder zu wichtigen neuen Aufschlüssen
geführt. Am Äquator des Bildes findet man beim trockenen Gel fünf
deutliche Interferenzen, welche beim Übergang in der Richtung: trockenes
Gel → nasses Gel → konzentrierte Lösung → verdünnte Lösung immer
mehr gegen den Durchstoßpunkt wandern, teils auch ineinander ver-
schwimmen. Die den Interferenzeffekt bedingenden großen Perioden
wachsen also in dem Maße, wie die wirksame Substanz in immer größerer
Verdünnung in dem Dispergierungsmittel verteilt wird. Dies legt die Auffassung nahe, daß wir es hier mit Interferenzen zu tun haben, welche von
der gegenseitigen Anordnung der Moleküle herrühren, also *intermolekularen*
Ursprungs sind. Die quantitative Auswertung hat dann gezeigt, daß sich
sämtliche Reflexe den Prismenebenen eines hexagonalen Gitters zuordnen
lassen, dessen Nebenachse eine Länge von 152 Å aufweist. Aus Tabelle·10
ist zu ersehen, wie ausgezeichnet die unter dieser Annahme berechneten
Werte mit den experimentell gefundenen übereinstimmen. Die Untersucher kommen so zur Auffassung, daß im trockenen Gel langgestreckte,
stabförmige Moleküle parallel gelagert sind, so zwar, daß der Querschnitt
normal zur Längsachse eine hexagonale Anordnung darstellt, in welcher

benachbarte Moleküle einen Achsenabstand von 152 Å aufweisen. Dieser Wert ist also, grob gesagt, die Dicke der Moleküle.

Im feuchten Gel sind die seitlichen Abstände größer, die Interferenzen wegen zunehmender Streuung der Abstände um den Mittelwert entsprechend unschärfer. In der Lösung schließlich haben die seitlichen Abstände weiter zugenommen, doch zeigt die Existenz der Interferenzen an sich, daß benachbarte Moleküle praktisch vollkommen parallel gelagert sind.

Es drängt sich nun gleich die weitere Frage auf, was über die *Länge der Moleküle* auszusagen ist. BERNAL und FANKUCHEN (*146*) haben die Diagramme bis auf einen Abstand von 1200 Å auf solche Reflexe abgesucht, welche Ebenen schräg oder normal zur Faserachse entsprechen würden. Das Ergebnis war durchaus negativ und die Untersucher schließen daraus, daß die Moleküle keine Schichten bilden (Abb. 33b). Da, wie aus der ultrazentrifugalen Untersuchung zu schließen, die Moleküle gleich groß sind, ist dann nur mehr eine Anordnung gemäß Abb. 33a möglich (S. 330). In diesem Fall hätte man aber das Auftreten von durchlaufenden Schichtlinien zu erwarten, die jedoch tatsächlich nicht gefunden wurden. Zur Erklärung des Fehlens solcher Effekte könnte man annehmen, daß die Länge den erwähnten Grenzwert der röntgenographischen Untersuchung von 1200 Å um ein Vielfaches übersteigt. Ist dies aber wirklich der Fall, so sind die im Kristall vorhandenen Moleküle mit den in Lösung gefundenen nicht identisch, denn bei einem Durchmesser von etwa 150 Å haben wir aus dem mit der Ultrazentrifuge bestimmten Molekulargewicht von 17 000 000 auf eine Länge in der Größenordnung von 1000 Å zu schließen.

Nun ist es aber bei kleinen zwischenmolekularen Abständen der Moleküle in der Faserrichtung und dem Fehlen von charakteristischen Gruppen, welche die durch die Moleküllänge bedingte Periodizität hervorheben, ganz gut möglich, daß der Röntgenstrahl die Moleküllänge bei den angewendeten Expositionszeiten noch nicht „sieht", und dies ist wohl die wahrscheinlichste Deutung, die man heute für das Fehlen der genannten Schichtlinien geben wird.

Neuerdings konnten BERNAL und FANKUCHEN (*146*) zeigen, daß auch beim Tabak-Mosaikvirus in gefällter Form, wenn man nur dafür Sorge trägt, daß die Kriställchen parallel gerichtet werden, die gleichen Diagramme wie von dem, eine Faserstruktur aufweisenden trockenen Gel erhalten werden. Sie kommen so zur Auffassung, daß dieser Virus überhaupt nicht befähigt sei, Kristalle im strengen Sinn zu bilden, sondern immer nur eine, einem flüssigen Kristall entsprechende innere Ordnung zeigt (Abb. 33a, S. 330). Dafür spricht auch die Tatsache, daß die „Kristallnadeln" bei einer Länge von 40 μ nur eine Dicke von 0·4 μ aufweisen. Auch die Enden sind schlecht entwickelt, durchaus im Gegensatz zu den vorzüglich ausgebildeten, prismatischen oder pyramidalen echten Kristallen mancher Proteine (Pepsin, Insulin, Hämoglobin).

Man kann natürlich dennoch die Bezeichnung „Kristall" im strengen Sinn für den Aggregatzustand der Vira beibehalten, aber die einzelnen Kriställchen sind in diesem Fall mit den Molekülen identisch, die ja ein ausgezeichnetes intermolekulares Spektrum liefern. Wegen der geringen Dicke dieser „*Molekülkristalle*" ist allerdings zu erwarten, daß die den Ebenen parallel zur Längsrichtung entsprechenden Interferenzen unscharf sind, während man von den normal zur Längsrichtung verlaufenden Netzebenen wegen einer Länge von mindestens 1000 Å scharfe Interferenzen zu erwarten hat. Die Experimente entsprechen durchaus diesen Erwartungen.

Es bleibt noch zu erwähnen, daß auch einige andere ähnliche Virusarten in gleicher Weise untersucht wurden. Dabei erwies sich das intramolekulare Diagramm in allen Fällen als identisch, während das intermolekulare kleinere, aber sicher bestehende Unterschiede aufweist. Die Elementarzelle — das Submolekül — ist also in allen Fällen die gleiche, die Baupläne, nach welchen die Riesenmoleküle aufgebaut sind, unterscheiden sich aber ein wenig. Oder wenn wir uns des, bei den Fasereiweißen gebrauchten Beispieles bedienen wollen: es gelangen in allen Fällen die gleichen Ziegelsteine zur Verwendung, die Stockwerke der damit gebauten Häuser sind aber verschieden hoch.

Wenn auch noch vieles im übermolekularen Aufbau dieser physiologisch so wichtigen Substanzen unklar geblieben ist, so ist doch die Leistung der *Röntgen-analyse* von großer Wichtigkeit gewesen. Wir verdanken ihr die Erkenntnis der durchaus neuartigen Vorstellung des „Molekülkristalles", und anderseits liegt die röntgenographische Charakterisierung verschiedener Virusarten durchaus im Bereich des Möglichen.

Literaturverzeichnis.

1. Vgl. Mark, H.: Physik und Chemie der Cellulose. Berlin: Julius Springer 1932.
2. Schmidt, E. u. Mitarbeiter: Ber. Dtsch. chem. Ges. 60, 503 (1927); 67, 2037 (1934); Naturwiss. 19, 376, 1006 (1931); vgl. auch O. Schwarzkopf u. J. Weiss: Cellulosechem. 15, 29 (1934).
3. Freudenberg, K. u. E. Braun: Liebigs Ann. 460, 289 (1928).
4. Haworth, W. N.: Nature 129, 365 (1932); Haworth, W. N. u. H. Machemer: Journ. chem. Soc. London 1932, 2270, 2372; Haworth, W. N.: Ber. Dtsch. chem. Ges. 65 (A), 60 (1932); Monatsh. Chem. 69, 314 (1936).
5. Hess, K. u. F. Neumann: Ber. Dtsch. chem. Ges. 70, 710, 721, 728 (1937); H. Leckzyck: Ber. Dtsch. chem. Ges. 71, 829 (1938).
6. Haworth, W. N., E. L. Hirst u. Mitarbeiter: Journ. chem. Soc. London 1935; 1201, 1214, 1299; Haworth, W. N.: Monatsh. Chem. 69, 314 (1936).
7. Hess, K. u. K. H. Lung: Ber. Dtsch. chem. Ges. 71, 815 (1938).
8. Staudinger, H. u. A. A. Ashdown: Ber. Dtsch. chem. Ges. 63, 717 (1930).
9. Pirsch, J.: Ber. Dtsch. chem. Ges. 65, 862 (1932); 66, 349, 506 (1933). Angew. Chem. 51, 73 (1938).
10. Zechmeister, L. u. G. Tóth: Ber. Dtsch. chem. Ges. 64, 854 (1931).
11. Ulmann, M.: Molekülgrößen-Bestimmungen hochpolymerer Naturstoffe. Dresden u. Leipzig: Th. Steinkopff 1936.

12. BERNER, E.: Ber. Dtsch. chem. Ges. **63**, 1356, 2760 (1930); **64**, 842, 1531 (1931); **65**, .687 (1932); **66**, 397 (1933).

13. MEYER, K. H. u. H. MARK: Der Aufbau der hochpolymeren organischen Naturstoffe. Leipzig: Akad. Verlags-Ges. 1930.

14. FREUDENBERG, K.: Tannin, Cellulose, Lignin. Berlin: Julius Springer 1933.

15. STAUDINGER, H., K. FREY, R. SIGNER, W. STARCK u. G. WIDMER: Ber. Dtsch. chem. Ges. **63**, 2308 (1930); STAUDINGER, H.: Ber. Dtsch. chem. Ges. **68**, 474 (1935).

16. — u. G. V. SCHULZ: Ber. Dtsch. chem. Ges. **70**, 1577 (1937).

17. KLAGES, F.: Liebigs Ann. **520**, 71 (1935).

18. HÜCKEL, E.: Ztschr. Elektrochem. **42**, 753 (1936).

19. FRAZER, J. C. W. u. W. A. PATRICK: Ztschr. physik Chem. (A) **130**, 691 (1927).

20. BRINTZINGER, U. u. W.: Ztschr. anorg. allg. Chem. **196**, 33 (1931); KLAGES, F.: Liebigs Ann. **520**, 71, 85 (1935).

21. OSTWALD, Wo.: Kolloid-Ztschr. **23**, 68 (1918).

22. PAULI, Wo. u. E. VALKO: Kolloidchemie der Eiweißkörper. Dresden u. Leipzig: Th. Steinkopff 1933.

23. SÖRENSEN, S. P. L.: Compt. rend. Lab. Carlsberg **12** (1917); Ztschr. physiol. Chem. **106**, 1 (1919); Proteins, New York (1925).

24. ADAIR, G. S.: Proceed. Roy. Soc. London A **108**, 627 (1925); **109**, 292 (1925); **120**, 573 (1928); **126**, 16 (1929); Trans. Faraday Soc. **23**, 536 (1927); ADAIR, G. S. u. M. E. ROBINSON: Biochemical Journ. **24**, 1864 (1930); ADAIR, G. S. u. E. H. CALLOW: Journ. gen. Physiol. **13**, 819 (1930).

25. OSTWALD, Wo.: Verhandl. Ges. Dtsch. Naturf. 235 (1922); Kolloid-Ztschr. **32**, 1 (1933); **67**, 330 (1934).

26. — Kolloid-Ztschr. **49**, 60 (1929); Ztschr. physik. Chem. **159**, 375 (1932).

27. SCHULZ, G. V.: Ztschr. physik. Chem. **158**, 237 (1932); **176**, 317 (1936); **177**, 453 (1936).

28. HALLER, W.: Kolloid-Ztschr. **56**, 257 (1931).

29. KRATKY, O. u. A. MUSIL: Ztschr. Elektrochem. **43**, 326 (1937).

30. BUCHNER, E. H. u. H. E. STEUTEL: Konink. Akad. Wetensch. Amsterdam **36**, 2 (1933).

31. BOISSONNAS, Ch. G.: C. R. phys. Soc. et d'histoire natur., Genève **53**, 40 (1936).

32. — Helv. chim. Acta **20**, 768 (1937); BOISSONAS, Ch. G. u. K. H. MEYER: Helv. chim. Acta **20**, 783 (1937).

33. MEYER, K. H. u. R. LÜHDEMANN: Helv. chim. Acta **18**, 307 (1935).

34. DOBRY, A.: Kolloid-Ztschr. **81**, 190 (1937); dort weitere Literatur.

35. STAUDINGER, H. u. F. REINECKE: Liebigs Ann. **535**, 47 (1938).

36. HERZ, W.: Dissertation. Berlin 1934.

37. OKAMURA, J.: Cellulosechem. **14**, 135 (1933).

38. SUIDA, H.: Cellulosechem. **12**, 310 (1931).

39. STAUDINGER, H.: Die hochmolekularen organischen Verbindungen. Berlin: Julius Springer 1932.

40. DUCLAUX, J. u. K. NODZU: Rev. gén. Colloides **7**, 385 (1929). Über die Theorie des osmotischen Druckes siehe besonders: DUCLAUX, J.: Actualités scientifiques. Paris 1937.

41. HERZOG, R. O. u. H. M. SPURLIN: Ztschr. physik. Chem. Bodenstein-Festband, 239 (1931).

42. — u. A. DERIPASKO: Cellulosechem. **13**, 25 (1932).

43. OBOGI, R. u. E. BRODA: Kolloid-Ztschr. **69**, 172 (1934).

44. LIESER, E.: Liebigs Ann. **528**, 276 (1937); dort weitere Literatur.

45. HESS, K. u. C. TROGUS: Ergebn. d. techn. Röntgenkunde 4, 21 (1934); dort weitere Literatur.
46. STAUDINGER, H. u. E. HUSEMANN: Ber. Dtsch. chem. Ges. 71, 1057 (1938).
47. CASPARI, W. A.: Journ. chem. Soc. London 105, 2139 (1914).
48. KROEPELIN, H. u. W. BRUMHAGEN: Ber. Dtsch. chem. Ges. 61, 2441 (1928); KROEPELIN, H.: Kolloid-Ztschr. 47, 294 (1929).
49. STAMBERGER, P. u. C. M. BLOW: Kolloid-Ztschr. 53, 90 (1930).
50. Vgl. MEYER, K. H. u. H. MARK: Ber. Dtsch. chem. Ges. 61, 1939 (1928).
51. SIGNER, R. u. GROSS, H.: Helv. chim. Acta 17, 59 (1933).
52. DOSTAL, H. u. H. MARK: Naturwiss. 24, 796 (1936).
53. LANSING, W. D. u. E. O. KRAEMER: Journ. Amer. chem. Soc. 57, 1369 (1935).
54. SCHULZ, G. V.: Ztschr. physik. Chem. (B) 32, 27 (1936).
55. ROCHA, H. J.: Kolloidchem. Beih. 30, 230 (1930).
56. SAKURADA, J. u. M. TANIGUSHI: Journ. Soc. chem. Ing. Japan 35 B, 249 (1935).
57. NEUMANN, R., R. OBOGI u. S. ROGOWIN: Cellulosechem. 17, 87 (1936).
58. ROGOWIN, S. u. M. SCHLACHOWER: Ztschr. angew. Chem. 48, 647 (1935).
59. MARK, H. u. G. SAITO: Monatsh. Chem. 68, 237 (1936).
60. MANEGOLD, E. u. R. HOFMANN: Biochem. Ztschr. 243, 64 (1931).
61. DOBRY, A.: Journ. Chim. physique 32, 46 (1935).
62. BERKELEY, E. of u. E. G. J. HARTLEY: Proceed. Roy. Soc. London, Ser. A 82, 271 (1909).
63. CAMPEN, P. VAN: Rec. Trav. chim. Pays-Bas 50, 915 (1931).
64. BERKELEY, E. of u. E. G. J. HARTLEY: Phil. Trans. Roy. Soc. London A 206, 481 (1906).
65. SVEDBERG, The: Kolloid-Ztschr. 67, 2 (1934); dort weitere Literatur.
66. KRAEMER, E. O. u. W. D. LANSING: Journ. Amer. chem. Soc. 55, 4319 (1933).
67. SIGNER, R. u. H. GROSS: Helv. chim. Acta 17, 335 (1934).
68. HERZOG, R. O., R. ILLIG u H KUDAR: Ztschr. physik. Chem. (A) 167, 329 (1933).
69. GUTH, E. u. H. MARK: Monatsh. Chem. 65, 93 (1934); KUHN, W.: Kolloid-Ztschr. 68, 2 (1934).
70. HERZOG, R. O. u. D. KRÜGER: Journ. phys. Chem. 33, 179 (1929); KRÜGER, D.: Naturwiss. 13, 1040 (1923).
71. — — Kolloid-Ztschr. 39, 250 (1926).
72. — u. R. GAEBEL: Kolloid-Ztschr. 39, 252 (1926).
73. — u. D. KRÜGER: Naturwiss. 14, 599 (1926); KRÜGER, D.: Gummi-Ztg. 42, 1471 (1928).
74. OEHOLM, L. W.: Ztschr. physik. Chem. 50, 309 (1905); 70, 378 (1910); JANDER, G. u. H. SCHULZ: Kolloid-Ztschr., Erg.-Bd. zu 36, 109 (1925).
75. STEFAN, J.: Heidelberg, Akad. Wiss. math. nat. Kl. 79 (11), 181 (1879).
76. HERZOG, R. O. u. H. KUDAR: Ztschr. physik. Chem. (A) 167, 343 (1933).
77. — u. A. POLOTZKY: Ztschr. physik. Chem. (A) 87, 449 (1914); HERZOG, R. O.: Ztschr. physik. Chem. (A) 172, 239 (1935).
78. KRÜGER, D. u. H. GRUNSKY: Ztschr. physik. Chem. (A) 150, 115 (1930).
79. SVEDBERG The: Kolloid-Ztschr. 51, 10, 12 (1930).
80. LAMM, O.: Ztschr. physik. Chem. 138, 313 (1928); 143, 177 (1929).
81. POLSON, A.: Kolloid-Ztschr. 83, 172 (1938).
82. LAMM, O. u. A. POLSON: Biochemical Journ. 30 (1936); PEARSON, K.: Phil. Trans. Roy. Soc. London (A) 185, 71 (1894).
83. GANS, R.: Ann. Physik (4) 86, 652 (1928).
84. SIGNER, R. u. H. GROSS: Ztschr. physik. Chem. (A) 165, 161 (1933).
85. BOEDER, P.: Ztschr. Physik 75, 258 (1932).

86. POLANYI, M.: Ztschr. Physik 7, 149 (1921).
87. WEISSENBERG, K.: Ann. Physik 69, 409 (1922).
88. MARK, H.: Die Verwendung der Röntgenstrahlen in Chemie und Technik. Leipzig: J. A. Barth 1926. — SCHLEEDE, A. u. E. SCHNEIDER: Röntgenspektroskopie und Kristallstrukturanalyse. Berlin u. Leipzig: Walter de Gruyter 1929. — HALLA, F. u. H. MARK: Leitfaden für die röntgenographische Untersuchung von Kristallen. Leipzig: J. A. Barth 1937. — EWALD, P. P. in GEIGER-SCHEEL: Handb. d. Physik, XXIII/2, 1933. — KATZ, J. R.: Die Röntgenspektrographie als Untersuchungsmethode bei hochmolekularen Substanzen und bei tierischen und pflanzlichen Geweben. Berlin u. Wien: Urban & Schwarzenberg 1934. — MARK, H. u. F. SCHOSZBERGER: Die Kristallstrukturbestimmung organischer Verbindungen. Ergebn. d. exakt. Naturwiss. 14, 183 (1937). — OTT, H.: Strukturbestimmung mit Röntgenstrahlen in WIEN-HARMS: Handbuch der Experimentalphysik VII/2, 1928.
89. FREUDENBERG, K., G. BLOMQUIST, L. EWALD u. K. SOFF: Ber. Dtsch. chem. Ges. 69, 1266 (1936); FREUDENBERG, K., H. BOPPEL u. M. MEYER-DELIUS: Naturwiss. 26, 123 (1938).
90. KRATKY, O. u. B. SCHNEIDMESSER: Ber. Dtsch. chem. Ges. 71, 1413 (1938).
91. BERNAL, J. D.: Nature (London) 129, 277 (1932); BERNAL, J. D. u. D. CROWFOOT: Journ. Soc. chem. Ind. 54, 701 (1935)
92. GRIMM, H. G., R. BRILL, C. HERMANN u. Cl. PETERS: Naturwiss. 26, 29, 479 (1938); BRILL, R.: Angew. Chem. 51, 277 (1938).
93. STUART, H. A.: Molekülstruktur. Berlin: Julius Springer 1934.
94. HERZOG, R. O. u. W. JANCKE: Ber. Dtsch. chem. Ges. 53, 2162 (1920).
95. BRILL, R.: Liebigs Ann. 434, 204 (1923).
96. ABDERHALDEN, E.: Ztschr. physiol. Chem. 120, 207 (1922).
97. MEYER, K. H. u. H. MARK: Ber. Dtsch. chem. Ges. 61, 1932 (1928).
98. NAEGELI: Theorie der Gärung (1879).
99. KRATKY, O.: Ztschr. physik. Chem. (B) 5, 297 (1929); KRATKY, O. u. S. KURIYAMA: Ztschr. physik. Chem. (B) 11, 363 (193¹')
100. BRILL, R.: Naturwiss. 18, 622 (1930).
101. TROGUS, C. u. K. HESS: Biochem. Ztschr. 260, 376 (1933).
102. HENGSTENBERG, J. u. F. V. LENEL: Ztschr. Kristallogr. Mineral. 77, 424 (1931); LENEL, F. V.: Naturwiss. 19, 19 (1931).
103. BERNAL, J. D.: Ztschr. Kristallogr. Mineral. 78, 363 (1931).
104. SAKURADA, I. u. K. HUTINO: Scient. Papers Inst. physical chem. Res. Tokyo, 21, 266 (1933).
105. ASTBURY, W. T.: Journ. Soc. chem. Ind. 49, 441 (1930); Journ. Textile Sci. 4, 1 (1931); ASTBURY, W. T. u. STREET: Phil. Trans. Roy. Soc. London, A 230, 75 (1931); ASTBURY, W. T. u. H. J. WOODS: Nature (London) 126, 913 (1930); Journ. Textile Inst. 23, T. 17 (1932).
106. — u. H. J. WOODS: Phil. Trans. Roy. Soc. London A, 232, 333 (1933); ASTBURY, W. T.: Kolloid-Ztschr. 69, 340 (1934); 83, 130 (1938).
107. — u. W. A. SISSON: Proceed. Roy. Soc., London A 150, 533 (1935).
108. FRANK, F. C. u. W. T. ASTBURY: Journ. Textile Inst. 27, 282 (1936); WRINCH, D. M.: Nature (London) 137, 411 (1936); 138, 241 (1936); FRANK, C. F.: Nature, (London) 138, 242 (1936).
109. ASTBURY, W. T. and T. C. MARWICK: Nature (London) 130, 309 (1932); Trans. Faraday Soc. 29, 206 (1933).
110. COREY, K. B. u. K. W. G. WYCKOFF: Journ. biol. Chemistry 114, 407 (1936).
111. CLARK, G. L., E. A. PARKER, J. A. SCHAAD u. W. J. WARREN: Journ. Amer. chem. Soc. 57, 1509 (1935).

112. ASTBURY, W. T.: Trans. Faraday Soc. **29**, 193 (1933).

113. KATZ, J. R. u. A. de ROOY: Rec. Trav. chim. Pays-Bas (4), **52**, 14, 742 (1933); Naturwiss. **21**, 509 (1933).

114. BOEHM, G. u. H. H. WEBER: Kolloid-Ztschr. **61**, 269 (1932).

115. WEBER, H. H.: Pflügers Arch. f. d. gesamte Physiol. **235**, 205 (1934); NOLL, D. u. H. H. WEBER: Pflügers Arch. f. d. gesamte Physiol. **235**, 234 (1934).

116. ASTBURY, W. T. u. S. DICKINSON: Nature (London) **135**, 95 (1935).

117. — — Nature (London) **135**, 765 (1935).

118. SPEAKMAN, J. B.: J. Soc. Dyers Colourists **52**, 335, 423 (1936).

119. HERZOG, R. O. u. H. W. GONELL: Ber. Dtsch. chem. Ges. **58**, 2228 (1925); HERZOG, R. O. u. W. JANCKE: Ber. Dtsch. chem. Ges. **59**, 2487 (1926); KATZ, J. R. u. O. GERNGROSS: Naturwiss. **13**, 900 (1925); TRILLAT, J. J. Compt. rend. Acad. Sciences, Paris **190**, 265 (1930); Journ. Chim. physique **29**, 1 (1932); GERNGROSS, O., K. HERRMANN u. W. ABITZ: Biochem. Ztschr. **228**, 409 (1931); HERRMANN, K., O. GERNGROSS u. W. ABITZ: Ztschr. physik. Chem. B **10**, 371 (1931); HERZOG, R. O. u. W. JANCKE: Ztschr. physik. Chem. B **12**, 228 (1931); KATZ, J. R. u. J. C. DERKSEN: Rec. Trav. chim. Pays-Bas et Belg. (Amsterdam) **51**, 523 (1932); HESS, K. u. C. TROGUS: Biochem. Ztschr. **262**, 131 (1933).

120. WYCKOFF, R. W. G., R. B. COREY u. J. BISCOE, Science (N. Y.) **82**, 175 (1935).

121. — u. R. B. COREY: Proceed. Soc. Exp. Biol. Med. **34**, 285 (1936).

122. NAGEOTTE J. u. L. GUYON: Compt. rend. Assoc. Anat. Bruxelles 1934, 25—28 Mars.

123. CLARK, G. L., E. A. PARKER, J. A. SCHAAD u. W. J. WARREN: Journ. Amer. chem. Soc. **57**, 1509 (1935).

124. SCHAAD, J. A.: Dissert. Illinois 1936.

125. MEYER, K. H.: Biochem. Ztschr. **214**, 253 (1929).

126. BOEHM, G.: Kolloid-Ztschr. **62**, 22 (1933).

127. SCHMITT, F. O., R. S. BEAR u. G. L. CLARK: Radiology **25**, 131 (1935).

128. SAUPE, E.: Kolloid-Ztschr. **69**, 357 (1934).

129. KOLPAK, H.: Kolloid-Ztschr. **73**, 130 (1935).

130. CLARK, G. L. u. K. E. CORRIGAN: Physical Rev. (2), **40**, 639 (1932).

131. FANKUCHEN, J.: Journ. Amer. chem. Soc. **56**, 2398 (1934).

132. BERNAL, J. D. u. D. M. CROWFOOT: Nature (London) **133**, 794 (1934).

133. CROWFOOT, D. M.: Nature (London) **135**, 591 (1935).

134. WYCKOFF, R. W. G. u. R. B. COREY: Science (N. Y.) **81**, 365 (1935).

135. ASTBURY, W. T., S. DICKINSON u. K. BAILEY: Biochemical Journ. **29**, 2351 (1935).

136. — u. R. LOMAX: Journ. chem. Soc. London 846 (1935).

137. WRINCH, D. M.: Nature (London) **138**, 651 (1936); **139**, 972 (1937); Proc. Roy. Soc. (London) A **160**, 59 (1937).

138. BERGMANN, M. u. C. NIEMANN: J. biol. Chem. **115**, 77 (1936); **118**, 301 (1937).

139. Zusammenfassende Darstellungen: STANLEY, W. M.: Ergebn. d. Physiologie **39**, 294 (1937); LYNEN, F.: Angew. Chem. **51**, 181 (1938).

140. SCHLESINGER, M.: Biochem. Ztschr. **264**, 6 (1933).

141. WYCKOFF, R. W. G.: Naturwiss. **25**, 481 (1937).

142. BISCOE, J., E. G. PICKELS u. R. W. G. WYCKOFF: Journ. exper. Med. **64**, 39 (1936); Rev. Sci. Instr. **7**, 246 (1936).

143. ERIKSSON-QUENSEL, J. u. The SVEDBERG: Journ. Amer. chem. Soc. **58**, 1863 (1936).

144. BEARD, J. W. u. R. W. G. WYCKOFF: Science (N. Y.) **85**, 201 (1937).

145. WYCKOFF, R. W. G. u. R. B. COREY: Journ. biol. Chemistry **116**, 51 (1936).

146. BAWDEN, F. C., N. W. PIRIE, J. D. BERNAL u. I. FANKUCHEN: Nature (London) **138**, 1051 (1936); BERNAL, J. D. u. I. FANKUCHEN: Nature (London) **139**, 923 (1937).

147. TAKAHASHI, W. N. u. T. E. RAWLINS: Science (N. Y.) **77**, 26 (1933); **85**, 103 (1937).

148. HOUWINK, R.: Elastizität, Plastizität und Struktur der Materie. Dresden u. Leipzig: Steinkopff 1938.

149. GUTH, E. u. H. MARK: Ergebn. éxakt. Naturwiss. **12**, 115 (1933).

150. OBERBECK, A.: Journ. reine u. angew. Mathematik **81**, 62 (1876).

151. OSEEN, C. W.: Hydrodynamik, Leipzig: Akad. Verlagsges. 1927.

152. MARK, H. u. F. SCHOSZBERGER: Ergebn. exakt. Naturwiss. **16**, 183 (1937); BERNAL, J. D., D. M. CROWFOOT, R. C. EVANS u. A. F. WELLS: Annual Reports Chem. Soc.. 1935, **32**, 223 ff.

153. CLARK, G. L. u. Mitarbeiter: Ztschr. Krystallogr. (1938) (im Druck).

154. ROBERTSON, J. M. u. L. WOODWARD: Journ. chem. Soc. London **1937**, 219

155. SAUTER, E.: Ztschr. physik. Chem. (B) **35**, 83 (1937); **36**, 427 (1937).

156. ASTBURY, W. T.: Kolloid-Ztschr. **83**, 130 (1938).

157. CHAMPETIER, Ch. u. FAURÉ-FREMIET: Journ. Chim. Phys. **34**, 197 (1937).

158. EIRICH, F. u. H. MARK: Ergebn. exakt. Naturwiss. **15**, 1 (1936).

159. STAUDINGER, H. u. H. SCHOLZ: Ber. Dtsch. chem. Ges. **67**, 84 (1934).

Namenverzeichnis.

Die *kursiv gedruckten* Ziffern beziehen sich auf die Literaturverzeichnisse.

Sachverzeichnis.